U0088047

科學技術叢書

工程數學題解（下）

羅錦興 著

國家圖書館出版品預行編目資料

工程數學題解／羅錦興著.--初版.--
臺北市：三民，民87
冊：　公分
ISBN 957-14-2636-9（上冊：平裝）
ISBN 957-14-2637-7（下冊：平裝）

1.工程數學-問題集

440.11022　　86006045

網際網路位址 http://sanmin.com.tw

© 工程數學題解（下）

著作人 羅錦興
發行人 劉振强
著作財產權人 三民書局股份有限公司
臺北市復興北路三八六號
發行所 三民書局股份有限公司
地址／臺北市復興北路三八六號
電話／五〇〇六六〇〇
郵撥／〇〇〇九九九八——五號
印刷所 三民書局股份有限公司
門市部 復北店／臺北市復興北路三八六號
重南店／臺北市重慶南路一段六十一號
初版 中華民國八十七年六月
編號 S 31219
基本定價 拾貳元肆角
行政院新聞局登記證局版臺業字第〇二〇〇號

ISBN 957-14-2637-7（下冊：(平裝)

工程數學題解（下）

目　次

第九章 矩 陣

第十章 複數和複變函數

第十一章 複數積分

第十二章　初值問題的數值分析法

第七章

向量及向量的微分

7.1　向量與純量

1.分辨下列物理量是純量或向量:

(a)動能，(b)電場，(c)熵 (entropy)，(d)功，(e)向心力，(f)溫度，(g)電位，(h)電量，(i)剪壓 (shearing stress)，(j)頻率，(k)重量，(l)卡洛里，(m)動量 (momentum)，(n)能量，(o)磁場。

解: (a)動能　純量
(b)電場　向量
(c)熵　純量
(d)功　純量
(e)向心力　向量
(f)溫度　純量
(g)電位　純量
(h)電量　純量
(i)剪壓　向量
(j)頻率　純量
(k)重量　向量
(l)卡洛里　純量
(m)動量　向量
(n)能量　純量
(o)磁場　向量

2.計算 $\overrightarrow{F}+\overrightarrow{G}$，$\overrightarrow{F}-\overrightarrow{G}$，$\|\overrightarrow{F}\|$ 和 $\|\overrightarrow{G}\|$:

(a) $\overrightarrow{F}=\langle 2,-3,5\rangle$，$\overrightarrow{G}=\langle\sqrt{2},6,-5\rangle$

(b) $\overrightarrow{F}=\langle 1,0,-3\rangle$，$\overrightarrow{G}=\langle 0,4,0\rangle$

(c) $\overrightarrow{F} = \langle 2, -5, 0 \rangle$, $\overrightarrow{G} = \langle 1, 5, -1 \rangle$

(d) $\overrightarrow{F} = \langle \sqrt{2}, 1, -6 \rangle$, $\overrightarrow{G} = \langle 8, 0, 2 \rangle$

解: (a)
$$\overrightarrow{F} + \overrightarrow{G} = (2+\sqrt{2})\overrightarrow{i} + (-3+6)\overrightarrow{j} + (5-5)\overrightarrow{k}$$
$$= (2+\sqrt{2})\overrightarrow{i} + 3\overrightarrow{j}$$
$$\overrightarrow{F} - \overrightarrow{G} = (2-\sqrt{2})\overrightarrow{i} + (-3-6)\overrightarrow{j} + (5+5)\overrightarrow{k}$$
$$= (2-\sqrt{2})\overrightarrow{i} - 9\overrightarrow{j} + 10\overrightarrow{k}$$
$$\|\overrightarrow{F}\| = \sqrt{2^2 + (-3)^2 + (5)^2} = \sqrt{38}$$
$$\|\overrightarrow{G}\| = \sqrt{(\sqrt{2})^2 + 6^2 + (-5)^2} = \sqrt{63}$$

(b)
$$\overrightarrow{F} + \overrightarrow{G} = (1+0)\overrightarrow{i} + (0+4)\overrightarrow{j} + (-3+0)\overrightarrow{k} = \overrightarrow{i} + 4\overrightarrow{j} - 3\overrightarrow{k}$$
$$\overrightarrow{F} - \overrightarrow{G} = (1-0)\overrightarrow{i} + (0-4)\overrightarrow{j} + (-3-0)\overrightarrow{k} = \overrightarrow{i} - 4\overrightarrow{j} - 3\overrightarrow{k}$$
$$\|\overrightarrow{F}\| = \sqrt{1^2 + (-3)^2} = \sqrt{10},\ \|\overrightarrow{G}\| = \sqrt{4^2} = 4$$

(c)
$$\overrightarrow{F} + \overrightarrow{G} = (2+1)\overrightarrow{i} + (-5+5)\overrightarrow{j} + (0-1)\overrightarrow{k} = 3\overrightarrow{i} - \overrightarrow{k}$$
$$\overrightarrow{F} - \overrightarrow{G} = (2-1)\overrightarrow{i} + (-5-5)\overrightarrow{j} + (0+1)\overrightarrow{k} = \overrightarrow{i} - 10\overrightarrow{j} + \overrightarrow{k}$$
$$\|\overrightarrow{F}\| = \sqrt{2^2 + (-5)^2} = \sqrt{29}$$
$$\|\overrightarrow{G}\| = \sqrt{1^2 + 5^2 + (-1)^2} = \sqrt{27} = 3\sqrt{3}$$

(d)
$$\overrightarrow{F} + \overrightarrow{G} = (\sqrt{2}+8)\overrightarrow{i} + (1+0)\overrightarrow{j} + (-6+2)\overrightarrow{k}$$
$$= (\sqrt{2}+8)\overrightarrow{i} + \overrightarrow{j} - 4\overrightarrow{k}$$
$$\overrightarrow{F} - \overrightarrow{G} = (\sqrt{2}-8)\overrightarrow{i} + (1-0)\overrightarrow{j} + (-6-2)\overrightarrow{k}$$
$$= (\sqrt{2}-8)\overrightarrow{i} + \overrightarrow{j} - \overrightarrow{k}$$
$$\|\overrightarrow{F}\| = \sqrt{(\sqrt{2})^2 + 1^2 + (-6)^2} = \sqrt{41}$$
$$\|\overrightarrow{G}\| = \sqrt{8^2 + 0^2 + 2^2} = 2\sqrt{17}$$

3.設 $\overrightarrow{A} = 2\overrightarrow{i} - \overrightarrow{j} + 3\overrightarrow{k}$, $\overrightarrow{B} = \overrightarrow{i} + \overrightarrow{j} - \overrightarrow{k}$, $\overrightarrow{C} = 4\overrightarrow{k}$, 求:

(a) $\overrightarrow{A} + \overrightarrow{B}$

(b) $3\overrightarrow{A} - 2\overrightarrow{B} + 4\overrightarrow{C}$

(c) $3\overrightarrow{B} - 6\overrightarrow{C}$, $3(\overrightarrow{B} - 2\overrightarrow{C})$

(d) $\|\overrightarrow{A}+\overrightarrow{B}\|,\ \|\overrightarrow{A}\|+\|\overrightarrow{B}\|$

(e) $\dfrac{\overrightarrow{B}}{\|\overrightarrow{B}\|},\ \dfrac{\overrightarrow{C}}{\|\overrightarrow{C}\|}$

解: (a) $\overrightarrow{A}+\overrightarrow{B}=(2+1)\overrightarrow{i}+(-1+1)\overrightarrow{j}+(3-1)\overrightarrow{k}=3\overrightarrow{i}+2\overrightarrow{k}$

(b) $3\overrightarrow{A}-2\overrightarrow{B}+4\overrightarrow{C}=4\overrightarrow{i}-5\overrightarrow{j}+27\overrightarrow{k}$

(c) $3\overrightarrow{B}-6\overrightarrow{C}=3\overrightarrow{i}+3\overrightarrow{j}-27\overrightarrow{k}$

$3(\overrightarrow{B}-2\overrightarrow{C})=3\overrightarrow{i}+3\overrightarrow{j}-27\overrightarrow{k}$

(d) $\|\overrightarrow{A}+\overrightarrow{B}\|=\|\langle 3,0,2\rangle\|=\sqrt{13}$

$\|\overrightarrow{A}\|+\|\overrightarrow{B}\|=\sqrt{3}+\sqrt{14}$

(e) $\|\overrightarrow{B}\|=\sqrt{3},\ \|\overrightarrow{C}\|=4$

$\dfrac{\overrightarrow{B}}{\|\overrightarrow{B}\|}=\langle\dfrac{1}{\sqrt{3}},\dfrac{1}{\sqrt{3}},\dfrac{1}{\sqrt{3}}\rangle,\ \dfrac{\overrightarrow{C}}{\|\overrightarrow{C}\|}=\langle 0,0,1\rangle$

4.求通過兩點間的直線之正常型方程式:

(a) $(3,0,0),\ (-3,1,0)$

(b) $(0,1,3),\ (0,0,1)$

(c) $(1,0,-4),\ (-2,-2,5)$

(d) $(-4,-2,5),\ (1,1,-5)$

(e) $(3,3,-5),\ (2,-6,1)$

(f) $(4,-8,1),\ (-1,0,0)$

解: (a)令 (x,y,z) 為線上一點

$\Rightarrow (x-3)\overrightarrow{i}+(y-0)\overrightarrow{j}+(z-0)\overrightarrow{k}$ 為線上向量

由 $(3,0,0)$ 至 $(-3,1,0)$ 之向量

$\langle -3-3,1-0,0-0\rangle=\langle -6,1,0\rangle=-6\overrightarrow{i}+\overrightarrow{j}$

$(x-3)\overrightarrow{i}+(y-0)\overrightarrow{j}+z\overrightarrow{k}=t(-6\overrightarrow{i}+\overrightarrow{j})$

$\Rightarrow x-3=-6t \qquad y=t \qquad z=0$

(b)令 (x,y,z) 為線上一點

$\Rightarrow (x-0)\overrightarrow{i}+(y-1)\overrightarrow{j}+(z-3)\overrightarrow{k}$ 為線上向量

由 $(0,1,3)$ 至 $(0,0,1)$ 之向量為

$\langle 0-0,0-1,1-3\rangle=\langle 0,-1,-2\rangle=-\overrightarrow{j}-2\overrightarrow{k}$

$(x-0)\overrightarrow{i}+(y-1)\overrightarrow{j}+(z-3)\overrightarrow{k}=t(-\overrightarrow{j}-2\overrightarrow{k})$

$\Rightarrow x=0 \quad y-1=-t \quad z-3=-2t$

(c)令 (x,y,z) 為線上一點

$\Rightarrow (x-1)\overrightarrow{i}+(y-0)\overrightarrow{j}+(z+4)\overrightarrow{k}$ 為線上向量

由 $(1,0,-4)$ 至 $(-2,-2,5)$ 之向量為

$\langle -2-1,-2-0,5+4\rangle=\langle -3,-2,9\rangle=-3\overrightarrow{i}-2\overrightarrow{j}+9\overrightarrow{k}$

$(x-1)\overrightarrow{i}+(y-0)\overrightarrow{j}+(z+4)\overrightarrow{k}=t(-3\overrightarrow{i}-2\overrightarrow{j}+9\overrightarrow{k})$

$\Rightarrow x-1=-3t \quad y=-2t \quad z+4=9t$

(d)令 (x,y,z) 為線上一點

$\Rightarrow (x+4)\overrightarrow{i}+(y+2)\overrightarrow{j}+(z-5)\overrightarrow{k}$ 為線上向量

由 $(-4,-2,5)$ 至 $(1,1,-5)$ 之向量為

$\langle 1+4,1+2,-5-5\rangle=\langle 5,3,-10\rangle=5\overrightarrow{i}+3\overrightarrow{j}-10\overrightarrow{k}$

$(x+4)\overrightarrow{i}+(y+2)\overrightarrow{j}+(z-5)\overrightarrow{k}=t(5\overrightarrow{i}+3\overrightarrow{j}-10\overrightarrow{k})$

$\Rightarrow x+4=5t \quad y+2=3t \quad z-5=-10t$

(e)令 (x,y,z) 為線上一點

$\Rightarrow (x-3)\overrightarrow{i}+(y-3)\overrightarrow{j}+(z+5)\overrightarrow{k}$ 為線上向量

由 $(3,3,-5)$ 至 $(2,-6,1)$ 之向量為

$\langle 2-3,-6-3,1+5\rangle=\langle -1,-9,6\rangle=-\overrightarrow{i}-9\overrightarrow{j}+6\overrightarrow{k}$

$(x-3)\overrightarrow{i}+(y-3)\overrightarrow{j}+(z+5)\overrightarrow{k}=t(-\overrightarrow{i}-9\overrightarrow{j}+6\overrightarrow{k})$

$\Rightarrow x-3=-t \quad y-3=-9t \quad z+5=6t$

(f)令 (x,y,z) 為線上一點

$\Rightarrow (x-4)\overrightarrow{i}+(y+8)\overrightarrow{j}+(z-1)\overrightarrow{k}$ 為線上向量

由 $(4,-8,1)$ 至 $(-1,0,0)$ 之向量為

$\langle -1-4,0+8,0-1\rangle=\langle -5,8,-1\rangle=-5\overrightarrow{i}+8\overrightarrow{j}-\overrightarrow{k}$

$$(x-4)\overrightarrow{i}+(y+8)\overrightarrow{j}+(z-1)\overrightarrow{k}=t(-5\overrightarrow{i}+8\overrightarrow{j}-\overrightarrow{k})$$

$$\Rightarrow x-4=-5t \quad y+8=8t \quad z-1=-t$$

5.一重達50公斤的物體懸掛在繩子的中央，求繩張力的大小。

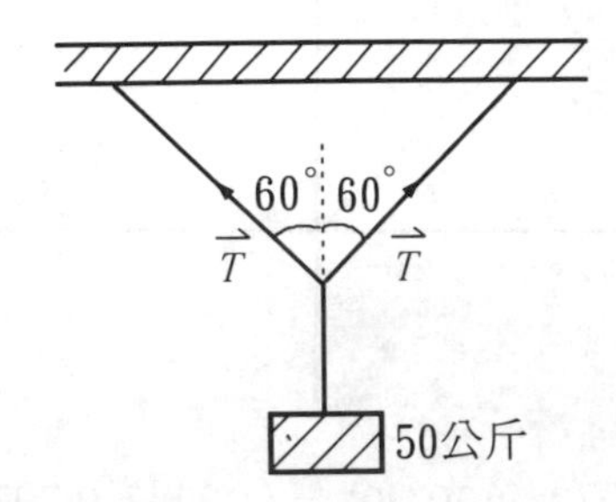

解: 根據力學及三角函數的公式

$$2\|\overrightarrow{T}\|\cos 60°=50\Rightarrow\|\overrightarrow{T}\|=50\text{Kg}$$

6.在 xy 平面上，給予大小和角度，畫出該向量 $\overrightarrow{F}$ 的向量圖。

(a) 6, 60°, (b) 6, 135°, (c) $\sqrt{2}$, 30°, (d) 5, 140°, (e) 15, 175°,

(f) 25, 270°。

解: (a)　$\langle 6\cos 60°, 6\sin 60°, 0\rangle=\langle 3, 5.1962, 0\rangle=3\overrightarrow{i}+5.1962\overrightarrow{j}$

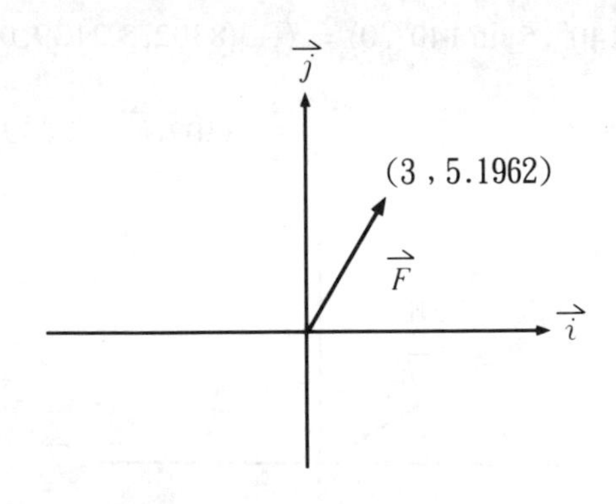

(b) $\langle 6\cos 135^\circ, 12\sin 135^\circ, 0\rangle = \langle -4.2427, 4.2427, 0\rangle$

$= -4.2427\overrightarrow{i} + 4.2427\overrightarrow{j}$

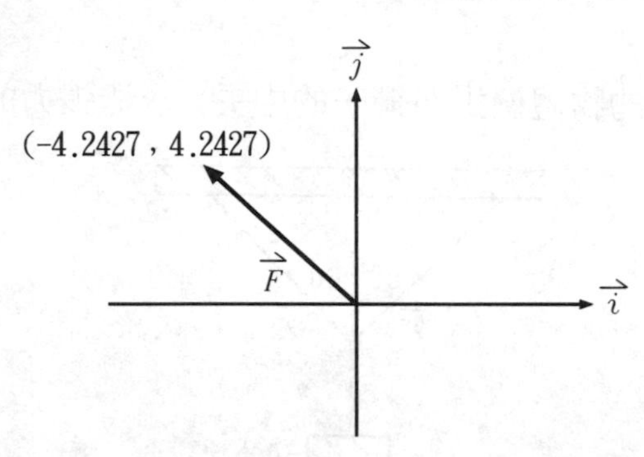

(c) $\langle \sqrt{2}\cos 30^\circ, \sqrt{2}\sin 30^\circ, 0\rangle = (1.2247, 0.7071, 0)$

$= 1.2247\overrightarrow{i} + 0.7071\overrightarrow{j}$

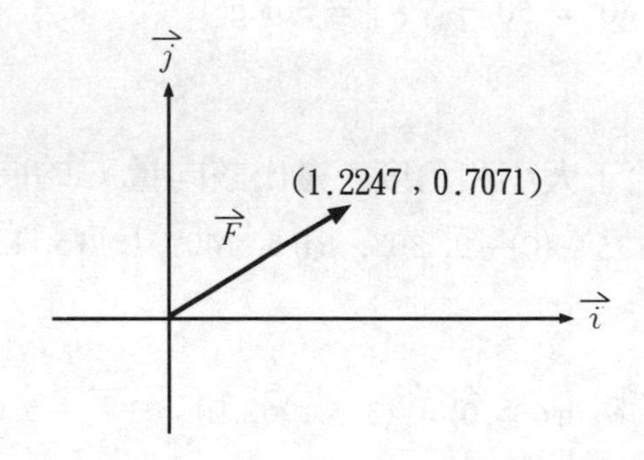

(d) $\langle 5\cos 140^\circ, 5\sin 140^\circ, 0\rangle = \langle -3.8302, 3.2139, 0\rangle$

$= -3.8302\overrightarrow{i} + 3.2139\overrightarrow{j}$

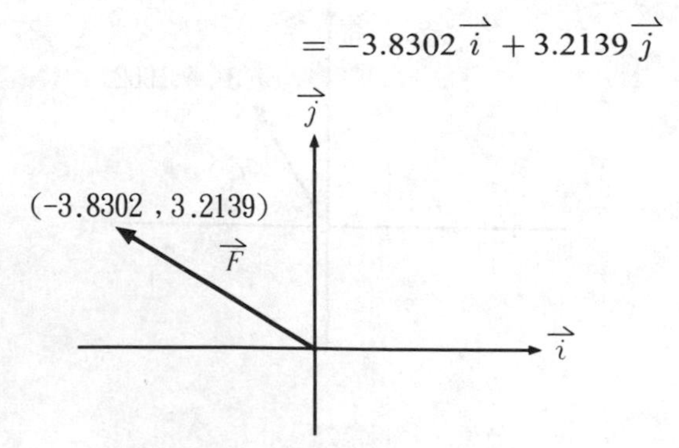

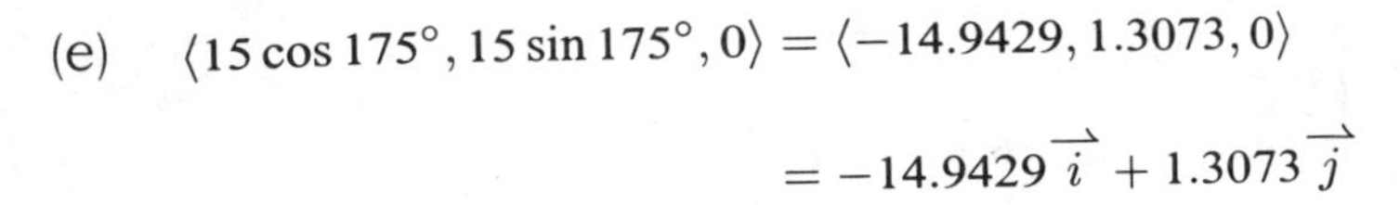

(e)　$\langle 15\cos 175°, 15\sin 175°, 0\rangle = \langle -14.9429, 1.3073, 0\rangle$

$$= -14.9429\overrightarrow{i} + 1.3073\overrightarrow{j}$$

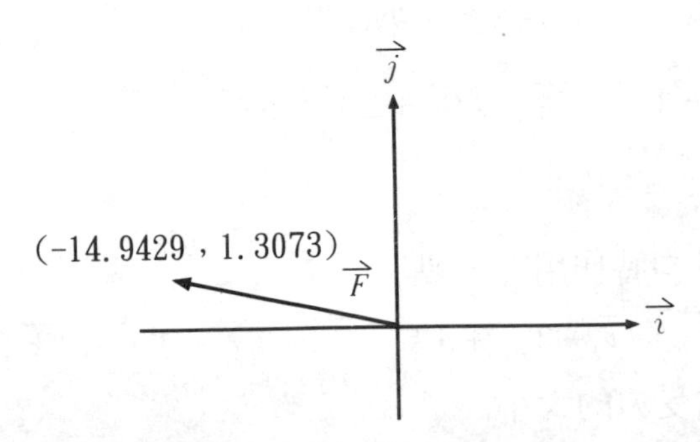

(f)　$\langle 25\cos 270°, 25\sin 270°, 0\rangle = \langle 0, -25, 0\rangle = -25\overrightarrow{j}$

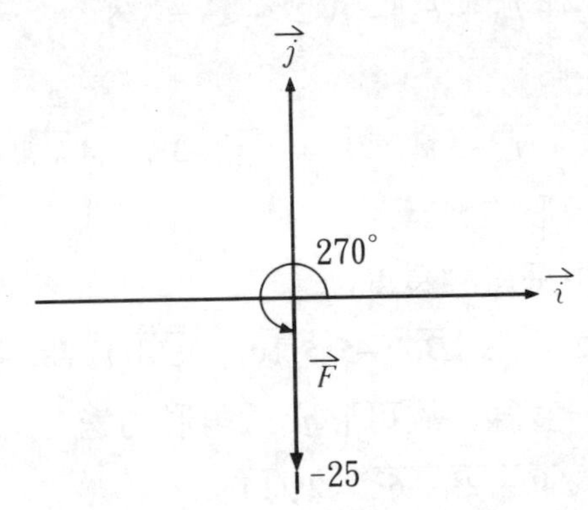

7.一組基底向量 (base vector) $\overrightarrow{A_1}$、$\overrightarrow{A_2}$、$\overrightarrow{A_3}$ 和另一組基底向量 $\overrightarrow{B_1}$、$\overrightarrow{B_2}$、$\overrightarrow{B_3}$ 的關係式為

$$\overrightarrow{A_1} = 2\overrightarrow{B_1} + 3\overrightarrow{B_2} - \overrightarrow{B_3},\ \overrightarrow{A_2} = \overrightarrow{B_1} - 2\overrightarrow{B_2} + 2\overrightarrow{B_3},$$

$$\overrightarrow{A_3} = -2\overrightarrow{B_1} + \overrightarrow{B_2} - 2\overrightarrow{B_3}$$

若 $\overrightarrow{F} = 3\overrightarrow{B_1} - \overrightarrow{B_2} + 2\overrightarrow{B_3}$，請將 $\overrightarrow{F}$ 用 $\overrightarrow{A_1}$、$\overrightarrow{A_2}$、$\overrightarrow{A_3}$ 表示之。

解：由題意可聯立解得

$$\begin{cases} \overrightarrow{B_1} = 2\overrightarrow{A_1} + 5\overrightarrow{A_2} + 4\overrightarrow{A_3} \\ \overrightarrow{B_2} = -2\overrightarrow{A_1} - 6\overrightarrow{A_2} - 5\overrightarrow{A_3} \\ \overrightarrow{B_3} = -3\overrightarrow{A_1} - 8\overrightarrow{A_2} - 7\overrightarrow{A_3} \end{cases}$$

$$\overrightarrow{F} = 3\overrightarrow{B_1} - \overrightarrow{B_2} + 2\overrightarrow{B_3} = 2\overrightarrow{A_1} + 5\overrightarrow{A_2} + 3\overrightarrow{A_3}$$

8.有四股力量同時作用在一點上：$\overrightarrow{F_1} = 2\overrightarrow{i} + 3\overrightarrow{j} - 5\overrightarrow{k}$，$\overrightarrow{F_2} = -5\overrightarrow{i} + \overrightarrow{j} + 3\overrightarrow{k}$，$\overrightarrow{F_3} = \overrightarrow{i} - 2\overrightarrow{j} + 4\overrightarrow{k}$，$\overrightarrow{F_4} = 4\overrightarrow{i} - 3\overrightarrow{j} - 2\overrightarrow{k}$，求(a)該點的受力，(b)該點受力的大小。

解：(a) $\overrightarrow{F_1} + \overrightarrow{F_2} + \overrightarrow{F_3} + \overrightarrow{F_4} = 2\overrightarrow{i} - \overrightarrow{j}$

(b) $\|\overrightarrow{F_1} + \overrightarrow{F_2} + \overrightarrow{F_3} + \overrightarrow{F_4}\| = \sqrt{2^2 + 1^2} = \sqrt{5}$

9.(a)證明 $\overrightarrow{A} = 3\overrightarrow{i} + \overrightarrow{j} - 2\overrightarrow{k}$，$\overrightarrow{B} = -\overrightarrow{i} + 3\overrightarrow{j} + 4\overrightarrow{k}$，$\overrightarrow{C} = 4\overrightarrow{i} - 2\overrightarrow{j} - 6\overrightarrow{k}$ 可以形成三角形的邊。

(b)求三角形各中垂線的長度。

解：(a) $\overrightarrow{AB}\langle 4, -2, -6\rangle$，$\overrightarrow{BC}\langle -5, 5, 10\rangle$，$\overrightarrow{CA}\langle 1, -3, -4\rangle$

三點不成一直線，故可形成三角形的邊

(b) $\|\overrightarrow{AB}\| = \sqrt{4^2 + 2^2 + 6^2} = 2\sqrt{14}$

$\|\overrightarrow{BC}\| = \sqrt{5^2 + 5^2 + 10^2} = \sqrt{150}$

$\|\overrightarrow{CA}\| = \sqrt{1 + 9 + 16} = \sqrt{26}$

設$\overline{AB}$上的中垂線長為 C

$\overline{BC}$上的中垂線長為 A

$\overline{CA}$上的中垂線長為 B

$$\frac{2\sqrt{14} \times C}{2} = \frac{\sqrt{150} \times A}{2} = \frac{\sqrt{26} \times B}{2} = \triangle ABC\text{的面積}$$

中垂線長分別為 $\sqrt{6}, \frac{1}{2}\sqrt{114}, \frac{1}{2}\sqrt{150}$

10.三個力量同時作用在一點上，其中 $\overrightarrow{G}=3\overrightarrow{j}-4\overrightarrow{k}$，$\overrightarrow{H}=\overrightarrow{i}-\overrightarrow{j}$，當平衡時，求另一力量 $\overrightarrow{F}$。

解: $\overrightarrow{G}=\langle 0,3,-4\rangle$, $\overrightarrow{H}=\langle 1,-1,0\rangle$, $\overrightarrow{F}=\langle x,y,z\rangle$

$$\begin{cases}0+1+x=0\\3-1+y=0\\-4+0+z=0\end{cases}\Rightarrow\begin{cases}x=-1\\y=-2\\z=4\end{cases}\Rightarrow\overrightarrow{F}=\langle -1,-2,4\rangle$$

7.2 向量的內外積

1. $\overrightarrow{F}=\langle 2,1,3\rangle$, $\overrightarrow{G}=\langle 1,0,-4\rangle$, $\overrightarrow{H}=\langle 3,-1,2\rangle$，求:

(a) $\overrightarrow{F}\cdot\overrightarrow{G}$

(b) $\|\overrightarrow{F}\|$, $\|\overrightarrow{G}\|$, $\|\overrightarrow{H}\|$

(c) $(\overrightarrow{F}+\overrightarrow{G})\cdot\overrightarrow{H}$

(d) $\|\overrightarrow{F}+\overrightarrow{G}+\overrightarrow{H}\|$

(e) $(\overrightarrow{F}-\overrightarrow{H})\cdot\overrightarrow{G}$

(f) $\|\overrightarrow{F}+\overrightarrow{H}\|$, $\|\overrightarrow{F}\|+\|\overrightarrow{H}\|$

(g) $\overrightarrow{F}\cdot(\overrightarrow{G}+\overrightarrow{H})$

(h) $\overrightarrow{F}\cdot\overrightarrow{G}+\overrightarrow{G}\cdot\overrightarrow{H}+\overrightarrow{H}\cdot\overrightarrow{F}$

解: (a) $\overrightarrow{F}\cdot\overrightarrow{G}=-10$

(b) $\|\overrightarrow{F}\|=\sqrt{14}$, $\|\overrightarrow{G}\|=\sqrt{17}$, $\|\overrightarrow{H}\|=\sqrt{14}$

(c) $\overrightarrow{F}+\overrightarrow{G}=\langle 3,1,-1\rangle$

$(\overrightarrow{F}+\overrightarrow{G})\cdot\overrightarrow{H}=6$

$\overrightarrow{F}\cdot\overrightarrow{H}+\overrightarrow{G}\cdot\overrightarrow{H}=6$

(d) $\overrightarrow{F}+\overrightarrow{G}+\overrightarrow{H}=\langle 6,0,1\rangle\Rightarrow\|\overrightarrow{F}+\overrightarrow{G}+\overrightarrow{H}\|=\sqrt{37}$

(e) $(\overrightarrow{F}-\overrightarrow{H})\cdot\overrightarrow{G}=-5$

$$\overrightarrow{F}\cdot\overrightarrow{G}-\overrightarrow{H}\cdot\overrightarrow{G}=-5$$

(f) $\|\overrightarrow{F}+\overrightarrow{H}\|=\|\langle 5,0,5\rangle\|=5\sqrt{2}$

$\|\overrightarrow{F}\|+\|\overrightarrow{H}\|=\sqrt{14}+\sqrt{14}=2\sqrt{14}$

(g) $\overrightarrow{F}\cdot(\overrightarrow{G}+\overrightarrow{H})=1$

(h) $\overrightarrow{F}\cdot\overrightarrow{G}+\overrightarrow{G}\cdot\overrightarrow{H}+\overrightarrow{H}\cdot\overrightarrow{F}=-10-5+11=-4$

2.給三點 F、G、H，找出 $\overline{FG}$ 線段和 F 到 $\overline{GH}$ 中點之線段的夾角:

(a) $F(1,-2,6)$, $G(3,0,1)$, $H(4,2,-7)$

(b) $F(3,-2,-3)$, $G(-2,0,1)$, $H(1,1,7)$

(c) $F(1,-2,6)$, $G(0,4,-3)$, $H(-3,-2,7)$

(d) $F(0,0,-2)$, $G(1,-3,4)$, $H(-2,6,1)$

解: (a)令 G、H 中點為 D

$$D\left(\frac{3+4}{2},\frac{0+2}{2},\frac{1-7}{2}\right)=(3.5,1,-3)$$

$$\overrightarrow{FG}=\langle 3-1,0+2,1-6\rangle=\langle 2,2,-5\rangle$$

$$\overrightarrow{FD}=\langle 3.5-1,1+2,-3-6\rangle=\langle 2.5,3,-9\rangle$$

$$\cos\theta=\frac{\overrightarrow{FG}\cdot\overrightarrow{FD}}{\|\overrightarrow{FG}\|\|\overrightarrow{FD}\|}=\frac{5+6+4.5}{\sqrt{33}\sqrt{96.25}}=0.9936$$

$$\Rightarrow\theta=\cos^{-1}0.9936=0.1128\text{弳}=6.4635^\circ$$

(b)令 G、H 中點為 D

$$D\left(\frac{-2+1}{2},\frac{0+1}{2},\frac{1+7}{2}\right)=(-0.5,0.5,4)$$

$$\overrightarrow{FG}=\langle -2-3,0+2,1+3\rangle=\langle -5,2,4\rangle$$

$$\overrightarrow{FD}=\langle -0.5-3,0.5+2,4+3\rangle=\langle -3.5,2.5,7\rangle$$

$$\cos\theta=\frac{\overrightarrow{FG}\cdot\overrightarrow{FD}}{\|\overrightarrow{FG}\|\|\overrightarrow{FD}\|}=\frac{17.5+5+28}{\sqrt{45}\cdot\sqrt{67.5}}=0.9163$$

$\Rightarrow \theta = \cos^{-1} 0.9163 = 0.4121$弳 $= 23.6090°$

(c)令 G、H 中點為 D

$$D\left(\frac{0-3}{2}, \frac{4-2}{2}, \frac{-3+7}{2}\right) = (-1.5, 1, 2)$$

$$\overrightarrow{FG} = \langle 0-1, 4+2, -3-6\rangle = \langle -1, 6, -9\rangle$$

$$\overrightarrow{FD} = \langle -1.5-1, 1+2, 2-6\rangle = \langle -2.5, 3, -4\rangle$$

$$\cos\theta = \frac{\overrightarrow{FG}\cdot\overrightarrow{FD}}{\|\overrightarrow{FG}\|\|\overrightarrow{FD}\|} = \frac{2.5+18+36}{\sqrt{118}\cdot\sqrt{31.25}} = 0.9304$$

$\Rightarrow \theta = \cos^{-1} 0.9304 = 0.3752$弳 $= 21.4985°$

(d)令 G、H 中點為 D

$$D\left(-\frac{1}{2}, \frac{3}{2}, \frac{5}{2}\right) = (-0.5, 1.5, 2.5)$$

$$\overrightarrow{FG} = \langle 1-0, -3-0, 4+2\rangle = \langle 1, -3, 6\rangle$$

$$\overrightarrow{FD} = \langle -0.5-0, 1.5-0, 2.5+2\rangle = \langle -0.5, 1.5, 4.5\rangle$$

$$\cos\theta = \frac{\overrightarrow{FG}\cdot\overrightarrow{FD}}{\|\overrightarrow{FG}\|\|\overrightarrow{FD}\|} = \frac{-0.5-4.5+27}{\sqrt{46}\cdot\sqrt{22.75}} = 0.6801$$

$\theta = \cos^{-1} 0.6801 = 0.8229$弳 $= 47.1485°$

3.求值:

(a) $\overrightarrow{k}\cdot(\overrightarrow{i}+\overrightarrow{j})$

(b) $(\overrightarrow{i}-2\overrightarrow{k})\cdot(\overrightarrow{j}+3\overrightarrow{k})$

(c) $(2\overrightarrow{i}-\overrightarrow{j}+3\overrightarrow{k})\cdot(3\overrightarrow{i}+2\overrightarrow{j}-\overrightarrow{k})$

解: (a) $\overrightarrow{k}\cdot(\overrightarrow{i}+\overrightarrow{j}) = 0$

(b) $(\overrightarrow{i}-2\overrightarrow{k})\cdot(\overrightarrow{j}+3\overrightarrow{k}) = -6$

(c) $(2\overrightarrow{i}-\overrightarrow{j}+3\overrightarrow{k})\cdot(3\overrightarrow{i}+2\overrightarrow{j}-\overrightarrow{k}) = 1$

4.推導定理 7.4 的第 4 和第 5 條。

解: 定理 7.4 第 4 條

$$\overrightarrow{F}\cdot\overrightarrow{F}=\|\overrightarrow{F}\|\cdot\|\overrightarrow{F}\|\cos\theta$$

由於 $\overrightarrow{F}$ 與 $\overrightarrow{F}$ 角度為 0

$$\cos\theta=\cos 0=1$$

$$\overrightarrow{F}\cdot\overrightarrow{F}=\|\overrightarrow{F}\|\cdot\|\overrightarrow{F}\|=\|\overrightarrow{F}\|^2$$

第 5 條

$$\overrightarrow{F}\cdot\overrightarrow{F}=\|\overrightarrow{F}\|^2\geq 0$$

充分必要條件為 $\overrightarrow{F}=\overrightarrow{0}$ 時，才成立

5.求 $\overrightarrow{F}=\langle 4,-3,1\rangle$ 在線上的投影，此線通過點 $(2,3,-1)$ 及 $(-2,-4,3)$。

解: 令 $\overrightarrow{G}$ 表由點 (2,3,−1) 到 (−2,−4,3) 之向量，則 $\overrightarrow{G}=<-4,-7,4>$

又 $\overrightarrow{G}$ 方向之單位向量

$$\overrightarrow{g}=\frac{\overrightarrow{G}}{\|\overrightarrow{G}\|}=\frac{-4\overrightarrow{i}-7\overrightarrow{j}+4\overrightarrow{k}}{\sqrt{(-4)^2+(-7)^2+4^2}}$$

$$=-\frac{4}{9}\overrightarrow{i}-\frac{7}{9}\overrightarrow{j}+\frac{4}{9}\overrightarrow{k}$$

故 $\overrightarrow{F}$ 在線上投影為

$$\overrightarrow{F}\cdot\overrightarrow{g}=<4,-3,1>\cdot<-\frac{4}{9},-\frac{7}{9},\frac{4}{9}>$$

$$=-\frac{16}{9}+\frac{21}{9}+\frac{4}{9}=1$$

6.一力量 $\overrightarrow{F}=\langle 1,2,0\rangle$ 將物體從點 $(4,-7,3)$ 移到點 $(4,-7,8)$，求所作之功。

解: $A(4,-7,3),\ B(4,-7,8)$

$$\overrightarrow{AB}=\langle 0,0,5\rangle$$

$$W=\overrightarrow{F}\cdot\overrightarrow{AB}=\langle 1,2,0\rangle\langle 0,0,5\rangle=0$$

作功為 0

7. $\overrightarrow{F}=\langle c,2,0\rangle$ 垂直於 $\overrightarrow{G}=\langle 3,4,-1\rangle$，求 c。

解:
$$\overrightarrow{F}\cdot\overrightarrow{G}=0$$
$$3c+8=0\Rightarrow c=-\frac{8}{3}$$

8. 找出平面 $2x+y-2z=5$ 的單位法向量。

解:
$$\overrightarrow{n}=\langle 2,1,-2\rangle\Rightarrow\|\overrightarrow{n}\|=\sqrt{9}=3$$
$$\text{單位向量}=\pm\frac{\overrightarrow{n}}{\|\overrightarrow{n}\|}=\pm\langle\frac{2}{3},\frac{1}{3},-\frac{2}{3}\rangle$$

9. 寫出通過兩點之線的正常型方程式:

(a) $(1,-2,4)$, $(6,1,1)$

(b) $(0,2,3)$, $(\ 2,4,1)$

(c) $(-2,1,-5)$, $(6,7,2)$

(d) $(2,14,1)$, $(7,0,0)$

解: (a)令 (x,y,z) 為線上一點

$\Rightarrow (x-1)\overrightarrow{i}+(y+2)\overrightarrow{j}+(z-4)\overrightarrow{k}$ 為其上向量

$$\overrightarrow{AB}=(6-1)\overrightarrow{i}+(1+2)\overrightarrow{j}+(1-4)\overrightarrow{k}=5\overrightarrow{i}+3\overrightarrow{j}-3\overrightarrow{k}$$

$$\Rightarrow\frac{x-1}{5}=\frac{y+2}{3}=\frac{z-4}{-3}=t\Rightarrow\begin{cases}x=1+5t\\y=-2+3t\quad t\in\boldsymbol{R}\\z=4-3t\end{cases}$$

(b)令 (x,y,z) 為線上一點

$$(x-0)\overrightarrow{i}+(y-2)\overrightarrow{j}+(z-3)\overrightarrow{k}$$
$$\overrightarrow{AB}=(-2-0)\overrightarrow{i}+(4-2)\overrightarrow{j}+(1-3)\overrightarrow{k}=-2\overrightarrow{i}+2\overrightarrow{j}-2\overrightarrow{k}$$

$$\Rightarrow \frac{x}{-2}=\frac{y-2}{2}=\frac{z-3}{-2}=t \Rightarrow \begin{cases} x=-2t \\ y=2+2t \quad t\in \boldsymbol{R} \\ z=3-2t \end{cases}$$

(c)令 (x,y,z) 為線上一點

$(x+2)\overrightarrow{i}+(y-1)\overrightarrow{j}+(z+5)\overrightarrow{k}$為其上向量

$\overrightarrow{AB}=(6+2)\overrightarrow{i}+(7-1)\overrightarrow{j}+(2+5)\overrightarrow{k}=8\overrightarrow{i}+6\overrightarrow{j}+7\overrightarrow{k}$

$$\Rightarrow \frac{x+2}{8}=\frac{y-1}{6}=\frac{z+5}{7}=t \Rightarrow \begin{cases} x=-2+8t \\ y=1+6t \quad t\in \boldsymbol{R} \\ z=-5+7t \end{cases}$$

(d)令 (x,y,z) 為線上一點

$(x-2)\overrightarrow{i}+(y-14)\overrightarrow{j}+(z-1)\overrightarrow{k}$為其上向量

$\overrightarrow{AB}=(7-2)\overrightarrow{i}+(0-14)\overrightarrow{j}+(0-1)\overrightarrow{k}=5\overrightarrow{i}-14\overrightarrow{j}-\overrightarrow{k}$

$$\Rightarrow \frac{x-2}{5}=\frac{y-14}{-14}=\frac{z-1}{-1}=t \Rightarrow \begin{cases} x=2+5t \\ y=14-14t \quad t\in \boldsymbol{R} \\ z=1-t \end{cases}$$

10.給予一點及法向量，找出通過該點的平面方程式:

(a) $(2,1,-4)$, $\langle 3,-2,1\rangle$

(b) $(1,1,-3)$, $\langle -6,1,-2\rangle$

(c) $(4,4,7)$, $\langle -4,2,3\rangle$

(d) $(-3,-7,0)$, $\langle 1,0,2\rangle$

解: (a)令 (x,y,z) 為平面上一點

則 $(x-2)\overrightarrow{i}+(y-1)\overrightarrow{j}+(z+4)\overrightarrow{k}$ 為其上向量

$\overrightarrow{A}\perp(3\overrightarrow{i}-2\overrightarrow{j}+\overrightarrow{k})$

$3(x-2)-2(y-1)+z+4=0 \Rightarrow 3x-2y+z=0$即為所求

(b)令 (x,y,z) 為平面上一點

則 $(x-1)\overrightarrow{i}+(y-1)\overrightarrow{j}+(z+3)\overrightarrow{k}$ 為其上向量

$\overrightarrow{A}\perp(-6\overrightarrow{i}+\overrightarrow{j}-2\overrightarrow{k})$

$-6(x-1)+(y-1)-2(z+3)=0 \Rightarrow 6x-y+2z=-1$

(c)令 (x,y,z) 為平面上一點

則 $(x-4)\overrightarrow{i}+(y-4)\overrightarrow{j}+(z-7)\overrightarrow{k}$ 為其上向量

$\overrightarrow{A}\perp(-4\overrightarrow{i}+2\overrightarrow{j}+3\overrightarrow{k})$

$-4(x-4)+2(y-4)+3(z-7)=0 \Rightarrow 4x-2y-3z=-13$

(d)令 (x,y,z) 為平面上一點

則 $(x+3)\overrightarrow{i}+(y+7)\overrightarrow{j}+(z-0)\overrightarrow{k}$ 為其上向量

$\overrightarrow{A}\perp(\overrightarrow{i}+2\overrightarrow{k})$

$(x+3)+2(z-0)=0 \Rightarrow x+2z=-3$

11.求兩直線間的夾角:

(a) $L_1: 4x-y=2;\ L_2: x+4y=3$

(b) $L_1: x+y=1;\ L_2: 2x-3y=0$

解: (a) $\cos\alpha=\dfrac{\langle 4,-1\rangle\cdot\langle 1,4\rangle}{\sqrt{17}\cdot\sqrt{17}}=0 \Rightarrow \alpha=90^\circ$

(b) $\cos\alpha=\dfrac{\langle 1,1\rangle\cdot\langle 2,-3\rangle}{\sqrt{2}\cdot\sqrt{13}}=-\dfrac{1}{\sqrt{26}} \Rightarrow \alpha=101.3^\circ$

夾角為 101.3° 或 78.7°

12.求兩平面間的夾角:

(a) $x+2y+z=1$ 和 $2x-y+3z=-1$

(b) $x+y+z=1$ 和 $x-y=2$

解: (a)法向量分別為 $\langle 1,2,1\rangle$ 及 $\langle 2,-1,3\rangle$

$\|\langle 1,2,1\rangle\|=\sqrt{6},\ \|\langle 2,-1,3\rangle\|=\sqrt{14},\ \langle 1,2,1\rangle\cdot\langle 2,-1,3\rangle=3$

$\cos\theta=\dfrac{3}{\sqrt{84}} \Rightarrow \theta=\cos^{-1}\left(\dfrac{3}{\sqrt{84}}\right)\doteqdot 70.89^\circ$

(b) $\cos\alpha = \dfrac{\langle 1,1,1\rangle \cdot \langle 1,-1,0\rangle}{\sqrt{3}\cdot\sqrt{2}} = 0 \Rightarrow \alpha = 90^\circ$

13.求 $\overrightarrow{F}$ 在 $\overrightarrow{G}$ 上的投影。

(a) $\overrightarrow{F} = \langle 2,-3,6\rangle,\quad \overrightarrow{G} = \langle 1,2,2\rangle$

(b) $\overrightarrow{F} = \langle 1,1,2\rangle,\quad \overrightarrow{G} = \langle 0,0,6\rangle$

(c) $\overrightarrow{F} = \langle 0,3,-4\rangle,\quad \overrightarrow{G} = \langle 0,4,3\rangle$

(d) $\overrightarrow{F} = \langle 2,3,0\rangle,\quad \overrightarrow{G} = \langle -2,-3,0\rangle$

(e) $\overrightarrow{F} = \langle 3,0,-2\rangle,\quad \overrightarrow{G} = \langle 1,0,1\rangle$

(f) $\overrightarrow{F} = \langle -2,-5,6\rangle,\quad \overrightarrow{G} = \langle 1,0,2\rangle$

解: (a) $\|\overrightarrow{G}\| = 9,\quad \overrightarrow{F}\cdot\overrightarrow{G} = 8$

$$P = \frac{\overrightarrow{F}\cdot\overrightarrow{G}}{\|\overrightarrow{G}\|} = \frac{8}{9}$$

(b) $P = \|\overrightarrow{F}\|\cos\alpha = \dfrac{\overrightarrow{F}\cdot\overrightarrow{G}}{\|\overrightarrow{G}\|} = \dfrac{12}{6} = 2$

(c) $\|\overrightarrow{G}\| = 5,\quad \overrightarrow{F}\cdot\overrightarrow{G} = 0$

$$P = \frac{\overrightarrow{F}\cdot\overrightarrow{G}}{\|\overrightarrow{G}\|} = 0$$

(d) $\|\overrightarrow{G}\| = \sqrt{13},\quad \overrightarrow{F}\cdot\overrightarrow{G} = -13$

$$P = \frac{\overrightarrow{F}\cdot\overrightarrow{G}}{\|\overrightarrow{G}\|} = -\frac{13}{\sqrt{13}} = -\sqrt{13}$$

(e) $\|\overrightarrow{G}\| = \sqrt{2},\quad \overrightarrow{F}\cdot\overrightarrow{G} = 1$

$$P = \frac{\overrightarrow{F}\cdot\overrightarrow{G}}{\|\overrightarrow{G}\|} = \frac{1}{\sqrt{2}} = \frac{\sqrt{2}}{2}$$

(f) $\|\overrightarrow{G}\| = \sqrt{5},\quad \overrightarrow{F}\cdot\overrightarrow{G} = 10$

$$P = \frac{\overrightarrow{F}\cdot\overrightarrow{G}}{\|\overrightarrow{G}\|} = \frac{10}{\sqrt{5}} = 2\sqrt{5}$$

14.一物體以角速度 $\overrightarrow{\omega}$ 作旋轉且旋轉軸通過原點 O，證明物體內任何一點 P 的速度 $\overrightarrow{v}$ 可由向量 $\overrightarrow{OP}$ 和 $\overrightarrow{\omega}$ 求得且 $\overrightarrow{v}=\overrightarrow{OP}\times\overrightarrow{\omega}$。

證明: $\overrightarrow{v}=\omega(\overline{OP}\sin\theta)=\overrightarrow{OP}\times\overrightarrow{\omega}$

15.證明定理 7.7 的第 2 和第 6 條。

證明: 定理 7.7.2

$\overrightarrow{F}\times(\overrightarrow{G}+\overrightarrow{H})$

令 $\overrightarrow{F}=a_1\overrightarrow{i}+b_1\overrightarrow{j}+c_1\overrightarrow{k}$, $\overrightarrow{G}=a_2\overrightarrow{i}+b_2\overrightarrow{j}+c_2\overrightarrow{k}$

$\overrightarrow{H}=a_3\overrightarrow{i}+b_3\overrightarrow{j}+c_3\overrightarrow{k}$

$\overrightarrow{F}\times(\overrightarrow{G}+\overrightarrow{H})$

$$=\begin{vmatrix}\overrightarrow{i} & \overrightarrow{j} & \overrightarrow{k}\\ a_1 & b_1 & c_1\\ a_2+a_3 & b_2+b_3 & c_2+c_3\end{vmatrix}=\begin{vmatrix}\overrightarrow{i} & \overrightarrow{j} & \overrightarrow{k}\\ a_1 & b_1 & c_1\\ a_2 & b_2 & c_2\end{vmatrix}+\begin{vmatrix}\overrightarrow{i} & \overrightarrow{j} & \overrightarrow{k}\\ a_1 & b_1 & c_1\\ a_3 & b_3 & c_3\end{vmatrix}$$

$=\overrightarrow{F}\times\overrightarrow{G}+\overrightarrow{F}\times\overrightarrow{H}$

定理 7.7.6

$\overrightarrow{F}\neq 0\quad \overrightarrow{G}\neq 0$

$\overrightarrow{F}\times\overrightarrow{G}=\|\overrightarrow{F}\|\|\overrightarrow{G}\|\cos\theta=0$

$\|\overrightarrow{F}\|\neq 0\quad \|\overrightarrow{G}\|\neq 0$

則 $\cos\theta=0\Rightarrow\theta=90°$

$\overrightarrow{F}\perp\overrightarrow{H}$

16.證明 $\|\overrightarrow{F}\times\overrightarrow{G}\|^2+|\overrightarrow{F}\cdot\overrightarrow{G}|^2=\|\overrightarrow{F}\|^2\|\overrightarrow{G}\|^2$

證明: $$\|\overrightarrow{F}\times\overrightarrow{G}\|^2+|\overrightarrow{F}\cdot\overrightarrow{G}|^2=\|\overrightarrow{F}\cdot\overrightarrow{G}\sin\theta\overrightarrow{u}\|^2+|\overrightarrow{F}\cdot\overrightarrow{G}\cos\theta|^2$$
$$=\overrightarrow{F}^2\overrightarrow{G}^2\sin^2\theta+\overrightarrow{F}^2\overrightarrow{G}^2\cos^2\theta=\overrightarrow{F}^2\overrightarrow{G}^2$$
$$=\|\overrightarrow{F}\|^2\|\overrightarrow{G}\|^2$$

17.證明正弦定律:

$$\frac{\sin\theta_A}{\|\overrightarrow{A}\|}=\frac{\sin\theta_B}{\|\overrightarrow{B}\|}=\frac{\sin\theta_C}{\|\overrightarrow{C}\|}$$

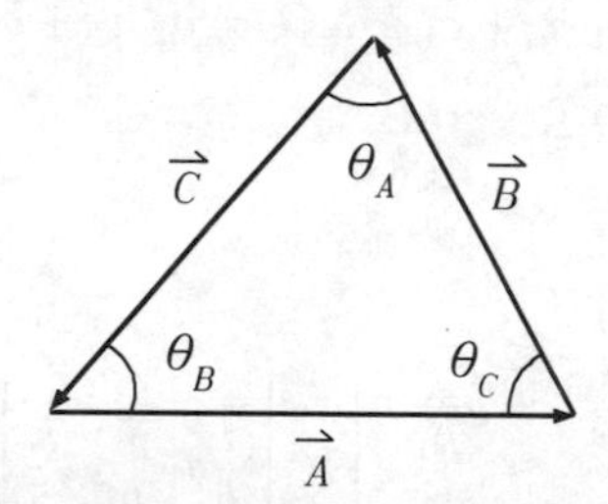

證明: $$\overrightarrow{A}+\overrightarrow{B}+\overrightarrow{C}=\overrightarrow{0}$$
$$\overrightarrow{A}\times\overrightarrow{B}=\overrightarrow{B}\times\overrightarrow{C}=\overrightarrow{C}\times\overrightarrow{A}$$
$$\|\overrightarrow{A}\|\|\overrightarrow{B}\|\sin\theta_C=\|\overrightarrow{B}\|\|\overrightarrow{C}\|\sin\theta_A=\|\overrightarrow{C}\|\|\overrightarrow{A}\|\sin\theta_B$$
$$\Rightarrow\frac{\sin\theta_A}{\|\overrightarrow{A}\|}=\frac{\sin\theta_B}{\|\overrightarrow{B}\|}=\frac{\sin\theta_C}{\|\overrightarrow{C}\|}$$

18.令 $\overrightarrow{A}=\langle 1,1,0\rangle$, $\overrightarrow{B}=\langle -1,2,0\rangle$, $\overrightarrow{C}=\langle 2,3,1\rangle$, $\overrightarrow{D}=\langle 5,-7,2\rangle$,求

(a) $\overrightarrow{A}\times\overrightarrow{B}$, $\overrightarrow{B}\times\overrightarrow{A}$

(b) $\overrightarrow{A}\times\overrightarrow{C}$, $\|\overrightarrow{A}\times\overrightarrow{C}\|$, $\overrightarrow{A}\cdot\overrightarrow{C}$

(c) $(\overrightarrow{A}+\overrightarrow{B})\times\overrightarrow{C}$, $\overrightarrow{A}\times\overrightarrow{C}+\overrightarrow{A}\times\overrightarrow{B}$

(d) $(\overrightarrow{A}-\overrightarrow{B})\times(\overrightarrow{A}-\overrightarrow{C})$

(e) $\overrightarrow{A}\times\overrightarrow{C}+\overrightarrow{C}\times\overrightarrow{A}$

(f) $(3\overrightarrow{A}-6\overrightarrow{B})\times\overrightarrow{C}$, $3\overrightarrow{C}\times(2\overrightarrow{B}-\overrightarrow{A})$

(g) $(\overrightarrow{A}\cdot\overrightarrow{B})\overrightarrow{C}$, $(\overrightarrow{A}\times\overrightarrow{B})\cdot\overrightarrow{C}$

(h) $(\overrightarrow{A}\times\overrightarrow{B})\times\overrightarrow{C}$，$\overrightarrow{A}\times(\overrightarrow{B}\times\overrightarrow{C})$

解：(a) $\overrightarrow{A}\times\overrightarrow{B}=\langle 0,0,3\rangle$

$\overrightarrow{B}\times\overrightarrow{A}=\langle 0,0,-3\rangle$

(b) $\overrightarrow{A}\times\overrightarrow{C}=\langle 1,-1,1\rangle$

$\|\overrightarrow{A}\times\overrightarrow{C}\|=\sqrt{3}$, $\overrightarrow{A}\cdot\overrightarrow{C}=5$

(c) $\overrightarrow{A}+\overrightarrow{B}=\langle 0,3,0\rangle\Rightarrow(\overrightarrow{A}+\overrightarrow{B})\times\overrightarrow{C}=\langle 3,0,-6\rangle$

$\overrightarrow{A}\times\overrightarrow{C}+\overrightarrow{B}\times\overrightarrow{C}=\langle 1,-1,1\rangle+\langle 2,1,-7\rangle=\langle 3,0,-6\rangle$

(d) $\overrightarrow{A}-\overrightarrow{B}=\langle 2,-1,0\rangle$, $\overrightarrow{A}-\overrightarrow{C}=\langle -1,-2,-1\rangle$

$(\overrightarrow{A}-\overrightarrow{B})\times(\overrightarrow{A}-\overrightarrow{C})=\langle 1,2,-5\rangle$

(e) $(\overrightarrow{A}\times\overrightarrow{B})+(\overrightarrow{C}\times\overrightarrow{A})=\langle 1,-1,1\rangle+\langle -1,1,-1\rangle=\overrightarrow{0}$

(f) $(3\overrightarrow{A}-6\overrightarrow{B})\times\overrightarrow{C}=\langle -9,9,45\rangle$

$3\overrightarrow{C}\times(2\overrightarrow{B}-\overrightarrow{A})=\langle -9,-9,45\rangle$

(g) $(\overrightarrow{A}\cdot\overrightarrow{B})\overrightarrow{C}=\langle 2,3,1\rangle$

$(\overrightarrow{A}\times\overrightarrow{B})\cdot\overrightarrow{C}=\langle 0,0,3\rangle\cdot\overrightarrow{C}=3$

(h) $(\overrightarrow{A}\times\overrightarrow{B})\times\overrightarrow{C}=\langle 0,0,3\rangle\times\overrightarrow{C}=\langle -9,6,0\rangle$

$\overrightarrow{A}\times(\overrightarrow{B}\times\overrightarrow{C})=\overrightarrow{A}\times\langle 2,1,-7\rangle=\langle -7,7,-1\rangle$

19.求通過三點的平面方程式：

(a) $\left(1,2,\frac{1}{4}\right)$，$(4,2,-2)$，$(0,8,4)$

(b) $(1,6,1)$，$(9,1,-31)$，$(-5,-2,25)$

(c) $(4,1,1)$，$(-2,-2,3)$，$(6,0,1)$

(d) $(0,0,2)$，$(-4,1,0)$，$(2,-1,1)$

(e) $(-4,2,-6)$，$(1,1,3)$，$(-2,4,5)$

解：(a)設 $A:\left(1,2,\frac{1}{4}\right)$，$B:(4,2,-2)$，$C:(0,8,4)$

$$\overrightarrow{AB}=\langle 3,0,-\frac{9}{4}\rangle,\ \overrightarrow{AC}=\langle -1,6,\frac{15}{4}\rangle\Rightarrow\overrightarrow{AB}\times\overrightarrow{AC}=\langle\frac{27}{2},-9,18\rangle$$

設平面方程式 $3x-2y+4z=c$ 代入 $\left(1,2,\dfrac{1}{4}\right)$

$\Rightarrow 3x-2y+4z=0$

(b)設 $A:(1,6,1),\ B:(9,1,-31),\ C:(-5,-2,25)$

$\overrightarrow{AB}=\langle 8,-5,-32\rangle,\ \overrightarrow{AC}=\langle -6,-8,24\rangle$

$\overrightarrow{AB}\times\overrightarrow{AC}=\langle -376,0,-94\rangle=94\langle -4,0,-1\rangle$

設平面方程式 $4x+z=c$ 代入 $(1,6,1)$

$\Rightarrow 4x+z=5$

(c)設 $A:(4,1,1),\ B:(-2,-2,3),\ C:(6,0,1)$

$\overrightarrow{AB}=\langle -6,-3,2\rangle,\ \overrightarrow{AC}=\langle 2,-1,0\rangle$

$\overrightarrow{AB}\times\overrightarrow{AC}=\langle 2,4,12\rangle=2\langle 1,2,6\rangle$

設平面方程式 $x+2y+6z=c$ 代入 $(4,1,1)$

$\Rightarrow x+2y+6z=12$

(d)設 $A:(0,0,2),\ B:(-4,1,0),\ C:(2,-1,1)$

$\overrightarrow{AB}=\langle -4,1,-2\rangle,\ \overrightarrow{AC}=\langle 2,-1,-1\rangle\Rightarrow\overrightarrow{AB}\times\overrightarrow{AC}=\langle -3,-8,2\rangle$

$-3x-8y+2z=c$ 代入 $(0,0,2)$

$\Rightarrow -3x-8y+2z=4$

(e)設 $A(-4,2,-6),\ B(1,1,3),\ C(-2,4,5)$

$\overrightarrow{AB}=(5,-1,9),\ \overrightarrow{AC}=(2,2,11)$

$\Rightarrow\overrightarrow{AB}\times\overrightarrow{AC}=(-7,11,6)$

$-7x+11y+6z=c$ 代入 $(1,1,3)$

$-7+11+18=c\Rightarrow c=22$

$\Rightarrow -7x+11y+6z=22$

20.求三角形的面積，其三頂點分別為:

(a) $(6,-1,3),\ (6,1,1),\ (3,3,3)$

(b) $(2,2,2),\ (5,2,4),\ (-2,4,-1)$

(c) $(1,-3,7)$,　$(2,1,1)$,　$(6,-1,2)$

(d) $(6,1,1)$,　$(7,-2,4)$,　$(8,-4,3)$

(e) $(-2,1,6)$,　$(2,1,-7)$,　$(4,1,1)$

(f) $(1,1,-6)$,　$(5,-3,0)$,　$(-2,4,1)$

解: (a)　$A:(6,-1,3)$,　$B:(6,1,1)$,　$C:(3,3,3)$

$\overrightarrow{AB}=\langle 0,2,-2\rangle$, $\overrightarrow{AC}=\langle -3,4,0\rangle \Rightarrow$ 面積 $=\frac{1}{2}\|\overrightarrow{AB}\times\overrightarrow{AC}\|=\sqrt{34}$

(b)　$A:(2,2,2)$,　$B:(5,2,4)$,　$C:(-2,4,-1)$

$\overrightarrow{AB}=\langle 3,0,2\rangle$, $\overrightarrow{AC}=\langle -4,2,-3\rangle \Rightarrow$ 面積 $=\frac{1}{2}\|\overrightarrow{AB}\times\overrightarrow{AC}\|=\frac{\sqrt{53}}{2}$

(c)　$A:(1,-3,7)$,　$B:(2,1,1)$,　$C:(6,-1,2)$

$\overrightarrow{AB}=\langle 1,4,-6\rangle$, $\overrightarrow{AC}=\langle 5,2,-5\rangle$

面積 $=\frac{1}{2}\|\overrightarrow{AB}\times\overrightarrow{AC}\|=\frac{\sqrt{1013}}{2}$

(d)　$A:(6,1,1)$,　$B:(7,-2,4)$,　$C:(8,-4,3)$

$\overrightarrow{AB}=\langle 1,-3,3\rangle$, $\overrightarrow{AC}=\langle 2,-5,2\rangle \Rightarrow$ 面積 $=\frac{1}{2}\|\overrightarrow{AB}\times\overrightarrow{AC}\|=\frac{\sqrt{98}}{2}$

(e)　$A:(-2,1,6)$,　$B:(2,1,-7)$,　$C:(4,1,1)$

$\overrightarrow{AB}=\langle 4,0,-13\rangle$, $\overrightarrow{AC}=\langle 6,0,-5\rangle \Rightarrow$ 面積 $=\frac{1}{2}\|\overrightarrow{AB}\times\overrightarrow{AC}\|=29$

(f)　$A:(1,1,-6)$,　$B:(5,-3,0)$,　$C:(-2,4,1)$

$\overrightarrow{AB}=\langle 4,-4,6\rangle$, $\overrightarrow{AC}=\langle -3,3,7\rangle \Rightarrow$ 面積 $=\frac{1}{2}\|\overrightarrow{AB}\times\overrightarrow{AC}\|=23\sqrt{2}$

21.在 xy 平面上，有兩單位向量 $\overrightarrow{a}$ 和 $\overrightarrow{b}$ 對 x 軸的夾角分別為 α 和 β。

(a)證明 $\overrightarrow{a}=\cos\alpha\,\overrightarrow{i}+\sin\alpha\,\overrightarrow{j}$

$\overrightarrow{b}=\cos\beta\,\overrightarrow{i}+\sin\beta\,\overrightarrow{j}$

(b)用 $\overrightarrow{a}\cdot\overrightarrow{b}$ 證明

$\cos(\alpha-\beta)=\cos\alpha\cos\beta+\sin\alpha\sin\beta$

$\cos(\alpha+\beta)=\cos\alpha\cos\beta-\sin\alpha\sin\beta$（提示：重新用 $-\alpha$ 角度求 $\overrightarrow{a}$）

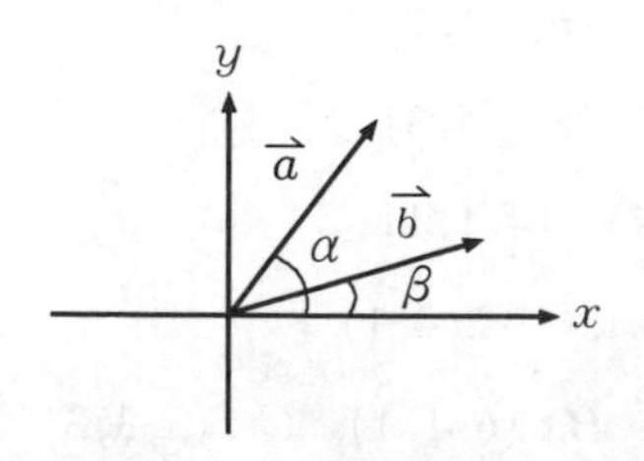

證明: (a) $\overrightarrow{a}$ 在 x 軸的投影為 $\cos\alpha$，在 y 軸的投影為 $\sin\alpha$

$\Rightarrow \overrightarrow{a} = \cos\alpha\,\overrightarrow{i} + \sin\alpha\,\overrightarrow{j}$

$\overrightarrow{b}$ 在 x 軸的投影為 $\cos\beta$，在 y 軸的投影為 $\sin\beta$

$\Rightarrow \overrightarrow{b} = \cos\beta\,\overrightarrow{i} + \sin\beta\,\overrightarrow{j}$

(b) $\overrightarrow{a} = \langle\cos\alpha, \sin\alpha\rangle$, $\overrightarrow{b} = \langle\cos\beta, \sin\beta\rangle$

$\overrightarrow{a} \cdot \overrightarrow{b} = \cos\alpha\cos\beta + \sin\alpha\sin\beta$

$\overrightarrow{a} \cdot \overrightarrow{b} = \|\overrightarrow{a}\| \cdot \|\overrightarrow{b}\| \cos(\alpha - \beta)$

$= \cos(\alpha - \beta) = \cos\alpha\cos\beta + \sin\alpha\sin\beta$

當 $\beta = -\beta$ 時

$\cos(\alpha + \beta) = \cos\alpha\cos\beta - \sin\alpha\sin\beta$

22.證明 $(\overrightarrow{A} \times \overrightarrow{B}) \cdot (\overrightarrow{C} \times \overrightarrow{D}) = (\overrightarrow{A} \cdot \overrightarrow{C})(\overrightarrow{B} \cdot \overrightarrow{D}) - (\overrightarrow{A} \cdot \overrightarrow{D})(\overrightarrow{B} \cdot \overrightarrow{C})$

證明: $\overrightarrow{X} \cdot (\overrightarrow{C} \times \overrightarrow{D}) = (\overrightarrow{X} \times \overrightarrow{C}) \cdot \overrightarrow{D}$

令 $\overrightarrow{X} = \overrightarrow{A} \times \overrightarrow{B}$

$(\overrightarrow{A} \times \overrightarrow{B}) \cdot (\overrightarrow{C} \times \overrightarrow{D}) = [(\overrightarrow{A} \times \overrightarrow{B}) \times \overrightarrow{C}] \cdot \overrightarrow{D}$

$= [\overrightarrow{B}(\overrightarrow{A} \cdot \overrightarrow{C}) - \overrightarrow{A}(\overrightarrow{B} \cdot \overrightarrow{C})] \cdot \overrightarrow{D}$

$= (\overrightarrow{A} \cdot \overrightarrow{C})(\overrightarrow{B} \cdot \overrightarrow{D}) - (\overrightarrow{A} \cdot \overrightarrow{D})(\overrightarrow{B} \cdot \overrightarrow{C})$

23.證明 $\overrightarrow{A} \times (\overrightarrow{B} \times \overrightarrow{C}) + \overrightarrow{B} \times (\overrightarrow{C} \times \overrightarrow{A}) + \overrightarrow{C} \times (\overrightarrow{A} \times \overrightarrow{B}) = \overrightarrow{0}$

證明: $\overrightarrow{A} \times (\overrightarrow{B} \times \overrightarrow{C}) = \overrightarrow{B}(\overrightarrow{A} \cdot \overrightarrow{C}) - \overrightarrow{C}(\overrightarrow{A} \cdot \overrightarrow{B})$……①

$\overrightarrow{B} \times (\overrightarrow{C} \times \overrightarrow{A}) = \overrightarrow{C}(\overrightarrow{B} \cdot \overrightarrow{A}) - \overrightarrow{A}(\overrightarrow{B} \cdot \overrightarrow{C})$……②

$$\vec{C}\times(\vec{A}\times\vec{B})=\vec{A}(\vec{C}\cdot\vec{B})-\vec{B}(\vec{C}\cdot\vec{A})\cdots\cdots ③$$

①+②+③

$$\Rightarrow \vec{A}\times(\vec{B}\times\vec{C})+\vec{B}\times(\vec{C}\times\vec{A})+\vec{C}\times(\vec{A}\times\vec{B})=\vec{0}$$

24.證明 $(\vec{A}\times\vec{B})\times(\vec{C}\times\vec{D})=[\vec{A},\vec{C},\vec{D}]\vec{B}-[\vec{B},\vec{C},\vec{D}]\vec{A}$

證明: $\vec{X}\times(\vec{C}\times\vec{D})=\vec{C}(\vec{X}\cdot\vec{D})-\vec{D}(\vec{X}\cdot\vec{C})$

令 $\vec{X}=\vec{A}\times\vec{B}$

$$\begin{aligned}(\vec{A}\times\vec{B})\times(\vec{C}\times\vec{D})&=\vec{C}(\vec{A}\times\vec{B}\cdot\vec{D})-\vec{D}(\vec{A}\times\vec{B}\cdot\vec{C})\\&=\vec{C}(\vec{A}\cdot\vec{B}\times\vec{D})-\vec{D}(\vec{A}\cdot\vec{B}\times\vec{C})\end{aligned}$$

$$(\vec{A}\times\vec{B})\times\vec{Y}=\vec{B}(\vec{A}\cdot\vec{Y})-\vec{A}(\vec{B}\cdot\vec{Y})$$

令 $\vec{Y}=\vec{C}\times\vec{D}$

$$(\vec{A}\times\vec{B})\times(\vec{C}\times\vec{D})=[\vec{A},\vec{C},\vec{D}]\vec{B}-[\vec{B},\vec{C},\vec{D}]\vec{A}$$

25.證明 $(\vec{A}\times\vec{B})\cdot(\vec{B}\times\vec{C})\times(\vec{C}\times\vec{A})=[\vec{A},\vec{B},\vec{C}]^2$

證明: $\vec{X}\times(\vec{C}\times\vec{A})=\vec{C}(\vec{X}\cdot\vec{A})-\vec{A}(\vec{X}\cdot\vec{C})$

令 $\vec{X}=\vec{B}\times\vec{C}$

$$\begin{aligned}(\vec{B}\times\vec{C})\times(\vec{C}\times\vec{A})&=\vec{C}(\vec{B}\times\vec{C}\cdot\vec{A})-\vec{A}(\vec{B}\times\vec{C}\cdot\vec{C})\\&=\vec{C}(\vec{A}\cdot\vec{B}\times\vec{C})-\vec{A}(\vec{B}\cdot\vec{C}\times\vec{C})\\&=\vec{C}(\vec{A}\cdot\vec{B}\times\vec{C})\end{aligned}$$

$$\begin{aligned}(\vec{A}\times\vec{B})\cdot(\vec{B}\times\vec{C})\times(\vec{C}\times\vec{A})&=(\vec{A}\times\vec{B})\cdot\vec{C}(\vec{A}\cdot\vec{B}\times\vec{C})\\&=(\vec{A}\times\vec{B}\cdot\vec{C})(\vec{A}\cdot\vec{B}\times\vec{C})\\&=[\vec{A},\vec{B},\vec{C}]^2\end{aligned}$$

26.給予邊的向量，求平行六面體的體積:

(a) $\langle 1,1,0\rangle$, $\langle 1,-1,0\rangle$, $\langle 1,2,4\rangle$

(b) $\langle 2,0,-6\rangle$, $\langle 0,1,1\rangle$, $\langle 1,1,0\rangle$

(c) $\langle 1,-2,0\rangle$, $\langle 1,2,-1\rangle$, $\langle 1,3,-1\rangle$

(d) $\langle 4,2,0\rangle,\ \langle 1,0,-2\rangle,\ \langle 2,6,1\rangle$

(e) $\langle 0,0,2\rangle,\ \langle 8,6,0\rangle,\ \langle 0,1,-2\rangle$

(f) $\langle -7,4,-1\rangle,\ \langle 8,6,-1\rangle,\ \langle 4,6,3\rangle$

(g) $\langle 3,3,-4\rangle,\ \langle 1,-6,3\rangle,\ \langle 3,0,4\rangle$

(h) $\langle -10,1,-2\rangle,\ \langle 8,6,-1\rangle,\ \langle 8,-11,3\rangle$

解: (a)
$$V=\begin{vmatrix}1 & 1 & 0\\ 1 & -1 & 0\\ 1 & 2 & 4\end{vmatrix}=8$$

(b)
$$V=\begin{vmatrix}2 & 0 & -6\\ 0 & 1 & 1\\ 1 & 1 & 0\end{vmatrix}=4$$

(c)
$$V=\begin{vmatrix}1 & -2 & 0\\ 1 & 2 & -1\\ 1 & 3 & -1\end{vmatrix}=-2+2-2+3=1$$

(d)
$$V=\begin{vmatrix}4 & 2 & 0\\ 1 & 0 & -2\\ 2 & 6 & 1\end{vmatrix}=-8+48-2=38$$

(e)
$$V=\begin{vmatrix}0 & 0 & 2\\ 8 & 6 & 0\\ 0 & 1 & -2\end{vmatrix}=16$$

(f)
$$V=\begin{vmatrix}-7 & 4 & -1\\ 8 & 6 & -1\\ 4 & 6 & 3\end{vmatrix}=-126-48-16-24-42-96=-304$$

(g)
$$V=\begin{vmatrix}3 & 3 & -4\\ 1 & -6 & 3\\ 3 & 0 & 4\end{vmatrix}=-72+27-72-12=-129$$

(h)
$$V=\begin{vmatrix}-10 & 1 & -2\\ 8 & 6 & -1\\ 8 & -11 & 3\end{vmatrix}=-180+176-8+96+110-24=170$$

27.簡化 $(\overrightarrow{F}+\overrightarrow{G})\cdot(\overrightarrow{G}+\overrightarrow{H})\times(\overrightarrow{H}+\overrightarrow{F})$

解:
$$(\overrightarrow{F}+\overrightarrow{G})\cdot(\overrightarrow{G}+\overrightarrow{H})\times(\overrightarrow{H}+\overrightarrow{F})=2\overrightarrow{F}\cdot\overrightarrow{G}\times\overrightarrow{H}$$

28.給予四頂點，求三角錐的體積:

(a) $(0,0,0)$, $(1,0,0)$, $(0,1,0)$, $(0,0,1)$

(b) $(0,1,2)$, $(5,5,6)$, $(1,2,1)$, $(3,3,1)$

(c) $(-3,2,3)$, $(1,1,0)$, $(0,-1,0)$, $(4,3,-7)$

(d) $(-2,4,4)$, $(7,2,-3)$, $(5,5,8)$, $(-2,4,1)$

(e) $(6,-1,4)$, $(0-3,0)$, $(-5,7,2)$, $(1,1,-7)$

(f) $(4,4,-2)$, $(0,0,0)$, $(4,-2,8)$, $(5,7,1)$

解: (a)

$$\frac{1}{6}\begin{vmatrix} 1 & 0 & 0 \\ 0 & 1 & 0 \\ 0 & 0 & 1 \end{vmatrix} = \frac{1}{6}$$

(b)

$$\frac{1}{6}\begin{vmatrix} 5 & 4 & 4 \\ 1 & 1 & -1 \\ 3 & 2 & -1 \end{vmatrix} = \frac{7}{6}$$

(c)

$$\frac{1}{6}\begin{vmatrix} 4 & -1 & -3 \\ 3 & -3 & -3 \\ 7 & 1 & -10 \end{vmatrix} = \frac{55}{6}$$

(d)

$$\frac{1}{6}\begin{vmatrix} 9 & -2 & -7 \\ 7 & 1 & 4 \\ 0 & 0 & -3 \end{vmatrix} = \frac{69}{6}$$

(e)

$$\frac{1}{6}\begin{vmatrix} -6 & -2 & -4 \\ -11 & 8 & -2 \\ -5 & 2 & -11 \end{vmatrix} = \frac{654}{6}$$

(f)

$$\frac{1}{6}\begin{vmatrix} -4 & -4 & 2 \\ 0 & -6 & 10 \\ 1 & 3 & 3 \end{vmatrix} = \frac{164}{6}$$

29.由問題21.，求證公式:

$$\sin(\alpha-\beta) = \sin\alpha\cos\beta - \cos\alpha\sin\beta$$

$$\sin(\alpha+\beta) = \sin\alpha\cos\beta + \cos\alpha\sin\beta$$

解: $\overrightarrow{a} = \langle\cos\alpha, \sin\alpha\rangle$, $\overrightarrow{b} = \langle\cos\beta, \sin\beta\rangle$

$$\overrightarrow{a} \times \overrightarrow{b} = (\sin\alpha\cos\beta - \cos\alpha\sin\beta)\overrightarrow{k}$$
$$= \|\overrightarrow{a}\| \cdot \|\overrightarrow{b}\| \sin(\alpha-\beta)\overrightarrow{k} = \sin(\alpha-\beta)\overrightarrow{k}$$

$$\Rightarrow \sin(\alpha-\beta) = \sin\alpha\cos\beta - \cos\alpha\sin\beta$$

當$\beta = -\beta$時

$$\sin(\alpha+\beta) = \sin\alpha\cos\beta + \cos\alpha\sin\beta$$

30.求點$(3,-2,-1)$到平面的距離，平面通過三點為 $(0,0,0)$，$(1,3,4)$，$(2,1,-2)$。

解: $A:(0,0,0)$, $B:(1,3,4)$, $C:(2,1,-2)$

$$\overrightarrow{AB} = \langle 1,3,4\rangle,\ \overrightarrow{AC} = \langle 2,1,-2\rangle$$

令 $\overrightarrow{n} = \langle x,y,z\rangle$

$$\begin{cases} x+3y+4z=0 \\ 2x+y-2z=0 \end{cases} \Rightarrow x=2t,\ y=-2t,\ z=t$$

令平面方程式為 $2x-2y+z=c$，令 $(0,0,0)$ 代入

$$\Rightarrow 2x-2y+z=0$$

$$d = \frac{6+4-1}{\sqrt{1+4+4}} = 3$$

31.求點 $(6,-4,4)$ 到通過兩點 $(2,1,2)$ 和 $(3,-1,4)$ 之線的最近距離。

解:
$$\frac{x-2}{1} = \frac{y-1}{-2} = \frac{z-2}{2} = t$$

$$(x,y,z) = (t+2,-2t+1,2t+2)$$

$$d = \sqrt{(t-4)^2+(-2t+5)^2+(2t-2)^2}$$

$$= \sqrt{9t^2-36t+45} = \sqrt{9(t-2)^2+9}$$

當 $t=2$ 時，有最短距離 3

32.給予點 $A:(2,1,3)$, $B:(1,2,1)$, $C:(-1,-2,-2)$, $D:(1,-4,0)$，求 $\overline{AB}$ 線和 $\overline{CD}$ 線之間最短的距離。

解:

$$\frac{x-1}{1}=\frac{y-2}{-1}=\frac{z-1}{2}=t_1$$

$$\frac{x+1}{2}=\frac{y+2}{-2}=\frac{z+2}{2}=t_2$$

$$(x_1,y_1,z_1)=(t_1+1,-t_1+2,2t_1+1)$$

$$(x_2,y_2,z_2)=(2t_2-1,-2t_2-2,2t_2-2)$$

$$d=\sqrt{(t_1-2t_2+2)^2+(-t_1+2t_2+4)^2+(2t_1-2t_2+3)^2}$$

最短距離 3

7.3 向量的微分

1.證明定理 7.9 的第 3 條和第 5 條。

證明:

$$\begin{aligned}\frac{d}{du}(\overrightarrow{A}\times\overrightarrow{B})&=\lim_{\Delta u\to 0}\frac{(\overrightarrow{A}+\Delta\overrightarrow{A})\times(\overrightarrow{B}+\Delta\overrightarrow{B})-\overrightarrow{A}\times\overrightarrow{B}}{\Delta u}\\&=\lim_{\Delta u\to 0}\frac{\overrightarrow{A}\times\Delta\overrightarrow{B}+\Delta\overrightarrow{A}\times\overrightarrow{B}+\Delta\overrightarrow{A}\times\Delta\overrightarrow{B}}{\Delta u}\\&=\lim_{\Delta u\to 0}\overrightarrow{A}\times\frac{\Delta\overrightarrow{B}}{\Delta u}+\frac{\Delta\overrightarrow{A}}{\Delta u}\times\overrightarrow{B}+\frac{\Delta\overrightarrow{A}}{\Delta u}\times\Delta\overrightarrow{B}\\&=\overrightarrow{A}\times\frac{d\overrightarrow{B}}{du}+\frac{d\overrightarrow{A}}{du}\times\overrightarrow{B}\end{aligned}$$

$$\begin{aligned}\frac{d}{du}\overrightarrow{A}\cdot(\overrightarrow{B}\times\overrightarrow{C})&=\overrightarrow{A}\cdot\frac{d}{du}(\overrightarrow{B}\times\overrightarrow{C})+\frac{d\overrightarrow{A}}{du}\cdot\overrightarrow{B}\times\overrightarrow{C}\\&=\overrightarrow{A}\cdot\left[\overrightarrow{B}\times\frac{d\overrightarrow{C}}{du}+\frac{d\overrightarrow{B}}{du}\times\overrightarrow{C}\right]+\frac{d\overrightarrow{A}}{du}\cdot\overrightarrow{B}\times\overrightarrow{C}\\&=\overrightarrow{A}\cdot\overrightarrow{B}\times\frac{d\overrightarrow{C}}{du}+\overrightarrow{A}\cdot\frac{d\overrightarrow{B}}{du}\times\overrightarrow{C}+\frac{d\overrightarrow{A}}{du}\cdot\overrightarrow{B}\times\overrightarrow{C}\end{aligned}$$

2.證明 $\vec{A}\cdot\dfrac{d\vec{A}}{dt}=\|\vec{A}\|\dfrac{d\|\vec{A}\|}{dt}$

證明: $\vec{A}\cdot\vec{A}=A^2$

$$\frac{d}{dt}(\vec{A}\cdot\vec{A})=\frac{d}{dt}(A^2)$$

$$\frac{d}{dt}(\vec{A}\cdot\vec{A})=\vec{A}\cdot\frac{d\vec{A}}{dt}+\frac{d\vec{A}}{dt}\cdot\vec{A}=2\vec{A}\cdot\frac{d\vec{A}}{dt}\cdots\cdots①$$

$$\frac{d}{dt}(A^2)=2A\frac{dA}{dt}\cdots\cdots②$$

由①②

$$2\vec{A}\cdot\frac{d\vec{A}}{dt}=2A\frac{dA}{dt}\Rightarrow\vec{A}\cdot\frac{d\vec{A}}{dt}=\|\vec{A}\|\frac{d\|\vec{A}\|}{dt}$$

3.求下列直線的位置向量:

(a)通過點 $(1,1,0)$ 且平行於 $\vec{L}=\vec{k}$

(b)通過點 $(-3,1,-2)$ 且平行於 $\vec{L}=3\vec{i}-\vec{k}$

(c)通過點 $(3,4,1)$ 且平行於 $\vec{L}=3\vec{i}+5\vec{j}-\vec{k}$

(d)通過兩點 $(0,0,0)$ 及 $(2,2,2)$

(e)通過兩點 $(3,-1,5)$ 及 $(5,-5,5)$

(f)通過兩點 $(1,4,-2)$ 及 $(2,2,3)$

(g)兩平面相交之線: $y=x,\ z=0$

(h)兩平面相交之線: $x+y+z=1,\ y-z=0$

解: (a)$A:(1,1,0)\quad \vec{L}=\vec{k}$

$$\vec{r}(t)=\vec{i}+\vec{j}+t\vec{k}$$

(b)$A:(-3,1,-2)\quad \vec{L}=3\vec{i}-\vec{k}$

$$\vec{r}(t)=(-3+3t)\vec{i}+\vec{j}+(-2-t)\vec{k}$$

(c)$A:(3,4,1)\quad \vec{L}=3\vec{i}+5\vec{j}-\vec{k}$

$$\vec{r}(t)=(3+3t)\vec{i}+(4+5t)\vec{j}+(1-t)\vec{k}$$

(d) $A:(0,0,0),\ \ B(2,2,2) \Rightarrow \overrightarrow{AB} = \langle 2,2,2\rangle$

$\overrightarrow{r}(t) = t\overrightarrow{i} + t\overrightarrow{j} + t\overrightarrow{k}$

(e) $A:(3,-1,5),\ \ B(5,-5,5) \Rightarrow \overrightarrow{AB} = \langle 2,-4,0\rangle$

$\overrightarrow{r}(t) = (3+2t)\overrightarrow{i} + (-1-4t)\overrightarrow{j} + 5\overrightarrow{k}$

(f) $A:(1,4,-2),\ \ B(2,2,3) \Rightarrow \overrightarrow{AB} = \langle 1,-2,5\rangle$

$\overrightarrow{r}(t) = (1+t)\overrightarrow{i} + (4-2t)\overrightarrow{j} + (5t-2)\overrightarrow{k}$

(g) $y = x,\ \ z = 0$

令$y = x = t$

$\therefore \overrightarrow{r}(t) = t\overrightarrow{i} + t\overrightarrow{j}$

(h) $x + y + z = 1,\ y - z = 0$

令$y = t$，則$z = t$，且$x = 1 - y - z = 1 - 2t$

$\therefore \overrightarrow{r}(t) = (1-2t)\overrightarrow{i} + t\overrightarrow{j} + t\overrightarrow{k}$

4.找出曲線的位置向量和切線向量：

(a) $x = t,\ \ y = \sin(2\pi t),\ \ z = \cos(2\pi t)$

(b) $x = t,\ \ y = t^2,\ \ z = 1$

(c) $x = \cosh t,\ \ y = \sinh t,\ \ z = 4t$

(d) $x = t,\ \ y = t^3,\ \ z = 2$

(e) $x = e^t\cos t,\ \ y = e^t\sin t,\ \ z = e^t$

(f) $x = 2\cos t,\ \ y = \sin t,\ \ z = 0$

(g) $x = 2\cos 2t,\ \ y = 2\sin 2t,\ \ z = 1 - 3t$

(h) $x = 3\cos t,\ \ y = 3\sin t,\ \ z = 4t$

(i) $x = 4\ln(2t+1),\ \ y = 4\sinh 3t,\ \ z = 1$

(j) $x = t,\ \ y = t^2,\ \ z = t^3$

(k) $x = 2 - \sinh t,\ \ y = \cosh t,\ \ z = \ln t$

(l) $x^2 + y^2 = 1,\ \ z = 1$

(m) $4x^2+y^2=16,\ \ z=2$

(n) $4x^2-9y^2=36,\ \ z=1$

(o) $x^2+y^2=4,\ \ z=\tan^{-1}\dfrac{y}{x}$

(p) $(x-1)^2+4(y+2)^2=4,\ \ z=1$

解: (a) $\overrightarrow{R}(t)=t\overrightarrow{i}+\sin(2\pi t)\overrightarrow{j}+\cos(2\pi t)\overrightarrow{k}$

$$\overrightarrow{R}'(t)=\frac{dx}{dt}\overrightarrow{i}+\frac{dy}{dt}\overrightarrow{j}+\frac{dz}{dt}\overrightarrow{k}$$

$$=\overrightarrow{i}+2\pi\cos(2\pi t)\overrightarrow{j}-2\pi\sin(2\pi t)\overrightarrow{k}$$

(b) $\overrightarrow{R}(t)=t\overrightarrow{i}+t^2\overrightarrow{j}+\overrightarrow{k}$

$$\overrightarrow{R}'(t)=\overrightarrow{i}+2t\overrightarrow{j}$$

(c) $\overrightarrow{R}(t)=\cosh t\overrightarrow{i}+\sinh t\overrightarrow{j}+4t\overrightarrow{k}$

$$\overrightarrow{R}'(t)=\frac{dx}{dt}\overrightarrow{i}+\frac{dy}{dt}\overrightarrow{j}+\frac{dz}{dt}\overrightarrow{k}=\sinh t\overrightarrow{i}+\cosh t\overrightarrow{j}+4\overrightarrow{k}$$

(d) $\overrightarrow{R}(t)=t\overrightarrow{i}+t^3\overrightarrow{j}+2\overrightarrow{k}$

$$\overrightarrow{R}'(t)=\overrightarrow{i}+3t^2\overrightarrow{j}$$

(e) $\overrightarrow{R}(t)=e^t\cos t\overrightarrow{i}+e^t\sin t\overrightarrow{j}+e^t\overrightarrow{k}$

$$\overrightarrow{R}'(t)=e^t(\cos t-\sin t)\overrightarrow{i}+e^t(\sin t+\cos t)\overrightarrow{j}+e^t\overrightarrow{k}$$

(f) $\overrightarrow{R}(t)=2\cos t\overrightarrow{i}+\sin t\overrightarrow{j}$

$$\overrightarrow{R}'(t)=-2\sin t\overrightarrow{i}+\cos t\overrightarrow{j}$$

(g) $\overrightarrow{R}(t)=2\cos 2t\overrightarrow{i}+2\sin 2t\overrightarrow{j}+(1-3t)\overrightarrow{k}$

$$\overrightarrow{R}'(t)=\frac{dx}{dt}\overrightarrow{i}+\frac{dy}{dt}\overrightarrow{j}+\frac{dz}{dt}\overrightarrow{k}=-4\sin 2t\overrightarrow{i}+4\cos 2t\overrightarrow{j}-3\overrightarrow{k}$$

(h) $\overrightarrow{R}(t)=3\cos t\overrightarrow{i}+3\sin t\overrightarrow{j}+4t\overrightarrow{k}$

$$\overrightarrow{R}'(t)=-3\sin t\overrightarrow{i}+3\cos t\overrightarrow{j}+4\overrightarrow{k}$$

(i) $\overrightarrow{R}(t)=4\ln(2t+1)\overrightarrow{i}+4\sinh 3t\overrightarrow{j}+1\overrightarrow{k}$

$$\overrightarrow{R}'(t)=\frac{dx}{dt}\overrightarrow{i}+\frac{dy}{dt}\overrightarrow{j}+\frac{dz}{dt}\overrightarrow{k}=\frac{8}{2t+1}\overrightarrow{i}+12\cosh 3t\overrightarrow{j}$$

(j) $\overrightarrow{R}(t)=t\overrightarrow{i}+t^2\overrightarrow{j}+t^3\overrightarrow{k}$

$$\overrightarrow{R}'(t)=\overrightarrow{i}+2t\overrightarrow{j}+3t^2\overrightarrow{k}$$

(k) $\overrightarrow{R}(t)=(2-\sinh t)\overrightarrow{i}+\cosh t\overrightarrow{j}+\ln t\overrightarrow{k}$

$$\overrightarrow{R}'(t)=-\cosh t\overrightarrow{i}+\sinh t\overrightarrow{j}+\frac{1}{t}\overrightarrow{k}$$

(l) $\overrightarrow{R}(t)=\cos t\overrightarrow{i}+\sin t\overrightarrow{j}+\overrightarrow{k}$

$$\overrightarrow{R}'(t)=-\sin t\overrightarrow{i}+\cos t\overrightarrow{j}$$

(m) $\overrightarrow{R}(t)=2\cos t\overrightarrow{i}+4\sin t\overrightarrow{j}+2\overrightarrow{k}$

$$\overrightarrow{R}'(t)=-2\sin t\overrightarrow{i}+4\cos t\overrightarrow{j}$$

(n) $\overrightarrow{R}(t)=3\cosh t\overrightarrow{i}+2\sinh t\overrightarrow{j}+\overrightarrow{k}$

$$\overrightarrow{R}'(t)=3\sinh t\overrightarrow{i}+2\cosh t\overrightarrow{j}$$

(o) $\overrightarrow{R}(t)=3\cosh t\overrightarrow{i}+2\sinh t\overrightarrow{j}+\tan^{-1}\frac{y}{x}\overrightarrow{k}$

$$\overrightarrow{R}'(t)=3\sinh t\overrightarrow{i}+2\cosh t\overrightarrow{j}$$

(p) $\overrightarrow{R}(t)=(2\cos t+1)\overrightarrow{i}+(\sin t-2)\overrightarrow{j}+\overrightarrow{k}$

$$\overrightarrow{R}'(t)=-2\sin t\overrightarrow{i}+\cos t\overrightarrow{j}$$

5.求出 $s(t)$、$\overrightarrow{r}(s)$ 及曲線的長度:

(a) $x=t,\ \ y=\cosh t,\ \ z=1,\ \ t\in[0,\pi]$

(b) $x=\frac{1}{5}\sin t,\ \ y=\frac{1}{5}\sin t,\ \ z=5,\ \ t\in[0,\pi]$

(c) $x=y=z=t^2,\ \ t\in[-1,1]$

(d) $x=t^2,\ \ y=\frac{3}{2}t^2,\ \ z=2t^2,\ \ t\in[1,3]$

解: (a) $L=\int_0^{\pi}\sqrt{1^2+\sinh^2 t}\,dt=\int_0^{\pi}\cosh t\,dt=[\sinh t]\Big|_0^{\pi}=\sinh\pi$

$$s=\int_0^t ds=\int_0^t \sinh t\,dt=\sinh t$$

$$\Rightarrow t=\sinh^{-1}s$$

$$x = t = \sinh^{-1} s,\ \ y = \cosh t = \cosh(\sinh^{-1} s) = \sqrt{1+s^2},\ \ z = 1$$

$$\overrightarrow{r}(s) = \sinh^{-1} s\,\overrightarrow{i} + \sqrt{1+s^2}\,\overrightarrow{j} + \overrightarrow{k}\ \ (0 \le s \le \sinh\pi)$$

$$\|\overrightarrow{r}'(s)\| = \sqrt{\left(\frac{1}{\sqrt{1+s^2}}\right)^2 + \left(\frac{s}{1+s^2}\right)^2} = 1$$

(b) $x = \dfrac{1}{5}\sin t,\ \ y = \dfrac{1}{5}\sin t,\ \ z = 5$

$$L = \int_0^{\pi} \sqrt{\left(\frac{1}{5}\cos t\right)^2 + \left(\frac{1}{5}\cos t\right)^2 + 0^2}\,dt$$

$$= \int_0^{\pi} \frac{1}{5}\cos t \cdot dt = \frac{1}{5}\sin\pi$$

$$s = \int_0^{t} \frac{1}{5}\cos s \cdot ds = \frac{1}{5}\sin t$$

$$\Rightarrow t = \sin^{-1} 5s$$

$$x = s,\ \ y = s,\ \ z = 5$$

$$\overrightarrow{r}(s) = s\,\overrightarrow{i} + s\,\overrightarrow{j} + 5\,\overrightarrow{k}$$

$$\|\overrightarrow{r}'(s)\| = \sqrt{1^2 + 1^2} = \sqrt{2}$$

(c) $x = y = z = t^2 \quad -1 \le t \le 1$

$$L = \int_{-1}^{1} \sqrt{(2t)^2 + (2t)^2 + (2t)^2}\,dt = \int_{-1}^{1} 2\sqrt{3}t\,dt = \sqrt{3}[t^2]\Big|_{-1}^{1} = 2\sqrt{3}$$

$$s = \int_{-1}^{t} 2\sqrt{3}s\,ds = \sqrt{3}[s^2]\Big|_{-1}^{t} = \sqrt{3}(t^2+1)$$

$$\Rightarrow t = \left[\frac{s}{\sqrt{3}} - 1\right]^{\frac{1}{2}}$$ (s,t)為 1–1 對應

$$x = y = z = t^2 = \frac{s}{\sqrt{3}} - 1$$

$$\sqrt{3}(1+1) \le s \le \sqrt{3}(1^2+1) \Rightarrow 2\sqrt{3} \le s \le 2\sqrt{3} \Rightarrow s = 2\sqrt{3}$$

$$\overrightarrow{r}(s) = \left(\frac{s}{\sqrt{3}} - 1\right)\overrightarrow{i} + \left(\frac{s}{\sqrt{3}} - 1\right)\overrightarrow{j} + \left(\frac{s}{\sqrt{3}} - 1\right)\overrightarrow{k}$$

$$\|\overrightarrow{r}'(s)\| = \sqrt{\left(\frac{1}{\sqrt{3}}\right)^2 + \left(\frac{1}{\sqrt{3}}\right)^2 + \left(\frac{1}{\sqrt{3}}\right)^2} = 1$$

(d) $x = t^2,\ y = \frac{3}{2}t^2,\ z = 2t^2 \quad 1 \le t \le 3$

$$L = \int_1^3 \sqrt{(2t)^2 + (3t)^2 + (4t)^2}\,dt = \sqrt{29}\int_1^3 t dt = 4\sqrt{29}$$

$$s = \int_1^t \sqrt{29} s ds = \sqrt{29}\left(\frac{t^2 - 1}{2}\right)$$

$$\Rightarrow t = \left(\frac{2s}{\sqrt{29}} + 1\right)^{\frac{1}{2}}$$

$$x = \left(\frac{2s}{\sqrt{29}} + 1\right),\ y = 3\left(\frac{2s}{\sqrt{29}} + 1\right),$$

$$z = 2\left(\frac{2s}{\sqrt{29}} + 1\right) \quad 0 \le s \le 4\sqrt{29}$$

$$\overrightarrow{r}(s) = \left(\frac{2s}{\sqrt{29}} + 1\right)\overrightarrow{i} + \frac{3}{2}\left(\frac{2s}{\sqrt{29}} + 1\right)\overrightarrow{j} + 2\left(\frac{2s}{\sqrt{29}} + 1\right)\overrightarrow{k}$$

$$\|\overrightarrow{r}'(s)\| = \sqrt{\left(\frac{2}{\sqrt{29}}\right)^2 + \left(\frac{3}{\sqrt{29}}\right)^2 + \left(\frac{4}{\sqrt{29}}\right)^2} = 1$$

6.已知物體移動的軌跡線之參數方程式是

$$x = e^{-t},\ y = \cos 3t,\ z = \sin 3t$$

求(a)速度及加速度。

(b)速度及加速度在 $t = 0$ 時的大小。

(c)速度及加速度在 $t = 1$ 時且在 $2\overrightarrow{i} - 3\overrightarrow{j}$ 方向的投影。

解: (a) $\overrightarrow{r} = x\overrightarrow{i} + y\overrightarrow{j} + z\overrightarrow{k} = e^{-t}\overrightarrow{i} + 2\cos 3t\overrightarrow{j} + 2\sin 3t\overrightarrow{k}$

$$\overrightarrow{v} = \frac{d\overrightarrow{r}}{dt} = -e^{-t}\overrightarrow{i} - 6\sin 3t\overrightarrow{j} + 6\cos 3t\overrightarrow{k}$$

$$\overrightarrow{a} = \frac{d^2\overrightarrow{r}}{dt^2} = e^{-t}\overrightarrow{i} - 18\cos 3t\overrightarrow{j} - 18\sin 3t\overrightarrow{k}$$

(b)在 $t=0$ 時

$$\frac{d\vec{r}}{dt}=-\vec{i}+6\vec{k},\quad \frac{d^2\vec{r}}{dt^2}=\vec{i}-18\vec{j}$$

速度 $=\sqrt{(-1)^2+(6)^2}=\sqrt{37}$

加速度 $=\sqrt{(1)^2+(-18)^2}=\sqrt{325}$

(c)在 $t=1$ 時

$$\vec{v}=-e^{-1}\vec{i}-6\sin 3\vec{j}+6\cos 3\vec{k}$$
$$\vec{a}=e^{-1}\vec{i}-18\cos 3\vec{j}-18\sin 3\vec{k}$$

令 $\vec{A}=2\vec{i}-3\vec{j}$

則 $\vec{v}$ 在 $\vec{A}$ 上的投影 $=\vec{v}\cdot\dfrac{\vec{A}}{\|\vec{A}\|}$

$$=\langle -e^{-1}\vec{i}-6\sin 3\vec{j}+6\cos 3\vec{k}\rangle\cdot\frac{2\vec{i}-3\vec{j}}{\sqrt{2^2+3^2}}$$

$$=\frac{1}{\sqrt{13}}\langle -2e^{-1}\vec{i}+18\sin 3\vec{j}\rangle$$

$\vec{a}$ 在 $\vec{A}$ 上的投影 $=\vec{a}\cdot\dfrac{\vec{A}}{\|\vec{A}\|}$

$$=\langle e^{-1}\vec{i}-18\cos 3\vec{j}-18\sin 3\vec{k}\rangle\cdot\frac{2\vec{i}-3\vec{j}}{\sqrt{2^2+3^2}}$$

$$=\frac{1}{\sqrt{13}}\langle 2e^{-1}\vec{i}+54\cos 3\vec{j}\rangle$$

7.證明 $(\vec{r}\times\vec{r}')'=\vec{r}\times\vec{r}''$

證明: $(\vec{r}\times\vec{r}')'=\vec{r}'\times\vec{r}'+\vec{r}\times\vec{r}''=\vec{r}\times\vec{r}''$

（因為 $\vec{r}'/\!/\vec{r}'\Rightarrow\vec{r}'\times\vec{r}'=\vec{0}$）

8. $\overrightarrow{F}=\langle t^2,-t,2t+1\rangle$，$\overrightarrow{G}=\langle 2t-3,1,-t\rangle$，求在 $t=1$ 時，

(a) $\frac{d}{dt}(\overrightarrow{F}\cdot\overrightarrow{G})$

(b) $\frac{d}{dt}\|\overrightarrow{F}+\overrightarrow{G}\|$

(c) $\frac{d}{dt}(\overrightarrow{F}\times\overrightarrow{G})$

(d) $\frac{d}{dt}\left(\overrightarrow{F}\times\frac{d\overrightarrow{G}}{dt}\right)$

解: (a)

$$\begin{aligned}\frac{d}{dt}(\overrightarrow{F}\cdot\overrightarrow{G})&=\overrightarrow{F}\cdot\frac{d\overrightarrow{G}}{dt}+\frac{d\overrightarrow{F}}{dt}\cdot\overrightarrow{G}\\&=\langle t^2,-t,2t+1\rangle\cdot\langle 2,0,-1\rangle+\langle 2t,-1,2\rangle\cdot\langle 2t-3,1,-t\rangle\\&=(2t^2-2t-1)+(4t^2-6t-1-2t)\\&=6t^2-10t-2\end{aligned}$$

$t=1$時 $\Rightarrow \frac{d}{dt}(\overrightarrow{F}\cdot\overrightarrow{G})=6-10-2=-6$

(b) $\overrightarrow{F}+\overrightarrow{G}=\langle t^2+2t-3,1-t,t+1\rangle$

$$\begin{aligned}\therefore\|\overrightarrow{F}+\overrightarrow{G}\|&=[(t^2+2t-3)^2+(1-t)^2+(t+1)^2]^{\frac{1}{2}}\\&=\sqrt{t^4+4t^3-12t+11}\end{aligned}$$

$$\therefore\frac{d}{dt}\|\overrightarrow{F}+\overrightarrow{G}\|=\frac{1}{2}\frac{4t^3+12t^2-12}{\sqrt{t^4+4t^3-12t+11}}$$

$t=1$代入，則 $\frac{d}{dt}\|\overrightarrow{F}+\overrightarrow{G}\|=\frac{1}{2}\frac{4+12-12}{\sqrt{1+4-12+11}}=\frac{2}{2}=1$

(c)

$$\begin{aligned}\frac{d}{dt}(\overrightarrow{F}\times\overrightarrow{G})&=\frac{d\overrightarrow{F}}{dt}\times\overrightarrow{G}+\overrightarrow{F}\times\frac{d\overrightarrow{G}}{dt}\\&=\langle 2t,-1,2\rangle\times\langle 2t-3,1,-t\rangle+\langle t^2,-t,2t+1\rangle\times\langle 2,0,-1\rangle\end{aligned}$$

$t=1$時

$$\frac{d}{dt}(\overrightarrow{F}\times\overrightarrow{G})=\langle 2,-1,2\rangle\times\langle -1,1,-1\rangle+\langle 1,-1,3\rangle\times\langle 2,0,-1\rangle$$

$$=\begin{vmatrix}\vec{i} & \vec{j} & \vec{k}\\ 2 & -1 & 2\\ -1 & 1 & -1\end{vmatrix}+\begin{vmatrix}\vec{i} & \vec{j} & \vec{k}\\ 1 & -1 & 3\\ 2 & 0 & -1\end{vmatrix}=7\vec{i}+3\vec{k}$$

(d) $\dfrac{d}{dt}(\vec{F}\times\dfrac{d\vec{G}}{dt})=\dfrac{d}{dt}\vec{F}\times\dfrac{d\vec{G}}{dt}+\vec{F}\times\dfrac{d^2\vec{G}}{dt^2}$

$$=\langle 2t,-1,2\rangle\times\langle 2,0,-1\rangle+\langle t^2,-t,2t+1\rangle\times\langle 0,0,0\rangle$$

$t=1$時

$$\frac{d}{dt}(\vec{F}\times\frac{d\vec{G}}{dt})=(2,-1,2)\times(2,0,-1)$$

$$=\begin{vmatrix}\vec{i} & \vec{j} & \vec{k}\\ 2 & -1 & 2\\ 2 & 0 & -1\end{vmatrix}=\vec{i}+4\vec{j}+2\vec{k}+2\vec{j}$$

$$=\vec{i}+6\vec{i}+2\vec{k}$$

9.給予向量的常微分方程式及初值條件，

$$\frac{d^2\vec{F}(t)}{dt^2}=6t\vec{i}-24t^2\vec{j}+4\sin t\,\vec{k}$$

$$\vec{F}(0)=\langle 2,1,0\rangle$$

$$\frac{d\vec{F}}{dt}(0)=\langle -1,0,-3\rangle$$

求普通答案。

解:

$$\frac{d^2\vec{F}(t)}{dt^2}=6t\vec{i}-24t^2\vec{j}+4\sin t\,\vec{k}$$

$$\vec{F}(0)=\langle 2,1,0\rangle,\quad \frac{d\vec{F}}{dt}(0)=\langle -1,0,-3\rangle$$

$$\vec{F}=(t^3-t+2)\vec{i}+(1-2t^4)\vec{j}+(t-4\sin t)\vec{k}$$

10.若 $\vec{c_1}$ 和 $\vec{c_2}$ 為常數向量，試證 $\vec{y}=e^{-t}(\vec{c_1}\cos t+\vec{c_2}\sin t)$ 是向量微分方程式 $\vec{y}''+2\vec{y}'+2\vec{y}=0$ 的解答。

證明:

$$\vec{y}=e^{-t}(\vec{c_1}\cos t+\vec{c_2}\sin t)$$

$$\vec{y}'=e^{-t}(-\vec{c_1}\sin t+\vec{c_2}\cos t)-e^{-t}(\vec{c_1}\cos t+\vec{c_2}\sin t)$$

$$\vec{y}''=e^{-t}(\vec{c_1}\cos t+\vec{c_2}\sin t)-e^{-t}(-\vec{c_1}\sin t+\vec{c_2}\cos t)+$$

$$e^{-t}(\vec{c_1}\sin t-\vec{c_2}\cos t)+e^{-t}(-\vec{c_1}\cos t-\vec{c_2}\sin t)$$

代入 $\vec{y}''+2\vec{y}'+2\vec{y}=0$

得知 $\vec{y}=e^{-t}(\vec{c_1}\cos t+\vec{c_2}\sin t)$為此向量方程式的解答

11.證明向量微分方程式 $\vec{y}''+2\alpha\vec{y}'+\omega^2\vec{y}=0$ 的解答為:

(a)低阻尼，$\alpha^2>\omega^2$

$$\vec{y}=e^{-\alpha t}(\vec{c_1}e^{\sqrt{\alpha^2-\omega^2}t}+\vec{c_2}e^{-\sqrt{\alpha^2-\omega^2}t}),$$ $\vec{c_1}$和$\vec{c_2}$是任意常數向量

(b)臨界阻尼，$\alpha^2=\omega^2$

$$\vec{y}=e^{-\alpha t}(\vec{c_1}+\vec{c_2}t)$$

(c)過阻尼，$\alpha^2<\omega^2$

$$\vec{y}=e^{-\alpha t}[\vec{c_1}\sin(\sqrt{\omega^2-\alpha^2}t)+\vec{c_2}\cos(\sqrt{\omega^2-\alpha^2}t)]$$

證明: 由上冊課本2.3節知二階微分方程式 $\vec{y}''+2\alpha\vec{y}'+\omega^2\vec{y}=0$之特性方程式有二個根$\lambda_1$和$\lambda_2$為

$$\lambda_1,\lambda_2=-\frac{2\alpha}{2}\pm\frac{1}{2}\sqrt{4\alpha^2-4\omega^2}$$

$$=-\alpha\pm\sqrt{\alpha^2-\omega^2}$$

(a)當 $\alpha^2>\omega^2$，原方程式之解為

$$\vec{y}=\vec{c_1}e^{\lambda_1 t}+\vec{c_2}e^{\lambda_2 t}$$

即 $\overrightarrow{y}=\overrightarrow{c_1}e^{(-\alpha+\sqrt{\alpha^2-\omega^2})t}+\overrightarrow{c_2}e^{(-\alpha-\sqrt{\alpha^2-\omega^2})t}$

$$=e^{-\alpha t}(\overrightarrow{c_1}e^{\sqrt{\alpha^2-\omega^2}t}+\overrightarrow{c_2}e^{-\sqrt{\alpha^2-\omega^2}t})$$

振盪愈來愈小，因此稱之為低阻尼。

(b)當 $\alpha^2=\omega^2$，原方程式之解為

$$\overrightarrow{y}=\overrightarrow{c_1}e^{\lambda_1 t}+\overrightarrow{c_2}te^{\lambda_1 t}$$

即 $\overrightarrow{y}=\overrightarrow{c_1}e^{-\alpha t}+\overrightarrow{c_2}te^{-\alpha t}$

$$=e^{-\alpha t}(\overrightarrow{c_1}+\overrightarrow{c_2}t)$$

振盪為弦波，因此稱之為臨界阻尼。

(c)當 $\alpha^2<\omega^2$，原方程式之解為

$$\overrightarrow{y}=\overrightarrow{c_1}e^{at}\sin bt+\overrightarrow{c_2}e^{at}\cos bt$$

即 $\overrightarrow{y}=\overrightarrow{c_1}e^{-\alpha t}\sin(\sqrt{\omega^2-\alpha^2}t)+\overrightarrow{c_2}e^{-\alpha t}\cos(\sqrt{\omega^2-\alpha^2}t)$

$$=e^{-\alpha t}[\overrightarrow{c_1}\sin(\sqrt{\omega^2-\alpha^2}t)+\overrightarrow{c_2}\cos(\sqrt{\omega^2-\alpha^2}t)]$$

振盪愈來愈大，因此稱之為過阻尼。

12.利用問題11.的結果，解向量微分方程式:

(a) $\overrightarrow{y}''-4\overrightarrow{y}'-5\overrightarrow{y}=0$

(b) $\overrightarrow{y}''+2\overrightarrow{y}'+\overrightarrow{y}=0$ 且 $\overrightarrow{y}(0)=\langle 1,1,1\rangle$, $\overrightarrow{y}'(0)=\langle 1,0,1\rangle$

(c) $\overrightarrow{y}''+4\overrightarrow{y}=0$

解: $\overrightarrow{y}''+2\alpha\overrightarrow{y}'+\omega^2\overrightarrow{y}=0$

當 $\alpha^2>\omega^2$

$$\overrightarrow{y}=e^{-\alpha t}(\overrightarrow{c_1}e^{\sqrt{\alpha^2-\omega^2}t}+\overrightarrow{c_2}e^{-\sqrt{\alpha^2-\omega^2}t})$$

當 $\alpha^2=\omega^2$

$$\overrightarrow{y} = e^{-\alpha t}(\overrightarrow{c_1} + \overrightarrow{c_2}t)$$

當 $\alpha^2 < \omega^2$

$$\overrightarrow{y} = e^{-\alpha t}[\overrightarrow{c_1}\sin(\sqrt{\omega^2-\alpha^2}t) + \overrightarrow{c_2}\cos(\sqrt{\omega^2-\alpha^2}t)]$$

(a) $\overrightarrow{y}'' - 4\overrightarrow{y}' - 5\overrightarrow{y} = 0$

$$\overrightarrow{y} = \overrightarrow{c_1}e^{5t} + \overrightarrow{c_2}e^{-t}$$

(b) $\overrightarrow{y}'' + 2\overrightarrow{y}' + \overrightarrow{y} = 0 \quad \overrightarrow{y}(0) = \langle 1,1,1\rangle,\ \ \overrightarrow{y}'(0) = \langle 1,0,1\rangle$

$$\overrightarrow{y} = e^{-t}(\overrightarrow{c_1} + \overrightarrow{c_2}t)$$

(c) $\overrightarrow{y}'' + 4\overrightarrow{y} = 0$

$$\overrightarrow{y} = \overrightarrow{c_1}\cos 2t + \overrightarrow{c_2}\sin 2t$$

13.解聯立微分方程式:

$$\begin{cases} \dfrac{d\overrightarrow{y}}{dt} = \overrightarrow{x} \\ \dfrac{d\overrightarrow{x}}{dt} = -\overrightarrow{y} \end{cases}$$

解:

$$\begin{cases} \dfrac{d\overrightarrow{y}}{dt} = \overrightarrow{x} \\ \dfrac{d\overrightarrow{x}}{dt} = -\overrightarrow{y} \end{cases} \Rightarrow \begin{cases} \overrightarrow{x} = \overrightarrow{c_1}\cos t + \overrightarrow{c_2}\sin t \\ \overrightarrow{y} = \overrightarrow{c_1}\cos 2t + \overrightarrow{c_2}\sin 2t \end{cases}$$

14.若 $\overrightarrow{r}(t) = \langle \cos xy, 3xy - 2x^2, -(3x+2y)\rangle$，求:

(a) $\dfrac{\partial\overrightarrow{r}}{\partial x}$ (b) $\dfrac{\partial\overrightarrow{r}}{\partial y}$ (c) $\dfrac{\partial^2\overrightarrow{r}}{\partial x^2}$

(d) $\dfrac{\partial^2\overrightarrow{r}}{\partial y^2}$ (e) $\dfrac{\partial^2\overrightarrow{r}}{\partial x\partial y}$ (f) $\dfrac{\partial^2\overrightarrow{r}}{\partial y\partial x}$

解: $\overrightarrow{r}(t) = \langle \cos xy, 3xy - 2x^2, -(3x+2y)\rangle$

(a) $\dfrac{\partial\overrightarrow{r}}{\partial x} = -y\sin xy\,\overrightarrow{i} + (3y-4x)\overrightarrow{j} - 3\overrightarrow{k}$

(b) $\dfrac{\partial \vec{r}}{\partial y} = -x\sin xy\,\vec{i} + 3x\,\vec{j} - 2\,\vec{k}$

(c) $\dfrac{\partial^2 \vec{r}}{\partial x^2} = -y^2\cos xy\,\vec{i} - 4\,\vec{j}$

(d) $\dfrac{\partial^2 \vec{r}}{\partial y^2} = -x^2\cos xy\,\vec{i}$

(e) $\dfrac{\partial^2 \vec{r}}{\partial x \partial y} = -(xy\cos xy + \sin xy)\,\vec{i} + 3\,\vec{j}$

(f) $\dfrac{\partial^2 \vec{r}}{\partial y \partial x} = -(xy\cos xy + \sin xy)\,\vec{i} + 3\,\vec{j}$

15.計算 $\dfrac{d}{dt}[\phi(t)\vec{F}(t)]$:

(a) $\phi(t) = 2\cos 3t,\ \vec{F} = \langle 1, 3t^2, 2t\rangle$

(b) $\phi(t) = \dfrac{1}{2} - t^3,\ \vec{F} = \langle t, -\cosh t, e^t\rangle$

(c) $\phi(t) = \dfrac{1}{2}t^2 - t + \dfrac{3}{2},\ \vec{F} = \langle \ln t, e^t, -t^2\rangle$

(d) $\phi(t) = t + \dfrac{3}{2},\ \vec{F} = \langle 1-3t, t^4, -t\rangle$

解: (a) $\dfrac{d}{dt}[\phi(t)\vec{F}(t)]$

$= (2\cos 3t\,\vec{i} + 6t^2\cos 3t\,\vec{j} + 4t\cos 3t\,\vec{k})'$

$= -6\sin 3t\,\vec{i} + (-18t^2\sin 3t + 12t\cos 3t)\,\vec{j} + (4\cos 3t - 12\sin 3t)\,\vec{k}$

(b) $\dfrac{d}{dt}[\phi(t)\vec{F}(t)]$

$= \dfrac{1}{2}[(t-2t^4)\,\vec{i} - (1-2t^3)\cosh t\,\vec{j} + e^t(1-2t^3)\,\vec{k}]'$

$= \dfrac{1}{2}[(1-8t^3)\,\vec{i} + (6t^2\cosh t - (1-2t^3)\sinh t)\,\vec{j} +$

$e^t(1-2t^3-6t^2)\,\vec{k}\,]$

(c) $\frac{d}{dt}[\phi(t)\overrightarrow{F}(t)]$

$$=\frac{1}{2}[(t^2\ln t-2t\ln t+3\ln t)\overrightarrow{i}+(t^2e^t-2te^t+3e^t)\overrightarrow{j}-(t^4-2t^3+3t^2)\overrightarrow{k}]'$$

$$=\frac{1}{2}[(2t\ln t+t-2\ln t-2+\frac{3}{t})\overrightarrow{i}+(2te^t+t^2e^t-2e^t-2te^t+3e^t)\overrightarrow{j}-$$

$$(4t^3-6t^2+6t)\overrightarrow{k}]$$

$$=\frac{1}{2}[(2t\ln t+t-2\ln t-2+\frac{3}{t})\overrightarrow{i}+e^t(t^2+1)\overrightarrow{j}-2t(2t^2-3t+3)\overrightarrow{k}]$$

(d) $\frac{d}{dt}[\phi(t)\overrightarrow{F}(t)]$

$$=\frac{1}{2}[(3-7t-6t^2)\overrightarrow{i}+(2t^3+3t^2)\overrightarrow{j}-(2t^2+3t)\overrightarrow{k}]'$$

$$=\frac{1}{2}[(-7-12t)\overrightarrow{i}+(6t^2+6t)\overrightarrow{j}-(4t+3)\overrightarrow{k}]$$

$$=\frac{1}{2}[-(7+12t)\overrightarrow{i}+6t(t+1)\overrightarrow{j}-(4t+3)\overrightarrow{k}]$$

16.若 $\overrightarrow{c_1}$ 和 $\overrightarrow{c_2}$ 是任意常數向量，λ是特徵值，證明 $\overrightarrow{B}=e^{-\lambda x}[\overrightarrow{c_1}\sin(\lambda y)+\overrightarrow{c_2}\cos(\lambda y)]$是下列偏微分方程式的解答。

$$\frac{\partial^2\overrightarrow{B}}{\partial x^2}+\frac{\partial^2\overrightarrow{B}}{\partial y^2}=0$$

證明：將 $\overrightarrow{B}=e^{-\lambda x}[\overrightarrow{c_1}\sin(\lambda y)+\overrightarrow{c_2}\cos(\lambda y)]$代入

$$\frac{\partial^2\overrightarrow{B}}{\partial x^2}+\frac{\partial^2\overrightarrow{B}}{\partial y^2}$$

$$=\frac{\partial^2}{\partial x^2}\left[e^{-\lambda x}[\overrightarrow{c_1}\sin(\lambda y)+\overrightarrow{c_2}\cos(\lambda y)]\right]+\frac{\partial^2}{\partial y^2}\left[e^{-\lambda x}[\overrightarrow{c_1}\sin(\lambda y)+\overrightarrow{c_2}\cos(\lambda y)]\right]$$

$$=\lambda^2e^{-\lambda x}[\overrightarrow{c_1}\sin(\lambda y)+\overrightarrow{c_2}\cos(\lambda y)]-\lambda^2e^{-\lambda x}[\overrightarrow{c_1}\sin(\lambda y)+\overrightarrow{c_2}\cos(\lambda y)]$$

$=0$　得證

17.根據下列之位置向量 $\overrightarrow{r}(t)$，且 $t=0$，描述軌跡形狀，求速度、速度之大小、加速度。

(a) $\overrightarrow{r}(t)=t\overrightarrow{i}$

(b) $\overrightarrow{r}(t)=2t^2\overrightarrow{k}$

(c) $\overrightarrow{r}(t)=2\cos t\overrightarrow{i}+2\sin t\overrightarrow{j}+3t\overrightarrow{k}$

(d) $\overrightarrow{r}(t)=e^t\overrightarrow{i}+e^{-t}\overrightarrow{j}$

(e) $\overrightarrow{r}(t)=2\cos t^2\overrightarrow{i}+2\sin t^2\overrightarrow{j}$

(f) $\overrightarrow{r}(t)=2\sin t\overrightarrow{j}$

解: (a) $\overrightarrow{r}(t)=t\overrightarrow{i}\Rightarrow\overrightarrow{v}(t)=\overrightarrow{r}'(t)=\overrightarrow{i}$, $\|\overrightarrow{v}\|=1$

$\overrightarrow{a}(t)=\overrightarrow{v}'(t)=\overrightarrow{0}$

(b) $\overrightarrow{r}(t)=2t^2\overrightarrow{k}\Rightarrow\overrightarrow{v}(t)=\overrightarrow{r}'(t)=4t\overrightarrow{k}$, $\|\overrightarrow{v}\|=4t$

$\overrightarrow{a}(t)=\overrightarrow{v}'(t)=4\overrightarrow{k}$

(c) $\overrightarrow{r}(t)=2\cos t\overrightarrow{i}+2\sin t\overrightarrow{j}+3t\overrightarrow{k}$

$\overrightarrow{v}(t)=-2\sin t\overrightarrow{i}+2\cos t\overrightarrow{j}+3\overrightarrow{k}$, $\|\overrightarrow{v}\|=\sqrt{13}$

$\overrightarrow{a}(t)=-2\cos t\overrightarrow{i}-2\sin t\overrightarrow{j}$

(d) $\overrightarrow{r}(t)=e^t\overrightarrow{i}+e^{-t}\overrightarrow{j}$

$\overrightarrow{v}(t)=e^t\overrightarrow{i}-e^{-t}\overrightarrow{j}$, $\|\overrightarrow{v}\|=(e^{2t}+e^{-2t})^{\frac{1}{2}}=(2\cosh 2t)^{\frac{1}{2}}$

$\overrightarrow{a}(t)=e^t\overrightarrow{i}+e^{-t}\overrightarrow{j}$

(e) $\overrightarrow{r}(t)=2\cos t^2\overrightarrow{i}+2\sin t^2\overrightarrow{j}$

$\overrightarrow{v}(t)=-2t\sin t^2\overrightarrow{i}+2t\cos t^2\overrightarrow{j}$, $\|\overrightarrow{v}\|=2t$

$\overrightarrow{a}(t)=(-2\sin t^2-4t^2\cos t^2)\overrightarrow{i}+(2\cos t^2-4t^2\sin t^2)\overrightarrow{j}$

(f) $\overrightarrow{r}(t)=2\sin t\overrightarrow{j}\Rightarrow\overrightarrow{v}(t)=\cos t\overrightarrow{j}$, $\|\overrightarrow{v}\|=|\cos t|$

$\overrightarrow{a}(t)=-\sin t\overrightarrow{j}$

7.4　曲線之切線、曲率、扭率

1.根據下列位置向量 $\overrightarrow{r}(t)$，求 $\overrightarrow{v}$、$\overrightarrow{a}$、a_T、a_N、$\overrightarrow{T}$、$\overrightarrow{N}$、$\overrightarrow{B}$：

(a) $\overrightarrow{r}(t)=\langle\frac{3}{2}t,-1,\frac{1}{2}t^2\rangle$　(b) $\overrightarrow{r}(t)=\langle t\sin t,t\cos t,1\rangle$

(c) $\overrightarrow{r}(t)=\langle t,-t,\frac{1}{2}t\rangle$　(d) $\overrightarrow{r}(t)=\langle e^t\sin t,-1,e^t\cos t\rangle$

(e) $\overrightarrow{r}(t)=\langle\sin t,\frac{1}{2}t,\cos t\rangle$　(f) $\overrightarrow{r}(t)=e^{-t}\langle\frac{1}{2},\frac{1}{2},-1\rangle$

(g) $\overrightarrow{r}(t)=\langle\sinh t,\ -\cosh t\rangle$　(h) $\overrightarrow{r}(t)=\langle t,t^2,\frac{2}{3}t^3\rangle$

(i) $\overrightarrow{r}(t)=\langle t,-\frac{1}{2}\cos t,-\frac{1}{2}\sin t\rangle$　(j) $\overrightarrow{r}(t)=e^{-t}\langle 1,-1,t\rangle$

(k) $\overrightarrow{r}(t)=\langle\frac{1}{2}t^2,\frac{1}{2}t^2,-t\rangle$　(l) $xy=1,\ z=1$

(m) $\overrightarrow{r}(t)=\langle t-\frac{1}{3}t^3,t^2,t+\frac{1}{3}t^3\rangle$

解：(a)

$$\overrightarrow{r}(t)=\langle\frac{3}{2}t,-1,\frac{1}{2}t^2\rangle=\frac{3}{2}t\overrightarrow{i}-\overrightarrow{j}+\frac{1}{2}t^2\overrightarrow{k}$$

$$\overrightarrow{v}(t)=\frac{3}{2}\overrightarrow{i}+t\overrightarrow{k},\quad v=\|\overrightarrow{v}\|=\sqrt{\frac{9}{4}+t^2}$$

$$\overrightarrow{a}(t)=\overrightarrow{k}$$

$$a_T=\frac{dv}{dt}=\frac{t}{\sqrt{\frac{9}{4}+t^2}}$$

$$a_N^2=\|\overrightarrow{a}\|^2-a_T^2=1-\frac{t^2}{\frac{9}{4}+t^2}=\frac{\frac{9}{4}}{\frac{9}{4}+t^2}\Rightarrow a_N=\frac{\frac{3}{2}}{\sqrt{\frac{9}{4}+t^2}}$$

$$\rho = \frac{v^2}{a_N} = \frac{\frac{9}{4}+t^2}{\frac{\frac{3}{2}}{\sqrt{\frac{9}{4}+t^2}}} = \frac{2}{3}\left(\frac{9}{4}+t^2\right)^{\frac{3}{2}} = \frac{1}{\kappa}$$

$$\kappa = \frac{3}{2}\left(\frac{9}{4}+t^2\right)^{-\frac{3}{2}}$$

$$\overrightarrow{T} = \frac{1}{v}\overrightarrow{v} = \frac{\frac{3}{2}\overrightarrow{i} + t\overrightarrow{k}}{\sqrt{\frac{9}{4}+t^2}}$$

$$\overrightarrow{N} = \rho\frac{d\overrightarrow{T}}{ds} = \frac{\rho}{v}\frac{d\overrightarrow{T}}{dt} = \frac{v}{a_N}\frac{d\overrightarrow{T}}{dt} = \frac{1}{\sqrt{\frac{9}{4}+t^2}}\left(-t\overrightarrow{i} + \frac{3}{2}\overrightarrow{k}\right)$$

$$\overrightarrow{B} = \overrightarrow{T} \times \overrightarrow{N} = -\frac{1}{2}\overrightarrow{j}$$

(b) $\overrightarrow{r}(t) = t\sin t\,\overrightarrow{i} + t\cos t\,\overrightarrow{j} + \overrightarrow{k}$

$$\overrightarrow{v}(t) = (t\cos t + \sin t)\overrightarrow{i} + (-t\sin t + \cos t)\overrightarrow{j}$$

$$v = \sqrt{(t\cos t + \sin t)^2 + (-t\sin t + \cos t)^2} = \sqrt{1+t^2}$$

$$\overrightarrow{a}(t) = (-t\sin t + 2\cos t)\overrightarrow{i} + (-t\cos t - 2\sin t)\overrightarrow{j}$$

$$a_T = \frac{t}{\sqrt{1+t^2}}$$

$$a_N = \sqrt{\frac{t^4+4t^2+4}{1+t^2}} = \frac{t^2+2}{\sqrt{1+t^2}}$$

$$\rho = \frac{v^2}{a_N} = \frac{1+t^2}{\frac{t^2+2}{\sqrt{1+t^2}}} = \frac{(1+t^2)^{\frac{3}{2}}}{2+t^2} \Rightarrow \kappa = \frac{2+t^2}{(1+t^2)^{\frac{3}{2}}}$$

$$\overrightarrow{T} = \frac{1}{v}\overrightarrow{v} = \frac{(t\cos t + \sin t)\overrightarrow{i} + (-t\sin t + \cos t)\overrightarrow{j}}{\sqrt{1+t^2}}$$

$$\overrightarrow{N}=\frac{v}{a_N}\frac{d\overrightarrow{T}}{dt}=\frac{1}{(2+t^2)\sqrt{1+t^2}}[(2\cos t-2t\sin t+t^2\cos t-t^3\sin t)\overrightarrow{i}-(2\sin t+2t\cos t+t^2\sin t+t^3\cos t)]\overrightarrow{j}$$

$$\overrightarrow{B}=\overrightarrow{T}\times\overrightarrow{N}$$

將 $\overrightarrow{T}$、$\overrightarrow{N}$ 代入即可得 $\overrightarrow{B}$

(c) $\overrightarrow{r}(t)=t\overrightarrow{i}-t\overrightarrow{j}+\frac{1}{2}t\overrightarrow{k}$

$$\overrightarrow{v}(t)=\overrightarrow{i}-\overrightarrow{j}+\frac{1}{2}\overrightarrow{k}\Rightarrow v=\|\overrightarrow{v}\|=\frac{3}{2}$$

$$\overrightarrow{a}(t)=0\Rightarrow a_T=0$$

$$\kappa=0$$

$$\overrightarrow{T}=\frac{1}{v}\overrightarrow{v}=\frac{2}{3}(\overrightarrow{i}-\overrightarrow{j}+\frac{1}{2}\overrightarrow{k})$$

$$\overrightarrow{N}=\frac{1}{\sqrt{2}}(\overrightarrow{i}+\overrightarrow{j})\frac{1}{3\sqrt{2}}(\overrightarrow{i}-\overrightarrow{j}+\frac{1}{2}\overrightarrow{k})\times(\overrightarrow{i}+\overrightarrow{j})$$

$$=\frac{2}{3\sqrt{2}}(4\overrightarrow{k}-\overrightarrow{j}-\overrightarrow{i})$$

(d) $\overrightarrow{r}(t)=e^t\sin t\overrightarrow{i}-\overrightarrow{j}+e^t\cos t\overrightarrow{k}$

$$\overrightarrow{v}(t)=(e^t\sin t+e^t\cos t)\overrightarrow{i}+(e^t\cos t-e^t\sin t)\overrightarrow{k}\Rightarrow\|\overrightarrow{v}\|=\sqrt{2}e^t$$

$$\overrightarrow{a}(t)=\frac{d\overrightarrow{v}}{dt}=2e^t\cos t\overrightarrow{i}-2e^t\sin t\overrightarrow{k}$$

$$a_T=\frac{dv}{dt}=\sqrt{2}e^t$$

$$a_N^2=\|\overrightarrow{a}\|^2-a_T^2=4e^{2t}-2e^{2t}=2e^{2t}\Rightarrow a_N=\sqrt{2}e^t$$

$$\rho=\frac{\|\overrightarrow{v}\|^2}{a_N}=\sqrt{2}e^t\Rightarrow\kappa=\frac{1}{\rho}=\frac{1}{\sqrt{2}e^t}$$

$$\overrightarrow{T}=\frac{1}{v}\overrightarrow{v}=\frac{1}{\sqrt{2}}[(\sin t+\cos t)\overrightarrow{i}+(\cos t-\sin t)\overrightarrow{k}]$$

$$\overrightarrow{N}=\frac{v}{a_N}\frac{d\overrightarrow{T}}{dt}=\frac{1}{\sqrt{2}}[(\cos t-\sin t)\overrightarrow{i}-(\sin t+\cos t)\overrightarrow{k}]$$

$$\overrightarrow{B} = \overrightarrow{T} \times \overrightarrow{N} = \frac{1}{2}[(\cos t + \sin t)\overrightarrow{i} + (\cos t - \sin t)\overrightarrow{k}] \times$$

$$[(\cos t - \sin t)\overrightarrow{i} - (\sin t + \cos t)\overrightarrow{k}]$$

$$= \frac{1}{2} \cdot 2\overrightarrow{j} = \overrightarrow{j}$$

(e) $\overrightarrow{r}(t) = \sin t\,\overrightarrow{i} + \frac{1}{2}t\,\overrightarrow{j} + \cos t\,\overrightarrow{k}$

$$\overrightarrow{v}(t) = \cos t\,\overrightarrow{i} + \frac{1}{2}\overrightarrow{j} - \sin t\,\overrightarrow{k} \Rightarrow \|\overrightarrow{v}\| = \frac{3}{2}$$

$$\overrightarrow{a}(t) = -\sin t\,\overrightarrow{i} - \cos t\,\overrightarrow{k}$$

$$a_T = 0,\ \ a_N = \sqrt{2}$$

$$\rho = \frac{v^2}{a_N} = \frac{9}{4\sqrt{2}} \Rightarrow \kappa = \frac{2}{9}\sqrt{2}$$

$$\overrightarrow{T} = \frac{1}{v}\overrightarrow{v} = \frac{4}{9}\left(\cos t\,\overrightarrow{i} + \frac{1}{2}\overrightarrow{j} - \sin t\,\overrightarrow{k}\right)$$

$$\overrightarrow{N} = \frac{v}{a_N}\frac{d\overrightarrow{T}}{dt} = \frac{\sqrt{2}}{6}(-\sin t\,\overrightarrow{i} - \cos t\,\overrightarrow{k})$$

(f) $\overrightarrow{r}(t) = e^{-t}\left(\frac{1}{2}\overrightarrow{i} + \frac{1}{2}\overrightarrow{j} - \overrightarrow{k}\right)$

$$\overrightarrow{v}(t) = e^{-t}\left(-\frac{1}{2}\overrightarrow{i} - \frac{1}{2}\overrightarrow{j} + \overrightarrow{k}\right) \Rightarrow \|\overrightarrow{v}\| = \frac{\sqrt{6}}{2}e^{-t}$$

$$\overrightarrow{a}(t) = e^{-t}\left(\frac{1}{2}\overrightarrow{i} + \frac{1}{2}\overrightarrow{j} - \overrightarrow{k}\right)$$

$$a_T = -\frac{\sqrt{6}}{2}e^{-t},\ \ a_N^2 = \|\overrightarrow{a}\|^2 - a_T^2 = 0$$

$$\rho = \infty \Rightarrow \kappa = 0$$

$$\overrightarrow{T} = \frac{1}{v}\overrightarrow{v} = \frac{\sqrt{6}}{6}(-\overrightarrow{i} - \overrightarrow{j} + \overrightarrow{k})$$

(g) $\overrightarrow{r}(t) = \sinh t\,\overrightarrow{i} - \cosh t\,\overrightarrow{j}$

$$\overrightarrow{v}(t) = \cosh t\,\overrightarrow{i} - \sinh t\,\overrightarrow{j}$$

$$\|\overrightarrow{v}\| = \sqrt{\cosh^2 t + \sinh^2 t} = \sqrt{\cosh 2t}$$

$$\overrightarrow{a}(t) = \sinh t\,\overrightarrow{i} - \cosh t\,\overrightarrow{j}$$

$$a_T = \frac{dv}{dt} = \frac{2\sinh 2t}{\sqrt{\cosh 2t}}$$

$$a_N^2 = \|\overrightarrow{a}\|^2 - a_T^2 = (\cosh^2 t + \sinh^2 t) - \frac{4\cosh^2 t \sin^2 t}{\cosh^2 t + \sinh^2 t}$$

$$= \frac{\cosh^2 t - \sinh^2 t}{\cosh^2 t + \sinh^2 t} = \frac{1}{\cosh^2 t + \sinh^2 t}$$

$$a_N = \frac{1}{\sqrt{\cosh 2t}}$$

$$\rho = [\sinh^2 t + \cosh^2 t]^{\frac{3}{2}} \Rightarrow \kappa = \frac{1}{\cosh(2t)^{\frac{3}{2}}}$$

$$\overrightarrow{T} = \frac{1}{v}\overrightarrow{v} = \frac{1}{\sqrt{\cosh 2t}}[-\sinh t\,\overrightarrow{i} - \cosh t\,\overrightarrow{j}]$$

$$\overrightarrow{N} = \frac{v}{a_N}\frac{d\overrightarrow{T}}{dt} = \frac{1}{\sqrt{\cosh 2t}}[-\sinh t\,\overrightarrow{i} - \cosh t\,\overrightarrow{k}]$$

$$\overrightarrow{B} = \overrightarrow{T} \times \overrightarrow{N} = -\overrightarrow{i}$$

(h) $\overrightarrow{r}(t) = t\,\overrightarrow{i} + t^2\,\overrightarrow{j} + \frac{2}{3}t^3\,\overrightarrow{k}$

$$\overrightarrow{v}(t) = \overrightarrow{i} + 2t\,\overrightarrow{j} + 2t^2\,\overrightarrow{k} \Rightarrow \|\overrightarrow{v}\| = \sqrt{1 + 4t^2 + 4t^4} = 1 + 2t^2$$

$$\overrightarrow{a}(t) = 2\,\overrightarrow{j} + 4t\,\overrightarrow{k}$$

$$\overrightarrow{T} = \frac{d\overrightarrow{r}}{ds} = \frac{\overrightarrow{i} + 2t\,\overrightarrow{j} + 2t^2\,\overrightarrow{k}}{1 + 2t^2}$$

$$\frac{d\overrightarrow{T}}{dt} = \frac{(1 + 2t^2)(2\,\overrightarrow{j} + 4t\,\overrightarrow{k}) - (\overrightarrow{i} + 2t\,\overrightarrow{j} + 2t^2\,\overrightarrow{k})(4t)}{(1 + 2t^2)^2}$$

$$= \frac{-4t\,\overrightarrow{i} + (2 - 4t^2)\,\overrightarrow{j} + 4t\,\overrightarrow{k}}{(1 + 2t^2)^2}$$

$$\frac{d\overrightarrow{T}}{ds} = \frac{-4t\,\overrightarrow{i} + (2 - 4t^2)\,\overrightarrow{j} + 4t\,\overrightarrow{k}}{(1 + 2t^2)^3}$$

$$\frac{d\overrightarrow{T}}{ds} = \kappa\overrightarrow{N}$$

$$\kappa = \left\|\frac{d\overrightarrow{T}}{ds}\right\| = \frac{\sqrt{(-4t)^2 + (2-4t^2)^2 + (4t)^2}}{(1+2t^2)^3} = \frac{2}{(1+2t^2)^2}$$

$$\overrightarrow{N} = \frac{1}{\kappa}\frac{d\overrightarrow{T}}{ds} = \frac{-2t\overrightarrow{i} + (1-2t^2)\overrightarrow{j} + 2t\overrightarrow{k}}{1+2t^2}$$

$$\overrightarrow{B} = \overrightarrow{T}\times\overrightarrow{N} = \frac{2t^2\overrightarrow{i} - 2t\overrightarrow{j} + \overrightarrow{k}}{1+2t^2}$$

(i) $\overrightarrow{r}(t) = t\overrightarrow{i} - \frac{1}{2}\cos t\overrightarrow{j} - \frac{1}{2}\sin t\overrightarrow{k}$

$$\overrightarrow{v}(t) = \overrightarrow{i} + \frac{1}{2}\sin t\overrightarrow{j} - \frac{1}{2}\cos t\overrightarrow{k} \Rightarrow \|\overrightarrow{v}\| = \frac{\sqrt{5}}{2}$$

$$\overrightarrow{a}(t) = \frac{1}{2}\cos t\overrightarrow{j} + \frac{1}{2}\sin t\overrightarrow{k} \Rightarrow \|\overrightarrow{a}\| = \frac{1}{2}$$

$$a_T = 0,\ \ a_N = \frac{1}{2}$$

$$\rho = \frac{v^2}{a_N} = \frac{5}{2} \Rightarrow \kappa = \frac{1}{\rho} = \frac{2}{5}$$

$$\overrightarrow{T} = \frac{1}{v}\overrightarrow{v} = \frac{\sqrt{5}}{2}\left(\overrightarrow{i} + \frac{1}{2}\sin t\overrightarrow{j} - \frac{1}{2}\cos t\overrightarrow{k}\right)$$

$$\overrightarrow{N} = \frac{v}{a_N}\frac{d\overrightarrow{T}}{dt} = \left(\frac{1}{2}\cos t\overrightarrow{j} + \frac{1}{2}\sin t\overrightarrow{k}\right)$$

$$\overrightarrow{B} = \overrightarrow{T}\times\overrightarrow{N} = \frac{1}{\sqrt{5}}\left[\frac{1}{2}\overrightarrow{i} - \sin t\overrightarrow{j} + \cos t\overrightarrow{k}\right]$$

(j) $\overrightarrow{r}(t) = e^{-t}(\overrightarrow{i} - \overrightarrow{j} + t\overrightarrow{k})$

$$\overrightarrow{v}(t) = e^{-t}(-\overrightarrow{i} + \overrightarrow{j} - t\overrightarrow{k} + \overrightarrow{k}) \Rightarrow \|\overrightarrow{v}\| = e^{-t}\sqrt{2+(t-1)^2}$$

$$\overrightarrow{a}(t) = e^{-t}(\overrightarrow{i} - \overrightarrow{j} + t\overrightarrow{k} - 2\overrightarrow{k})$$

$$a_T = e^{-t}\left(-\sqrt{2+(t-1)^2} + \frac{t-1}{\sqrt{2+(t-1)^2}}\right)$$

$$a_N = \frac{\sqrt{2}}{\sqrt{2+(t-1)^2}}e^{-t}$$

$$\rho = \frac{e^{-t}[2+(t-1)^2]^{\frac{3}{2}}}{\sqrt{2}} \Rightarrow \kappa = \frac{1}{\rho} = e^t\frac{\sqrt{2}}{[2+(t-1)^2]^{\frac{3}{2}}}$$

$$\overrightarrow{T} = \frac{1}{v}\overrightarrow{v} = \frac{1}{\sqrt{2+(t-1)^2}}(-\overrightarrow{i} + \overrightarrow{j} - t\overrightarrow{k} + \overrightarrow{k})$$

$$\overrightarrow{N} = \frac{v}{a_N}\frac{d\overrightarrow{T}}{dt} = \frac{1}{\sqrt{2}}\frac{1-t}{\sqrt{2+(t-1)^2}}(-\overrightarrow{i} - \overrightarrow{j} - t\overrightarrow{k}) + \frac{\sqrt{2+(t-1)^2}}{\sqrt{2}}(-\overrightarrow{k})$$

$$\overrightarrow{B} = \overrightarrow{T} \times \overrightarrow{N}$$

(k) $\overrightarrow{r}(t) = \frac{1}{2}t^2\overrightarrow{i} + \frac{1}{2}t^2\overrightarrow{j} - t\overrightarrow{k}$

$$\overrightarrow{v}(t) = t\overrightarrow{i} + t\overrightarrow{j} - \overrightarrow{k} \Rightarrow \|\overrightarrow{v}\| = \sqrt{1+2t^2}$$

$$\overrightarrow{a}(t) = \overrightarrow{i} + \overrightarrow{j}$$

$$a_T = \frac{dv}{dt} = \frac{4t}{\sqrt{1+2t^2}}$$

$$a_N = \sqrt{\|\overrightarrow{a}\|^2 - a_T^2} = \sqrt{2 - \frac{16t^2}{1+2t^2}} = \sqrt{\frac{2-12t^2}{1+2t^2}}$$

$$\rho = \frac{v^2}{a_N} = \frac{1}{\sqrt{2-12t^2}}(1+2t^2)^{\frac{3}{2}} \Rightarrow \kappa = \sqrt{2-12t^2}(1+2t^2)^{-\frac{3}{2}}$$

$$\overrightarrow{T} = \frac{1}{|v|}\overrightarrow{v} = \frac{1}{\sqrt{1+2t^2}}(t\overrightarrow{i} + t\overrightarrow{j} - \overrightarrow{k})$$

$$\overrightarrow{N} = \frac{v}{a_N}\frac{d\overrightarrow{T}}{dt}$$

$$\overrightarrow{B} = \overrightarrow{T} \times \overrightarrow{N}$$

(m) $\overrightarrow{r}(t) = \left(t - \frac{1}{3}t^3\right)\overrightarrow{i} + t^2\overrightarrow{j} + \left(t + \frac{1}{3}t^3\right)\overrightarrow{k}$

$$\overrightarrow{v}(t)=(1-t^2)\overrightarrow{i}+2t\overrightarrow{j}+(1+t^2)\overrightarrow{k}$$

$$\|\overrightarrow{v}\|=\sqrt{2}(t^2+1)$$

$$\overrightarrow{a}(t)=(-2t)\overrightarrow{i}+2\overrightarrow{j}+2t\overrightarrow{k}$$

$$\overrightarrow{T}=\frac{(1-t^2)\overrightarrow{i}+2t\overrightarrow{j}+(1+t^2)\overrightarrow{k}}{\sqrt{2}(1+t^2)}$$

$$\overrightarrow{N}=-\frac{2t}{1+t^2}\overrightarrow{i}+\frac{1-t^2}{1+t^2}\overrightarrow{j}$$

$$\kappa=\frac{1}{(1+t^2)^2},\ \rho=(1+t^2)^2$$

$$\overrightarrow{B}=\frac{(t^2-1)\overrightarrow{i}-2t\overrightarrow{j}+(t^2+1)\overrightarrow{k}}{\sqrt{2}(1+t^2)}$$

2.證明 $\tau=\dfrac{\overrightarrow{r}'(s)\cdot(\overrightarrow{r}''(s)\times\overrightarrow{r}'''(s))}{\|\overrightarrow{r}''(s)\|^2}=\rho^2\overrightarrow{r}'(s)\cdot(\overrightarrow{r}''(s)\times\overrightarrow{r}'''(s))$

證明: $\dfrac{d\overrightarrow{r}}{ds}=\overrightarrow{T},\ \dfrac{d^2\overrightarrow{r}}{ds^2}=\dfrac{d\overrightarrow{T}}{ds}=\kappa\overrightarrow{N}$

$$\frac{d^3\overrightarrow{r}}{ds^3}=\kappa\frac{d\overrightarrow{N}}{ds}+\frac{d\kappa}{ds}\overrightarrow{N}=\kappa(\tau\overrightarrow{B}-\kappa\overrightarrow{T})+\frac{d\kappa}{ds}\overrightarrow{N}$$

$$=\kappa\tau\overrightarrow{B}-\kappa^2\overrightarrow{T}+\frac{d\kappa}{ds}\overrightarrow{N}$$

$$\frac{d\overrightarrow{r}}{ds}\cdot\frac{d^2\overrightarrow{r}}{ds^2}\times\frac{d^3\overrightarrow{r}}{ds^3}=\overrightarrow{T}\cdot\kappa\overrightarrow{N}\times(\kappa\tau\overrightarrow{B}-\kappa^2\overrightarrow{T}+\frac{d\kappa}{ds}\overrightarrow{N})$$

$$=\overrightarrow{T}\cdot(\kappa^2\tau\overrightarrow{N}\times\overrightarrow{B}-\kappa^3\overrightarrow{N}\times\overrightarrow{T}+\kappa\frac{d\kappa}{ds}\overrightarrow{N}\times\overrightarrow{N})$$

$$=\overrightarrow{T}\cdot(\kappa^2\tau\overrightarrow{T}+\kappa^3\overrightarrow{B})=\kappa^2\overrightarrow{T}=\frac{\tau}{\rho^2}$$

$$\tau=[(x'')^2+(y'')^2+(z'')^2]^{-1}\begin{vmatrix}x' & y' & z'\\ x'' & y'' & z''\\ x''' & y''' & z'''\end{vmatrix}$$

3.若 $\overrightarrow{r}(s)=\langle\tan^{-1}s,\frac{1}{\sqrt{2}}\ln(s^2+1),s-\tan^{-1}s\rangle$，求 $\overrightarrow{T}$、$\overrightarrow{N}$、$\overrightarrow{B}$、κ、τ、ρ、σ。

解: (a)

$$\overrightarrow{T}=\frac{d\overrightarrow{r}(s)}{ds}=\frac{1}{s^2+1}\overrightarrow{i}+\frac{2s}{\sqrt{2}(s^2+1)}\overrightarrow{j}+(1-\frac{1}{s^2+1})\overrightarrow{k}$$

$$=\frac{\overrightarrow{i}+\sqrt{2}s\overrightarrow{j}+s^2\overrightarrow{k}}{s^2+1}$$

(b)

$$\frac{d\overrightarrow{T}}{ds}=\frac{(s^2+1)(\sqrt{2}\overrightarrow{j}+2s\overrightarrow{k})-(\overrightarrow{i}+\sqrt{2}s\overrightarrow{j}+s^2\overrightarrow{k})(2s)}{(s^2+1)^2}$$

$$=\frac{-2s\overrightarrow{i}+(\sqrt{2}-\sqrt{2}s^2)\overrightarrow{j}+2s\overrightarrow{k}}{(s^2+1)^2}$$

$$\left\|\frac{d\overrightarrow{T}}{ds}\right\|=\frac{1}{(s^2+1)^2}\sqrt{(-2s)^2+2(1-s^2)^2+(2s)^2}=\frac{\sqrt{2}}{s^2+1}$$

$$\overrightarrow{N}=\frac{d\overrightarrow{T}/ds}{\|d\overrightarrow{T}/ds\|}=\frac{\dfrac{-2s\overrightarrow{i}+(\sqrt{2}-\sqrt{2}s^2)\overrightarrow{j}+2s\overrightarrow{k}}{(s^2+1)^2}}{\dfrac{\sqrt{2}}{s^2+1}}$$

$$=\frac{-\sqrt{2}s\overrightarrow{i}+(1-s^2)\overrightarrow{j}+\sqrt{2}s\overrightarrow{k}}{s^2+1}$$

(c)

$$\overrightarrow{B}=\overrightarrow{T}\times\overrightarrow{N}$$

$$=\begin{vmatrix}\overrightarrow{i} & \overrightarrow{j} & \overrightarrow{k}\\ \frac{1}{s^2+1} & \frac{\sqrt{2}s}{s^2+1} & \frac{s^2}{s^2+1}\\ \frac{-\sqrt{2}s}{s^2+1} & \frac{1-s^2}{s^2+1} & \frac{\sqrt{2}s}{s^2+1}\end{vmatrix}=\frac{1}{(s^2+1)^2}\begin{vmatrix}\overrightarrow{i} & \overrightarrow{j} & \overrightarrow{k}\\ 1 & \sqrt{2}s & s^2\\ -\sqrt{2}s & 1-s^2 & \sqrt{2}s\end{vmatrix}$$

$$=\frac{s^2(1+s^2)\overrightarrow{i}-\sqrt{2}s(1+s^2)\overrightarrow{j}+(1+s^2)\overrightarrow{k}}{(s^2+1)^2}$$

$$=\frac{s^2\overrightarrow{i}-\sqrt{2}s\overrightarrow{j}+\overrightarrow{k}}{s^2+1}$$

(d)由(c) $\Rightarrow \kappa = \left\| \dfrac{d\overrightarrow{T}}{ds} \right\| = \dfrac{\sqrt{2}}{s^2+1}$

(e) $$\frac{d\overrightarrow{B}}{ds} = \frac{(s^2+1)(2s\overrightarrow{i} - \sqrt{2}\overrightarrow{j}) - (s^2\overrightarrow{i} - \sqrt{2}s\overrightarrow{j} + \overrightarrow{k})(2s)}{(s^2+1)^2}$$

$$= \frac{2s^2\overrightarrow{i} - \sqrt{2}(1-s^2)\overrightarrow{j} - 2s\overrightarrow{k}}{(s^2+1)^2}$$

$$\frac{d\overrightarrow{B}}{ds} = -\tau\overrightarrow{N} \Rightarrow \tau = -\frac{d\overrightarrow{B}/ds}{\overrightarrow{N}} = \frac{\sqrt{2}}{s^2+1}$$

(f) $$\rho = \frac{1}{\kappa} = \frac{1}{\left\| \dfrac{d\overrightarrow{T}}{ds} \right\|} = \frac{s^2+1}{\sqrt{2}}$$

(g) $$\sigma = \frac{1}{\tau} = \frac{s^2+1}{\sqrt{2}}$$

4.證明平面上的軌跡線之扭率是零。

證明: $\overrightarrow{L} \cdot \overrightarrow{r} = c \Rightarrow \dfrac{d}{ds}(\overrightarrow{L} \cdot \overrightarrow{r}) = 0$

$$\begin{cases} \overrightarrow{L} \cdot \overrightarrow{T} = 0 \\ \overrightarrow{L} \cdot \overrightarrow{N} = 0 \end{cases} \Rightarrow \overrightarrow{L} \perp \overrightarrow{T} \text{和} \overrightarrow{N}\text{，而} \overrightarrow{B} = \overrightarrow{T} \times \overrightarrow{N}\text{，故} \overrightarrow{L} /\!/ \overrightarrow{B}$$

$$\overrightarrow{L} \cdot \frac{d\overrightarrow{N}}{ds} = 0,\ \overrightarrow{L} \cdot (\tau\overrightarrow{B} - \kappa\overrightarrow{T}) = 0,\ \tau\overrightarrow{B} \cdot \overrightarrow{B} = 0$$

$$\because \overrightarrow{B} /\!/ \overrightarrow{L} \Rightarrow \overrightarrow{L} \cdot \overrightarrow{B} \neq 0 \text{且} \overrightarrow{B} \neq \overrightarrow{0} \text{故} \overrightarrow{T} = \overrightarrow{0}$$

5.給予位置向量，求κ和τ。

(a) $\overrightarrow{r}(t) = \langle t, t^2, \frac{2}{3}t^3 \rangle$

(b) $\overrightarrow{r}(t) = \langle t - \frac{1}{3}t^3, t^2, t + \frac{1}{3}t^3 \rangle$

(c) $\overrightarrow{r}(t) = \langle t, t^2, t^3 \rangle$

(d) $\overrightarrow{r}(t) = \langle a\cos t, b\sin t \rangle$

(e) $\overrightarrow{r}(t) = \langle \theta - \sin\theta, 1 - \cos\theta, 4\sin\frac{\theta}{2} \rangle$

(f) $\overrightarrow{r}(t) = \langle \frac{2t+1}{t-1}, \frac{t^2}{t-1}, t+2 \rangle$

(g) $\overrightarrow{r}(t) = \langle a\cos t, a\sin t, ct \rangle$

解: (a) $\overrightarrow{r} = t\overrightarrow{i} + t^2\overrightarrow{j} + \frac{2}{3}t^3\overrightarrow{k}$

$$\frac{d\overrightarrow{r}}{dt} = \overrightarrow{i} + 2t\overrightarrow{j} + 2t^2\overrightarrow{k}$$

$$\frac{ds}{dt} = \left\|\frac{d\overrightarrow{r}}{dt}\right\| = \sqrt{\frac{d\overrightarrow{r}}{dt} \cdot \frac{d\overrightarrow{r}}{dt}} = \sqrt{(1)^2 + (2t)^2 + (2t^2)^2} = 1 + 2t^2$$

$$\overrightarrow{T} = \frac{d\overrightarrow{r}}{ds} = \frac{d\overrightarrow{r}/dt}{ds/dt} = \frac{\overrightarrow{i} + 2t\overrightarrow{j} + 2t^2\overrightarrow{k}}{1+2t^2}$$

$$\frac{d\overrightarrow{T}}{dt} = \frac{(1+2t^2)(2\overrightarrow{j} + 4t\overrightarrow{k}) - (\overrightarrow{i} + 2t\overrightarrow{j} + 2t^2\overrightarrow{k})(4t)}{(1+2t^2)^2}$$

$$= \frac{-4t\overrightarrow{i} + (2-4t^2)\overrightarrow{j} + 4t\overrightarrow{k}}{(1+2t^2)^2}$$

$$\frac{d\overrightarrow{T}}{ds} = \frac{d\overrightarrow{T}/dt}{ds/dt} = \frac{-4t\overrightarrow{i} + (2-4t^2)\overrightarrow{j} + 4t\overrightarrow{k}}{(1+2t^2)^3}$$

$$\frac{d\overrightarrow{T}}{ds} = \kappa\overrightarrow{N}$$

$$\kappa = \left\|\frac{d\overrightarrow{T}}{ds}\right\| = \frac{\sqrt{(-4t)^2 + (2-4t^2)^2 + (4t)^2}}{(1+2t^2)^3} = \frac{2}{(1+2t^2)^2}$$

$$\overrightarrow{N} = \frac{1}{\kappa}\frac{d\overrightarrow{T}}{ds} = \frac{-2t\overrightarrow{i} + (1+2t^2)\overrightarrow{j} + 2t\overrightarrow{k}}{1+2t^2}$$

$$\vec{B}=\vec{T}\times\vec{N}=\begin{vmatrix}\vec{i} & \vec{j} & \vec{k}\\ \frac{1}{1+2t^2} & \frac{2t}{1+2t^2} & \frac{2t^2}{1+2t^2}\\ \frac{-2t}{1+2t^2} & \frac{1-2t^2}{1+2t^2} & \frac{2t}{1+2t^2}\end{vmatrix}=\frac{2t^2\vec{i}-2t\vec{j}+\vec{k}}{1+2t^2}$$

$$\frac{d\vec{B}}{dt}=\frac{4t\vec{i}+(4t^2-2)\vec{j}-4t\vec{k}}{(1+2t^2)^2}$$

$$\frac{d\vec{B}}{ds}=\frac{d\vec{B}/dt}{ds/dt}=\frac{4t\vec{i}+(4t^2-2)\vec{j}-4t\vec{k}}{(1+2t^2)^3}$$

$$-\tau\vec{N}=-\tau\left[\frac{-2t\vec{i}+(1-2t^2)\vec{j}+2t\vec{k}}{1+2t^2}\right]$$

$$\frac{d\vec{B}}{ds}=-\tau\vec{N}$$

$$\tau=\frac{2}{(1+2t^2)^2}$$

(b) $$\vec{r}=(t-\frac{1}{3}t^3)\vec{i}+t^2\vec{j}+(t+\frac{1}{3}t^3)\vec{k}$$

$$\frac{d\vec{r}}{dt}=(1-t^2)\vec{i}+2t\vec{j}+(1+t^2)\vec{k}$$

$$\frac{ds}{dt}=\left\|\frac{d\vec{r}}{dt}\right\|=\sqrt{\frac{d\vec{r}}{dt}\cdot\frac{d\vec{r}}{dt}}=\sqrt{(1-t^2)^2+(2t)^2+(1+t^2)^2}$$

$$=\sqrt{1-2t^2+t^4+4t^2+1+2t^2+t^4}$$

$$=\sqrt{2t^4+4t^2+2}=\sqrt{2(t^2+1)^2}=\sqrt{2}(t^2+1)$$

$$\vec{T}=\frac{d\vec{r}}{ds}=\frac{d\vec{r}/dt}{ds/dt}=\frac{(1-t^2)\vec{i}+2t\vec{j}+(1+t^2)\vec{k}}{\sqrt{2}(t^2+1)}$$

$$\frac{d\vec{T}}{dt}=\frac{\sqrt{2}(t^2+1)(-2t\vec{i}+2\vec{j}+2t\vec{k})}{2(t^2+1)^2}-$$

$$\frac{2\sqrt{2}t[(1-t^2)\overrightarrow{i}+2t\overrightarrow{j}+(1+t^2)\overrightarrow{k}]}{2(t^2+1)^2}$$

$$\frac{d\overrightarrow{T}}{ds}=\frac{d\overrightarrow{T}/dt}{ds/dt}$$

$$=\frac{\sqrt{2}(t^2+1)(-2t\overrightarrow{i}+2\overrightarrow{j}+2t\overrightarrow{k})}{2(t^2+1)^2\cdot\sqrt{2}(t^2+1)}-$$

$$\frac{2\sqrt{2}t[(1-t^2)\overrightarrow{i}+2t\overrightarrow{j}+(1+t^2)\overrightarrow{k}]}{2(t^2+1)^2\cdot\sqrt{2}(t^2+1)}$$

$$\frac{d\overrightarrow{T}}{ds}=\kappa\overrightarrow{N}$$

$$\kappa=\left\|\frac{d\overrightarrow{T}}{ds}\right\|=\sqrt{\left(\frac{1}{(1+t^2)^2}\right)^2}=\frac{1}{(1+t^2)^2}$$

$$\overrightarrow{N}=\frac{1}{\kappa}\frac{d\overrightarrow{T}}{ds}=(1+t^2)^2\frac{d\overrightarrow{T}/dt}{ds/dt}$$

$$=(1+t^2)^2\frac{(t^2+1)(-2t\overrightarrow{i}+2\overrightarrow{j}+2t\overrightarrow{k})}{2(t^2+1)^3}-$$

$$\frac{2t[(1-t^2)\overrightarrow{i}+2t\overrightarrow{j}+(1+t^2)\overrightarrow{k}]}{2(t^2+1)^3}$$

$$=\frac{-2t\overrightarrow{i}+(1-t^2)\overrightarrow{j}}{(1+t^2)}=-\frac{2t}{1+t^2}\overrightarrow{i}+\frac{1-t^2}{1+t^2}\overrightarrow{j}$$

$$\overrightarrow{B}=\overrightarrow{T}\times\overrightarrow{N}$$

$$=\begin{vmatrix}\overrightarrow{i} & \overrightarrow{j} & \overrightarrow{k}\\ \frac{1-t^2}{\sqrt{2}(t^2+1)} & \frac{2t}{\sqrt{2}(t^2+1)} & \frac{1+t^2}{\sqrt{2}(t^2+1)}\\ -\frac{2t}{1+t^2} & \frac{1-t^2}{1+t^2} & 0\end{vmatrix}=\frac{(t^2-1)\overrightarrow{i}-2t\overrightarrow{j}+(t^2+1)\overrightarrow{k}}{\sqrt{2}(1+t^2)}$$

$$\frac{d\overrightarrow{B}}{dt}=\frac{\sqrt{2}(1+t^2)(2t\overrightarrow{i}-2\overrightarrow{j}+2t\overrightarrow{k})}{2(1+t^2)^2}+$$

$$\frac{[(t^2-1)\vec{i}-2t\vec{j}+(t^2+1)\vec{k}]\cdot\sqrt{2}(2t)}{2(1+t^2)^2}$$

$$\frac{d\vec{B}}{ds}=\frac{d\vec{B}/dt}{ds/dt}=\frac{1}{(1+t^2)^3}[2t\vec{i}-(1-t^2)\vec{j}]$$

$$-\tau\vec{N}=-\tau\left(-\frac{2t}{1+t^2}\vec{i}+\frac{1-t^2}{1+t^2}\vec{j}\right)$$

$$\frac{d\vec{B}}{ds}=-\tau\vec{N}$$

$$\tau=\frac{1}{(1+t^2)^2}$$

(c) $\because \vec{r}(t)=t\vec{i}+t^2\vec{j}+t^3\vec{k}$

$$\vec{r}'(t)=\vec{i}+2t\vec{j}+3t^2\vec{k}$$

$$\vec{r}''(t)=2\vec{j}+6t\vec{k}$$

$$\vec{r}'''(t)=6\vec{k}$$

$$\vec{r}'(t)\times\vec{r}''(t)=\begin{vmatrix}\vec{i}&\vec{j}&\vec{k}\\1&2t&3t^2\\0&2&6t\end{vmatrix}=6t^2\vec{i}-6t\vec{j}+2\vec{k}$$

$$\|\vec{r}'(t)\times\vec{r}''(t)\|=\sqrt{(6t^2)^2+(-6t)^2+2^2}=2\sqrt{9t^4+9t^2+1}$$

$$\|\vec{r}'(t)\|=\sqrt{1^2+(2t)^2+(3t^2)^2}=\sqrt{1+4t^2+9t^4}$$

$$\therefore\kappa=\frac{\|\vec{r}'\times\vec{r}''\|}{\|\vec{r}'\|^3}=\frac{2\sqrt{9t^4+9t^2+1}}{(1+4t^2+9t^4)^{3/2}}$$

又$\because \vec{r}'(t)\cdot\vec{r}''(t)\times\vec{r}'''(t)=(\vec{i}+2t\vec{j}+3t^2\vec{k})\cdot(2\vec{j}+6t\vec{k})\times 6\vec{k}$

$$=\begin{vmatrix}1&2t&3t^2\\0&2&6t\\0&0&6\end{vmatrix}=12$$

$$\therefore \tau = \frac{\vec{r}'(t) \cdot \vec{r}''(t) \times \vec{r}'''(t)}{\|\vec{r}'(t) \times \vec{r}''(t)\|^2} = \frac{12}{4(9t^4 + 9t^2 + 1)} = \frac{3}{9t^4 + 9t^2 + 1}$$

(d) $\vec{r}(t) = a\cos t\,\vec{i} + b\sin t\,\vec{j}$

$$\vec{r}'(t) = -a\sin t\,\vec{i} + b\cos t\,\vec{j}$$

$$\vec{r}''(t) = -a\cos t\,\vec{i} - b\sin t\,\vec{j}$$

$$\vec{r}'''(t) = a\sin t\,\vec{i} - b\cos t\,\vec{j}$$

$$\vec{r}'(t) \times \vec{r}''(t) = \begin{vmatrix} \vec{i} & \vec{j} & \vec{k} \\ -a\sin t & b\cos t & 0 \\ -a\cos t & -b\sin t & 0 \end{vmatrix}$$

$$= ab\sin^2 t + ab\cos^2 t = ab\,\vec{k}$$

$$\|\vec{r}'(t) \times \vec{r}''(t)\| = ab$$

$$\|\vec{r}'(t)\| = \sqrt{(-a\sin t)^2 + (b\cos t)^2} = (a^2\sin^2 t + b^2\cos^2 t)^{1/2}$$

$$\therefore \kappa = \frac{\|\vec{r}' \times \vec{r}''\|}{\|\vec{r}'\|^3} = \frac{ab}{(a^2\sin^2 t + b^2\cos^2 t)^{3/2}}$$

又 $\vec{r}'(t) \cdot \vec{r}''(t) \times \vec{r}'''(t) = \begin{vmatrix} -a\sin t & b\cos t & 0 \\ -a\cos t & -b\sin t & 0 \\ a\sin t & -b\cos t & 0 \end{vmatrix} = 0$

$$\therefore \tau = \frac{\vec{r}'(t) \cdot \vec{r}''(t) \times \vec{r}'''(t)}{\|\vec{r}'(t) \times \vec{r}''(t)\|^2} = \frac{0}{ab^2} = 0$$

(e) $\vec{r}(t) = (\omega t - \sin\omega t)\,\vec{i} + (1 - \cos\omega t)\,\vec{j} + \left(4\sin\frac{\omega t}{2}\right)\vec{k}$

$$\vec{r}'(t) = (\omega - \omega\cos\omega t)\,\vec{i} + (\omega\sin\omega t)\,\vec{j} + \left(2\omega\cos\frac{\omega t}{2}\right)\vec{k}$$

$$\vec{r}''(t) = (\omega^2\sin\omega t)\,\vec{i} + (\omega^2\cos\omega t)\,\vec{j} - \left(\omega^2\sin\frac{\omega t}{2}\right)\vec{k}$$

$$\overrightarrow{r}'''(t) = (\omega^3 \cos \omega t)\overrightarrow{i} + (-\omega^3 \sin \omega t)\overrightarrow{j} - \left(\frac{1}{2}\omega^3 \cos \frac{\omega t}{2}\right)\overrightarrow{k}$$

$$\|\overrightarrow{r}'(t)\| = \sqrt{(\omega - \omega\cos\theta)^2 + (\omega\sin\theta)^2 + \left(2\omega\cos\frac{\theta}{2}\right)^2}$$

$$= 2\omega$$

$$\overrightarrow{r}' \times \overrightarrow{r}'' = \omega^3 \begin{vmatrix} \overrightarrow{i} & \overrightarrow{j} & \overrightarrow{k} \\ 1-\cos\theta & \sin\theta & 2\cos\frac{\theta}{2} \\ \sin\theta & \cos\theta & -\sin\frac{\theta}{2} \end{vmatrix}$$

$$= \omega^3\{(-\sin\theta\sin\frac{\theta}{2} - \cos\theta \cdot 2\cos\frac{\theta}{2})\overrightarrow{i}$$

$$+[2\cos\frac{\theta}{2}\sin\theta + \sin\frac{\theta}{2}(1-\cos\theta)]\overrightarrow{j}$$

$$+[\cos\theta(1-\cos\theta) - \sin^2\theta]\overrightarrow{k}\}$$

$$\therefore \|\overrightarrow{r}' \times \overrightarrow{r}''\| = \omega^3 \left\{\left(-\sin\theta\sin\frac{\theta}{2} - \cos\theta \cdot 2\cos\frac{\theta}{2}\right)^2 + \left[2\cos\frac{\theta}{2}\sin\theta + \sin\frac{\theta}{2}(1-\cos\theta)\right]^2 + [\cos\theta(1-\cos\theta) - \sin^2\theta]^2\right\}^{\frac{1}{2}}$$

$$= \omega^3\sqrt{6 - 2\cos\theta}$$

$$\therefore \kappa = \frac{\|\overrightarrow{r}' \times \overrightarrow{r}''\|}{\|\overrightarrow{r}'\|^3} = \frac{\omega^3\sqrt{6-2\cos\theta}}{(2\omega)^3} = \frac{\sqrt{6-2\cos\theta}}{8}$$

$$\vec{r}'\cdot\vec{r}''\times\vec{r}'''=\omega^6\begin{vmatrix}1-\cos\theta & \sin\theta & 2\cos\dfrac{\theta}{2}\\ \sin\theta & \cos\theta & -\sin\dfrac{\theta}{2}\\ \cos\theta & -\sin\theta & -\frac{1}{2}\cos\dfrac{\theta}{2}\end{vmatrix}$$

$$=-\omega^6\cdot\frac{1}{2}\left[(3+\cos\theta)\cos\frac{\theta}{2}+2\sin\theta\sin\frac{\theta}{2}\right]$$

$$\therefore\tau=\frac{\vec{r}'\cdot\vec{r}''\times\vec{r}'''}{\|\vec{r}'\times\vec{r}''\|^2}=\frac{-\omega^6\cdot\frac{1}{2}[(3+\cos\theta)\cos\frac{\theta}{2}+2\sin\theta\sin\frac{\theta}{2}]}{\omega^6(6-2\cos\theta)}$$

$$=\frac{(3+\cos\theta)\cos\frac{\theta}{2}+2\sin\theta\sin\frac{\theta}{2}}{4\cos\theta-12}$$

(f) $\vec{r}(t)=\dfrac{2t+1}{t-1}\vec{i}+\dfrac{t^2}{t-1}\vec{j}+(t+2)\vec{k}$

$$\vec{r}'(t)=\frac{-3}{(t-1)^2}\vec{i}+\frac{t^2-2t}{(t-1)^2}\vec{j}+\vec{k}$$

$$\vec{r}''(t)=\frac{6}{(t-1)^3}\vec{i}+\frac{2}{(t-1)^3}\vec{j}$$

$$\vec{r}'''(t)=\frac{-18}{(t-1)^4}\vec{i}+\frac{-6}{(t-1)^4}\vec{j}$$

$$\vec{r}'(t)\times\vec{r}''(t)=\frac{1}{(t-1)^5}\begin{vmatrix}\vec{i} & \vec{j} & \vec{k}\\ -3 & t^2-2t & 1\\ 6 & 2 & 0\end{vmatrix}$$

$$=\frac{1}{(t-1)^5}(-2\vec{i}+6\vec{j}-6(t-1)^2\vec{k})$$

$$\|\vec{r}'(t)\times\vec{r}''(t)\|=\frac{1}{(t-1)^5}\sqrt{(-2)^2+6^2+[-6(t-1)^2]^2}$$

$$=\frac{1}{(t-1)^5}\sqrt{40+36(t-1)^4}$$

$$=\frac{2}{(t-1)^5}\sqrt{10+9(t-1)^4}$$

$$\therefore \kappa=\frac{\|\overrightarrow{r}'\times\overrightarrow{r}''(t)\|}{\|\overrightarrow{r}'\|^3}=\frac{\frac{2}{(t-1)^5}\sqrt{10+9(t-1)^4}}{\left(\left[\frac{-3}{(t-1)^2}\right]^2+\left[\frac{t^2-2t}{(t-1)^2}\right]^2+1\right)^{3/2}}$$

$$=\frac{2(t-1)\sqrt{10+9(t-1)^4}}{[9+(t^2-2t)^2+(t-1)^4]^{3/2}}$$

又 $\overrightarrow{r}'(t)\cdot\overrightarrow{r}''(t)\times\overrightarrow{r}'''(t)=\frac{1}{(t-1)^9}\begin{vmatrix}-3 & t^2-2t & (t-1)^2\\ 6 & 2 & 0\\ -18 & -6 & 0\end{vmatrix}$

$$=\frac{1}{(t-1)^9}[-36(t-1)^2+36(t-1)^2]=0$$

$$\therefore \tau=\frac{\overrightarrow{r}'(t)\cdot\overrightarrow{r}''(t)\times\overrightarrow{r}'''(t)}{\|\overrightarrow{r}'(t)\times\overrightarrow{r}''(t)\|^2}=\frac{0}{\frac{4}{(t-1)^{10}}[10+9(t-1)^4]}=0$$

(g) $\overrightarrow{r}(t)=a\cos t\,\overrightarrow{i}+a\sin t\,\overrightarrow{j}+ct\,\overrightarrow{k}$

$\overrightarrow{r}'(t)=-a\sin t\,\overrightarrow{i}+a\cos t\,\overrightarrow{j}+c\,\overrightarrow{k}$

$\overrightarrow{r}''(t)=-a\cos t\,\overrightarrow{i}-a\sin t\,\overrightarrow{j}$

$\overrightarrow{r}'''(t)=a\sin t\,\overrightarrow{i}-a\cos t\,\overrightarrow{j}$

$$\overrightarrow{r}'(t)\times\overrightarrow{r}''(t)=\begin{vmatrix}\overrightarrow{i} & \overrightarrow{j} & \overrightarrow{k}\\ -a\sin t & a\cos t & c\\ -a\cos t & -a\sin t & 0\end{vmatrix}$$

$$=ac\sin t\,\overrightarrow{i}-ac\cos t\,\overrightarrow{j}+a^2\,\overrightarrow{k}$$

$$\|\overrightarrow{r}'(t)\times\overrightarrow{r}''(t)\|=\sqrt{(ac\sin t)^2+(-ac\cos t)^2+(a^2)^2}$$

$$=\sqrt{a^2c^2+a^4}=a\sqrt{a^2+c^2}$$

$$\|\overrightarrow{r}'(t)\|=\sqrt{(-a\sin t)^2+(a\cos t)^2+c^2}=\sqrt{a^2+c^2}$$

$$\therefore \kappa=\frac{\|\overrightarrow{r}'(t)\times\overrightarrow{r}''(t)\|}{\|\overrightarrow{r}'(t)\|^3}=\frac{a(a^2+c^2)^{1/2}}{(a^2+c^2)^{3/2}}=\frac{a}{a^2+c^2}$$

又 $\overrightarrow{r}'(t)\cdot\overrightarrow{r}''(t)\times\overrightarrow{r}'''(t)=a^2\begin{vmatrix}-a\sin t & a\cos t & c\\ -\cos t & -\sin t & 0\\ \sin t & -\cos t & 0\end{vmatrix}$

$$=a^2[c\cos^2 t+c\sin^2 t]=a^2c$$

$$\therefore \tau=\frac{\overrightarrow{r}'(t)\cdot\overrightarrow{r}''(t)\times\overrightarrow{r}'''(t)}{\|\overrightarrow{r}'(t)\times\overrightarrow{r}''(t)\|^2}=\frac{a^2c}{a^2(a^2+c^2)}=\frac{c}{a^2+c^2}$$

6.證明福利網公式可寫為

$$\frac{d\overrightarrow{T}}{ds}=\overrightarrow{\lambda}\times\overrightarrow{T}$$

$$\frac{d\overrightarrow{N}}{ds}=\overrightarrow{\lambda}\times\overrightarrow{N}$$

$$\frac{d\overrightarrow{B}}{ds}=\overrightarrow{\lambda}\times\overrightarrow{B}$$

$$\overrightarrow{\lambda}=\tau\overrightarrow{T}+\kappa\overrightarrow{B}$$

證明：(1)令曲線的位置向量為 $\overrightarrow{r}(s)$，s為曲線的弧長

$$\overrightarrow{T}=\frac{d\overrightarrow{r}(s)}{ds},\because\|\overrightarrow{T}\|=1\Rightarrow\frac{d\|\overrightarrow{T}\|^2}{dt}=0=2\overrightarrow{T}\cdot\frac{d\overrightarrow{T}}{ds}$$

$$\therefore \frac{d\overrightarrow{T}}{ds}\perp\overrightarrow{T}$$

又已知$\overrightarrow{N}\perp\overrightarrow{T}$ $\qquad\therefore$令$\dfrac{d\overrightarrow{T}}{ds}=\kappa\overrightarrow{N}$ —— ①

(2) $\overrightarrow{B}=\overrightarrow{T}\times\overrightarrow{N}$

$$\therefore\frac{d\overrightarrow{B}}{ds}=\frac{d\overrightarrow{T}}{ds}\times\overrightarrow{N}+\overrightarrow{T}\frac{d\overrightarrow{N}}{ds}=\kappa\overrightarrow{N}\times\overrightarrow{N}+\overrightarrow{T}\times\frac{d\overrightarrow{N}}{ds}=\overrightarrow{T}\times\frac{d\overrightarrow{N}}{ds}$$

$\therefore\dfrac{d\overrightarrow{B}}{ds}\perp\overrightarrow{B}$，且$\dfrac{d\overrightarrow{B}}{ds}\perp\overrightarrow{T}$ $\qquad\therefore\dfrac{d\overrightarrow{B}}{ds}//\overrightarrow{N}$

$\therefore$令$\dfrac{d\overrightarrow{B}}{ds}=-\tau\overrightarrow{N}$ —— ②

(3) $\dfrac{d\overrightarrow{N}}{ds}=\dfrac{d\overrightarrow{B}}{ds}\times\overrightarrow{T}+\overrightarrow{B}\dfrac{d\overrightarrow{N}}{ds}=-\tau\overrightarrow{N}\times\overrightarrow{T}+\overrightarrow{B}\times\kappa\overrightarrow{N}$

$=\tau\overrightarrow{B}-\kappa\overrightarrow{T}$ —— ③

(4)若 $\overrightarrow{\lambda}=\tau\overrightarrow{T}+\kappa\overrightarrow{B}$

則$\dfrac{d\overrightarrow{T}}{ds}=(\tau\overrightarrow{T}+\kappa\overrightarrow{B})\times\overrightarrow{T}=\tau\overrightarrow{T}\times\overrightarrow{T}+\kappa\overrightarrow{B}\times\overrightarrow{T}=\kappa\overrightarrow{N}$與①同故得證

$\dfrac{d\overrightarrow{N}}{ds}=(\tau\overrightarrow{T}+\kappa\overrightarrow{B})\times\overrightarrow{N}=\tau(\overrightarrow{T}\times\overrightarrow{N})+\kappa(\overrightarrow{B}\times\overrightarrow{N})$

$=\tau\overrightarrow{B}+\kappa(-\overrightarrow{T})$

$=\tau\overrightarrow{B}-\kappa\overrightarrow{T}$與③同故得證

$\dfrac{d\overrightarrow{B}}{ds}=(\tau\overrightarrow{T}+\kappa\overrightarrow{B})\times\overrightarrow{B}=\tau(\overrightarrow{T}\times\overrightarrow{B})+\kappa\overrightarrow{B}\times\overrightarrow{B}$

$=\tau(-\overrightarrow{N})=-\tau\overrightarrow{N}$與②同故得證

7.證明半徑為b的圓形曲線之曲率為$\dfrac{1}{b}$。

證明: $\overrightarrow{r}(t)=b\cos t\,\overrightarrow{i}+b\sin t\,\overrightarrow{j}$

$$x' = -b\sin t,\ \ y' = b\cos t$$

$$s = \int_0^t \sqrt{x'^2 + y'^2}dt = bt \Rightarrow t = \frac{s}{b}$$

$$\therefore \overrightarrow{r}(s) = b\cos\frac{s}{b}\overrightarrow{i} + b\sin\frac{s}{b}\overrightarrow{j}$$

$$\overrightarrow{r}''(s) = -\frac{1}{b}\cos\frac{s}{b}\overrightarrow{i} - \frac{1}{b}\sin\frac{s}{b}\overrightarrow{j}$$

$$\|\overrightarrow{r}''(s)\| = \frac{1}{b} = \kappa$$

8.令 $\overrightarrow{r}(t) = t\overrightarrow{i} + t^2\overrightarrow{j} + \frac{2}{3}t^3\overrightarrow{k}$，求在 $t = 1$ 的

(a)切線、垂直線、雙垂直線的方程式。

(b)同步、垂直、修正三平面的方程式。

解：(a) $\overrightarrow{T_0} = \dfrac{\overrightarrow{i} + 2\overrightarrow{j} + 2\overrightarrow{k}}{3}$, $\overrightarrow{N_0} = \dfrac{-2\overrightarrow{i} - \overrightarrow{j} + 2\overrightarrow{k}}{3}$

$$\overrightarrow{B_0} = \frac{2\overrightarrow{i} - 2\overrightarrow{j} + \overrightarrow{k}}{3}$$

切線方程式：$\dfrac{x-1}{1} = \dfrac{y-1}{2} = \dfrac{z-\frac{2}{3}}{2}$

垂直線方程式：$\dfrac{x-1}{-2} = \dfrac{y-1}{-1} = \dfrac{z-\frac{2}{3}}{2}$

雙垂直線方程式：$\dfrac{x-1}{2} = \dfrac{y-1}{-2} = \dfrac{z-\frac{2}{3}}{1}$

(b)同步平面方程式，包含了切線與主法線

當 $t = 1$ 時，$(\overrightarrow{r} - \overrightarrow{r_0}) \cdot \overrightarrow{B_0} = 0$

其中 $\overrightarrow{r} = x\overrightarrow{i} + y\overrightarrow{j} + z\overrightarrow{k}, \overrightarrow{r_0} = \overrightarrow{i} + \overrightarrow{j} + \frac{2}{3}\overrightarrow{k}$

同步平面方程式

$$\langle x-1, y-1, z-\frac{2}{3}\rangle \cdot \langle \frac{2}{3}, -\frac{2}{3}, \frac{1}{3}\rangle = 0$$

$$2(x-1)-2(y-1)+(z-\frac{2}{3})=0$$

$$2x-2-2y+2+z-\frac{2}{3}=0$$

$$2x-2y+z=\frac{2}{3} \Rightarrow 6x-6y+3z=2$$

垂直平面方程式為

$$(\overrightarrow{r}-\overrightarrow{r_0})\cdot\overrightarrow{T_0}=0$$

$$(x-1, y-1, z-\frac{2}{3})(-2,-1,2)=0$$

$$-2x+2-y+1+2z-\frac{4}{3}=0$$

$$-2x-y+2z+\frac{5}{3}=0 \Rightarrow 6x+3y-6z=5$$

修正平面方程式

$$(\overrightarrow{r}-\overrightarrow{r_0})\cdot\overrightarrow{N_0}=0$$

$$(x-1, y-1, z-\frac{2}{3})(1,2,2)=0$$

$$x-1+2y-2+2z-\frac{4}{3}=0$$

$$x+2y+2z=\frac{13}{3} \Rightarrow 3x+6y+6z=13$$

9.令 $\overrightarrow{r}(t)=\langle 3\cos t, 3\sin t, 4t\rangle$，求在 $t=\pi$ 的切線、垂直線及雙垂直線的方程式。

解:

$$\overrightarrow{r}(t)=3\cos t\,\overrightarrow{i}+3\sin t\,\overrightarrow{j}+4t\,\overrightarrow{k}$$

$$\overrightarrow{r}(\pi)=-3\overrightarrow{i}+4\pi\overrightarrow{k}$$

$$\overrightarrow{r}'(t) = -3\sin t\,\overrightarrow{i} + 3\cos t\,\overrightarrow{j} + 4\,\overrightarrow{k}$$

$$\overrightarrow{T}(t) = \frac{r'(t)}{\|r'(t)\|} = \frac{-3\sin t\,\overrightarrow{i} + 3\cos t\,\overrightarrow{j} + 4\,\overrightarrow{k}}{\sqrt{3^2+4^2}}$$

$$= \frac{-3\sin t\,\overrightarrow{i} + 3\cos t\,\overrightarrow{j} + 4\,\overrightarrow{k}}{5}$$

$$\frac{d\overrightarrow{T}}{dt} = \frac{-3\cos t\,\overrightarrow{i} + 3\sin t\,\overrightarrow{j}}{5} \qquad t=\pi\text{時，}\ \frac{d\overrightarrow{T}}{dt} = \frac{3\,\overrightarrow{i} + 4\,\overrightarrow{k}}{5}$$

$$\overrightarrow{T}(\pi) = \frac{-3\,\overrightarrow{j} + 4\,\overrightarrow{k}}{5}$$

$$N(t) = \frac{d\overrightarrow{T}/dt}{\|d\overrightarrow{T}/dt\|} = \frac{-\frac{3}{5}\cos t\,\overrightarrow{i} + \frac{3}{5}\sin t\,\overrightarrow{j}}{\sqrt{(\frac{3}{5})^2(\cos^2 t + \sin^2 t)}} = -\cos t\,\overrightarrow{i} + \sin t\,\overrightarrow{j}$$

$$N(\pi) = \overrightarrow{i}$$

$$\overrightarrow{B}(t) = \overrightarrow{T}(t) \times \overrightarrow{N}(t) = \begin{vmatrix} \overrightarrow{i} & \overrightarrow{j} & \overrightarrow{k} \\ -\frac{3}{5}\sin t & \frac{3}{5}\cos t & \frac{4}{5} \\ -\cos t & \sin t & 0 \end{vmatrix}$$

$$= \frac{4}{5}\sin t\,\overrightarrow{i} - \frac{4}{5}\cos t\,\overrightarrow{j} - \frac{3}{5}(\sin^2 t - \cos^2 t)\,\overrightarrow{k}$$

$$\overrightarrow{B}(\pi) = -\frac{4}{5}\overrightarrow{j} + \frac{3}{5}\overrightarrow{k}$$

(a) 切線：$\overrightarrow{r} = r(\pi) + t\overrightarrow{T}(\pi) = -3\,\overrightarrow{i} + 4\pi\,\overrightarrow{j} + t\left(-\frac{3}{5}\overrightarrow{j} + \frac{4}{5}\overrightarrow{k}\right)$

(b) 垂直線：$\overrightarrow{r} = r(\pi) + t\overrightarrow{N}(\pi) = -3\,\overrightarrow{i} + 4\pi\,\overrightarrow{j} + t\,\overrightarrow{i}$

(c) 雙垂直線：$\overrightarrow{r} = r(\pi) + t\overrightarrow{B}(\pi) = -3\,\overrightarrow{i} + 4\pi\,\overrightarrow{j} + t\left(\frac{4}{5}\overrightarrow{j} + \frac{3}{5}\overrightarrow{k}\right)$

10. $\vec{r}(t) = \langle 3t - t^3, 3t^2, 3t + t^3 \rangle$，求在 $t = 1$ 的同步、垂直、修正之平面。

解: $p(2, 3, 4)$

$$\vec{r}(t) = (3t - t^3)\vec{i} + 3t^2\vec{j} + (3t + t^3)\vec{k}$$

$$\vec{r}'(t) = (3 - 3t^2)\vec{i} + 6t\vec{j} + (3 + 3t^2)\vec{k}$$

$$\vec{T}(t) = \frac{\vec{r}'(t)}{\|\vec{r}'(t)\|} = \frac{(3 - 3t^2)\vec{i} + 6t\vec{j} + (3 + 3t^2)\vec{k}}{\sqrt{(3 - 3t^2)^2 + (6t)^2 + (3 + 3t^2)^2}}$$

$$= \frac{(3 - 3t^2)\vec{i} + 6t\vec{j} + (3 + 3t^2)\vec{k}}{3\sqrt{2}(t^2 + 1)}$$

$$\vec{T}(1) = \frac{1}{6\sqrt{2}}(6\vec{j} + 6\vec{k}) = \frac{1}{\sqrt{2}}(\vec{j} + \vec{k})$$

∴ 垂直平面: $\frac{1}{\sqrt{2}}(y - 3) + \frac{1}{\sqrt{2}}(z - 4) = 0 \Rightarrow y + z - 7 = 0$

$$\vec{N}(t) = \frac{d\vec{T}/dt}{\|d\vec{T}/dt\|} = \frac{-12t\vec{i} + (6 - 6t^2)\vec{j}}{\sqrt{(12t)^2 + (6 - 6t^2)^2}} = \frac{-2t\vec{i} + (1 - t^2)\vec{j}}{t^2 + 1}$$

$$\vec{N}(1) = -\vec{i}$$

∴ 修正平面: $-(x - 2) = 0 \Rightarrow x = 2$

$$\vec{B}(t) = \vec{T}(t) \times \vec{N}(t) = \frac{1}{3\sqrt{2}(t^2 + 1)^2}\begin{vmatrix} \vec{i} & \vec{j} & \vec{k} \\ 3 - 3t^2 & 6t & 3 + 3t^2 \\ -2t & 1 - t^2 & 0 \end{vmatrix}$$

$$= \frac{(1 - t^2)(3 + 3t^2)\vec{i} - 2t(3 + 3t^2)\vec{j}}{3\sqrt{2}(t^2 + 1)^2} + \frac{[(3 - 3t^2)(1 - t^2) + 12t^2]\vec{k}}{3\sqrt{2}(t^2 + 1)^2}$$

$$\vec{B}(1) = \frac{-12\vec{j} + 12\vec{k}}{12\sqrt{2}} = \frac{1}{\sqrt{2}}(-\vec{j} + \vec{k})$$

$\therefore$ 同步平面: $-\frac{1}{\sqrt{2}}(y-3)+\frac{1}{\sqrt{2}}(z-4)=0 \Rightarrow y-z+1=0$

11.證明 $\tau=\frac{\overrightarrow{r}'(t)\cdot(\overrightarrow{r}''(t)\times\overrightarrow{r}'''(t))}{\|\overrightarrow{r}'(t)\times\overrightarrow{r}''(t)\|^2}$ （註：引用習題 2.）

證明: (1) 已知 $\overrightarrow{r}=\overrightarrow{r}(t)$

$$\overrightarrow{r}'(t)=\frac{d\overrightarrow{r}}{dt}=\frac{d\overrightarrow{r}}{ds}\frac{ds}{dt}=\frac{ds}{dt}\overrightarrow{T}$$

$$\overrightarrow{r}''(t)=\frac{d^2s}{dt^2}\overrightarrow{T}+\kappa\left(\frac{ds}{dt}\right)^2\overrightarrow{N}$$

$$\Rightarrow \overrightarrow{r}'(t)\times\overrightarrow{r}''(t)=\kappa\left(\frac{ds}{dt}\right)^3\overrightarrow{T}\times\overrightarrow{N}=\kappa\left(\frac{ds}{dt}\right)^3\overrightarrow{B}$$

$$\|\overrightarrow{r}'(t)\times\overrightarrow{r}''(t)\|=\kappa\left(\frac{ds}{dt}\right)^3=\kappa\left\|\frac{d\overrightarrow{r}}{dt}\right\|^3$$

$$\Rightarrow \kappa=\frac{\|\overrightarrow{r}'(t)\times\overrightarrow{r}''(t)\|}{\|\overrightarrow{r}'(t)\|^3}$$

(2) $\overrightarrow{r}'''=\frac{d^3s}{dt^3}\overrightarrow{T}+3\kappa\frac{ds}{dt}\cdot\frac{d^2s}{dt^2}\overrightarrow{N}+\kappa'\left(\frac{ds}{dt}\right)^2\overrightarrow{N}+\kappa\tau\left(\frac{ds}{dt}\right)^3\overrightarrow{B}-$

$$\kappa^2\left(\frac{ds}{dt}\right)^3\overrightarrow{T}$$

$$\Rightarrow \overrightarrow{r}'\cdot\overrightarrow{r}''\times\overrightarrow{r}'''=\kappa\left(\frac{ds}{dt}\right)^3\cdot\overrightarrow{B}\cdot\overrightarrow{r}'''=\kappa^2\tau\left(\frac{ds}{dt}\right)^6$$

$$=\tau(\kappa\|\overrightarrow{r}'(t)\|^3)^2$$

$$\Rightarrow \tau=\frac{\overrightarrow{r}'(t)\cdot\overrightarrow{r}''(t)\times\overrightarrow{r}'''(t)}{(\kappa\|\overrightarrow{r}'(t)\|^3)^2}=\frac{\overrightarrow{r}'(t)\cdot\overrightarrow{r}''(t)\times\overrightarrow{r}'''(t)}{\|\overrightarrow{r}'(t)\times\overrightarrow{r}''(t)\|^2}$$

7.5 向量場和場的力線方程式

1.～8.題，求(a) $\dfrac{\partial \overrightarrow{B}}{\partial x}$ 和 $\dfrac{\partial \overrightarrow{B}}{\partial y}$，(b)畫出 $\overrightarrow{B}(x,y)$ 在點 (x,y) 上的向量。

1. $\overrightarrow{B}=\langle x,-2xy\rangle$; $(0,1)$, $(1,2)$

解：(a) $\overrightarrow{B}=x\overrightarrow{i}-2xy\overrightarrow{j}$

$$\frac{\partial \overrightarrow{B}}{\partial x}=\overrightarrow{i}-2y\overrightarrow{j},\quad \frac{\partial \overrightarrow{B}}{\partial y}=-2x\overrightarrow{j}$$

(b) $\overrightarrow{B}(0,1)=0$, $\overrightarrow{B}(1,2)=\overrightarrow{i}-4\overrightarrow{j}$

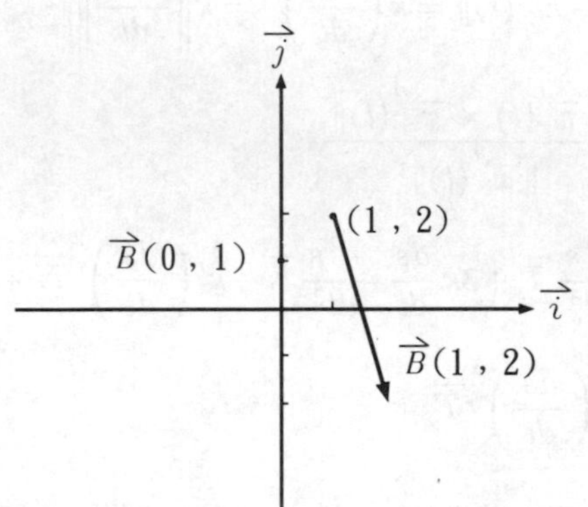

2. $\overrightarrow{B}=\langle e^x,-2x^2y\rangle$; $(1,0)$, $(0,1)$

解：(a) $\overrightarrow{B}=e^x\overrightarrow{i}-2x^zy\overrightarrow{j}$

$$\frac{\partial \overrightarrow{B}}{\partial x}=e^x\overrightarrow{i}-4xy\overrightarrow{j},\quad \frac{\partial \overrightarrow{B}}{\partial y}=-2x^2\overrightarrow{j}$$

(b) $\overrightarrow{B}(1,0)=e\overrightarrow{i}$, $\overrightarrow{B}(0,1)=\overrightarrow{i}$

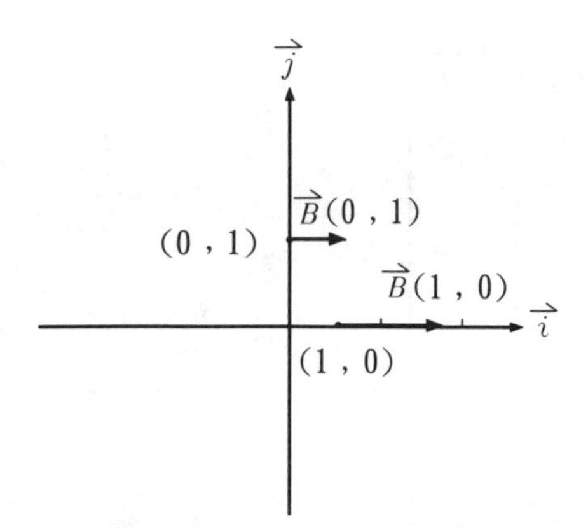

3. $\overrightarrow{B}=\langle x^2,y^2\rangle$; $(0,2)$, $(0,-2)$

解: (a) $\overrightarrow{B}=x^2\overrightarrow{i}+y^2\overrightarrow{j}$

$$\frac{\partial\overrightarrow{B}}{\partial x}=2x\overrightarrow{i},\quad \frac{\partial\overrightarrow{B}}{\partial y}=2y\overrightarrow{j}$$

(b) $\overrightarrow{B}(0,2)=4\overrightarrow{j}$, $\overrightarrow{B}(0,-2)=4\overrightarrow{j}$

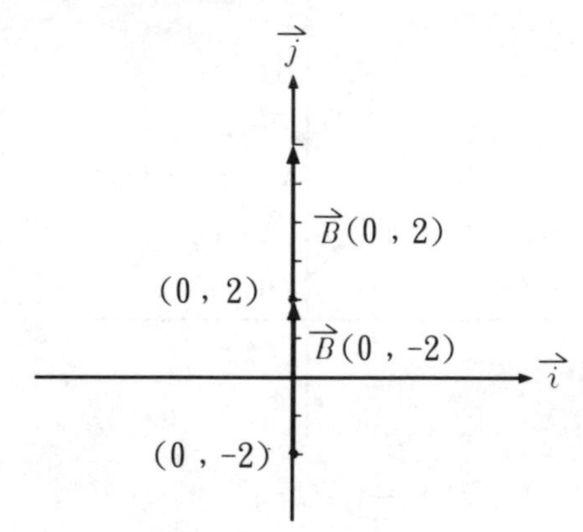

4. $\overrightarrow{B}=\langle xy,\frac{1}{2}\cos x\rangle$; $\left(\frac{\pi}{2},0\right)$, $(\pi,1)$

解: (a) $\overrightarrow{B}=xy\overrightarrow{i}+\frac{1}{2}\cos x\overrightarrow{j}$

$$\frac{\partial\overrightarrow{B}}{\partial x}=y\overrightarrow{i}-\frac{1}{2}\sin x\overrightarrow{j},\quad \frac{\partial\overrightarrow{B}}{\partial y}=x\overrightarrow{i}$$

(b) $\overrightarrow{B}\left(\dfrac{\pi}{2},0\right)=\dfrac{1}{2}\overrightarrow{j}$, $\overrightarrow{B}(\pi,1)=\pi\overrightarrow{i}$

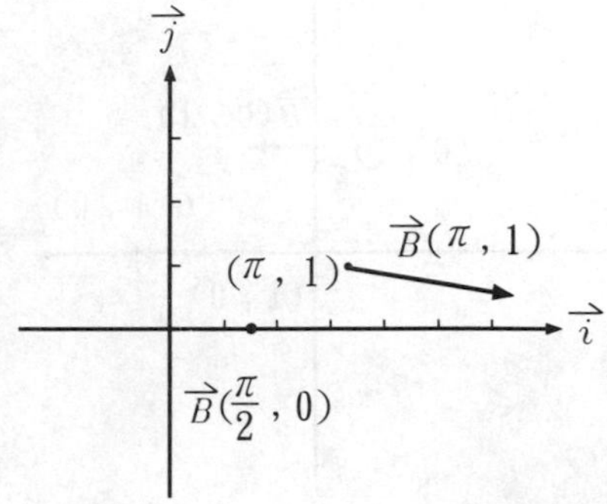

5. $\overrightarrow{B}=\langle x-y,x+y\rangle$; $(1,2)$, $(0,1)$

解: (a) $\overrightarrow{B}=(x-y)\overrightarrow{i}+(x+y)\overrightarrow{j}$

$$\frac{\partial\overrightarrow{B}}{\partial x}=\overrightarrow{i}+\overrightarrow{j},\quad \frac{\partial\overrightarrow{B}}{\partial y}=-\overrightarrow{i}+\overrightarrow{j}$$

(b) $\overrightarrow{B}=(1,2)=-\overrightarrow{i}+3\overrightarrow{j}$, $\overrightarrow{B}=(0,1)=-\overrightarrow{i}+\overrightarrow{j}$

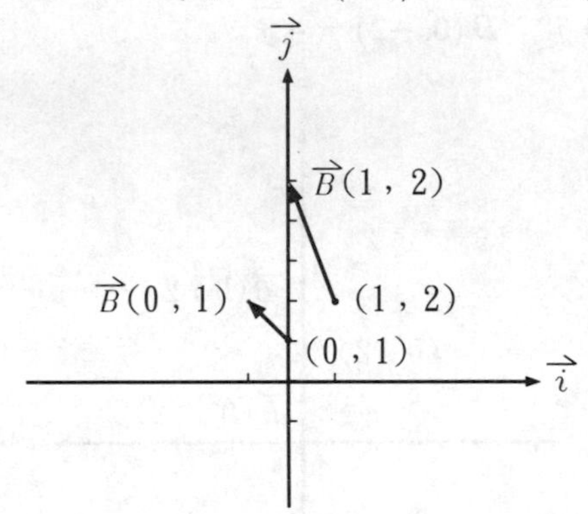

6. $\overrightarrow{B}=\langle e^{-x}y,8xy\rangle$; $(1,-3)$, $(-1,-2)$

解: (a) $\overrightarrow{B}=e^{-x}y\overrightarrow{i}+8xy\overrightarrow{j}$

$$\frac{\partial\overrightarrow{B}}{\partial x}=-e^{-x}y\overrightarrow{i}+8y\overrightarrow{j},\quad \frac{\partial\overrightarrow{B}}{\partial y}=e^{-x}\overrightarrow{i}+8x\overrightarrow{j}$$

(b) $\overrightarrow{B}(1,-3)=-3e^{-1}\overrightarrow{i}-24\overrightarrow{j}$, $\overrightarrow{B}(-1,-2)=-2e\overrightarrow{i}+16\overrightarrow{j}$

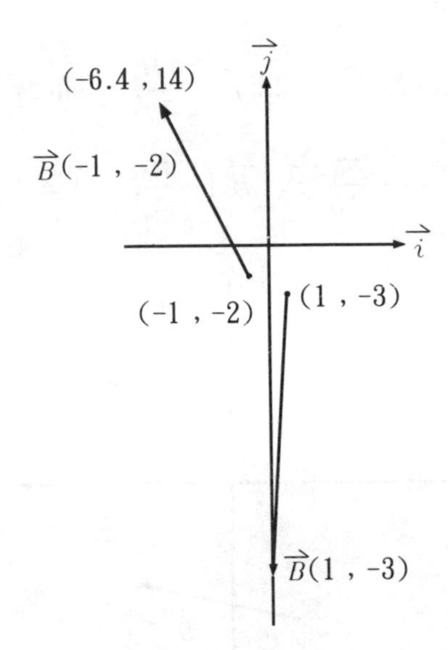

7. $\overrightarrow{B}=\langle y^2\ln(x+1),4xy^3\rangle$;　(0, 1),　(1, −1)

解: (a) $\overrightarrow{B}=y^2\ln(x+1)\overrightarrow{i}+4xy^3\overrightarrow{j}$

$$\frac{\partial\overrightarrow{B}}{\partial x}=\frac{y^2}{x+1}\overrightarrow{i}+4y^3\overrightarrow{j},\quad \frac{\partial\overrightarrow{B}}{\partial y}=2\ln(x+1)y^2\overrightarrow{i}+12xy^2\overrightarrow{j}$$

(b) $\overrightarrow{B}(0,1)=0$,　$\overrightarrow{B}(1,-1)=\ln 2\overrightarrow{i}-4\overrightarrow{j}$

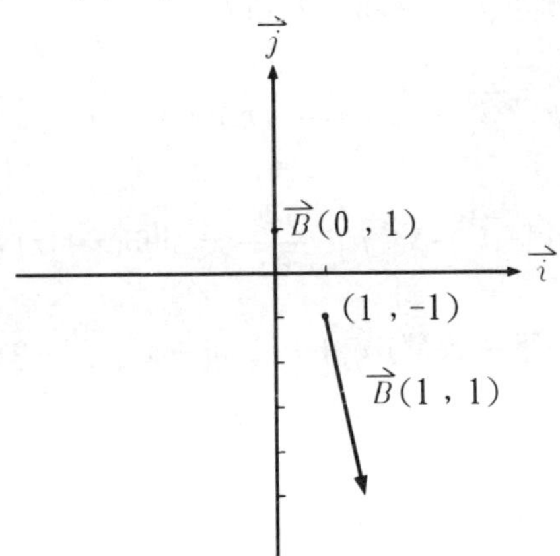

8. $\overrightarrow{B}=\langle y\sin 2x,x^2\rangle$;　$\left(\frac{\pi}{4},1\right)$,　$\left(-\frac{\pi}{4},-2\right)$

解: (a) $\overrightarrow{B}=y\sin 2x\overrightarrow{i}+x^2\overrightarrow{j}$

$$\frac{\partial \overrightarrow{B}}{\partial x} = 2\cos 2xy\,\overrightarrow{i} + 2x\,\overrightarrow{j}\,,\quad \frac{\partial \overrightarrow{B}}{\partial y} = \sin 2x\,\overrightarrow{i}$$

(b) $\overrightarrow{B}\left(\frac{\pi}{4}, 1\right) = \overrightarrow{i} + \frac{\pi^2}{16}\overrightarrow{j}\,,\ \overrightarrow{B}\left(-\frac{\pi}{4}, -2\right) = 2\overrightarrow{i} + \frac{\pi^2}{16}$

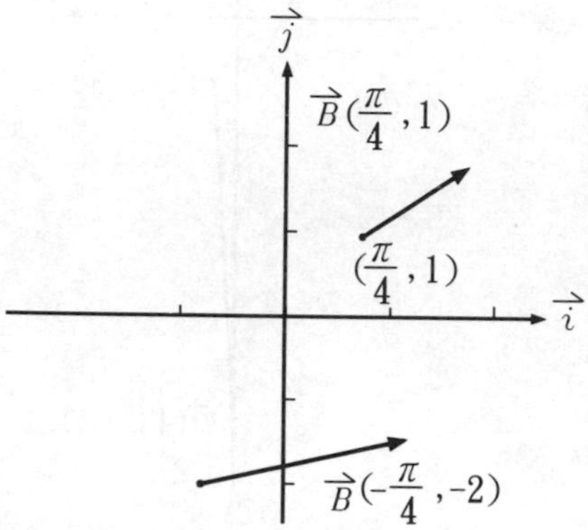

9.～13.題，求 $\frac{\partial \overrightarrow{E}}{\partial x}$、$\frac{\partial \overrightarrow{E}}{\partial y}$、$\frac{\partial \overrightarrow{E}}{\partial z}$、$d\overrightarrow{E}$。

9. $\overrightarrow{E} = \langle e^{xy}, -x^2y, \cosh(z+x)\rangle$

解: $\overrightarrow{E} = e^{xy}\,\overrightarrow{i} - x^2y\,\overrightarrow{j} + \cosh(z+x)\,\overrightarrow{k}$

$$\frac{\partial \overrightarrow{E}}{\partial x} = ye^{xy}\,\overrightarrow{i} - 2xy\,\overrightarrow{j} + \sinh(z+x)\,\overrightarrow{k}$$

$$\frac{\partial \overrightarrow{E}}{\partial y} = xe^{xy}\,\overrightarrow{i} - x^2\,\overrightarrow{j}\,,\quad \frac{\partial \overrightarrow{E}}{\partial z} = \sinh(z+x)\,\overrightarrow{k}$$

$$d\overrightarrow{E} = (ye^{xy} + xe^{xy})\,\overrightarrow{i} + (-2xy - x^2)\,\overrightarrow{j} + 2\sinh(z+x)\,\overrightarrow{k}$$

10. $\overrightarrow{E} = \langle z^2\cos x, -x^3yz, x^3y\rangle$

解: $\overrightarrow{E} = z^2\cos x\,\overrightarrow{i} - x^3yz\,\overrightarrow{j} + x^3y\,\overrightarrow{k}$

$$\frac{\partial \overrightarrow{E}}{\partial x} = -z^2\sin x\,\overrightarrow{i} - 3x^2yz\,\overrightarrow{j} + 3x^2y\,\overrightarrow{k}$$

$$\frac{\partial\overrightarrow{E}}{\partial y}=-x^3z\overrightarrow{j}+x^3\overrightarrow{k},\quad \frac{\partial\overrightarrow{E}}{\partial z}=2z\cos x\overrightarrow{i}-x^3y\overrightarrow{j}$$

$$d\overrightarrow{E}=(-z^2\sin x+2z\cos x)\overrightarrow{i}+(-3x^2yz-x^3z-x^3y)\overrightarrow{j}+(3x^2y+x^3)\overrightarrow{k}$$

11. $\overrightarrow{E}=\langle xy^3,\ln(x+y+z),\cosh(xyz)\rangle$

解: $\overrightarrow{E}\doteq xy^3\overrightarrow{i}+\ln(x+y+z)\overrightarrow{j}+\cosh(xyz)\overrightarrow{k}$

$$\frac{\partial\overrightarrow{E}}{\partial x}=y^3\overrightarrow{i}+\frac{1}{x+y+z}\overrightarrow{j}+yz\sinh(xyz)\overrightarrow{k}$$

$$\frac{\partial\overrightarrow{E}}{\partial y}=3xy^2\overrightarrow{i}+\frac{1}{x+y+z}\overrightarrow{j}+xz\sinh(xyz)\overrightarrow{k}$$

$$\frac{\partial\overrightarrow{E}}{\partial z}=\frac{1}{x+y+z}\overrightarrow{j}+xy\sinh(xyz)\overrightarrow{k}$$

$$d\overrightarrow{E}=(y^3+3xy^2)\overrightarrow{i}+(\frac{3}{x+y+z})\overrightarrow{j}+$$

$$[yz\sinh(xyz)+xz\sinh(xyz)+xy\sinh(xyz)]\overrightarrow{k}$$

12. $\overrightarrow{E}=\langle -z^2\sin(xy),xy^4z,\cosh(z-x)\rangle$

解: $\overrightarrow{E}=-z^2\sin(xy)\overrightarrow{i}+xy^4z\overrightarrow{j}+\cosh(z-x)\overrightarrow{k}$

$$\frac{\partial\overrightarrow{E}}{\partial x}=-z^2y\cos(xy)\overrightarrow{i}+y^4z\overrightarrow{j}+\sinh(z-x)\overrightarrow{k}$$

$$\frac{\partial\overrightarrow{E}}{\partial y}=-z^2x\cos(xy)\overrightarrow{i}+4xy^3z\overrightarrow{j}$$

$$\frac{\partial\overrightarrow{E}}{\partial z}=-2z\sin(xy)\overrightarrow{i}+xy^4\overrightarrow{j}+\sinh(z-x)\overrightarrow{k}$$

$$d\overrightarrow{E}=[-z^2y\cos(xy)-z^2x\cos(xy)-2z\sin(xy)]\overrightarrow{i}+$$

$$(4xy^4 + 4xy^3z + xy^4)\overrightarrow{j} + 2\sinh(z-x)\overrightarrow{k}$$

13\. $\overrightarrow{E} = \langle x-y, x^2-y^2-z^2, xy\rangle$

解： $\overrightarrow{E} = (x-y)\overrightarrow{i} + (x^2-y^2-z^2)\overrightarrow{j} + xy\overrightarrow{k}$

$$\frac{\partial \overrightarrow{E}}{\partial x} = \overrightarrow{i} + 2x\overrightarrow{i} + y\overrightarrow{k}, \quad \frac{\partial \overrightarrow{E}}{\partial y} = -\overrightarrow{i} - 2y\overrightarrow{j} + x\overrightarrow{k}$$

$$\frac{\partial \overrightarrow{E}}{\partial z} = -2z\overrightarrow{j}$$

$$d\overrightarrow{E} = (2x-2y-2z)\overrightarrow{j} + (y+x)\overrightarrow{k}$$

14.～21.題，求(a)力線方程式，(b)通過指定點的力線方程式。

14\. $\overrightarrow{E} = \langle 1,-1,1\rangle$; $(0,1,2)$

解： $\overrightarrow{E} = \overrightarrow{i} - \overrightarrow{j} + \overrightarrow{k}$

$$\frac{dx}{1} = \frac{dy}{-1} = \frac{dz}{1} \Rightarrow x = -y + c_1 = z + c_2$$

$$x\overrightarrow{i} + (-x+c_1)\overrightarrow{j} + (x+c_2)\overrightarrow{k}$$

將 $(0,1,2)$ 代入得 $c_1 = 1$, $c_2 = -2 \Rightarrow x\overrightarrow{i} + (-x+1)\overrightarrow{j} + (x-2)\overrightarrow{k}$

15\. $\overrightarrow{E} = \langle 2\cos y, \sin x, 0\rangle$; $\left(\frac{\pi}{2}, 0, -4\right)$

解： $\overrightarrow{E} = 2\cos y\overrightarrow{i} + \sin x\overrightarrow{j}$

$$\frac{dx}{2\cos y} = \frac{dy}{\sin x} = \frac{dz}{0}$$

$$\sin x dx = 2\cos y dy \Rightarrow -\cos x + a_1 = 2\sin y$$

$$z = c_1, \quad y = \sin^{-1}\left(\frac{1}{2}a_1 - \frac{1}{2}\cos x\right)$$

$$x\overrightarrow{i}+\sin^{-1}\left(\frac{1}{2}a_1-\frac{1}{2}\cos x\right)\overrightarrow{j}+c_1\overrightarrow{k}$$

將 $\left(\frac{\pi}{2},0,-4\right)$ 代入得 $a_1=0,\ c_1=-4$

$$\Rightarrow x\overrightarrow{i}+\sin^{-1}\left(-\frac{1}{2}\cos x\right)\overrightarrow{j}-4\overrightarrow{k}$$

16. $\overrightarrow{E}=\langle 0,e^z,-\cos y\rangle$; $\left(1,\frac{\pi}{4},0\right)$

解: $\overrightarrow{z}=e^z\overrightarrow{j}-\cos y\overrightarrow{k}$

$$\frac{dx}{0}=\frac{dy}{e^z}=\frac{dz}{-\cos y}$$

$$(-\cos y)dy=e^zdz\Rightarrow \sin y+a_1=e^z$$

$$x=c_1,\ y=\sin^{-1}(e^z-a_1)$$

$$c_1\overrightarrow{i}+\sin^{-1}(e^z-a_1)\overrightarrow{j}+z\overrightarrow{k}=0$$

將$(1,\frac{\pi}{4},0)$代入得$c_1=1,a_1=1-\frac{\sqrt{2}}{2}$

$$\Rightarrow\overrightarrow{i}+\sin^{-1}(e^z-1+\frac{\sqrt{2}}{2})+z\overrightarrow{k}$$

17. $\overrightarrow{E}=\langle x^2,-y,z^3\rangle$; $(2,1,5)$

解: $\overrightarrow{E}=x^2\overrightarrow{i}-y\overrightarrow{j}+z^3\overrightarrow{k}$

$$\frac{dx}{x^2}=\frac{dy}{-y}=\frac{dz}{z^3}\Rightarrow\frac{dx}{-x^2}=\frac{dy}{y}=\frac{dz}{-z^3}$$

$$-a_1+\frac{1}{x}=\ln y+a_2=\frac{1}{2z^2}$$

$$\frac{1}{x}=\frac{1+2a_1z^2}{2z^2}\Rightarrow x=\frac{2z^2}{1+2a_1z^2}=\frac{2z^2}{1+\frac{1}{3}c_1z^2}$$

$y = c_2 e^{\frac{1}{2}z^{-2}}$

力線：$\dfrac{2z^2}{1+\frac{1}{3}c_1 z^2}\overrightarrow{i} + c_2 e^{\frac{1}{2}z^{-2}}\overrightarrow{j} + z\overrightarrow{k}$

$(2,1,5)$ 代入得 $c_1 = \dfrac{72}{25}$，$c_2 = e^{-\frac{1}{72}}$

$$\Rightarrow \frac{50z^2}{25+24z^2}\overrightarrow{i} + \exp\left(\frac{36-z^2}{72z^2}\right)\overrightarrow{j} + z\overrightarrow{k}$$

18. $\overrightarrow{E} = \langle 2e^z, 0, -x^2\rangle$; $(2,1,0)$

解：$\overrightarrow{E} = \langle 2e^z, 0, -x^2\rangle$; $(2,1,0)$

$$\frac{2e^z}{dx} = \frac{0}{dy} = \frac{-x^2}{dz}$$

$$2e^z dz = -x^2 dx \Rightarrow 2e^z = -\frac{x^3}{3} + c_1$$

$$\Rightarrow x^3 + 6e^z = c_2,\ y = c_3$$

$(2,1,0)$代入 $\Rightarrow c_2 = 14,\ c_3 = 1$

$\Rightarrow x^3 + 6e^z = 14,\ y = 1$（力線方程式）

19. $\overrightarrow{E} = \langle x^2, 2y^2, -z^2\rangle$; $(1,1,1)$

解：$\overrightarrow{E} = x^2\overrightarrow{i} + 2y^2\overrightarrow{j} - z^2\overrightarrow{k}$

$$\frac{dx}{x^2} = \frac{dy}{2y^2} = \frac{dz}{-z^2} \Rightarrow -\frac{1}{x} + a_1 = -\frac{1}{2}\frac{1}{y} + a_2 = \frac{1}{z}$$

$$z = z,\ \ x = \frac{1}{c_1 - \frac{1}{z}},\ \ y = \frac{1}{2\left(c_2 - \frac{1}{z}\right)}$$

$(1,1,1)$代入得 $c_1=2$, $c_2=\dfrac{3}{2}\Rightarrow\dfrac{1}{2-\dfrac{1}{z}}\overrightarrow{i}+\dfrac{1}{3-\dfrac{2}{z}}\overrightarrow{j}+\overrightarrow{k}$

20. $\overrightarrow{E}=\langle\sec x,-\cot x,2\rangle$; $\left(\dfrac{\pi}{4},0,2\right)$

解:
$$\frac{dx}{\sec x}=\frac{dy}{-\cot x}=\frac{dz}{2}$$
$$\Rightarrow\frac{\sin^2 x-1}{\sin x}dx=\frac{dy}{1}=\frac{dz}{2}$$
$$\Rightarrow\sin x-\frac{1}{\sin x}dx=\frac{dy}{1}=\frac{dz}{2}$$
$$-\cos x-\ln|\csc x-\cot x|+a_1=c_1=c_2$$

令$z=c_2$, $y=c_1$

$(\dfrac{\pi}{4},0,2)$代入得$c_1=-1$, $c_2=2$, $a_1=\dfrac{3}{2}\sqrt{2}+\ln|\sqrt{2}-1|$

$$\Rightarrow(\cos x-\ln|\csc x-\cot x|+\frac{3}{2}\sqrt{2}+\ln|\sqrt{2}-1|)\overrightarrow{i}-\overrightarrow{j}+2\overrightarrow{k}$$

21. $\overrightarrow{E}=\langle-1,e^z,-\cos y\rangle$; $\left(1,\dfrac{\pi}{4},0\right)$

解: $\overrightarrow{E}=-\overrightarrow{i}+e^z\overrightarrow{j}-\cos y\overrightarrow{k}$

$$\frac{dx}{-1}=\frac{dy}{e^z}=\frac{dz}{-\cos y}$$
$$\cos y\,dy=e^z dz\Rightarrow c_1-\sin y=e^z\Rightarrow z=\ln(c_1-\sin y)\cdots\cdots①$$
$$\frac{dx}{-1}=\frac{dy}{e^z}=\frac{dz}{c_1-\sin y}$$
$$dx=\frac{dy}{c_1-\sin y}\Rightarrow x=\frac{-2}{\sqrt{c_1^2-1}}\tan^{-1}\left[\frac{c_1\tan\dfrac{y}{2}-1}{\sqrt{c_1^2-1}}\right]+c_2\cdots\cdots②$$

$(x,y,z)=\left(1,\dfrac{\pi}{4},0\right)$ 代入①②得 $c_1=2$,

$$c_2 = 2 + \frac{2}{\sqrt{-1+\left(\frac{4+\sqrt{2}}{2}\right)^2}} \tan^{-1}\left[\frac{\frac{4+\sqrt{2}}{2}\tan\frac{\pi}{8}-1}{\sqrt{\left(\frac{4+\sqrt{2}}{2}\right)^2-1}}\right]$$

7.6 向量場之梯度

1.～18.題，求 $\overrightarrow{\nabla}\phi(x,y,z)$ 和 $\overrightarrow{\nabla}\phi(P_0)$，點 $P_0=(x_0,y_0,z_0)$。

1.$\phi = 2xyz$; $(1,1,1)$

解: $\phi = 2xyz$

$$\overrightarrow{\nabla}\phi = \langle \frac{\partial\phi}{\partial x}, \frac{\partial\phi}{\partial y}, \frac{\partial\phi}{\partial z}\rangle = 2yz\overrightarrow{i} + 2xz\overrightarrow{j} + 2xy\overrightarrow{k}$$

$$\overrightarrow{\nabla}\phi(P_0) = 2\overrightarrow{i} + 2\overrightarrow{j} + 2\overrightarrow{k}$$

2.$\phi = xy$; $(1,0,0)$

解: $\phi = xy$

$$\overrightarrow{\nabla}\phi = y\overrightarrow{i} + x\overrightarrow{j},\ \overrightarrow{\nabla}\phi(P_0) = \overrightarrow{j}$$

3.$\phi = 2xy + xe^z$; $(-2,1,6)$

解: $\phi = 2xy + xe^z$

$$\overrightarrow{\nabla}\phi = (2y+e^z)\overrightarrow{i} + (2x)\overrightarrow{j} + (e^z x)\overrightarrow{k}$$

$$\overrightarrow{\nabla}\phi(P_0) = (2+e^6)\overrightarrow{i} - 4\overrightarrow{j} - 2e^6\overrightarrow{k}$$

4.$\phi = \frac{x}{y}$; $(1,1,1)$

解: $\phi = \frac{x}{y}$

$$\overrightarrow{\nabla}\phi = \left(\frac{1}{y}\right)\overrightarrow{i} - \left(\frac{x}{y^2}\right)\overrightarrow{j},\quad \overrightarrow{\nabla}\phi(P_0) = \overrightarrow{i} - \overrightarrow{j}$$

5. $\phi = \cosh(2xy) - \sinh z;\quad (0,1,0)$

解：$\phi = \cosh(2xy) - \sinh z$

$$\overrightarrow{\nabla}\phi = 2y\sinh(2xy)\overrightarrow{i} + 2x\sinh(2xy)\overrightarrow{j} - \cosh z\,\overrightarrow{k}$$

$$\overrightarrow{\nabla}\phi(P_0) = -\cosh 1\,\overrightarrow{k}$$

6. $\phi = \tan^{-1}\dfrac{x}{y};\quad (1,1,1)$

解：$\phi = \tan^{-1}\dfrac{x}{y}$

$$\overrightarrow{\nabla}\phi = \frac{-y}{x^2+y^2}\overrightarrow{i} + \frac{x}{x^2+y^2}\overrightarrow{j},\quad \overrightarrow{\nabla}\phi(P_0) = -\frac{1}{2}\overrightarrow{i} + \frac{1}{2}\overrightarrow{j}$$

7. $\phi = \ln(x+y+z);\quad (1,1,-2)$

解：$\phi = \ln(x+y+z)$

$$\overrightarrow{\nabla}\phi = \frac{1}{x+y+z}(\overrightarrow{i} + \overrightarrow{j} + \overrightarrow{k}),\quad \overrightarrow{\nabla}\phi(P_0) = \infty$$

8. $\phi = e^x\sin y + z;\quad (0,\pi,1)$

解：$\phi = e^x\sin y + z$

$$\overrightarrow{\nabla}\phi = e^x\sin y\,\overrightarrow{i} + e^x\cos y\,\overrightarrow{j} + \overrightarrow{k},\quad \overrightarrow{\nabla}\phi(P_0) = -\overrightarrow{j} + \overrightarrow{k}$$

9. $\phi = e^x\cos y\cos z;\quad \left(0,\dfrac{\pi}{4},\dfrac{\pi}{2}\right)$

解：$\phi = e^x\cos y\cos z$

$$\overrightarrow{\nabla}\phi = (e^x\cos y\cos z)\overrightarrow{i} + (-e^x\sin y\cos z)\overrightarrow{j} + (e^x\cos y\sin z)\overrightarrow{k}$$

$$\overrightarrow{\nabla}\phi(P_0) = \frac{\sqrt{2}}{2}\overrightarrow{k}$$

10. $\phi = \frac{1}{2}\ln(x^2+y^2)+z^2$; $(1,1,1)$

解: $\phi = \frac{1}{2}\ln(x^2+y^2)+z^2$

$$\vec{\nabla}\phi = \frac{x}{x^2+y^2}\vec{i} + \frac{y}{x^2+y^2}\vec{j} + 2z\vec{k}$$

$$\vec{\nabla}\phi(P_0) = \frac{1}{2}\vec{i} + \frac{1}{2}\vec{j} + 2\vec{k}$$

11. $\phi = \frac{1}{2}x^2 y\cosh(xz)$; $(0,0,4)$

解: $\phi = \frac{1}{2}x^2 y\cosh(xz)$

$$\vec{\nabla}\phi = [xy\cosh(xz) + \frac{1}{2}x^2yz\sinh(xz)]\vec{i} + \frac{1}{2}[x^2\cosh(xz)]\vec{j} + \frac{1}{2}[x^3y\sinh(xz)]\vec{k}$$

$$\vec{\nabla}\phi(P_0) = 0$$

12. $\phi = \sin x\sinh y$; $\left(\frac{\pi}{2},0,1\right)$

解: $\phi = \sin x\sinh y$

$$\vec{\nabla}\phi = \cos x\sinh y\vec{i} + \sin x\cosh y\vec{j},\ \vec{\nabla}\phi(P_0) = \vec{j}$$

13. $\phi = x - \cosh(x+z)$; $(1,-1,0)$

解: $\phi = x - \cosh(x+z)$

$$\vec{\nabla}\phi = \vec{i} - \sinh(y+z)(\vec{j} + \vec{k})$$

$$\vec{\nabla}\phi(P_0) = \vec{i} + \sinh 1(\vec{j} + \vec{k})$$

14. $\phi = z(x^2+y^2)^{-1}$; $(1,1,1)$

解: $\phi = z(x^2+y^2)^{-1}$

$$\overrightarrow{\nabla}\phi = -2xz(x^2+y^2)^{-2}\overrightarrow{i} - 2yz(x^2+y^2)^{-2}\overrightarrow{j} + (x^2+y^2)^{-1}\overrightarrow{k}$$

$$\overrightarrow{\nabla}\phi(P_0) = -\frac{1}{2}\overrightarrow{i} - \frac{1}{2}\overrightarrow{j} + \frac{1}{2}\overrightarrow{k}$$

15. $\phi = e^{xy} + xz^2$; $(0,0,2)$

解: $\phi = e^{xy} + xz^2$

$$\overrightarrow{\nabla}\phi = (ye^{xy}+z^2)\overrightarrow{i} + xe^{xy}\overrightarrow{j} + 2zx\overrightarrow{k},\quad \overrightarrow{\nabla}\phi(P_0) = 4\overrightarrow{i}$$

16. $\phi = e^{(x^2-y^2)}\sin(2xy)$; $(1,1,0)$

解: $\phi = e^{(x^2-y^2)}\sin(2xy)$

$$\overrightarrow{\nabla}\phi = (2xe^{x^2-y^2}\sin 2xy + 2ye^{x^2-y^2}\cos 2xy)\overrightarrow{i} +$$
$$(2xe^{x^2-y^2}\cos 2xy - 2ye^{x^2-y^2}\sin 2xy)\overrightarrow{j}$$
$$\overrightarrow{\nabla}\phi(P_0) = 2(\sin 2+\cos 2)\overrightarrow{i} + 2(\cos 2-\sin 2)\overrightarrow{j}$$

17. $\phi = \cosh(x-y+2z)$; $(1,0,-1)$

解: $\phi = e^{xy} + xz^2$

$$\overrightarrow{\nabla}\phi = (ye^{xy}+z^2)\overrightarrow{i} + (xe^{xy})\overrightarrow{j} + (2zx)\overrightarrow{k}$$
$$\overrightarrow{\nabla}\phi(P_0) = 4\overrightarrow{i}$$

18. $\phi = \dfrac{y^2-z^2}{y^2+z^2}$; $(1,0,1)$

解:
$$\overrightarrow{\nabla}\phi = \frac{2y}{(y^2+z^2)^2}\overrightarrow{j} + \frac{-2z^2}{(y^2+z^2)^2}\overrightarrow{k}$$
$$\overrightarrow{\nabla}\phi(P_0) = -2\overrightarrow{k}$$

19.～22.題，若 $\overrightarrow{r} = x\overrightarrow{i} + y\overrightarrow{j} + z\overrightarrow{k}$，$r = \|\overrightarrow{r}\| = \sqrt{x^2+y^2+z^2}$，求 $\overrightarrow{\nabla}\phi$。

19. $\phi = \ln r$

解: $\overrightarrow{r} = x\overrightarrow{i} + y\overrightarrow{j} + z\overrightarrow{k} \Rightarrow \|\overrightarrow{r}\| = \sqrt{x^2+y^2+z^2}$

$$\phi = \ln r = \frac{1}{2}\ln(x^2+y^2+z^2)$$

$$\vec{\nabla}\phi = \frac{1}{2}\vec{\nabla}\ln(x^2+y^2+z^2)$$

$$= \frac{1}{2}\left[\vec{i}\frac{\partial}{\partial x}\ln(x^2+y^2+z^2) + \vec{j}\frac{\partial}{\partial y}\ln(x^2+y^2+z^2) + \vec{k}\frac{\partial}{\partial z}\ln(x^2+y^2+z^2)\right]$$

$$= \frac{1}{2}\left(\vec{i}\frac{2x}{x^2+y^2+z^2} + \vec{j}\frac{2y}{x^2+y^2+z^2} + \vec{k}\frac{2z}{x^2+y^2+z^2}\right)$$

$$= \frac{\vec{r}}{r^2}$$

20. $\phi = \dfrac{1}{r}$

解: $$\vec{\nabla}\phi = \vec{\nabla}\left(\frac{1}{r}\right) = \vec{\nabla}\left(\frac{1}{\sqrt{x^2+y^2+z^2}}\right) = \vec{\nabla}[(x^2+y^2+z^2)^{-\frac{1}{2}}]$$

$$= \vec{i}\frac{\partial}{\partial x}(x^2+y^2+z^2)^{-\frac{1}{2}} + \vec{j}\frac{\partial}{\partial y}(x^2+y^2+z^2)^{-\frac{1}{2}} + \vec{k}\frac{\partial}{\partial z}(x^2+y^2+z^2)^{-\frac{1}{2}}$$

$$= \vec{i}\left[-\frac{1}{2}(x^2+y^2+z^2)^{-\frac{3}{2}}2x\right] + \vec{j}\left[-\frac{1}{2}(x^2+y^2+z^2)^{-\frac{3}{2}}2y\right] + \vec{k}\left[-\frac{1}{2}(x^2+y^2+z^2)^{-\frac{3}{2}}2z\right]$$

$$= \frac{-x\vec{i} - y\vec{j} - z\vec{k}}{(x^2+y^2+z^2)^{\frac{3}{2}}} = -\frac{\vec{r}}{r^3}$$

21. $\phi = r^n$

解: $$\vec{\nabla}r^n = \vec{\nabla}(\sqrt{x^2+y^2+z^2})^n = \vec{\nabla}(x^2+y^2+z^2)^{\frac{n}{2}}$$

$$=\overrightarrow{i}\frac{\partial}{\partial x}\left[(x^2+y^2+z^2)^{\frac{n}{2}}\right]+\overrightarrow{j}\frac{\partial}{\partial y}\left[(x^2+y^2+z^2)^{\frac{n}{2}}\right]+$$

$$\overrightarrow{k}\frac{\partial}{\partial z}\left[(x^2+y^2+z^2)^{\frac{n}{2}}\right]$$

$$=\overrightarrow{i}\left[\frac{n}{2}(x^2+y^2+z^2)^{\frac{n}{2}-1}2x\right]+\overrightarrow{j}\left[\frac{n}{2}(x^2+y^2+z^2)^{\frac{n}{2}-1}2y\right]+$$

$$\overrightarrow{k}\left[\frac{n}{2}(x^2+y^2+z^2)^{\frac{n}{2}-1}2z\right]$$

$$=n(x^2+y^2+z^2)^{\frac{n}{2}-1}(x\overrightarrow{i}+y\overrightarrow{j}+z\overrightarrow{k})=nr^{n-2}\overrightarrow{r}$$

22. $\phi=3r^2-4\sqrt{r}+6r^{-\frac{1}{3}}$

解:

$$\overrightarrow{\nabla}\phi=3\cdot 2r^{2-2}\overrightarrow{r}-4\cdot\frac{1}{2}r^{\frac{1}{2}-2}\overrightarrow{r}+6\left(-\frac{1}{3}\right)r^{-\frac{1}{3}-2}\overrightarrow{r}$$

$$=6\overrightarrow{r}-2r^{-\frac{3}{2}}\overrightarrow{r}-2r^{-\frac{7}{3}}\overrightarrow{r}=(6-2r^{-\frac{3}{2}}-2r^{-\frac{7}{3}})\overrightarrow{r}$$

23.～27.題，給予電場 $\overrightarrow{E}$，求電位分佈 ϕ。

23. $\overrightarrow{E}=-\overrightarrow{i}+\overrightarrow{j}-\overrightarrow{k}$

解: $\overrightarrow{E}=-\overrightarrow{i}+\overrightarrow{j}-\overrightarrow{k}$

$$\frac{\partial\phi}{\partial x}=-1\Rightarrow\phi=-x+k_1(y,z)$$

$$\frac{\partial\phi}{\partial y}=\frac{\partial k_1}{\partial y}=1\Rightarrow k_1(y,z)=y+k_2(z)$$

$$\frac{\partial\phi}{\partial z}=\frac{\partial k_2}{\partial z}=-1\Rightarrow k_2(z)=-z+c$$

$$\phi=-x+y-z+c$$

24. $\overrightarrow{E}=-e^{xy}(y\overrightarrow{i}+x\overrightarrow{j})$

解: $\overrightarrow{E}=-e^{xy}(y\overrightarrow{i}+x\overrightarrow{j})$

$$\frac{\partial\phi}{\partial x} = -ye^{xy} \Rightarrow \phi = -e^{xy} + \phi_1(y)$$

$$\frac{\partial\phi}{\partial y} = -xe^{xy} \Rightarrow \phi = -e^{xy} + \phi_2(x)$$

$$\phi = -e^{xy} + c$$

25. $\overrightarrow{E} = \dfrac{-1}{x^2+y^2}(x\overrightarrow{i} + y\overrightarrow{j})$

解: $\overrightarrow{E} = \dfrac{x\overrightarrow{i} + y\overrightarrow{j}}{x^2+y^2} \Rightarrow \overrightarrow{E} = \dfrac{x}{x^2+y^2}\overrightarrow{i} + \dfrac{y}{x^2+y^2}\overrightarrow{j}$

$$\frac{\partial\phi}{\partial x} = \frac{x}{x^2+y^2} \Rightarrow \phi = \frac{1}{2}\ln(x^2+y^2) + \phi_1(y)$$

$$\frac{\partial\phi}{\partial y} = \frac{y}{x^2+y^2} \Rightarrow \phi = \frac{1}{2}\ln(x^2+y^2) + \phi_2(x)$$

$$\phi = \frac{1}{2}\ln(x^2+y^2) + c$$

26. $\overrightarrow{E} = -(x^2+y^2+z^2)^{-\frac{3}{2}}(x\overrightarrow{i} + y\overrightarrow{j} + z\overrightarrow{k})$

解: $\dfrac{\partial\phi}{\partial x} = -x(x^2+y^2+z^2)^{-\frac{3}{2}} \Rightarrow \phi = (x^2+y^2+z^2)^{-\frac{1}{2}} + x_1(y,z)$

$$\frac{\partial\phi}{\partial y} = -y(x^2+y^2+z^2)^{-\frac{3}{2}} + \frac{\partial k_1}{\partial y} \Rightarrow k_1(y,z) = k_2(z)$$

$$\frac{\partial\phi}{\partial z} = -z(x^2+y^2+z^2)^{-\frac{3}{2}} + \frac{\partial k_2}{\partial z} \Rightarrow k_2 = c$$

$$\phi = (x^2+y^2+z^2)^{-\frac{1}{2}} + c$$

27. $\overrightarrow{E} = -\dfrac{1}{y}\overrightarrow{i} + xy^{-2}\overrightarrow{j} - z\overrightarrow{k}$

解: $\overrightarrow{E} = -\dfrac{1}{y}\overrightarrow{i} + xy^{-2}\overrightarrow{j} - z\overrightarrow{k}$

$$\frac{\partial\phi}{\partial x}=-\frac{1}{y}\Rightarrow\phi=-xy^{-1}+k_1(y,z)$$

$$\frac{\partial\phi}{\partial y}=xy^{-2}+\frac{\partial k_1}{\partial y}\Rightarrow k_1(y,z)=k_2(z)$$

$$\frac{\partial\phi}{\partial z}=\frac{\partial k_2}{\partial z}=-z\Rightarrow k_2(z)=-\frac{z^2}{2}+c$$

$$\phi=-xy^{-1}-\frac{z^2}{2}+c$$

28.～42.題，求該曲線或平面在給定點上的單位法向量。

28. $x^2-3xy+2y^2=2$;　$(0,0,1)$

解:　$\phi=x^2-3xy+2y^2$

$$\Delta\phi=(\vec{\nabla}\phi)\cdot\vec{u}\qquad\|\vec{u}\|=1$$

$\Delta\phi$ 最大，當 $\vec{u}\,/\!/\,\vec{\nabla}\phi$ 時

$$\Rightarrow\Delta\phi=(2x-3y)\vec{i}+(-3x+4y)\vec{j}$$

29. $x^2+y^2=100$;　$(6,8)$

解:　$f=x^2+y^2\Rightarrow\vec{\nabla}f=2x\vec{i}+2y\vec{j}$

$$\vec{\nabla}f\big|_P=12\vec{i}+16\vec{j}\Rightarrow\frac{\vec{\nabla}f}{\|\vec{\nabla}f\|}=\frac{3}{5}\vec{i}+\frac{4}{5}\vec{j}$$

30. $e^x\cos(yz)=-e$;　$(1,1,\pi)$

解:

$$\vec{\nabla}\phi=e^x\cos(yz)\vec{i}+e^x(-z\sin(yz))\vec{j}+e^x(-y\sin(yz))\vec{k}$$

$$\vec{\nabla}\phi(P_0)=-e\vec{i},\quad\vec{u}=\frac{-e\vec{i}}{\sqrt{e^2}}=-\vec{i}$$

31. $x^2-y^2=1$;　$(2,\sqrt{3})$

解:　$f=x^2-y^2\Rightarrow\vec{\nabla}f=2x\vec{i}-2y\vec{j}$

$$\vec{\nabla} f\big|_P = 4\vec{i} - 2\sqrt{3}\,\vec{j} \Rightarrow \frac{\vec{\nabla} f}{\|\vec{\nabla} f\|} = \frac{2}{\sqrt{7}}\vec{i} - \frac{\sqrt{3}}{\sqrt{7}}\vec{j}$$

32. $14x - 3y^2 + 2xye^z = -3;\ \ (0,1,0)$

解:

$$\vec{\nabla}\phi = (14 + 2ye^2)\,\vec{i} + (-6y + 2xe^z)\,\vec{j} + (2xye^z)\,\vec{k}$$

$$\vec{\nabla}\phi(P_0) = 16\,\vec{i} + (-6)\,\vec{j}$$

$$\vec{u} = \frac{(16\vec{i} - 6\vec{j})}{\sqrt{16^2 + 6^2}} = \frac{1}{\sqrt{292}}(16\vec{i} - 6\vec{j})$$

33. $4x^2 + 9y^2 = 36;\ \ (0,2)$

解: $f = 4x^2 + 9y^2 \Rightarrow \vec{\nabla} f = 8x\,\vec{i} + 18y\,\vec{j}$

$$\vec{\nabla} f\big|_P = 36\,\vec{j},\ \ \vec{u} = \vec{j}$$

34. $3z^3 - e^x \sin y = 2;\ \ \left(0, \dfrac{\pi}{2}, 1\right)$

解: $\phi = 3z^3 - e^x \sin y \Rightarrow \vec{\nabla}\phi = (e^x \sin y)\,\vec{i} + (e^x \cos y)\,\vec{j} - 9z^2\,\vec{k}$

$$\vec{\nabla}\phi = \left(0, \frac{\pi}{2}, 1\right) = \vec{i} - 9\vec{k},\ \ \vec{u} = \frac{\vec{i} - 9\vec{k}}{\sqrt{82}}$$

35. $z = \sqrt{x^2 + y^2};\ \ (3,4,5)$

解: $z = \sqrt{x^2 + y^2}$

$$f = z - \sqrt{x^2 + y^2} \Rightarrow \vec{\nabla} f = -\frac{x}{\sqrt{x^2 + y^2}}\vec{i} - \frac{y}{\sqrt{x^2 + y^2}}\vec{j} + \vec{k}$$

$$\vec{\nabla} f\big|_P = -\frac{3}{5}\vec{i} - \frac{4}{5}\vec{j} + \vec{k}$$

$$\frac{\vec{\nabla} f}{\|\vec{\nabla} f\|} = -\frac{3}{5\sqrt{2}}\vec{i} - \frac{4}{5\sqrt{2}}\vec{j} + \frac{1}{\sqrt{2}}\vec{k}$$

36. $\sin(xyz)=1;\ \left(1,\dfrac{\pi}{2},1\right)$

解:
$$\overrightarrow{\nabla}\phi = yz\cos(xyz)\overrightarrow{i}+xy\cos(xyz)\overrightarrow{j}+xy\cos(xyz)\overrightarrow{k}$$

$$\overrightarrow{\nabla}\phi\left(1,\frac{\pi}{2},1\right)=0,\quad \|\overrightarrow{u}\|=0$$

37. $z=2xy;\ (2,-1,-4)$

解: $f=2xy-z$

$$\overrightarrow{\nabla}f=2y\overrightarrow{i}+2x\overrightarrow{j}-\overrightarrow{k}$$

$$\overrightarrow{\nabla}f\big|_P=-2\overrightarrow{i}+4\overrightarrow{j}-\overrightarrow{k}$$

$$\frac{\overrightarrow{\nabla}f}{\|\overrightarrow{\nabla}f\|}=\frac{-2\overrightarrow{i}+4\overrightarrow{j}-\overrightarrow{k}}{\sqrt{(-2)^2+4^2+(-1)^2}}=-\frac{2}{\sqrt{21}}\overrightarrow{i}+\frac{4}{\sqrt{21}}\overrightarrow{j}-\frac{1}{\sqrt{21}}\overrightarrow{k}$$

38. $\tan^{-1}\left(\dfrac{y}{x}\right)=\dfrac{\pi}{4};\ (1,1,2)$

解:
$$\overrightarrow{\nabla}\phi=\left[\frac{1}{1+\left(\frac{y}{x}\right)^2}\cdot\left(\frac{-y}{x^2}\right)\right]\overrightarrow{i}+\left[\frac{1}{1+\left(\frac{y}{x}\right)^2}\cdot\frac{1}{x}\right]\overrightarrow{j}$$

$$\overrightarrow{\nabla}\phi(1,1,2)=-\frac{1}{2}\overrightarrow{i}+\frac{1}{2}\overrightarrow{j},\quad \overrightarrow{u}=-\frac{\sqrt{2}}{2}\overrightarrow{i}+\frac{\sqrt{2}}{2}\overrightarrow{j}$$

39. $x^2y+2xz=4;\ (2,-2,3)$

解:
$$\overrightarrow{\nabla}(x^2y+2xz)=(2xy+2z)\overrightarrow{i}+x^2\overrightarrow{j}+2x\overrightarrow{k}=-2\overrightarrow{i}+4\overrightarrow{j}+4\overrightarrow{k}$$

$$\overrightarrow{u}=\frac{-2\overrightarrow{i}+4\overrightarrow{j}+4\overrightarrow{k}}{\sqrt{(-2)^2+4^2+4^2}}=-\frac{1}{3}\overrightarrow{i}+\frac{2}{3}\overrightarrow{j}+\frac{2}{3}\overrightarrow{k}$$

40. $x\ln(y+z)=0;\ (1,3,-2)$

解: $\phi = x\ln(y+z) \Rightarrow \vec{\nabla}\phi = \ln(y+z)\vec{i} + \frac{x}{y+z}\vec{j} + \frac{x}{y+z}\vec{k}$

$$\vec{\nabla}\phi(P_0) = \vec{j} + \vec{k},\ \ \vec{u} = \frac{1}{\sqrt{2}}(\vec{j} + \vec{k})$$

41. $z = x^2 + y^2;\ \ (1,2,5)$

解: $\phi = x^2 + y^2 - z \Rightarrow \vec{\nabla}\phi = 2x\vec{i} + 2y\vec{j} - \vec{k}$

$$\vec{\nabla}\phi(P_0) = 2\vec{i} + 4\vec{j} - \vec{k},\ \vec{u} = \frac{2\vec{i} + 4\vec{j} - \vec{k}}{\sqrt{21}}$$

42. $(x-1)^2 + y^2 + (z+2)^2 = 9;\ \ (3,1,-4)$

解: $\phi = (x-1)^2 + y^2 + (z+2)^2 - 9$

$$\vec{\nabla}\phi = 2(x-1)\vec{i} + 2y\vec{j} + 2(z+2)\vec{k}$$

$$\vec{\nabla}\phi(P_0) = 4\vec{i} + 2\vec{j} - 4\vec{k},\ \vec{u} = \frac{2\vec{i} + \vec{j} - 2\vec{k}}{3}$$

43.~50.題，求 $\phi(x,y)$ 在點 Q 及 $\vec{A}$ 方向上的改變率。

43. $\phi = x - y;\ \ Q(3,4);\ \ \vec{A} = \langle 2,1\rangle$

解: $\vec{\nabla}\phi = \vec{i} - \vec{j}$

$$D_a\phi = (\vec{i} - \vec{j})\cdot\frac{(2\vec{i} + \vec{j})}{\|\vec{A}\|} = \frac{1}{\sqrt{5}}$$

44. $\phi = x^2 + y^2;\ \ Q(1,2);\ \ \vec{A} = \langle 1,-1\rangle$

解: $\vec{\nabla}\phi = 2x\vec{i} + 2y\vec{j}$

$$\vec{\nabla}\phi\big|_Q = 2\vec{i} + 4\vec{j},\ \|\vec{A}\| = \sqrt{2}$$

$$D_a\phi = \frac{1}{\sqrt{2}}(-2) = -\sqrt{2}$$

45. $\phi = r = \sqrt{x^2+y^2+z^2}$; $Q(1,1,1)$; $\overrightarrow{A} = \langle 1,2,-3\rangle$

解: $\phi = \sqrt{x^2+y^2+z^2} = (x^2+y^2+z^2)^{\frac{1}{2}}$

$$\overrightarrow{\nabla}\phi = \frac{1}{2}(x^2+y^2+z^2)^{-\frac{1}{2}}(2x)\overrightarrow{i} + \frac{1}{2}(x^2+y^2+z^2)^{-\frac{1}{2}}(2y)\overrightarrow{j} + \frac{1}{2}(x^2+y^2+z^2)^{-\frac{1}{2}}(2z)\overrightarrow{k}$$

$$\overrightarrow{\nabla}\phi(Q) = \frac{1}{\sqrt{14}}\overrightarrow{i} + \frac{2}{\sqrt{14}}\overrightarrow{j} - \frac{3}{\sqrt{14}}\overrightarrow{k}$$

$$\overrightarrow{u} = \frac{\overrightarrow{A}}{\|\overrightarrow{A}\|} = \frac{1}{\sqrt{3}}(\overrightarrow{i} + \overrightarrow{j} + \overrightarrow{k})$$

$$D_a\phi = \overrightarrow{\nabla}\phi \cdot \overrightarrow{u} = \frac{1}{\sqrt{42}}(1+2-3) = 0$$

46. $\phi = \frac{1}{r} = (x^2+y^2+z^2)^{-\frac{1}{2}}$; $Q(3,0,4)$; $\overrightarrow{A} = \langle 1,1,1\rangle$

解: $$\overrightarrow{\nabla}\phi = \frac{1}{(x^2+y^2+z^2)^{\frac{3}{2}}}(-x\overrightarrow{i} - y\overrightarrow{j} - z\overrightarrow{k})$$

於 Q 點: $\overrightarrow{\nabla}\phi = \frac{1}{125}(-3\overrightarrow{i} - 4\overrightarrow{k})$

$$\overrightarrow{u} = \frac{\overrightarrow{A}}{\|\overrightarrow{A}\|} = \frac{1}{\sqrt{3}}(\overrightarrow{i} + \overrightarrow{j} + \overrightarrow{k})$$

$$\frac{\partial\phi}{\partial s} = \overrightarrow{\nabla}\phi \cdot \overrightarrow{u} = \frac{1}{125}\left(\frac{1}{\sqrt{3}}\right)(-3-4) = \frac{-7}{125\sqrt{3}}$$

47. $\phi = 4xz^3 - 3x^2y^2z$; $Q(2,-1,2)$; $\overrightarrow{A} = \langle 2,-3,6\rangle$

解: $$\overrightarrow{\nabla}\phi = (4z^3 - 6xy^2z)\overrightarrow{i} - 6x^2yz\overrightarrow{j} + (12xz^2 - 3x^2y^2)\overrightarrow{k}$$

$$\overrightarrow{\nabla}\phi(Q) = 8\overrightarrow{i} + 48\overrightarrow{j} + 84\overrightarrow{k}$$

$$\overrightarrow{u} = \frac{\overrightarrow{A}}{\|\overrightarrow{A}\|} = \frac{1}{7}(2\overrightarrow{i} - 3\overrightarrow{j} + 6\overrightarrow{k})$$

$$D_a\phi = \overrightarrow{\nabla}\phi \cdot \overrightarrow{u} = \frac{1}{7}(16 - 144 + 504) = \frac{376}{7}$$

48. $\phi = e^x \cos y;\ \ Q(0,\pi,1);\ \ \overrightarrow{A} = \langle 2,0,3\rangle$

解:

$$\overrightarrow{\nabla}\phi = e^x \cos y\,\overrightarrow{i} - e^x \sin y\,\overrightarrow{j}$$

$$\overrightarrow{\nabla}\phi\big|_Q = e^x\,\overrightarrow{i},\ \ \|\overrightarrow{A}\| = \sqrt{13}$$

$$D_a\phi = \frac{1}{\sqrt{13}} \cdot (-2e^2) = \frac{-2}{\sqrt{13}}e^2$$

49. $\phi = 4e^{2x-y+z};\ \ Q(1,1,-1);\ \ \overrightarrow{A} = \langle -4,4,7\rangle$

解:

$$\overrightarrow{\nabla}\phi = 8e^{2x-y+z}\,\overrightarrow{i} - 4e^{2x-y+z}\,\overrightarrow{j} + 4e^{2x-y+z}\,\overrightarrow{k}$$

$$\overrightarrow{\nabla}\phi(Q) = 8\overrightarrow{i} - 4\overrightarrow{j} + 4\overrightarrow{k}$$

$$\overrightarrow{u} = \frac{\overrightarrow{A}}{\|\overrightarrow{A}\|} = \frac{1}{9}(-4\overrightarrow{i} + 4\overrightarrow{j} + 7\overrightarrow{k})$$

$$D_a\phi = \frac{1}{9}(-32 - 16 + 28) = -\frac{20}{9}$$

50. $\phi = xyz;\ \ Q(-1,1,2);\ \ \overrightarrow{A} = \langle 1,-2,2\rangle$

解:

$$\overrightarrow{\nabla}\phi = yz\,\overrightarrow{i} + xz\,\overrightarrow{j} + xy\,\overrightarrow{k}$$

$$\overrightarrow{\nabla}\phi\big|_Q = 2\overrightarrow{i} - 2\overrightarrow{j} - \overrightarrow{k},\ \ \|\overrightarrow{A}\| = 3$$

$$D_a\phi = \frac{1}{3} \cdot 7 = \frac{7}{3}$$

51.～59.題，求通過平面上之點的切平面和垂直線。

51. $z=x^2+2y$; $(-1,1,3)$

解: $z=x^2+2y$，令 $F(x,y,z)=x^2+2y-z$，$P_0(-1,1,3)$

$$\vec{\nabla}F=2x\vec{i}+2\vec{j}-\vec{k}$$

$$\vec{\nabla}F(P_0)=-2\vec{i}+2\vec{j}-\vec{k},\ \vec{u}=\frac{-2\vec{i}+2\vec{j}-\vec{k}}{3}$$

$$(-2)(x+1)+2(y-1)-(z-3)=0\Rightarrow -2x+2y-z=-1$$

$$\frac{x+1}{-2}=\frac{y-1}{2}=\frac{z-3}{-1}=t$$

$$\Rightarrow x=-2t-1,\ y=2t+1,\ z=-t+3$$

52. $2xz^2-3xy-4x=7$; $(1,-1,2)$

解: $\vec{\nabla}(2xz^2-3xy-4x)=(2z^2-3y-4)\vec{i}-3x\vec{j}+4xz\vec{k}$

代入 $(1,-1,2)\Rightarrow 7\vec{i}-3\vec{j}+8\vec{k}$

切平面: $(\vec{r}-\vec{r_0})\cdot\vec{N}=0$

$$7(x-1)-3(y+1)+8(z-2)=0\Rightarrow 7x-3y+8z-26=0$$

垂直線: $\dfrac{x-1}{7}=\dfrac{y+1}{-3}=\dfrac{z-2}{8}=t$

$$\Rightarrow x=1+7t,\ y=-1-3t,\ z=2+8t$$

53. $\sinh(x+y+z)=0$; $(0,0,0)$

解: $F(x,y,z)=\sinh(x+y+z)$

$$\vec{\nabla}F=\cosh(x+y+z)(\vec{i}+\vec{j}+\vec{k})$$

$$\vec{\nabla}F(P_0)=\vec{i}+\vec{j}+\vec{k}$$

切平面: $x+y+z=0$

法線方程式: $\dfrac{x}{1}=\dfrac{y}{1}=\dfrac{z}{1}=t$

$$x = t,\ y = t,\ z = t$$

54. $z - xz^2 - x^2y = 1$; $(1, -3, 2)$

解: $\overrightarrow{\nabla}(z - xz^2 - x^2y - 1) = (-z^2 - 2xy)\overrightarrow{i} - x^2\overrightarrow{j} + (1 - 2xz)\overrightarrow{k}$

$(1, -3, 2)$代入 $\Rightarrow 2\overrightarrow{i} - \overrightarrow{j} - 3\overrightarrow{k}$

切平面: $2(x - 1) - (y + 3) - 3(z - 2) = 0$

$\Rightarrow 2x - y - 3z + 1 = 0$

垂直線: $\dfrac{x - 1}{2} = \dfrac{y + 3}{-1} = \dfrac{z - 2}{-3} = t$

$\Rightarrow x = 1 + 2t,\ y = -3 - t,\ z = 2 - 3t$

55. $x^2 - y^2 + z^2 = 1$; $(1, 1, 1)$

解: $F(x, y, z) = x^2 - y^2 + z^2 \Rightarrow \overrightarrow{\nabla} F = 2x\overrightarrow{i} - 2y\overrightarrow{j} + 2z\overrightarrow{k}$

$\overrightarrow{\nabla} F(P_0) = 2\overrightarrow{i} - 2\overrightarrow{j} + 2\overrightarrow{k}$

切平面: $(x - 1) - (y - 1) + (z - 1) = 0 \Rightarrow x - y + z = 1$

法線: $\dfrac{x - 1}{1} = \dfrac{y - 1}{-1} = \dfrac{z - 1}{1} = t$

$\Rightarrow x = t + 1,\ y = -t + 1,\ z = t + 1$

56. $z = x^2 + y^2$; $(2, -1, 5)$

解: $\overrightarrow{\nabla}(x^2 + y^2 - z) = 2x\overrightarrow{i} + 2y\overrightarrow{j} - \overrightarrow{k}$

$(2, -1, 5)$代入 $\Rightarrow 4\overrightarrow{i} - 2\overrightarrow{j} - \overrightarrow{k}$

切平面: $4(x - 2) - 2(y + 1) - (z - 5) = 0$

$$\Rightarrow 4x-2y-z-5=0$$

垂直線: $\dfrac{x-2}{4}=\dfrac{y+1}{-2}=\dfrac{z-5}{-1}=t$

$$\Rightarrow x=2+4t,\ y=-1-2t,\ z=5-t$$

57. $2x-\cos(xyz)=1$;　$(1,-\pi,1)$

解:

$$F(x,y,z)=2x-\cos(xyz)$$

$$\overrightarrow{\nabla}F=[2+yz\sin(xyz)]\overrightarrow{i}+[xz\sin(xyz)]\overrightarrow{j}+[xy\sin(xyz)]\overrightarrow{k}$$

$$\overrightarrow{\nabla}F(P_0)=2\overrightarrow{i}$$

切平面: $x-1=0$

法線方程式: $\dfrac{x-1}{1}=\dfrac{y+\pi}{0}=\dfrac{z-1}{0}=t$

$$\Rightarrow x=t+1,\ y=-\pi,\ z=1$$

58. $x^4+y^4+2z^4=4$;　$(1,1,1)$

解: 令 $F=x^4+y^4+2z^4\Rightarrow\overrightarrow{\nabla}F=4x^3\overrightarrow{i}+4y^3\overrightarrow{j}+8z^3\overrightarrow{k}$

$$\overrightarrow{\nabla}F(P_0)=4\overrightarrow{i}+4\overrightarrow{j}+8\overrightarrow{k}$$

切平面: $(x-1)+(y-1)+2(z-1)=0\Rightarrow x+y+2z=4$

法線方程式: $\dfrac{x-1}{1}=\dfrac{y-1}{1}=\dfrac{z-1}{2}=t$

$$\Rightarrow x=t+1,\ y=t+1,\ z=2t+1$$

59. $\cos x-\sin y+z=0$;　$(\pi,0,1)$

解:

$$F=\cos x-\sin y+z=0\Rightarrow\overrightarrow{\nabla}F=-\sin x\,\overrightarrow{i}-\cos y\,\overrightarrow{j}+\overrightarrow{k}$$

$$\overrightarrow{\nabla}F(P_0)=-\overrightarrow{j}+\overrightarrow{k}$$

切平面: $y+(z-1)=0$

法線方程式: $\dfrac{x-\pi}{0}=\dfrac{y}{-1}=\dfrac{z-1}{1}=t\Rightarrow x=\pi,\ y=-t,\ z=t+1$

60.證明 $\overrightarrow{\nabla}\left(\dfrac{f}{g}\right)=\dfrac{g\overrightarrow{\nabla}f-f\overrightarrow{\nabla}g}{g^2}$ 若 $g\neq 0$。

證明:

$$\overrightarrow{\nabla}(\frac{f}{g})=\frac{d}{dx}\frac{f}{g}\overrightarrow{i}+\frac{d}{dy}\frac{f}{g}\overrightarrow{j}+\frac{d}{dz}\frac{f}{g}\overrightarrow{k}$$

$$=\frac{g\frac{d}{dx}f-f\frac{d}{dx}g}{g^2}\overrightarrow{i}+\frac{g\frac{d}{dy}f-f\frac{d}{dy}g}{g^2}\overrightarrow{j}+\frac{g\frac{d}{dz}f-f\frac{d}{dz}g}{g^2}\overrightarrow{k}$$

$$=\frac{g\overrightarrow{\nabla}f-f\overrightarrow{\nabla}g}{g^2}$$

61. ~64.題，求兩平面間的在點 Q 上的夾角。

61. $x^2+y^2+z^2=2,\ z^2+x^2=1;\ Q(1,1,0)$

解:

$$F=x^2+y^2+z^2,\ G=z^2+x^2$$

$$\overrightarrow{\nabla}F=2x\overrightarrow{i}+2y\overrightarrow{j}+2z\overrightarrow{k},\ \overrightarrow{\nabla}G=2z\overrightarrow{i}+2x\overrightarrow{k}$$

$$\overrightarrow{\nabla}F(Q)=2\overrightarrow{i}+2\overrightarrow{j},\ \overrightarrow{\nabla}G(Q)=2\overrightarrow{k}$$

$$\cos\theta=\frac{\langle 2,2,0\rangle\langle 0,0,2\rangle}{2\sqrt{2}\cdot 2}=0\Rightarrow\theta=\frac{\pi}{2}$$

62. $xy^2z=3x+z^2,\ 3x^2-y^2+2z=1;\ Q(1,-2,1)$

解:

$$\overrightarrow{\nabla}(3x+z^2-xy^2z)=(3-y^2z)\overrightarrow{i}-2xyz\overrightarrow{j}+(2x-xy^2)\overrightarrow{k}$$

$Q(1,-2,1)$代入 $\Rightarrow -\overrightarrow{i}+4\overrightarrow{j}-2\overrightarrow{k}$ —— ①

$$\overrightarrow{\nabla}(3x^2-y^2+2z-1)=6x\overrightarrow{i}-2y\overrightarrow{j}+2\overrightarrow{k}$$

$Q(1,-2,1)$代入 $\Rightarrow 6\overrightarrow{i}+4\overrightarrow{j}+2\overrightarrow{k}$ —— ②

由①② $\cos^{-1}\dfrac{\langle -1,4,-2\rangle\langle 6,4,2\rangle}{\sqrt{1+16+4}\sqrt{6^2+4^2+2^2}}=\cos^{-1}\dfrac{3}{\sqrt{14}\sqrt{21}}=79°55'$

63. $\frac{1}{2}x^2+\frac{1}{2}y^2+z^2=5$, $x+y+z=4$; $Q(1,1,2)$

解: $\vec{\nabla}(\frac{1}{2}x^2+\frac{1}{2}y^2+z^2-5)=x\vec{i}+y\vec{j}+2z\vec{k}$

$Q(1,1,2)$代入 $\Rightarrow \vec{i}+\vec{j}+4\vec{k}$ —— ①

$\vec{\nabla}(x+y+z-4)=\vec{i}+\vec{j}+\vec{k}$

$Q(1,1,2)$代入 $\Rightarrow \vec{i}+\vec{j}+\vec{k}$ —— ②

由①② $\cos^{-1}\dfrac{\langle 1,1,4\rangle\langle 1,1,1\rangle}{\sqrt{1^2+1^2+4^2}\sqrt{1^2+1^2+1^2}}=\cos^{-1}\dfrac{6}{\sqrt{18}\sqrt{3}}$

$=\cos^{-1}\dfrac{2}{\sqrt{6}}=35.264°$

64. $z=\sqrt{x^2+y^2}$, $x^2+y^2=25$; $Q(3,4,5)$

解: $\vec{\nabla}(\sqrt{x^2+y^2}-z)=\dfrac{x}{\sqrt{x^2+y^2}}\vec{i}+\dfrac{y}{\sqrt{x^2+y^2}}\vec{j}-\vec{k}$

$Q(3,4,5)$代入 $\Rightarrow \frac{3}{5}\vec{i}+\frac{4}{5}\vec{j}-\vec{k}$ —— ①

$\vec{\nabla}(x^2+y^2-25)=2x\vec{i}+2y\vec{j}$

$Q(3,4,5)$代入 $=6\vec{i}+8\vec{j}$ —— ②

由①② $\cos^{-1}\dfrac{\langle\frac{3}{5},\frac{4}{5},-1\rangle\langle 6,8,0\rangle}{\sqrt{(\frac{3}{5})^2+(\frac{4}{5})^2+(-1)^2}\sqrt{6^2+8^2}}$

$=\cos^{-1}\dfrac{2}{\sqrt{2}\cdot 10}=81.869°$

65.若 $\vec{\nabla}\phi=2r^4\vec{r}$, $\vec{r}=\langle x,y,z\rangle$, 求$\phi(r)$

解: 令 $\vec{r}=x\vec{i}+y\vec{j}+z\vec{k}=(r\cos\alpha)\vec{i}+(r\cos\beta)\vec{j}+(r\cos\gamma)\vec{k}$

$$\vec{\nabla}\phi=2r^4x\vec{i}+2r^4y\vec{j}+2r^4z\vec{k}$$

$$=2r^5\cos\alpha\vec{i}+2r^5\cos\beta\vec{j}+2r^5\cos\gamma\vec{k}$$

$$\frac{\partial\phi}{\partial x}=2r^5\cos\alpha\Rightarrow\phi=\frac{\cos^2\alpha}{3}r^6+h(y,z)\text{——①}$$

$$\frac{\partial\phi}{\partial y}=2r^5\cos\beta\Rightarrow\phi=\frac{\cos^2\beta}{3}r^6+h(x,z)\text{——②}$$

$$\frac{\partial\phi}{\partial z}=2r^5\cos\gamma\Rightarrow\phi=\frac{\cos^2\gamma}{3}r^6+h(x,y)\text{——③}$$

比較①②③可得$\phi=\frac{r^6}{3}(\cos^2\alpha+\cos^2\beta+\cos^2\gamma)+c=\frac{r^6}{3}+c$

66. $\vec{\nabla}\phi=r^{-5}\vec{r}$ 且$\phi(1)=0$，求$\phi(r)$

解:

$$\vec{\nabla}\phi=\frac{x}{(x^2+y^2+z^2)^{\frac{5}{2}}}\vec{i}+\frac{y}{(x^2+y^2+z^2)^{\frac{5}{2}}}\vec{j}+\frac{z}{(x^2+y^2+z^2)^{\frac{5}{2}}}\vec{k}$$

$$\frac{\partial\phi}{\partial x}=\frac{x}{(x^2+y^2+z^2)^{\frac{5}{2}}}$$

$$\Rightarrow\phi(x,y,z)=-\frac{1}{3}(x^2+y^2+z^2)^{-\frac{3}{2}}+h(y,z)\text{——①}$$

$$\frac{\partial\phi}{\partial y}=\frac{y}{(x^2+y^2+z^2)^{\frac{5}{2}}}$$

$$\Rightarrow\phi(x,y,z)=-\frac{1}{3}(x^2+y^2+z^2)^{-\frac{3}{2}}+h(x,z)\text{——②}$$

$$\frac{\partial\phi}{\partial z}=\frac{z}{(x^2+y^2+z^2)^{\frac{5}{2}}}$$

$$\Rightarrow\phi(x,y,z)=-\frac{1}{3}(x^2+y^2+z^2)^{-\frac{3}{2}}+h(x,y)\text{——③}$$

比較①②③可得$\phi(r)=-\frac{1}{3}\cdot\frac{1}{r^3}+c$

$$\phi(1)=0\Rightarrow c=\frac{1}{3}\quad\therefore\phi(r)=\frac{1}{3}(1-\frac{1}{r^3})$$

67.若 $\phi = r^2e^{-r}$，求 $\overrightarrow{\nabla}\phi$

解: $$\overrightarrow{\nabla}\phi = \overrightarrow{\nabla}(r^2e^{-r}) = 2e^{-r}\overrightarrow{r} - re^{-r}\overrightarrow{r} = (2-r)e^{-r}\overrightarrow{r}$$

68.若 $\overrightarrow{\nabla}\phi = \langle 2xyz^3, x^2z^3, 3x^2yz^2\rangle$ 且 $\phi(1,-2,2)=4$，求 $\phi(x,y,z)$

解: $$\frac{\partial\phi}{\partial x} = 2xyz^3 \Rightarrow \phi(x,y,z) = x^2yz^3 + f(y,z)$$

$$\frac{\partial\phi}{\partial y} = x^2z^3 = x^2z^3 + f'(y,z) \Rightarrow f(y,z) = f(z)$$

$$\frac{\partial\phi}{\partial z} = 3x^2yz^2 = 3x^2yz^2 + f'(z) \Rightarrow f(z) = c$$

由 $\phi(1,-2,2)=4$ 得 $c=20$

$\therefore \phi(x,y,z) = x^2yz^3 + 20$

69.若要平面 $cx^2-dyz=(c+2)x$ 在點 $(1,-1,2)$ 上垂直於另一平面 $4x^2y+z^3=4$，求 c 和 d。

解: 二平面垂直 ⇒ 法線也垂直

$$\overrightarrow{\nabla}(4x^2y+z^3-4) = 8xy\overrightarrow{i} + 4x^2\overrightarrow{j} + 3z^2\overrightarrow{k}$$

$(1,-1,2)$代入 $\Rightarrow -8\overrightarrow{i} + 4\overrightarrow{j} + 12\overrightarrow{k}$

$$\overrightarrow{\nabla}[cx^2-dyz-(c+2)x] = [2cx-(c+2)]\overrightarrow{i} - dz\overrightarrow{j} - dy\overrightarrow{k}$$

$(1,-1,2)$代入 $\Rightarrow (c-2)\overrightarrow{i} - 2d\overrightarrow{j} + d\overrightarrow{k}$

$\because$垂直　$\therefore -8(c-2) - 8 + 12d = 0 \Rightarrow -8c + 12d = -8$ —— ①

又$(1,-1,2)$代入$cx^2 - dyz = (c+2)x \Rightarrow d = 1$ —— ②

②代入① $-8c + 12 = -8 \Rightarrow c = \frac{5}{2}$

70.若 $\phi(x,y,z)=axy^2+byz+cz^2x^3$ 在點 $(1,2,-1)$ 且平行於 z 軸上的最大方向微分是64，求 a、b、c。

解: $\phi(1,2,-1)$與z軸平行 $\Rightarrow \overrightarrow{\nabla}\phi\perp\langle 1,0,0\rangle, \overrightarrow{\nabla}\phi\perp\langle 0,1,0\rangle$

$$\overrightarrow{\nabla}\phi(x,y,z)=(ay^2+3cz^2x^2)\overrightarrow{i}+(2axy+bz)\overrightarrow{j}+(by+2czx^3)\overrightarrow{k}$$

$(1,2,-1)$代入 $\Rightarrow (4a+3c)\overrightarrow{i}+(4a-b)\overrightarrow{j}+(2b-2c)\overrightarrow{k}$

$\overrightarrow{\nabla}\phi\perp\langle 1,0,0\rangle \quad \therefore 4a+3c=0$ —— ①

$\overrightarrow{\nabla}\phi\perp\langle 0,1,0\rangle \quad \therefore 4a-b=0$ —— ②

又 $\sqrt{(4a+3c)^2+(4a-b)^2+(2b-2c)^2}=64$ —— ③

由①②③得 $\begin{cases} a=6 \\ b=24 \\ c=-8 \end{cases}$

7.7 向量場之散度和旋度

1.～12.題，求 $\overrightarrow{\nabla}\cdot\overrightarrow{F}$。

1. $\overrightarrow{F}=\langle x,y,2z\rangle$

解: $$\overrightarrow{\nabla}\cdot\overrightarrow{F}=\frac{\partial F_x}{\partial x}+\frac{\partial F_y}{\partial y}+\frac{\partial F_z}{\partial z}=1+1+2=4$$

2. $\overrightarrow{F}=\langle y^2e^z,0,x^2z^2\rangle$

解: $$\overrightarrow{\nabla}\cdot\overrightarrow{F}=\frac{\partial}{\partial x}(y^2e^z)+\frac{\partial}{\partial z}(x^2z^2)=2x^2z$$

3. $\overrightarrow{F}=\langle 2x^2z,-xy^2z,3yz^2\rangle$

解:
$$\vec{\nabla}\cdot\vec{F}=\frac{\partial}{\partial x}(2x^2z)+\frac{\partial}{\partial y}(-xy^2z)+\frac{\partial}{\partial z}(3yz^2)$$
$$=4xz-2xyz+6yz$$

4. $\vec{F}=\langle 2yz,zx,xy\rangle$

解:
$$\vec{\nabla}\cdot\vec{F}=\frac{\partial}{\partial x}(2yz)+\frac{\partial}{\partial y}(zx)+\frac{\partial}{\partial z}(xy)=0$$

5. $\vec{F}=\langle xy,e^y,2z\rangle$

解:
$$\vec{\nabla}\cdot\vec{F}=y\vec{i}+e^y\vec{j}+2\vec{k}$$

6. $\vec{F}=\langle\cos x\cosh y,\sin x\sinh y,1\rangle$

解:
$$\vec{\nabla}\cdot\vec{F}=\frac{\partial}{\partial x}(\cos x\cosh y)+\frac{\partial}{\partial y}(\sin x\sinh y)$$
$$=-\sin x\cosh y+\sin x\cosh y=0$$

7. $\vec{F}=\langle 2e^z,zy^2,1\rangle$

解:
$$\vec{\nabla}\cdot\vec{F}=\frac{\partial}{\partial x}(2e^z)+\frac{\partial}{\partial y}(zy^2)+\frac{\partial}{\partial z}1=-2yz$$

8. $\vec{F}=\langle e^{-xy},e^{-yz},e^{-xz}\rangle$

解:
$$\vec{\nabla}\cdot\vec{F}=\frac{\partial}{\partial x}(e^{-xy})+\frac{\partial}{\partial y}(e^{-yz})+\frac{\partial}{\partial z}(e^{-zx})$$
$$=-ye^{-xy}-ze^{-yz}-xe^{-zx}$$

9. $\vec{F}=\langle x,-y,2\rangle$

解: $\vec{F}=x\vec{i}-y\vec{j}+2\vec{k}\Rightarrow\vec{\nabla}\cdot\vec{F}=1-1=0$

10. $\overrightarrow{F} = \langle x^2y, -x^2y, y^2z\rangle$

解: $$\overrightarrow{\nabla}\cdot\overrightarrow{F} = \frac{\partial}{\partial x}(x^2y) + \frac{\partial}{\partial y}(-x^2y) + \frac{\partial}{\partial z}(y^2z) = 2xy - x^2 + y^2$$

11. $\overrightarrow{F} = \langle x^2, y^2, z^2\rangle$

解: $$\overrightarrow{\nabla}\cdot\overrightarrow{F} = \frac{\partial}{\partial x}(x^2) + \frac{\partial}{\partial y}(y^2) + \frac{\partial}{\partial z}(z^2) = 2x + 2y + 2z$$

12. $\overrightarrow{F} = \langle \sin xy, -\sin xy, -z\cos xy\rangle$

解: $$\overrightarrow{\nabla}\cdot\overrightarrow{F} = \frac{\partial F_x}{\partial x} + \frac{\partial F_y}{\partial y} + \frac{\partial F_z}{\partial z}$$

$$= y\cos xy - x\cos xy - \cos xy$$

13. ~ 24.題，求 $\overrightarrow{\nabla}\times\overrightarrow{F}$。

13. $\overrightarrow{F} = \langle y, 2x, 0\rangle$

解: $$\overrightarrow{\nabla}\times\overrightarrow{F} = \begin{vmatrix} \overrightarrow{i} & \overrightarrow{j} & \overrightarrow{k} \\ \frac{\partial}{\partial x} & \frac{\partial}{\partial y} & \frac{\partial}{\partial z} \\ y & 2x & 0 \end{vmatrix} = -2x\frac{\partial}{\partial z}\overrightarrow{i} - y\frac{\partial}{\partial z}\overrightarrow{j} + \left(2x\frac{\partial}{\partial x} - y\frac{\partial}{\partial y}\right)\overrightarrow{k}$$

$$= (2-1)\overrightarrow{k} = \overrightarrow{k}$$

14. $\overrightarrow{F} = \langle 1, \sinh(xyz), 2\rangle$

解: $$\overrightarrow{\nabla}\times\overrightarrow{F} = \begin{vmatrix} \overrightarrow{i} & \overrightarrow{j} & \overrightarrow{k} \\ \frac{\partial}{\partial x} & \frac{\partial}{\partial y} & \frac{\partial}{\partial z} \\ 1 & \sinh(xyz) & 2 \end{vmatrix}$$

$$= \left[2\frac{\partial}{\partial y} - \sinh(xyz)\frac{\partial}{\partial z}\right]\overrightarrow{i} - \left(2\frac{\partial}{\partial x} - \frac{\partial}{\partial y}\right)\overrightarrow{j} +$$

$$\left[\sinh(xyz)\frac{\partial}{\partial x} - \frac{\partial}{\partial y}\right]\overrightarrow{k}$$

$$= -xy\cosh(xyz)\overrightarrow{i} + yz\cosh(xyz)\overrightarrow{k}$$

15. $\overrightarrow{F} = \langle \sin y, \cos x, 1\rangle$

解: $$\overrightarrow{\nabla} \times \overrightarrow{F} = \begin{vmatrix} \overrightarrow{i} & \overrightarrow{j} & \overrightarrow{k} \\ \dfrac{\partial}{\partial x} & \dfrac{\partial}{\partial y} & \dfrac{\partial}{\partial z} \\ \sin y & \cos x & 1 \end{vmatrix} = (-\sin x - \cos y)\overrightarrow{k}$$

16. $\overrightarrow{F} = \langle zx^2, -y, z^3\rangle$

解: $$\overrightarrow{\nabla} \times \overrightarrow{F} = \begin{vmatrix} \overrightarrow{i} & \overrightarrow{j} & \overrightarrow{k} \\ \dfrac{\partial}{\partial x} & \dfrac{\partial}{\partial y} & \dfrac{\partial}{\partial z} \\ x^2 z & -y & z^3 \end{vmatrix} = x^2\overrightarrow{j}$$

17. $\overrightarrow{F} = \langle 1, c^x \cos z, e^x \sin z\rangle$

解: $$\overrightarrow{\nabla} \times \overrightarrow{F} = \begin{vmatrix} \overrightarrow{i} & \overrightarrow{j} & \overrightarrow{k} \\ \dfrac{\partial}{\partial x} & \dfrac{\partial}{\partial y} & \dfrac{\partial}{\partial z} \\ 1 & e^x \cos z & e^x \sin z \end{vmatrix}$$

$$= -e^x \sin z\,\overrightarrow{i} - e^x \sin z\,\overrightarrow{j} + e^x \cos z\,\overrightarrow{k}$$

18. $\overrightarrow{F} = \langle 2, -yz, -6x^3\rangle$

解: $$\overrightarrow{\nabla} \times \overrightarrow{F} = \begin{vmatrix} \overrightarrow{i} & \overrightarrow{j} & \overrightarrow{k} \\ \dfrac{\partial}{\partial x} & \dfrac{\partial}{\partial y} & \dfrac{\partial}{\partial z} \\ 2 & -yz & -6x^3 \end{vmatrix} = y\overrightarrow{i} + 18x^2\overrightarrow{j}$$

19. $\overrightarrow{F} = \langle x^2yz, xy^2z, xyz^2 \rangle$

解:
$$\overrightarrow{\nabla} \times \overrightarrow{F} = \begin{vmatrix} \overrightarrow{i} & \overrightarrow{j} & \overrightarrow{k} \\ \frac{\partial}{\partial x} & \frac{\partial}{\partial y} & \frac{\partial}{\partial z} \\ x^2yz & xy^2z & xyz^2 \end{vmatrix}$$

$$=(xz^2 - xy^2)\overrightarrow{i} + (x^2y - yz^2)\overrightarrow{j} + (y^2z - x^2z)\overrightarrow{k}$$

20. $\overrightarrow{F} = \langle \sinh x, \cosh y, -xyz \rangle$

解:
$$\overrightarrow{\nabla} \times \overrightarrow{F} = \begin{vmatrix} \overrightarrow{i} & \overrightarrow{j} & \overrightarrow{k} \\ \frac{\partial}{\partial x} & \frac{\partial}{\partial y} & \frac{\partial}{\partial z} \\ \sinh x & \cosh y & -xyz \end{vmatrix} = (-xz)\overrightarrow{i} + (yz)\overrightarrow{j}$$

21. $\overrightarrow{F} = \langle \ln(x^2+y^2), \tan^{-1}\frac{y}{x}, 1 \rangle$

解:
$$\nabla \times \overrightarrow{F} = \begin{vmatrix} \overrightarrow{i} & \overrightarrow{j} & \overrightarrow{k} \\ \frac{\partial}{\partial x} & \frac{\partial}{\partial y} & \frac{\partial}{\partial z} \\ \ln(x^2+y^2) & \tan^{-1}\frac{y}{x} & 1 \end{vmatrix} = -3y(x^2+y^2)^{-1}\overrightarrow{k}$$

22. $\overrightarrow{F} = \langle \sinh(x-z), y, z^2 \rangle$

解:
$$\overrightarrow{\nabla} \times \overrightarrow{F} = \begin{vmatrix} \overrightarrow{i} & \overrightarrow{j} & \overrightarrow{k} \\ \frac{\partial}{\partial x} & \frac{\partial}{\partial y} & \frac{\partial}{\partial z} \\ \sinh(x-z) & y & z^2 \end{vmatrix} = -\cosh(x-z)\overrightarrow{j}$$

23. $\overrightarrow{F} = \langle e^{xyz}, e^{xyz}, -e^{xyz} \rangle$

解:

$$\vec{\nabla} \times \vec{F} = \begin{vmatrix} \vec{i} & \vec{j} & \vec{k} \\ \dfrac{\partial}{\partial x} & \dfrac{\partial}{\partial y} & \dfrac{\partial}{\partial z} \\ e^{xyz} & e^{xyz} & -e^{xyz} \end{vmatrix}$$

$$= e^{xyz}[(-xz - xy)\vec{i} + (xy + yz)\vec{j} + (yz - xz)\vec{k}]$$

24. $\vec{F} = \langle xz^3, -2x^2yz, 2yz^4 \rangle$

解:

$$\vec{\nabla} \times \vec{F} = \begin{vmatrix} \vec{i} & \vec{j} & \vec{k} \\ \dfrac{\partial}{\partial x} & \dfrac{\partial}{\partial y} & \dfrac{\partial}{\partial z} \\ xz^3 & -2x^2yz & 2yz^4 \end{vmatrix}$$

$$= (2z^4 + 2x^2y)\vec{i} + 3xz^2\vec{j} - 4xyz\vec{k}$$

25.～30.题，求 $\nabla^2\phi$。

25. $\phi = x^2 + 3y^2 + 4z^2$

解: $\vec{\nabla}\phi = 2x\vec{i} + 6y\vec{j} + 8z\vec{k} \Rightarrow \nabla^2\phi = 2 + 6 + 8 = 16$

26. $\phi = 2x^3y^2z^4$

解: $\phi = 2x^3y^2z^4$，$\nabla^2\phi = 12xy^2z^4 + 4x^3z^4 + 24x^3y^2z^2$

27. $\phi = 2\tan^{-1}\left(\dfrac{y}{x}\right)$

解: $\phi = 2\tan^{-1}\dfrac{y}{x}$，$\nabla^2\phi = 0$

28. $\phi = 3x^2z - y^2z^3 + 4x^3y + 2x - 3y - 5$

解: $\nabla^2\phi = 6z + 24xy - 2z^3 - 6y^2z$

29. $\phi = 4xy^{-1}z$

解: $$\nabla^2\phi = \frac{8xz}{y^3}$$

30. $\phi = 2\sin x \cosh y$

解: $$\nabla^2\phi = 0$$

31.～41.是證明題。

31. $\overrightarrow{\nabla} \cdot (\phi \overrightarrow{F}) = \overrightarrow{\nabla}\phi \cdot \overrightarrow{F} + \phi(\overrightarrow{\nabla} \cdot \overrightarrow{F})$

證明:
$$\begin{aligned}\overrightarrow{\nabla} \cdot (\phi \overrightarrow{F}) &= \overrightarrow{\nabla} \cdot (\phi F_1 \overrightarrow{i} + \phi F_2 \overrightarrow{j} + \phi F_3 \overrightarrow{k}) \\ &= \frac{\partial}{\partial x}(\phi F_1) + \frac{\partial}{\partial y}(\phi F_2) + \frac{\partial}{\partial z}(\phi F_3) \\ &= \frac{\partial \phi}{\partial x}F_1 + \phi\frac{\partial F_1}{\partial x} + \frac{\partial \phi}{\partial y}F_2 + \phi\frac{\partial F_2}{\partial y} + \frac{\partial \phi}{\partial z}F_3 + \phi\frac{\partial F_3}{\partial z} \\ &= \frac{\partial \phi}{\partial x}F_1 + \frac{\partial \phi}{\partial y}F_2 + \frac{\partial \phi}{\partial z}F_3 + \phi(\frac{\partial F_1}{\partial x} + \frac{\partial F_2}{\partial y} + \frac{\partial F_3}{\partial z}) \\ &= (\overrightarrow{\nabla}\phi) \cdot \overrightarrow{F} + \phi(\overrightarrow{\nabla} \cdot \overrightarrow{F})\end{aligned}$$

32. $\overrightarrow{\nabla} \cdot (\phi \overrightarrow{\nabla}\psi - \psi \overrightarrow{\nabla}\phi) = \phi\nabla^2\psi - \psi\nabla^2\phi$

證明:
$$\overrightarrow{\nabla} \cdot (\phi \overrightarrow{\nabla}\psi) = (\overrightarrow{\nabla}\phi) \cdot (\overrightarrow{\nabla}\psi) + \phi(\overrightarrow{\nabla} \cdot \overrightarrow{\nabla}\psi) = (\overrightarrow{\nabla}\phi) \cdot (\overrightarrow{\nabla}\psi) + \phi\nabla^2\psi$$
$$\overrightarrow{\nabla} \cdot (\psi \overrightarrow{\nabla}\phi) = (\overrightarrow{\nabla}\psi) \cdot (\overrightarrow{\nabla}\phi) + \psi\nabla^2\phi$$
$$\overrightarrow{\nabla} \cdot (\phi \overrightarrow{\nabla}\psi) - \overrightarrow{\nabla} \cdot (\psi \overrightarrow{\nabla}\phi)$$
$$= \overrightarrow{\nabla} \cdot (\phi \overrightarrow{\nabla}\psi - \psi \overrightarrow{\nabla}\phi)$$
$$= (\overrightarrow{\nabla}\phi) \cdot (\overrightarrow{\nabla}\psi) + \phi\nabla^2\psi - [(\overrightarrow{\nabla}\psi) - (\overrightarrow{\nabla}\phi) + \psi\nabla^2\phi] = \phi\nabla^2\psi - \psi\nabla^2\phi$$

33. $\overrightarrow{\nabla} \times (\overrightarrow{F} + \overrightarrow{G}) = \overrightarrow{\nabla} \times \overrightarrow{F} + \overrightarrow{\nabla} \times \overrightarrow{G}$

證明: $$\overrightarrow{\nabla} \times (\overrightarrow{F} + \overrightarrow{G})$$

$$=\left(\frac{\partial}{\partial x}\vec{i}+\frac{\partial}{\partial y}\vec{j}+\frac{\partial}{\partial z}\vec{k}\right)[(F_1+G_1)\vec{i}+(F_2+G_2)\vec{j}+(F_3+G_3)\vec{k}]$$

$$=\begin{vmatrix}\vec{i} & \vec{j} & \vec{k}\\ \frac{\partial}{\partial x} & \frac{\partial}{\partial y} & \frac{\partial}{\partial z}\\ F_1+G_1 & F_2+G_2 & F_3+G_3\end{vmatrix}$$

$$=\left[\frac{\partial}{\partial y}(F_3+G_3)-\frac{\partial}{\partial z}(F_2+G_2)\right]\vec{i}+\left[\frac{\partial}{\partial z}(F_1+G_1)-\frac{\partial}{\partial x}(F_3+G_3)\right]\vec{j}+\left[\frac{\partial}{\partial x}(F_2+G_2)-\frac{\partial}{\partial y}(F_1+G_1)\right]\vec{k}$$

$$=\left[\frac{\partial F_3}{\partial y}-\frac{\partial F_2}{\partial z}\right]\vec{i}+\left[\frac{\partial F_1}{\partial z}-\frac{\partial F_3}{\partial x}\right]\vec{j}+\left[\frac{\partial F_2}{\partial x}-\frac{\partial F_1}{\partial y}\right]\vec{k}+\left[\frac{\partial G_3}{\partial y}-\frac{\partial G_2}{\partial z}\right]\vec{i}+\left[\frac{\partial G_1}{\partial z}-\frac{\partial G_3}{\partial x}\right]\vec{j}+\left[\frac{\partial G_2}{\partial x}-\frac{\partial G_1}{\partial y}\right]\vec{k}$$

$$=\vec{\nabla}\times\vec{F}+\vec{\nabla}\times\vec{G}$$

34. $\vec{\nabla}\cdot(\phi\vec{\nabla}\psi)=\phi\nabla^2\psi+\vec{\nabla}\phi\cdot\vec{\nabla}\psi$

證明:　$\vec{\nabla}\cdot(\phi\vec{\nabla}\psi)=\phi\vec{\nabla}(\vec{\nabla}\psi)+\vec{\nabla}\psi\cdot\vec{\nabla}\phi=\psi\nabla^2\phi+\vec{\nabla}\psi\cdot\vec{\nabla}\phi$

35.若 $\vec{\nabla}\times\vec{F}=0$, $\vec{\nabla}\cdot(\vec{F}\times\vec{r})=0$

證明: $\vec{F}=F_1\vec{i}+F_2\vec{j}+F_3\vec{k}$, $\vec{r}=x\vec{i}+y\vec{j}+z\vec{k}$

$$\vec{F}\times\vec{r}=\begin{vmatrix}\vec{i} & \vec{j} & \vec{k}\\ F_1 & F_2 & F_3\\ x & y & z\end{vmatrix}$$

$$=(zF_2-yF_3)\vec{i}+(xF_3-zF_1)\vec{j}+(yF_1-xF_2)\vec{k}$$

$$\vec{\nabla}\cdot(\vec{F}\times\vec{r})=\frac{\partial}{\partial x}(zF_2-yF_3)+\frac{\partial}{\partial y}(xF_3-zF_1)+\frac{\partial}{\partial z}(yF_1-xF_2)$$

$$=z\frac{\partial F_2}{\partial x}-y\frac{\partial F_3}{\partial x}+x\frac{\partial F_3}{\partial y}-z\frac{\partial F_1}{\partial y}+y\frac{\partial F_1}{\partial z}-x\frac{\partial F_2}{\partial z}$$

$$=x\left(\frac{\partial F_3}{\partial y}-\frac{\partial F_2}{\partial z}\right)+y\left(\frac{\partial F_1}{\partial z}-\frac{\partial F_3}{\partial x}\right)+z\left(\frac{\partial F_2}{\partial x}-\frac{\partial F_1}{\partial y}\right)$$

$$=[x\vec{i}+y\vec{j}+z\vec{k}]\cdot\left[\left(\frac{\partial F_3}{\partial y}-\frac{\partial F_2}{\partial z}\right)\vec{i}+\left(\frac{\partial F_1}{\partial z}-\frac{\partial F_3}{\partial x}\right)\vec{j}+\left(\frac{\partial F_2}{\partial x}-\frac{\partial F_1}{\partial y}\right)\vec{k}\right]$$

$$=\vec{r}\cdot(\vec{\nabla}\times\vec{F})=0$$

36. $\vec{\nabla}\times(\vec{\nabla}\times\vec{F})=-\nabla^2\vec{F}+\vec{\nabla}(\vec{\nabla}\cdot\vec{F})$

證明: $\vec{\nabla}\times(\vec{\nabla}\times\vec{F})=\vec{\nabla}\times\begin{vmatrix}\vec{i} & \vec{j} & \vec{k}\\ \frac{\partial}{\partial x} & \frac{\partial}{\partial y} & \frac{\partial}{\partial z}\\ F_1 & F_2 & F_3\end{vmatrix}$

$$=\begin{vmatrix}\vec{i} & \vec{j} & \vec{k}\\ \frac{\partial}{\partial x} & \frac{\partial}{\partial y} & \frac{\partial}{\partial z}\\ \frac{\partial F_3}{\partial y}-\frac{\partial F_2}{\partial z} & \frac{\partial F_1}{\partial z}-\frac{\partial F_3}{\partial x} & \frac{\partial F_2}{\partial x}-\frac{\partial F_1}{\partial y}\end{vmatrix}$$

$$=-\nabla^2\vec{F}+\vec{\nabla}\left(\frac{\partial F_1}{\partial x}+\frac{\partial F_2}{\partial y}+\frac{\partial F_3}{\partial z}\right)$$

$$=-\nabla^2\vec{F}+\vec{\nabla}(\vec{\nabla}\cdot\vec{F})$$

37. $\nabla^2(\phi\psi)=\phi\nabla^2\psi+2\vec{\nabla}\phi\cdot\vec{\nabla}\psi+\psi\nabla^2\phi$

證明: $\nabla^2(\phi\psi)=\vec{\nabla}(\vec{\nabla}\phi\psi)=\vec{\nabla}(\psi\vec{\nabla}\phi+\phi\vec{\nabla}\psi)$

$$=\psi\nabla^2\phi+\phi\nabla^2\psi+2\vec{\nabla}\phi\cdot\vec{\nabla}\psi$$

$$=\phi\nabla^2\psi+2\overrightarrow{\nabla}\phi\cdot\overrightarrow{\nabla}\psi+\psi\nabla^2\phi$$

38. $\overrightarrow{\nabla}\cdot(\overrightarrow{F}\times\overrightarrow{G})=\overrightarrow{G}\cdot(\overrightarrow{\nabla}\times\overrightarrow{F})-\overrightarrow{F}\cdot(\overrightarrow{\nabla}\times\overrightarrow{G})$

證明:

$$\overrightarrow{\nabla}\cdot(\overrightarrow{F}\times\overrightarrow{G})=\frac{\partial}{\partial x}(F_yG_z-G_yF_z)+\frac{\partial}{\partial y}(F_zG_x-F_xG_z)+\frac{\partial}{\partial z}(F_xG_y-G_xF_y)$$

$$=\overrightarrow{G}\cdot(\overrightarrow{\nabla}\times\overrightarrow{F})-\overrightarrow{F}(\overrightarrow{\nabla}\times\overrightarrow{G})$$

39. $\overrightarrow{\nabla}\cdot(\overrightarrow{\nabla}\phi\times\overrightarrow{\nabla}\psi)=0$

證明:

$$\overrightarrow{\nabla}\cdot(\overrightarrow{\nabla}\phi\times\overrightarrow{\nabla}\psi)=(\overrightarrow{\nabla}\phi)\cdot(\overrightarrow{\nabla}\times\overrightarrow{\nabla}\psi)-\overrightarrow{\nabla}\psi\cdot(\overrightarrow{\nabla}\times\overrightarrow{\nabla}\psi)=0$$

40. $\overrightarrow{\nabla}(\overrightarrow{F}\cdot\overrightarrow{G})=(\overrightarrow{G}\cdot\overrightarrow{\nabla})\overrightarrow{F}+(\overrightarrow{F}\cdot\overrightarrow{\nabla})\overrightarrow{G}+\overrightarrow{G}\times(\overrightarrow{\nabla}\times\overrightarrow{F})+\overrightarrow{F}\times(\overrightarrow{\nabla}\times\overrightarrow{G})$

證明:

$$[(\overrightarrow{F}\cdot\overrightarrow{\nabla})\overrightarrow{G}+(G\cdot\overrightarrow{\nabla})\overrightarrow{F}+\overrightarrow{F}\times(\overrightarrow{\nabla}\times\overrightarrow{G})+\overrightarrow{G}\times(\overrightarrow{\nabla}\times\overrightarrow{F})]_x$$

$$=G_x\frac{\partial F_x}{\partial x}+F_x\frac{\partial G_x}{\partial x}+F_y\frac{\partial G_y}{\partial x}+G_y\frac{\partial F_y}{\partial x}+G_x\frac{\partial F_z}{\partial x}+F_z\frac{\partial G_z}{\partial x}$$

$$=\frac{\partial}{\partial x}(F_xG_x+F_yG_y+F_zG_z)=[\overrightarrow{\nabla}(\overrightarrow{F}\cdot\overrightarrow{G})]_x$$

41. $\overrightarrow{\nabla}\times(\overrightarrow{F}\times\overrightarrow{G})=(\overrightarrow{G}\cdot\overrightarrow{\nabla})\overrightarrow{F}-(\overrightarrow{F}\cdot\overrightarrow{\nabla})\overrightarrow{G}+(\overrightarrow{\nabla}\cdot\overrightarrow{G})\overrightarrow{F}-(\overrightarrow{\nabla}\cdot\overrightarrow{F})\overrightarrow{G}$

證明:

$$[\overrightarrow{\nabla}\times(\overrightarrow{F}\times\overrightarrow{G})]_x=\frac{\partial}{\partial y}(F_xG_y-F_yG_x)-\frac{\partial}{\partial z}(F_zG_x-F_xG_z)$$

$$=F_x\frac{\partial G_y}{\partial y}+G_y\frac{\partial F_x}{\partial y}-F_y\frac{\partial G_x}{\partial y}-G_x\frac{\partial F_y}{\partial y}-G_x\frac{\partial F_z}{\partial z}-F_z\frac{\partial G_x}{\partial z}+F_x\frac{\partial G_z}{\partial z}+G_x\frac{\partial F_x}{\partial z}$$

$$=-\left(G_x\frac{\partial F_x}{\partial x}+G_y\frac{\partial F_y}{\partial x}+G_z\frac{\partial F_x}{\partial z}\right)$$

$$=[(\overrightarrow{G}\cdot\overrightarrow{\nabla})\overrightarrow{F}-(\overrightarrow{F}\cdot\overrightarrow{\nabla})\overrightarrow{G}+(\overrightarrow{\nabla}\cdot\overrightarrow{G})\overrightarrow{F}-(\overrightarrow{\nabla}\cdot\overrightarrow{F})\overrightarrow{G}]_x$$

42.～53.題，若 $\overrightarrow{r}=x\overrightarrow{i}+y\overrightarrow{j}+z\overrightarrow{k}$ 且 $r=\|\overrightarrow{r}\|$，求解答。

42. $\overrightarrow{\nabla}\cdot(r^3\overrightarrow{r})$

解：
$$\overrightarrow{\nabla}\cdot(r^3\overrightarrow{r})=\overrightarrow{\nabla}\cdot[r^3(x\overrightarrow{i}+y\overrightarrow{j}+z\overrightarrow{k})]$$
$$=\overrightarrow{\nabla}\cdot[(\sqrt{x^2+y^2+z^2})^3(x\overrightarrow{i}+y\overrightarrow{j}+z\overrightarrow{k})]$$
$$=6r^3$$

43. $\overrightarrow{\nabla}(\overrightarrow{r}\cdot\overrightarrow{F})$，$\overrightarrow{F}$ 是常數向量。

解：
$$\overrightarrow{\nabla}(\overrightarrow{r}\cdot\overrightarrow{F})=\frac{\partial(F_xx)}{\partial x}\overrightarrow{i}+\frac{\partial(F_yy)}{\partial y}\overrightarrow{j}+\frac{\partial(F_zz)}{\partial z}\overrightarrow{k}$$
$$=F_x\overrightarrow{i}+F_y\overrightarrow{j}+F_z\overrightarrow{k}=\overrightarrow{F}$$

44. $\overrightarrow{\nabla}\cdot[r\overrightarrow{\nabla}(r^{-3})]$

解：
$$\overrightarrow{\nabla}\cdot[r\overrightarrow{\nabla}(r^{-3})]=\overrightarrow{\nabla}\cdot\left[\|\overrightarrow{r}\|\overrightarrow{\nabla}\left(\frac{1}{\|\overrightarrow{r}\|^3}\right)\right]$$

將其簡化 $\Rightarrow\overrightarrow{\nabla}\cdot[r\overrightarrow{\nabla}(r^{-3})]=3r^{-4}$

45. $\overrightarrow{\nabla}\cdot(\overrightarrow{r}-\overrightarrow{F})$，$\overrightarrow{F}$ 是常數向量。

解：
$$\overrightarrow{\nabla}\cdot(\overrightarrow{r}-\overrightarrow{F})=\overrightarrow{\nabla}\cdot\overrightarrow{r}-\overrightarrow{\nabla}\cdot\overrightarrow{F}=\frac{\partial x}{\partial x}+\frac{\partial y}{\partial y}+\frac{\partial z}{\partial z}-0=3$$

46. $\nabla^2[\overrightarrow{\nabla}\cdot(r^{-2}\overrightarrow{r})]$

解：
$$\nabla^2[\overrightarrow{\nabla}\cdot(r^{-2}\overrightarrow{r})]=\nabla^2\left[\overrightarrow{\nabla}\cdot\left(\frac{1}{r^2}\overrightarrow{r}\right)\right]$$

$$=\nabla^2\left[\overrightarrow{\nabla}\cdot\left[\frac{1}{\|\overrightarrow{r}\|^2}(x\overrightarrow{i}+y\overrightarrow{j}+z\overrightarrow{k})\right]\right]$$

將其簡化 $\Rightarrow \nabla^2[\overrightarrow{\nabla}\cdot(r^{-2}\overrightarrow{r})]=\frac{1}{r}2r^{-3}=2r^{-4}$

47. $\overrightarrow{\nabla}\times(\overrightarrow{r}-\overrightarrow{F})$，$\overrightarrow{F}$ 是常數向量。

解:
$$\overrightarrow{\nabla}\times(\overrightarrow{r}-\overrightarrow{F})=\overrightarrow{\nabla}\times\overrightarrow{r}-\overrightarrow{\nabla}\times\overrightarrow{F}=0$$

48. $\overrightarrow{\nabla}[\overrightarrow{\nabla}\cdot(r^{-1}\overrightarrow{r})]$

解:
$$\overrightarrow{\nabla}[\overrightarrow{\nabla}\cdot(r^{-1}\overrightarrow{r})]=\overrightarrow{\nabla}\left[\overrightarrow{\nabla}\cdot\left(\frac{1}{\|r\|}\overrightarrow{r}\right)\right]$$
$$=\overrightarrow{\nabla}\left[\overrightarrow{\nabla}\cdot\left(\frac{1}{\|\overrightarrow{r}\|}\right)(x\overrightarrow{i}+y\overrightarrow{j}+z\overrightarrow{k})\right]$$

簡化後得 $\Rightarrow \overrightarrow{\nabla}[\overrightarrow{\nabla}\cdot(r^{-1}\overrightarrow{r})]=-\frac{2}{r^3}\overrightarrow{r}=-2r^{-3}\overrightarrow{r}$

49. $\overrightarrow{\nabla}\times\left(\frac{\overrightarrow{r}}{r^2}\right)$

解:
$$\overrightarrow{\nabla}\times\left(\frac{\overrightarrow{r}}{r^2}\right)=\overrightarrow{\nabla}\times\left[\frac{x\overrightarrow{i}+y\overrightarrow{j}+z\overrightarrow{k}}{(\sqrt{x^2+y^2+z^2})^2}\right]$$
$$=\overrightarrow{\nabla}\times\left(\frac{x}{x^2+y^2+z^2}\overrightarrow{i}+\frac{y}{x^2+y^2+z^2}\overrightarrow{j}+\frac{z}{x^2+y^2+z^2}\overrightarrow{k}\right)$$

50.若 $\overrightarrow{E}=\frac{\overrightarrow{r}}{r^2}$，$\overrightarrow{E}=-\overrightarrow{\nabla}\phi$ 且 $\phi(c)=0$，$c>0$，求 $\phi(r)$。

解:
$$\overrightarrow{\nabla}\phi=-\frac{\overrightarrow{r}}{r^2}=-\frac{x\overrightarrow{i}+y\overrightarrow{j}+z\overrightarrow{k}}{x^2+y^2+z^2}$$

$$\frac{\partial\phi}{\partial x} = -\frac{x}{x^2+y^2+z^2} \Rightarrow \phi(x,y,z) = -\frac{1}{2}\cdot\ln(x^2+y^2+z^2) + f(y,z)$$

$$\frac{\partial\phi}{\partial y} = -\frac{y}{x^2+y^2+z^2} = \frac{-y}{x^2+y^2+z^2} + f'(y,z) \Rightarrow f(y,z) = f(z)$$

$$\frac{\partial\phi}{\partial z} = -\frac{z}{x^2+y^2+z^2} = \frac{-z}{x^2+y^2+z^2} + f'(z) \Rightarrow f'(z) = c_1$$

$$\therefore \phi(x,y,z) = -\frac{1}{2}\ln(x^2+y^2+z^2) + c_1$$

$$\phi(c) = -\frac{1}{2}\ln(c) + c_1 = 0 \Rightarrow c_1 = \frac{1}{2}\ln(c)$$

$$\therefore \phi(x,y,z) = -\frac{1}{2}\ln(x^2+y^2+z^2) + \frac{1}{2}\ln c = \frac{1}{2}\ln\left(\frac{c}{x^2+y^2+z^2}\right)$$

$$\phi(r) = \frac{1}{2}\ln\left(\frac{c}{r}\right)$$

51.證明 $\nabla^2\phi(r) = \dfrac{d^2\phi}{dr^2} + \dfrac{2}{r}\dfrac{d\phi}{dr}$。

證明:

$$\vec{\nabla}\phi(r) = \frac{\partial\phi}{\partial x}\vec{i} + \frac{\partial\phi}{\partial y}\vec{j} + \frac{\partial\phi}{\partial z}\vec{k}$$

$$= \frac{\partial\phi}{\partial r}\left(\frac{\partial r}{\partial x}\vec{i} + \frac{\partial r}{\partial y}\vec{j} + \frac{\partial r}{\partial z}\vec{k}\right) = \frac{\partial\phi}{\partial r}\frac{\vec{r}}{r}$$

$$\therefore \nabla^2\phi(r) = \vec{\nabla}(\vec{\nabla}\phi(r)) = \vec{\nabla}\left(\frac{\partial\phi}{\partial r}\frac{\vec{r}}{r}\right)$$

$$= \vec{\nabla}\left(\frac{\partial\phi}{\partial r}\cdot\frac{1}{r}\right)\cdot\vec{r} + \frac{\partial\phi}{\partial r}\frac{1}{r}\left(\vec{\nabla}\cdot\vec{r}\right)$$

$$= \left(\frac{\partial^2\phi}{\partial r^2}\cdot\frac{1}{r}\cdot\frac{\vec{r}}{r}\right)\vec{r} + \frac{\partial\phi}{\partial r}\vec{\nabla}\left(\frac{1}{r}\right)\cdot\vec{r} + \frac{3}{r}\frac{\partial\phi}{\partial r}$$

$$= \frac{\partial^2\phi}{\partial r^2} + \frac{\partial\phi}{\partial r}\left(-\frac{\vec{r}}{r^3}\right)\cdot\vec{r} + \frac{3}{r}\frac{\partial\phi}{\partial r}$$

$$= \frac{\partial^2\phi}{\partial r^2} + \frac{2}{r}\frac{\partial\phi}{\partial r}$$

52. $\nabla^2(\ln r)$

解: $\because \nabla^2\phi(r) = \dfrac{d^2\phi}{dr^2} + \dfrac{2}{r}\dfrac{d\phi}{dr}$

$$\therefore \nabla^2(\ln r) = \frac{d}{dr}\left(\frac{1}{r}\right) + \frac{2}{r}\frac{1}{r} = -\frac{1}{r^2} + \frac{2}{r^2} = \frac{1}{r^2}$$

53. $\nabla^2 r^n$

解: $\nabla^2 r^n = n(n-1)r^{n-1-\mathrm{i}} = n(n-1)r^{n-2}$

54.若 $\overrightarrow{\nabla} \times \overrightarrow{F} = 2\overrightarrow{k}$，求 $\overrightarrow{F}$

解: 令 $\overrightarrow{F} = f_1(x,y,z)\overrightarrow{i} + f_2(x,y,z)\overrightarrow{j} + f_3(x,y,z)\overrightarrow{k}$

$$\overrightarrow{\nabla} \times \overrightarrow{F} = \begin{vmatrix} \overrightarrow{i} & \overrightarrow{j} & \overrightarrow{k} \\ \dfrac{\partial}{\partial x} & \dfrac{\partial}{\partial y} & \dfrac{\partial}{\partial z} \\ f_1 & f_2 & f_3 \end{vmatrix} = 2\overrightarrow{k} \Rightarrow \begin{cases} \dfrac{\partial f_3}{\partial x} - \dfrac{\partial f_2}{\partial z} = 0 \\ \dfrac{\partial f_1}{\partial z} - \dfrac{\partial f_3}{\partial x} = 0 \\ \dfrac{\partial f_2}{\partial x} - \dfrac{\partial f_1}{\partial y} = 2 \end{cases}$$

令 $f_3 = z$，則 $\dfrac{\partial f_2}{\partial z} = 0 \Rightarrow f_2 = f_1(x,y)$

$$\frac{\partial f_1}{\partial z} = 0 \Rightarrow f_1 = f_1(x,y)$$

令 $f_1 = f_1(x) = x$，則 $\dfrac{\partial f_2}{\partial x} = 2 \Rightarrow f_2 = 2x$

$\therefore \overrightarrow{F} = x\overrightarrow{i} + 2x\overrightarrow{j} + z\overrightarrow{k}$

55.若 $\overrightarrow{\nabla} \cdot \overrightarrow{F} = xyz$，求 $\overrightarrow{F}$

解: $\overrightarrow{\nabla} \cdot \overrightarrow{F} = xyz$，令 $\overrightarrow{F} = F_x(x,y,z)\overrightarrow{i} + F_y(x,y,z)\overrightarrow{j} + F_z(x,y,z)\overrightarrow{k}$

$$令\begin{cases}\frac{\partial}{\partial x}F_x = Axyz \Rightarrow F_x = \frac{A}{2}x^2yz\\ \frac{\partial}{\partial y}F_y = Bxyz \Rightarrow F_y = \frac{B}{2}xy^2z\\ \frac{\partial}{\partial z}F_z = Cxyz \Rightarrow F_z = \frac{C}{2}xyz^2\end{cases}$$

$$則\frac{\partial}{\partial x}F_x + \frac{\partial}{\partial y}F_y + \frac{\partial}{\partial z}F_z = (A+B+C)xyz = xyz$$

$$A+B+C=1,\ 令 A=\frac{1}{2},\ B=\frac{1}{4},\ C=\frac{1}{4}$$

$$\therefore \overrightarrow{F} = \frac{1}{4}x^2yz\overrightarrow{i} + \frac{1}{8}xy^2z\overrightarrow{j} + \frac{1}{8}xyz^2\overrightarrow{k}$$

56.若 $\overrightarrow{F} = 2xz^2\overrightarrow{i} - yz\overrightarrow{j} + 3xz^3\overrightarrow{k}$ 且 $\phi = x^2yz$，求點 $(1,1,1)$ 上的向量值。

(a) $\overrightarrow{\nabla} \times \overrightarrow{F}$

(b) $\overrightarrow{\nabla} \times (\phi\overrightarrow{F})$

(c) $\overrightarrow{\nabla} \times (\overrightarrow{\nabla} \times \overrightarrow{F})$

(d) $\overrightarrow{\nabla}[\overrightarrow{F} \cdot (\overrightarrow{\nabla} \times \overrightarrow{F})]$

解：(a) $$\overrightarrow{\nabla} \times \overrightarrow{F} = \begin{vmatrix}\overrightarrow{i} & \overrightarrow{j} & \overrightarrow{k}\\ \frac{\partial}{\partial x} & \frac{\partial}{\partial y} & \frac{\partial}{\partial z}\\ 2xz^2 & -yz & 3xz^3\end{vmatrix}$$

$$= 3xz^3\frac{\partial}{\partial y}\overrightarrow{i} + 2xz^2\frac{\partial}{\partial z}\overrightarrow{j} - yz\frac{\partial}{\partial x}\overrightarrow{k} - 2xz^2\frac{\partial}{\partial y}\overrightarrow{k} - 3xz^3\frac{\partial}{\partial x}\overrightarrow{j} + yz\frac{\partial}{\partial z}\overrightarrow{i}$$

$$= 4xz\overrightarrow{j} - 3z^3\overrightarrow{j} + y\overrightarrow{i}$$

$$(x,y,z) = (1,1,1)$$

$$\overrightarrow{\nabla} \times \overrightarrow{F} = 4\overrightarrow{j} - 3\overrightarrow{j} + \overrightarrow{i} = \overrightarrow{i} + \overrightarrow{j}$$

(b) $$\vec{\nabla}\times(\phi\vec{F})=\begin{vmatrix}\vec{i} & \vec{j} & \vec{k}\\ \dfrac{\partial}{\partial x} & \dfrac{\partial}{\partial y} & \dfrac{\partial}{\partial z}\\ (2xz^2)x^2yz & (-yz)x^2yz & (3xz^3)(x^2yz)\end{vmatrix}$$

$$=3x^3yz^4\frac{\partial}{\partial y}\vec{i}+2x^3yz^3\frac{\partial}{\partial z}\vec{j}-x^2y^2z^2\frac{\partial}{\partial x}\vec{k}-$$

$$2x^3yz^3\frac{\partial}{\partial y}\vec{k}-3x^3yz^4\frac{\partial}{\partial x}\vec{j}+x^2y^2z^2\frac{\partial}{\partial z}\vec{i}$$

$$=3x^3z^4\vec{i}+6x^3yz^2\vec{j}-2xy^2z^2\vec{k}-2x^3z^3\vec{k}-9x^2yz^4\vec{j}+2x^2y^2z\vec{i}$$

$(x,y,z)=(1,1,1)$

$$\vec{\nabla}\times(\phi\vec{F})=3\vec{i}+6\vec{j}-2\vec{k}-2\vec{k}-9\vec{j}+2\vec{i}$$

$$=5\vec{i}-3\vec{j}-4\vec{k}$$

(c) $$\vec{\nabla}\times\vec{F}=\begin{vmatrix}\vec{i} & \vec{j} & \vec{k}\\ \dfrac{\partial}{\partial x} & \dfrac{\partial}{\partial y} & \dfrac{\partial}{\partial z}\\ 2xz^2 & -yz & 3xz^3\end{vmatrix}=y\vec{i}+(4xz-3z^3)\vec{j}$$

$$\vec{\nabla}\times(\vec{\nabla}\times\vec{F})=\begin{vmatrix}\vec{i} & \vec{j} & \vec{k}\\ \dfrac{\partial}{\partial x} & \dfrac{\partial}{\partial y} & \dfrac{\partial}{\partial z}\\ y & 4xz-3z^3 & 0\end{vmatrix}=-(4x-9z^2)\vec{i}+(4z-y)\vec{k}$$

$(1,1,1)$代入則$\vec{\nabla}\times(\vec{\nabla}\times\vec{F})=5\vec{i}+3\vec{k}$

(d) $$\vec{F}\cdot(\vec{\nabla}\times\vec{F})=(2xz^2\vec{i}-yz\vec{j}+3xz^3\vec{k})\cdot[y\vec{i}+(4xz-3z^3)\vec{j}]$$

$$=2xyz^2-yz(4xz-3z^3)=-2xyz^2+3yz^4$$

$$\vec{\nabla}(3yz^4-2xyz^2)=-2yz^2\vec{i}+(3z^4-2xz^2)\vec{j}+(12yz^3-4xyz)\vec{k}$$

則$(1,1,1)$代入得$\vec{\nabla}[\vec{F}\cdot(\vec{\nabla}\times\vec{F})]=-2\vec{i}+\vec{j}+8\vec{k}$

57.證明 $\vec{F}=3y^4z^2\vec{i}+4x^3z^2\vec{j}-3x^2y^2\vec{k}$ 是圓柱線圈場。

證明: 凡是滿足 $\vec{\nabla}\cdot\vec{F}=0$的向量場稱為圓柱線圈場

則 $\vec{\nabla}\cdot\vec{F}=(\frac{\partial}{\partial x}\vec{i}+\frac{\partial}{\partial y}\vec{j}+\frac{\partial}{\partial z}\vec{k})\cdot(3y^4z^2\vec{i}+4x^3z^2\vec{j}-3x^2y^2\vec{k})$

$=0+0+0=0$

$\vec{F}$ 滿足 $\vec{\nabla}\cdot\vec{F}=0$故為圓柱線圈場

58.$\vec{F}=(x^2+4xy^2z)\vec{i}+\frac{3}{2}(x^3y-xy)\vec{j}-(2y^2z^2+x^3z)\vec{k}$ 並非圓柱線圈場，證明 $\vec{G}=\phi\vec{F}$ 是圓柱線圈場，$\phi=xyz^2$。

證明: $\vec{\nabla}\cdot\vec{F}=(2x+4y^2z)+\frac{3}{2}(x^3-x)-(4y^2z+x^3)=\frac{1}{2}x-\frac{1}{2}x^3\neq 0$

故$\vec{F}$不為圓柱線圈場

但$\vec{G}=\phi\vec{F}=xyz^2(x^2+4xy^2z)\vec{i}+xyz^2\cdot\frac{3}{2}(x^3y-xy)\vec{j}-$

$xyz^2(2y^2z^2+x^2z)\vec{k}$

$=(x^3yz^2+4x^2y^3z^3)\vec{i}+\frac{3}{2}(x^4y^2z^2-x^2y^2z^2)\vec{j}-$

$(2xy^3z^4+x^4yz^3)\vec{k}$

$\vec{\nabla}\cdot\vec{G}=(3x^2yz^2+8xy^3z^3)+\frac{3}{2}(2x^4yz^2-2x^2yz^2)-$

$(8xy^3z^3+3x^4yz^2)$

$=0$ 故$\vec{G}$為圓柱線圈場

59.證明 $\vec{F}=(6xy+z^3)\vec{i}+(3x^2-z)\vec{j}+(3xz^2-y)\vec{k}$ 沒有旋轉特性。若 $\vec{F}=\vec{\nabla}\phi$，求ϕ。

證明: $\because \overrightarrow{\nabla} \times \overrightarrow{F} = \begin{vmatrix} \overrightarrow{i} & \overrightarrow{j} & \overrightarrow{k} \\ \dfrac{\partial}{\partial x} & \dfrac{\partial}{\partial y} & \dfrac{\partial}{\partial z} \\ 6xy + z^3 & 3x^2 - z & 3xz^2 - y \end{vmatrix}$

$$= (-1+1)\overrightarrow{i} + (3z^2 - 3z^2)\overrightarrow{j} + (6x - 6x)\overrightarrow{k}$$

$= 0 \quad \therefore \overrightarrow{F}$沒有旋轉特性

$$\overrightarrow{F} = \overrightarrow{\nabla}\phi$$

$$\begin{cases} \dfrac{\partial \phi}{\partial x} = 6xy + z^3 \Rightarrow \phi(x,y,z) = 3x^2y + xz^3 + f(y,z) \text{——①} \\ \dfrac{\partial \phi}{\partial y} = 3x^2 - z \Rightarrow \phi(x,y,z) = 3x^2y - yz + f(x,z) \text{——②} \\ \dfrac{\partial \phi}{\partial z} = 3xz^2 - y \Rightarrow \phi(x,y,z) = xz^3 - yz + f(x,y) \text{——③} \end{cases}$$

比較①②③可得$\phi(x,y,z) = 3x^2y + xz^3 - yz + c,\ c = \text{constant}$

60.若 $\overrightarrow{F} = (cxy - z^3)\overrightarrow{i} + (c-2)x^2\overrightarrow{j} + (1-c)xz^2\overrightarrow{k}$，求使 $\overrightarrow{\nabla} \times \overrightarrow{F} = \overrightarrow{0}$ 的常數c。

解: $\overrightarrow{F} = (cxy - z^3)\overrightarrow{i} + (c-2)x^2\overrightarrow{j} + (1-c)xz^2\overrightarrow{k}$

$$\overrightarrow{\nabla} \times \overrightarrow{F} = \begin{vmatrix} \overrightarrow{i} & \overrightarrow{j} & \overrightarrow{k} \\ \dfrac{\partial}{\partial x} & \dfrac{\partial}{\partial y} & \dfrac{\partial}{\partial z} \\ (cxy - z^3) & (c-2)x^2 & (1-c)xz^2 \end{vmatrix}$$

若　$\overrightarrow{\nabla} \times \overrightarrow{F} = \overrightarrow{0}$

則 $\begin{vmatrix} \overrightarrow{i} & \overrightarrow{j} & \overrightarrow{k} \\ \dfrac{\partial}{\partial x} & \dfrac{\partial}{\partial y} & \dfrac{\partial}{\partial z} \\ (cxy - z^3) & (c-2)x^2 & (1-c)xz^2 \end{vmatrix}$

$$= [-3z^2 - (1-c)z^2]\overrightarrow{j} + [2(c-2)x - x]\overrightarrow{k} = \overrightarrow{0}$$

$$\Rightarrow -3z^2 - (1-c)z^2 = 2(c-2)x - x = 0$$

$$\Rightarrow c = 4$$

第八章

向量的積分

8.1　線積分

1.～14.題，求線積分 $\int_C \overrightarrow{F} \cdot d\overrightarrow{r}$。

1. $\overrightarrow{F} = \left(\frac{3}{2}x^2 + 3y\right)\overrightarrow{i} - 7yz\overrightarrow{j} + 10xz^2\overrightarrow{k}$

(a) $C_1 : x = t,\ y = t^2,\ z = t^3,\ t \in [0,1]$

(b) C_2 : 直線段從點 $(0,0,0)$ 到 $(1,0,0)$，再到 $(1,1,0)$，最後到 $(1,1,1)$

(c) C_3 : 直線段從點 $(0,0,0)$ 到 $(1,1,1)$

解: (a) $\int_C \overrightarrow{F} \cdot d\overrightarrow{r} = \frac{1}{2}\int_0^1 (3t^2 + 6t^2)dt - 14(t^2)(t^3)dt^2 + 20t(t^3)^2 d(t^3)$

$$= \frac{1}{2}\int_0^1 9t^2dt - 28t^6dt + 60t^9dt = \frac{1}{2}\int_0^1 (9t^2 - 28t^6 + 60t^9)dt$$

$$= \frac{1}{2}(3t^3 - 4t^7 + 6t^{10})\Big|_0^1 = \frac{5}{2}$$

(b) $\frac{1}{2}\int_0^1 (3x^2 + (6)(0))dx - 14(0)(0)(0) + 20x(0)^2(0)$

$$= \frac{1}{2}\int_0^1 3x^2dx = \frac{1}{2}x^3\Big|_0^1 = \frac{1}{2}$$

$$\frac{1}{2}\int_0^1 [(3(1)^2 + 6y)0 - 14y(0)]dy + 20(1)(0)^2 0 = 0$$

$$\frac{1}{2}\int_0^1 [(3(1)^2 + 6(1))0 - 14(1)z(0) + 20(1)z^2]dz$$

$$= \frac{1}{2}\int_0^1 20z^2dz = \frac{1}{2}\ \frac{20z^3}{3}\Big|_0^1 = \frac{10}{3}$$

$$\frac{1}{2}\int_C \overrightarrow{F} \cdot d\overrightarrow{r} = \frac{1}{2}(1 + 0 + \frac{20}{3}) = \frac{23}{6}$$

(c) $$\frac{1}{2}\int_C \overrightarrow{F}\cdot d\overrightarrow{r} = \frac{1}{2}\int_0^1 (3t^2+6t)dt - 14(t)(t)dt + 20t(t^2)dt$$

$$= \frac{1}{2}\int_0^1 (3t^2+6t-14t^2+20t^3)dt$$

$$= \frac{1}{2}\int_0^1 (6t-11t^2+20t^3)dt = \frac{13}{6}$$

2. $\overrightarrow{F} = \langle x,-1,z\rangle,\ \ \overrightarrow{r} = \langle t,t,t^3\rangle,\ \ t\in[1,2]$

解: $$\int_C \overrightarrow{F}\cdot d\overrightarrow{r} = \int_C [x\cdot dt - dt + z\cdot 3t^2dt] = \int_1^2 [t-1+3t^5]dt = 32$$

3. $\overrightarrow{F} = \langle y^2,-x^2,1\rangle$, C : 直線段從 $(0,0,1)$ 到 $(1,2,1)$

解: $$\int_C \overrightarrow{F}\cdot d\overrightarrow{r} = \int_C (y^2dx - x^2dy + dz)$$

$$= \int_0^1 (4t^2-2t^2+1)dt = \frac{2}{3}t^3\Big|_0^1 + 1 = \frac{5}{3}$$

4. $\overrightarrow{F} = \langle 5xy-6x^2, 2y-4x, 2\rangle$, C : 從 $(1,1,2)$ 到 $(2,8,2)$ 沿著曲線 $y = x^3,\ z=2$。

解: $$\int_C \overrightarrow{F}\cdot d\overrightarrow{r} = \int_1^2 (5x^4-6x^2)dx + (2x^3-4x)\cdot 3x^2dx$$

$$= (x^5-2x^3+x^6-3x^4)\Big|_1^2$$

$$= (32-16+64-48)-(1-2+1-3) = 35$$

5. $\overrightarrow{F} = \langle \cos x, -y, xz\rangle,\ \ \overrightarrow{r} = \langle t,-t^2,1\rangle,\ \ t\in[0,1]$。

解: $$\int_C \overrightarrow{F}\cdot d\overrightarrow{r} = \int_0^1 (\cos t - 2t^3)dt = \sin 1 - \frac{1}{2}$$

6. $\overrightarrow{F}=\langle xy,(y-x)^2,1\rangle$，$C: xy=1$，$z=1$，$x\in[1,3]$。

解:

$$\int_C \overrightarrow{F}\cdot d\overrightarrow{r}=\int_C (xydx+(y-x)^2dy+dz)$$

$$=\int_1^3\left[1+\left(\frac{1}{x}-x\right)^2\left(-\frac{1}{x^2}\right)\right]dx+0$$

$$=\int_1^3\left(\frac{2}{x^2}-\frac{1}{x^4}\right)dx=\left(-\frac{2}{x}+\frac{1}{3}\frac{1}{x^3}\right)\Big|_1^3=\frac{82}{81}$$

7. $\overrightarrow{F}=\langle yz+2x,xz,xy+2z\rangle$，$C$: 從 $(0,1,1)$ 到 $(1,0,1)$ 沿著 $x^2+y^2=1$，$z=1$。

解: 令 $x=\cos\theta$，$y=\sin\theta$，$z=1$

$$\int_C \overrightarrow{F}\cdot d\overrightarrow{r}=\int_C (yz+2x)dx+xzdy+(xy+2z)dz$$

$$=\int_{\frac{\pi}{2}}^{0}(\sin\theta+2\cos\theta)d\cos\theta+\cos\theta d\sin\theta+0$$

$$=-\int_0^{\frac{\pi}{2}}(-\sin^2\theta-2\cos\theta\sin\theta+\cos^2\theta)d\theta \text{（∵順時針）}$$

$$=-\int_0^{\frac{\pi}{2}}[1-(1-\cos 2\theta)-\sin 2\theta]d\theta$$

$$=-\int_0^{\frac{\pi}{2}}(\cos 2\theta-\sin 2\theta)d\theta$$

$$=-\frac{1}{2}(\sin 2\theta+\cos 2\theta)\Big|_0^{\frac{\pi}{2}}=-\frac{1}{2}(-1-1)=1$$

8. $\overrightarrow{F}=\langle 1,-x,1\rangle$，$\overrightarrow{r}=\langle\cos t,\ -\sin t,\ t\rangle$，$t\in[0,\pi]$

解:

$$\int_C \overrightarrow{F}\cdot d\overrightarrow{r}=\int_0^{\pi}(-\sin t+\cos^2 t+1)dt$$

$$=\int_0^{\pi}\left(-\sin t+\frac{1}{2}\cos 2t+\frac{3}{2}\right)dt=\frac{3\pi}{2}-2$$

9. $\overrightarrow{F} = \langle \exp(y^{\frac{2}{3}}),\ -\exp(x^{\frac{3}{2}}),\ 4\rangle,\quad \overrightarrow{r} = \langle t,\ t^{\frac{3}{2}},\ 4\rangle,\quad t \in [0,1]$

解: $\overrightarrow{r} = \langle t,\ t^{\frac{3}{2}},\ 4\rangle \Rightarrow d\overrightarrow{r} = \langle 1,\ \frac{3}{2}t^{\frac{1}{2}},\ 0\rangle dt$

$$\therefore\ \int_C \overrightarrow{F}\cdot d\overrightarrow{r} = \int_0^1 \left[e^t - \frac{3}{2}t^{\frac{1}{2}}e^{t^{\frac{3}{2}}}\right]dt = e^t\Big|_0^1 - \frac{3}{2}\int_0^1 t^{\frac{1}{2}}e^{t^{\frac{3}{2}}}dt$$

$$= e - 1 - \left(\frac{3}{2}\cdot\frac{2}{3}e^{t^{\frac{3}{2}}}\Big|_0^1\right) = e - 1 - (e-1) = 0$$

10. $\overrightarrow{F} = \langle 0, 4x^2, 0\rangle,\quad \overrightarrow{r} = \langle e^t, -t^2, t\rangle,\quad t \in [1,2]$

解:
$$\int_C \overrightarrow{F}\cdot d\overrightarrow{r} = \int_1^2 4e^{2t}(-2t)\cdot dt = -6e^4 + 2e^2$$

11. $\overrightarrow{F} = \langle 0, \cos(xy), 0\rangle,\quad C: x = 1,\ y = 2t-1,\ z = t,\ t \in [0,\pi]$。

解: $d\overrightarrow{r} = 2dt\,\overrightarrow{j} + \overrightarrow{k}$

$$\int_C \overrightarrow{F}\cdot d\overrightarrow{r} = \int_0^\pi \cos(2t-1)\cdot(2dt) = 2\cdot\frac{1}{2}\sin(2t-1)\Big|_0^\pi$$

$$= \sin(2\pi - 1) - \sin(-1) = 0$$

12. $\overrightarrow{F} = \langle xy^3, 4x^2y^{-1}, -4yz\ln y\rangle,\quad \overrightarrow{r} = \langle t,\ e^t, \cosh t\rangle,\quad t \in [1,3]$。

解:
$$\int \overrightarrow{F}\cdot d\overrightarrow{r} = \int_1^3 (te^{3t}dt + 4t^2dt - te^t\cosh t\sinh t\ dt)$$

$$= \int_1^3 (t^2 + te^{-t})dt = \left(\frac{t^3}{3} - te^{-t} - e^{-t}\right)\Big|_1^3 = \frac{26}{3} + 2e^{-1} + \frac{104}{3}$$

13. $\overrightarrow{F} = \langle 0, 1, -3x\rangle,\quad C: x = 1 + t^2,\ y = -t,\ z = 1 + t,\ t \in [2,5]$。

解:
$$\int_C \overrightarrow{F}\cdot d\overrightarrow{r} = \int_2^5 (-dt) + (-3 - 3t^2)dt = (-t^3 - 4t)\big|_2^5 = -129$$

14. $\overrightarrow{F}=\langle e^x, e^{\frac{4y}{x}}, e^{\frac{2z}{y}}\rangle$，$\overrightarrow{r}=\langle t, t^2, t^3\rangle$，$t\in[0,1]$。

解：

$$\begin{aligned}\int_C \overrightarrow{F}\cdot d\overrightarrow{r} &= \int_C e^x dx + e^{\frac{4y}{x}}dy + e^{\frac{2z}{y}}dz \\ &= \int_0^1 e^t dt + e^{4t}dt^2 + e^{2t}dt^3 \\ &= \int_0^1 (e^t + 2t\cdot e^{4t} + 3t^2 e^{2t})dt \\ &= \left(e^t + \frac{1}{2}te^{4t} - \frac{1}{8}e^{4t} + \frac{3}{2}t^2e^{2t} - \frac{3}{2}te^{2t} + \frac{3}{4}e^{2t}\right)\Bigg|_0^1 \\ &= \left(e + \frac{1}{2}e^4 - \frac{1}{8}e^4 + \frac{3}{2}e^2 - \frac{3}{2}e^2 + \frac{3}{4}e^2\right) - \left(1 - \frac{1}{8} + \frac{3}{4}\right) \\ &= e + \frac{3}{4}e^2 + \frac{3}{8}e^4 - \frac{13}{8}\end{aligned}$$

15.～27.題，求不同形式的總積分。

15. $\phi = xyz^2$，$\overrightarrow{F}=\langle xy, -z, x^2\rangle$，$C: x=t^2$，$y=2t$，$z=t^3$，$t\in[0,1]$。

求(a) $\int_C \phi d\overrightarrow{r}$　　(b) $\int_C \overrightarrow{F}\times d\overrightarrow{r}$

解：(a)

$$\phi = xyz^2 = (t^2)(2t)(t^3)^2 = 2t^9$$

$$\overrightarrow{r} = x\overrightarrow{i} + y\overrightarrow{j} + z\overrightarrow{k} = t^2\overrightarrow{i} + 2t\overrightarrow{j} + t^3\overrightarrow{k}$$

$$d\overrightarrow{r} = (2t\overrightarrow{i} + 2\overrightarrow{j} + 3t^2\overrightarrow{k})dt$$

$$\begin{aligned}\int_C \phi d\overrightarrow{r} &= \int_0^1 2t^9(2t\overrightarrow{i} + 2\overrightarrow{j} + 3t^2\overrightarrow{k})dt \\ &= \overrightarrow{i}\int_0^1 4t^{10}dt + \overrightarrow{j}\int_0^1 4t^9 dt + \overrightarrow{k}\int_0^1 6t^{11}dt \\ &= \frac{4}{11}\overrightarrow{i} + \frac{2}{5}\overrightarrow{j} + \frac{1}{2}\overrightarrow{k}\end{aligned}$$

(b)

$$\begin{aligned}\overrightarrow{F}\times d\overrightarrow{r} &= (2t^3\overrightarrow{i} - t^3\overrightarrow{j} + t^4\overrightarrow{k})\times(2t\overrightarrow{i} + 2\overrightarrow{j} + 3t^2\overrightarrow{k})dt \\ &= [(-3t^5 - 2t^4)\overrightarrow{i} + (2t^5 - 6t^5)\overrightarrow{j} + (4t^3 + 2t^4)\overrightarrow{k}]dt\end{aligned}$$

$$\int_C \overrightarrow{F} \times d\overrightarrow{r} = \overrightarrow{i}\int_0^1 (-3t^5 - 2t^4) + \overrightarrow{j}\int_0^1 (-4t^5)dt +$$

$$\overrightarrow{k}\int_0^1 (4t^3 + 2t^4)dt$$

$$= -\frac{9}{10}\overrightarrow{i} - \frac{2}{3}\overrightarrow{j} + \frac{7}{5}\overrightarrow{k}$$

16. $\int_C yzds,\ C: z = y^2,\ x = 1,\ y \in [0,2]$

解: $$\int_C yzds = \int_0^2 y \cdot y^2 dy = \int_0^2 y^3 dy = \frac{y^4}{4}\Big|_0^2 = 16$$

17. $\overrightarrow{r}(t) = \langle \frac{1}{2}(3t^2 - t), 1 - 3t, -2t \rangle$,

求(a) $\int \overrightarrow{r}(t)dt$ (b) $\int_2^4 \overrightarrow{r}(t)dt$

解: (a) $$\int \overrightarrow{r}(t)dt = \overrightarrow{i}\int \frac{1}{2}(3t^2 - t)dt + \overrightarrow{j}\int (1 - 3t)dt + \overrightarrow{k}\int (-2t)dt$$

$$= \frac{1}{2}\left(t^3 - \frac{t^2}{2}\right)\overrightarrow{i} + \frac{1}{2}(2t - 3t^2)\overrightarrow{j} - t^2\overrightarrow{k} + c$$

(b) $$\int_2^4 \overrightarrow{r}(t)dt = \frac{1}{2}\left(t^3 - \frac{t^2}{2}\right)\overrightarrow{i} + \frac{1}{2}(2t - 3t^2)\overrightarrow{j} - t^2\overrightarrow{k}\Big|_2^4$$

$$= 25\overrightarrow{i} - 16\overrightarrow{j} - 12\overrightarrow{k}$$

18. $\int_C xyzdz,\ C: y = \sqrt{z},\ x = 1,\ z \in [4,8]$

解: $z = t^2,\ y = t,\ x = 1,\ 2 \le t \le 2\sqrt{2}$

$$\int_C xyzdz = \int_2^{2\sqrt{2}} t^3(2tdt) = \int_2^{2\sqrt{2}} 2t^4 dt = \frac{256}{5}\sqrt{2} - \frac{64}{5}$$

19. $\overrightarrow{F}=\langle t,-t^2,t-1\rangle$, $\overrightarrow{G}=\langle t^2,0,3t\rangle$,

求(a) $\int_0^2 \overrightarrow{F}\cdot\overrightarrow{G}\,dt$　　(b) $\int_0^2 \overrightarrow{F}\times\overrightarrow{G}\,dt$

解: (a)原式 $=\int_0^2 (t^3+3t^2-3t)dt=6$

(b) $$\int_0^2 \overrightarrow{F}\times\overrightarrow{G}\,dt=\int_0^2 [t\overrightarrow{i}-t^2\overrightarrow{j}+(t-1)\overrightarrow{k}]\times[t^2\overrightarrow{i}+3t\overrightarrow{k}]dt$$
$$=\int_0^2 [-3t^3\overrightarrow{i}+(t^3-4t^2)\overrightarrow{j}+t^4\overrightarrow{k}]dt$$
$$=-12\overrightarrow{i}-\frac{20}{3}\overrightarrow{j}+\frac{32}{5}\overrightarrow{k}$$

20. $\int_C xdy-yzdz$, C : 從點 $(2,1,1)$ 到 $(2,9,3)$ 沿著 $y=z^2$, $x=2$

解: $x=2$, $y=t^2$, $z=t$, $1\le t\le 3$
$$\int_1^3 2(2t)dt-t^3dt=\int_1^3 (4t-t^3)dt=-4$$

21. 一粒子的加速度 $\overrightarrow{a}=\langle\frac{1}{3}e^{-t},-2(t+1),\sin t\rangle$, $t\ge 0$, 若 $\overrightarrow{v}(t=0)=\overrightarrow{r}(t=0)=\overrightarrow{0}$，求 $\overrightarrow{v}$ 和 $\overrightarrow{r}$。

解: $$\overrightarrow{v}=\frac{1}{3}(1-e^{-t})\overrightarrow{i}-(t^2+2t)\overrightarrow{j}+(1-\cos t)\overrightarrow{k}$$
$$\overrightarrow{r}=\frac{1}{3}(t-1+e^{-t})\overrightarrow{i}-\frac{1}{3}(t^3+3t^2)\overrightarrow{j}+(t-\sin t)\overrightarrow{k}$$

22. $\int_C \sin z\,dy$, $C: x=1-t$, $y=1+t$, $z=2t$, $t\in[0,1]$

解: $$\int_C \sin z\,dy=\int_0^1 \sin 2t\,dt=-\frac{1}{2}\cos 2t\Big|_0^1=\frac{1}{2}-\frac{1}{2}\cos 2$$

23.若 $\overrightarrow{F}(2)=\langle 1,-\frac{1}{2},1\rangle$，$\overrightarrow{F}(3)=\langle 2,-1,\frac{3}{2}\rangle$，求 $\int_2^3 \overrightarrow{F}\cdot\frac{d\overrightarrow{F}}{dt}dt$。

解:
$$\because \frac{d\|\overrightarrow{F}\|^2}{dt}=\frac{d(\overrightarrow{F}\cdot\overrightarrow{F})}{dt}=2\overrightarrow{F}\cdot\frac{d\overrightarrow{F}}{dt}$$

$$\begin{aligned}\therefore \int_2^3 \overrightarrow{F}\cdot\frac{d\overrightarrow{F}}{dt}dt&=\int_2^3\frac{1}{2}\frac{d\|\overrightarrow{F}\|^2}{dt}dt=\frac{1}{2}\int_2^3 d\|\overrightarrow{F}\|^2\\&=\frac{1}{2}(\|\overrightarrow{F}(3)\|^2-\|\overrightarrow{F}(2)\|^2)\\&=\frac{1}{2}\left[\left(2+1+\frac{9}{4}\right)-\left(1+\frac{1}{4}+1\right)\right]\\&=\frac{1}{2}[2+1+4-2]=\frac{5}{2}\end{aligned}$$

24.$\int_C y^3ds$, $C: x=z=t^2$, $y=1$, $t\in[0,3]$

解:
$$ds=\sqrt{(2t)^2+(2t)^2}dt=2\sqrt{2}tdt$$

$$\therefore \int_C y^3ds=\int_0^3 3\cdot 2\sqrt{2}tdt=3\sqrt{2}t^2\Big|_0^3=27\sqrt{2}$$

25.一粒子針對參考點所掃過的面積速度 $\overrightarrow{h}$ 之定義為

$$\overrightarrow{h}=\frac{1}{2}\overrightarrow{r}\times\frac{d\overrightarrow{r}}{dt}=\frac{1}{2}\overrightarrow{r}\times\overrightarrow{v}$$

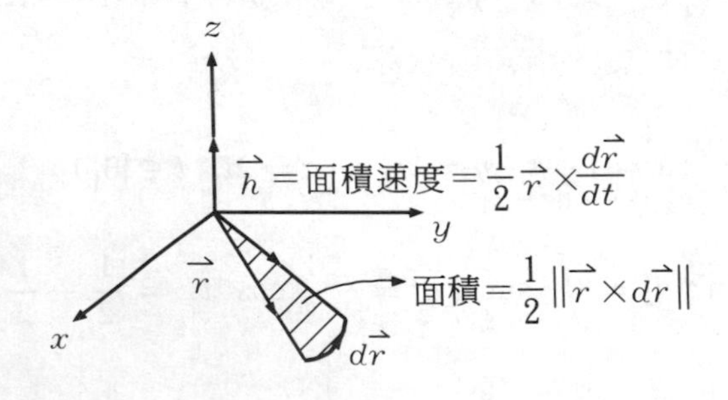

若粒子跑的路徑是 $\overrightarrow{r}(t)=\langle a\cos\omega t, b\sin\omega t\rangle$，$a$、$b$、$\omega$ 皆是常數，求

面積速度 $\overrightarrow{h}$。

解: $$\overrightarrow{r}(t) = a\cos\omega t\,\overrightarrow{i} + b\sin\omega t\,\overrightarrow{j}$$

$$\overrightarrow{v}(t) = \frac{d\overrightarrow{r}(t)}{dt} = -a\omega\sin\omega t\,\overrightarrow{i} + b\omega\cos\omega t\,\overrightarrow{j}$$

$$\overrightarrow{h} \equiv \frac{1}{2}\overrightarrow{r}\times\overrightarrow{v} = \frac{1}{2}\begin{vmatrix} \overrightarrow{i} & \overrightarrow{j} & \overrightarrow{k} \\ a\cos\omega t & b\sin\omega t & 0 \\ -a\omega\sin\omega t & b\omega\cos\omega t & 0 \end{vmatrix}$$

$$= \frac{1}{2}(ab\omega\cos^2\omega t + ab\omega\sin^2\omega t)\,\overrightarrow{k}$$

$$= \frac{1}{2}ab\omega\,\overrightarrow{k}$$

26. $\int_C xdy - ydz,\ C: x = y = t,\ z = \frac{1}{2}e^{-t},\ t \in [0,3]$

解: $$\int_C xdy - ydz = \int_0^3 tdt - td\left(\frac{1}{2}e^{-t}\right) = \int_0^3\left(t + t\cdot\frac{1}{2}e^{-t}\right)dt$$

$$= \left[\frac{1}{2}t^2 + \frac{1}{2}(-te^{-t} - e^{-t})\right]\Big|_0^3$$

$$= \left[\frac{9}{2} + \frac{1}{2}(-3e^{-3} - e^{-3})\right] - \left(-\frac{1}{2}\right) = 5 - 2e^{-3}$$

27. $\int_C (x - y + 3z)ds,\ C: x = \cos t,\ y = \frac{2}{3},\ z = \sin t,\ t \in [0,\pi]$

解: 令 $\overrightarrow{r} = \cos t\,\overrightarrow{i} + \frac{2}{3}\overrightarrow{j} + \sin t\,\overrightarrow{k}$

$$\int_C (x - y + 3z)ds = \int_C (x - y + 3z)\left\|\frac{d\overrightarrow{r}}{dt}\right\|dt$$

$$= \int_0^\pi\left(\cos t - \frac{2}{3} + 3\sin t\right).$$

$$\sqrt{\left(\frac{d\cos t}{dt}\right)^2+\left(\frac{d(2/3)}{dt}\right)^2+\left(\frac{d\sin t}{dt}\right)^2}dt$$

$$=\int_0^{\pi}\left(\cos t-\frac{2}{3}+3\sin t\right)\sqrt{(-\sin t)^2+(\cos t)^2}dt$$

$$=\int_0^{\pi}\left(\cos t-\frac{2}{3}+3\sin t\right)dt=\sin t-\frac{2}{3}t-3\cos t\Big|_0^{\pi}$$

$$=\left(0-\frac{2}{3}\pi+3\right)-(-3)=6-\frac{2}{3}\pi$$

28. $\int_C (x^2+y^2)ds,\ C: y=3x$ 從 $(0,0)$ 到 $(2,6)$

解:

$$ds=\sqrt{1+\left(\frac{dy}{dx}\right)^2}\Rightarrow ds=\sqrt{10}dx$$

$$\int_C (x^2+y^2)ds=\int_0^2 10x^2\cdot\sqrt{10}dx=\frac{80\sqrt{10}}{3}$$

29.～33.題，求物體在力場 $\overrightarrow{F}$ 上沿著路徑 C 所作之功。

29. $\overrightarrow{F}=\langle 3xy,-5z,10x\rangle,\ C: x=t^2+1,\ y=2t^2,\ z=t^3,\ t\in[1,2]$。

解:

$$\int_C \overrightarrow{F}\cdot d\overrightarrow{r}=\int_C (3xy\overrightarrow{i}-5z\overrightarrow{j}+10x\overrightarrow{k})\cdot(dx\overrightarrow{i}+dy\overrightarrow{j}+dz\overrightarrow{k})$$

$$=\int_C 3xydx-5zdy+10xdz$$

$$=\int_1^2 3(t^2+1)(2t^2)d(t^2+1)-5(t^3)d(2t^2)+10(t^2+1)d(t^3)$$

$$=\int_1^2 (2t^5+10t^4+12t^3+30t^2)dt=303$$

30. $\overrightarrow{F}=\langle 2xy,-4y,1\rangle,\ C: 2x=y=z$ 從 $(0,0,0)$ 到 $(2,4,4)$。

解:
$$\int_C \overrightarrow{F}\cdot d\overrightarrow{r}=\int_C 2xydx-4ydy+dz$$
$$=\int_0^4 z^2 d\left(\frac{1}{2}z\right)-4zdz+dz$$
$$=\int_0^4 \left(\frac{1}{2}z^2-4z+1\right)dz$$
$$=\left(\frac{1}{6}z^3-2z^2+z\right)\Big|_0^4$$
$$=\frac{1}{6}\cdot 64-2\cdot 16+4=\frac{32}{3}-28=\frac{-52}{3}$$

31. $\overrightarrow{F}=\langle 3x^2,2xz-y,z\rangle$, $C: x^2=4y$, $3x^3=8z$, $x\in[0,2]$

解:
$$\overrightarrow{F}=3x^2\overrightarrow{i}+(2xz-y)\overrightarrow{j}+z\overrightarrow{k}$$
$$\int_C \overrightarrow{F}\cdot d\overrightarrow{r}=\int_0^2\left(3x^2+2x\frac{3x^3}{8}-\frac{x^2}{4}+\frac{3x^2}{8}\right)dx$$
$$=16$$

32. $\overrightarrow{F}=\langle xy,-2y,\frac{1}{2}\rangle$, $C: x^2-y^2=1$, $z=0$，從 $(1,0,0)$ 到 $(2,\sqrt{3},0)$。

解: 令 $x=\sec\theta$, $y=\tan\theta$, $z=0$
$$\int_C \overrightarrow{F}\cdot d\overrightarrow{r}=\int_0^{\frac{\pi}{3}}\sec\theta\tan\theta d\sec\theta-2\tan\theta d\tan\theta$$
$$=\int_0^{\frac{\pi}{3}}(\tan^2\theta d\tan\theta-2\tan\theta d\tan\theta)$$
$$=\frac{1}{3}\tan^3\theta-\tan^2\theta\Big|_0^{\frac{\pi}{3}}=\frac{1}{3}3\sqrt{3}-3=\sqrt{3}-3$$

33. $\overrightarrow{F}=\langle x^2,-2yz,z\rangle$, C: 直線段從 $(1,1,1)$ 到 $(3,3,3)$。

解: $$\frac{x-1}{3-1}=\frac{y-1}{3-1}=\frac{z-1}{3-1}=t$$

$$x=y=z=1+2t,\ \ 0\le t\le 1$$

$$d\overrightarrow{r}=2dt\,\overrightarrow{i}+2dt\,\overrightarrow{j}+2dt\,\overrightarrow{k}$$

$$\int_C \overrightarrow{F}\cdot d\overrightarrow{r}=\int_0^1[2(1+2t)^2-4(1+2t)^2+(1+2t)]dt$$

$$=\int_0^1(-1-6t-8t^2)dt=-\frac{20}{3}$$

34. $\overrightarrow{A}=\langle t,-3,2t\rangle,\ \ \overrightarrow{B}=\langle\frac{1}{2},-1,1\rangle,\ \ \overrightarrow{C}=\langle 3,t,-1\rangle$,

求(a) $\int_1^2\overrightarrow{A}\cdot(\overrightarrow{B}\times\overrightarrow{C})dt$ (b) $\int_1^2\overrightarrow{A}\times(\overrightarrow{B}\times\overrightarrow{C})dt$

解: (a) $$\int_1^2\overrightarrow{A}\cdot(\overrightarrow{B}\times\overrightarrow{C})dt$$

$$=\int_1^2\overrightarrow{A}\cdot\begin{vmatrix}\overrightarrow{i}&\overrightarrow{j}&\overrightarrow{k}\\ \frac{1}{2}&-1&1\\ 3&t&-1\end{vmatrix}dt$$

$$=\int_1^2\overrightarrow{A}\cdot\left(\overrightarrow{i}+3\overrightarrow{j}+\frac{1}{2}t\,\overrightarrow{k}+3\,\overrightarrow{k}+\frac{1}{2}\overrightarrow{j}-t\,\overrightarrow{i}\right)dt$$

$$=\int_1^2\overrightarrow{A}\cdot\left[(1-t)\,\overrightarrow{i}+\frac{7}{2}\overrightarrow{j}+\left(3+\frac{1}{2}t\right)\overrightarrow{k}\right]dt$$

$$=\int_1^2(t\,\overrightarrow{i}-3\overrightarrow{j}+2t\,\overrightarrow{k})\left[(1-t)\,\overrightarrow{i}+\frac{7}{2}\overrightarrow{j}+\left(3+\frac{1}{2}t\right)\overrightarrow{k}\right]dt$$

$$=\int_1^2\left(t-t^2-\frac{21}{2}+6t+t^2\right)dt$$

$$=\int_1^2\left(7t-\frac{21}{2}\right)dt=\frac{7t^2}{2}-\frac{21}{2}t=0$$

(b) $$\int_1^2\overrightarrow{A}\times(\overrightarrow{B}\times\overrightarrow{C})dt$$

$$=\int_1^2 \overrightarrow{A}\times\left[(1-t)\overrightarrow{i}+\frac{7}{2}\overrightarrow{j}+\left(3+\frac{1}{2}t\right)\overrightarrow{k}\right]dt$$

$$=\int_1^2 \begin{vmatrix} \overrightarrow{i} & \overrightarrow{j} & \overrightarrow{k} \\ t & -3 & 2t \\ (1-t) & \frac{7}{2} & \left(3+\frac{1}{2}t\right) \end{vmatrix} dt$$

$$=\int_1^2 \left[\left(-9-\frac{3}{2}t\right)\overrightarrow{i}+(2t-2t^2)\overrightarrow{j}+\frac{7}{2}t\overrightarrow{k}+(3-3t)\overrightarrow{k}-\right.$$

$$\left.\left(3t+\frac{1}{2}t^2\right)\overrightarrow{j}-7t\overrightarrow{i}\right]dt$$

$$=\int_1^2 \left[\left(-9-\frac{17}{2}t\right)\overrightarrow{i}+\left(-t-\frac{5}{2}t^2\right)\overrightarrow{j}+\left(3+\frac{1}{2}t\right)\overrightarrow{k}\right]dt$$

$$=\left[\left(-9t-\frac{17}{4}t^2\right)\overrightarrow{i}+\left(\frac{-t^2}{2}-\frac{5t^3}{6}\right)\overrightarrow{j}+\left(3t+\frac{t^2}{4}\right)\overrightarrow{k}\right]\Big|_1^2$$

$$=\left[-18-17+9+\frac{17}{4}\right]\overrightarrow{i}+\left[\left(-2-\frac{20}{3}\right)+\left(\frac{4}{3}\right)\right]\overrightarrow{j}+\frac{15}{2}\overrightarrow{k}$$

$$=-\frac{87}{4}\overrightarrow{i}-\frac{22}{3}\overrightarrow{j}+\frac{15}{2}\overrightarrow{k}$$

35.證明 $\int_C \overrightarrow{F}\cdot d\overrightarrow{r}=\int_C \overrightarrow{F}\cdot\overrightarrow{T}ds$，$\overrightarrow{T}$ 是單位切向量。

證明:　$\int_C \overrightarrow{F}\cdot d\overrightarrow{r}=\int_C \overrightarrow{F}\cdot d(x\overrightarrow{i}+y\overrightarrow{j}+z\overrightarrow{k})=\int_C \overrightarrow{F}(\overrightarrow{i}+\overrightarrow{j}+\overrightarrow{k})ds$

其中 $(\overrightarrow{i}+\overrightarrow{j}+\overrightarrow{k})$ 為 $\overrightarrow{T}$，因此 $\int_C \overrightarrow{F}\cdot d\overrightarrow{r}=\int_C \overrightarrow{F}\cdot\overrightarrow{T}ds$。

36.$\phi=xy^2z+\frac{1}{2}x^2y$，求 $\int_C \phi d\overrightarrow{r}$，$C$: 直線段從 $(0,0,0)$ 到 $(1,0,0)$，再到 $(1,1,0)$，最後到 $(1,1,1)$。

解:　$C_1:(0,0,0)$ 到 $(1,0,0)$　$x=t,\ y=0,\ z=0$

$C_2:(0,0,0)$ 到 $(1,1,0)\quad x=1,\ y=t,\ z=0$

$C_3:(0,0,0)$ 到 $(1,1,1)\quad x=1,\ y=1,\ z=t$

$$\int_C \phi d\overrightarrow{r}=\int_0^1 0dt\overrightarrow{i}+\int_0^1 \frac{1}{2}tdt\overrightarrow{j}+\int_0^1\left(t+\frac{1}{2}\right)dt\overrightarrow{k}$$

$$=\left(\frac{1}{4}t^2\Big|_0^1\right)\overrightarrow{j}+\left[\left(\frac{1}{2}t^2+\frac{1}{2}t\right)\Big|_0^1\right]\overrightarrow{k}=\frac{1}{4}\overrightarrow{j}+\overrightarrow{k}$$

37. $\overrightarrow{F}=\langle y,-\frac{z}{2},-\frac{1}{2}x\rangle$, 求 $\int_C \overrightarrow{F}\times d\overrightarrow{r}$, $C: x=\cos t,\ y=\sin t,\ z=2\cos t$, t 從 0 到 $\frac{\pi}{2}$。

解:

$$\overrightarrow{F}\times d\overrightarrow{r}=\begin{vmatrix}\overrightarrow{i} & \overrightarrow{j} & \overrightarrow{k}\\ y & -\frac{z}{2} & -\frac{1}{2}x\\ dx & dy & dz\end{vmatrix}$$

$$=\left(-\frac{z}{2}dz+\frac{1}{2}xdy\right)\overrightarrow{i}+\left(-\frac{1}{2}xdx-ydz\right)\overrightarrow{j}+\left(ydy+\frac{z}{2}dx\right)\overrightarrow{k}$$

$$\int_C \overrightarrow{F}\cdot d\overrightarrow{r}=\int_0^{\frac{\pi}{2}}\left[-\cos td(2\cos t)+\frac{1}{2}\cos td(\sin t)\right]\overrightarrow{i}+\int_0^{\frac{\pi}{2}}\left[-\frac{1}{2}\cos td(\cos t)-\sin td(2\cos t)\right]\overrightarrow{j}+\int_0^{\frac{\pi}{2}}[\sin td(\sin t)+\cos td(\cos t)]\overrightarrow{k}$$

$$=\int_0^{\frac{\pi}{2}}(\sin 2t+1+\cos 2t)dt\overrightarrow{i}+\int_0^{\frac{\pi}{2}}\left(\frac{1}{4}\sin 2t+1-\cos 2t\right)dt\overrightarrow{j}+$$

$$\int_0^{\frac{\pi}{2}} [\sin t \cos t - \cos t \sin t] dt \overrightarrow{k}$$

$$= \left(-\frac{1}{2} \cos 2t + t + \frac{1}{2} \sin 2t \right) \Big|_0^{\frac{\pi}{2}} \overrightarrow{i} +$$

$$\left(-\frac{1}{8} \cos 2t + t - \frac{1}{2} \sin 2t \right) \Big|_0^{\frac{\pi}{2}} \overrightarrow{j}$$

$$= \left(1 + \frac{\pi}{2} \right) \overrightarrow{i} + \left(\frac{1}{4} + \frac{\pi}{2} \right) \overrightarrow{j}$$

38.～46.題，求閉迴路積分。

38. $\overrightarrow{F} = \langle x - 3y, y - 2x \rangle$，$C: x = 2\cos t$，$y = 3\sin t$，$t$ 從 0 到 2π。

解:
$$\oint_C \overrightarrow{F} \cdot d\overrightarrow{r} = \oint_C (x - 3y)dx + (y - 2x)dy$$

$$= \int_0^{2\pi} (2\cos t - 9\sin t) d(2\cos t) + (3\sin t - 4\cos t) d(3\sin t)$$

$$= \int_0^{2\pi} (18\sin^2 t - 4\cos t \sin t + 9\sin t \cos t - 12\cos^2 t) dt$$

$$= \int_0^{2\pi} \left(9 - 9\cos 2t + \frac{5}{2} \sin 2t - 6 - 6\cos 2t \right) dt$$

$$= \left(3t - \frac{15}{2} \sin 2t - \frac{5}{4} \cos 2t \right) \Big|_0^{2\pi} = 6\pi$$

39. $\overrightarrow{F} = \langle x, y, -z \rangle$，$C: x^2 + y^2 = 1$，$z = 0$，反時針轉，求 $\oint_C \overrightarrow{F} \cdot d\overrightarrow{r}$。

解: $x = \cos t \Rightarrow dx = -\sin t \, dt$

$y = \sin t \Rightarrow dy = \cos t \, dt \quad 0 \le t \le 2\pi$

$z = 0$

$$\oint_C \overrightarrow{F} \cdot d\overrightarrow{r} = \int_0^{2\pi} [\cos t \cdot (-\sin t) dt + \sin t \cos t \, dt]$$

40. $\overrightarrow{F}=\langle \frac{x}{2},\frac{-z}{2},y\rangle$，$C$：三角形從頂點 $(0,0,0)$ 到 $(1,1,0)$，到 $(1,1,1)$，再回到 $(0,0,0)$，求 $\oint_C \overrightarrow{F}\cdot d\overrightarrow{r}$。

解：$C_1:(0,0,0)\rightarrow(1,1,0)\quad x=t,\ y=t,\ z=0,\ t:0\sim 1$

$C_2:(1,1,0)\rightarrow(1,1,1)\quad x=1,\ y=1,\ z=t,\ t:0\sim 1$

$C_3:(1,1,1)\rightarrow(0,0,0)\quad x=1-t,\ y=1-t,\ z=1-t,\ t:0\sim 1$

$$\oint_C \overrightarrow{F}\cdot d\overrightarrow{r}=\int_{C_1}\overrightarrow{F}\cdot d\overrightarrow{r}+\int_{C_2}\overrightarrow{F}\cdot d\overrightarrow{r}+\int_{C_3}\overrightarrow{F}\cdot d\overrightarrow{r}$$

$$=\int_0^1\frac{t}{2}dt+\int_0^1 dt+\int_0^1\frac{1}{2}(1-t)d(1-t)-$$

$$\frac{1}{2}(1-t)d(1-t)+(1-t)d(1-t)$$

$$=\frac{1}{4}+1+\frac{1}{2}(1-t)^2\Big|_0^1=\frac{5}{4}\left(0-\frac{1}{2}\right)=\frac{5}{4}-\frac{1}{2}=\frac{3}{4}$$

41. 在 xy 平面，$\overrightarrow{F}=\langle x+\frac{1}{2}y^2,\frac{1}{2}(3y-4x)\rangle$，$C$：三角形從 $(0,0)$ 到 $(2,0)$，到 $(2,1)$，再回到 $(0,0)$，求 $\oint_C \overrightarrow{F}\cdot d\overrightarrow{r}$。

解：$C_1:(0,0)\rightarrow(2,0)\quad x=t,\ y=0,\ t:0\sim 2$

$C_2:(2,0)\rightarrow(2,1)\quad x=2,\ y=t,\ t:0\sim 1$

$C_3:(2,1)\rightarrow(0,0)\quad x=2-2t,\ y=1-t,\ t:0\sim 1$

$$\therefore \oint_C \overrightarrow{F}\cdot d\overrightarrow{r}=\int_{C_1}\overrightarrow{F}\cdot d\overrightarrow{r}+\int_{C_2}\overrightarrow{F}\cdot d\overrightarrow{r}+\int_{C_3}\overrightarrow{F}\cdot d\overrightarrow{r}$$

$$=\int_0^2 tdt+\int_0^1\frac{1}{2}(3t-8)dt+$$

$$\int_0^1 \left[(2-2t)+\frac{1}{2}(1-t)^2\right] d(2-2t)-\frac{5}{2}(1-t)d(1-t)$$

$$=2+\frac{1}{2}\left(\frac{3}{2}t^2-8t\right)\Big|_0^1+\int_0^1\left[\frac{3}{2}(1-t)+(1-t)^2\right]d(1-t)$$

$$=2-\frac{13}{4}+\left[\frac{3}{4}(1-t)^2+\frac{1}{3}(1-t)^3\right]\Big|_0^1$$

$$=2-\frac{13}{4}-\frac{3}{4}+\frac{1}{3}=-\frac{7}{3}$$

42. $\overrightarrow{F}=\langle 5xy+2x, 6y\rangle$，$C$：四方形從 $(0,0)$ 到 $(2,0)$，$(2,3)$，$(0,3)$。求 $\oint_C \overrightarrow{F}\cdot d\overrightarrow{r}$ 順時針旋轉。

解：$C_1:(0,0)\to(2,0)\quad x=t,\ y=0,\ t:0\sim 2$

$C_2:(2,0)\to(2,3)\quad x=2,\ y=t,\ t:0\sim 3$

$C_3:(2,3)\to(0,3)\quad x=2-t,\ y=3,\ t:0\sim 2$

$C_4:(0,3)\to(0,0)\quad x=0,\ y=3-t,\ t:0\sim 3$

$$\oint_{\underset{逆}{C}} \overrightarrow{F}\cdot d\overrightarrow{r}=-\int_{C_1}\overrightarrow{F}\cdot d\overrightarrow{r}+\int_{C_2}\overrightarrow{F}\cdot d\overrightarrow{r}+\int_{C_3}\overrightarrow{F}\cdot d\overrightarrow{r}+\int_{C_4}\overrightarrow{F}\cdot d\overrightarrow{r}$$

$$=\int_0^2 2tdt+\int_0^3 6tdt+\int_0^2 17(2-t)d(2-t)+$$

$$\int_0^3 6(3-t)d(3-t)$$

$$=\left[t^2\Big|_0^2+3t^2\Big|_0^3+\frac{17}{2}(2-t)^2\Big|_0^2+3(3-t)^2\Big|_0^3\right]$$

$$=\left[4+27+\frac{17}{2}(0-4)+3(0-9)\right]$$

$$=-30$$

$$\oint_{C_{順}} \overrightarrow{F} \cdot d\overrightarrow{r} = -\oint_{C_{逆}} \overrightarrow{F} \cdot d\overrightarrow{r} = 30$$

43. $\overrightarrow{F} = \langle x-y, x+y \rangle$，$C$：點 $(0,0)$ 到 $(1,1)$ 沿著 $y=x^2$，再從 $(1,1)$ 到 $(0,0)$ 沿著 $x=y^2$，求 $\oint_C \overrightarrow{F} \cdot d\overrightarrow{r}$。

解：

$C_1 : (0,0) \to (1,1) \quad x=t,\ y=t^2,\ t:0 \sim 1$

$C_2 : (1,1) \to (0,0) \quad x=t^2,\ y=t,\ t:1 \sim 0$

$$\therefore \oint_C \overrightarrow{F} \cdot d\overrightarrow{r} = \oint_{C_1} \overrightarrow{F} \cdot d\overrightarrow{r} + \oint_{C_2} \overrightarrow{F} \cdot d\overrightarrow{r}$$

$$= \int_0^1 (t-t^2)dt + (t+t^2)dt^2 - \int_0^1 (t^2-t)dt^2 + (t^2+t)dt$$

$$= \int_0^1 [(t-t^2) + 2t(t+t^2) - (t^2-t)2t - (t^2+t)]dt$$

$$= \int_0^1 [2t(t+t^2-t^2+t) - 2t^2]dt$$

$$= \int_0^1 2t^2 dt = \frac{2}{3}$$

44. $\overrightarrow{F} = \langle 2xy, -4y, 1 \rangle$，$C : x^2+y^2=1$，$z=0$，求 $\oint_C \overrightarrow{F} \cdot d\overrightarrow{r}$ 反時針轉。

解：$x=\cos\theta$，$y=\sin\theta$

$$\oint_C \overrightarrow{F} \cdot d\overrightarrow{r} = \int (2xydx - 4ydy + dz)$$

$$= \int_0^{2\pi} (-16\cos^2\theta\sin\theta - 16\sin\theta\cos\theta)d\theta = 0$$

45. $\overrightarrow{F} = \langle \frac{1}{2}y - x, \frac{3}{2}x + y \rangle$，$C : x^2+y^2=4$，求 $\oint_C \overrightarrow{F} \cdot d\overrightarrow{r}$ 反時針轉。

解：$C: x = 2\cos t \quad t: 0 \sim 2\pi$

$y = 2\sin t$

$$\oint_C \overrightarrow{F}\cdot d\overrightarrow{r} = \int_0^{2\pi} (\sin t - 2\cos t)d(2\cos t) + (3\cos t + 2\sin t)d(2\sin t)$$

$$= \int_0^{2\pi} (-2\sin^2 t + 4\cos t\sin t + 6\cos^2 t + 4\sin t\cos t)dt$$

$$= \int_0^{2\pi} (6\cos^2 t - 2\sin^2 t + 4\sin 2t)dt$$

$$= \int_0^{2\pi} (3 + 3\cos 2t - 1 + 2\sin 2t + 4\sin 2t)dt$$

$$= \left(2t + \frac{3}{2}\sin 2t - 3\cos 2t\right)\Big|_0^{2\pi}$$

$$= 4\pi - 3(1-1) = 4\pi$$

46. $\overrightarrow{F} = \langle 3x+y, -x, y-2\rangle$，$\overrightarrow{G} = \langle 1, -\frac{3}{2}, \frac{1}{2}\rangle$，$C: x^2 + y^2 = 4$，求 $\oint(\overrightarrow{F}\times\overrightarrow{G})\times d\overrightarrow{r}$ 反時針轉。

解：
$$\overrightarrow{F}\times\overrightarrow{G} = \begin{vmatrix} \overrightarrow{i} & \overrightarrow{j} & \overrightarrow{k} \\ 3x+y & -x & y-2 \\ 1 & -\frac{3}{2} & \frac{1}{2} \end{vmatrix}$$

$$= \left[-\frac{1}{2}x + \frac{3}{2}(y-2)\right]\overrightarrow{i} + \left[(y-2) - \frac{1}{2}(3x+y)\right]\overrightarrow{j} + \left[x - \frac{3}{2}(3x+y)\right]\overrightarrow{k}$$

$$= \left(\frac{3}{2}y - \frac{1}{2}x - 3\right)\overrightarrow{i} + \left(-\frac{3}{2}x + \frac{1}{2}y - 2\right)\overrightarrow{j} - \frac{1}{2}(7x+3y)\overrightarrow{k}$$

$$\oint_C (\overrightarrow{F} \times \overrightarrow{G}) \times d\overrightarrow{r}$$

$$= \oint_C \begin{vmatrix} \overrightarrow{i} & \overrightarrow{j} & \overrightarrow{k} \\ \frac{3}{2}y - \frac{1}{2}x - 3 & -\frac{3}{2}x + \frac{1}{2}y - 2 & -\frac{7}{2}x - \frac{3}{2}y \\ dx & dy & dz \end{vmatrix}$$

$(x = 2\cos\theta,\ \ y = 2\sin\theta,\ \ z = 0,\ \ \theta : 0 \sim 2\pi)$

$$= \oint_C \left[\left(-\frac{3}{2}x + \frac{1}{2}y - 2\right) dz + \frac{1}{2}(7x + 3y)dy\right] \overrightarrow{i} +$$

$$\left[\left(-\frac{7}{2}x - \frac{3}{2}y\right) dx - \left(\frac{3}{2}y - \frac{1}{2}x - 3\right) dz\right] \overrightarrow{j} +$$

$$\left[\left(\frac{3}{2}y - \frac{1}{2}x - 3\right) dy - \left(\frac{1}{2}y - \frac{3}{2}x - 2\right) dx\right] \overrightarrow{k}$$

$$= \int_0^{2\pi} [(7\cos\theta + 3\sin\theta) d(2\sin\theta)] \overrightarrow{i} -$$

$$\int_0^{2\pi} [(7\cos\theta + 3\sin\theta) d(2\cos\theta)] \overrightarrow{j} +$$

$$\int_0^{2\pi} [(3\sin\theta - \cos\theta - 3) d(2\sin\theta) -$$

$$(\sin\theta - 3\cos\theta - 2) d(2\cos\theta)] \overrightarrow{k}$$

$$= \int_0^{2\pi} [14(1 + \cos 2\theta) + 3\sin 2\theta] d\theta \overrightarrow{i} +$$

$$\int_0^{2\pi} [7\sin 2\theta + 3(1 - \cos 2\theta)] d\theta \overrightarrow{j} +$$

$$\int_0^{2\pi} [3\cos 2\theta - (1 + \cos 2\theta) - 6\cos\theta + 1 - \cos\theta -$$

$$\frac{3}{2}\sin 2\theta - 4\sin\theta] d\theta \overrightarrow{k}$$

$$= 2\pi(7\overrightarrow{i} + 3\overrightarrow{j})$$

47.若 $\rho(x,y,z)=x+y+z$，直線段從 $(0,0,0)$ 到 $(2,2,2)$，求質量和質量中心。

解: $\frac{x}{2}=\frac{y}{2}=\frac{z}{2}=t,\ x=2t,\ y=2t,\ z=2t\ \ t:0\sim 1$

$$m=\int_C \rho(x,y,z)ds=\int_C \rho(x,y,z)\left\|\frac{d\overrightarrow{r}}{dt}\right\|dt$$

$$\left(\left\|\frac{d\overrightarrow{r}}{dt}\right\|=\sqrt{\left(\frac{dx}{dt}\right)^2+\left(\frac{dy}{dt}\right)^2+\left(\frac{dz}{dt}\right)^2}=2\sqrt{3}\right)$$

$$=\int_0^1 (2t+2t+2t)\cdot 2\sqrt{3}dt=2\sqrt{3}\cdot 3t^2\Big|_0^1=6\sqrt{3}$$

$$\overline{x}=\frac{\int_C x\rho(x,y,z)ds}{\int_C \rho(x,y,z)ds}=\frac{8\sqrt{3}}{6\sqrt{3}}=\frac{4}{3}$$

同理 $\overline{y}=\overline{z}=\frac{4}{3}$

$\therefore$質心 $\left(\frac{4}{3},\frac{4}{3},\frac{4}{3}\right)$

48.若 $\rho(x,y,z)=yz$，線圈繞成 $x^2+z^2=1,\ y=2$，求質量。

解: 令 $x=\cos t,\ z=\sin t,\ \ y=2,\ t:0\sim 2\pi$

$$\left\|\frac{d\overrightarrow{r}}{dt}\right\|=\sqrt{\left(\frac{dx}{dt}\right)^2+\left(\frac{dy}{dt}\right)^2+\left(\frac{dz}{dt}\right)^2}=\sqrt{(-\sin t)^2+(\cos t)^2}=1$$

$$m=\oint_C yz\left\|\frac{d\overrightarrow{r}}{dt}\right\|dt=\int_0^{2\pi} 2\sin t\cdot 1dt=-2\cdot\cos t\Big|_0^{2\pi}=0$$

49.三角形的頂點分別為 $(0,0,0)$，$(0,1,0)$，$(1,1,1)$。若 $\rho(x,y,z)=2$ 在邊線 $(0,0,0)$ 到 $(0,1,0)$，而其他二邊線的密度 $\rho=1$，求質量和質量中心。

解: 質心 $\left(\frac{1+0+0}{3},\frac{1+1\times 2}{3},\frac{1+0+0}{3}\right)=\left(\frac{1}{3},1,\frac{1}{3}\right)$

質量 $1\times 2+1\times 1+1\times 1=4$

50.四角形的頂點分別為 $(1,1,3)$, $(1,4,3)$, $(6,1,3)$, $(6,4,3)$。$(1,1,3)$ 到 $(1,4,3)$和 $(1,4,3)$ 到 $(6,1,3)$ 這兩邊的$\rho=6$; 而另兩邊的$\rho=10$, 求質量和質量中心。

解: 令 A,B,C,D 分別為其中點

$$\Rightarrow A\left(1,\frac{5}{2},3\right),\ B\left(\frac{7}{2},\frac{5}{2},3\right),\ C\left(6,\frac{5}{2},3\right),\ D\left(\frac{7}{2},\frac{5}{2},3\right)$$

$$\text{質心}\left(\frac{6\times1+\frac{7}{2}\times6+6\times10+\frac{7}{2}\times10}{4},\frac{\frac{5}{2}\times6+\frac{5}{2}\times6+\frac{5}{2}\times10+\frac{5}{2}\times10}{4},\right.$$

$$\left.\frac{3\times6+3\times6+3\times10+3\times10}{4}\right)=\left(\frac{61}{2},20,24\right)$$

質量$3\times6+5\times6+3\times10+5\times10=18+30+30+50=128$

8.2 曲面的向量表示法與面積分

1.~10.題，給予位置向量，求曲面的形狀名稱及方程式（譬如$\phi(x,y,z)=c$）和法向量 $\overrightarrow{N}$。

1. $\overrightarrow{r}=\langle 2\cos u,\sin u,\frac{1}{2}v\rangle$

解: $\begin{cases}x=2\cos u\\ y=\sin u\\ z=\frac{1}{2}v\end{cases}$ $\left(\frac{x}{2}\right)^2+\left(\frac{y}{1}\right)^2-1=0$

$\frac{1}{2}v = c \Rightarrow \left(\frac{x}{2}\right)^2 + y^2 = 1,\ \ z = c$ 為一橢圓

$u = c \Rightarrow x = 2\cos c,\ \ y = \sin c,\ \ z = \frac{1}{2}$ 為一直線

$$\overrightarrow{N} = \overrightarrow{r_u} \times \overrightarrow{r_v} = (-2\sin u\,\overrightarrow{i} + \cos u\,\overrightarrow{j}) \times \frac{1}{2}\overrightarrow{k} = \sin u\,\overrightarrow{j} + \frac{1}{2}\cos u\,\overrightarrow{i}$$

2. $\overrightarrow{r} = \langle u\cos v, u\sin v, v\rangle$

解: $\begin{cases} x = u\cos v \\ y = u\sin v \\ z = v \end{cases}\quad y = x\tan z$

$u = c \Rightarrow x = c\cos v,\ \ y = c\sin v,\ \ z = v$ 為螺旋線

$v = c \Rightarrow x = u\cos c,\ \ y = u\sin c,\ \ z = c$ 為直線

$$\begin{aligned}\overrightarrow{N} &= \overrightarrow{r_u} \times \overrightarrow{r_v} = (\cos v\,\overrightarrow{i} + \sin v\,\overrightarrow{j}) \times (-u\sin v\,\overrightarrow{i} + u\cos v\,\overrightarrow{j} + \overrightarrow{k}) \\ &= \sin v\,\overrightarrow{i} - \cos v\,\overrightarrow{j} + u\,\overrightarrow{k}\end{aligned}$$

3. $\overrightarrow{r} = \langle u\cos v, u\sin v, au\rangle$

解: $\begin{cases} x = u\cos v \\ y = u\sin v \\ z = au \end{cases} \Rightarrow c^2(x^2 + y^2) - z^2 = 0$

$u = k \Rightarrow x^2 + y^2 = k^2,\ \ z = ak$ 為一圓

$v = k \Rightarrow \frac{x}{\cos k} = \frac{y}{\sin k} = \frac{z}{a}$ 為一直線

4. $\overrightarrow{r} = \langle\cos v\cos u, 2\cos v\sin u, 4\sin v\rangle$

解: $\begin{cases} x = \cos v\cos u \\ y = 2\cos v\sin u \\ z = 4\sin v \end{cases} \Rightarrow \left(\frac{x}{1}\right)^2 + \left(\frac{y}{2}\right)^2 + \left(\frac{z}{4}\right)^2 = 1$

$u = k \Rightarrow \left(\frac{y}{2\sin k}\right)^2 + \left(\frac{z}{4}\right)^2 = 1,\ \ \frac{y}{2\sin k} = \frac{x}{\cos k}$ 為一橢圓

$v = k \Rightarrow \left(\frac{x}{\cos k}\right)^2 + \left(\frac{y}{2\cos k}\right)^2 = 1,\ \ z = 4\sin k$ 為一橢圓

$$\overrightarrow{N}=\overrightarrow{r}_u\times\overrightarrow{r}_v$$
$$=(-\cos v\sin u\overrightarrow{i}+2v\cos u\overrightarrow{j})\times(-\sin v\cos u\overrightarrow{i}-2\sin v\sin u\overrightarrow{j}+4\cos v\overrightarrow{k})$$
$$=8\cos^2 v\cos u\overrightarrow{j}+4\cos^2 v\sin u\overrightarrow{j}+2\cos v\sin v\overrightarrow{k}$$

5\. $\overrightarrow{r}=\langle u\cos v, u\sin v, u^2\rangle$

解: $\begin{cases}x=u\cos v\\ y=u\sin v\\ z=u^2\end{cases}\Rightarrow x^2+y^2=z$

$u=c\Rightarrow x^2+y^2=c^2,\ z=c^2$ 為一圓

$v=c\Rightarrow z=\left(\dfrac{x}{\cos c}\right)^2=\left(\dfrac{y}{\sin c}\right)^2$ 為一拋物線

$$\overrightarrow{N}=\frac{\partial\overrightarrow{r}}{\partial u}\times\frac{\partial\overrightarrow{r}}{\partial v}$$
$$=(\cos v\overrightarrow{i}+\sin v\overrightarrow{j}+2u\overrightarrow{k})\times(-u\sin v\overrightarrow{i}+u\cos v\overrightarrow{j})$$
$$=-2u^2\cos v\overrightarrow{i}-2u^2\sin v\overrightarrow{j}+u\overrightarrow{k}$$

6\. $\overrightarrow{r}=\langle\cos v\cos u, \cos v\sin u, 4\sin v\rangle$

解: $a=1,\ b=1,\ c=4$

$$\overrightarrow{N}=(1\cdot4)\cos^2 v\cos u\overrightarrow{i}-(1\cdot4)\cos^2 v\sin u\overrightarrow{j}+(1\cdot1)\cos v\sin v\overrightarrow{k}$$
$$=4\cos^2 v\cos u\overrightarrow{i}-4\cos^2 v\sin u\overrightarrow{j}+\cos v\sin v\overrightarrow{k}$$

7\. $\overrightarrow{r}=\langle 2u\cos v, 3u\sin v, u^2\rangle$

解: $\begin{cases}x=2u\cos v\\ y=3u\sin v\\ z=u^2\end{cases}\Rightarrow\left(\dfrac{x}{2}\right)^2+\left(\dfrac{y}{3}\right)^2=z$

$u=c\Rightarrow\left(\dfrac{x}{2}\right)^2+\left(\dfrac{y}{3}\right)^2=1,\ z=c^2$ 為橢圓

$v=c \Rightarrow z=\left(\frac{y}{3\sin c}\right)^2=\left(\frac{x}{2\cos c}\right)^2$ 為一拋物線

$$\begin{aligned}\overrightarrow{N}&=\overrightarrow{r}_u\times\overrightarrow{r}_v\\&=(2\cos v\overrightarrow{i}+3\sin v\overrightarrow{j}+2u\overrightarrow{k})\times(-2u\sin v\overrightarrow{i}+3u\cos v\overrightarrow{j})\\&=-6u^2\cos v\overrightarrow{i}-4u\sin v\overrightarrow{j}+6u\overrightarrow{k}\end{aligned}$$

8. $\overrightarrow{r}=\langle cu\cosh v, du\sinh v, u^2\rangle$

解: $\begin{cases}x=cu\cosh v\\y=du\sinh v\\z=u^2\end{cases}\Rightarrow\left(\frac{x}{c}\right)^2-\left(\frac{y}{d}\right)^2=z$

$u=e\Rightarrow\left(\frac{x}{ce}\right)^2-\left(\frac{y}{de}\right)^2=1,\ \ z=c^2$ 為雙曲線

$v=e\Rightarrow z=\left(\frac{y}{d\sinh e}\right)^2=\left(\frac{x}{c\cosh e}\right)^2$ 為拋物線

$$\begin{aligned}\overrightarrow{N}&=\overrightarrow{r}_u\times\overrightarrow{r}_v\\&=(c\cosh v\overrightarrow{i}+d\sinh v\overrightarrow{j}+2u\overrightarrow{k})\times(cu\sinh v\overrightarrow{i}+du\cosh v\overrightarrow{j})\\&=-2du^2\cosh v\overrightarrow{i}+2cu^2\sinh v\overrightarrow{j}+cdu\overrightarrow{k}\end{aligned}$$

9. $\overrightarrow{r}=\langle\sinh u\cos v, 2\sinh u\sin v, 3\cosh u\rangle$

解: $\begin{cases}x=\sinh u\cos v\\y=2\sinh u\sin v\\z=3\cosh u\end{cases}\Rightarrow\left(\frac{z}{3}\right)^2-\left(\frac{x}{1}\right)^2-\left(\frac{y}{2}\right)^2=0$

$u=k\Rightarrow\left(\frac{x}{\sinh k}\right)^2+\left(\frac{y}{2\sinh k}\right)^2=1,\ \ z=3\cosh k$ 為橢圓

$v=k\Rightarrow\left(\frac{z}{3}\right)^2-\left(\frac{x}{\cos k}\right)^2=\left(\frac{z}{3}\right)^2-\left(\frac{y}{2\sin k}\right)^2=1$ 為雙曲線

$$\begin{aligned}\overrightarrow{N}&=\overrightarrow{r}_u\times\overrightarrow{r}_v\\&=(\cosh u\cos v\overrightarrow{i}+2\cosh u\sin v\overrightarrow{i}+3\sinh u\overrightarrow{k})\times\\&\quad(-\sinh u\sin v\overrightarrow{i}+2\sinh u\cos v\overrightarrow{j})\\&=-6\sinh^2 u\cos v\overrightarrow{i}+3\sinh^2 u\sin v\overrightarrow{j}+2\sinh u\cosh u\overrightarrow{k}\end{aligned}$$

10. $\overrightarrow{r} = \langle v\cos u, v\sin u, \cosh^{-1} u\rangle$

解: $\begin{cases} x = v\cos u \\ y = v\sin u \\ z = \cosh^{-1} v \end{cases} \Rightarrow \cosh z - x^2 - y^2 = 0$

$v = c \Rightarrow x^2 + y^2 = c^2,\ z = \cosh^{-1} c$ 為一圓

$u = c \Rightarrow \cosh z = \dfrac{y}{\sin c} = \dfrac{x}{\cos c}$ 為一懸鏈線

$$\begin{aligned}\overrightarrow{N} &= \overrightarrow{r_u} \times \overrightarrow{r_v} \\ &= (-v\sin u\,\overrightarrow{i} + v\cos u\,\overrightarrow{j}) \times \left(\cos u\,\overrightarrow{i} + \sin u\,\overrightarrow{j} + \frac{1}{\sqrt{v^2-1}}\overrightarrow{k}\right) \\ &= \frac{v\cos u}{\sqrt{u^2-1}}\overrightarrow{i} + \frac{v\sin u}{\sqrt{u^2-1}}\overrightarrow{j} - v\overrightarrow{k}\end{aligned}$$

11.～18.題，求曲面的位置向量及法向量。

11. $y = 2z$

解: $y = 2z$

$$\overrightarrow{r} = u\overrightarrow{i} + 2v\overrightarrow{j} + v\overrightarrow{k}$$

$$\overrightarrow{N} = \overrightarrow{r_u} \times \overrightarrow{r_v} = \overrightarrow{i} \times (2\overrightarrow{j} + \overrightarrow{k}) = \overrightarrow{k} - 2\overrightarrow{j}$$

12. $x + y + z = 2$

解: $x + y + z = 2$

$$\overrightarrow{r} = u\overrightarrow{i} + v\overrightarrow{j} + (2 - u - v)\overrightarrow{k}$$

$$\overrightarrow{N} = \overrightarrow{r_u} \times \overrightarrow{r_v} = \overrightarrow{i} + \overrightarrow{j} + \overrightarrow{k}$$

13. $(x-1)^2 + y^2 + (z+1)^2 = 1$

解: $\overrightarrow{r} = (\sin u\cos v + 1)\overrightarrow{i} + \sin u\sin v\,\overrightarrow{j} + (\cos v - 1)\overrightarrow{k}$

$$g = (x-1)^2 + y^2 + (z+1)^2 - 1 = 0$$

$$\begin{aligned}\overrightarrow{N} &= \overrightarrow{\nabla} g = 2(x-1)\overrightarrow{i} + 2y\overrightarrow{j} + 2(z+1)\overrightarrow{k} \\ &= 2\sin u\cos v\,\overrightarrow{i} + 4\sin u\sin v\,\overrightarrow{j} + 4\cos v\,\overrightarrow{k}\end{aligned}$$

14.$z=x^2+\frac{1}{4}y^2$

解: 令 $x=u\cos\theta,\ y=2u\sin\theta,\ z=u^2$

$$\therefore \overrightarrow{r}=u\cos\theta\overrightarrow{i}+2u\sin\theta\overrightarrow{j}+u^2\overrightarrow{k}$$

$$\overrightarrow{r_u}=\cos\theta\overrightarrow{i}+2\sin\theta\overrightarrow{j}+2u\overrightarrow{k}$$

$$\overrightarrow{r_\theta}=-u\sin\theta\overrightarrow{i}+2u\cos\theta\overrightarrow{j}$$

$$\overrightarrow{N}=\overrightarrow{r_u}\times\overrightarrow{r_\theta}=\begin{vmatrix}\overrightarrow{i} & \overrightarrow{j} & \overrightarrow{k}\\ \cos\theta & 2\sin\theta & 2u\\ -u\sin\theta & 2u\cos\theta & 0\end{vmatrix}$$

$$=-4u^2\cos\theta\overrightarrow{i}-2u^2\sin\theta\overrightarrow{j}+2u\overrightarrow{k}$$

15.$x^2-y^2=3$

解: 令 $x=\sqrt{3}\sec\theta,\ y=\sqrt{3}\tan\theta,\ z=u$

$$\overrightarrow{r}=\sqrt{3}\sec\theta\overrightarrow{i}+\sqrt{3}\tan\theta\overrightarrow{j}+u\overrightarrow{k}$$

$$g=x^2-y^2-3$$

$$\overrightarrow{N}=\nabla g=2x\overrightarrow{i}-2y\overrightarrow{j}=2\sqrt{3}\sec\theta\overrightarrow{i}-2\sqrt{3}\tan\theta\overrightarrow{j}$$

16.$x^2+\frac{1}{4}y^2-\frac{1}{9}z^2+1=0$

解: $$\begin{cases}x=\sinh u\cos v\\ y=2\sinh u\sin v\\ z=3\cosh u\end{cases}\Rightarrow\overrightarrow{r}=\sinh u\cos v\overrightarrow{i}+2\sinh u\sin v\overrightarrow{j}+3\cosh u\overrightarrow{k}$$

$$\overrightarrow{N}=\overrightarrow{r_u}\times\overrightarrow{r_v}=(\cosh u\cos v\overrightarrow{i}+2\cosh u\sin v\overrightarrow{j}+3\sinh u\overrightarrow{k})\times$$

$$(-\sinh u\sin v\overrightarrow{i}+2\sinh u\cos v\overrightarrow{j})$$

$$=-6\sinh^2 u\cos v\overrightarrow{i}-3\sinh^2 u\sin v\overrightarrow{j}+$$

$$2\sinh u\cosh u\overrightarrow{k}$$

17.$z=4(x^2+y^2)$

解: $\overrightarrow{r}=u\cos v\overrightarrow{i}+u\sin v\overrightarrow{j}+4u^2\overrightarrow{k}$

$g=4x^2+4y^2-z=0$

$\overrightarrow{N}=\nabla g=8x\overrightarrow{i}+8y\overrightarrow{j}-\overrightarrow{k}=8u\cos v\overrightarrow{i}+8u\sin v\overrightarrow{j}-\overrightarrow{k}$

18.$z=\sqrt{x^2+4y^2}$

解: 令 $x=2u\cos\theta,\ y=u\sin\theta,\ z=2u$

$\therefore\overrightarrow{r}=2u\cos\theta\overrightarrow{i}+u\sin\theta\overrightarrow{j}+2u\overrightarrow{k}$

令 $g=x^2+4y^2-z^2$

則 $\overrightarrow{N}=\nabla g=2x\overrightarrow{i}+8y\overrightarrow{j}-2z\overrightarrow{k}$

$=42u\cos\theta\overrightarrow{i}+8u\sin\theta\overrightarrow{j}-4u\overrightarrow{k}$

19.～28.題，求曲面某點上的切平面與垂直線（可用梯度的方式找出曲面的法向量）。

19.$2x+3y-5z=5;\ (1,1,0)$

解: 令 $\phi(x,y,z)=2x+3y-5z-5=0$

則 $\overrightarrow{M}=\nabla\phi=2\overrightarrow{i}+3\overrightarrow{j}-5\overrightarrow{k}$

$\overrightarrow{M}(1,1,0)=2\overrightarrow{i}+3\overrightarrow{j}-5\overrightarrow{k}$

$\therefore$切平面 $\Rightarrow 2(x-1)+3(y-1)-5(z-0)=0$

$\Rightarrow 2x+3y-5z-5=0$

垂直線 $\Rightarrow \dfrac{x-1}{2}=\dfrac{y-1}{3}=\dfrac{z}{-5}$

20.$4x^2+4y^2-z^2=0;\ (0,1,2)$

解: 令 $\phi(x,y,z)=4x^2+4y^2-z^2=0$

則 $\overrightarrow{M}=\nabla\phi=8x\overrightarrow{i}+8y\overrightarrow{j}-2z\overrightarrow{k}$

$\overrightarrow{M}(0,1,2)=8\overrightarrow{i}-4\overrightarrow{k}$

$\therefore$切平面 $\Rightarrow 8(y-1)-4(z-2)=0$

$\Rightarrow 8y - 4z = 0$

垂直線 $\Rightarrow \dfrac{x}{0} = \dfrac{y-1}{8} = \dfrac{z-2}{-4}$

21.$2x^2 + 2y^2 - z = 1$;　$(1, 0, 1)$

解：令 $\phi(x, y, z) = 2x^2 + 2y^2 - z - 1 = 0$

則 $\overrightarrow{M} = \nabla\phi = 4x\overrightarrow{i} + 4y\overrightarrow{j} - \overrightarrow{k}$

$\overrightarrow{M}(1, 0, 1) = 4\overrightarrow{i} - \overrightarrow{k}$

∴切平面 $\Rightarrow 4(x-1) - (z-1) = 0$

$\Rightarrow 4x - z - 3 = 0$

垂直線 $\Rightarrow \dfrac{x-1}{4} = \dfrac{y}{0} = \dfrac{z-1}{-1}$

22.$z = xy$;　$(1, 1, 1)$

解：令 $\phi(x, y, z) = xy - z = 0$

則 $\overrightarrow{M} = \nabla\phi = y\overrightarrow{i} + x\overrightarrow{j} - \overrightarrow{k}$

$\overrightarrow{M}(1, 1, 1) = \overrightarrow{i} - \overrightarrow{j} - \overrightarrow{k}$

∴切平面 $\Rightarrow (x-1) + (y-1) - (z-1) = 0$

$\Rightarrow x + y - z - 1 = 0$

垂直線 $\Rightarrow \dfrac{x-1}{1} = \dfrac{y-1}{1} = \dfrac{z-1}{-1}$

23.$y^2 + z^2 = 1$;　$(1, 0, 1)$

解：令 $\phi(x, y, z) = y^2 + z^2 - 1 = 0$

則 $\overrightarrow{M} = \nabla\phi = 2y\overrightarrow{j} + 2z\overrightarrow{k}$

$\overrightarrow{M}(1, 0, 1) = 2\overrightarrow{k}$

∴切平面 $\Rightarrow 2(z-1) = 0$

$$\Rightarrow z-1=0$$

$$垂直線 \Rightarrow \frac{x-1}{0}=\frac{y}{0}=\frac{z-1}{2}$$

24.$4z=x^2-y^2$; $(3,1,2)$

解: 令$\phi(x,y,z)=x^2-y^2-4z=0$

則$\overrightarrow{M}=\overrightarrow{\nabla}\phi=2x\overrightarrow{i}-2y\overrightarrow{j}-4\overrightarrow{k}$

$\overrightarrow{M}(3,1,2)=6\overrightarrow{i}-2\overrightarrow{j}-4\overrightarrow{k}$

$\therefore$切平面 $\Rightarrow 6(x-3)-2(y-1)-4(z-2)=0$

$\Rightarrow 3x-y-2z-5=0$

$$垂直線 \Rightarrow \frac{x-3}{6}=\frac{y-1}{-2}=\frac{z-2}{-4}$$

25.$z^2=x^2+y^2$; $(1,0,1)$

解: 令$\phi(x,y,z)=x^2+y^2-z^2=0$

則$\overrightarrow{M}=\overrightarrow{\nabla}\phi=2x\overrightarrow{i}+2y\overrightarrow{j}-2z\overrightarrow{k}$

$\overrightarrow{M}(1,0,1)=2\overrightarrow{i}-2\overrightarrow{k}$

$\therefore$切平面 $\Rightarrow 2(x-1)-2(z-1)=0$

$\Rightarrow x-z=0$

$$垂直線 \Rightarrow \frac{x-1}{2}=\frac{y}{0}=\frac{z-1}{-2}$$

26.$x=yz$; $(6,2,3)$

解: 令$\phi(x,y,z)=x-yz=0$

則$\overrightarrow{M}=\overrightarrow{\nabla}\phi=\overrightarrow{i}-z\overrightarrow{j}-y\overrightarrow{k}=0$

$\overrightarrow{M}(6,2,3)=\overrightarrow{i}-3\overrightarrow{j}-2\overrightarrow{k}$

$$\therefore \text{切平面} \Rightarrow (x-6)-3(y-2)-2(z-3)=0$$
$$\Rightarrow x-3y-2z+6=0$$
$$\text{垂直線} \Rightarrow \frac{x-6}{1}=\frac{y-2}{-3}=\frac{z-3}{-2}$$

27.$x^2+y^2+z^2=6$; $(1,2,1)$

解: 令$\phi(x,y,z)=x^2+y^2+z^2-6=0$

則$\overrightarrow{M}=\overrightarrow{\nabla}\phi=2x\overrightarrow{i}+2y\overrightarrow{j}-2z\overrightarrow{k}$

$$\overrightarrow{M}(1,2,1)=2\overrightarrow{i}+4\overrightarrow{j}+2\overrightarrow{k}$$
$$\therefore \text{切平面} \Rightarrow 2(x-1)+4(y-2)+2(z-1)=0$$
$$\Rightarrow x+2y+z-6=0$$
$$\text{垂直線} \Rightarrow \frac{x-1}{2}=\frac{y-2}{4}=\frac{z-1}{2}$$

28.$3x^2+2y^2+z^2=4$; $(1,0,1)$

解: 令$\phi(x,y,z)=3x^2+2y^2+z^2-4=0$

則$\overrightarrow{M}=\overrightarrow{\nabla}\phi=6x\overrightarrow{i}+4y\overrightarrow{j}+2z\overrightarrow{k}$

$$\overrightarrow{M}(1,0,1)=6\overrightarrow{i}+2\overrightarrow{k}$$
$$\therefore \text{切平面} \Rightarrow 6(x-1)+2(z-1)=0$$
$$\Rightarrow 3x+z-4=0$$
$$\text{垂直線} \Rightarrow \frac{x-1}{6}=\frac{y}{0}=\frac{z-1}{2}$$

29.～44.題，求面積分 $\iint_S \overrightarrow{F}\cdot d\overrightarrow{A}$。

29.$\overrightarrow{F}=\langle x,y,0\rangle$, $S: z=2x+3y$, $x\in[0,2]$, $|y|\le 1$

解:

$$\overrightarrow{r}=u\overrightarrow{i}+v\overrightarrow{j}+(2u+3v)\overrightarrow{k}$$
$$\overrightarrow{N}=\overrightarrow{r}_u\times\overrightarrow{r}_v=(\overrightarrow{i}+2\overrightarrow{k})\times(\overrightarrow{j}+3\overrightarrow{k})=-2\overrightarrow{i}-3\overrightarrow{j}+\overrightarrow{k}$$

$$\iint_S \vec{F}\cdot\vec{n}\,dA = \iint_R \vec{F}\cdot\vec{N}\,dudv = \iint_R (-2u-3v)dudv$$

$$= \int_{-1}^{1}\int_{0}^{2}(-2u-3v)dudv = \int_{-1}^{1}(-4-6v)dv = -8$$

30. $\vec{F} = \langle x, y, -z\rangle$, $S:$平面 $x+2y+z=8$ 在第一象限

解: $$\iint_\Sigma \vec{F}\cdot\vec{N}\,d\sigma = \iint_C \vec{F}\cdot\frac{\vec{\nabla}\phi}{\vec{\nabla}\phi\cdot\vec{k}}d\vec{A}$$

ϕ 表 $x+2y+z-8=0$ 之平面

$\vec{\nabla}\phi \perp \sum \quad \therefore \dfrac{\vec{\nabla}\phi}{\|\vec{\nabla}\phi\|}$ 為 $\vec{N}$

$$\iint_\Sigma \vec{F}\cdot\vec{N}\,d\sigma = \iint_C \vec{F}\cdot\frac{\vec{\nabla}\phi}{\vec{\nabla}\phi\cdot\vec{k}}d\vec{A}$$

$$= \iint_C (x\vec{i}+y\vec{j}-z\vec{k})\cdot\frac{\vec{i}+2\vec{j}+\vec{k}}{1}dxdy$$

$$= \iint_C (x+2y-z)dxdy = \int_0^4\int_0^{8-2y}(2x+4y-8)dxdy$$

$$= \int_0^4(-4y^2+16y)dy = \frac{-4}{3}y^3+8y^2\Big|_0^4 = 128-\frac{256}{3} = \frac{128}{3}$$

31. $\vec{F} = \langle e^y, -e^z, e^x\rangle$, $S: x^2+y^2=4,\ x\ge 0,\ y\ge 0,\ z\in[0,2]$

解: $\vec{F} = e^y\vec{i} - e^x\vec{j} + e^x\vec{k}$

$S: x^2+y^2=4,\ x\ge 0,\ y\ge 0,\ 0\le z\le 2$

$\vec{r} = 2\cos u\,\vec{i} + 2\sin u\,\vec{j} + v\,\vec{k}$

$\vec{N} = \vec{r}_u \times \vec{r}_v = (-2\sin u\,\vec{i} + 2\cos u\,\vec{j}) \times \vec{k}$

$$= 2\cos u \overrightarrow{i} + 2\sin u \overrightarrow{j}$$

$$\iint_S \overrightarrow{F}\cdot\overrightarrow{n}\,dA = \iint_R \overrightarrow{F}\cdot\overrightarrow{N}\,dudv$$

$$= \iint_R (2\cos u e^{2\sin u} - 2\sin u e^{v})dvdu$$

$$= \int_0^{\frac{\pi}{2}}\int_0^2 (2\cos u e^{2\sin u} - 2e^{v}\sin u)dvdu$$

$$= \int_0^{\frac{\pi}{2}} [4\cos u e^{2\sin u} - 2(e^2-1)\sin u]du$$

$$= [2e^{2\sin u} + 2(e^2-1)\cos u]\Big|_0^{\frac{\pi}{2}} = 0$$

32. $\overrightarrow{F} = \langle x, y, z\rangle$，$S: x^2+y^2+z^2=4$ 在 $z=1$ 和 $z=2$ 平面之間

解：令 $g = x^2+y^2+z^2-4$

$$\overrightarrow{n} = \frac{\overrightarrow{\nabla} g}{\|\overrightarrow{\nabla} g\|} = \frac{2x\overrightarrow{i}+2y\overrightarrow{j}+2z\overrightarrow{k}}{2\sqrt{x^2+y^2+z^2}} = \frac{x\overrightarrow{i}+y\overrightarrow{j}+z\overrightarrow{k}}{2}$$

$$d\overrightarrow{A} = \frac{dxdy}{|\overrightarrow{n}\cdot\overrightarrow{k}|} = \frac{dxdy}{z/2}$$

$$\therefore \quad \iint_S \overrightarrow{F}\cdot\overrightarrow{n}\,dA = \iint_S (x\overrightarrow{i}+y\overrightarrow{j}+z\overrightarrow{k})\cdot\frac{x\overrightarrow{i}+y\overrightarrow{j}+z\overrightarrow{k}}{2}dA$$

$$= 2\iint_S \frac{dxdy}{\frac{z}{2}} = 4\iint_R \frac{dxdy}{\sqrt{4-x^2-y^2}}$$

$$= 4\int_0^{2\pi}\int_0^{\sqrt{3}} \frac{rdrd\theta}{\sqrt{4-r^2}} = 8\pi$$

$(1 \le z \le 2,\ \therefore 0 \le x^2+y^2 \le 3 \Rightarrow 0 \le r \le 3)$

33. $\overrightarrow{F} = \langle \cosh(yz), 0, y^4 \rangle$, $S: y^2 + z^2 = 1$, $|x| \le 5$, $z \ge 0$

解: $\overrightarrow{r} = u\overrightarrow{i} + \cos v\overrightarrow{j} + \sin v\overrightarrow{k}$

$$\overrightarrow{N} = \overrightarrow{r_u} \times \overrightarrow{r_v} = \overrightarrow{i} \times (-\sin v\overrightarrow{j} + \cos v\overrightarrow{k}) = -\cos v\overrightarrow{j} - \sin v\overrightarrow{k}$$

$$\iint_S \overrightarrow{F} \cdot \overrightarrow{n}\, dA = \iint_R \overrightarrow{F} \cdot \overrightarrow{N}\, dudv = \iint_R -\sin v \cdot \sin^4 v\, dudv$$

$$= \int_0^{\pi} \int_{-5}^{5} -\sin^5 v\, dudv = \int_0^{\pi} -10\sin^5 v\, dv$$

$$= 10\int_0^{\pi} (1 - \cos^2 v)^2 d\cos v = -\frac{32}{3}$$

34. $\overrightarrow{F} = \langle y, 2x, -z \rangle$, $S: 2x + y = 6$ 平面在第一象限且被 $z = 4$ 平面切去上面部份。

解: 令 $x = u$, $y = 6 - 2u$, $z = v$

$$0 \le x = u \le 3,\ 0 \le z = v \le 4$$

$$\overrightarrow{r} = u\overrightarrow{i} + (6 - 2u)\overrightarrow{j} + v\overrightarrow{k}$$

$$\overrightarrow{N} = \overrightarrow{r_u} \times \overrightarrow{r_v} = 2\overrightarrow{i} + \overrightarrow{j}$$

$$\iint_S \overrightarrow{F} \cdot d\overrightarrow{r} = \iint_R \overrightarrow{F} \cdot \overrightarrow{N}\, dudv = \int_0^3 \int_0^4 [2(6 - 2u) + 2u] dv\, du$$

$$= 108$$

35. $\overrightarrow{F} = \langle z^2, 0, -z^2 \rangle$, $S: \overrightarrow{r} = \langle u\cos\theta,\ u\sin\theta, u \rangle$, $u \in [0, 5]$

解: $\overrightarrow{F} = z^2(\overrightarrow{i} - \overrightarrow{k})$

$S: \overrightarrow{r} = u\cos\theta\overrightarrow{i} + u\sin\theta\overrightarrow{j} + u\overrightarrow{k}$, $0 \le u \le 5$

$$\overrightarrow{N} = \overrightarrow{r_u} \times \overrightarrow{r_v} = -u\cos\theta\overrightarrow{i} - u\sin\theta\overrightarrow{j} + u\overrightarrow{k}$$

$$\iint_S \overrightarrow{F}\cdot\overrightarrow{n}\,dA=\iint_R \overrightarrow{F}\cdot\overrightarrow{N}\,dud\theta=\int_0^{2\pi}\int_0^5 u^2(-u\cos\theta-u)dud\theta$$

$$=\int_0^{2\pi}-\frac{u^4}{4}(\cos\theta+1)\Big|_0^5 d\theta=-\frac{625\pi}{2}$$

36. $\overrightarrow{F}=\langle x+y^2,-2x,2y\rangle$，$S:2x+y+2z=6$ 在第一象限

解：令 $x=3-u-v$，$y=2u$，$z=v$

$0\le u\le 3$，$0\le v\le 3$

$\overrightarrow{r}=(3-u-v)\overrightarrow{i}+2u\overrightarrow{j}+v\overrightarrow{k}$

$\overrightarrow{N}=\nabla g=2\overrightarrow{i}+\overrightarrow{j}+2\overrightarrow{k}$

$$\therefore\iint_S \overrightarrow{F}\cdot d\overrightarrow{A}=\iint_R \overrightarrow{F}\cdot\overrightarrow{N}\,dudv$$

$$=\int_0^3\int_0^3 [2[(3-u-v)+4u^2]-2(3-u-v)+4(2u)]\,dudv$$

$$=\int_0^3\int_0^3 8(u^2+u)dvdu$$

$$=24\left(\frac{1}{3}u^3+\frac{1}{2}u^2\right)\Big|_0^3=324$$

37. $\overrightarrow{F}=\langle y^3,x^3,z^3\rangle$，$S:x^2+4y^2=4$，$x\ge 0$，$y\ge 0$，$z\in[0,2]$

解：$\overrightarrow{F}=y^3\overrightarrow{i}+x^3\overrightarrow{j}+z^3\overrightarrow{k}$

$S:x^2+4y^2=4$，$x\ge 0$，$y\ge 0$，$0\le z\le h$

令 $x=2\cos u$，$y=\sin u$，$z=v\Rightarrow 0\le u\le\frac{\pi}{2}$，$0\le v\le h$

$\overrightarrow{r}=2\cos u\,\overrightarrow{i}+\sin u\,\overrightarrow{j}+v\,\overrightarrow{k}$

$\overrightarrow{r_u}=-2\sin u\,\overrightarrow{i}+\cos u\,\overrightarrow{j}$，$\overrightarrow{r_v}=\overrightarrow{k}$

$\overrightarrow{N}=\overrightarrow{r_u}\times\overrightarrow{r_v}=2\sin u\,\overrightarrow{j}+\cos u\,\overrightarrow{i}$

$$\overrightarrow{F} = \sin^3 u \overrightarrow{i} + 8\cos^3 u \overrightarrow{j} + v^3 \overrightarrow{k}$$

$$\overrightarrow{F} \cdot \overrightarrow{N} = \sin^3 u \cos u + 16\cos^3 u \sin u$$

$$\Rightarrow \iint_S \overrightarrow{F} \cdot \overrightarrow{n}\, dA = \iint_R \overrightarrow{F} \cdot \overrightarrow{N}\, dudv$$

$$= \int_0^h \int_0^{\frac{\pi}{2}} (\sin^3 u \cos u + 16\cos^3 u \sin u) dudv$$

$$= \int_0^h \left[\frac{1}{4}\sin^4 u - 4\cos^4 u\right]_0^{\frac{\pi}{2}} dv = \int_0^h \left(4 + \frac{1}{4}\right) dv$$

$$= \left(4 + \frac{1}{4}\right) h = \frac{17}{4} h = \frac{17}{4} \times 2 = \frac{17}{2}$$

38. $\overrightarrow{F} = \langle 6z, 2x+y, -x\rangle$, $S: x^2+z^2=9$ 且被四平面 $x=0$、$y=0$、$y=8$、$z=0$ 包圍的區間。

解: $\overrightarrow{r} = 3\cos\theta \overrightarrow{i} + u \overrightarrow{j} + 3\sin\theta \overrightarrow{k}$

$$\overrightarrow{N} = \overrightarrow{r_u} \times \overrightarrow{r_\theta} = \overrightarrow{j} \times (-3\sin\theta \overrightarrow{i} + 3\cos\theta \overrightarrow{k}) = 3\sin\theta \overrightarrow{k} + 3\cos\theta \overrightarrow{i}$$

$$\iint_S \overrightarrow{F} \cdot \overrightarrow{n}\, dA = \iint_R \overrightarrow{F} \cdot \overrightarrow{N}\, dud\theta$$

$$= \int_0^{\frac{\pi}{2}} \int_0^8 6(3\sin\theta)(3\cos\theta) - 3\cos\theta(3\sin\theta) d\theta du$$

$$= \int_0^8 \int_0^{\frac{\pi}{2}} \frac{45}{2}\sin 2\theta \cdot d\theta du = \int_0^8 -\frac{45}{4}\cos 2\theta \Big|_0^{\frac{\pi}{2}} du$$

$$= -\int_0^8 \frac{45}{4}(-1-1)du = -\frac{45}{4} \cdot (-2) \cdot 8 = 180$$

39. $\overrightarrow{F} = \langle \tan xy, x^2 y, -z\rangle$, $S: 4y^2 + z^2 = 4$, $x \in [1, 4]$

解: $\overrightarrow{F} = \tan xy \overrightarrow{i} + x^2 y \overrightarrow{j} - z \overrightarrow{k}$

$S: 4y^2 + z^2 = 4$, $1 \le x \le 4$

$$\overrightarrow{r}=u\overrightarrow{i}+\cos v\overrightarrow{j}+2\sin v\overrightarrow{k}$$

$$\overrightarrow{N}=\overrightarrow{r}_u\times\overrightarrow{r}_v=\overrightarrow{i}\times(-\sin v\overrightarrow{j}+2\cos v\overrightarrow{k})$$

$$=-2\cos v\overrightarrow{j}-\sin v\overrightarrow{k}$$

$$\iint_S\overrightarrow{F}\cdot\overrightarrow{n}\,dA=\iint_R\overrightarrow{F}\cdot\overrightarrow{N}\,dudv$$

$$=\int_0^{2\pi}\int_1^4(-2u^2\cos^2 v+2\sin^2 v)dudv$$

$$=\int_0^{2\pi}(-42\cos^2 v+6\sin^2 v)dv$$

$$=6v-48\left(\frac{v}{2}+\frac{\sin 2v}{4}\right)\Big|_0^{2\pi}=-36\pi$$

40. $\overrightarrow{F}=\langle 2y,-z,x^2\rangle$, $S:y^2=8x$ 在第一象限且被平面 $y=4$ 和 $z=6$ 包圍住的區間。

解:

$$\overrightarrow{r}=\frac{1}{8}t^2\overrightarrow{i}+t\overrightarrow{j}+u\overrightarrow{k}$$

$$\overrightarrow{N}=\overrightarrow{r_t}\times\overrightarrow{r_u}=\left(\frac{1}{4}t\overrightarrow{i}+\overrightarrow{j}\right)\times(\overrightarrow{k})=-\frac{1}{4}t\overrightarrow{j}+\overrightarrow{i}$$

$$\iint_S\overrightarrow{F}\cdot\overrightarrow{n}\,ds=\iint_R\overrightarrow{F}\cdot\overrightarrow{N}\,dtdu$$

$$=\int_0^6\int_0^4\left(2t+\frac{1}{4}tu\right)dtdu$$

$$=\int_0^6\left(t^2+\frac{1}{8}ut^2\Big|_0^4\right)du$$

$$=\int_0^6(16+2u)du=16\times 6+6^2=132$$

41. $\overrightarrow{F}=\langle 2,2x^2,2xyz\rangle$, $S:z=xy$, $0\le x\le y$, $y\in[0,1]$

解: $\overrightarrow{F} = \overrightarrow{i} + x^2\overrightarrow{j} + xyz\overrightarrow{k}$

$S: z = xy,\ 0 \le x \le y,\ 0 \le y \le 1$

令 $x = u,\ y = v,\ z = uv \Rightarrow 0 \le u \le v,\ 0 \le v \le 1$

$\overrightarrow{r} = u\overrightarrow{i} + v\overrightarrow{j} + uv\overrightarrow{k}$

$\overrightarrow{r_u} = \overrightarrow{i} + v\overrightarrow{k},\ \overrightarrow{r_v} = \overrightarrow{j} + u\overrightarrow{k}$

$\overrightarrow{N} = \overrightarrow{r_u} \times \overrightarrow{r_v} = \overrightarrow{k} - u\overrightarrow{j} - u\overrightarrow{i}$

$\overrightarrow{F} = \overrightarrow{i} + u^2\overrightarrow{j} + u^2v^2\overrightarrow{k}$

$\Rightarrow \overrightarrow{F} \cdot \overrightarrow{N} = -v - u^3 + u^2v^2$

$$\Rightarrow \iint_S \overrightarrow{F} \cdot \overrightarrow{n}\,dA = \iint_R \overrightarrow{F} \cdot \overrightarrow{N}\,dudv = \int_0^1 \int_0^v (-v - u^3 + u^2v^2)dudv$$

$$= \int_0^1 \left[-uv - \frac{1}{4}u^4 + \frac{1}{3}u^3v^2\right]\Big|_0^v dv$$

$$= \int_0^1 \left(-v^2 - \frac{1}{4}v^4 + \frac{1}{3}v^5\right) dv$$

$$= \left[-\frac{1}{3}v^3 - \frac{1}{20}v^5 + \frac{1}{18}v^6\right]\Big|_0^1 = -\frac{59}{180}$$

42. $\overrightarrow{F} = \langle \frac{1}{2}z, -\frac{1}{2}xz, \frac{1}{2}y \rangle,\ S: x^2 + 9y^2 + 4z^2 = 36,\ x \ge 0,\ y \ge 0,\ z \ge 0$

解: $\overrightarrow{F} = z\overrightarrow{i} - xz\overrightarrow{j} + y\overrightarrow{k}$

$S: x^2 + 9y^2 + 4z^2 = 36,\ x \ge 0,\ y \ge 0,\ z \ge 0$

$\overrightarrow{r} = 6\cos v\cos u\overrightarrow{i} + 2\cos v\sin u\overrightarrow{j} + 3\sin v\overrightarrow{k}$

$\overrightarrow{N} = \overrightarrow{r}_u \times \overrightarrow{r}_v = 6\cos^2 v\cos u\overrightarrow{i} + 18\cos^2 v\sin u\overrightarrow{j} +$

$12\sin v\cos v\overrightarrow{k}$

$$\iint_S \overrightarrow{F} \cdot \overrightarrow{n}\,dA = \iint_R \overrightarrow{F} \cdot \overrightarrow{N}\,dudv$$

$$= \int_0^{\frac{\pi}{2}} \int_0^{2\pi} (18\cos^2 v \sin v \cos u - 256\cos^3 v \sin v \cos u \sin u +$$

$$24\cos^2 v \sin v \sin u) du dv$$

$$= \int_0^{\frac{\pi}{2}} (18\cos^2 v \sin v - 128\cos^3 v \sin v + 24\cos^2 v \sin v) dv$$

$$= (-6\cos^3 v + 32\cos^4 v - 8\cos^3 v)\Big|_0^{\frac{\pi}{2}} = 6 - 32 + 8 = -18$$

43. $\overrightarrow{F} = \langle 3\cosh x, 0, 3\sinh y\rangle$, $S: z = x + y^2$, $0 \le y \le x$, $x \in [0,1]$

解: $\overrightarrow{F} = \cosh x\,\overrightarrow{i} + \sinh y\,\overrightarrow{k}$

$S: z = x + y^2,\ 0 \le y \le x,\ 0 \le x \le 1$

$$\overrightarrow{r} = x\overrightarrow{i} + y\overrightarrow{j} + (x + y^2)\overrightarrow{k}$$

$$\overrightarrow{r_x} = \overrightarrow{i} + \overrightarrow{k},\ \overrightarrow{r_y} = \overrightarrow{j} + 2y\overrightarrow{k}$$

$$\overrightarrow{N} = \overrightarrow{r_x} + \overrightarrow{r_y} = \overrightarrow{k} - 2y\overrightarrow{j} - \overrightarrow{i}$$

$$\overrightarrow{F} \cdot \overrightarrow{N} = -\cosh x + \sinh y$$

$$\Rightarrow \iint_S \overrightarrow{F} \cdot \overrightarrow{n}\, dA = \iint_R \overrightarrow{F} \cdot \overrightarrow{N}\, dxdy = \int_0^1 \int_0^x (-\cosh x - \sinh y) dy dx$$

$$= \int_0^1 [-y\cosh x + \cosh y]\Big|_0^x dx$$

$$= \int_0^1 (-x\cosh x + \cosh x - 1) dx$$

$$= (-x\sinh x + \cosh x + \sinh x - x)\Big|_0^1$$

$$= -\sinh 1 + \cosh 1 + \sinh 1 - 1 - 1 = \cosh 1 - 2$$

44. $\overrightarrow{F} = \langle xy, \frac{1}{2}x^2, 0\rangle$, $S: \overrightarrow{r} = \langle \cosh u, \sinh u, v\rangle$, $u \in [0,2]$, $|v| \le 3$

解: $\overrightarrow{F} = 2xy\,\overrightarrow{i} + x^2\,\overrightarrow{j}$

$S:\overrightarrow{r}=\cosh u\overrightarrow{i}+\sinh u\overrightarrow{j}+v\overrightarrow{k} \quad 0\le u\le 2,\ -3\le v\le 3$

$x=\cosh u,\ y=\sinh u,\ z=v$

$$\overrightarrow{r}=\cosh u\overrightarrow{i}+\sinh u\overrightarrow{j}+v\overrightarrow{k}$$

$$\overrightarrow{r_u}=\sinh u\overrightarrow{i}+\cosh u\overrightarrow{j},\ \overrightarrow{r_v}=\overrightarrow{k}$$

$$\overrightarrow{N}=\overrightarrow{r_u}\times\overrightarrow{r_v}=-\sinh u\overrightarrow{j}+\cosh u\overrightarrow{i}$$

$$\overrightarrow{F}=2\cosh u\sinh u\overrightarrow{i}+\cosh^2 u\overrightarrow{j}$$

$$\overrightarrow{F}\cdot\overrightarrow{N}=-\cosh^2 u\sinh u+2\cosh^2 u\sinh u=\cosh^2 u\sinh u$$

$$\Rightarrow \iint_S \overrightarrow{F}\cdot\overrightarrow{n}\,dA=\iint_R \overrightarrow{F}\cdot\overrightarrow{N}\,dudv=\int_{-3}^{3}\int_0^2\cosh^2 u\sinh u\,dudv$$

$$=\int_{-3}^{3}\left[\frac{1}{3}\cosh^3 u\right]_0^2 dv$$

$$=\int_{-3}^{3}\left(\frac{1}{3}\cosh^3 2-\frac{1}{3}\cosh^3 0\right)dv=2\cosh^3 2-2$$

45.～54.題，求 $\iint_S \phi dA$。

45.$\phi=2x,\ S:x+4y+z=10$ 在第一象限

解：$z=10-x-4y,\ R:0\le x\le 10,\ \frac{1}{4}(10-x)\le y\le\frac{5}{2}$

$$\frac{\partial z}{\partial x}=-1,\ \frac{\partial z}{\partial y}=-4$$

$$\iint_S \phi dA=\iint_R 2x\sqrt{1+\left(\frac{\partial z}{\partial x}\right)^2+\left(\frac{\partial z}{\partial y}\right)^2}\,dxdy$$

$$=\int_0^{10}\int_{\frac{1}{4}(10-x)}^{\frac{5}{2}}2x\cdot\sqrt{18}\,dydx$$

$$=6\sqrt{2}\int_0^{10}x\left(\frac{5}{2}-\frac{5}{2}+\frac{1}{4}x\right)dx$$

$$=6\sqrt{2}\cdot\frac{1}{12}x^3\Big|_0^{10}=500\sqrt{2}$$

46.$\phi = x + y + z$, $S : z = x + y$, $0 \le y \le x$, $x \in [0, 1]$

解: $\phi = (x + y + z)$

$S : z = x + y$, $0 \le y \le x$, $x \in [0, 1]$

$f = z = x + y \Rightarrow \dfrac{\partial f}{\partial x} = \dfrac{\partial f}{\partial y} = 1$

$$\iint_S \phi(r)dA = \iint_{R^*} \phi[x, y, f(x, y)]\sqrt{1 + \left(\frac{\partial f}{\partial x}\right)^2 + \left(\frac{\partial f}{\partial y}\right)^2}dxdy$$

$$= \int_0^1 \int_0^x (x + y + x + y)\sqrt{3}dydx$$

$$= \int_0^1 \sqrt{3}(2xy + y^2)\Big|_0^x dx = \int_0^1 3\sqrt{3}x^2 dx = \sqrt{3}$$

47.$\phi = \sqrt{x^2 + y^2}$, S : 在 $z = 0$ 平面上被 $x^2 + y^2 = 36$ 包圍的區域。

解: 令 $\begin{cases} x = r\cos\theta \\ y = r\sin\theta \end{cases}$ $\quad R : \begin{cases} \theta : [0, 2\pi] \\ r : [0, 6] \end{cases}$

$$\therefore \iint_S \phi dA = \int_0^{2\pi}\int_0^6 \sqrt{r^2} r dr d\theta = \int_0^{2\pi} \left[\frac{1}{3}r^3\Big|_0^6\right] d\theta$$

$$= 72 \cdot 2\pi = 144\pi$$

48.$\phi = xe^y + x^2z^2$, $S : x^2 + y^2 = b^2$, $y \ge 0$, $z \in [0, h]$

解: $\vec{r} = b\cos\theta\,\vec{i} + b\sin\theta\,\vec{j} + z\,\vec{k}$

$$\vec{N} = \vec{r}_\theta \times \vec{r}_z = (-b\sin\theta\,\vec{i} + b\cos\theta\,\vec{j}) \times \vec{k}$$

$$= b\sin\theta\,\vec{j} + b\cos\theta\,\vec{i}$$

$$\iint_S \phi dA = \iint_{R^*} \phi \|\vec{N}\| d\theta dz$$

$$=\int_0^h\int_0^\pi (b\cos\theta e^{b\sin\theta}+b^2\cos^2\theta z^2)bd\theta dz$$

$$=\int_0^h b\left[e^{b\sin\theta}+b^2z^2\left(\frac{\theta}{2}+\frac{\sin 2\theta}{4}\right)\right]\Bigg|_0^\pi dz$$

$$=\int_0^h \frac{\pi}{2}b^3z^2dz=\frac{1}{6}\pi b^3h^3$$

49.$\phi=2xyz,\ S: z=x+y$ 平面中由頂點 $(0,0),(1,0),(0,1),(1,1)$ 所框住的區域。

解:

$$\overrightarrow{r}=u\overrightarrow{i}+v\overrightarrow{j}+(u+v)\overrightarrow{k}$$

$$\overrightarrow{N}=\overrightarrow{r_u}\times\overrightarrow{r_v}=(\overrightarrow{i}+\overrightarrow{k})\times(\overrightarrow{j}+\overrightarrow{k})=-\overrightarrow{i}-\overrightarrow{j}+\overrightarrow{k}$$

$$\|\overrightarrow{N}\|=\sqrt{3}$$

$$\therefore \iint\limits_S \phi dA=\int_0^1\int_0^1 2uv(u+v)\sqrt{3}dudv$$

$$=\int_0^1\int_0^1 2\sqrt{3}vu^2+2\sqrt{3}v^2ududv$$

$$=2\sqrt{3}\int_0^1\left(v\frac{1}{3}u^3+v^2\frac{1}{2}u^2\right)\Bigg|_0^1 dv$$

$$=2\sqrt{3}\int_0^1\left(\frac{1}{3}v+\frac{1}{2}v^2\right)dv$$

$$=2\sqrt{3}\left(\frac{1}{6}+\frac{1}{6}\right)=\frac{2}{3}\sqrt{3}$$

50.$\phi=e^{x^2+y^2}+x^2-z,\ S: \overrightarrow{r}=\langle u\cos\theta, u\sin\theta, au\rangle,\ u\in[0,1]$

解:

$$\overrightarrow{N}=\overrightarrow{r_u}\times\overrightarrow{r_\theta}$$

$$=(\cos\theta\overrightarrow{i}+\sin\theta\overrightarrow{j}+a\overrightarrow{k})\times(-u\sin\theta\overrightarrow{i}+u\cos\theta\overrightarrow{j})$$

$$=-au\cos\theta\overrightarrow{i}-au\sin\theta\overrightarrow{j}+u\overrightarrow{k}$$

$$\iint_S \phi dA = \iint_{R^*} \phi \|\overrightarrow{N}\| du d\theta$$

$$= \iint_{R^*} (e^{u^2} + u^2\cos^2\theta - au)\sqrt{a^2u^2+u^2}\, du d\theta$$

51.$\phi = 3z,\ \ S: z = x - y,\ \ x \in [0,1],\ \ y \in [0,5]$

解:
$$\iint_\Sigma 3z d\sigma = \iint_S 3(x-y)\cdot\sqrt{1+1^2+(-1)^2}dA = 3\sqrt{3}\iint_D (x-y)dA$$

$$= 3\sqrt{3}\int_0^1\int_0^5 (x-y)dydx = 3\sqrt{3}\int_0^1 \left(5x - \frac{25}{2}\right)dx$$

$$= -30\sqrt{3}$$

52.$\phi = 9x^3\sin y,\ \ S: \overrightarrow{r} = \langle u, v, u^3\rangle,\ \ u \in [0,1],\ \ v \in [0,\pi]$

解: $\phi = 9x^3\sin y,\ \ S: \overrightarrow{r} = u\overrightarrow{i} + v\overrightarrow{j} + u^3\overrightarrow{k},\ \ 0 \le u \le 1,\ \ 0 \le v \le \pi$

$$\overrightarrow{N} = \overrightarrow{r}_u \times \overrightarrow{r}_v = (\overrightarrow{i} + 3u^2\overrightarrow{k}) \times \overrightarrow{j} = k - 3u^2\overrightarrow{i}$$

$$\iint_S \phi dA = \iint_{R^*} \phi\|\overrightarrow{N}\| dudv$$

$$= \int_0^\pi\int_0^1 9u^3\sin v\sqrt{1+9u^4}dudv$$

$$= \int_0^\pi \frac{\sin v}{6}(1+9u^4)^{\frac{3}{2}}\Big|_0^1 dv$$

$$= \int_0^\pi \frac{\sin v}{6}(10^{\frac{3}{2}} - 1)dv = \frac{1}{3}(10^{\frac{3}{2}} - 1)$$

53.$\phi = 2z^2,\ \ S: x = y + z,\ \ y \in [0,1],\ \ z \in [0,4]$

解: $\iint_S 2z^2 d\sigma,\ S: x=y+z,\ 0\le y\le 1,\ 0\le z\le 4$

$$\iint_S 2z^2 d\sigma = \iint_S 2z^2\sqrt{1+(1)^2+(1)^2}\,dA$$

$$=2\sqrt{3}\int_0^4\int_0^1 z^2\cdot dydz = 2\sqrt{3}\cdot \left.\frac{z^3}{3}\right|_0^4 = \frac{128\sqrt{3}}{3}$$

54.$\phi = 2\tan^{-1}\left(\frac{y}{x}\right),\ S: z=x^2+y^2,\ z\in[0,4],\ x\ge 0,\ y\ge 0$

解: $\phi = \tan^{-1}\left(\frac{y}{x}\right),\ S: z=x^2+y^2,\ 1\le z\le 4,\ x\ge 0,\ y\ge 0$

$$\overrightarrow{r} = u\cos v\,\overrightarrow{i} + u\sin v\,\overrightarrow{j} + u^2\,\overrightarrow{k} \Rightarrow 1\le u\le 2,\ 0\le v\le 2\pi$$

$$\overrightarrow{r}_u = \cos v\,\overrightarrow{i} + \sin v\,\overrightarrow{j} + 2u\,\overrightarrow{k}$$

$$\overrightarrow{r}_v = -u\sin v\,\overrightarrow{i} + u\cos v\,\overrightarrow{j}$$

$$\|\overrightarrow{r}_u\times\overrightarrow{r}_v\| = \|-2u^2\cos v\,\overrightarrow{i} - 2u^2\sin v\,\overrightarrow{j} + u\,\overrightarrow{k}\| = u\sqrt{4u^2+1}$$

$$\iint_S \phi dA = \int_0^{2\pi}\int_1^2 \tan^{-1}\left(\frac{u\sin v}{u\cos v}\right)u\sqrt{4u^2+1}\,dudv$$

$$=\int_0^{2\pi}\frac{1}{12}[17^{\frac{3}{2}}-5^{\frac{3}{2}}]vdv = \frac{1}{24}[17^{\frac{3}{2}}-5^{\frac{3}{2}}]v^2\Big|_0^{2\pi}$$

$$=\frac{\pi^2}{6}\left[17^{\frac{3}{2}}-5^{\frac{3}{2}}\right]$$

55.$\phi = \frac{3}{200}xyz,\ S: x^2+y^2=16$ 且 $z\in[0,5]$ 圓柱面的第一象限部份。求 $\iint_S \phi d\overrightarrow{A}$

解: $$\iint_S \phi\,\overrightarrow{n}\,ds = \iint_R \phi\,\overrightarrow{n}\,\frac{dxdz}{|\overrightarrow{n}\cdot\overrightarrow{j}|}$$

$$\overrightarrow{n} = \frac{x\,\overrightarrow{i} + y\,\overrightarrow{j}}{4} \Rightarrow \overrightarrow{n}\cdot\overrightarrow{j} = \frac{y}{4}$$

$$\iint_R \frac{3}{8}xz(x\overrightarrow{i}+y\overrightarrow{j})dxdz$$

$$=\frac{3}{8}\int_0^5\int_0^4(x^2z\overrightarrow{i}+xz\sqrt{16-x^2}\overrightarrow{j})dxdz$$

$$=\frac{3}{8}\int_0^5\left(\frac{64}{3}z\overrightarrow{i}+\frac{64}{3}z\overrightarrow{j}\right)dz=100\overrightarrow{i}+100\overrightarrow{j}$$

56. $\overrightarrow{F}=\langle y,x-2xz,-xy\rangle$，$S:x^2+y^2+z^2=b^2$ 且 $z\geq 0$，求 $\iint_S \overrightarrow{\nabla}\times\overrightarrow{F}\cdot d\overrightarrow{A}$

解:

$$\overrightarrow{\nabla}\times\overrightarrow{F}=\begin{vmatrix}\overrightarrow{i} & \overrightarrow{j} & \overrightarrow{k}\\ \frac{\partial}{\partial x} & \frac{\partial}{\partial y} & \frac{\partial}{\partial z}\\ y & x-2xz & -xy\end{vmatrix}=x\overrightarrow{i}+y\overrightarrow{j}-2z\overrightarrow{k}$$

$$\overrightarrow{\nabla}(x^2+y^2+z^2)=2x\overrightarrow{i}+2y\overrightarrow{j}+2z\overrightarrow{k}$$

$$\overrightarrow{n}=\frac{2x\overrightarrow{i}+2y\overrightarrow{j}+2z\overrightarrow{k}}{\sqrt{4x^2+4y^2+4z^2}}=\frac{x\overrightarrow{i}+y\overrightarrow{j}+z\overrightarrow{k}}{b}$$

$$\iint_S(\overrightarrow{\nabla}\times\overrightarrow{F})\cdot\overrightarrow{n}\,ds=\iint_R(\overrightarrow{\nabla}\times\overrightarrow{F})\cdot\overrightarrow{n}\frac{dxdy}{|\overrightarrow{n}\cdot\overrightarrow{k}|}$$

$$=\iint_R(x\overrightarrow{i}+y\overrightarrow{j}-2z\overrightarrow{k})\cdot\left(\frac{x\overrightarrow{i}+y\overrightarrow{j}+z\overrightarrow{k}}{b}\right)\frac{dxdy}{\frac{z}{b}}$$

$$=\int_{-b}^{b}\int_{y=-\sqrt{b^2-x^2}}^{\sqrt{b^2-x^2}}\frac{3(x^2+y^2)-2b^2}{\sqrt{b^2-x^2-y^2}}dydx$$

$$\int_0^{2\pi}\int_0^b\frac{3\rho^2-2b^2}{\sqrt{b^2-\rho^2}}\rho d\rho d\phi=\int_0^{2\pi}\int_0^b\frac{3(\rho^2-b^2)+b^2}{\sqrt{b^2-\rho^2}}\rho d\rho d\phi$$

$$=\int_{\phi=0}^{2\pi}\int_{\rho=0}^{b}\left(-3\rho\sqrt{b^2-\rho^2}+\frac{b^2\rho}{\sqrt{b^2-\rho^2}}\right)d\rho d\phi$$

$$= \int_{\phi=0}^{2\pi} \left[(b^2-\rho^2)^{\frac{3}{2}} - b^2\sqrt{b^2-\rho^2} \Big|_{\rho=0}^{b} \right] d\phi = \int_{\phi=0}^{2\pi} (b^3-b^3)d\phi = 0$$

57.S : 求 $x=1$, $y=1$, $z=1$ 所包圍的正方體平面，求 $\iint_S \overrightarrow{r} \cdot d\overrightarrow{A}$

解: (1) $x=1$ 平面下　$y \in [0,1]$, $z \in [0,1]$, $\overrightarrow{N} = \overrightarrow{i}$

$$\therefore \iint_{x=1} \overrightarrow{r} \cdot d\overrightarrow{A} = \int_0^1 \int_0^1 1dydz = 1$$

(2) $y=1$ 平面下　$x \in [0,1]$, $z \in [0,1]$, $\overrightarrow{N} = \overrightarrow{j}$

$$\therefore \iint_{y=1} \overrightarrow{r} \cdot d\overrightarrow{A} = \int_0^1 \int_0^1 1dxdz = 1$$

(3) $z=1$ 平面下　$x \in [0,1]$, $y \in [0,1]$, $\overrightarrow{N} = \overrightarrow{k}$

$$\therefore \iint_{z=1} \overrightarrow{r} \cdot d\overrightarrow{A} = \int_0^1 \int_0^1 1dxdy = 1$$

$$\therefore \iint_S \overrightarrow{r} \cdot d\overrightarrow{A} = \iint_{x=1} \overrightarrow{r} \cdot d\overrightarrow{A} + \iint_{y=1} \overrightarrow{r} \cdot d\overrightarrow{A} + \iint_{z=1} \overrightarrow{r} \cdot d\overrightarrow{A} = 3$$

58.$\overrightarrow{F} = \langle 2x+4y, -6z, 2x \rangle$, $S: 2x+y+2z=6$ 被 $x=0$, $x=1$, $y=0$, $y=2$ 包圍住的區域，求 $\iint_S \overrightarrow{\nabla} \times \overrightarrow{F} \cdot d\overrightarrow{A}$

解:

$$\overrightarrow{\nabla} \times \overrightarrow{F} = \begin{vmatrix} \overrightarrow{i} & \overrightarrow{j} & \overrightarrow{k} \\ \frac{\partial}{\partial x} & \frac{\partial}{\partial y} & \frac{\partial}{\partial z} \\ 2x+4y & -6z & 2x \end{vmatrix} = 6\overrightarrow{i} - 2\overrightarrow{j} - 4\overrightarrow{k}$$

$$\overrightarrow{r} = u\overrightarrow{i} + 2v\overrightarrow{j} + (3-u-v)\overrightarrow{k}, \ u \in [0,1], \ v \in [0,1]$$

$$\overrightarrow{N} = \overrightarrow{r}_u \times \overrightarrow{r}_v = (\overrightarrow{i} - \overrightarrow{k}) \times (2\overrightarrow{j} - \overrightarrow{k}) = 2\overrightarrow{i} + \overrightarrow{j} + 2\overrightarrow{k}$$

$$\iint_S (\overrightarrow{\nabla} \times \overrightarrow{F}) \cdot \overrightarrow{n}\, dA = \iint_R \overrightarrow{\nabla} \times \overrightarrow{F} \cdot \overrightarrow{N}\, dudv$$

$$= \int_0^1 \int_0^1 (12 - 2 - 8) dudv$$

$$= \int_0^1 \int_0^1 2dudv$$

$$= \int_0^1 2dv = 2$$

59.若$\rho(x, y, z) = xz + 1$，求由頂點$(2, 0, 0), (0, 6, 0), (0, 0, 4)$形成之三角形的質量。

解：由(2,0,0), (0,6,0), (0,0,4)形成的平面為

$$6x + 2y + 3z = 12 \Rightarrow z = \frac{1}{3}(12 - 6x - 2y)$$

$$\|\overrightarrow{N}\| = \sqrt{1 + \left(\frac{\partial z}{\partial x}\right)^2 + \left(\frac{\partial z}{\partial y}\right)^2} = \sqrt{1 + (-2)^2 + \left(-\frac{2}{3}\right)^2}$$

$$= \frac{7}{3}$$

$$m = \iint_S \rho(x, y, z) dA$$

$$= \int_0^6 \int_2^0 \left[x \cdot \frac{1}{3}(12 - 6x - 2y) + 1\right] \frac{7}{3} dxdy$$

$$= \frac{7}{9} \int_0^6 \int_2^0 [12x - 6x^2 - 2xy + 3] dxdy$$

$$= \frac{7}{9} \int_0^6 [6x^2 - 2x^3 - x^2y + 3x]\Big|_2^0 dy$$

$$= \frac{7}{9} \int_0^6 (14 - 4y) dy = \frac{7}{9}(14 \cdot 6 - 2 \cdot 36) = \frac{28}{3}$$

60.若$\rho(x,y,z)=2$, $S: x^2+y^2+z^2=9$, $1\le z\le 3$，求質量的中心點。

解: $\rho(x,y,z)=2$, $S: x^2+y^2+z^2=9$, $1\le z\le 3$

由於$\rho(x,y,z)=2$為均勻平面，因此，質心為$\left(\frac{0+3}{2},\frac{0+3}{2},\frac{1+3}{2}\right)$
$=\left(\frac{3}{2},\frac{3}{2},2\right)$。

61.若$\rho(x,y,z)=5$, $S: z=\sqrt{x^2+y^2}$, $0\le z\le 3$，求質量的中心點。

解: (a)

$$m=\iint_S \rho(x,y,z)dA=\iint_R 5\cdot\sqrt{1+\left(\frac{x}{z}\right)^2+\left(\frac{y}{z}\right)^2}dxdy$$

$$=5\int_0^{2\pi}\int_0^3\sqrt{\frac{x^2+y^2+z^2}{z^2}}rdrd\theta$$

$$=5\sqrt{2}\int_0^{2\pi}\int_0^3 rdrd\theta=45\sqrt{2}\pi$$

(b)因錐體對稱於z軸 $\therefore \overline{x}=\overline{y}=0$

$$\overline{z}=\frac{1}{m}\iint_S z\rho(x,y,z)dA=\frac{1}{m}\int_0^{2\pi}\int_0^3 r\cdot 5\cdot\sqrt{2}rdrd\theta$$

$$=\frac{1}{m}\cdot 5\sqrt{2}\cdot 18\pi=2$$

$\therefore$質心在(0,0,2)處

8.3 格林理論與保守場

1.~10.題，求面積分$\iint_D \phi dxdy$(可用極座標)。

1.$\phi=1+\frac{1}{2}(x^2+y^2)$, $D: x\in[0,1]$, $y\in[x,2x]$

解：
$$\int_0^1\int_x^{2x}(\frac{1}{2})(2+x^2+y^2)dydx=\frac{1}{2}\int_0^1\left(2y+x^2y+\frac{1}{3}y^3\right)\Big|_x^{2x}dx$$
$$=\frac{1}{2}\int_0^1\left(2x+\frac{10}{3}x^3\right)dx$$
$$=\frac{1}{2}\left(x^2+\frac{5}{6}x^4\right)\Big|_0^1=\frac{11}{12}$$

2.$\phi=\cos(x^2+y^2)$, $D: x\geq 0,\ \ x^2+y^2\leq\frac{\pi}{2}$

解：
$$\iint_D\phi dxdy=\int_{-\frac{\pi}{2}}^{\frac{\pi}{2}}\int_0^{\sqrt{\frac{\pi}{2}}}\cos r^2\cdot rdrd\theta$$
$$=\int_{-\frac{\pi}{2}}^{\frac{\pi}{2}}\frac{1}{2}\sin r^2\Big|_0^{\sqrt{\frac{\pi}{2}}}d\theta=\int_{-\frac{\pi}{2}}^{\frac{\pi}{2}}\frac{1}{2}d\theta=\frac{\pi}{2}$$

3.$\phi=2(1-xy)$, $D: x\in[0,1],\ \ y\in[x^2,x]$

解：
$$\int_0^1\int_{x^2}^{x}2(1-xy)dydx=\int_0^1 2\left(y-\frac{1}{2}xy^2\right)\Big|_{x^2}^{x}dx$$
$$=2\int_0^1\left(x-x^2-\frac{1}{2}x^3+\frac{1}{2}x^5\right)dx$$
$$=2\left(\frac{x^2}{2}-\frac{x^3}{3}-\frac{x^4}{8}+\frac{x^6}{12}\right)\Big|_0^1=\frac{1}{4}$$

4.$\phi=e^{-(x^2+y^2)}$, $D: x^2+y^2=1$ 和 $x^2+y^2=4$ 包圍的區域。

解：
$$\iint_D e^{-x^2-y^2}dxdy=\int_1^2\int_0^{2x}e^{-r^2}\cdot rd\theta dr=\int_1^2 e^{-r^2}rdr\cdot\int_0^{2\pi}d\theta$$
$$=\frac{-1}{2}e^{-r^2}\Big|_1^2\cdot 2\pi=\pi(e^{-1}-e^{-4})$$

5.$\phi = 2y,\ \ D : x \in [0,\pi],\ \ y \in [0, \sin x]$

解:
$$\int_0^{\pi}\int_0^{\sin x} 2ydydx = \int_0^{\pi} y^2\Big|_0^{\sin x} dx = \int_0^{\pi} \sin^2 xdx$$
$$= \int_0^{\pi} \frac{1-\cos 2x}{2}dx = \left(\frac{x}{2} - \frac{\sin 2x}{4}\right)\Big|_0^{\pi} = \frac{\pi}{2}$$

6.$\phi = \frac{1}{2}e^{x+y},\ \ D : x \in [0,2],\ \ y \in [0,x]$

解:
$$\frac{1}{2}\int_0^{2}\int_0^{x} e^{x+y}dydx = \frac{1}{2}\int_0^{2} e^{x+y}\Big|_0^{x} dx = \frac{1}{2}\int_0^{2}(e^{2x} - e^{x})dx$$
$$= \frac{1}{2}\left(\frac{1}{2}e^{2x} - e^{x}\right)\Big|_0^{2} = \frac{1}{4}e^4 - \frac{1}{2}e^2 + \frac{1}{4}$$

7.$\phi = \frac{1}{2}(x+y)^2 + x - y,\ \ D : x^2 + y^2 \le a^2,\ \ x \ge 0,\ \ y \in [-x, x]$

解:
$$\iint \phi(x,y)dxdy$$
$$= \int_{-\frac{\pi}{4}}^{\frac{\pi}{4}}\int_0^{a}[(r\cos\theta + r\sin\theta)^2 + 2r\cos\theta - 2r\sin\theta]rdrd\theta$$
$$= \int_{-\frac{\pi}{4}}^{\frac{\pi}{4}}\left[\frac{r^4}{4}(\cos\theta + \sin\theta)^2 + \frac{2}{3}r^3(\cos\theta - \sin\theta)\right]\Big|_0^{a} d\theta$$
$$= \int_{-\frac{\pi}{4}}^{\frac{\pi}{4}}\left[\frac{a^4}{4}(1 + \sin 2\theta) + \frac{2}{3}a^3(\cos\theta - \sin\theta)\right]d\theta$$
$$= \left[\frac{a^4}{4}(\theta - \frac{\cos 2\theta}{2}) + \frac{2}{3}a^3(\sin\theta + \cos\theta)\right]\Big|_{-\frac{\pi}{4}}^{\frac{\pi}{4}} = \frac{\pi}{8}a^4 + \frac{2\sqrt{2}}{3}a^3$$

8.$\phi = 3x,\ \ D : x \in [0,2],\ \ y \in [\sinh x^2, \cosh x^2]$

解:
$$\int_0^{2}\int_{\sinh x^2}^{\cosh x^2} 3xdydx = 3\int_0^{2}(xy)\Big|_{\sinh x^2}^{\cosh x^2} dx$$

$$=3\int_0^2 (x\cosh x^2 - x\sinh x^2)dx$$

$$=3\int_0^2 \left(x\cdot\frac{e^{x^2}+e^{-x^2}}{2} - x\cdot\frac{e^{x^2}-e^{-x^2}}{2}\right)dx$$

$$=3\int_0^2 x\cdot e^{-x^2}dx = 3\int_0^2 -\frac{1}{2}e^{-x^2}d(-x^2)$$

$$=3\left(-\frac{1}{2}e^{-x^2}\right)\Big|_0^2 = \frac{3}{2}(1-e^{-4})$$

9.$\phi = \frac{1}{2}x^2\sin y,\ \ D: x\in[0,\cos y],\ \ y\in\left[0,\frac{\pi}{2}\right]$

解:
$$\int_0^{\frac{\pi}{2}}\int_0^{\cos y}\frac{1}{2}x^2\sin y\,dxdy$$

$$=\int_0^{\frac{\pi}{2}}\frac{1}{6}x^3\sin y\Big|_0^{\cos y}dy = \int_0^{\frac{\pi}{2}}\frac{1}{6}\cos^3 y\sin y\,dy$$

$$=-\frac{1}{6}\int_0^{\frac{\pi}{2}}\cos^3 y\,d(\cos y) = -\frac{1}{24}\cos^4 y\Big|_0^{\frac{\pi}{2}} = \frac{1}{24}$$

10.$\phi = 2e^y\cosh x,\ \ D: x\in[1,2],\ \ y\in[-x,x]$

解:
$$\int_1^2\int_{-x}^{x} 2e^y\cosh x\,dydx$$

$$=\int_1^2 (2e^y\cosh x)\Big|_{-x}^{x}dx = \int_1^2 2(e^x\cosh x - e^{-x}\cosh x)dx$$

$$=2\int_1^2\left(e^x\cdot\frac{e^x+e^{-x}}{2} - e^{-x}\cdot\frac{e^x+e^{-x}}{2}\right)dx = 2\int_1^2\frac{e^{2x}-e^{-2x}}{2}dx$$

$$=2\int_1^2\sinh 2x\,dx = \cosh 2x\Big|_1^2 = \cosh 4 - \cosh 2$$

11.～12.題，用範例7的技巧求座標轉換後的$\|\overrightarrow{N}\|$。

11. $x = cu,\ \ y = dv\ \ (c > 1,\ \ d > 1)$

解: $$J = \frac{\partial(x,y)}{\partial(u,v)} = \begin{vmatrix} \frac{\partial x}{\partial u} & \frac{\partial x}{\partial v} \\ \frac{\partial y}{\partial u} & \frac{\partial y}{\partial v} \end{vmatrix} = \begin{vmatrix} c & 0 \\ 0 & d \end{vmatrix} = cd$$

12. $x = u\cos\theta - v\sin\theta,\ \ y = u\sin\theta + v\cos\theta$

解: $$J = \frac{\partial(x,y)}{\partial(u,v)} = \begin{vmatrix} \frac{\partial x}{\partial u} & \frac{\partial x}{\partial v} \\ \frac{\partial y}{\partial u} & \frac{\partial y}{\partial v} \end{vmatrix} = \begin{vmatrix} \cos\phi & -\sin\phi \\ \sin\phi & \cos\phi \end{vmatrix} = 1$$

13. ~ 14. 題，若 $\rho(x,y) = 2$，求質量和質量中心。

13. $D : x \in [0,1],\ \ y \in [0,2]$

解: $0 \le x \le 1,\ 0 \le y \le 2$

$$M = \iint_D \rho(x,y)dxdy = \int_0^2 \int_0^1 2dxdy = 4$$

$$\overline{y} = \frac{1}{M}\int_0^2 \int_0^1 ydxdy = \frac{2}{4} = \frac{1}{2}$$

$$\overline{x} = \frac{1}{M}\int_0^2 \int_0^1 xdxdy = \frac{2}{4} = \frac{1}{2}$$

14. $D : x^2 + y^2 \le 16$ 的第一象限部份。

解: $$M = \int_0^{\frac{\pi}{2}} \int_0^{16} 2rdrd\theta = \frac{16^2}{2}\pi$$

$$M\overline{x} = \int_0^{\frac{\pi}{2}} \int_0^{16} r^2\cos\theta\, drd\theta = \left(\int_0^{16} r^2 dr\right)\left(\int_0^{\frac{\pi}{2}} \cos\theta\, d\theta\right) = \frac{16^3}{3}$$

$$\therefore\ \overline{x} = \frac{2}{16^2\pi}\frac{16^3}{3} = \frac{2}{3\pi} \times 16 = \frac{32}{3\pi}$$

$$M\overline{y}=\int_0^{\frac{\pi}{2}}\int_0^{16} r^2\sin\theta\ drd\theta=\left(\int_0^{16} r^2dr\right)\left(\int_0^{\frac{\pi}{2}}\sin\theta\,d\theta\right)=\frac{16^3}{3}$$

$$\therefore\ \overline{y}=\frac{2}{16^2\pi}\cdot\frac{16^3}{3}=\frac{2}{3\pi}\times 16=\frac{32}{3\pi}$$

15.～16.題，若$\rho(x,y)=2$，求慣性動量I_x，I_y，I_0。

15.

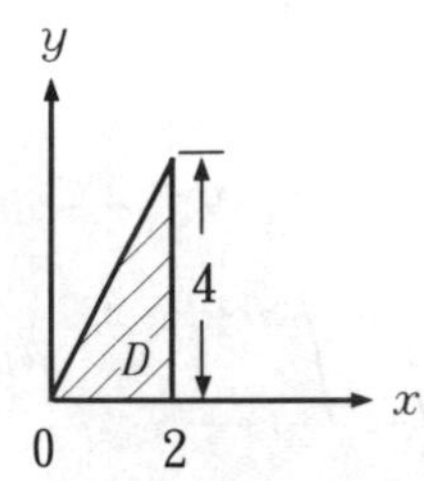

解：$D: x=[0,2]$，$y=[0,2x]$

$$I_x=\iint_D y^2\rho dA=2\int_0^2\int_0^{2x} y^2dydx$$

$$=2\int_0^2\left[\frac{1}{3}y^3\Big|_0^{2x}\right]dx=\frac{2}{3}\int_0^2 8x^3dx$$

$$=\frac{16}{3}\left(\frac{1}{4}x^4\Big|_0^2\right)=\frac{64}{3}$$

$$I_y=\iint_D x^2\rho dA=\int_0^2\int_0^{2x} 2x^2dydx$$

$$=2\int_0^2\left(x^2y\Big|_0^{2x}\right)dx=2\int_0^2 2x^3dx$$

$$=4\left(\frac{1}{4}x^4\Big|_0^2\right)=16$$

$$I_0=\iint_D (x^2+y^2)\rho dA=I_x+I_y=\frac{64}{3}+16=\frac{112}{3}$$

16.

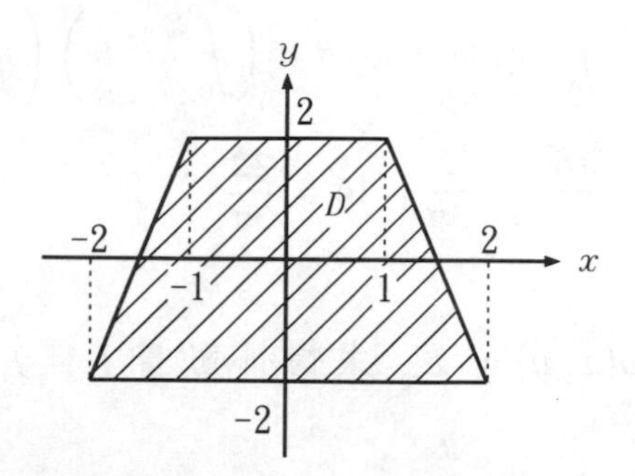

解: $D:-1+\frac{1}{4}(y-2)\le x\le 1-\frac{1}{4}(y-2),\ -2\le y\le 2$

$$I_x=\iint_D y^2\rho dA=2\int_{-2}^{2}\int_{-1+\frac{1}{4}(y-2)}^{1-\frac{1}{4}(y-2)}y^2dxdy$$

$$=2\int_{-2}^{2}y^2\left[2-\frac{1}{2}(y-2)\right]dy=\int_{-2}^{2}6y^2-y^3$$

$$=\left[2y^3-\frac{1}{4}y^4\right]\Big|_{-2}^{2}=32$$

$$I_y=\iint_D x^2\rho dA=2\int_{-2}^{2}\int_{-1+\frac{1}{4}(y-2)}^{1-\frac{1}{4}(y-2)}x^2dxdy$$

$$=2\int_{-2}^{2}\frac{1}{3}\left\{\left[1-\frac{1}{4}(y-2)\right]^3-\left[-1+\frac{1}{4}(y-2)\right]^3\right\}dy$$

$$=2\int_{-2}^{2}\frac{2}{3}\left(\frac{3}{2}-\frac{1}{4}y\right)^3dy$$

令 $u=\frac{3}{2}-\frac{1}{4}y\Rightarrow dy=-4du$

$$=\frac{4}{3}\int_{2}^{1}u^3(-4)du=\frac{-16}{3}\left(\frac{1}{4}u^4\Big|_2^1\right)$$

$$=-\frac{4}{3}(1-16)=20$$

$$I_0=\iint_D(x^2+y^2)\rho dA=I_x+I_y=32+20=52$$

17.～38.題，用格林理論求 $\oint_C \overrightarrow{F}\cdot d\overrightarrow{r}$，$C$ 反時針圍繞 D 區間。

17.$\overrightarrow{F}=\langle y,-\frac{1}{2}x\rangle$，$D$：半徑為 4，圓心 (1,3) 的圓。

解:

$$\oint_C \overrightarrow{F}\cdot d\overrightarrow{r}=\frac{1}{2}\int 2ydx+(-x)dy=\frac{1}{2}\iint_A\left[\frac{\partial(-x)}{\partial x}-\frac{\partial(2y)}{\partial y}\right]dA$$

$$=\frac{1}{2}\iint_A(-3)dA=-24\pi$$

18.$\overrightarrow{F}=\langle -x\sin y, y\sin x\rangle$，$D: x\in[0,\pi]$，$y\in\left[0,\frac{\pi}{2}\right]$

解:

$$\oint_C \overrightarrow{F}\cdot d\overrightarrow{r}=-\oint_C(x\sin y-y\sin x)dy$$

$$=-\iint_R\left[\frac{\partial}{\partial x}(-y\sin x)-\frac{\partial}{\partial y}(x\sin y)\right]dxdy$$

$$=-\int_0^{\frac{\pi}{2}}\int_0^{\pi}(-y\cos x-x\cos y)dxdy=-\int_0^{\frac{\pi}{2}}-\frac{\pi^2}{2}\cos y\,dy$$

$$=\frac{\pi^2}{2}$$

19.$\overrightarrow{F}=\langle x+y,x-y\rangle$，$D: x^2+4y^2\leq 1$

解:

$$\frac{\partial(x-y)}{\partial x}-\frac{\partial(x+y)}{\partial y}=0$$

$\theta: 0\to 2\pi$

原式 $=\iint\left[\frac{\partial(x-y)}{\partial x}-\frac{\partial(x+y)}{\partial y}\right]dxdy=0$

20.$\overrightarrow{F}=\langle y^3,\ -x^3\rangle$，$D: x^2+y^2\leq 4$

解：

$$\oint_C(-y^3dx+x^3dy)=\iint_R\left[\frac{\partial}{\partial x}(x^3)-\frac{\partial}{\partial y}(-y^3)\right]dxdy$$

$$=\iint_R(3x^2+3y^2)dxdy$$

$$=\int_0^{2\pi}\int_0^2 3r^2\cdot rdrd\theta=\int_0^{2\pi}12d\theta=24\pi$$

21. $\overrightarrow{F}=\langle x^2-y,\cos 2y-e^{3y}+4x\rangle$, D：四邊各長為5的正方形

解：

$$\oint_C\overrightarrow{F}\cdot d\overrightarrow{r}=\iint_R\left[\frac{\partial}{\partial x}(\cos 2y-e^{3y}+4x)-\frac{\partial}{\partial y}(x^2-y)\right]dxdy$$

$$=\int_0^5\int_0^5[4-(-1)]dxdy=125$$

22. $\overrightarrow{F}=\langle xy,\frac{1}{2}(e^x+x^2)\rangle$, D：頂點 $(0,0)$、$(1,0)$、$(1,1)$ 的三角形

解：

$$\frac{1}{2}\oint_C[2xydx+(e^x+x^2)dy]$$

$$=\frac{1}{2}\iint_R\left[\frac{\partial}{\partial x}(e^x+x^2)-\frac{\partial}{\partial y}(2xy)\right]dxdy$$

$$=\frac{1}{2}\int_0^1\int_y^1 e^x dxdy=\frac{1}{2}\int_0^1(e-e^y)dy=\frac{1}{2}$$

23. $\overrightarrow{F}=\langle -e^x\cos y,e^x\sin y\rangle$, D：任何封閉區域

解：

$$\oint_C\overrightarrow{F}\cdot d\overrightarrow{r}=-\iint_A\left[\frac{\partial(-e^x\sin y)}{\partial x}-\frac{\partial(e^x\cos y)}{\partial y}\right]dxdy$$

$$=\iint_A 0dxdy=0$$

24. $\overrightarrow{F}=\langle\frac{1}{2}x\ln y,\frac{1}{2}ye^{x}\rangle$, $D: x\in[0,3],\ y\in[1,2]$

解:

$$\oint_C \frac{1}{2}(x\ln y dx+ye^x dy)=\frac{1}{2}\iint_R\left[\frac{\partial}{\partial x}(ye^x)-\frac{\partial}{\partial y}(x\ln y)\right]dxdy$$

$$=\frac{1}{2}\int_1^2\int_0^3\left(ye^x-\frac{x}{y}\right)dxdy$$

$$=\frac{1}{2}\int_1^2\left(e^3y-\frac{9}{2y}-y\right)dy$$

$$=\frac{3}{4}(e^3-1)-\frac{9}{4}\ln 2$$

25. $\overrightarrow{F}=\langle\frac{1}{2}e^{x^3}-2y,-\frac{1}{2}\cos(y^2)-3x\rangle$, D:正方形之頂點為 $(1,0)$、$(3,0)$、$(1,3)$、$(3,3)$

解:

$$\frac{1}{2}\oint_C(e^{x^3}-4y)dx+[-\cos(y^2)-6x]dy$$

$$=\frac{1}{2}\iint_D\left\{\frac{\partial}{\partial x}[-\cos(y^2)-6x]-\frac{\partial}{\partial y}(e^{x^3}-4y)\right\}dxdy$$

$$=\frac{1}{2}\int_0^3\int_1^3(-6+4)dxdy=\frac{1}{2}\cdot 3\cdot 2\cdot(-2)=-6$$

26. $\overrightarrow{F}=\langle\tan 0.1x,x^5y\rangle$, $D: x^2+y^2\le 16,\ y\ge 0$

解: $\overrightarrow{F}=\tan 0.1x\,\overrightarrow{i}+x^5y\,\overrightarrow{j}$, $D: x^2+y^2\le 16,\ y\ge 0$

$$\oint_C(\tan 0.1x dx+x^5y dy)$$

$$=\iint_D\left[\frac{\partial}{\partial x}(x^5y)-\frac{\partial}{\partial y}(\tan 0.1x)\right]dxdy=\iint_D 5x^4y dxdy$$

$$=\int_0^\pi\int_0^4 5r^5\cos^4\theta\sin\theta\, rdrd\theta=\frac{2}{7}\cdot\frac{5\cdot 4^6}{6}$$

27. $\overrightarrow{F}=\langle x^2y,-xy^2\rangle$, $D:x^2+y^2\le 4$, $x\ge 0$, $y\ge 0$

解:
$$\iint_A\left[\frac{\partial g}{\partial x}-\frac{\partial f}{\partial y}\right]dA=\iint_A -(x^2+y^2)dA$$

其中$x=r\cos t$, $y=r\sin t$ $\quad 0\le t\le\frac{\pi}{2}$, $0\le r\le 2$

$$原式=\int_0^2\int_0^{\frac{\pi}{2}}-r^2\cdot rdrd\theta=\left[\int_0^2-r^3dr\right]\left[\int_0^{\frac{\pi}{2}}d\theta\right]=-4\cdot\frac{\pi}{2}=-2\pi$$

28. $\overrightarrow{F}=\langle e^{x+y},e^{x-y}\rangle$, D:三角形, $x\in[0,1]$, $y\in[x,2x]$

解:
$$\oint_C(e^{x+y}dx+e^{x-y}dy)$$
$$=\iint_D\left[\frac{\partial}{\partial x}(e^{x-y})-\frac{\partial}{\partial y}(e^{x+y})\right]dxdy=\int_0^1\int_x^{2x}(e^{x-y}-e^{x+y})dydx$$
$$=\int_0^1(1+e^{2x}-e^{-x}-e^{3x})dx=-\frac{1}{6}+e^{-1}+\frac{e^2}{2}-\frac{e^3}{3}$$

29. $\overrightarrow{F}=\langle\frac{1}{2}x,-2xy\rangle$, $D:y=x^2$ 和 $y=x$ 包圍的區域

解:
$$\frac{1}{2}\oint_C xdx-4xydy=\frac{1}{2}\iint_D(-4y-0)dxdy=\frac{1}{2}\int_0^1dx\int_{x^2}^{x}(-4y)dy$$
$$=\frac{1}{2}\int_0^1(2x^4-2x^2)dx=-\frac{2}{15}$$

30. $\overrightarrow{F}=\langle-(x^2y+\cosh x),\ x^2y\rangle$, $D:x\ge 0$, $y\in[0,1-x^2]$

解:
$$-\oint_C[(xy^2+\cosh x)dx-x^2ydy]$$
$$=-\iint_D\left[\frac{\partial}{\partial x}(-x^2y)-\frac{\partial}{\partial y}(xy^2+\cosh x)\right]dxdy$$

$$= -\int_0^1 \int_0^{1-x^2} -4xydydx = \int_0^1 2x(1-x^2)^2 dx = \left.\frac{(x^2-1)^3}{3}\right|_0^1 = \frac{1}{3}$$

31. $\overrightarrow{F} = \langle xe^y, -\sin 2y \rangle$, D : 三角形之頂點 $(1,1)$、$(1,3)$、$(4,1)$

解:

$$\iint_D \left[\frac{\partial}{\partial x}(-\sin 2y) - \frac{\partial}{\partial y}(xe^y)\right] dxdy = \iint_D -xe^y dxdy$$

$$= \int_1^4 \int_1^{-\frac{2}{3}x+\frac{11}{3}} xe^y dydx = -\int_1^4 (xe - xe^{-\frac{2}{3}x+11})dx$$

$$= -e \cdot \left.\frac{x^2}{2}\right|_1^4 - \frac{3}{2}\left[\frac{11}{2}e - \frac{5}{2}e^3\right] = \frac{15}{4}e^3 - \frac{63}{4}e$$

32. $\overrightarrow{F} = \langle x\cosh y, x^2 \sinh y \rangle$, $D : x^2 \le y \le x$

解:

$$\oint_C (x\cosh y\, dx + x^2 \sinh y\, dy)$$

$$= \iint_D \left[\frac{\partial}{\partial x}(x^2 \sinh y) - \frac{\partial}{\partial y}(x\cosh y)\right] dxdy$$

$$= \int_0^1 \int_{x^2}^x x \sinh y\, dydx = \int_0^1 x(\cosh x - \cosh x^2)dx$$

$$= \left.\left[x\sinh x - \cosh x - \frac{1}{2}\sinh x^2\right]\right|_0^1 = \frac{1}{2}\sinh 1 - \cosh 1 + 1$$

33. $\overrightarrow{F} = \langle y - e^{\sin x}, 4x - \sinh(y^3) \rangle$, $D : (x+8)^2 + y^2 \le 4$

解: 令 $x = -8 + r\cos\theta$, $y = r\sin\theta$

$$\oint_C \overrightarrow{F} \cdot d\overrightarrow{r} = \iint_D \left\{\frac{\partial}{\partial x}[4x - \sinh(y^3)] - \frac{\partial}{\partial y}(y - e^{\sin x})\right\} dxdy$$

$$= \int_0^{2\pi} \int_0^2 (4-1) r dr d\theta$$

$$= \int_0^{2\pi} \left(\frac{3}{2} r^2 \Big|_0^2 \right) d\theta = 6 \cdot 2\pi = 12\pi$$

34. $\overrightarrow{F} = \langle \frac{1}{2}x^3 - y^3, \frac{1}{2}x^3 + y^3 \rangle,\ D: x^2 + y^2 \leq 16,\ x \geq 0,\ y \geq 0$

解: $$\frac{1}{2} \oint_C [(x^3 - 2y^3)dx + (x^3 + 2y^3)dy]$$

$$= \frac{1}{2} \iint_D \left[\frac{\partial}{\partial x}(x^3 + 2y^3) - \frac{\partial}{\partial y}(x^3 - 2y^3) \right] dxdy$$

$$= \frac{1}{2} \iint_D (3x^2 + 6y^2) dxdy = \frac{1}{2} \int_0^{\frac{\pi}{2}} \int_0^a (3r^2 + 3r^2 \sin^2 \theta) r dr d\theta$$

$$= \frac{3a^4}{8} \int_0^{\frac{\pi}{2}} (1 + \sin^2 \theta) d\theta = \frac{3}{8} a^4 \left[\frac{3}{2}\theta - \frac{1}{4} \sin 2\theta \right] \Big|_0^{\frac{\pi}{2}} = \frac{9\pi}{32} a^4$$

35. $\overrightarrow{F} = \langle x^2 + y^2, x^2 - y^2 \rangle,\ D: 4x^2 + y^2 \leq 16$

解: 令 $x = \frac{r}{2}\cos\theta,\ y = r\sin\theta$

$$\oint_C \overrightarrow{F} \cdot d\overrightarrow{r} = \iint_R \left[\frac{\partial}{\partial x}(x^2 - y^2) - \frac{\partial}{\partial y}(x^2 + y^2) \right] dxdy$$

$$= \int_0^{2\pi} \int_0^4 \left[2\left(\frac{r}{2}\cos\theta \right) - 2(r\sin\theta) \right] r dr d\theta$$

$$= \int_0^{2\pi} \int_0^4 (r^2 \cos\theta - 2r^2 \sin\theta) dr d\theta$$

$$= \int_0^{2\pi} (\cos\theta - 2\sin\theta) \cdot \frac{1}{3} r^3 \Big|_0^4 d\theta = \frac{64}{3} [\sin\theta + 2\cos\theta] \Big|_0^{2\pi} = 0$$

36. $\overrightarrow{F} = \langle x^2, 2xy \rangle$, D: 正方形之頂點為 $(0,0)$、$(6,0)$、$(0,4)$、$(6,4)$

解: $$\oint_C \overrightarrow{F} \cdot d\overrightarrow{r} = \int_0^4 \int_0^6 2y\, dxdy$$

$$=\int_0^4 12ydy = 6y^2\Big|_0^4 = 96$$

37. $\overrightarrow{F} = \langle x^2 - 2xy, x^2y + 3\rangle$, $D: x = 2$ 和 $y^2 = 8x$ 包圍的區間

解:

$$\oint_C \overrightarrow{F}\cdot d\overrightarrow{r} = \int_{-4}^4 \int_{\frac{1}{8}y^2}^2 (2xy + 2x)dxdy$$

$$= \int_{-4}^4 \left[(y+1)x^2\Big|_{\frac{1}{8}y^2}^2\right] dy$$

$$= \left(2y^2 + 4y - \frac{1}{6\cdot 64}y^6 - \frac{1}{5\cdot 64}y^5\right)\Big|_{-4}^4$$

$$=4(4\cdot 2) - \frac{1}{5\cdot 64}\cdot 2\cdot 4^5 = \frac{128}{5}$$

38. $\overrightarrow{F} = \langle 2x - y^3, -xy\rangle$, $D: 1 \le x^2 + y^2 \le 9$ 的區間

解:

$$\oint_C \overrightarrow{F}\cdot d\overrightarrow{r} = \int_0^{2\pi}\int_1^3 (-r\sin\theta) + 3(r\sin\theta)^2 r dr d\theta$$

$$= \int_0^{2\pi} \left(-\frac{1}{3}r^3\sin\theta + \frac{3}{4}r^4\sin^2\theta\right)\Big|_1^3 d\theta$$

$$= \int_0^{2\pi} \left(-\frac{26}{3}\sin\theta + 60\sin^2\theta\right) d\theta$$

$$= \int_0^{2\pi} \left[-\frac{26}{3}\sin\theta + 30(1 - \cos 2\theta)\right] d\theta = 30\cdot 2\pi = 60\pi$$

39.～48.題，給予向量場 $\overrightarrow{F}$，找出電位函數。

39. $\overrightarrow{F} = \langle 2xy - \frac{3}{2}x^2z^2, x^2, -x^3z\rangle$

解:

$$\frac{\partial\phi}{\partial x} = 2xy - \frac{3}{2}x^2z^2 \Rightarrow \phi(x,y,z) = x^2y - \frac{1}{2}x^3z^2 + f(y,z)\cdots\cdots①$$

$$\frac{\partial\phi}{\partial y}=x^2\Rightarrow\phi(x,y,z)=x^2y-f(x,z)\cdots\cdots②$$

$$\frac{\partial\phi}{\partial z}=-x^3z\Rightarrow\phi(x,y,z)=-\frac{1}{2}x^3z^2+f(x,y)\cdots\cdots③$$

比較①②③得

$$\phi(x,y,z)=x^2y-\frac{1}{2}x^3z^2+c$$

40. $\overrightarrow{F}=\langle yz^2-1,xz^2+e^y,2xyz+1\rangle$

解:

$$\frac{\partial\phi}{\partial x}=yz^2-1\Rightarrow\phi(x,y,z)=xyz^2-x+f(y,z)\cdots\cdots①$$

$$\frac{\partial\phi}{\partial y}=xz^2+e^y\Rightarrow\phi(x,y,z)=xyz^2+e^y+f(x,z)\cdots\cdots②$$

$$\frac{\partial\phi}{\partial z}=2xyz+1\Rightarrow\phi(x,y,z)=xyz^2+z+f(x,y)\cdots\cdots③$$

比較①②③得

$$\phi(x,y,z)=xyz^2-x+e^y+z+c$$

41. $\overrightarrow{F}=\langle y^2\cos x+z^3,2y\sin x-4,3xz^2+2\rangle$

解:

$$\frac{\partial\phi}{\partial x}=y^2\cos x+z^3\Rightarrow\phi(x,y,z)=y^2\sin x+xz^3+f(y,z)\cdots\cdots①$$

$$\frac{\partial\phi}{\partial y}=2y\sin x-4\Rightarrow\phi(x,y,z)=y^2\sin x-4y+f(x,z)\cdots\cdots②$$

$$\frac{\partial\phi}{\partial z}=3xz^2+2\Rightarrow\phi(x,y,z)=xz^3+2z+f(x,y)\cdots\cdots③$$

比較①②③得

$$\phi(x,y,z)=y^2\sin x+xz^3-4y+2z+c$$

42. $\overrightarrow{F}=\langle yz^3, xz^3, 3xyz\rangle$

解: $$\frac{\partial\phi}{\partial x}=yz^3,\ \ \frac{\partial\phi}{\partial y}=xz^3,\ \ \frac{\partial\phi}{\partial z}=3xyz^2$$

$$\phi(x,y,z)=xyz^3+c$$

43. $\overrightarrow{F}=r^2\overrightarrow{r}$

解: $\overrightarrow{F}=r^2\overrightarrow{r}=x(x^2+y^2+z^2)\overrightarrow{i}+y(x^2+y^2+z^2)\overrightarrow{j}+z(x^2+y^2+z^2)\overrightarrow{k}$

$$\frac{\partial\phi}{\partial x}=x(x^2+y^2+z^2)$$

$$\Rightarrow\phi(x,y,z)=\frac{1}{4}x^4+\frac{1}{2}x^2y^2+\frac{1}{2}x^2z^2+f(y,z)\cdots\cdots①$$

$$\frac{\partial\phi}{\partial y}=y(x^2+y^2+z^2)$$

$$\Rightarrow\phi(x,y,z)=\frac{1}{4}y^4+\frac{1}{2}y^2x^2+\frac{1}{2}y^2z^2+f(x,z)\cdots\cdots②$$

$$\frac{\partial\phi}{\partial z}=z(x^2+y^2+z^2)$$

$$\Rightarrow\phi(x,y,z)=\frac{1}{4}z^4+\frac{1}{2}z^2x^2+\frac{1}{2}z^2y^2+f(x,y)\cdots\cdots③$$

比較①②③得

$$\phi(x,y,z)=\frac{1}{4}(x^2+y^2+z^2)^2+c$$

$$=\frac{r^4}{4}+c$$

44. $\overrightarrow{F}=e^{xyz}\langle yz, xz, xy\rangle$

解: $$\frac{\partial\phi}{\partial x}=e^{xyz}yz\Rightarrow\phi(x,y,z)=e^{xyz}+f(y,z)\cdots\cdots①$$

$$\frac{\partial\phi}{\partial y}=e^{xyz}xz\Rightarrow\phi(x,y,z)=e^{xyz}+f(x,z)\cdots\cdots②$$

$$\frac{\partial \phi}{\partial z} = e^{xyz}xy \Rightarrow \phi(x,y,z) = e^{xyz} + f(x,y) \cdots\cdots ③$$

比較①②③得

$$\phi(x,y,z) = e^{xyz} + c$$

45. $\overrightarrow{F} = r\overrightarrow{r}$

解: $\overrightarrow{F} = x(x^2+y^2+z^2)^{\frac{1}{2}}\overrightarrow{i} + y(x^2+y^2+z^2)^{\frac{1}{2}}\overrightarrow{j} + z(x^2+y^2+z^2)^{\frac{1}{2}}\overrightarrow{k}$

$$\frac{\partial \phi}{\partial x} = x(x^2+y^2+z^2)^{\frac{1}{2}}$$

$$\Rightarrow \phi(x,y,z) = \frac{1}{3}(x^2+y^2+z^2)^{\frac{3}{2}} + f(y,z) \cdots\cdots ①$$

$$\frac{\partial \phi}{\partial y} = y(x^2+y^2+z^2)^{\frac{1}{2}}$$

$$\Rightarrow \phi(x,y,z) = \frac{1}{3}(x^2+y^2+z^2)^{\frac{3}{2}} + f(x,z) \cdots\cdots ②$$

$$\frac{\partial \phi}{\partial z} = z(x^2+y^2+z^2)^{\frac{1}{2}}$$

$$\Rightarrow \phi(x,y,z) = \frac{1}{3}(x^2+y^2+z^2)^{\frac{3}{2}} + f(x,y) \cdots\cdots ③$$

比較①②③得

$$\phi(x,y,z) = \frac{1}{3}(x^2+y^2+z^2)^{\frac{3}{2}} + c$$

$$= \frac{1}{3}r^3 + c$$

46. $\overrightarrow{F} = \langle \frac{3}{2}x^2yz^2 + \frac{1}{2}e^x, \frac{1}{2}x^3z^2, x^3yz \rangle$

解: $\overrightarrow{F} = \langle \frac{3}{2}x^2yz^2 + \frac{1}{2}e^x, \frac{1}{2}x^3z^2, x^3yz \rangle$

$$\frac{\partial \phi}{\partial x} = \frac{3}{2}x^2yz^2 + \frac{1}{2}e^x,\ \frac{\partial \phi}{\partial y} = \frac{1}{2}x^3z^2,\ \frac{\partial \phi}{\partial z} = x^3yz$$

$$\phi(x,y,z)=\frac{1}{2}x^3yz^2+\frac{1}{2}e^x+c$$

47. $\overrightarrow{F}=\langle 2x\cos y+z\sin y, xz\cos y-x^2\sin y, x\sin y\rangle$

解:
$$\frac{\partial\phi}{\partial x}=2x\cos y+z\sin y\Rightarrow\phi=x^2\cos y+xz\sin y+f(y,z)\cdots\cdots①$$

$$\frac{\partial\phi}{\partial y}=xz\cos y-x^2\sin y\Rightarrow\phi=xz\sin y+x^2\cos y+f(x,z)\cdots\cdots②$$

$$\frac{\partial\phi}{\partial z}=x\sin y\Rightarrow\phi=xz\sin y+f(x,y)\cdots\cdots③$$

比較①②③可得

$$\phi=x^2\cos y+xz\sin y+c$$

48. $\overrightarrow{F}=\langle -e^{xyz}, 1, -z\rangle$

解:
$$\frac{\partial\phi}{\partial x}=-e^{xyz}\Rightarrow\phi=\frac{-e^{xyz}}{yz}+f(y,z)\cdots\cdots①$$

$$\frac{\partial\phi}{\partial y}=1\Rightarrow\phi=y+f(x,z)\cdots\cdots②$$

$$\frac{\partial\phi}{\partial z}=-z\Rightarrow\phi=-\frac{z^2}{2}+f(x,y)\cdots\cdots③$$

比較①②③可得

$$\phi=-\frac{e^{xyz}}{yz}+y-\frac{z^2}{2}+c$$

49.～50.題，解微分方程式。

49. $(e^{-y}+4x^3y^2)dx+(2x^4y^2-xe^{-y})dy=0$

解:
$$(e^{-y}+4x^3y^2)dx+(2x^4y^2-xe^{-y})dy=0$$

令 $(e^{-y}+4x^3y^2)dx+(2x^4y^2-xe^{-y})dy=d\phi=\dfrac{\partial\phi}{\partial x}dx+\dfrac{\partial\phi}{\partial y}dy$

$$\therefore\ \frac{\partial\phi}{\partial x}=e^{-y}+4x^3y^2 \Rightarrow \phi(x,y)=xe^{-y}+x^4y^2+f(y)\cdots\cdots①$$

$$\frac{\partial\phi}{\partial y}=2x^4y^2-xe^{-y} \Rightarrow \phi(x,y)=\frac{2}{3}x^4y^3+xe^{-y}+f(x)\cdots\cdots②$$

比較①②可得

$$\phi(x,y)=xe^{-y}+x^4y^2+\frac{2}{3}x^4y^3+c=0$$

50. $(z-e^{-x}\sin y)dx+(1+e^{-x}\cos y)dy+(x-4z)dz=0$

解: 令 $(z-e^{-x}\sin y)dx+(1+e^{-x}\cos y)dy+(x-4z)dz=d\phi=\frac{\partial\phi}{\partial x}dx+\frac{\partial\phi}{\partial y}dy+\frac{\partial\phi}{\partial z}dz$

$$\frac{\partial\phi}{\partial x}=z-e^{-x}\sin y \Rightarrow \phi(x,y,z)=zx+e^{-x}\sin y+f(y,z)\cdots\cdots①$$

$$\frac{\partial\phi}{\partial y}=1+e^{-x}\cos y \Rightarrow \phi(x,y,z)=y+e^{-x}\sin y+f(x,z)\cdots\cdots②$$

$$\frac{\partial\phi}{\partial z}=x-4z \Rightarrow \phi(x.y.z)=xz-2z^2+f(x,y)\cdots\cdots③$$

比較①②③可得

$$\phi(x,y,z)=e^{-x}\sin y+xz+y-2z^2+c=0$$

51.～64.題，求 $\int_C \overrightarrow{F}\cdot d\overrightarrow{r}$，$C$ 是點到點之間的任何片斷連續曲線。

51. $\overrightarrow{F}=\langle -x\cos 2y, x^2\sin 2y\rangle$，$(0,0)\to\left(-3,\frac{\pi}{8}\right)$

解: $\because\ \overrightarrow{\nabla}\times\overrightarrow{F}=0\quad \therefore\ \overrightarrow{F}$ 為一保守場，積分與路徑無關

存在一 ϕ 使得

$$\frac{\partial\phi}{\partial x}=-x\cos 2y \Rightarrow \phi(x,y)=-\frac{1}{2}x^2\cos 2y+f(y)\cdots\cdots①$$

$$\frac{\partial \phi}{\partial y}=x^2\sin 2y \Rightarrow \phi(x,y)=-\frac{1}{2}x^2\cos 2y+f(x)\cdots\cdots ②$$

比較①②得

$$\phi(x,y)=-\frac{1}{2}x^2\cos 2y+c$$

$$\therefore \int_C \overrightarrow{F}\cdot d\overrightarrow{r}=\phi\left(-3,\frac{\pi}{8}\right)-\phi(0,0)=-\frac{1}{2}\cdot 9\cdot\frac{1}{\sqrt{2}}=-\frac{9}{2\sqrt{2}}$$

52. $\overrightarrow{F}=\langle y^2\cos x+z^3, 2y\sin x-4, 3xz^2+2\rangle,\ (0,1,-1)\to\left(\frac{\pi}{2},-1,2\right)$

解: $\because \overrightarrow{\nabla}\times\overrightarrow{F}=0 \quad \therefore \overrightarrow{F}$ 為保守場，積分與路徑無關

存在一 ϕ 使得

$$\frac{\partial \phi}{\partial x}=y^2\cos x+z^3 \Rightarrow \phi(x,y,z)=y^2\sin x+xz^3+f(y,z)\cdots\cdots ①$$

$$\frac{\partial \phi}{\partial y}=2y\sin x-4 \Rightarrow \phi(x,y,z)=y^2\sin x-4y+f(x,z)\cdots\cdots ②$$

$$\frac{\partial \phi}{\partial z}=3xz^2+2 \Rightarrow \phi(x,y,z)=xz^3+2z+f(x,y)\cdots\cdots ③$$

比較①②③可得

$$\phi(x,y,z)=y^2\sin x+xz^3+2z-4y+c$$

$$\therefore \int_C \overrightarrow{F}\cdot d\overrightarrow{r}=\phi\left(\frac{\pi}{2},-1,2\right)-(0,1,-1)$$

$$=(1+4\pi+4+4)-(-2-4)=15+4\pi$$

53. $\overrightarrow{F}=\langle\frac{3}{2}x^2(y^2-4y), x^3y-2x^3\rangle,\ (1,1)\to(2,3)$

解: $$\overrightarrow{\nabla}\phi=\overrightarrow{F}=\frac{\partial\phi}{\partial x}\overrightarrow{i}+\frac{\partial\phi}{\partial y}\overrightarrow{j}+\frac{\partial\phi}{\partial z}\overrightarrow{k}$$

$$\Rightarrow \phi=\frac{1}{2}x^3y^2-2x^3y+c$$

$\int_C \overrightarrow{F} \cdot d\overrightarrow{r}$ 與路徑無關

$$\int_C \overrightarrow{F} \cdot d\overrightarrow{r} = \phi(2,3) - \phi(1,1) = -12 - \left(-\frac{3}{2}\right) = -\frac{21}{2}$$

54. $\overrightarrow{F} = \langle yz + 2x, xz, xy + 2z \rangle, \ (0,1,1) \to (1,0,1)$

解: $$\overrightarrow{\nabla}\phi = \overrightarrow{F} = \frac{\partial\phi}{\partial x}\overrightarrow{i} + \frac{\partial\phi}{\partial y}\overrightarrow{j} + \frac{\partial\phi}{\partial z}\overrightarrow{k}$$

$$\Rightarrow \phi = x^2 + xyz + z^2 + c$$

$$\int_C \overrightarrow{F} \cdot d\overrightarrow{r} = \phi(1,0,1) - \phi(0,1,1) = 1 + 1 - 1 = 1$$

55. $\overrightarrow{F} = \langle -e^x \cos y, e^x \sin y \rangle, \ \left(2, \frac{\pi}{4}\right) \to (0,0)$

解: $$\overrightarrow{\nabla}\phi = \overrightarrow{F} = \frac{\partial\phi}{\partial x}\overrightarrow{i} + \frac{\partial\phi}{\partial y}\overrightarrow{j} + \frac{\partial\phi}{\partial z}\overrightarrow{k}$$

$$\Rightarrow \phi = -e^x \cos y + c$$

$$\int_C \overrightarrow{F} \cdot d\overrightarrow{r} = \phi(0,0) - \phi\left(2, \frac{\pi}{4}\right) = -1 - \left(-e^2 \cdot \frac{\sqrt{2}}{2}\right) = \frac{\sqrt{2}e^2}{2} - 1$$

56. $\overrightarrow{F} = -r\overrightarrow{r}, \ (1,1) \to (1,1)$

解: $$\int_C \overrightarrow{F} \cdot d\overrightarrow{r} = -\frac{1}{3}r^3 \cdot \frac{1}{2} - \frac{1}{3}r^3 \cdot \frac{1}{2}$$

$$= -\frac{1}{3}r^3 \cdot \frac{1}{2} \cdot 2 = -\frac{1}{3}r^3$$

57. $\overrightarrow{F} = \langle xy, \frac{1}{2}\left(x^2 - \frac{1}{y}\right) \rangle, \ (1,3) \to (2,2)$

解: $$\overrightarrow{\nabla}\phi = \overrightarrow{F} = \frac{\partial\phi}{\partial x}\overrightarrow{i} + \frac{\partial\phi}{\partial y}\overrightarrow{j}$$

$$\Rightarrow \phi = \frac{x^2 y}{2} - \frac{1}{2}\ln y + c$$

$$\int_C \overrightarrow{F}\cdot d\overrightarrow{r} = \phi(2,2)-\phi(1,3)=\frac{1}{2}[8-\ln 2-(3-\ln 3)]$$

$$=\frac{5}{2}+\frac{1}{2}\ln\frac{3}{2}$$

58. $\overrightarrow{F}=\langle x^2y^2-2y^3, \frac{2}{3}x^3y-6xy^2\rangle$, $(0,0)\to(1,1)$

解: $$\overrightarrow{\nabla}\phi=\overrightarrow{F}=\frac{\partial\phi}{\partial x}\overrightarrow{i}+\frac{\partial\phi}{\partial y}\overrightarrow{j}$$

$$\Rightarrow \phi=\frac{1}{3}x^3y^2-2xy^3+c$$

$$\int_C \overrightarrow{F}\cdot d\overrightarrow{r}=\phi(1,1)-\phi(0,0)=\frac{1}{3}-2=-\frac{5}{3}$$

59. $\overrightarrow{F}=\langle \frac{y}{x}, \ln x\rangle$, $(2,2)\to(1,1)$ 但 $x>0$

解: $$\overrightarrow{\nabla}\phi=\overrightarrow{F}=\frac{\partial\phi}{\partial x}\overrightarrow{i}+\frac{\partial\phi}{\partial y}\overrightarrow{j}$$

$$\Rightarrow \phi=y\ln x+c$$

$$\int_C \overrightarrow{F}\cdot d\overrightarrow{r}=\phi(1,1)-\phi(2,2)=0-2\ln 2=-2\ln 2$$

60. $\overrightarrow{F}=\langle 4e^y-\frac{1}{2}e^x, 4xe^y\rangle$, $(-1,-1)\to(3,1)$

解: $\because \overrightarrow{\nabla}\times\overrightarrow{F}=0$ $\therefore \overrightarrow{F}$ 為保守場，積分與路徑無關

存在一 ϕ 使得

$$\frac{\partial\phi}{\partial x}=4e^y-\frac{1}{2}e^x\Rightarrow\phi(x,y)=4xe^y-\frac{1}{2}e^x+f(y)\cdots\cdots①$$

$$\frac{\partial\phi}{\partial y}=4xe^y\Rightarrow\phi(x,y)=4xe^y+f(x)\cdots\cdots②$$

比較①②得

$$\phi(x,y)=4xe^y-\frac{1}{2}e^x+c$$

$$\therefore \int_C \overrightarrow{F} \cdot d\overrightarrow{r} = \phi(3,1) - \phi(-1,-1)$$

$$= \left(12e - \frac{1}{2}e^3\right) - \left(-4e^{-1} - \frac{1}{2}e^{-1}\right)$$

$$= 12e - \frac{1}{2}e^3 + \frac{9}{2}e^{-1}$$

61. $\overrightarrow{F} = \langle \cosh(xy) + xy\sinh(xy), x^2\sinh(xy)\rangle$, $(1,0) \to (2,1)$

解: $\because \overrightarrow{\nabla} \times \overrightarrow{F} = 0$ $\therefore \overrightarrow{F}$ 為保守場，積分與路徑無關

存在一 $\phi(x,y)$ 使得

$$\frac{\partial\phi}{\partial x} = \cosh(xy) + xy\sinh(xy) \Rightarrow \phi(x,y) = x\cosh(xy) + f(y) \cdots\cdots ①$$

$$\frac{\partial\phi}{\partial y} = x^2\sinh(xy) \Rightarrow \phi(x,y) = x\cosh(xy) + f(x) \cdots\cdots ②$$

比較①②可得

$$\phi(x,y) = x\cosh(xy) + c$$

$$\therefore \int_C \overrightarrow{F} \cdot d\overrightarrow{r} = \phi(2,1) - \phi(1,0) = 2\cosh(2) - 1$$

62. $\overrightarrow{F} = \langle y^2 + \sin y, 2xy + x\cos y\rangle$, $(0,0) \to (-3,\pi)$

解: $\overrightarrow{\nabla}\phi = \overrightarrow{F} = \frac{\partial\phi}{\partial x}\overrightarrow{i} + \frac{\partial\phi}{\partial y}\overrightarrow{j}$

$$\phi = xy^2 + x\sin y + c$$

$$\int_C \overrightarrow{F} \cdot d\overrightarrow{r} = \phi(-3,\pi) - \phi(0,0) = -3\pi^2$$

63. $\overrightarrow{F} = \langle 3xy - \frac{1}{2}y^2, \frac{3}{2}x^2 - xy\rangle$, $(0,0) \to (\pi,2)$

解:
$$\vec{\nabla}\phi = \vec{F} = \frac{\partial\phi}{\partial x}\vec{i} + \frac{\partial\phi}{\partial y}\vec{j}$$
$$\Rightarrow \phi = \frac{3}{2}x^2y - \frac{1}{2}xy^2 + c$$
$$\int_C \vec{F}\cdot d\vec{r} = \phi(\pi,2) - \phi(0,0) = 3\pi^2 - 2\pi$$

64. $\vec{F} = \langle \frac{-y}{x^2+y^2}, \frac{x}{x^2+y^2} \rangle,\ (1,0) \to (-1,0)$

解: $\because \vec{\nabla}\times\vec{F} = 0 \quad \therefore \vec{F}$ 為保守場，積分與路徑無關

存在一 $\phi(x,y)$ 使得
$$\frac{\partial\phi}{\partial x} = \frac{-y}{x^2+y^2} \Rightarrow \phi(x,y) = -\tan^{-1}\frac{x}{y} + f(y)\cdots\cdots①$$
$$\frac{\partial\phi}{\partial y} = \frac{x}{x^2+y^2} \Rightarrow \phi(x,y) = \tan^{-1}\frac{y}{x} + f(x)\cdots\cdots②$$

由①②比較可得
$$\phi(x,y) = \tan^{-1}\left(\frac{y}{x}\right) - \tan^{-1}\left(\frac{x}{y}\right) + c$$
$$\therefore \int_C \vec{F}\cdot d\vec{r} = \phi(-1,0) - \phi(1,0) = \left[0 - \left(-\frac{\pi}{2}\right)\right] - \left[0 - \left(\frac{\pi}{2}\right)\right] = \pi$$

65.～71.題，給予區間邊緣曲線的方程式或位置向量，求區間的面積。

65. $\vec{r} = \langle a(\theta - \sin\theta), a(1-\cos\theta)\rangle,\ a > 0,\ \theta \in [0, 2\pi]$

解: 令 $x = a(\theta - \sin\theta),\ y = a(1-\cos\theta) \Rightarrow \begin{cases} dx = a(1-\cos\theta)d\theta \\ dy = a\sin\theta\, d\theta \end{cases}$
$$A = \frac{1}{2}\oint_C (xdy - ydx) = \frac{a^2}{2}\int_0^{2\pi}[(\theta - \sin\theta)\sin\theta - (1-\cos\theta)^2]d\theta$$
$$= \frac{a^2}{2}\int_0^{2\pi}(\theta\sin\theta + 2\cos\theta - 2)d\theta$$

$$=\frac{a^2}{2}(-\theta\cos\theta+3\sin\theta-2\theta)\Big|_0^{2\pi}=\frac{a^2}{2}\cdot 6\pi=3\pi a^2$$

66.$x^{\frac{2}{3}}+y^{\frac{2}{3}}=b^{\frac{2}{3}}$, $b>0$

解: 令 $x=b\cos^3\theta$, $y=b\sin^3\theta$, $\theta=[0,2\pi]$, $b>0$

$$\begin{cases} dx=-3b\cos^2\theta\sin\theta d\theta \\ dy=3b\sin^2\theta\cos\theta d\theta \end{cases}$$

$$A=\frac{1}{2}\oint_C(xdy-ydx)$$

$$=\frac{1}{2}\int_0^{2\pi}[b\cos^3\theta(3b\sin^2\theta\cos\theta)d\theta-b\sin^3\theta(-3b\cos^2\theta\sin\theta)]d\theta$$

$$=\frac{1}{2}\int_0^{2\pi}(3b^2\cos^4\theta\sin^2\theta+3b^2\cos^2\theta\sin^4\theta)d\theta$$

$$=\frac{3}{2}b^2\int_0^{2\pi}\frac{1}{8}(1-\cos 4\theta)d\theta=\frac{3}{2}b^2\cdot\frac{1}{8}\cdot 2\pi=\frac{3\pi b^2}{8}$$

67.一葉的玫瑰花瓣 $r=3\sin 2\theta$, $\theta\in\left[0,\frac{\pi}{2}\right]$

解: (a) 根據散度定律

$$\iint_S\frac{\overrightarrow{n}\cdot\overrightarrow{r}}{r^3}ds=\iiint_V\overrightarrow{\nabla}\cdot\frac{\overrightarrow{r}}{r^3}dV$$

$$\iint_S\frac{\overrightarrow{n}\cdot\overrightarrow{r}}{r^3}ds=0$$

(b) $$\iint_S\frac{\overrightarrow{n}\cdot\overrightarrow{r}}{r^3}ds=\iint_S\frac{\overrightarrow{n}\cdot\overrightarrow{r}}{r^3}ds+\iint_S\frac{\overrightarrow{n}\cdot\overrightarrow{r}}{r^3}ds$$

$$=\iint_S\overrightarrow{\nabla}\cdot\frac{\overrightarrow{r}}{r^3}ds=0$$

$$\iint_S \frac{\overrightarrow{n}\cdot\overrightarrow{r}}{r^3}ds = \iint_S \frac{\overrightarrow{n}\cdot\overrightarrow{r}}{r^3}ds$$

$$\iint_S \frac{\overrightarrow{n}\cdot\overrightarrow{r}}{r^3}ds = -\iint_S \frac{\overrightarrow{n}\cdot\overrightarrow{r}}{r^3}ds = \iint_S \frac{1}{a^2}ds$$

$$= \frac{1}{a^2}\iint_S ds = \frac{4\pi a^2}{a^2} = 4\pi$$

68.心形圓 $r = a(1-\cos\theta)$ 在第一象限 $\left(x \geq 0,\ y \geq 0,\ \theta \in \left[0, \frac{\pi}{2}\right]\right)$

解:

$$A = \frac{a^2}{2}\int_0^{\frac{\pi}{2}}(1-\cos\theta)^2 d\theta = \frac{a^2}{2}\int_0^{\frac{\pi}{2}}(1-2\cos\theta+\cos^2\theta)d\theta$$

$$= \frac{a^2}{2}\left(\frac{3}{2}\theta + \frac{1}{4}\sin 2\theta - 2\sin\theta\right)\Bigg|_0^{\frac{\pi}{2}} = \frac{a^2(3\pi-8)}{8}$$

69.$r^2 = b^2\cos 2\theta,\ \theta \in \left[-\frac{\pi}{4}, \frac{\pi}{4}\right]$

解: $x = r\cos\theta,\ y = r\sin\theta$

則 $A = \frac{1}{2}\oint_C xdy - ydx = \frac{1}{2}\oint_C r^2 d\theta$

$$= \frac{1}{2}\int_{-\frac{\pi}{4}}^{\frac{\pi}{4}} b^2\cos 2\theta d\theta$$

$$= \frac{b^2}{2}\cdot\frac{1}{2}\sin 2\theta\Big|_{-\frac{\pi}{4}}^{\frac{\pi}{4}} = \frac{b^2}{2}$$

70.$r = \frac{1}{2} + \cos\theta$ 在第一象限 $\left(x \geq 0,\ y \geq 0,\ \theta \in \left[0, \frac{\pi}{2}\right]\right)$

解: 令 $x = r\cos\theta,\ y = r\sin\theta$

$$A = \frac{1}{2}\oint_C xdy - ydx = \frac{1}{2}\oint r^2 d\theta$$

$$=\frac{1}{2}\int_0^{\frac{\pi}{2}}\frac{1}{4}(1+2\cos\theta)^2d\theta$$

$$=\frac{1}{8}\int_0^{\frac{\pi}{2}}(1+4\cos\theta+4\cos^2\theta)d\theta$$

$$=\frac{1}{8}(\theta+4\sin\theta+2\theta+\sin 2\theta)\Big|_0^{\frac{\pi}{2}}$$

$$=\frac{1}{8}\left(\frac{3}{2}\pi+4\right)=\frac{3\pi}{16}+\frac{1}{2}$$

71.$x^3+y^3=3bxy$ 在第一象限所圍住的區間。

解：令 $y=tx$，代入 $x^3+y^3=3bxy$，得 $\begin{cases} x=\dfrac{3bt}{1+t^3} \\ y=\dfrac{3bt^2}{1+t^3} \end{cases}$，$t\in[0,\infty)$

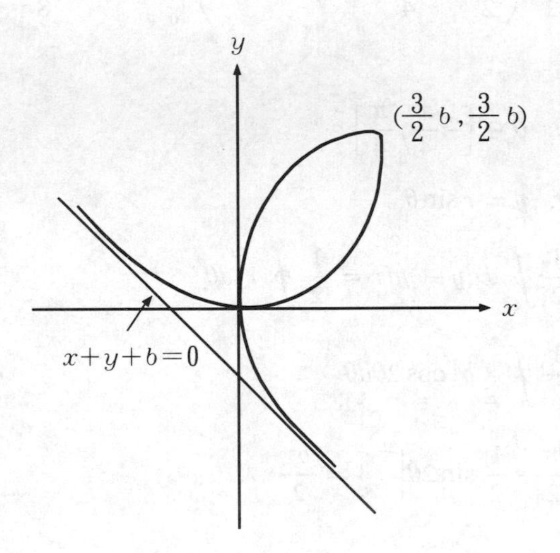

$$\therefore A=\frac{1}{2}\oint_C xdy-ydx=\frac{1}{2}\oint_C x^2dt$$

$$=\frac{1}{2}\int_0^{\infty}\left(\frac{3bt}{t^3+1}\right)^2dt=-\frac{1}{2}\left(\frac{3b^2}{1+t^3}\right)\Big|_0^{\infty}=\frac{3b^2}{2}$$

8.4 高斯散度理論（面積分與體積分之轉換）

1.～8.題，證明題。

1.已知磁場 $\overrightarrow{B}$ 和向量電位 $\overrightarrow{A}$ 的關係為 $\overrightarrow{B}=\overrightarrow{\nabla}\times\overrightarrow{A}$，證明 $\oiint_S \overrightarrow{B}\cdot\overrightarrow{n}\,dA=0$

證明: 已知磁場 $\overrightarrow{B}$ 和向量電位 $\overrightarrow{A}$，其關係式為 $\overrightarrow{B}=\overrightarrow{\nabla}\times\overrightarrow{A}$

$$\oiint_S \overrightarrow{B}\cdot\overrightarrow{n}\,dA=\oiint_S(\overrightarrow{\nabla}\times\overrightarrow{A})\cdot\overrightarrow{n}\,dA=\oint_C \overrightarrow{A}\cdot\overrightarrow{n}\,d\ell$$

由於 $\overrightarrow{A}$ 與 $\overrightarrow{n}$ 垂直

$$\therefore \oiint_S \overrightarrow{B}\cdot\overrightarrow{n}\,dA=0$$

2. $\oiint_S \phi\overrightarrow{n}\,dA=\iiint_V \overrightarrow{\nabla}\phi dV$

證明:

$$\iiint_V \overrightarrow{\nabla}\cdot(\phi c)dV=\iint_S \phi c\cdot\overrightarrow{n}\,dS$$

$$\iiint_V c\overrightarrow{\nabla}\cdot\phi dV=\iint_S c\cdot(\phi n)dS$$

$$c\cdot\iiint_V \overrightarrow{\nabla}\phi dV=c\cdot\iint_S \phi ndS\Rightarrow\iiint_V \overrightarrow{\nabla}\phi dV=\iint_S \phi ndS$$

3. $\iiint_V \overrightarrow{\nabla}\cdot\overrightarrow{n}\,dV=A$（封閉曲面之面積）

證明:

$$\iiint_V \overrightarrow{\nabla} \cdot \overrightarrow{n}\, dV$$

$$\iint_S [\overrightarrow{\nabla} \times (A_1 \overrightarrow{i})] \cdot \overrightarrow{n}\, dS = \iint_R -\frac{\partial \overrightarrow{F}}{\partial y} dxdy$$

$$\oint_\Gamma F dx = \oint_C A_1 dx$$

$$\iint_S [\overrightarrow{\nabla} \times (A_1 \overrightarrow{i})] \cdot \overrightarrow{n}\, dS = \oint_C A_1 dx$$

$$\iint_S [\overrightarrow{\nabla} \times (A_2 \overrightarrow{j})] \cdot \overrightarrow{n}\, dS = \oint_C A_2 dy$$

$$\iint_S [\overrightarrow{\nabla} \times (A_3 \overrightarrow{k})] \cdot \overrightarrow{n}\, dS = \oint_C A_3 dz$$

$$\iint_S (\overrightarrow{\nabla} \times \overrightarrow{A}) \cdot \overrightarrow{n}\, dS = \oint_C \overrightarrow{A} \cdot d\overrightarrow{r}$$

4. $\oiint_S \overrightarrow{r} \cdot \overrightarrow{n}\, dA = 3V$（$V$ 是封閉曲面 S 包圍之體積）

證明:

$$\oiint_S \overrightarrow{r} \cdot \overrightarrow{n}\, dA = \iiint_V \overrightarrow{\nabla} \cdot \overrightarrow{r}\, dV$$

$$= \iiint_V \left(\frac{\partial}{\partial x}\overrightarrow{i} + \frac{\partial}{\partial y}\overrightarrow{j} + \frac{\partial}{\partial z}\overrightarrow{k}\right) \cdot (x\overrightarrow{i} + y\overrightarrow{j} + z\overrightarrow{k}) dV$$

$$= \iiint_V \left(\frac{\partial x}{\partial x} + \frac{\partial y}{\partial y} + \frac{\partial z}{\partial z}\right) dV = 3\iiint_V dV = 3V$$

5. $\oiint_S r^{-2}\overrightarrow{r} \cdot \overrightarrow{n}\, dA = \iiint_V r^{-2} dV$

證明: $\oiint_S r^{-2}\vec{r}\cdot\vec{n}\,dA=\iiint_V \vec{\nabla}\cdot(r^{-2}\vec{r})dV$

$$=\iiint_V\left(\frac{\partial}{\partial x}\vec{i}+\frac{\partial}{\partial y}\vec{j}+\frac{\partial}{\partial z}\vec{k}\right)\cdot\left(\frac{x\vec{i}+y\vec{j}+z\vec{k}}{x^2+y^2+z^2}\right)dV$$

$$=\iiint_V\frac{3(x^2+y^2+z^2)-2(x^2+y^2+z^2)}{(x^2+y^2+z^2)^2}dV$$

$$=\iiint_V\frac{1}{x^2+y^2+z^2}dV$$

$$=\iiint_V r^{-2}dV$$

6. $\oiint_S r^7\vec{n}\,dA=\iiint_V 7r^5\vec{r}\,dV$

證明: $\oiint_S r^7\vec{n}\,dA=\iiint_V \vec{\nabla}r^7 dV$

$$=\iiint_V\left(\frac{\partial}{\partial x}\vec{i}+\frac{\partial}{\partial y}\vec{j}+\frac{\partial}{\partial z}\vec{k}\right)(x^2+y^2+z^2)^{\frac{7}{2}}dV$$

$$=\iiint_V\left\{\left[\frac{7}{2}2x(x^2+y^2+z^2)^{\frac{5}{2}}\right]\vec{i}+\left[\frac{7}{2}2y(x^2+y^2+z^2)^{\frac{5}{2}}\right]\vec{j}+\right.$$
$$\left.\left[\frac{7}{2}2z(x^2+y^2+z^2)^{\frac{5}{2}}\right]\vec{k}\right\}dV$$

$$=\iiint_V 7(x^2+y^2+z^2)^{\frac{5}{2}}(x\vec{i}+y\vec{j}+z\vec{k})dV$$

$$=\iiint_V 7r^5\vec{r}\,dV$$

7. $\oiint_S \overrightarrow{n}\,dA = \overrightarrow{0}$

證明: $\oiint_S \overrightarrow{n}\,dA = \iiint_V \overrightarrow{\nabla} \cdot 1\ dV$

$= \iiint_V \left(\frac{\partial}{\partial x}\overrightarrow{i} + \frac{\partial}{\partial y}\overrightarrow{j} + \frac{\partial}{\partial z}\overrightarrow{k}\right) \cdot 1 dV$

$= \iiint_V (0\,\overrightarrow{i} + 0\,\overrightarrow{j} + 0\,\overrightarrow{k})dV = \overrightarrow{0}$

8. $\oiint_S \overrightarrow{r} \times \overrightarrow{n}\,dA = \overrightarrow{0}$

證明: $\oiint_S \overrightarrow{r} \times \overrightarrow{n}\,dA = \oint_C A d\ell$

因為在整個封閉的表面上,沒有一外圍路徑可包圍整個面,因此

$\oiint_S \overrightarrow{r} \times \overrightarrow{n}\,dA = \oint_C A d\ell = \overrightarrow{0}$

9.～24.題，給予 $\overrightarrow{F}$ 和 S，求 $\oiint_S \overrightarrow{F} \cdot \overrightarrow{n}\,dA$。

9. $\overrightarrow{F} = \langle 8xz, -2y^2, 2yz \rangle$, $S: x = 0,\ x = 1,\ y = 0,\ y = 1,\ z = 0,\ z = 1$ 包圍的空間曲面

解: $\oiint_S \overrightarrow{F} \cdot \overrightarrow{n}\,dA = \iiint_V \overrightarrow{\nabla} \cdot \overrightarrow{F} dV$

$= \iiint_V \left[\frac{\partial}{\partial x}(8xz) + \frac{\partial}{\partial y}(-2y^2) + \frac{\partial}{\partial z}(2yz)\right] dV$

$$=2\iiint\limits_{V}(4z-2y+y)dV$$

$$=2\int_0^1\int_0^1\int_0^1(4z-y)dzdydx=3$$

10. $\overrightarrow{F}=\langle 0,2e^y,0\rangle$, $s: x=0,\ x=3,\ y=0,\ y=2,\ z=0,\ z=1$ 包圍的空間曲面

解:

$$\oiint\limits_{S}\overrightarrow{F}\cdot\overrightarrow{n}\,dA=\iiint\limits_{V}\overrightarrow{\nabla}\cdot\overrightarrow{F}\,dV$$

$$=2\int_0^1\int_0^2\int_0^3 e^y\,dxdydz=6(e^2-1)$$

11. $\overrightarrow{F}=\langle 2xy,yz^2,xz\rangle$, $S: x=0,\ y=0,\ y=3,\ z=0,\ x+2z=6$ 包圍的空間曲面

解:

$$\oiint\limits_{S}\overrightarrow{F}\cdot\overrightarrow{n}\,dA=\iiint\limits_{V}\overrightarrow{\nabla}\cdot\overrightarrow{F}\,dV=\iiint\limits_{V}(2y+z^2+x)dV$$

$$=\int_0^3\int_0^3\int_0^{6-2z}(x+2y+z^2)dxdzdy$$

$$=\int_0^3\int_0^3\left[\frac{1}{2}(6-2z)^2+(2y+z^2)(6-2z)\right]dzdy$$

$$=\int_0^3\left(18y+\frac{63}{2}\right)dy=\frac{351}{2}$$

12. $\overrightarrow{F}=\langle e^x,-ye^x,3z\rangle$, $S: x^2+y^2=b^2,\ |z|=2$ 包圍的空間曲面

解: $x=b\cos\theta,\ y=b\sin\theta,\ |z|=2,\ \theta\in[0,2\pi],\ 0\le r\le b$

$$\oiint\limits_{S}\overrightarrow{F}\cdot\overrightarrow{n}\,dA=\iiint\limits_{V}\overrightarrow{\nabla}\cdot\overrightarrow{F}\,dV=\iiint\limits_{V}(e^x-e^x+3)dV$$

$$= \iiint_V 3dV = \int_{-2}^{2}\int_0^{2\pi}\int_0^b 3rdrd\theta dz$$

$$= \frac{3}{2}b^2 \cdot 2\pi \cdot 4 = 12\pi b^2$$

13. $\overrightarrow{F} = \langle x, y, -z\rangle,\ \ S : (x-1)^2 + (y-1)^2 + (z-1)^2 = 16$

解: $$\overrightarrow{\nabla} \cdot \overrightarrow{F} = \frac{\partial}{\partial x}x + \frac{\partial}{\partial y}y + \frac{\partial}{\partial z}(-z) = 1$$

$$\iiint_V \overrightarrow{\nabla} \cdot \overrightarrow{F}\, dV = \iiint_V dxdydz = \frac{4}{3}\pi(4)^3 = \frac{256}{3}\pi$$

14. $\overrightarrow{F} = \langle x^2y, -\frac{1}{2}y^2, 2xz^2\rangle,\ \ S : y^2 + z^2 = 9$ 和 $x = 2$ 圍在第一象限的空間曲面。

解: $$\oiint_S \overrightarrow{F} \cdot \overrightarrow{n}\, dA = \iiint_V \overrightarrow{\nabla} \cdot \overrightarrow{F}\, dV = \iiint_V (2xy - y + 4xz)dxdydz$$

$x \in [0, 2],\ \ y = r\cos\theta,\ \ z = r\sin\theta,\ \ 0 \le r \le 3,\ \ \theta \in [0, 2\pi]$

$$= \int_0^2\int_0^{\frac{\pi}{2}}\int_0^3 [2xr\cos\theta - r\cos\theta + 4xr\sin\theta]rdrd\theta dx$$

$$= \int_0^2\int_0^{\frac{\pi}{2}} \left[(2x\cos\theta - \cos\theta + 4x\sin\theta)\frac{1}{3}r^3\Big|_0^3\right] d\theta dx$$

$$= 9\int_0^2\int_0^{\frac{\pi}{2}} [(2x-1)\cos\theta + 4x\sin\theta]d\theta dx$$

$$= 9\int_0^2 \left[(2x-1)\sin\theta - 4x\cos\theta\Big|_0^{\frac{\pi}{2}}\right] dx$$

$$= 9\int_0^2 (2x - 1 + 4x)dx = 90$$

15. $\overrightarrow{F}=\langle y^2,z^2,x^2z\rangle$, $S: x^2+y^2=4$, $|z|=\pm 1$ 圍在第一象限的空間曲面

解:

$$\overrightarrow{\nabla}\cdot\overrightarrow{F}=x^2$$

$$\oiint_S \overrightarrow{F}\cdot\overrightarrow{n}\,dA=\iiint_T \overrightarrow{\nabla}\cdot\overrightarrow{F}\,dV=\int_{-1}^{1}\int_0^{\frac{\pi}{2}}\int_0^2 r^2\cos^2\theta\, r\,dr\,d\theta\,dz$$

$$=\int_{-1}^{1}\int_0^{\frac{\pi}{2}} 4\cos^2\theta\, d\theta dz=\int_{-1}^{1}\pi dz=2\pi$$

16. $\overrightarrow{F}=\langle yz,-2xz,\frac{1}{2}xy\rangle$, $S: (x+1)^2+(y-3)^2+(z-1)^2=16$

解:

$$\overrightarrow{\nabla}\cdot\overrightarrow{F}=\frac{\partial}{\partial x}(yz)+\frac{\partial}{\partial y}(-2xz)+\frac{\partial}{\partial z}\left(\frac{1}{2}xy\right)=0$$

$$\iiint_V \overrightarrow{\nabla}\cdot\overrightarrow{F}\,dV=\iiint_V 0dV=0$$

17. $\overrightarrow{F}=\langle x,x^2y,-x^2z\rangle$, $s: x=0,\ y=0,\ z=0,\ x+y+z=1$ 包圍的三角錐曲面

解:

$$\oiint_S \overrightarrow{F}\cdot\overrightarrow{n}\,dA=\iiint_V \overrightarrow{\nabla}\cdot\overrightarrow{F}\,dxdydz=\iiint_V (1+x^2-x^2)dxdydz$$

$$=\iiint_V dxdydz=\overrightarrow{v}=1\cdot\frac{1}{3}\cdot\frac{1}{2}\cdot 1=\frac{1}{6}$$

18. $\overrightarrow{F}=\langle 2x,-\frac{1}{2}z,\frac{1}{2}x\rangle$, $S: x^2+y^2+z^2=1$, $z=0$ 包圍的上半球體的曲面

解: $\overrightarrow{F}=2x\overrightarrow{i}-\frac{1}{2}z\overrightarrow{j}+\frac{1}{2}x\overrightarrow{k}$, $x^2+y^2+z^2\leq 1$, $z\geq 0$

$S_1: \overrightarrow{N}=\frac{x}{z}\overrightarrow{i}+\frac{y}{z}\overrightarrow{j}+\overrightarrow{k}$, $S_2: \overrightarrow{N}=(-1)\overrightarrow{k}$

利用高斯定理

$$\overrightarrow{\nabla}\cdot\overrightarrow{F}=\frac{\partial}{\partial x}(2x)+\frac{\partial}{\partial y}\left(\frac{1}{2}-z\right)+\frac{\partial}{\partial z}\left(\frac{1}{2}x\right)=2$$

$$\therefore\iiint_V\overrightarrow{\nabla}\cdot\overrightarrow{F}\,dV=\iiint_V 2dV$$

$$V=\frac{1}{2}\cdot\frac{4}{3}\cdot\pi r^3=\frac{2}{3}\pi$$

$$\iiint_V\overrightarrow{\nabla}\cdot\overrightarrow{F}\,dV=2\cdot\frac{2\pi}{3}=\frac{4\pi}{3}$$

19. $\overrightarrow{F}=\langle x^2,(-2x+1)y,4z\rangle,\ \ s:z^2=x^2+y^2,\ \ z\in[0,2]$

解:

$$\oiint_S\overrightarrow{F}\cdot\overrightarrow{n}\,dA=\iiint_V\overrightarrow{\nabla}\cdot\overrightarrow{F}\,dxdydz$$

$$=\iiint_V(2x-2x+1+4)dxdydz=\iiint_V 5dxdydz$$

令 $x=r\cos\theta,\ \ y=r\sin\theta,\ \ z=z$

$$\int_0^2\int_0^z\int_0^{2\pi}5rd\theta drdz=\int_0^2\int_0^z 10\pi rdrdz=\int_0^2 5\pi z^2dz=\frac{40}{3}\pi$$

20. $\overrightarrow{F}=\langle x^2,y^2,z^2\rangle,\ \ S:z=\sqrt{x^2+y^2},\ \ Z\in[0,1]$

解:

$$\overrightarrow{\nabla}\cdot\overrightarrow{F}=\frac{\partial}{\partial x}(x^2)+\frac{\partial}{\partial y}(y^2)+\frac{\partial}{\partial z}(z^2)=2x+2y+2z$$

$$\iiint_V\overrightarrow{\nabla}\cdot\overrightarrow{F}\,dV=\iiint_{\sqrt{x^2+y^2}}^2(2x+2y+2z)dzdxdy$$

$$=\iint[4x+4y+4-(2x+2y)\sqrt{x^2+y^2}-(x^2+y^2)]dxdy$$

$x=\cos\theta,\ \ y=r\sin\theta,\ \ dxdy=rdrd\theta$

$$\text{原式}=\int_0^2\int_0^{2\pi}[4r^2\cos\theta+4r^2\sin\theta-2r^3\sin\theta-2r^3\cos\theta+4r-r^3]d\theta dr$$

$$= \int_0^2 2\pi(4r - r^3)dr = 2\pi\left(2r^2 - \frac{r^4}{4}\right)\Bigg|_0^2 = 8\pi$$

$$\iint_{\Sigma} \overrightarrow{F} \cdot \overrightarrow{N} d\sigma = \iiint_V \overrightarrow{\nabla} \cdot \overrightarrow{F} dV = 8\pi$$

21. $\overrightarrow{F} = \langle x^3, y^3, z^3 \rangle, \quad S : x^2 + y^2 + z^2 = 1$

解:

$$\oiint_S \overrightarrow{F} \cdot \overrightarrow{n} dA = \iiint_V \overrightarrow{\nabla} \cdot \overrightarrow{F} dxdydz = \iiint_V 3(x^2 + y^2 + z^2)dxdydz$$

令 $x = r\cos\theta\cos\phi, \quad y = r\sin\theta\cos\phi, \quad z = r\sin\phi$

上式成為 $\int_{-\frac{\pi}{2}}^{\frac{\pi}{2}} \int_0^{2\pi} \int_0^2 3r^2 \cdot r^2 \cos\phi \, drd\theta d\phi$

$$= \int_{-\frac{\pi}{2}}^{\frac{\pi}{2}} \int_0^{2\pi} \frac{96}{5} \cos\phi \, d\theta d\phi = \int_{-\frac{\pi}{2}}^{\frac{\pi}{2}} \frac{192\pi}{5} \cos\phi \, d\phi = \frac{384}{5}\pi$$

22. $\overrightarrow{F} = \langle 2x^2, -2e^z, 2z \rangle, \quad S: \; x^2 + y^2 = 4, \quad z \in [0, 2]$

解:

$$\overrightarrow{\nabla} \cdot \overrightarrow{F} = \frac{\partial}{\partial x}(2x^2) + \frac{\partial}{\partial y}(-2e^z) + \frac{\partial}{\partial z}(2z) = 4x + 2$$

$$\iiint_V \overrightarrow{\nabla} \cdot \overrightarrow{F} dV = \iiint_V (4x + 2)dV = \iiint_V 24xdV + \iiint_V 2 \cdot dV$$

$$= 2\int_0^2 \int_0^2 \int_0^{2\pi} 2r\cos\theta \cdot rdrd\theta dz + 8\pi = 2(0 + 8\pi) = 16\pi$$

$$\therefore \iint_{\Sigma} \overrightarrow{F} \cdot \overrightarrow{N} d\sigma = \iiint_V \overrightarrow{\nabla} \cdot \overrightarrow{F} dV = 16\pi$$

23. $\overrightarrow{F} = \langle -\sin^2 x, 0, z(1 + \sin 2x) \rangle, \quad s : z = x^2 + y^2, \quad z \in \left[0, \frac{1}{2}\right]$

解:

$$\oiint_S \vec{F}\cdot\vec{n}\,dA = \iiint_T \vec{\nabla}\cdot\vec{F}\,dV = -\int_0^{\frac{1}{2}}\int_0^{2\pi}\int_0^{\sqrt{z}} r\,dr\,d\theta\,dz$$

$$= -\int_0^{\frac{1}{2}}\int_0^{2\pi}\frac{z}{2}\,d\theta\,dz = -\frac{1}{8}\pi$$

24. $\vec{F} = \langle \frac{3}{2}xy, 0, \frac{1}{2}z^2\rangle,\ \ S: x^2+y^2+z^2=1$

解:

$$\vec{\nabla}\cdot\vec{F} = \frac{\partial}{\partial x}\left(\frac{3}{2}xy\right) + \frac{\partial}{\partial z}\left(\frac{z^2}{2}\right) = \frac{3}{2}y + \frac{2}{2}z$$

$$\iiint_V \vec{\nabla}\cdot\vec{F}\,dV = \iiint_V \frac{1}{2}(3y+2z)\,dx\,dy\,dz$$

$$dx\,dy\,dz = r^2\sin\phi\ dr\,d\theta\,d\phi$$

$$y = r\sin\theta\sin\phi,\ \ x = r\cos\theta\cdot\sin\phi,\ \ z = r\cos\phi$$

$$\text{原式} = \frac{1}{2}\int_0^1\int_0^{2\pi}\int_0^{\pi}(3r\sin\theta\sin\phi + 2r\cos\phi)r^2\sin\phi\ dr\,d\theta\,d\phi$$

$$= \frac{1}{2}\int_0^1 r^3dr\int_0^{2\pi}d\theta\int_0^{\pi}(3\sin\theta\sin^2\phi + 2\cos\phi\sin\phi)d\phi$$

$$= \frac{1}{2}\int_0^1 r^3dr\int_0^{2\pi}d\theta\left[\frac{3\sin\theta}{2}\left(\phi - \frac{1}{2}\sin 2\phi\right) - \frac{1}{2}\cos 2\phi\right]\Bigg|_0^{\pi}$$

$$= \frac{1}{2}\int_0^1 r^3dr\int_0^{2\pi}\frac{3\pi}{2}\sin\theta\ d\theta = 0$$

$$\iint_\Sigma \vec{F}\cdot\vec{N}\,d\sigma = \iiint_V \vec{\nabla}\cdot\vec{F}\,dV = 0$$

25. ~30. 題，給予密度 $\rho(x,y,z)$ 和體積 V，求物體的質量。

25. $\rho = xyz,\ \ V: |x|\le 1,\ \ |y|\le 1,\ \ |z|\le 1$

解: $\rho = xyz,\ \ |x|\le 1,\ \ |y|\le 1,\ \ |z|\le 1$

$$M = \iiint \rho\,dx\,dy\,dz = \int_{-1}^1\int_{-1}^1\int_{-1}^1 xyz\ dx\,dy\,dz = 1$$

26.$\rho = x^2+y^2,\ \ V: x^2+y^2 \le 4,\ \ z\in[0,6]$

解:
$$M = \iiint \rho dV = \int_0^6 \int_0^{2\pi} \int_0^2 r^2 \cdot r dr d\theta dz$$
$$= \int_0^6 dz \cdot \int_0^{2\pi} d\theta \cdot \int_0^2 r^3 dr = 6\cdot\pi\cdot\frac{2^4}{2} = 48\pi$$

27.$\rho = 2xy,\ \ V: x=0,\ \ y=0,\ \ z=0,\ \ x+y+z=1$ 所圍之空間

解:
$$M = \int_0^1 \int_0^{1-x} \int_0^{1-x-y} 2xydzdydx = \int_0^1 \int_0^{1-x} 2xy(1-x-y)dydx$$
$$= 2\int_0^1 \left[x(1-x)\frac{y^2}{2} - \frac{xy^3}{3} \Big|_0^{1-x} \right] dx = 2\int_0^1 \frac{1}{6}x(1-x)^3 dx$$
$$= -\frac{1}{12}x(1-x)^4\Big|_0^1 + \frac{1}{12}\int_0^1 (1-x)^4 dx$$
$$= 0 - \frac{1}{60}(1-x)^5\Big|_0^1 = \frac{1}{60}$$

28.$\rho = \sin x \cos y + 1,\ \ V: x\in[0,2\pi],\ \ y\in[0,\pi],\ \ z\in[0,4]$

解:
$$M = \int_0^4 \int_0^{\pi} \int_0^{2\pi} (\sin x\cos y + 1)dxdydz$$
$$= \int_0^4 \int_0^{\pi} 2\pi dydz = \int_0^4 2\pi^2 dz = 8\pi^2$$

29.$\rho = 2x^2y^2,\ \ V: x\in[0,1],\ \ y\in[1-x,1],\ \ z\in[1,2]$

解:
$$M = \int_1^2 \int_0^1 \int_{1-x}^1 2x^2y^2 dydxdz = \int_1^2 \int_0^1 \frac{2x^2}{3}[1-(1-x)^3]dxdz$$
$$= 2\int_1^2 \int_0^1 \left(x^3 - x^4 + \frac{x^5}{3} \right) dxdz$$
$$= 2\int_1^2 \left(\frac{x^4}{4} - \frac{x^5}{5} + \frac{x^6}{18} \right)\Big|_0^1 dz = 2\int_1^2 \frac{19}{180} dz = \frac{19}{90}$$

30.$\rho=2(yz)^{-1},\ V: x\in[0,2],\ y\in[e^{-x},1],\ z\in[e^{-x},1]$

解:
$$M=\int_0^2\int_{e^{-x}}^1\int_{e^{-x}}^1\frac{2}{yz}dzdydx=\int_0^2\int_{e^{-x}}^1\frac{2}{y}\ln z\Big|_{e^{-x}}^1dydx$$
$$=\int_0^2\int_{e^{-x}}^1\frac{2x}{y}dydx=\int_0^2 2x^2dx=\frac{16}{3}$$

31.~34.題,求慣性動量 $I_x=\iiint\limits_V(y^2+z^2)dV$,其中 $\rho(x,y,z)=1$。

31.$V: x\in[0,1],\ y\in[-1,1],\ z\in[-2,2]$

解:
$$I_x=\int_0^1\int_{-1}^1\int_{-2}^2(y^2+z^2)dzdydx$$
$$=\int_0^1\int_{-1}^1\left(y^2z+\frac{1}{3}z^3\right)\Big|_{-2}^2dydx$$
$$=\int_0^1\int_{-1}^1\left(4y^2+\frac{16}{3}\right)dydx$$
$$=\int_0^1\left(\frac{4}{3}y^3+\frac{16}{3}y\right)\Big|_{-1}^1dx=\int_0^1\frac{40}{3}dx=\frac{40}{3}$$

32.$V: y^2+z^2\le 4,\ x\in[0,2]$

解: $y=\rho\cos\phi,\ 0\le\rho\le 2$

$z=\rho\sin\phi,\ 0\le\phi\le 2\pi$

$$I_x=\iiint(y^2+z^2)dxdydz=\int_0^h\int_0^{2\pi}\int_0^2\rho^2\cdot\rho d\rho d\phi dx$$
$$=\int_0^h\int_0^{2\pi}\left(\frac{\rho^4}{4}\Big|_0^2\right)d\phi dx=\int_0^h\int_0^{2\pi}\frac{2^4}{4}d\phi dx$$
$$=\frac{2^4}{4}\cdot 2\pi\cdot h=8\pi h$$

33. $V: y^2+z^2 \le x^2,\ \ x\in[0,2]$

解：$y=\rho\cos\phi,\ \ 0\le\rho\le x$

$z=\rho\sin\phi,\ \ 0\le\phi\le 2\pi$

$$I_x=\iiint (y^2+z^2)dxdydz=\int_0^h\int_0^{2\pi}\int_0^x \rho^2\cdot\rho d\rho d\phi dx$$

$$=\int_0^h\int_0^{2\pi}\left(\frac{\rho^4}{4}\Big|_0^x\right)d\phi dx=2\pi\int_0^h\frac{x^4}{4}dx=\frac{\pi}{2}\cdot\frac{x^5}{5}\Big|_0^h=\frac{\pi h^5}{10}$$

34. $V: x^2+y^2+z^2\le 4$

解：$\begin{cases} x=\rho\sin\phi\cos\theta \\ y=\rho\sin\phi\sin\theta \\ z=\rho\cos\phi \end{cases}$　又$|J|=|\overrightarrow{r_\phi}\times\overrightarrow{r_\theta}|=\rho^2\sin\phi$

$$I_x=\int_0^{2\pi}\int_0^{\pi}\int_0^2(\rho\sin\phi\cos\theta+\rho\sin\phi\sin\theta)^2\cdot|J|d\rho d\phi d\theta$$

$$=\int_0^{2\pi}\int_0^{\pi}\int_0^2\rho^2\sin^2\phi\cdot\rho^2\sin\phi\ d\rho d\phi d\theta$$

$$=\int_0^{2\pi}\int_0^{\pi}\int_0^2\sin^3\phi\rho^4 d\rho d\phi d\theta=2\pi\int_0^{\pi}\left[\sin^3\phi\cdot\frac{\rho^5}{5}\right]\Big|_0^2 d\phi$$

$$=2\pi\cdot\frac{32}{5}\left(\frac{\cos^3\phi}{3}-\cos\phi\right)\Big|_0^{\pi}=\frac{32\pi}{5}\left[-\frac{1}{3}+1-\left(\frac{1}{3}-1\right)\right]$$

$$=\frac{8}{15}\pi a^5=\frac{256}{15}\pi$$

35. ～40.題，求 $\oint_C \overrightarrow{F}\cdot\overrightarrow{n}dS$（可用平面式之高斯散度理論求之）。

35. $\overrightarrow{F}=\langle e^x,e^y\rangle,\ \ C: x=0,\ \ x=2,\ \ y=0,\ \ y=2$ 所圍的封閉曲線

解：$$\oint_C\overrightarrow{F}\cdot\overrightarrow{n}ds=\iint_R\nabla\cdot\overrightarrow{F}dA\quad(R: x\in[0,2],\ \ y\in[0,2])$$

$$=\int_0^2\int_0^2 (e^x+e^y)dxdy=\int_0^2 (e^x+xe^y)\Big|_0^2 dy$$

$$=\int_0^2 (e^2-1+2e^y)dy=[(e^2-1)y+2e^y]\Big|_0^2$$

$$=2e^2-2+2(e^2-1)=4e^2-4$$

36. $\overrightarrow{F}=\langle 2(x+3y)+3, 6(x+3y)\rangle,\ C: x^2+y^2=16,\ x=0,\ y=0$ 所圍之第二象限的封閉曲線

解: $$\oint_C \overrightarrow{F}\cdot\overrightarrow{n}\,ds=\iint_R \overrightarrow{\nabla}\cdot\overrightarrow{F}\,dA$$

$$x=r\cos\theta,\ y=r\sin\theta,\ R: r\in[0,4],\ \theta\in\left[\frac{\pi}{2},\pi\right]$$

$$=\int_{\frac{\pi}{2}}^{\pi}\int_0^4 (2+18)rdrd\theta$$

$$=10\int_{\frac{\pi}{2}}^{\pi} r^2\Big|_0^4 d\theta=160\left(\pi-\frac{\pi}{2}\right)=80\pi$$

37. $\overrightarrow{F}=\langle e^x\cos y+3x^2-6y^2, -e^x\sin y-6xy\rangle,\ C$: 頂點是 $(1,1)$、$(2,-1)$、$(4,2)$ 的三角形。

解: $$\oint_C \overrightarrow{F}\cdot\overrightarrow{n}\,ds=\iint_R \overrightarrow{\nabla}\cdot\overrightarrow{F}\,dA$$

$$=\iint_R (e^x\cos y+6x-e^x\cos y-6x)dxdy=0$$

38. $\overrightarrow{F}=\langle 2x(x^2+y^2)^{-1}+y^3, 2y(x^2+y^2)^{-1}+3xy^2\rangle,\ C: y=1,\ y=2-x^2,\ x=0$ 所圍之 $y\geq 1,\ x\geq 0$ 區間的封閉曲線。

解: $$\oint_C \overrightarrow{F}\cdot\overrightarrow{n}\,ds=\iint_R \overrightarrow{\nabla}\cdot\overrightarrow{F}\,dA=\int_0^1\int_1^{2-x^2} 6xydydx$$

$$=\int_0^1 3x[(2-x^2)^2-1]dx = 3\int_0^1 (3x-4x^3+x^5)dx$$

$$=3\left(\frac{3}{2}x^2-x^4+\frac{x^6}{6}\right)\Big|_0^1 = 2$$

39. $\overrightarrow{F}=\langle 5x^4y+y^5, x^5+5xy^4\rangle$, $C: x^2+y^2=1$, $y=0$ 所圍之上半圓的封閉曲線。

解:

$$\oint_C \overrightarrow{F}\cdot\overrightarrow{n}\,ds = \iint_R \overrightarrow{\nabla}\cdot\overrightarrow{F}\,dA = \iint_R (20x^3y+20xy^3)dxdy$$

$$=\int_0^{\pi}\int_0^1 20r^2\sin\theta\cos\theta\, r dr d\theta$$

$$=\left(\frac{20}{4}r^4\right)\Big|_0^1\cdot\left(\frac{-1}{4}\cos 2\theta\right)\Big|_0^{\pi}=0$$

40. $\overrightarrow{F}=\langle 7x,-3y\rangle$, $C: x^2+y^2=4$

解:

$$\operatorname{div}\overrightarrow{F}=\frac{\partial(7x)}{\partial x}+\frac{\partial(-3y)}{\partial y}=7-3=4$$

$$\iint_R \operatorname{div}\overrightarrow{F}\,dxdy=\iint 4dxdy=16\pi$$

C 為 $\overrightarrow{r}(t)=2\cos t\,\overrightarrow{i}+2\sin t\,\overrightarrow{j}$

$\overrightarrow{r}'=-2\sin t\,\overrightarrow{i}+2\cos t\,\overrightarrow{j}\Rightarrow \|\overrightarrow{r}'(t)\|=4$

$x=2\cos t,\ y=2\sin t$

$$\overrightarrow{n}=\frac{dy}{ds}\overrightarrow{i}-\frac{dx}{ds}\overrightarrow{j}=\frac{dy}{dt}\frac{dt}{ds}\overrightarrow{i}-\frac{dx}{dt}\frac{dt}{ds}\overrightarrow{j}$$

$$=\frac{2\cos t}{\|\overrightarrow{r}'(t)\|}\overrightarrow{i}+\frac{2\sin t}{\|\overrightarrow{r}'(t)\|}\overrightarrow{j}$$

$$\int_C \overrightarrow{F}\cdot\overrightarrow{n}\,ds=\int_C (7x\overrightarrow{i}-3y\overrightarrow{j})\cdot\left(\frac{2\cos t}{\|\overrightarrow{r}'(t)\|}\overrightarrow{i}+\frac{2\sin t}{\|\overrightarrow{r}'(t)\|}\overrightarrow{j}\right)\|\overrightarrow{r}'(t)\|dt$$

$$= \int_0^{2\pi} (28\cos^2 t - 12\sin^2 t)dt$$

$$= \int_0^{2\pi} [28(\cos^2 t + \sin^2 t) - 40\sin^2 t]dt$$

$$= 28 \cdot 2\pi - 40\left[\left(\frac{t}{2} - \frac{\sin 2t}{4}\right)\Big|_0^{2\pi}\right]$$

$$= 28 \cdot 2\pi - 40\pi = 16\pi$$

41.求 $\oint\!\!\!\oint_S \overrightarrow{r} \cdot \overrightarrow{n}\, dA$

(a) $S : x^2 + y^2 + z^2 = 4$

(b) $S : x \in [-1, 1],\ \ y \in [-1, 1],\ \ z \in [-1, 1]$ 的正方體之曲面

(c) $S : z = 4 - (x^2 + y^2),\ \ z \in [0, 4]$

解: (a) $S : x^2 + y^2 + z^2 = 4$

$$\oint\!\!\!\oint_S \overrightarrow{r} \cdot \overrightarrow{n}\, dA = \int_0^2 \int_0^2 \int_0^4 \pi dxdydz = \int_0^2 \int_0^2 \pi x\Big|_0^4 dydz$$

$$= \int_0^2 4\pi y\Big|_0^2 dz = 8\pi z\Big|_0^4 = 32\pi$$

(b) $S : x \in [-1, 1],\ \ y \in [-1, 1],\ \ z \in [-1, 1]$

$$\oint\!\!\!\oint_S \overrightarrow{r} \cdot \overrightarrow{n}\, dA = \iiint_V \overrightarrow{\nabla} \cdot \overrightarrow{r}\, dV = \int_{-1}^1 \int_{-1}^1 \int_{-1}^1 3dxdydz$$

$$= \int_{-1}^1 \int_{-1}^1 6dydz = \int_{-1}^1 12dz = 24$$

(c) $S : z = 4 - (x^2 + y^2),\ \ z \in [0, 4]$

$$\oint\!\!\!\oint_S \overrightarrow{r} \cdot \overrightarrow{n}\, dA = \iiint_V \overrightarrow{\nabla} \cdot \overrightarrow{r}\, dV$$

$x = r\cos\theta,\ \ y = r\sin\theta,\ \ \theta \in [0, 2\pi],\ \ r \in [0, \sqrt{4 - z}]$

$$=\int_0^4\int_0^{2\pi}\int_0^{\sqrt{4-z}}3rdrd\theta dz$$

$$=\frac{3}{2}\int_0^4\int_0^{2\pi}(4-z)d\theta dz=\frac{3}{2}\int_0^4(4-z)\cdot 2\pi dz$$

$$=3\pi\left(4z-\frac{1}{2}z^2\right)\Big|_0^4=24\pi$$

42.(a)證明 $\oiint_S \overrightarrow{\nabla}\phi\cdot\overrightarrow{n}\,dA=\iiint_V \nabla^2\phi dV$

(b)令 $\phi=2z^2-x^2-y^2,\ V: x\in[0,1],\ y\in[0,2],\ z\in[0,4]$

驗證(a)的公式。

解: (a)

$$\oiint \overrightarrow{\nabla}\phi\cdot\overrightarrow{n}\,dA=\iiint_V \overrightarrow{\nabla}\cdot(\overrightarrow{\nabla}\phi)dV$$

$$=\iiint_V\left(\frac{\partial}{\partial x}\overrightarrow{i}+\frac{\partial}{\partial y}\overrightarrow{j}+\frac{\partial}{\partial z}\overrightarrow{k}\right)\cdot$$

$$\left(\frac{\partial\phi}{\partial x}\overrightarrow{i}+\frac{\partial\phi}{\partial y}\overrightarrow{j}+\frac{\partial\phi}{\partial z}\overrightarrow{k}\right)dV$$

$$=\iiint_V\left(\frac{\partial^2\phi}{\partial x^2}+\frac{\partial^2\phi}{\partial y^2}+\frac{\partial^2\phi}{\partial z^2}\right)dV$$

$$=\iiint_V\left(\frac{\partial^2}{\partial x^2}+\frac{\partial^2}{\partial y^2}+\frac{\partial^2}{\partial z^2}\right)\phi dV=\iiint_V \nabla^2\phi dV$$

(b) $\phi=2z^2-x^2-y^2;\ \ \overrightarrow{\nabla}\phi=-2x\overrightarrow{i}-2y\overrightarrow{j}+4z\overrightarrow{k}$

$$\oiint_S \overrightarrow{\nabla}\phi\cdot\overrightarrow{n}\,dA=\int_0^1\int_0^2(-2x\overrightarrow{i}-2y\overrightarrow{j})(-\overrightarrow{k})dxdy+$$

$$\int_0^1\int_0^2(-2x\overrightarrow{i}-2y\overrightarrow{j}+16k)\cdot\overrightarrow{k}\,dxdy+$$

$$\int_0^2\int_0^4(-2y\overrightarrow{j}+4z\overrightarrow{k})(-\overrightarrow{i})dzdy+$$

$$\int_0^2\int_0^4(-2\overrightarrow{i}-2y\overrightarrow{j}+4z\overrightarrow{k})\cdot\overrightarrow{i}\,dzdy+$$

$$\int_0^1\int_0^4(-2x\overrightarrow{i}+4z\overrightarrow{k})(-\overrightarrow{j})dzdx+$$

$$\int_0^1\int_0^4(-2x\overrightarrow{i}-4\overrightarrow{j}+4\overrightarrow{k})\cdot\overrightarrow{j}\,dzdx$$

$$=0+32+0-16+0-16=0$$

而 $\iiint\limits_V \nabla^2\phi dV=\int_0^4\int_0^2\int_0^1(2-2+4)dxdydz$

$$=\int_0^4\int_0^2\int_0^1 0dxdydz=0$$

$\oiint\limits_S \overrightarrow{\nabla}\phi\cdot\overrightarrow{n}\,dA=\iiint\limits_V \nabla^2\phi dV=0$ 故得證

8.5 史多克士理論（線積分與面積分之轉換）

1. ~ 4.題，求 $\iint\limits_S \overrightarrow{\nabla}\times\overrightarrow{F}\cdot\overrightarrow{n}\,dA$。

1. $\overrightarrow{F}\langle z^2,4x,0\rangle$，$S$：正方形，$x\in[0,1]$，$y\in[0,1]$，$z=y$

解：
$$\overrightarrow{\nabla}\times\overrightarrow{F}=\begin{vmatrix}\overrightarrow{i} & \overrightarrow{j} & \overrightarrow{k}\\ \dfrac{\partial}{\partial x} & \dfrac{\partial}{\partial y} & \dfrac{\partial}{\partial z}\\ z^2 & 4x & 0\end{vmatrix}=2z\overrightarrow{j}+4\overrightarrow{k}$$

$$\overrightarrow{n}=\pm\frac{1}{\sqrt{2}}(\overrightarrow{j}-\overrightarrow{k})$$

$$z=f(x,y)=y\Rightarrow\sqrt{1+f_x^2+f_y^2}=\sqrt{2}$$

$$\iint_S(\overrightarrow{\nabla}\times\overrightarrow{F})\cdot\overrightarrow{n}\,dA=\pm\int_0^1\int_0^1\frac{1}{\sqrt{2}}(2z-4)\sqrt{2}dxdy=\mp 3$$

2. $\overrightarrow{F}=\langle e^y,-e^z,-e^x\rangle,\ \ S:x\in[0,1],\ \ y\in[0,1],\ \ z=x+y$

解:
$$\overrightarrow{\nabla}\times\overrightarrow{F}=\begin{vmatrix}\overrightarrow{i}&\overrightarrow{j}&\overrightarrow{k}\\ \dfrac{\partial}{\partial x}&\dfrac{\partial}{\partial y}&\dfrac{\partial}{\partial z}\\ e^y&-e^z&-e^x\end{vmatrix}=e^z\overrightarrow{i}+e^x\overrightarrow{j}-e^y\overrightarrow{k}$$

$$\overrightarrow{n}=\pm\frac{\overrightarrow{\nabla}\phi}{\|\overrightarrow{\nabla}\phi\|}=\pm\frac{\overrightarrow{i}+\overrightarrow{j}-\overrightarrow{k}}{\sqrt{1^2+1^2+(-1)^2}}=\pm\frac{1}{\sqrt{3}}(\overrightarrow{i}+\overrightarrow{j}-\overrightarrow{k})$$

$$z=f(x,y)=x+y\Rightarrow\sqrt{1+f_x^2+f_y^2}=\sqrt{3}$$

$$\iint_S(\overrightarrow{\nabla}\times\overrightarrow{F})\cdot\overrightarrow{n}\,dA=\pm\int_0^1\int_0^1\frac{1}{\sqrt{3}}(e^{x+y}+e^x+e^y)\sqrt{3}dxdy$$

$$=\pm\int_0^1(e^{1+y}-e^y+e-1+e^y)dy=\pm(e^2-1)$$

3. $\overrightarrow{F}=\langle e^{2z},e^z\sin y,e^z\cos y\rangle,\ \ S:x\in[0,2],\ \ y\in[0,1],\ \ z=y^2$

解:
$$\overrightarrow{\nabla}\times\overrightarrow{F}=\begin{vmatrix}\overrightarrow{i}&\overrightarrow{j}&\overrightarrow{k}\\ \dfrac{\partial}{\partial x}&\dfrac{\partial}{\partial y}&\dfrac{\partial}{\partial z}\\ e^{2z}&e^z\sin y&e^z\cos y\end{vmatrix}=-2e^z\sin y\,\overrightarrow{i}+2e^{2z}\overrightarrow{j}$$

$$=-2e^{v^2}\sin v\,\overrightarrow{i}+2e^{2v^2}\overrightarrow{j}$$

$$\overrightarrow{N}=\overrightarrow{r_u}\times\overrightarrow{r_v}=\overrightarrow{i}\times(\overrightarrow{j}+2v\overrightarrow{k})=\overrightarrow{k}-2v\overrightarrow{j}$$

$$\Rightarrow\iint_S(\overrightarrow{\nabla}\times\overrightarrow{F})\cdot\overrightarrow{n}\,dA=\iint_R(\overrightarrow{\nabla}\times\overrightarrow{F})\cdot\overrightarrow{N}dudv=\int_0^1\int_0^2-4ve^{2v^2}dudv$$

$$= \int_0^1 -8ve^{2v^2}\,dv = \left(-2e^{2v^2}\right)\Big|_0^1 = -2e^2 + 2$$

4. $\overrightarrow{F} = \langle 0, 0, x\cos z\rangle,\ \ S: x^2 + y^2 = 4,\ \ y \geq 0,\ \ z \in \left[0, \dfrac{\pi}{2}\right]$

解:

$$\overrightarrow{\nabla} \times \overrightarrow{F} = \begin{vmatrix} \overrightarrow{i} & \overrightarrow{j} & \overrightarrow{k} \\ \dfrac{\partial}{\partial x} & \dfrac{\partial}{\partial y} & \dfrac{\partial}{\partial z} \\ 0 & 0 & x\cos z \end{vmatrix} = -\cos z\,\overrightarrow{j}$$

$$\overrightarrow{r} = 2\cos u\,\overrightarrow{i} + 2\sin u\,\overrightarrow{j} + \overrightarrow{k}$$

$$\overrightarrow{N} = \overrightarrow{r_u} \times \overrightarrow{r_v} = (-2\sin u\,\overrightarrow{i} + 2\cos u\,\overrightarrow{j}) \times \overrightarrow{k} = 2\sin u\,\overrightarrow{j} + 2\cos u\,\overrightarrow{i}$$

$$\iint_S (\overrightarrow{\nabla} \times \overrightarrow{F}) \cdot \overrightarrow{n}\,dA = \iint_S (\overrightarrow{\nabla} \times \overrightarrow{F}) \cdot \overrightarrow{N}\,dudv$$

$$= \int_0^{\frac{\pi}{2}} \int_0^{\pi} -2\sin u \cos v\,dudv$$

$$= (2\cos u)\Big|_0^{\pi} \cdot (\sin v)\Big|_0^{\frac{\pi}{2}} = -4$$

5.～8.題，求 $\oint_C \overrightarrow{F} \cdot d\overrightarrow{r}$（順時針旋轉）。

5. $\overrightarrow{F} = \langle 2z, -x, x\rangle,\ \ C: x^2 + y^2 = 1,\ \ z = y + 1$

解:

$$\overrightarrow{\nabla} \times \overrightarrow{F} = \begin{vmatrix} \overrightarrow{i} & \overrightarrow{j} & \overrightarrow{k} \\ \dfrac{\partial}{\partial x} & \dfrac{\partial}{\partial y} & \dfrac{\partial}{\partial z} \\ 2z & -x & x \end{vmatrix} = (2-1)\,\overrightarrow{j} + (-1)\,\overrightarrow{k} = \overrightarrow{j} - \overrightarrow{k}$$

令 $\phi = y - z + 1$

$$\Rightarrow \overrightarrow{n} = \pm \frac{\overrightarrow{\nabla}\phi}{\|\overrightarrow{\nabla}\phi\|} = \pm \frac{\overrightarrow{j} - \overrightarrow{k}}{\sqrt{1^2 + (-1)^2}} = \frac{1}{\sqrt{2}}(-\overrightarrow{j} + \overrightarrow{k})\ \text{（順時針）}$$

$$z=f(x,y)=y+1\Rightarrow\sqrt{1+f_x^2+f_y^2}=\sqrt{1+1^2}=\sqrt{2}$$

$$\oint_C\overrightarrow{F}\cdot d\overrightarrow{r}=\iint_S(\overrightarrow{\nabla}\times\overrightarrow{F})\cdot\overrightarrow{n}\,dA$$

$$=\int_0^{2\pi}\int_0^1\left(-\frac{1}{\sqrt{2}}-\frac{1}{\sqrt{2}}\right)\sqrt{2}r\,dr\,d\theta=-2\cdot\frac{1}{2}\cdot 2\pi=-2\pi$$

6. $\overrightarrow{F}=\langle 0,2xyz,0\rangle$, C : 三角形之頂點為 $(1,0,0)$、$(0,0,1)$、$(0,1,0)$

解: $\overrightarrow{F}=xyz\overrightarrow{j}$

C 的頂點: $(1,0,0),(0,1,0),(0,0,1)$

$$\overrightarrow{\nabla}\times\overrightarrow{F}=\begin{vmatrix}\overrightarrow{i}&\overrightarrow{j}&\overrightarrow{k}\\ \frac{\partial}{\partial x}&\frac{\partial}{\partial y}&\frac{\partial}{\partial z}\\ 0&xyz&0\end{vmatrix}=-xy\overrightarrow{i}+yz\overrightarrow{k}$$

$$\overrightarrow{r}=u\overrightarrow{i}+v\overrightarrow{j}+(1-u-v)\overrightarrow{k}$$

$$\overrightarrow{N}=\overrightarrow{r}_u\times\overrightarrow{r}_v=(\overrightarrow{i}-\overrightarrow{k})\times(\overrightarrow{j}-\overrightarrow{k})=\overrightarrow{i}+\overrightarrow{j}+\overrightarrow{k}$$

$$\oint_C\overrightarrow{F}\cdot\overrightarrow{r}'ds=\iint_C(\overrightarrow{\nabla}\times\overrightarrow{F})\cdot\overrightarrow{N}\,dudv$$

$$=\int_0^1\int_0^{1-v}[-uv+v(1-u-v)]dudv=\int_0^1 0\cdot dv=0$$

7. $\overrightarrow{F}=\langle x^2,y^2,z^2\rangle$, $C:x^2+y^2+z^2=b^2$ 和 $z=y^2$ 的交叉線。

解:
$$\overrightarrow{\nabla}\times\overrightarrow{F}=\begin{vmatrix}\overrightarrow{i}&\overrightarrow{j}&\overrightarrow{k}\\ \frac{\partial}{\partial x}&\frac{\partial}{\partial y}&\frac{\partial}{\partial z}\\ x^2&y^2&z^2\end{vmatrix}=0$$

$$\oint\overrightarrow{F}\cdot\overrightarrow{r}'ds=\iint(\overrightarrow{\nabla}\times\overrightarrow{F})\cdot\overrightarrow{n}\,dA=0$$

8. $\overrightarrow{F}=\langle y,\frac{1}{2}z,\frac{3}{2}y\rangle$, $C: x^2+y^2+z^2=6z$ 和 $z=x+3$ 的交叉圓。

解: $C: x^2+y^2+(x+3)^2=6(x+3)\Rightarrow 2x^2+y^2=9$

$R:\overrightarrow{r}=\frac{u}{\sqrt{2}}\cos v\,\overrightarrow{i}+u\sin v\,\overrightarrow{j}+\left(\frac{u}{\sqrt{2}}\cos v+3\right)\overrightarrow{k}$

其中 $0\le u\le 3$, $0\le v\le 2\pi$

$$\overrightarrow{\nabla}\times\overrightarrow{F}=\begin{vmatrix}\overrightarrow{i} & \overrightarrow{j} & \overrightarrow{k}\\ \frac{\partial}{\partial x} & \frac{\partial}{\partial y} & \frac{\partial}{\partial z}\\ 2y & z & 3y\end{vmatrix}=2\overrightarrow{i}-2\overrightarrow{k}$$

$$\overrightarrow{N}=\overrightarrow{r}_u\times\overrightarrow{r}_v=\left(\frac{\cos v}{\sqrt{2}}\overrightarrow{i}+\sin v\,\overrightarrow{j}+\frac{\cos v}{\sqrt{2}}\overrightarrow{k}\right)\times$$

$$\left(\frac{-u}{\sqrt{2}}\sin v\,\overrightarrow{i}+u\cos v\,\overrightarrow{j}-\frac{u}{\sqrt{2}}\sin v\,\overrightarrow{k}\right)$$

$$=-\frac{u}{\sqrt{2}}\overrightarrow{i}+\frac{u}{\sqrt{2}}\overrightarrow{k}$$

$$\Rightarrow\oint_C\overrightarrow{F}\cdot\overrightarrow{r}'ds=\iint_R(\overrightarrow{\nabla}\times\overrightarrow{F})\cdot\overrightarrow{N}\,dudv$$

$$=\int_0^{2\pi}\int_0^3(-\sqrt{2}u-\sqrt{2}u)dudv=-18\sqrt{2}\pi$$

9.~16.題，驗證史多克士理論: $\oint_C\overrightarrow{F}\cdot d\overrightarrow{r}=\iint_S\overrightarrow{\nabla}\times\overrightarrow{F}\cdot d\overrightarrow{A}$

9. $\overrightarrow{F}=\langle xy,yz,xz\rangle$, $S: z=x^2+y^2$, $z\in[0,9]$

解: ① $\oint_C\overrightarrow{F}\cdot d\overrightarrow{r}=\oint_C xydx+yzdy+zxdz$

$x=3\cos\theta$, $y=3\sin\theta$, $z=3$ 代入

原式 $=\int_0^{2\pi}3\cos\theta\cdot 3\sin\theta(-3\sin\theta)d\theta+3\sin\theta\cdot 3\cdot 3\cos\theta\,d\theta+0$

$$=\int_0^{2\pi} 27(\sin\theta\cos\theta-\sin^2\theta\cos\theta)d\theta=0$$

② $$\overrightarrow{\nabla}\times\overrightarrow{F}=\begin{vmatrix}\overrightarrow{i} & \overrightarrow{j} & \overrightarrow{k}\\ \frac{\partial}{\partial x} & \frac{\partial}{\partial y} & \frac{\partial}{\partial z}\\ xy & yz & xz\end{vmatrix}=-y\overrightarrow{i}-z\overrightarrow{j}-x\overrightarrow{k}$$

令 $\phi=z-x^2-y^2 \quad \therefore \overrightarrow{N}=\overrightarrow{\nabla}\phi=-2x\overrightarrow{i}-2y\overrightarrow{j}+\overrightarrow{k}$

$$\iint_S(\overrightarrow{\nabla}\times\overrightarrow{F})\cdot\overrightarrow{N}dA=\iint_S(2xy+2yz+x)dxdy$$

$$=\iint_S(2xy+2x^2y+2y^3+x)dxdy$$

$$=\int_0^3\int_0^{2\pi}(2r^3\cos\theta\sin\theta+2r^4\cos^2\theta\sin\theta+$$

$$2r^4\sin^3\theta+r^2\cos\theta)drd\theta$$

$$=0$$

由①②$\Rightarrow \oint_C\overrightarrow{F}\cdot d\overrightarrow{r}=\iint_S(\overrightarrow{\nabla}\times\overrightarrow{F})\cdot d\overrightarrow{A}=0$　故得證

10. $\overrightarrow{F}=\langle y-2x, yz^2, y^2z\rangle$, $S: x^2+y^2+z^2=1$ 的上半球面。

解: ① $$\oint_C\overrightarrow{F}\cdot d\overrightarrow{r}=\oint_C(y-2x)dx+yz^2dy+y^2zdz$$

$$=-\int_0^{2\pi}(2\cos t-\sin t)(-\sin t)dt=-\pi$$

② $$\overrightarrow{\nabla}\times\overrightarrow{F}=\begin{vmatrix}\overrightarrow{i} & \overrightarrow{j} & \overrightarrow{k}\\ \frac{\partial}{\partial x} & \frac{\partial}{\partial y} & \frac{\partial}{\partial z}\\ y-2x & yz^2 & y^2z\end{vmatrix}=-\overrightarrow{k}$$

$$\iint_S (\overrightarrow{\nabla} \times \overrightarrow{F}) \cdot \overrightarrow{n}\, ds = \iint_S (-\overrightarrow{k}) \cdot (\overrightarrow{k}) ds = -\int_{-1}^{1} \int_{-\sqrt{1-x^2}}^{\sqrt{1-x^2}} dydx$$

$$= -4 \int_0^1 \int_0^{\sqrt{1-x^2}} dydx = -\pi$$

由①②知 $\Rightarrow \oint_C \overrightarrow{F} \cdot d\overrightarrow{r} = \iint_S (\overrightarrow{\nabla} \times \overrightarrow{F}) \cdot d\overrightarrow{A} = -\pi$　故得證

11. $\overrightarrow{F} = \langle z^2, \frac{3}{2}x, 0 \rangle$, $S: x \in [0,1]$, $y \in [0,1]$, $z = 1$

解: ①　$\oint_C \overrightarrow{F} \cdot d\overrightarrow{r} = \oint_C z^2 dx + \frac{3}{2} x dy$

$$= \int_0^1 dt + \int_0^1 \frac{3}{2} dt + \int_1^0 dt + \int_1^0 0 dt = \frac{3}{2}$$

②　$$\overrightarrow{\nabla} \times \overrightarrow{F} = \begin{vmatrix} \overrightarrow{i} & \overrightarrow{j} & \overrightarrow{k} \\ \frac{\partial}{\partial x} & \frac{\partial}{\partial y} & \frac{\partial}{\partial z} \\ z^2 & \frac{3}{2}x & 0 \end{vmatrix} = 2z\overrightarrow{j} + \frac{3}{2}\overrightarrow{k}$$

$\overrightarrow{n} = \pm \overrightarrow{u}$（取正）

$$\iint_S (\overrightarrow{\nabla} \times \overrightarrow{F}) \cdot \overrightarrow{n}\, dA = \int_0^1 \int_0^1 \left(-2\overrightarrow{j} + \frac{3}{2}\overrightarrow{k}\right)(\overrightarrow{k}) dxdy = \frac{3}{2}$$

由①② $\Rightarrow \oint_C \overrightarrow{F} \cdot d\overrightarrow{r} = \iint_S (\overrightarrow{\nabla} \times \overrightarrow{F}) \cdot \overrightarrow{n}\, dA = \frac{3}{2}$　故得證

12. $\overrightarrow{F} \langle z^2, x^2, y^2 \rangle$, $S: z = 6 - (x^2 + y^2)$, $z \in [0, 6]$

解: ①　$\oint_C \overrightarrow{F} \cdot d\overrightarrow{r} = \oint_C z^2 dx + x^2 dy + y^2 dz$

令 $x = \sqrt{6}\cos\theta$, $y = \sqrt{6}\sin\theta$, $z = 0$

$$= \int_0^{2\pi} 6\cos^2\theta d(\sqrt{6}\sin\theta) = \int_0^{2\pi} 6\sqrt{6}\cos^3\theta d\theta$$

$$=6\sqrt{6}\int_0^{2\pi}(4\cos 3\theta-3\cos\theta)d\theta$$

$$=6\sqrt{6}\left(\frac{4}{3}\sin 3\theta-3\sin\theta\right)\Big|_0^{2\pi}=0$$

② $$\overrightarrow{\nabla}\times\overrightarrow{F}=\begin{vmatrix}\overrightarrow{i} & \overrightarrow{j} & \overrightarrow{k}\\ \frac{\partial}{\partial x} & \frac{\partial}{\partial y} & \frac{\partial}{\partial z}\\ z^2 & x^2 & y^2\end{vmatrix}=2y\overrightarrow{i}+2z\overrightarrow{j}+2x\overrightarrow{k}$$

$$\overrightarrow{n}=\frac{2x\overrightarrow{i}+2y\overrightarrow{j}+\overrightarrow{k}}{\sqrt{(2x)^2+(2y)^2+1^2}}=\pm\frac{2x\overrightarrow{i}+2y\overrightarrow{j}+\overrightarrow{k}}{\sqrt{4(6-z)+1}}$$

$\because z=6-(x^2+y^2)$

$$\therefore\sqrt{1+\left(\frac{\partial z}{\partial x}\right)^2+\left(\frac{\partial z}{\partial y}\right)^2}=\sqrt{1+(-2x)^2+(-2y)^2}=\sqrt{4(6-z)+1}$$

$$\iint_S(\overrightarrow{\nabla}\times\overrightarrow{F})\cdot\overrightarrow{n}\,dA=\pm\iint_S\frac{1}{\sqrt{4(6-z)+1}}(4xy+4yz+2x)\cdot$$

$$\sqrt{4(6-z)+1}dxdy$$

$$=\pm\int_0^{2\pi}\int_{\sqrt{6}}^0[4xy+4y(6-x^2-y^2)]dxdy$$

$$=\pm\int_0^{2\pi}\int_{\sqrt{6}}^0(4r^3\cos\theta\sin\theta+24r^2\sin\theta-$$

$$4r^4\cos^2\theta\sin\theta-4r^4\sin^3\theta)drd\theta$$

$$=0$$

由①② $\Rightarrow\oint_C\overrightarrow{F}\cdot d\overrightarrow{r}=\iint_S(\overrightarrow{\nabla}\times\overrightarrow{F})\cdot d\overrightarrow{A}=0$　故得證

13. $\overrightarrow{F}=\langle y-z+2,\ yz+4,\ -xz\rangle,\ S: x\in[0,2],\ y\in[0,2],\ z\in[0,2]$

解: ① $\oint_C\overrightarrow{F}\cdot d\overrightarrow{r}=\oint_C(y-z+2)dx+(yz+4)dy-xzdz$

$$= \int_0^2 (2t+4)dt + \int_2^0 (2-2+2)dt + \int_2^0 (2t+4)dt + \int_0^2 (-2+2)dt$$

$$= 2(0-2) = -4$$

② $$\overrightarrow{\nabla} \times \overrightarrow{F} = \begin{vmatrix} \overrightarrow{i} & \overrightarrow{j} & \overrightarrow{k} \\ \frac{\partial}{\partial x} & \frac{\partial}{\partial y} & \frac{\partial}{\partial z} \\ y-z+2 & yz+4 & -xz \end{vmatrix} = -y\overrightarrow{i} + (z-1)\overrightarrow{j} - \overrightarrow{k}$$

$\overrightarrow{n} = \pm \overrightarrow{k}$（取正）

$$\therefore \iint_S (\overrightarrow{\nabla} \times \overrightarrow{F}) \cdot \overrightarrow{n}\, dA = \int_0^2 \int_0^2 (-1) dxdy = -2 \cdot 2 = -4$$

由①② $\Rightarrow \oint_C \overrightarrow{F} \cdot d\overrightarrow{r} = \iint_S (\overrightarrow{\nabla} \times \overrightarrow{F}) \cdot \overrightarrow{n}\, dA = -4$　故得證

14. $\overrightarrow{F} = \langle -y^3, x^3, 0 \rangle,\ s: x^2+y^2 \le 1,\ z=0$

解: ① $$\oint_C \overrightarrow{F} \cdot d\overrightarrow{r} = \oint_C -y^3 dx + x^3 dy$$

$$= \int_0^{2\pi} -\sin^3\theta d(\cos\theta) + \cos^3\theta d(\sin\theta)$$

$$= \int_0^{2\pi} (\sin^4\theta + \cos^4\theta) d\theta$$

$$= \int_0^{2\pi} \left[\frac{1}{2}(1-\cos 2\theta)\right]^2 + \left[\frac{1}{2}(1+\cos 2\theta)\right]^2 d\theta$$

$$= \frac{1}{4}\int_0^{2\pi} (2+2\cos^2 2\theta) d\theta = \frac{1}{4}\int_0^{2\pi} (2+1+\cos 4\theta) d\theta$$

$$= \frac{3\pi}{2}$$

② $\overrightarrow{\nabla}\times\overrightarrow{F}=\begin{vmatrix}\overrightarrow{i} & \overrightarrow{j} & \overrightarrow{k}\\ \dfrac{\partial}{\partial x} & \dfrac{\partial}{\partial y} & \dfrac{\partial}{\partial z}\\ -y^3 & x^3 & 0\end{vmatrix}=(3x^2+3y^2)\overrightarrow{k}$

$\overrightarrow{n}=\pm\overrightarrow{k}$（取正）

$$\iint_S(\overrightarrow{\nabla}\times\overrightarrow{F})\cdot\overrightarrow{n}\,dA=3\iint_S x^2+y^2\ dA=3\int_0^{2\pi}\int_0^1 r^2\cdot rdrd\theta$$

$$=3\int_0^{2\pi}\left(\frac{1}{4}r^4\Big|_0^1\right)d\theta=\frac{3\pi}{2}$$

由①② $\oint_C\overrightarrow{F}\cdot d\overrightarrow{r}=\iint_S(\overrightarrow{\nabla}\times\overrightarrow{F})\cdot\overrightarrow{n}\,dA=\dfrac{3\pi}{2}$　故得證

15. $\overrightarrow{F}=\langle xy,yz,xy\rangle$，$S:x+2y+\dfrac{1}{2}z=4$，在第一象限的部份平面。

解:

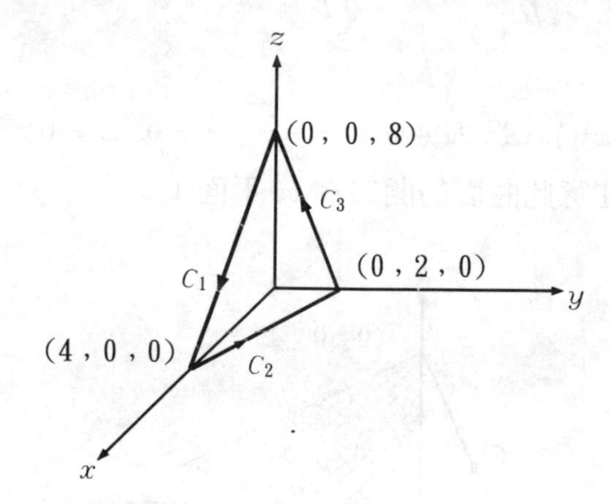

① $\oint_C\overrightarrow{F}\cdot d\overrightarrow{r}=\oint_C xydx+yzdy+xydz$

$$=\int_{z=0}xydx+\int_{y=0}0+\int_{x=0}yzdy$$

$$=\int_4^0 x\left(\frac{4-x}{2}\right)dx+\int_2^0(8-4y)\cdot ydy$$

$$=\left(x^2-\frac{x^3}{6}\right)\Big|_4^0+\left(4y^2-\frac{4}{3}y^3\right)\Big|_2^0$$

$$=\frac{32}{3}-16+\frac{32}{3}-16=\frac{-32}{3}$$

② $\overrightarrow{\nabla}\times\overrightarrow{F}=\begin{vmatrix}\overrightarrow{i} & \overrightarrow{j} & \overrightarrow{k}\\ \frac{\partial}{\partial x} & \frac{\partial}{\partial y} & \frac{\partial}{\partial z}\\ xy & yz & xy\end{vmatrix}=(x-y)\overrightarrow{i}-y\overrightarrow{j}-x\overrightarrow{k}$

令 $\phi=2x+4y+z-8$ 則 $\overrightarrow{N}=\overrightarrow{\nabla}\phi=2\overrightarrow{i}+4\overrightarrow{j}+\overrightarrow{k}$

$$\iint_S(\overrightarrow{\nabla}\times\overrightarrow{F})\cdot\overrightarrow{N}dA=\int_0^2\int_0^{4-2y}(x-6y)dxdy$$

$$=\int_0^2(14y^2-32y+8)dy=-\frac{32}{3}$$

故由①②可知 $\oint_C\overrightarrow{F}\cdot d\overrightarrow{r}=\iint_S(\overrightarrow{\nabla}\times\overrightarrow{F})\cdot\overrightarrow{n}dA=-\frac{32}{3}$

16. $\overrightarrow{F}=\langle xz,-y,x^2y\rangle$, $S:2x+y+2z=8$, $x=0$, $z=0$。三平面所圍空間的曲面，注意此曲面的開口在 xz 平面上。

解:

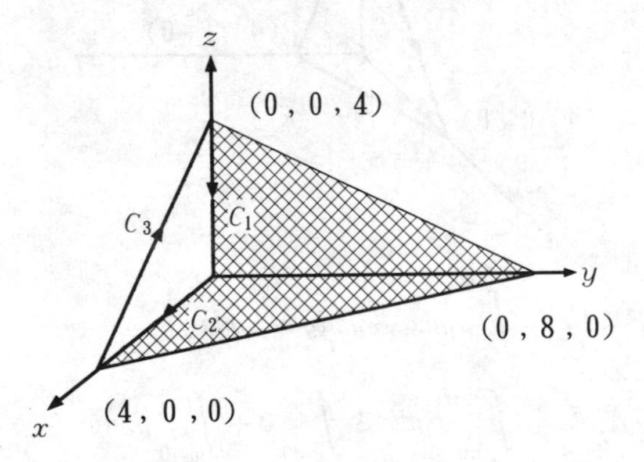

① $\oint_C\overrightarrow{F}\cdot d\overrightarrow{r}=\oint_C xzdx-ydy+x^2ydz$

$$=\int_4^0 0dt+\int_0^4 0dt+\int_0^4 (4-t)td(4-t)$$

$$=-\int_0^4 (4t-t^2)dt=-\left(2t^2-\frac{1}{3}t^3\right)\Big|_0^4$$

$$=-\left(32-\frac{1}{3}\cdot 64\right)=-\frac{32}{3}$$

② $$\overrightarrow{\nabla}\times\overrightarrow{F}=\begin{vmatrix}\overrightarrow{i} & \overrightarrow{j} & \overrightarrow{k}\\ \dfrac{\partial}{\partial x} & \dfrac{\partial}{\partial y} & \dfrac{\partial}{\partial z}\\ xz & -y & x^2y\end{vmatrix}=x^2\overrightarrow{i}+(x-2xy)\overrightarrow{j}$$

$$\iint_S(\overrightarrow{\nabla}\times\overrightarrow{F})\cdot\overrightarrow{n}\,dA=\iint_{S^*}(\overrightarrow{\nabla}\times\overrightarrow{F})\cdot\overrightarrow{n}\,dA=\iint_{S^*}x-2xy\ \ dA$$

$S^*:\ y=0,\ x+z=40,\ x\in[0,4],\ z\in[0,4],$

$$=\int_0^4\int_{4-x}^0 xdzdx=-\int_0^4\frac{1}{2}(4-x)^2dx$$

$$=-\frac{32}{3}$$

由①②得 $\oint_C\overrightarrow{F}\cdot d\overrightarrow{r}=\iint_S(\overrightarrow{\nabla}\times\overrightarrow{F})\cdot\overrightarrow{n}\,dA=-\dfrac{32}{3}$

17.證明 $\oint_C\overrightarrow{F}\cdot d\overrightarrow{r}=0$ 的充分必要條件為 $\overrightarrow{\nabla}\times\overrightarrow{F}=0$

證明:　$\overrightarrow{\nabla}\times\overrightarrow{F}=0$

$$\oint_C\overrightarrow{F}\cdot d\overrightarrow{r}=\iint_S(\overrightarrow{\nabla}\times\overrightarrow{F})\cdot\overrightarrow{n}\,ds=0\Rightarrow\oint\overrightarrow{F}\cdot d\overrightarrow{r}=0$$

$\overrightarrow{\nabla}\times\overrightarrow{F}\neq 0$

$$\oint_C\overrightarrow{F}\cdot d\overrightarrow{r}=\iint_S(\overrightarrow{\nabla}\times\overrightarrow{F})\cdot\overrightarrow{n}\,ds=2\iint_S\overrightarrow{n}\cdot\overrightarrow{n}\,ds>0$$

$$\oint_C \overrightarrow{F} \cdot d\overrightarrow{r} = 0, \ \ \overrightarrow{\nabla} \times \overrightarrow{F} = 0$$

18.令 $\overrightarrow{F} = \langle 4 - x^2 - y^2, -3xy, -2xz - z^2 \rangle$，求 $\iint\limits_S \overrightarrow{\nabla} \times \overrightarrow{F} \cdot \overrightarrow{n}\, dA$

若(a) $S : x^2 + y^2 + z^2 = 16$ 的上半球面

(b) $S : z = 4 - (x^2 + y^2),\ z \in [0, 4]$ 的拋物面

解:

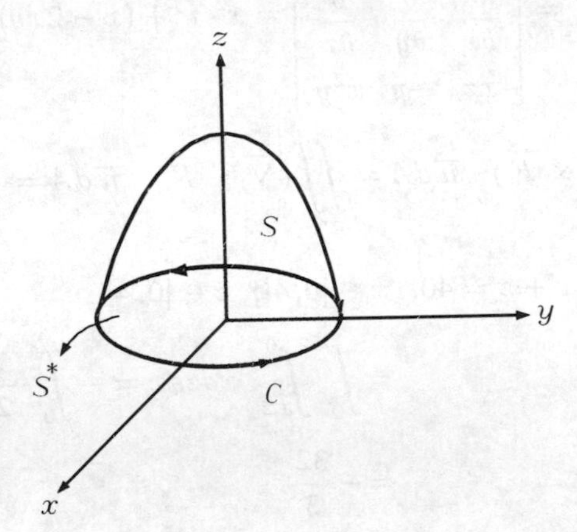

(a) $$\overrightarrow{\nabla} \times \overrightarrow{F} = \begin{vmatrix} \overrightarrow{i} & \overrightarrow{j} & \overrightarrow{k} \\ \dfrac{\partial}{\partial x} & \dfrac{\partial}{\partial y} & \dfrac{\partial}{\partial z} \\ 4 - x^2 - y^2 & -3xy & -2xz - z^2 \end{vmatrix} = 2z\overrightarrow{j} + (-3y + 2y)\overrightarrow{k}$$

$$= 2z\overrightarrow{j} - y\overrightarrow{k}$$

$$\iint\limits_S (\overrightarrow{\nabla} \times \overrightarrow{F}) \cdot \overrightarrow{n}\, dA = \oint_C \overrightarrow{F} \cdot d\overrightarrow{r} = \iint\limits_{S^*} (\overrightarrow{\nabla} \times \overrightarrow{F}) \cdot \overrightarrow{n}\, dA$$

$S^* : z = 0,\ x^2 + y^2 = 16$

$$= \int_0^{2\pi} \int_0^4 (-r\sin\theta) r\, dr\, d\theta$$

$$= -\int_0^{2\pi} \left(\sin\theta \cdot \frac{1}{3} r^3 \Big|_0^4 \right) d\theta = 0$$

(b)　$C:\ x^2+y^2=4,\ \ z=0$

$$\therefore \iint_S (\overrightarrow{\nabla}\times\overrightarrow{F})\cdot\overrightarrow{n}\,dA=\oint_C \overrightarrow{F}\cdot d\overrightarrow{r}$$

$$=\oint_C (4-x^2-y^2)dx-3xydy-(2xz+z^2)dz$$

$$=\int_0^{2\pi}-3(2\cos\theta)(2\sin\theta)d(2\cos\theta)$$

$$=24\int_0^{2\pi}\cos\theta\sin^2\theta d\theta=24\int_0^{2\pi}\sin^2\theta d\sin\theta=0$$

19. $\overrightarrow{F}=\langle -2yz, x+3y-2, -x^2-z\rangle$，$S: x^2+y^2=b^2$ 和 $x^2+z^2=b^2$ 相交在第一象限的曲面，參考8.4節的範例9。

解:

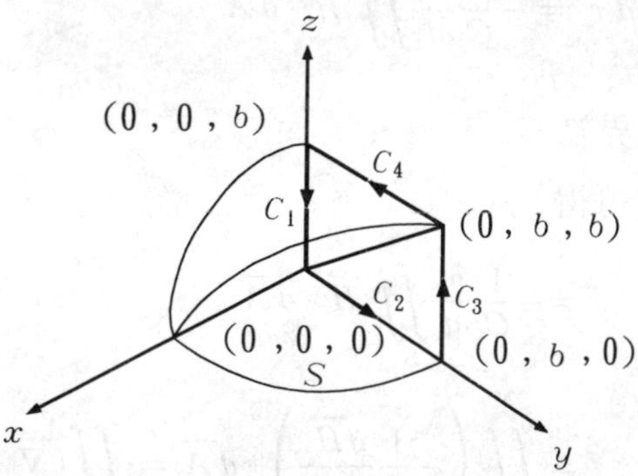

$$\overrightarrow{\nabla}\times\overrightarrow{F}=\begin{vmatrix}\overrightarrow{i} & \overrightarrow{j} & \overrightarrow{k}\\ \dfrac{\partial}{\partial x} & \dfrac{\partial}{\partial y} & \dfrac{\partial}{\partial z}\\ -2yz & x+3y-2 & -x^2-z\end{vmatrix}=(-2y+2x)\overrightarrow{j}+(1+2z)\overrightarrow{k}$$

$$\iint_S (\overrightarrow{\nabla}\times\overrightarrow{F})\cdot\overrightarrow{n}\,dA=\oint_C \overrightarrow{F}\cdot d\overrightarrow{r}$$

$$= \oint_C -2yzdx + (x+3y-2)dy - (x^2+z)dz$$

$$= \int_0^b -(b-t)d(b-t) + \int_0^b 3tdt + \int_0^b -tdt$$

$$+ \int_0^b 3(b-t)d(b-t)$$

$$= \int_0^b 2(b-t)d(b-t) + \int_0^b 2tdt$$

$$= (b-t)^2\Big|_0^b + t^2\Big|_0^b = -b^2 + b^2 = 0$$

20.若 $\oint_C \vec{E} \cdot d\vec{r} = -\frac{1}{C}\frac{\partial}{\partial t}\iint_S \vec{H} \cdot d\vec{A}$，證明 $\vec{\nabla} \times \vec{E} = -\frac{1}{C}\frac{\partial \vec{H}}{\partial t}$

解: $\oint_C \vec{E} \cdot d\vec{r} = -\frac{1}{C}\frac{\partial}{\partial t}\iint_S \vec{H} \cdot d\vec{A}$

S 的表面邊界為 C

由積分公式可得

$$\oint_C \vec{E} \cdot d\vec{r} = -\frac{1}{C}\frac{\partial}{\partial t}\iint_S \vec{H} \cdot d\vec{A}$$

$$= \iint_S \left(-\frac{1}{C}\frac{\partial \vec{H}}{\partial t}\right) \cdot d\vec{A} = \iint_S (\vec{\nabla} \times \vec{E}) \cdot d\vec{A}$$

$$\therefore \vec{\nabla} \times \vec{E} = -\frac{1}{C}\frac{\partial \vec{H}}{\partial t}$$

第九章

矩　陣

9.2 矩陣的基本運算

1.～8.題，矩陣的加法。

1.$\mathbf{A}=\begin{bmatrix}3&2\\4&1\end{bmatrix}$，$\mathbf{B}=\begin{bmatrix}0&-2\\4&5\end{bmatrix}$

求(a) $(\mathbf{A}+\mathbf{B})^t$，(b) $\mathbf{A}^t+\mathbf{B}^t$。

解：(a) $$(\mathbf{A}+\mathbf{B})^t=\left(\begin{bmatrix}3&2\\4&1\end{bmatrix}+\begin{bmatrix}0&-2\\4&5\end{bmatrix}\right)^t=\begin{bmatrix}3&0\\8&6\end{bmatrix}^t=\begin{bmatrix}3&8\\0&6\end{bmatrix}$$

(b) $$\mathbf{A}^t+\mathbf{B}^t=\begin{bmatrix}3&4\\2&1\end{bmatrix}+\begin{bmatrix}0&4\\-2&5\end{bmatrix}=\begin{bmatrix}3&8\\0&6\end{bmatrix}$$

2.$\mathbf{A}=\begin{bmatrix}1&-1&3\\2&-4&6\\-1&1&2\end{bmatrix}$，$\mathbf{B}=\begin{bmatrix}-4&0&0\\-2&-1&6\\8&15&4\end{bmatrix}$，求$\mathbf{A}-\dfrac{3}{2}\mathbf{B}$。

解：$$\begin{bmatrix}1&-1&3\\2&-4&6\\-1&1&2\end{bmatrix}-\begin{bmatrix}-6&0&0\\-3&\dfrac{-3}{2}&9\\12&\dfrac{45}{2}&6\end{bmatrix}=\begin{bmatrix}7&-1&3\\5&\dfrac{5}{2}&-3\\-13&\dfrac{-43}{2}&-4\end{bmatrix}$$

3.$\mathbf{A}=\begin{bmatrix}3&0&2\\4&0&1\end{bmatrix}$，$\mathbf{B}=\begin{bmatrix}6&1&-5\\5&-2&13\end{bmatrix}$，求$\mathbf{A}^t-2\mathbf{B}^t$。

解：$$\begin{bmatrix}3&4\\0&0\\2&1\end{bmatrix}-2\begin{bmatrix}6&5\\1&-2\\-5&13\end{bmatrix}=\begin{bmatrix}-9&-6\\-2&4\\12&-25\end{bmatrix}$$

4.$\mathbf{A}=[7]$，$\mathbf{B}=[-11]$，求$\mathbf{A}+\mathbf{B}$。

解：$$[7]+[-11]=[-4]$$

5.$\mathbf{A}=\begin{bmatrix}4&1&0\\1&3&2\\0&2&5\end{bmatrix}$，$\mathbf{B}=\begin{bmatrix}0&1&-4\\-1&0&3\\4&-3&0\end{bmatrix}$

求(a) $\mathbf{A}-2\mathbf{A}^t$，(b) $\mathbf{B}+2\mathbf{B}^t$，(c) $3\mathbf{A}+8\mathbf{B}$。

解：(a)
$$\begin{bmatrix}4&1&0\\1&3&2\\0&2&5\end{bmatrix}-2\begin{bmatrix}4&1&0\\1&3&2\\0&2&5\end{bmatrix}=\begin{bmatrix}-4&-1&0\\-1&-3&-2\\0&-2&-5\end{bmatrix}$$

(b)
$$\begin{bmatrix}0&1&-4\\-1&0&3\\4&-3&0\end{bmatrix}+2\begin{bmatrix}0&-1&4\\1&0&-3\\-4&3&0\end{bmatrix}=\begin{bmatrix}0&-1&4\\1&0&-3\\-4&3&0\end{bmatrix}$$

(c)
$$3\begin{bmatrix}4&1&0\\1&3&2\\0&2&5\end{bmatrix}+8\begin{bmatrix}0&1&-4\\-1&0&3\\4&-3&0\end{bmatrix}=\begin{bmatrix}12&11&-32\\-5&9&30\\32&-18&15\end{bmatrix}$$

6.$\mathbf{A}=\begin{bmatrix}-2&4&3\end{bmatrix}$，$\mathbf{B}=\begin{bmatrix}22&7&-3\end{bmatrix}$，求 $6\mathbf{A}+2\mathbf{B}$。

解：
$$6\begin{bmatrix}-2&4&3\end{bmatrix}+2\begin{bmatrix}22&7&-3\end{bmatrix}=\begin{bmatrix}32&38&12\end{bmatrix}$$

7.$\mathbf{A}=\begin{bmatrix}1&2&-3\\2&0&2\\1&-1&1\end{bmatrix}$，$\mathbf{B}=\begin{bmatrix}3&-1&2\\2&2&5\\2&0&3\end{bmatrix}$，$\mathbf{C}=\begin{bmatrix}2&1&2\\0&3&2\\1&-2&3\end{bmatrix}$

求(a) $\mathbf{A}+\mathbf{B}$，(b) $\mathbf{A}-\mathbf{C}$，(c) $\mathbf{D}$矩陣符合 $\mathbf{A}+\mathbf{D}=\mathbf{B}$。

解：(a)
$$\begin{bmatrix}1&2&-3\\2&0&2\\1&-1&1\end{bmatrix}+\begin{bmatrix}3&-1&2\\2&2&5\\2&0&3\end{bmatrix}=\begin{bmatrix}4&1&-1\\4&2&7\\3&-1&4\end{bmatrix}$$

(b)
$$\begin{bmatrix}1&2&-3\\2&0&2\\1&-1&1\end{bmatrix}-\begin{bmatrix}2&1&2\\0&3&2\\1&-2&3\end{bmatrix}=\begin{bmatrix}-1&1&-5\\2&-3&0\\0&1&-2\end{bmatrix}$$

(c)
$$\mathbf{D}=\mathbf{B}-\mathbf{A}=\begin{bmatrix}3&-1&2\\2&2&5\\2&0&3\end{bmatrix}-\begin{bmatrix}1&2&-3\\2&0&2\\1&-1&1\end{bmatrix}=\begin{bmatrix}2&-3&5\\0&2&3\\1&1&2\end{bmatrix}$$

8.$\mathbf{A}=\begin{bmatrix}2&1&1&7\\8&0&0&2\end{bmatrix}$，$\mathbf{B}=\begin{bmatrix}-2&3&0&4\\-2&2&1&3\end{bmatrix}$，求 $2\mathbf{A}+3\mathbf{B}$。

解:

$$2\begin{bmatrix}2&1&1&7\\8&0&0&2\end{bmatrix}+3\begin{bmatrix}-2&3&0&4\\-2&2&1&3\end{bmatrix}=\begin{bmatrix}-2&11&2&26\\10&4&3&23\end{bmatrix}$$

9.～16.題，矩陣的乘法運算。

9.$\mathbf{A}=\begin{bmatrix}2&4\\-3&1\end{bmatrix}$，$\mathbf{B}=\begin{bmatrix}-6&-8\\-1&4\end{bmatrix}$，求 $\mathbf{AB}$。

解:

$$\begin{bmatrix}2\times(-6)+4\times(-1)&2\times(-8)+4\times4\\(-3)\times(-6)+1\times(-1)&(-3)\times(-8)+1\times4\end{bmatrix}=\begin{bmatrix}-16&0\\17&28\end{bmatrix}$$

10.$\mathbf{A}=\begin{bmatrix}0&1\\0&-2\\2&3\end{bmatrix}$，$\mathbf{B}=\begin{bmatrix}1&0&-1\\2&3&0\\0&3&4\end{bmatrix}$，求 $\mathbf{BA}$ 和 $\mathbf{A}^t\mathbf{B}^t$。

解:

$$\mathbf{BA}=\begin{bmatrix}1\times0+0\times0+(-1)\times2&1\times1+0\times(-2)+(-1)\times3\\2\times0+3\times0+0\times2&2\times1+3\times(-2)+0\times3\\0\times0+3\times0+4\times2&0\times1+3\times(-2)+4\times3\end{bmatrix}$$

$$=\begin{bmatrix}-2&-2\\0&-4\\8&6\end{bmatrix}$$

$$\mathbf{A}^t\mathbf{B}^t=\begin{bmatrix}0&0&2\\1&-2&3\end{bmatrix}\begin{bmatrix}1&2&0\\0&3&3\\-1&0&4\end{bmatrix}=\begin{bmatrix}-2&0&8\\-2&-4&6\end{bmatrix}$$

11.$\mathbf{A}=\begin{bmatrix}-1&6&2&-22\end{bmatrix}$，$\mathbf{B}=\begin{bmatrix}-3\\2\\6\\-4\end{bmatrix}$，求 $\mathbf{AB}$。

解:

$$\begin{bmatrix}(-1)\times(-3)&6\times2&2\times6&(-22)\times(-4)\end{bmatrix}=\begin{bmatrix}3&12&12&88\end{bmatrix}$$

12.$\mathbf{A}=\begin{bmatrix}1&0&-1\\2&3&0\\0&3&4\end{bmatrix}$，$\mathbf{B}=\begin{bmatrix}1&0&2\end{bmatrix}$，求 $\mathbf{BAB}^t$。

解：
$$\begin{bmatrix}1&0&2\end{bmatrix}\begin{bmatrix}1&0&-1\\2&3&0\\0&3&4\end{bmatrix}\begin{bmatrix}1\\0\\2\end{bmatrix}=\begin{bmatrix}1&6&7\end{bmatrix}\begin{bmatrix}1\\0\\2\end{bmatrix}=[15]$$

13.$\mathbf{A}=\begin{bmatrix}21&-16\end{bmatrix}$，$\mathbf{B}=\begin{bmatrix}32&4&16\\-8&7&0\end{bmatrix}$，求 $\mathbf{AB}$。

解：
$$\begin{bmatrix}21\times32+(-16)\times(-8)&21\times4+(-16)\times7&21\times16+(-16)\times0\end{bmatrix}$$
$$=\begin{bmatrix}800&-28&336\end{bmatrix}$$

14.$\mathbf{A}=\begin{bmatrix}3\\1\\4\end{bmatrix}$，$\mathbf{B}=\begin{bmatrix}0&1\\0&-2\\2&3\end{bmatrix}$，求 $\mathbf{B}^t\mathbf{A}$。

解：
$$\begin{bmatrix}0&0&2\\1&-2&3\end{bmatrix}\begin{bmatrix}3\\1\\4\end{bmatrix}=\begin{bmatrix}0\times3+0\times1+2\times4\\1\times3+(-2)\times1+3\times4\end{bmatrix}=\begin{bmatrix}8\\13\end{bmatrix}$$

15.$\mathbf{A}=\begin{bmatrix}1&-2\\2&4\end{bmatrix}$，$\mathbf{B}=\begin{bmatrix}-1&3&2&9\\0&-1&6&0\end{bmatrix}$，求 $\mathbf{AB}$ 和 $\mathbf{B}^t\mathbf{A}$。

解：
$$\mathbf{AB}=\begin{bmatrix}1&-2\\2&4\end{bmatrix}\begin{bmatrix}-1&3&2&9\\0&-1&6&0\end{bmatrix}=\begin{bmatrix}-1&5&-10&9\\-2&2&28&18\end{bmatrix}$$

$\mathbf{B}^t\mathbf{A}$ 未定義。($\because\ \mathbf{B}^t : 2\times4,\ \mathbf{A} : 2\times2$)

16.$\mathbf{A}=\begin{bmatrix}1&-1&1\\-3&2&-1\\-2&1&0\end{bmatrix}$，$\mathbf{B}=\begin{bmatrix}1&2&3\\2&4&6\\1&2&3\end{bmatrix}$，求 $\mathbf{AB}$ 和 $\mathbf{BA}$。

解：
$$\mathbf{AB}=\begin{bmatrix}1&-1&1\\-3&2&-1\\-2&1&0\end{bmatrix}\begin{bmatrix}1&2&3\\2&4&6\\1&2&3\end{bmatrix}=\mathbf{0}$$

$$\mathbf{BA}=\begin{bmatrix}1&2&3\\2&4&6\\1&2&3\end{bmatrix}\begin{bmatrix}1&-1&1\\-3&2&-1\\-2&1&0\end{bmatrix}=\begin{bmatrix}-11&6&-1\\-22&12&-2\\-11&6&-1\end{bmatrix}$$

17.說明(a) $(\mathbf{A}\pm\mathbf{B})^2\neq\mathbf{A}^2\pm2\mathbf{AB}+\mathbf{B}^2$

(b) $\mathbf{A}^2-\mathbf{B}^2\neq(\mathbf{A}-\mathbf{B})(\mathbf{A}+\mathbf{B})$

若要上兩式成立，必須那一個條件要成立？

解：A、B 均為 $n\times n$ 矩陣。

18.$\mathbf{A}=\begin{bmatrix}-2&3&5\\1&-4&-5\\-1&3&4\end{bmatrix}$，$\mathbf{B}=\begin{bmatrix}1&-3&-5\\-1&3&5\\1&-3&-5\end{bmatrix}$，$\mathbf{C}=\begin{bmatrix}-2&2&4\\1&-3&-4\\-1&2&3\end{bmatrix}$

(a)證明 $\mathbf{AB}=\mathbf{BA}=\mathbf{0}$, $\mathbf{AC}=-\mathbf{A}$, $\mathbf{CA}=-\mathbf{C}$

(b)用(a)的結果，證明 $\mathbf{A}^2-\mathbf{B}^2=(\mathbf{A}-\mathbf{B})(\mathbf{A}+\mathbf{B})$, $(\mathbf{A}\pm\mathbf{B})^2=\mathbf{A}^2+\mathbf{B}^2$

證明：(a)$\mathbf{AB}=\begin{bmatrix}(-2)\times1+3\times(-1)+5\times1&(-2)\times(-3)+3\times3+5\times(-3)&(-2)\times(-5)+3\times5+5\times(-5)\\1\times1+(-4)\times(-1)+(-5)\times1&1\times(-3)+(-4)\times3+(-5)\times(-3)&1\times(-5)+(-4)\times5+(-5)\times(-5)\\(-1)\times1+3\times(-1)+4\times1&(-1)\times(-3)+3\times3+4\times(-3)&(-1)\times(-5)+3\times5+4\times(-5)\end{bmatrix}$

$=\mathbf{0}$

同理可證：$\mathbf{BA}=\mathbf{0}$, $\mathbf{AC}=-\mathbf{A}$, $\mathbf{CA}=-\mathbf{C}$

(b)$(\mathbf{A}-\mathbf{B})(\mathbf{A}+\mathbf{B})=(\mathbf{A}^2+\mathbf{AB}-\mathbf{BA}-\mathbf{B}^2)$

$=\mathbf{A}^2+\mathbf{0}-\mathbf{0}-\mathbf{B}^2=\mathbf{A}^2-\mathbf{B}^2$

$$(\mathbf{A}\pm\mathbf{B})^2=\mathbf{A}^2\pm\mathbf{AB}\pm\mathbf{BA}+\mathbf{B}^2=\mathbf{A}^2\pm\mathbf{0}\pm\mathbf{0}+\mathbf{B}^2=\mathbf{A}^2+\mathbf{B}^2$$

19.若 $\begin{cases}x_1=y_1-2y_2+y_3\\x_2=-2y_1-y_2+3y_3\end{cases}$ 且 $\begin{cases}y_1=z_1+2z_2\\y_2=2z_1-z_2\\y_3=2z_1+3z_2\end{cases}$，求 $\mathbf{X}=\begin{bmatrix}x_1\\x_2\end{bmatrix}$ 和 $\mathbf{Z}=\begin{bmatrix}z_1\\z_2\end{bmatrix}$

之間的關係。

解:

$$\begin{bmatrix} x_1 \\ x_2 \end{bmatrix} = \begin{bmatrix} -1 & -2 & 1 \\ 2 & 1 & 3 \end{bmatrix} \begin{bmatrix} y_1 \\ y_2 \\ y_3 \end{bmatrix} = \begin{bmatrix} 1 & -2 & 1 \\ -2 & 1 & 3 \end{bmatrix} \begin{bmatrix} 1 & 2 \\ 2 & -1 \\ 2 & 3 \end{bmatrix} \begin{bmatrix} z_1 \\ z_2 \end{bmatrix}$$

$$= \begin{bmatrix} -z_1 + 7z_2 \\ 2z_1 + 6z_2 \end{bmatrix}$$

20.若 $\mathbf{A}^2 = \mathbf{A}$ 且 $\mathbf{B} = \mathbf{I} - \mathbf{A}$，證明 $\mathbf{B}^2 = \mathbf{B}$ 且 $\mathbf{AB} = \mathbf{BA} = \mathbf{0}$。

證明:

$$\mathbf{B}^2 = (\mathbf{I} - \mathbf{A})(\mathbf{I} - \mathbf{A}) = \mathbf{I}^2 - \mathbf{IA} - \mathbf{AI} + \mathbf{A}^2$$

$$= \mathbf{I} - \mathbf{A} - \mathbf{A} + \mathbf{A} = \mathbf{I} - \mathbf{A} = \mathbf{B}$$

$$\mathbf{AB} = \mathbf{A}(\mathbf{I} - \mathbf{A}) = \mathbf{A} - \mathbf{A}^2 = \mathbf{A} - \mathbf{A} = \mathbf{0}$$

$$\mathbf{BA} = (\mathbf{I} - \mathbf{A})\mathbf{A} = \mathbf{A} - \mathbf{A}^2 = \mathbf{A} - \mathbf{A} = \mathbf{0}$$

21.若 $\mathbf{AB} = -\mathbf{BA}$，證明 $(\mathbf{A} + \mathbf{B})^2 = \mathbf{A}^2 + \mathbf{B}^2$。

證明:

$$(\mathbf{A} + \mathbf{B})^2 = (\mathbf{A} + \mathbf{B})(\mathbf{A} + \mathbf{B}) = \mathbf{A}^2 + \mathbf{AB} + \mathbf{BA} + \mathbf{B}^2$$

$$= \mathbf{A}^2 - \mathbf{BA} + \mathbf{BA} + \mathbf{B}^2 = \mathbf{A}^2 + \mathbf{B}^2$$

22.$\mathbf{A} = \begin{bmatrix} 1 & 2 \\ 3 & 4 \end{bmatrix}$，$\mathbf{B} = \begin{bmatrix} P & Q \\ R & S \end{bmatrix}$，令 $\mathbf{AB} = \mathbf{I}$，求 $\mathbf{A}$ 的反矩陣 $\mathbf{B}$。

解:

$$\begin{bmatrix} P + 2R & Q + 2S \\ 3P + 4R & 3Q + 4S \end{bmatrix} = \begin{bmatrix} 1 & 0 \\ 0 & 1 \end{bmatrix}$$

$$\Rightarrow \begin{cases} P + 2R = 1 \cdots\cdots ① \\ Q + 2S = 0 \cdots\cdots ② \\ 3P + 4R = 0 \cdots\cdots ③ \\ 3Q + 4S = 1 \cdots\cdots ④ \end{cases}$$

由 $3 \times ① - ③$ 得 $\begin{cases} R = \dfrac{3}{2} \\ P = -2 \end{cases}$

由 $3 \times ② - ④$ 得 $\begin{cases} S = -\dfrac{1}{2} \\ Q = 1 \end{cases}$

得 $\mathbf{B} = \begin{bmatrix} -2 & 1 \\ \dfrac{3}{2} & \dfrac{-1}{2} \end{bmatrix}$

23.證明 $(\mathbf{ABC})^{-1} = \mathbf{C}^{-1}\mathbf{B}^{-1}\mathbf{A}^{-1}$。

證明: $(\mathbf{ABC})^{-1} = [(\mathbf{AB})\mathbf{C}]^{-1} = \mathbf{C}^{-1}(\mathbf{AB})^{-1} = \mathbf{C}^{-1}\mathbf{B}^{-1}\mathbf{A}^{-1}$

24.證明

(a) $\mathbf{A} = \begin{bmatrix} 1 & 1+i & 2+i \\ 1-i & 0 & i \\ 2-i & -i & 1 \end{bmatrix}$ 是赫密動。

(b) $\mathbf{B} = \begin{bmatrix} 0 & 1+i & 2-i \\ -1+i & 1 & 1 \\ -2-i & -1 & i \end{bmatrix}$ 是扭赫密動。

(c) $i\mathbf{B}$ 是赫密動。

(d) $\overline{\mathbf{A}}$ 是赫密動，$\overline{\mathbf{B}}$ 是扭赫密動。

證明: (a) $\overline{\mathbf{A}}^t = \begin{bmatrix} 1 & 1-i & 2-i \\ 1+i & 0 & -i \\ 2+i & i & 1 \end{bmatrix}^t = \begin{bmatrix} 1 & 1+i & 2+i \\ 1-i & 0 & i \\ 2-i & -i & 1 \end{bmatrix} = \mathbf{A}$

(b) $-\overline{\mathbf{B}}^t = -\begin{bmatrix} 0 & 1-i & 2+i \\ -1-i & 0 & 1 \\ -2+i & -1 & -i \end{bmatrix}^t = \begin{bmatrix} 0 & 1+i & 2-i \\ -1+i & 0 & 1 \\ -2-i & -1 & i \end{bmatrix} = \mathbf{B}$

(c) $i\mathbf{B} = \begin{bmatrix} 0 & -1+i & 1+2i \\ -1-i & 0 & i \\ 1-2i & -i & -1 \end{bmatrix}$

$(\overline{i\mathbf{B}})^t = \begin{bmatrix} 0 & -1-i & 1-2i \\ -1+i & 0 & -i \\ 1+2i & i & -1 \end{bmatrix}^t = i\mathbf{B}$

(d) $\overline{(\overline{\mathbf{A}})}^t = \overline{\mathbf{A}}$, $\overline{(\overline{\mathbf{B}})}^t = \overline{\mathbf{B}}$。

25.若 $\mathbf{A}$ 是方形矩陣，證明

(a) $\mathbf{AA}^t$ 和 $\mathbf{A}^t\mathbf{A}$ 是對稱的。

(b) $\mathbf{A} + \overline{\mathbf{A}}^t$, $\mathbf{A}\overline{\mathbf{A}}^t$, $\overline{\mathbf{A}}^t\mathbf{A}$ 是赫密動。

證明: (a) 令 $\mathbf{X} = \mathbf{AA}^t$

$$\therefore \mathbf{X}^t = (\mathbf{A}\mathbf{A}^t)^t = (\mathbf{A}^t)^t \cdot \mathbf{A}^t = \mathbf{A}\mathbf{A}^t = \mathbf{X}$$

令$\mathbf{Y} = \mathbf{A}^t\mathbf{A}$

$$\therefore \mathbf{Y}^t = (\mathbf{A}^t\mathbf{A})^t = \mathbf{A}^t\mathbf{A} = \mathbf{Y}$$

(b) ① $\overline{\mathbf{A} + \overline{\mathbf{A}}^t}^t = (\overline{\mathbf{A}} + \mathbf{A}^t)^t = \mathbf{A} + \overline{\mathbf{A}}^t$

② $\overline{\mathbf{A}\overline{\mathbf{A}}^t}^t = (\overline{\mathbf{A}} \cdot \mathbf{A}^t)^t = \mathbf{A}\overline{\mathbf{A}}^t$

③ $\overline{\overline{\mathbf{A}}^t\mathbf{A}}^t = (\mathbf{A}^t \cdot \overline{\mathbf{A}})^t = \overline{\mathbf{A}}^t \cdot \mathbf{A}$

9.3 聯立方程式與高斯消去法

1.～6.題，求列運算後的**B**和**R**，使得$\mathbf{B} = \mathbf{RA}$。

1.$\mathbf{A} = \begin{bmatrix} -2 & 14 & 6 \\ 8 & 1 & -3 \\ 2 & 9 & 5 \end{bmatrix}$，$r_3 \times \sqrt{13} + r_1 \to r_1$，$r_2 \leftrightarrow r_3$，$r_1 \times 5$

解：(1) $r_3 \times \sqrt{13} + r_1 \to r_1$，(2) $r_2 \leftrightarrow r_3$，(3) $r_1 \times 5$

$$\mathbf{A} \sim \begin{bmatrix} -2+2\sqrt{13} & 14+9\sqrt{13} & 6+5\sqrt{13} \\ 8 & 1 & -3 \\ 2 & 9 & 5 \end{bmatrix}$$

$$\sim \begin{bmatrix} -2+2\sqrt{13} & 14+9\sqrt{13} & 6+5\sqrt{13} \\ 2 & 9 & 5 \\ 8 & 1 & -3 \end{bmatrix}$$

$$\sim \begin{bmatrix} (-10)+10\sqrt{13} & 70+45\sqrt{13} & 30+25\sqrt{13} \\ 2 & 9 & 5 \\ 8 & 1 & -3 \end{bmatrix} = \mathbf{B}$$

$$\mathbf{I}_3 \sim \begin{bmatrix} 1 & 0 & \sqrt{13} \\ 0 & 1 & 0 \\ 0 & 0 & 1 \end{bmatrix} \sim \begin{bmatrix} 1 & 0 & \sqrt{13} \\ 0 & 0 & 1 \\ 0 & 1 & 0 \end{bmatrix} \sim \begin{bmatrix} 5 & 0 & 5\sqrt{13} \\ 0 & 0 & 1 \\ 0 & 1 & 0 \end{bmatrix} = \mathbf{R}$$

2.$\mathbf{A} = \begin{bmatrix} 3 & 2 \\ 1 & 6 \end{bmatrix}$，$r_2 \times 2 + r_1 \to r_1$，$r_2 \times 15$，$r_1 \leftrightarrow r_2$

解：(1) $r_2\times 2+r_1\rightarrow r_1$，(2) $r_2\times 15$，(3) $r_1\leftrightarrow r_2$

$$\mathbf{A}\sim\begin{bmatrix}5&14\\1&6\end{bmatrix}\sim\begin{bmatrix}5&14\\15&90\end{bmatrix}\sim\begin{bmatrix}15&90\\5&14\end{bmatrix}=\mathbf{B}$$

$$\mathbf{I}_2\sim\begin{bmatrix}1&2\\0&1\end{bmatrix}\sim\begin{bmatrix}1&2\\0&15\end{bmatrix}\sim\begin{bmatrix}0&15\\1&2\end{bmatrix}=\mathbf{R}$$

3. $\mathbf{A}=\begin{bmatrix}-3&4&-5&-9\\-2&-1&-3&6\\-1&-13&-2&-6\end{bmatrix}$，$r_1+r_3\rightarrow r_3$，$r_1\times\sqrt{3}+r_2\rightarrow r_2$，$r_3\times 4$，$r_2+r_3\rightarrow r_3$

解：(1) $r_1+r_3\rightarrow r_3$，(2) $r_1\times\sqrt{3}+r_2\rightarrow r_2$，(3) $r_3\times 4$，(4) $r_2+r_3\rightarrow r_3$

$$\mathbf{A}\sim\begin{bmatrix}-3&4&-5&-9\\-2&-1&-3&6\\-4&-9&-7&-15\end{bmatrix}$$

$$\sim\begin{bmatrix}-3&4&-5&-9\\-2-3\sqrt{3}&-1+4\sqrt{3}&-3-5\sqrt{3}&6-9\sqrt{3}\\-4&-9&-7&-15\end{bmatrix}$$

$$\sim\begin{bmatrix}-3&4&-5&-9\\-2-3\sqrt{3}&-1+4\sqrt{3}&-3-5\sqrt{3}&6-9\sqrt{3}\\-16&-36&-28&-60\end{bmatrix}$$

$$\sim\begin{bmatrix}-3&4&-5&-9\\-2-3\sqrt{3}&-1+4\sqrt{3}&-3-5\sqrt{3}&6-9\sqrt{3}\\-18-3\sqrt{13}&-37+4\sqrt{3}&-31-5\sqrt{3}&-54-9\sqrt{3}\end{bmatrix}=\mathbf{B}$$

$$\mathbf{I}_3\sim\begin{bmatrix}1&0&0\\0&1&0\\1&0&1\end{bmatrix}\sim\begin{bmatrix}1&0&0\\\sqrt{3}&1&0\\1&0&1\end{bmatrix}\sim\begin{bmatrix}1&0&0\\\sqrt{3}&1&0\\4&0&4\end{bmatrix}$$

$$\sim\begin{bmatrix}1&0&0\\\sqrt{3}&1&0\\4+\sqrt{3}&1&4\end{bmatrix}=\mathbf{R}$$

$$4.\mathbf{A}=\begin{bmatrix}-1&0&3&0\\1&3&2&9\\-9&7&-5&7\end{bmatrix},\ r_2\leftrightarrow r_3,\ r_2\times 3+r_3\rightarrow r_3,\ r_1\leftrightarrow r_3,\ r_3\times 5$$

解：(1) $r_2\leftrightarrow r_3$，(2) $r_2\times 3+r_3\rightarrow r_3$，(3) $r_1\leftrightarrow r_3$，(4) $r_3\times 5$

$$\mathbf{A}\sim\begin{bmatrix}-1&0&3&0\\-9&7&-5&7\\1&3&2&9\end{bmatrix}\sim\begin{bmatrix}-1&0&3&0\\-9&7&-5&7\\-26&24&-13&30\end{bmatrix}$$

$$\sim\begin{bmatrix}-26&24&-13&30\\-9&7&-5&7\\-1&0&3&0\end{bmatrix}\sim\begin{bmatrix}-26&24&-13&30\\-9&7&-5&7\\-5&0&15&0\end{bmatrix}=\mathbf{B}$$

$$\mathbf{I}_3\sim\begin{bmatrix}1&0&0\\0&0&1\\0&1&0\end{bmatrix}\sim\begin{bmatrix}1&0&0\\0&0&1\\0&1&3\end{bmatrix}\sim\begin{bmatrix}0&1&3\\0&0&1\\1&0&0\end{bmatrix}\sim\begin{bmatrix}0&1&3\\0&0&1\\5&0&0\end{bmatrix}=\mathbf{R}$$

$$5.\mathbf{A}=\begin{bmatrix}-1&\frac{7}{3}&\frac{1}{3}&\frac{1}{3}\\0&1&1&-\frac{5}{3}\\\frac{2}{3}&\frac{1}{3}&-\frac{5}{3}&1\end{bmatrix},\ r_1\times 2+r_3\rightarrow r_3,\ r_3\times(-5),\ r_2\rightarrow r_3$$

解：(1) $r_1\times 2+r_3\rightarrow r_3$，(2) $r_3\times(-5)$，(3) $r_2\rightarrow r_3$

$$\mathbf{A}\sim\begin{bmatrix}-1&\frac{7}{3}&\frac{1}{3}&\frac{1}{3}\\0&1&1&\frac{-5}{3}\\\frac{-4}{3}&5&-1&\frac{5}{3}\end{bmatrix}\sim\begin{bmatrix}-1&\frac{7}{3}&\frac{1}{3}&\frac{1}{3}\\0&1&1&\frac{-5}{3}\\\frac{20}{3}&-25&5&\frac{-25}{3}\end{bmatrix}$$

$$\sim\begin{bmatrix}-1&\frac{7}{3}&\frac{1}{3}&\frac{1}{3}\\\frac{20}{3}&-25&5&\frac{-25}{3}\\0&1&1&\frac{-5}{3}\end{bmatrix}=\mathbf{B}$$

$$\mathbf{I}_3\sim\begin{bmatrix}1&0&0\\0&1&0\\2&0&1\end{bmatrix}\sim\begin{bmatrix}1&0&0\\0&1&0\\-10&0&-5\end{bmatrix}\sim\begin{bmatrix}1&0&0\\-10&0&-5\\0&1&0\end{bmatrix}=\mathbf{R}$$

6.$\mathbf{A}=\begin{bmatrix}-2 & 3 & -1\\ 0 & 0 & 0\\ -1 & 5 & 0\end{bmatrix}$，$r_1 \leftrightarrow r_2$，$r_2 \times 5$，$r_3 \times (-3)+r_1 \rightarrow r_1$

解：(1) $r_1 \leftrightarrow r_2$，(2) $r_2 \times 5$，(3) $r_3 \times (-3)+r_1 \rightarrow r_1$

$$\mathbf{A} \sim \begin{bmatrix}0 & 0 & 0\\ -2 & -3 & -1\\ -1 & 5 & 0\end{bmatrix} \sim \begin{bmatrix}0 & 0 & 0\\ -10 & -15 & -5\\ -1 & 5 & 0\end{bmatrix} \sim \begin{bmatrix}3 & -15 & 0\\ -10 & -15 & -5\\ -1 & 5 & 0\end{bmatrix} = \mathbf{B}$$

$$\mathbf{I}_3 \sim \begin{bmatrix}0 & 1 & 0\\ 1 & 0 & 0\\ 0 & 0 & 1\end{bmatrix} \sim \begin{bmatrix}0 & 1 & 0\\ 5 & 0 & 0\\ 0 & 0 & 1\end{bmatrix} \sim \begin{bmatrix}0 & 1 & -3\\ 5 & 0 & 0\\ 0 & 0 & 1\end{bmatrix} = \mathbf{R}$$

7.～30.題，求縮減矩陣和矩陣的秩。

7.$\begin{bmatrix}1 & -1 & 3\\ 0 & 1 & 2\\ 0 & 0 & 0\end{bmatrix}$

解：由 $r_2+r_1 \rightarrow r_1$，原式 $\sim \begin{bmatrix}1 & 0 & 5\\ 0 & 1 & 2\\ 0 & 0 & 0\end{bmatrix}$，秩 $=2$。

8.$\begin{bmatrix}6 & 6\\ \frac{1}{2} & -\frac{1}{2}\\ 0 & 0\end{bmatrix}$

解：原式 $\sim \begin{bmatrix}1 & 1\\ 1 & -1\\ 0 & 0\end{bmatrix} \sim \begin{bmatrix}1 & 1\\ 0 & -2\\ 0 & 0\end{bmatrix} \sim \begin{bmatrix}1 & 0\\ 0 & 1\\ 0 & 0\end{bmatrix}$，秩 $=2$。

9.$\begin{bmatrix}1 & 0 & 1 & 1\\ 0 & 1 & 0 & 0\end{bmatrix}$

解：本身即是縮減矩陣，秩 $=2$。

10. $\begin{bmatrix} 2 & 0 & 9 & 2 \\ 1 & 4 & 6 & 0 \\ 3 & 5 & 7 & 1 \end{bmatrix}$

解: 原式 $\sim \begin{bmatrix} 1 & -4 & 3 & 2 \\ 1 & 4 & 6 & 0 \\ 2 & 1 & 1 & 1 \end{bmatrix} \sim \begin{bmatrix} 1 & 0 & -29 & -2 \\ 0 & 1 & -8 & -1 \\ 0 & 0 & 67 & 6 \end{bmatrix}$，秩 $=2$。

11. $\begin{bmatrix} 6 & 1 \\ 1 & 3 \\ 0 & 0 \\ 0 & 1 \end{bmatrix}$

解: 原式 $\sim \begin{bmatrix} 0 & \frac{1}{2} \\ 1 & 3 \\ 0 & 0 \\ 0 & 1 \end{bmatrix} \sim \begin{bmatrix} 0 & 0 \\ 1 & 0 \\ 0 & 0 \\ 0 & 1 \end{bmatrix} \sim \begin{bmatrix} 1 & 0 \\ 0 & 1 \\ 0 & 0 \\ 0 & 0 \end{bmatrix}$，秩 $=2$。

12. $\begin{bmatrix} a & b & d \\ b & a & d \end{bmatrix}$，$a \neq \pm b$

解: 原式 $\sim \begin{bmatrix} a & b & d \\ 0 & a-\frac{b^2}{a} & d-\frac{b^2}{a} \end{bmatrix} \sim \begin{bmatrix} a & 0 & d-\frac{ab(d-b^2)}{a^2-b^2} \\ 0 & a-\frac{b^2}{a} & d-\frac{b^2}{a} \end{bmatrix}$

$\sim \begin{bmatrix} 1 & 0 & \frac{d}{a}-\frac{b(d^2-b^2)}{a^2-b^2} \\ 0 & 1 & \frac{ad-b^2}{a^2-b^2} \end{bmatrix}$，秩 $=2$。

13. $\begin{bmatrix} -1 & 4 & 6 \\ 2 & 3 & -5 \\ 7 & 1 & 1 \end{bmatrix}$

解: 原式 $\sim \begin{bmatrix} -1 & 4 & 6 \\ 0 & 11 & 7 \\ 0 & 29 & 43 \end{bmatrix} \sim \begin{bmatrix} 1 & -4 & -6 \\ 0 & 11 & 7 \\ 0 & 0 & \frac{270}{11} \end{bmatrix} \sim \begin{bmatrix} 1 & 0 & 0 \\ 0 & 1 & 0 \\ 0 & 0 & 1 \end{bmatrix}$，秩 $=3$。

14. $\begin{bmatrix} 4 & \frac{1}{2} & \frac{3}{2} & 3 \\ 0 & \frac{3}{2} & 1 & 1 \\ -4 & -\frac{1}{2} & -\frac{3}{2} & 2 \end{bmatrix}$

解：原式 $\sim \begin{bmatrix} 4 & \frac{1}{2} & \frac{3}{2} & 3 \\ 0 & \frac{3}{2} & 1 & 1 \\ 0 & 0 & 0 & 5 \end{bmatrix} \sim \begin{bmatrix} 1 & 0 & \frac{7}{24} & 0 \\ 0 & 1 & \frac{2}{3} & 0 \\ 0 & 0 & 0 & 1 \end{bmatrix}$，秩 $=3$。

15. $\begin{bmatrix} 0 & 1 & 0 \\ 2 & 2 & 0 \\ 4 & 1 & -7 \end{bmatrix}$

解：原式 $\sim \begin{bmatrix} 0 & 1 & 0 \\ 1 & 1 & 0 \\ 4 & 1 & -7 \end{bmatrix} \sim \begin{bmatrix} 1 & 0 & 0 \\ 0 & 1 & 0 \\ 0 & 0 & 1 \end{bmatrix}$，秩 $=3$。

16. $\begin{bmatrix} 0 & 5 & 8 \\ 3 & 1 & 4 \\ -3 & 4 & 4 \\ 1 & 2 & 4 \end{bmatrix}$

解：原式 $\sim \begin{bmatrix} 0 & 5 & 8 \\ 3 & 1 & 4 \\ 0 & 5 & 8 \\ 1 & 2 & 4 \end{bmatrix} \sim \begin{bmatrix} 1 & 0 & \frac{4}{5} \\ 0 & 1 & \frac{8}{5} \\ 0 & 0 & 0 \\ 0 & 0 & 0 \end{bmatrix}$，秩 $=2$。

17. $\begin{bmatrix} 5 & 1 & -3 & -3 & 9 \\ 1 & 0 & -4 & 0 & 6 \\ 6 & 3 & 7 & -3 & 1 \end{bmatrix}$

解：原式 $\sim \begin{bmatrix} 1 & 0 & 0 & \frac{-6}{5} & \frac{2}{5} \\ 0 & 1 & 0 & \frac{21}{10} & \frac{14}{5} \\ 0 & 0 & 1 & \frac{-3}{10} & \frac{-7}{5} \end{bmatrix}$，秩 $=3$。

18. $\begin{bmatrix} 0 & 8 & 3 \\ 6 & 0 & 2 \\ 2 & 7 & 5 \\ 5 & 5 & 0 \end{bmatrix}$

解：原式 $\sim \begin{bmatrix} 0 & 8 & 3 \\ 6 & 0 & 2 \\ 0 & 7 & \frac{13}{3} \\ 0 & 5 & \frac{-5}{3} \end{bmatrix} \sim \begin{bmatrix} 1 & 0 & 0 \\ 0 & 1 & 0 \\ 0 & 0 & 1 \\ 0 & 0 & 0 \end{bmatrix}$，秩 $=3$。

19. $\begin{bmatrix} 1 & -5 & 3 & 0 \\ -10 & 3 & 7 & 3 \end{bmatrix}$

解：原式 $\sim \begin{bmatrix} 1 & 0 & \frac{-44}{47} & \frac{-15}{47} \\ 0 & 1 & \frac{-37}{47} & \frac{-3}{47} \end{bmatrix}$，秩 $=2$。

20. $\begin{bmatrix} 1 & 2 & 3 & 2 \\ 1 & 3 & 4 & 5 \\ 2 & 3 & 5 & 1 \end{bmatrix}$

解：原式 $\sim \begin{bmatrix} 1 & 1 & 2 & -1 \\ 1 & 0 & 1 & -4 \\ 2 & 3 & 5 & 1 \end{bmatrix} \sim \begin{bmatrix} 1 & 0 & 1 & -4 \\ 0 & 1 & 1 & 3 \\ 0 & 0 & 0 & 0 \end{bmatrix}$，秩 $=2$。

21. $\begin{bmatrix} 0 & 1 & -6 \\ 5 & -2 & 3 \\ -3 & 5 & 11 \end{bmatrix}$

解: 原式 $\sim \begin{bmatrix} 0 & 1 & -6 \\ 5 & -2 & 3 \\ 0 & \frac{19}{5} & \frac{46}{5} \end{bmatrix} \sim \begin{bmatrix} 0 & 1 & -6 \\ 5 & 0 & -9 \\ 0 & 0 & 1 \end{bmatrix} \sim \begin{bmatrix} 1 & 0 & 0 \\ 0 & 1 & 0 \\ 0 & 0 & 1 \end{bmatrix}$，秩 $=3$。

22. $\begin{bmatrix} 1 & -5 & 3 & 3 \\ -2 & 3 & 8 & 5 \end{bmatrix}$

解: 原式 $\sim \begin{bmatrix} 1 & -5 & 3 & 3 \\ 0 & -7 & 14 & 11 \end{bmatrix} \sim \begin{bmatrix} 1 & 0 & -7 & \frac{-34}{7} \\ 0 & 1 & -2 & \frac{-11}{7} \end{bmatrix}$，秩 $=2$。

23. $\begin{bmatrix} 2 & 2 & 0 \\ -4 & 1 & 3 \end{bmatrix}$

解: 原式 $\sim \begin{bmatrix} 2 & 2 & 0 \\ 0 & 5 & 3 \end{bmatrix} \sim \begin{bmatrix} 1 & 0 & \frac{-3}{5} \\ 0 & 1 & \frac{3}{5} \end{bmatrix}$，秩 $=2$。

24. $\begin{bmatrix} 1 & 3 & 2 & 2 \\ 1 & 2 & 1 & 2 \\ 2 & 4 & 3 & 4 \\ 3 & 7 & 4 & 6 \end{bmatrix}$

解: 原式 $\sim \begin{bmatrix} 1 & 3 & 2 & 2 \\ 0 & 1 & 1 & 0 \\ 1 & 3 & 1 & 2 \\ 3 & 7 & 4 & 6 \end{bmatrix} \sim \begin{bmatrix} 1 & 3 & 2 & 2 \\ 0 & 1 & 1 & 0 \\ 0 & 0 & 1 & 0 \\ 0 & -2 & -2 & 0 \end{bmatrix} \sim \begin{bmatrix} 1 & 0 & 0 & 2 \\ 0 & 1 & 0 & 0 \\ 0 & 0 & 1 & 0 \\ 0 & 0 & 0 & 0 \end{bmatrix}$，秩 $=3$。

25. $\begin{bmatrix} 0 & 0 & 1 \\ 1 & 3 & 0 \end{bmatrix}$

解: 原式 $\sim \begin{bmatrix} 1 & 3 & 0 \\ 0 & 0 & 1 \end{bmatrix}$，秩 $=2$。

26. $\begin{bmatrix} 0 & 0 & 1 \\ 0 & 1 & 0 \\ 0 & 0 & -2 \end{bmatrix}$

解：原式 $\sim \begin{bmatrix} 0 & 1 & 0 \\ 0 & 0 & 1 \\ 0 & 0 & 0 \end{bmatrix}$，秩 $=2$。

27. $\begin{bmatrix} 0 & 0 & 2 \\ 1 & 0 & 5 \\ -3 & 2 & 2 \end{bmatrix}$

解：原式 $\sim \begin{bmatrix} 0 & 0 & 2 \\ 1 & 0 & 0 \\ -3 & 2 & 0 \end{bmatrix} \sim \begin{bmatrix} 1 & 0 & 0 \\ 0 & 1 & 0 \\ 0 & 0 & 1 \end{bmatrix}$，秩 $=3$。

28. $\begin{bmatrix} 0 & -1 & 3 \\ 2 & -5 & -7 \\ 4 & -11 & -11 \end{bmatrix}$

解：原式 $\sim \begin{bmatrix} 1 & 0 & -11 \\ 0 & 1 & -3 \\ 0 & 0 & 0 \end{bmatrix}$，秩 $=2$。

29. $\begin{bmatrix} 2 & 0 & 0 & -2 \\ 13 & 2 & 0 & -1 \\ 4 & 1 & -3 & 5 \end{bmatrix}$

解：原式 $\sim \begin{bmatrix} 2 & 0 & 0 & -2 \\ 0 & 0 & 0 & 12 \\ 0 & 1 & -3 & 9 \end{bmatrix} \sim \begin{bmatrix} 1 & 0 & 0 & -1 \\ 0 & 1 & 0 & 6 \\ 0 & 0 & 1 & -1 \end{bmatrix}$，秩 $=3$。

30. $\begin{bmatrix} 0 & 0 & 0 & 1 \\ 0 & 2 & 1 & -5 \\ 3 & -3 & 5 & 1 \end{bmatrix}$

解：原式 $\sim \begin{bmatrix} 1 & 0 & \frac{13}{6} & 0 \\ 0 & 1 & \frac{1}{2} & 0 \\ 0 & 0 & 0 & 1 \end{bmatrix}$，秩 = 3。

31.～64.題，解聯立方程式。

31. $x_1 + 2x_2 - x_3 = 0$

$x_2 - x_3 = 0$

解：

$$\begin{bmatrix} 1 & 2 & -3 \\ 0 & 1 & -1 \end{bmatrix} \sim \begin{bmatrix} 1 & 0 & -1 \\ 0 & 1 & -1 \end{bmatrix} \Rightarrow \begin{cases} x_1 = x_3 \\ x_2 = x_3 \end{cases}$$ 其中 x_3 為任意數

32. $2x_1 + 3x_2 = 4$

$3x_1 + 2x_2 = -4$

解：

$$\left[\begin{array}{cc:c} 2 & 3 & 4 \\ 3 & 2 & -4 \end{array}\right] \sim \left[\begin{array}{cc:c} 5 & 5 & 0 \\ 3 & 2 & -4 \end{array}\right] \sim \left[\begin{array}{cc:c} 1 & 0 & -4 \\ 0 & 1 & 4 \end{array}\right] \Rightarrow \begin{cases} x_1 = -4 \\ x_2 = 4 \end{cases}$$

33. $2x_1 - x_2 - 2x_3 = 0$

$x_1 - x_2 = 0$

$x_1 + x_2 = 0$

解：

$$\begin{bmatrix} 2 & -1 & -2 \\ 1 & -1 & 0 \\ 1 & 1 & 0 \end{bmatrix} \sim \begin{bmatrix} 1 & 0 & 0 \\ 0 & 1 & 0 \\ 0 & 0 & 1 \end{bmatrix}, \therefore \begin{cases} x_1 = 0 \\ x_2 = 0 \\ x_3 = 0 \end{cases}$$

34. $x_1 - 2x_2 = -4$

$3x_1 + 4x_2 = 38$

解：

$$\left[\begin{array}{cc:c} 1 & -2 & -4 \\ 3 & 4 & 38 \end{array}\right] \sim \left[\begin{array}{cc:c} 1 & -2 & -4 \\ 0 & 10 & 50 \end{array}\right] \sim \left[\begin{array}{cc:c} 1 & 0 & 6 \\ 0 & 1 & 5 \end{array}\right] \Rightarrow \begin{cases} x_1 = 6 \\ x_2 = 5 \end{cases}$$

35. $x_1 - x_2 + 3x_3 - x_4 + 4x_5 = 0$

$2x_1 - 2x_2 + x_3 + x_4 = 0$

$x_1 - 2x_3 + x_5 = 0$

$x_3 + x_4 - x_5 = 0$

解:
$$\begin{bmatrix} 1 & -1 & 3 & -1 & 4 \\ 2 & -2 & 1 & 1 & 0 \\ 1 & 0 & -2 & 0 & 1 \\ 0 & 0 & 1 & 1 & -1 \end{bmatrix} \sim \begin{bmatrix} 1 & 0 & 0 & 0 & \frac{9}{4} \\ 0 & 1 & 0 & 0 & \frac{7}{4} \\ 0 & 0 & 1 & 0 & \frac{5}{8} \\ 0 & 0 & 0 & 1 & -\frac{13}{8} \end{bmatrix}$$

$$\Rightarrow \begin{cases} x_1 = \frac{-9}{4}x_5 \\ x_2 = \frac{-7}{4}x_5 \\ x_3 = \frac{-5}{8}x_5 \\ x_4 = \frac{13}{8}x_5 \end{cases}$$ 其中 x_5 為任意數

36. $x_1 + 2x_2 - 8x_3 = 0$

$2x_1 - 3x_2 + 5x_3 = 0$

$3x_1 + 2x_2 - 12x_3 = 0$

解:
$$\begin{bmatrix} 1 & 2 & -8 \\ 2 & -3 & 5 \\ 3 & 2 & -12 \end{bmatrix} \sim \begin{bmatrix} 1 & 2 & -8 \\ 0 & -7 & 21 \\ 0 & -4 & 12 \end{bmatrix} \sim \begin{bmatrix} 1 & 0 & -2 \\ 0 & 1 & -3 \\ 0 & 0 & 0 \end{bmatrix}$$

$$\Rightarrow \begin{cases} x_1 = 2x_3 \\ x_2 = 3x_3 \end{cases}$$ x_3 為任意數

37. $x_2 - 3x_4 + x_5 = 0$

$2x_1 - x_2 + x_4 = 0$

$2x_1 - 3x_2 + 4x_5 = 0$

解:

$$\begin{bmatrix} 0 & 1 & 0 & -3 & 1 \\ 2 & -1 & 0 & 1 & 0 \\ 2 & -3 & 0 & 0 & 4 \end{bmatrix} \sim \begin{bmatrix} 0 & 1 & 0 & -3 & 1 \\ 0 & 2 & 0 & 1 & -4 \\ 2 & -3 & 0 & 0 & 4 \end{bmatrix}$$

$$\sim \begin{bmatrix} 1 & 0 & 0 & 0 & \frac{-5}{14} \\ 0 & 1 & 0 & 0 & \frac{-11}{7} \\ 0 & 0 & 0 & 1 & \frac{-6}{7} \end{bmatrix}$$

$$\Rightarrow \begin{cases} x_1 = \frac{5}{14}x_5 \\ x_2 = \frac{11}{7}x_5 \\ x_4 = \frac{6}{7}x_5 \end{cases}$$ 其中 x_3、x_5 均為任意數

38. $3x_1 - x_2 + x_3 = -2$

$x_1 + 5x_2 + 2x_3 = 6$

$2x_1 + 3x_2 + x_3 = 0$

解:

$$\left[\begin{array}{ccc|c} 3 & -1 & 1 & -2 \\ 1 & 5 & 2 & 6 \\ 2 & 3 & 1 & 0 \end{array}\right] \sim \left[\begin{array}{ccc|c} 3 & -1 & 1 & -2 \\ 0 & 16 & 5 & 20 \\ 0 & 11 & 1 & 4 \end{array}\right] \sim \left[\begin{array}{ccc|c} 1 & \frac{-1}{3} & \frac{1}{3} & \frac{-2}{3} \\ 0 & 5 & 4 & 16 \\ 0 & 1 & \frac{1}{11} & \frac{4}{11} \end{array}\right]$$

$$\sim \left[\begin{array}{ccc|c} 1 & 0 & 0 & -2 \\ 0 & 1 & 0 & 0 \\ 0 & 0 & 1 & 4 \end{array}\right] \Rightarrow \begin{cases} x_1 = -2 \\ x_2 = 0 \\ x_3 = 4 \end{cases}$$

39. $x_1 - 4x_3 + x_5 = 0$

$2x_3 - 4x_4 = 0$

$x_2 - 5x_4 + 6x_5 = 0$

解:

$$\begin{bmatrix} 1 & 0 & -4 & 0 & 1 \\ 0 & 0 & 2 & -4 & 0 \\ 0 & 1 & 0 & -5 & 6 \end{bmatrix} \sim \begin{bmatrix} 1 & 0 & 0 & -8 & 1 \\ 0 & 1 & 0 & -5 & 6 \\ 0 & 0 & 1 & -2 & 0 \end{bmatrix} \Rightarrow \begin{cases} x_1 = 8x_4 - x_5 \\ x_2 = 5x_4 - 6x_5 \\ x_3 = 2x_4 \end{cases}$$

其中 x_4、x_5 均為任意數

40. $4x_2+3x_3=13$

$x_1-2x_2+x_3=3$

$3x_1+5x_2=11$

解:
$$\left[\begin{array}{ccc|c} 0 & 4 & 3 & 13 \\ 1 & -2 & 1 & 3 \\ 3 & 5 & 0 & 11 \end{array}\right] \sim \left[\begin{array}{ccc|c} 1 & -2 & 1 & 3 \\ 0 & 0 & 5 & 15 \\ 0 & 11 & -3 & 2 \end{array}\right] \sim \left[\begin{array}{ccc|c} 1 & 0 & 0 & 2 \\ 0 & 0 & 1 & 3 \\ 0 & 1 & 0 & 1 \end{array}\right]$$

$$\Rightarrow \begin{cases} x_1=2 \\ x_2=1 \\ x_3=3 \end{cases}$$

41. $18x_2+2x_3-10x_4=0$

$x_1+x_2-4x_4=0$

$x_3+8x_4=0$

解:
$$\begin{bmatrix} 0 & 18 & 2 & -10 \\ 1 & 1 & 0 & -4 \\ 0 & 0 & 1 & 8 \end{bmatrix} \sim \begin{bmatrix} 0 & 9 & 1 & -5 \\ 1 & 1 & 0 & 4 \\ 0 & 0 & 1 & 8 \end{bmatrix} \sim \begin{bmatrix} 1 & 0 & 0 & \frac{-23}{9} \\ 0 & 1 & 0 & \frac{-13}{9} \\ 0 & 0 & 1 & 8 \end{bmatrix}$$

$$\Rightarrow \begin{cases} x_1=\frac{23}{9}x_4 \\ x_2=\frac{13}{9}x_4 \\ x_3=-8x_4 \end{cases}$$ 其中 x_4 為任意數

42. $-7x_1+4x_2+2x_3=3$

$16x_1+2x_2+x_3=3$

解:
$$\left[\begin{array}{ccc|c} -7 & 4 & 2 & 3 \\ 16 & 2 & 1 & 3 \end{array}\right] \sim \left[\begin{array}{ccc|c} -39 & 0 & 0 & 3 \\ 16 & 2 & 1 & 3 \end{array}\right] \sim \left[\begin{array}{ccc|c} 1 & 0 & 0 & \frac{-1}{13} \\ 0 & 1 & \frac{1}{2} & \frac{55}{26} \end{array}\right]$$

$$\Rightarrow \begin{cases} x_1 = \dfrac{1}{13} \\ x_2 + \dfrac{1}{2}x_3 = \dfrac{55}{26} \end{cases}$$

43. $x_1 - \dfrac{2}{3}x_2 + \dfrac{1}{3}x_3 = 2$

$x_1 + 10x_2 - x_3 = 2$

$3x_1 + 2x_2 - x_3 = 0$

解:
$$\left[\begin{array}{ccc|c} 1 & \dfrac{-2}{3} & \dfrac{1}{3} & 2 \\ 1 & 10 & -1 & 2 \\ 3 & 2 & -1 & 0 \end{array}\right] \sim \left[\begin{array}{ccc|c} 1 & \dfrac{-2}{3} & \dfrac{1}{3} & 2 \\ 0 & \dfrac{32}{3} & \dfrac{-4}{3} & 0 \\ 0 & 4 & -1 & 6 \end{array}\right] \sim \left[\begin{array}{ccc|c} 1 & 0 & 0 & 1 \\ 0 & 1 & 0 & \dfrac{1}{2} \\ 0 & 0 & 1 & 4 \end{array}\right]$$

$$\Rightarrow \begin{cases} x_1 = 1 \\ x_2 = \dfrac{1}{2} \\ x_3 = 4 \end{cases}$$

44. $x_1 - 3x_2 + 2x_3 = 2$

$x_1 - 3x_2 + \dfrac{7}{5}x_3 = 2$

解:
$$\left[\begin{array}{ccc|c} 1 & -3 & 2 & 2 \\ 1 & -3 & \dfrac{7}{5} & 2 \end{array}\right] \sim \left[\begin{array}{ccc|c} 1 & -3 & 2 & 2 \\ 0 & 0 & \dfrac{3}{5} & 0 \end{array}\right] \sim \left[\begin{array}{ccc|c} 1 & -3 & 0 & 2 \\ 0 & 0 & 1 & 0 \end{array}\right]$$

$$\Rightarrow \begin{cases} x_1 - 3x_2 = 2 \\ x_3 = 0 \end{cases}$$

45. $2x_1 - x_2 + \dfrac{3}{2}x_3 + 5x_4 = \dfrac{1}{2}$

$x_1 - 3x_4 = 8$

$2x_1 - 3x_2 + x_4 = 16$

解:
$$\left[\begin{array}{cccc|c} 2 & -1 & \frac{3}{2} & 5 & \frac{1}{2} \\ 1 & 0 & 0 & -3 & 8 \\ 2 & -3 & 0 & 1 & 16 \end{array}\right] \sim \left[\begin{array}{cccc|c} 1 & 0 & 0 & -3 & 8 \\ 0 & 1 & 0 & \frac{-7}{3} & 0 \\ 0 & 0 & 1 & \frac{52}{9} & \frac{-31}{3} \end{array}\right]$$

$$\Rightarrow \begin{cases} x_1 = 3x_4 + 8 \\ x_2 = \frac{7}{3}x_4 \\ x_3 = \frac{-52}{9}x_4 - \frac{31}{3} \end{cases}$$ 其中x_4為任意數

46. $3x_1 - 6x_2 - x_3 - x_4 = 0$

$x_1 - 2x_2 + 5x_3 - 3x_4 = 0$

$2x_1 - 4x_2 + 3x_3 - x_4 = 3$

解:
$$\left[\begin{array}{cccc|c} 3 & -6 & -1 & -1 & 0 \\ 1 & -2 & 5 & -3 & 0 \\ 2 & -4 & 3 & -1 & 3 \end{array}\right] \sim \left[\begin{array}{cccc|c} 0 & 0 & -16 & 8 & 0 \\ 1 & -2 & 5 & -3 & 0 \\ 0 & 0 & -7 & 5 & 3 \end{array}\right] \sim \left[\begin{array}{cccc|c} 1 & -2 & 0 & \frac{-1}{2} & 0 \\ 0 & 0 & 1 & \frac{-1}{2} & 0 \\ 0 & 0 & 0 & 1 & 2 \end{array}\right]$$

$$\Rightarrow \begin{cases} x_1 - 2x_2 = 1 \\ x_3 = 1 \\ x_4 = 2 \end{cases}$$ 其中 x_2為任意數

47. $2x_1 - 3x_2 + x_4 = 1$

$x_2 + x_3 - x_4 = 0$

$x_1 - \frac{3}{2}x_2 + 5x_3 = 0$

解:
$$\left[\begin{array}{cccc|c} 2 & -3 & 0 & 1 & 1 \\ 0 & 1 & 1 & -1 & 0 \\ 1 & \frac{-3}{2} & 5 & 0 & 0 \end{array}\right] \sim \left[\begin{array}{cccc|c} 0 & 0 & -10 & 1 & 1 \\ 0 & 1 & 1 & -1 & 0 \\ 1 & 0 & \frac{13}{2} & \frac{-3}{2} & 0 \end{array}\right]$$

$$\sim\left[\begin{array}{cccc:c} 1 & 0 & 0 & \frac{-17}{20} & \frac{13}{20} \\ 0 & 1 & 0 & \frac{9}{10} & \frac{1}{10} \\ 0 & 0 & 1 & \frac{-1}{10} & \frac{-1}{10} \end{array}\right]$$

$$\Rightarrow\begin{cases} x_1=\frac{17}{20}x_4+\frac{13}{20} \\ x_2=\frac{9}{10}x_4+\frac{1}{10} \\ x_3=\frac{1}{10}x_4-\frac{1}{10} \end{cases}$$ 其中 x_4 為任意數

48. $x_1+x_2+x_3=6$

$3x_1+17x_2-x_3-2x_4=-2$

$4x_1-17x_2+8x_3-5x_4=2$

$5x_2+2x_3-x_4=-2$

解：

$$\left[\begin{array}{cccc:c} 1 & 1 & 1 & 0 & 6 \\ 3 & 17 & -1 & -2 & -2 \\ 4 & -17 & 8 & -5 & 2 \\ 0 & 5 & 2 & -1 & -2 \end{array}\right]\sim\left[\begin{array}{cccc:c} 1 & 1 & 1 & 0 & 6 \\ 0 & 14 & -4 & -2 & -20 \\ 0 & -21 & 4 & -5 & -22 \\ 0 & 5 & 2 & -1 & -2 \end{array}\right]$$

$$\sim\left[\begin{array}{cccc:c} 1 & 1 & 1 & 0 & 6 \\ 0 & 7 & -2 & -1 & -10 \\ 0 & 0 & 1 & 4 & 26 \\ 0 & 0 & 0 & 49 & 294 \end{array}\right]$$

$\Rightarrow x_1=4,\ x_2=0,\ x_3=2,\ x_4=6$。

49. $x_1-\frac{3}{2}x_3=\frac{1}{2}$

$x_1-x_2+x_3=1$

$x_1-2x_2+\frac{1}{2}x_3=1$

解:
$$\left[\begin{array}{ccc:c} 1 & 0 & \frac{-3}{2} & \frac{1}{2} \\ 1 & -1 & 1 & 1 \\ 1 & -2 & \frac{1}{2} & 1 \end{array}\right] \sim \left[\begin{array}{ccc:c} 1 & 0 & \frac{-3}{2} & \frac{1}{2} \\ 0 & -1 & \frac{5}{2} & \frac{1}{2} \\ 0 & -2 & 2 & \frac{1}{2} \end{array}\right] \sim \left[\begin{array}{ccc:c} 1 & 0 & 0 & \frac{3}{4} \\ 0 & 1 & 0 & \frac{-1}{12} \\ 0 & 0 & 1 & \frac{1}{6} \end{array}\right]$$

$$\Rightarrow \begin{cases} x_1 = \frac{3}{4} \\ x_2 = \frac{-1}{12} \\ x_3 = \frac{1}{6} \end{cases}$$

50. $x_1 + x_2 - 2x_3 + x_4 + 3x_5 = 1$

$2x_1 - x_2 + 2x_3 + 2x_4 + 6x_5 = 2$

$3x_1 + 2x_2 - 4x_3 - 3x_4 - 9x_5 = 3$

解:
$$\left[\begin{array}{ccccc:c} 1 & 1 & -2 & 1 & 3 & 1 \\ 2 & -1 & 2 & 2 & 6 & 2 \\ 3 & 2 & -4 & -3 & -9 & 3 \end{array}\right] \sim \left[\begin{array}{ccccc:c} 1 & 1 & -2 & 1 & 3 & 1 \\ 0 & -3 & 6 & 0 & 0 & 0 \\ 0 & -1 & 2 & -6 & -18 & 0 \end{array}\right]$$

$$\sim \left[\begin{array}{ccccc:c} 1 & 0 & 0 & 0 & 0 & 1 \\ 0 & 1 & -2 & 0 & 0 & 0 \\ 0 & 0 & 0 & 1 & 3 & 0 \end{array}\right] \Rightarrow \begin{cases} x_1 = 1 \\ x_2 = 2x_3 \\ x_4 = -3x_5 \end{cases}$$ 其中 x_3、x_5 為任意數

51. $4x_1 - 5x_2 + 6x_3 = -2$

$2x_1 - 6x_2 + x_3 = -5$

$6x_1 - 16x_2 + 11x_3 = -1$

解:
$$\left[\begin{array}{ccc:c} 4 & -5 & 6 & -2 \\ 2 & -6 & 1 & -5 \\ 6 & -16 & 11 & -1 \end{array}\right] \sim \left[\begin{array}{ccc:c} 0 & 7 & 4 & 8 \\ 2 & -6 & 1 & -5 \\ 0 & 2 & 8 & 14 \end{array}\right] \sim \left[\begin{array}{ccc:c} 1 & 0 & 0 & \frac{-274}{96} \\ 0 & 1 & 0 & \frac{1}{6} \\ 0 & 0 & 1 & \frac{41}{24} \end{array}\right]$$

$$\Rightarrow \begin{cases} x_1 = -\dfrac{137}{48} \\ x_2 = \dfrac{1}{6} \\ x_3 = \dfrac{41}{24} \end{cases}$$

52. $x_1 + x_2 + 2x_3 + x_4 = 5$

$2x_1 + 3x_2 - x_3 - 2x_4 = 2$

$4x_1 + 5x_2 + 3x_3 = 7$

解:
$$\left[\begin{array}{cccc|c} 1 & 1 & 2 & 1 & 5 \\ 2 & 3 & -1 & -2 & 2 \\ 4 & 5 & 3 & 0 & 7 \end{array}\right] \sim \left[\begin{array}{cccc|c} 1 & 1 & 2 & 1 & 5 \\ 0 & 1 & -5 & -4 & -8 \\ 0 & 1 & -5 & -4 & -13 \end{array}\right] \sim \left[\begin{array}{cccc|c} 1 & 0 & 7 & 5 & 13 \\ 0 & 1 & -5 & -4 & -8 \\ 0 & 0 & 0 & 0 & -5 \end{array}\right]$$

由最後一列知: $0 \cdot x_1 + 0 \cdot x_2 + 0 \cdot x_3 + 0 \cdot x_4 = -5$

所以本題無解

53. $x_1 - \dfrac{1}{4}x_2 + x_3 = \dfrac{1}{4}$

$x_1 + x_2 - 5x_3 = 0$

$2x_1 - x_2 - 7x_3 = -4$

解:
$$\left[\begin{array}{ccc|c} 1 & \dfrac{-1}{4} & 1 & \dfrac{1}{4} \\ 1 & 1 & -5 & 0 \\ 2 & -1 & -7 & -4 \end{array}\right] \sim \left[\begin{array}{ccc|c} 1 & 0 & 0 & \dfrac{16}{57} \\ 0 & 1 & 0 & \dfrac{99}{57} \\ 0 & 0 & 1 & \dfrac{23}{57} \end{array}\right] \Rightarrow \begin{cases} x_1 = \dfrac{16}{57} \\ x_2 = \dfrac{99}{57} \\ x_3 = \dfrac{23}{57} \end{cases}$$

54. $x_1 + x_2 + x_3 + x_4 = 0$

$x_1 + 3x_2 + 2x_3 + 4x_4 = 0$

$2x_1 + x_3 - x_4 = 0$

解:
$$\left[\begin{array}{cccc|c} 1 & 1 & 1 & 1 & 0 \\ 1 & 3 & 2 & 4 & 0 \\ 2 & 0 & 1 & -1 & 0 \end{array}\right] \sim \left[\begin{array}{cccc|c} 1 & 0 & \frac{1}{2} & \frac{-1}{2} & 0 \\ 0 & 1 & \frac{1}{2} & \frac{3}{2} & 0 \\ 0 & 0 & 0 & 0 & 0 \end{array}\right]$$

$$\Rightarrow \begin{cases} x_1 = \frac{-1}{2}x_3 + \frac{1}{2}x_4 \\ x_2 = \frac{-1}{2}x_3 - \frac{3}{2}x_4 \end{cases}$$ 其中 x_3、x_4 為任意數

55. $4x_1 - 3x_2 + x_3 = -1$

$3x_1 - x_2 + 5x_3 = 0$

$x_1 + \frac{14}{5}x_3 = 2$

解:
$$\left[\begin{array}{ccc|c} 4 & -3 & 1 & -1 \\ 3 & -1 & 5 & 0 \\ 1 & 0 & \frac{14}{5} & 2 \end{array}\right] \sim \left[\begin{array}{ccc|c} 0 & -3 & \frac{-51}{5} & -11 \\ 0 & -1 & \frac{-17}{5} & -6 \\ 1 & 0 & \frac{14}{5} & 2 \end{array}\right] \sim \left[\begin{array}{ccc|c} 0 & 0 & 0 & 7 \\ 0 & -1 & \frac{-17}{5} & -6 \\ 1 & 0 & \frac{14}{5} & 2 \end{array}\right]$$

由第一列知: $0 \cdot x_1 + 0 \cdot x_2 + 0 \cdot x_3 = 7$，故本題無解

56. $x_1 + x_2 + x_3 = 4$

$2x_1 + 5x_2 - 2x_3 = 3$

解:
$$\left[\begin{array}{ccc|c} 1 & 1 & 1 & 4 \\ 2 & 5 & -2 & 3 \end{array}\right] \sim \left[\begin{array}{ccc|c} 1 & 1 & 1 & 4 \\ 0 & 3 & -4 & -5 \end{array}\right] \sim \left[\begin{array}{ccc|c} 1 & 0 & \frac{7}{3} & \frac{17}{3} \\ 0 & 1 & \frac{-4}{3} & \frac{-5}{3} \end{array}\right]$$

$$\Rightarrow \begin{cases} x_1 = \frac{-7}{3}x_3 + \frac{17}{3} \\ x_2 = \frac{4}{3}x_3 - \frac{5}{3} \end{cases}$$ 其中 x_3 為任意數

57. $5x_1 - 3x_2 - x_3 + x_4 = 8$

$4x_1 + 3x_2 - x_4 = 9$

$-2x_1 - 3x_2 + 3x_3 - x_4 = 7$

解:

$$\left[\begin{array}{cccc|c} 5 & -3 & -1 & 1 & 8 \\ 4 & 3 & 0 & -1 & 9 \\ -2 & -3 & 3 & -1 & 7 \end{array}\right] \sim \left[\begin{array}{cccc|c} 9 & 0 & -1 & 0 & 17 \\ 2 & 0 & 3 & -2 & 16 \\ -2 & -3 & 3 & -1 & 7 \end{array}\right]$$

$$\sim \left[\begin{array}{cccc|c} 1 & 0 & 0 & \frac{-2}{29} & \frac{67}{29} \\ 0 & 1 & 0 & \frac{-7}{29} & \frac{-7}{87} \\ 0 & 0 & 1 & \frac{-18}{29} & \frac{110}{29} \end{array}\right] \Rightarrow \begin{cases} x_1 = \frac{2}{29}x_4 + \frac{67}{29} \\ x_2 = \frac{7}{29}x_4 - \frac{7}{87} \\ x_3 = \frac{18}{29}x_4 + \frac{110}{29} \end{cases}$$

其中 x_4 為任意數

58. $x_1 + x_2 + x_3 = 4$

$2x_1 + 5x_2 - 2x_3 = 3$

$x_1 + 7x_2 - 7x_3 = 5$

解:

$$\left[\begin{array}{ccc|c} 1 & 1 & 1 & 4 \\ 2 & 5 & -2 & 3 \\ 1 & 7 & -7 & 5 \end{array}\right] \sim \left[\begin{array}{ccc|c} 1 & 1 & 1 & 4 \\ 0 & 3 & -4 & -5 \\ 0 & 6 & -8 & 1 \end{array}\right] \sim \left[\begin{array}{ccc|c} 1 & 1 & 1 & 4 \\ 0 & 3 & -4 & -5 \\ 0 & 0 & 0 & 11 \end{array}\right]$$

由最後一列知: $0 \cdot x_1 + 0 \cdot x_2 + 0 \cdot x_3 = 11$，故本題無解

59. $2x_1 - 3x_2 = 1$

$4x_2 - x_3 = 0$

$x_1 + 3x_2 = 0$

解:

$$\left[\begin{array}{ccc|c} 2 & -3 & 0 & 1 \\ 0 & 4 & -1 & 0 \\ 1 & 3 & 0 & 0 \end{array}\right] \sim \left[\begin{array}{ccc|c} 0 & -9 & 0 & 1 \\ 0 & 4 & -1 & 0 \\ 1 & 3 & 0 & 0 \end{array}\right] \sim \left[\begin{array}{ccc|c} 1 & 0 & 0 & \frac{1}{3} \\ 0 & 1 & 0 & \frac{-1}{9} \\ 0 & 0 & 1 & \frac{-4}{9} \end{array}\right]$$

$$\Rightarrow \begin{cases} x_1 = \dfrac{1}{3} \\ x_2 = \dfrac{-1}{9} \\ x_3 = \dfrac{-4}{9} \end{cases}$$

60. $x_1 - 2x_2 + 3x_3 = 0$

$2x_1 + 5x_2 + 6x_3 = 0$

解:

$$\begin{bmatrix} 1 & -2 & 3 \\ 2 & 5 & 6 \end{bmatrix} \sim \begin{bmatrix} 1 & -2 & 3 \\ 0 & 9 & 0 \end{bmatrix} \sim \begin{bmatrix} 1 & 0 & 3 \\ 0 & 1 & 0 \end{bmatrix}$$

$$\Rightarrow \begin{cases} x_1 = -3x_3 \\ x_2 = 0 \end{cases}$$ 其中 x_3 為任意數

61. $x_1 + 2x_3 = -12$

$x_1 - 3x_3 + x_4 = 0$

$x_2 - x_4 = 1$

$x_2 - x_3 = 8$

解:

$$\left[\begin{array}{cccc|c} 1 & 0 & 2 & 0 & -12 \\ 1 & 0 & -3 & 1 & 0 \\ 0 & 1 & 0 & -1 & 1 \\ 0 & 1 & -1 & 0 & 8 \end{array}\right] \sim \left[\begin{array}{cccc|c} 0 & 0 & 5 & -1 & -12 \\ 1 & 0 & -3 & 1 & 0 \\ 0 & 0 & 1 & -1 & -7 \\ 0 & 1 & -1 & 0 & 8 \end{array}\right]$$

$$\sim \left[\begin{array}{cccc|c} 1 & 0 & 0 & 0 & -\dfrac{19}{2} \\ 0 & 1 & 0 & 0 & \dfrac{27}{4} \\ 0 & 0 & 1 & 0 & -\dfrac{5}{4} \\ 0 & 0 & 0 & 1 & \dfrac{23}{4} \end{array}\right] \Rightarrow \begin{cases} x_1 = -\dfrac{19}{2} \\ x_2 = \dfrac{27}{4} \\ x_3 = -\dfrac{5}{4} \\ x_4 = \dfrac{23}{4} \end{cases}$$

62. $2x_1 - x_2 + 3x_3 = 0$

$3x_1 + 2x_2 + x_3 = 0$

$x_1 - 4x_2 + 5x_3 = 0$

解:
$$\begin{bmatrix} 2 & -1 & 3 \\ 3 & 2 & 1 \\ 1 & -4 & 5 \end{bmatrix} \sim \begin{bmatrix} 0 & 7 & -7 \\ 0 & 14 & -14 \\ 1 & -4 & 5 \end{bmatrix} \sim \begin{bmatrix} 0 & 7 & -7 \\ 0 & 0 & 0 \\ 1 & -4 & 5 \end{bmatrix} \sim \begin{bmatrix} 1 & 0 & 1 \\ 0 & 1 & -1 \\ 0 & 0 & 0 \end{bmatrix}$$

$\Rightarrow \begin{cases} x_1 = -x_3 \\ x_2 = x_3 \end{cases}$ 其中 x_3 為任意數

63. $2x_2 - 3x_3 = 0$

$2x_1 - 3x_3 = 0$

$x_1 - x_2 + x_3 = 1$

解:
$$\left[\begin{array}{ccc|c} 0 & 2 & -3 & 0 \\ 2 & 0 & -3 & 0 \\ 1 & -1 & 1 & 1 \end{array}\right] \sim \left[\begin{array}{ccc|c} 1 & 0 & 0 & \frac{3}{2} \\ 0 & 1 & 0 & \frac{3}{2} \\ 0 & 0 & 1 & 1 \end{array}\right] \Rightarrow \begin{cases} x_1 = \frac{3}{2} \\ x_2 = \frac{3}{2} \\ x_3 = 1 \end{cases}$$

64. $x_1 + 2x_2 + 3x_3 = 0$

$2x_1 + x_2 + 3x_3 = 0$

$3x_1 + 2x_2 + x_3 = 0$

解:
$$\begin{bmatrix} 1 & 2 & 3 \\ 2 & 1 & 3 \\ 3 & 2 & 1 \end{bmatrix} \sim \begin{bmatrix} 1 & 2 & 3 \\ 0 & -3 & -3 \\ 0 & -4 & -8 \end{bmatrix} \sim \begin{bmatrix} 1 & 2 & 3 \\ 0 & 1 & 1 \\ 0 & 1 & 2 \end{bmatrix} \sim \begin{bmatrix} 1 & 0 & 0 \\ 0 & 1 & 0 \\ 0 & 0 & 1 \end{bmatrix}$$

$\therefore x_1 = x_2 = x_3 = 0$

9.4 行列式，反矩陣，克雷姆法

1.～14.題，求行列式之值。

1. $\begin{vmatrix} 4 & -6 \\ 1 & 7 \end{vmatrix}$

解：原式 $= 4 \times 7 - (-6) \times 1 = 34$

2. $\begin{vmatrix} 17 & 9 \\ 4 & -13 \end{vmatrix}$

解：原式 $= 17 \times (-13) - 9 \times 4 = -257$

3. $\begin{vmatrix} 8 & 1 \\ 3 & 4 \end{vmatrix}$

解：原式 $= 8 \times 4 - 1 \times 3 = 29$

4. $\begin{vmatrix} \cos n\theta & \sin n\theta \\ -\sin n\theta & \cos n\theta \end{vmatrix}$

解：原式 $= (\cos n\theta)^2 + (\sin n\theta)^2 = 1$

5. $\begin{vmatrix} 2 & -2 & 1 \\ 1 & 1 & 6 \\ -3 & 1 & -4 \end{vmatrix}$

解：

$$\begin{vmatrix} 2 & -2 & 1 \\ 1 & 1 & 6 \\ -3 & 1 & -4 \end{vmatrix} = 2\begin{vmatrix} 1 & 6 \\ 1 & -4 \end{vmatrix} - (-2)\begin{vmatrix} 1 & 6 \\ -3 & -4 \end{vmatrix} + \begin{vmatrix} 1 & 1 \\ -3 & 1 \end{vmatrix}$$

$$= 2 \times (-10) + 2 \times 14 + 4 = 12$$

6. $\begin{vmatrix} 1 & 1 & 8 \\ 2 & 3 & 6 \\ 2 & 4 & 2 \end{vmatrix}$

解：

$$\begin{vmatrix} 1 & 1 & 8 \\ 2 & 3 & 6 \\ 2 & 4 & 2 \end{vmatrix} = \begin{vmatrix} 3 & 6 \\ 4 & 2 \end{vmatrix} - \begin{vmatrix} 2 & 6 \\ 2 & 2 \end{vmatrix} + 8\begin{vmatrix} 2 & 3 \\ 2 & 4 \end{vmatrix}$$

$$= (-18) - (-8) + 8 \times 2 = 6$$

7. $\begin{vmatrix} 14 & 3 & -2 \\ 1 & -1 & 1 \\ 0 & -1 & 3 \end{vmatrix}$

解：$\begin{vmatrix} 14 & 3 & -2 \\ 1 & -1 & 1 \\ 0 & -1 & 3 \end{vmatrix} = 14\begin{vmatrix} -1 & 1 \\ -1 & 3 \end{vmatrix} - \begin{vmatrix} 3 & -2 \\ -1 & 3 \end{vmatrix} = -35$

8. $\begin{vmatrix} a & b & c \\ c & a & b \\ b & c & a \end{vmatrix}$

解：$\begin{vmatrix} a & b & c \\ c & a & b \\ b & c & a \end{vmatrix} = a^3 + b^3 + c^3 - abc - abc - abc$

$= a^3 + b^3 + c^3 - 3abc$

9. $\begin{vmatrix} 4 & -3 & -7 \\ 0 & 1 & 4 \\ 5 & 0 & 0 \end{vmatrix}$

解：$\begin{vmatrix} 4 & -3 & -7 \\ 0 & 1 & 4 \\ 5 & 0 & 0 \end{vmatrix} = 5\begin{vmatrix} -3 & -7 \\ 1 & 4 \end{vmatrix} = 5 \times (-5) = -25$

10. $\begin{vmatrix} 3 & 2 & 0 & 0 \\ 3 & 4 & 0 & 0 \\ 0 & 0 & 4 & 7 \\ 0 & 0 & 2 & 5 \end{vmatrix}$

解：$\begin{vmatrix} 3 & 2 & 0 & 0 \\ 3 & 4 & 0 & 0 \\ 0 & 0 & 4 & 7 \\ 0 & 0 & 2 & 5 \end{vmatrix} = 3\begin{vmatrix} 4 & 0 & 0 \\ 0 & 4 & 7 \\ 0 & 2 & 5 \end{vmatrix} - 2\begin{vmatrix} 3 & 0 & 0 \\ 0 & 4 & 7 \\ 0 & 2 & 5 \end{vmatrix}$

$= 3 \times 4 \times \begin{vmatrix} 4 & 7 \\ 2 & 5 \end{vmatrix} - 2 \times 3 \times \begin{vmatrix} 4 & 7 \\ 2 & 5 \end{vmatrix}$

$$=6\begin{vmatrix} 4 & 7 \\ 2 & 5 \end{vmatrix}=6\times 6=36$$

11. $\begin{vmatrix} -5 & 1 & 6 \\ 1 & -1 & 1 \\ 0 & 1 & 0 \end{vmatrix}$

解: $\begin{vmatrix} -5 & 1 & 6 \\ 1 & -1 & 1 \\ 0 & 1 & 0 \end{vmatrix}=(-1)\begin{vmatrix} -5 & 6 \\ 1 & 1 \end{vmatrix}=11$ （由第三列展開）

12. $\begin{vmatrix} 1 & 0 & 0 \\ 2 & 3 & 5 \\ 4 & 1 & 3 \end{vmatrix}$

解: $\begin{vmatrix} 1 & 0 & 0 \\ 2 & 3 & 5 \\ 4 & 1 & 3 \end{vmatrix}=\begin{vmatrix} 3 & 5 \\ 1 & 3 \end{vmatrix}=4$

13. $\begin{vmatrix} 5 & 0 & -1 & -6 \\ 2 & -1 & 3 & 7 \\ -4 & -4 & 5 & 8 \\ 1 & -1 & 6 & 2 \end{vmatrix}$

解: $\begin{vmatrix} 5 & 0 & -1 & -6 \\ 2 & -1 & 3 & 7 \\ -4 & -4 & 5 & 8 \\ 1 & -1 & 6 & 2 \end{vmatrix}=5\begin{vmatrix} -1 & 3 & 7 \\ -4 & 5 & 8 \\ -1 & 6 & 2 \end{vmatrix}-\begin{vmatrix} 2 & -1 & 7 \\ -4 & -4 & 8 \\ 1 & -1 & 2 \end{vmatrix}+6\begin{vmatrix} 2 & -1 & 3 \\ -4 & -4 & 5 \\ 1 & -1 & 6 \end{vmatrix}$

$$=5\times 95-40+6\times(-43)=177$$

14. $\begin{vmatrix} 2 & -1 & 1 \\ 3 & 2 & 4 \\ -1 & 0 & 3 \end{vmatrix}$

解: $\begin{vmatrix} 2 & -1 & 1 \\ 3 & 2 & 4 \\ -1 & 0 & 3 \end{vmatrix}=(-1)\begin{vmatrix} -1 & 1 \\ 2 & 4 \end{vmatrix}+3\begin{vmatrix} 2 & -1 \\ 3 & 2 \end{vmatrix}=6+21=27$

15.～24.題，用列運算法，求行列式之值。

15. $\begin{vmatrix} 3 & -1 & -14 \\ 0 & 1 & 6 \\ 2 & -3 & 4 \end{vmatrix}$

解:
$$\begin{vmatrix} 3 & -1 & -14 \\ 0 & 1 & 6 \\ 2 & -3 & 4 \end{vmatrix} = 3\begin{vmatrix} 1 & 6 \\ -3 & 4 \end{vmatrix} + 2\begin{vmatrix} -1 & -14 \\ 1 & 6 \end{vmatrix} = 66 + 16 = 82$$

16. $\begin{vmatrix} -1 & 0 & 1 & -2 \\ 2 & 3 & 2 & -2 \\ 2 & 4 & 2 & 1 \\ 3 & 1 & 5 & -3 \end{vmatrix}$

解:
$$\begin{vmatrix} -1 & 0 & 1 & -2 \\ 2 & 3 & 2 & -2 \\ 2 & 4 & 2 & 1 \\ 3 & 1 & 5 & -3 \end{vmatrix} = \begin{vmatrix} -1 & 0 & 1-1 & -2-2(-1) \\ 2 & 3 & 2+2 & -2-2\times 2 \\ 2 & 4 & 2+2 & 1-2\times 2 \\ 3 & 1 & 5+3 & -3-2\times 3 \end{vmatrix}$$

$$= \begin{vmatrix} -1 & 0 & 0 & 0 \\ 2 & 3 & 4 & -6 \\ 2 & 4 & 4 & -3 \\ 3 & 1 & 8 & -9 \end{vmatrix} = -\begin{vmatrix} 3 & 4 & -6 \\ 4 & 4 & -3 \\ 1 & 8 & -9 \end{vmatrix} = -\begin{vmatrix} 3 & 4-3 & -6 \\ 4 & 4-4 & -3 \\ 1 & 8-1 & -9 \end{vmatrix}$$

$$= -\begin{vmatrix} 3 & 1 & -6 \\ 4 & 0 & -3 \\ 1 & 7 & -9 \end{vmatrix} = 4\begin{vmatrix} 1 & -6 \\ 7 & -9 \end{vmatrix} - 3\begin{vmatrix} 3 & 1 \\ 1 & 7 \end{vmatrix} = 72$$

17. $\begin{vmatrix} 5 & -2 & -4 \\ 1 & -3 & 4 \\ 0 & 1 & 3 \end{vmatrix}$

解:
$$\begin{vmatrix} 5 & -2 & -4 \\ 1 & -3 & 4 \\ 0 & 1 & 3 \end{vmatrix} = -\begin{vmatrix} 5 & -4 \\ 1 & 4 \end{vmatrix} + 3\begin{vmatrix} 5 & -2 \\ 1 & -3 \end{vmatrix} = -63$$

18. $\begin{vmatrix} 0 & 1+i & 1+2i \\ 1-i & 0 & 2-3i \\ 1-2i & 2+3i & 0 \end{vmatrix}$

解:
$$\begin{vmatrix} 0 & 1+i & 1+2i \\ 1-i & 0 & 2-3i \\ 1-2i & 2+3i & 0 \end{vmatrix}$$

$$= -(1+i)\begin{vmatrix} 1-i & 2-3i \\ 1-2i & 0 \end{vmatrix} + (1+2i)\begin{vmatrix} 1-i & 0 \\ 1-2i & 2+3i \end{vmatrix}$$

$$= (1+i)(2-3i)(1-2i) + (1+2i)(1-i)(2+3i) = -6+18i$$

19. $\begin{vmatrix} -2 & 3 & 5 \\ 7 & -4 & 4 \\ 1 & 3 & 5 \end{vmatrix}$

解:
$$\begin{vmatrix} -2 & 3 & 5 \\ 7 & -4 & 4 \\ 1 & 3 & 5 \end{vmatrix} = \begin{vmatrix} -2+2\times 1 & 3+2\times 3 & 5+2\times 5 \\ 7-7\times 1 & -4-7\times 3 & 4-7\times 5 \\ 1 & 3 & 5 \end{vmatrix}$$

$$= \begin{vmatrix} 0 & 9 & 15 \\ 0 & -25 & -31 \\ 1 & 3 & 5 \end{vmatrix} = \begin{vmatrix} 9 & 15 \\ -25 & -31 \end{vmatrix} = 96$$

20. $\begin{vmatrix} 1 & 2 & 3 & 4 \\ 2 & 1 & 2 & 1 \\ 0 & 0 & 1 & 1 \\ 3 & 4 & 1 & 2 \end{vmatrix}$

解:
$$\begin{vmatrix} 1 & 2 & 3 & 4 \\ 2 & 1 & 2 & 1 \\ 0 & 0 & 1 & 1 \\ 3 & 4 & 1 & 2 \end{vmatrix} = (-1)^{1+2+1+2}\begin{vmatrix} 1 & 2 \\ 2 & 1 \end{vmatrix} \cdot \begin{vmatrix} 1 & 1 \\ 1 & 2 \end{vmatrix} +$$

$$(-1)^{1+4+1+2}\begin{vmatrix} 1 & 2 \\ 3 & 4 \end{vmatrix} \cdot \begin{vmatrix} 2 & 1 \\ 1 & 1 \end{vmatrix} +$$

$$(-1)^{2+4+1+2}\begin{vmatrix} 2 & 1 \\ 3 & 4 \end{vmatrix} \cdot \begin{vmatrix} 3 & 4 \\ 1 & 1 \end{vmatrix} = 0$$

21. $\begin{vmatrix} 1 & 3 & -9 & 5 \\ 6 & -2 & -1 & 1 \\ 0 & 3 & 2 & -6 \\ 8 & 5 & 3 & -8 \end{vmatrix}$

解: $\begin{vmatrix} 1 & 3 & -9 & 5 \\ 6 & -2 & -1 & 1 \\ 0 & 3 & 2 & -6 \\ 8 & 5 & 3 & -8 \end{vmatrix} = \begin{vmatrix} 1 & 3 & -9 & 5 \\ 6-6\times 1 & -2-6\times 3 & -1+6\times 9 & 1-6\times 5 \\ 0 & 3 & 2 & -6 \\ 8-8\times 1 & 5-8\times 3 & 3+8\times 9 & -8-8\times 5 \end{vmatrix}$

$= \begin{vmatrix} 1 & 3 & -9 & 5 \\ 0 & -20 & 53 & -29 \\ 0 & 3 & 2 & -6 \\ 0 & -19 & 75 & -48 \end{vmatrix} = \begin{vmatrix} -20 & 53 & -29 \\ 3 & 2 & -6 \\ -19 & 75 & -48 \end{vmatrix} = -1033$

22. $\begin{vmatrix} -1 & 2 & -3 & 4 \\ 2 & -1 & 4 & -3 \\ 2 & 3 & -4 & -5 \\ 3 & -4 & 5 & 6 \end{vmatrix}$

解: $\begin{vmatrix} -1 & 2 & -3 & 4 \\ 2 & -1 & 4 & -3 \\ 2 & 3 & -4 & -5 \\ 3 & -4 & 5 & 6 \end{vmatrix} = \begin{vmatrix} -1 & 2 & -3 & 4 \\ 0 & 3 & -2 & 5 \\ 0 & 7 & -10 & 3 \\ 0 & 2 & -4 & -6 \end{vmatrix} = \begin{vmatrix} 3 & -2 & 5 \\ 7 & -10 & 3 \\ 2 & -4 & -6 \end{vmatrix} = 304$

23. $\begin{vmatrix} 203 & 13 & 693 \\ 12 & -1 & -10 \\ 0 & 5 & -64 \end{vmatrix}$

解: $\begin{vmatrix} 203 & 13 & 693 \\ 12 & -1 & -10 \\ 0 & 5 & -64 \end{vmatrix} = -5\begin{vmatrix} 203 & 693 \\ 12 & -10 \end{vmatrix} - 64\begin{vmatrix} 203 & 13 \\ 12 & -1 \end{vmatrix} = -74706$

24. $\begin{vmatrix} -3 & 1 & 1 & 1 \\ 1 & -3 & 1 & 1 \\ 1 & 1 & -3 & 1 \\ 1 & 1 & 1 & -3 \end{vmatrix}$

解:
$$\begin{vmatrix} -3 & 1 & 1 & 1 \\ 1 & -3 & 1 & 1 \\ 1 & 1 & -3 & 1 \\ 1 & 1 & 1 & -3 \end{vmatrix} = \begin{vmatrix} -3 & 1 & 1 & 1 \\ 4 & -4 & 0 & 0 \\ 1 & 1 & -3 & 1 \\ 0 & 0 & 4 & -4 \end{vmatrix} = \begin{vmatrix} -3 & 1 & 1 & 1 \\ 4 & -4 & 0 & 0 \\ 4 & 0 & -4 & 0 \\ 0 & 0 & 4 & -4 \end{vmatrix}$$

$$= -4\begin{vmatrix} -3 & 1 & 1 \\ 4 & -4 & 0 \\ 4 & 0 & 0 \end{vmatrix} - 4\begin{vmatrix} -3 & 1 & 1 \\ 4 & -4 & 0 \\ 4 & 0 & -4 \end{vmatrix} = -64 - 64 = -128$$

25.～28.題，求行列式的微分值。

25. $\begin{vmatrix} 1 & x \\ 2 & x^2 \end{vmatrix}$

解:
$$\frac{d}{dx}\begin{vmatrix} 1 & x \\ 2 & x^2 \end{vmatrix} = \begin{vmatrix} 0 & 1 \\ 2 & x^2 \end{vmatrix} + \begin{vmatrix} 1 & x \\ 0 & 2x \end{vmatrix} = 2x - 2$$

26. $\begin{vmatrix} x^2 & x^3 \\ 2x & 3x+1 \end{vmatrix}$

解:
$$\frac{d}{dx}\begin{vmatrix} x^2 & x^3 \\ 2x & 3x+1 \end{vmatrix} = \begin{vmatrix} 2x & 3x^2 \\ 2x & 3x+1 \end{vmatrix} + \begin{vmatrix} x^2 & x^3 \\ 2 & 3 \end{vmatrix} = 2x + 9x^2 - 8x^3$$

27. $\begin{vmatrix} x & 1 & 2 \\ 0 & 3x-2 & x^2+1 \\ x^2 & 2x+1 & x^3 \end{vmatrix}$

解:
$$\frac{d}{dx}\begin{vmatrix} x & 1 & 2 \\ 0 & 3x-2 & x^2+1 \\ x^2 & 2x+1 & x^3 \end{vmatrix}$$

$$= \begin{vmatrix} 1 & 0 & 0 \\ 0 & 3x-2 & x^2+1 \\ x^2 & 2x+1 & x^3 \end{vmatrix} + \begin{vmatrix} x & 1 & 2 \\ 0 & 3 & 2x \\ x^2 & 2x+1 & x^3 \end{vmatrix} + \begin{vmatrix} x & 1 & 2 \\ 0 & 3x-2 & x^2+1 \\ 2x & 2 & 3x^2 \end{vmatrix}$$

$$= -1 + 6x - 21x^2 - 12x^3 + 15x^4$$

28. $\begin{vmatrix} x^4 & x^3 & 2x+5 \\ x^2-1 & x-1 & 1 \\ x+1 & x^2 & x \end{vmatrix}$

解: $\dfrac{d}{dx}\begin{vmatrix} x^4 & x^3 & 2x+5 \\ x^2-1 & x-1 & 1 \\ x+1 & x^2 & x \end{vmatrix}$

$$= \begin{vmatrix} 4x^3 & 3x^2 & 2 \\ x^2-1 & x-1 & 1 \\ x+1 & x^2 & x \end{vmatrix} + \begin{vmatrix} x^4 & x^3 & 2x+5 \\ 2x & 1 & 1 \\ x+1 & x^2 & x \end{vmatrix} + \begin{vmatrix} x^4 & x^3 & 2x+5 \\ x^2-1 & x-1 & 1 \\ 1 & 2x & 1 \end{vmatrix}$$

$$= -6x^5+5x^4+28x^3-9x^2-20x+2$$

29.證明 $\begin{vmatrix} 1 & a & a^2 \\ 1 & b & b^2 \\ 1 & c & c^2 \end{vmatrix} = (a-b)(b-c)(c-a)$

證明: $\begin{vmatrix} 1 & a & a^2 \\ 1 & b & b^2 \\ 1 & c & c^2 \end{vmatrix} = \begin{vmatrix} 0 & a-c & a^2-c^2 \\ 0 & b-c & b^2-c^2 \\ 1 & c & c^2 \end{vmatrix} = (a-c)(b-c)\begin{vmatrix} 0 & 1 & a+c \\ 0 & 1 & b+c \\ 1 & c & c^2 \end{vmatrix}$

$$= (a-c)(b-c)\begin{vmatrix} 0 & 0 & a-b \\ 0 & 1 & b+c \\ 1 & c & c^2 \end{vmatrix} = (a-c)(b-c)(a-b)\begin{vmatrix} 0 & 0 & 1 \\ 0 & 1 & b+c \\ 1 & c & c^2 \end{vmatrix}$$

$$= (a-b)(b-c)(c-a)$$

30.若平面上三點 (x_1, y_1)，(x_2, y_2)，(x_3, y_3) 在同一直線上，則證明

$\begin{vmatrix} x_1 & y_1 & 1 \\ x_2 & y_2 & 1 \\ x_3 & y_3 & 1 \end{vmatrix} = 0$ （提示，由斜率相等的關係式。）

證明: 若三點位於同一直線上，則 $\begin{cases} x_3 - x_1 = k(x_2 - x_1) \\ y_3 - y_1 = k(y_2 - y_1) \end{cases}$

因此 $\begin{vmatrix} x_1 & y_1 & 1 \\ x_2 & y_2 & 1 \\ x_3 & y_3 & 1 \end{vmatrix} = \begin{vmatrix} x_1 & y_1 & 1 \\ x_2 & y_2 & 1 \\ x_3 - kx_2 + (k-1)x_1 & y_3 - ky_2 + (k-1)y_1 & 0 \end{vmatrix}$

$$= \begin{vmatrix} x_1 & y_1 & 1 \\ x_2 & y_2 & 1 \\ 0 & 0 & 0 \end{vmatrix} = 0$$

31.令 $\mathbf{A} = \begin{bmatrix} a_1 & a_2 \\ -a_2 & a_1 \end{bmatrix}$, $\mathbf{B} = \begin{bmatrix} b_1 & b_2 \\ -b_2 & b_1 \end{bmatrix}$

用 $|\mathbf{AB}| = |\mathbf{A}|\,|\mathbf{B}|$，求對等式 $(a_1^2+a_2^2)(b_1^2+b_2^2) = (a_1b_1-a_2b_2)^2+(a_2b_1+a_1b_2)^2$

解:

$$|\mathbf{AB}| = \begin{vmatrix} a_1b_1-a_2b_2 & a_1b_2+a_2b_1 \\ -a_2b_1-a_1b_2 & -a_2b_2+a_1b_1 \end{vmatrix} = (a_1b_1-a_2b_2)^2+(a_2b_1+a_1b_2)^2$$

$$|\mathbf{A}||\mathbf{B}| = (a_1^2+a_2^2)(b_1^2+b_2^2)$$

32.證明 $(\mathbf{A}^{-1})^t = (\mathbf{A}^t)^{-1}$

證明:

$$\mathbf{I} = \mathbf{I}^t = (\mathbf{AA}^{-1})^t = (\mathbf{A}^{-1})^t \cdot \mathbf{A}^t,\ \text{且}\ \mathbf{I} = (\mathbf{A}^t)^{-1}\mathbf{A}^t$$

$\therefore (\mathbf{A}^{-1})^t\mathbf{A}^t = (\mathbf{A}^t)^{-1}\mathbf{A}^t$，兩邊乘 $(\mathbf{A}^t)^{-1} \Rightarrow (\mathbf{A}^{-1})^t = (\mathbf{A}^t)^{-1}$

33.～42.題，用輔因子求反矩陣。

33. $\begin{bmatrix} 2 & -1 \\ 1 & 6 \end{bmatrix}$

解:

$$\mathbf{A}^{-1} = \frac{\begin{bmatrix} 6 & -1 \\ -(-1) & 2 \end{bmatrix}^t}{\begin{vmatrix} 2 & -1 \\ 1 & 6 \end{vmatrix}} = \frac{\begin{bmatrix} 6 & 1 \\ -1 & 2 \end{bmatrix}}{13}$$

34. $\begin{bmatrix} \cos\theta & \sin\theta \\ -\sin\theta & \cos\theta \end{bmatrix}$

解:

$$\mathbf{A}^{-1} = \frac{\begin{bmatrix} \cos\theta & -(-\sin\theta) \\ -\sin\theta & \cos\theta \end{bmatrix}^t}{\begin{vmatrix} \cos\theta & \sin\theta \\ -\sin\theta & \cos\theta \end{vmatrix}} = \begin{vmatrix} \cos\theta & -\sin\theta \\ \sin\theta & \cos\theta \end{vmatrix}$$

35. $\begin{bmatrix} 1 & -1 \\ 1 & 4 \end{bmatrix}$

解: $$\mathbf{A}^{-1} = \frac{\begin{bmatrix} 4 & -1 \\ -(-1) & 1 \end{bmatrix}^t}{\begin{vmatrix} 1 & -1 \\ 1 & 4 \end{vmatrix}} = \begin{bmatrix} \frac{4}{5} & \frac{1}{5} \\ \frac{-1}{5} & \frac{1}{5} \end{bmatrix}$$

36. $\begin{bmatrix} 1 & -5 \\ 1 & 4 \end{bmatrix}$

解: $$\mathbf{A}^{-1} = \frac{1}{\begin{vmatrix} 1 & -5 \\ 1 & 4 \end{vmatrix}} \begin{bmatrix} 4 & -1 \\ 5 & 1 \end{bmatrix}^t = \begin{bmatrix} \frac{4}{9} & \frac{5}{9} \\ \frac{-1}{9} & \frac{1}{9} \end{bmatrix}$$

37. $\begin{bmatrix} 6 & -1 & 3 \\ 0 & -1 & 4 \\ 2 & 2 & -3 \end{bmatrix}$

解: $$\mathbf{A}^{-1} = \frac{1}{\begin{vmatrix} 6 & -1 & 3 \\ 0 & -1 & 4 \\ 2 & 2 & -3 \end{vmatrix}} \begin{bmatrix} \begin{vmatrix} 1 & -4 \\ 2 & -3 \end{vmatrix} & -\begin{vmatrix} 0 & 4 \\ 2 & -3 \end{vmatrix} & \begin{vmatrix} 0 & -1 \\ 2 & 2 \end{vmatrix} \\ -\begin{vmatrix} -1 & 3 \\ 2 & -3 \end{vmatrix} & \begin{vmatrix} 6 & 3 \\ 2 & -3 \end{vmatrix} & -\begin{vmatrix} 6 & -1 \\ 2 & 2 \end{vmatrix} \\ \begin{vmatrix} -1 & 3 \\ -1 & 4 \end{vmatrix} & -\begin{vmatrix} 6 & 3 \\ 0 & 4 \end{vmatrix} & \begin{vmatrix} 6 & -1 \\ 0 & -1 \end{vmatrix} \end{bmatrix}^t$$

$$\Rightarrow \mathbf{A}^{-1} = \begin{bmatrix} -\frac{5}{32} & -\frac{3}{32} & \frac{1}{32} \\ \frac{1}{4} & \frac{3}{4} & \frac{3}{4} \\ \frac{1}{16} & \frac{7}{16} & \frac{3}{16} \end{bmatrix}$$

38. $\begin{bmatrix} 1 & 2 & -1 \\ -1 & 1 & 2 \\ 2 & -1 & 1 \end{bmatrix}$

解：
$$\mathbf{A}^{-1}=\frac{1}{\begin{vmatrix}1&2&-1\\-1&1&2\\2&-1&1\end{vmatrix}}\begin{bmatrix}\begin{vmatrix}1&2\\-1&1\end{vmatrix}&-\begin{vmatrix}-1&2\\2&1\end{vmatrix}&\begin{vmatrix}-1&1\\2&-1\end{vmatrix}\\-\begin{vmatrix}2&-1\\-1&1\end{vmatrix}&\begin{vmatrix}1&-1\\2&1\end{vmatrix}&-\begin{vmatrix}1&2\\2&-1\end{vmatrix}\\\begin{vmatrix}2&-1\\1&2\end{vmatrix}&-\begin{vmatrix}1&-1\\-1&2\end{vmatrix}&\begin{vmatrix}1&2\\-1&1\end{vmatrix}\end{bmatrix}^{t}$$

$$\Rightarrow \mathbf{A}^{-1}=\frac{1}{14}\begin{bmatrix}3&-1&5\\5&3&1\\-1&5&3\end{bmatrix}$$

39. $\begin{bmatrix}14&-1&3\\-2&1&-3\\1&1&7\end{bmatrix}$

解：
$$\mathbf{A}^{-1}=\frac{1}{\begin{vmatrix}14&-1&3\\-2&1&-3\\1&1&7\end{vmatrix}}\begin{bmatrix}\begin{vmatrix}1&-3\\1&7\end{vmatrix}&-\begin{vmatrix}-2&-3\\1&7\end{vmatrix}&\begin{vmatrix}-2&1\\1&1\end{vmatrix}\\-\begin{vmatrix}-1&3\\1&7\end{vmatrix}&\begin{vmatrix}14&3\\1&7\end{vmatrix}&-\begin{vmatrix}14&-1\\1&1\end{vmatrix}\\\begin{vmatrix}-1&3\\1&-3\end{vmatrix}&-\begin{vmatrix}14&3\\-2&-3\end{vmatrix}&\begin{vmatrix}14&-1\\-2&1\end{vmatrix}\end{bmatrix}^{t}$$

$$\Rightarrow \mathbf{A}^{-1}=\frac{1}{120}\begin{bmatrix}-10&-10&0\\-11&-95&36\\3&-15&12\end{bmatrix}$$

40. $\begin{bmatrix}12&-4&1\\1&5&2\\-8&24&7\end{bmatrix}$

解：$\begin{vmatrix}12&-4&1\\1&5&2\\-8&24&7\end{vmatrix}=\begin{vmatrix}0&-64&-23\\1&5&2\\0&64&23\end{vmatrix}=0$，故無反矩陣

41. $\begin{bmatrix}2&3&4\\4&3&1\\1&2&4\end{bmatrix}$

解：
$$A^{-1}=\frac{1}{\begin{vmatrix}2&3&4\\4&3&1\\1&2&4\end{vmatrix}}\begin{bmatrix}\begin{vmatrix}3&1\\2&4\end{vmatrix}&-\begin{vmatrix}4&1\\1&4\end{vmatrix}&\begin{vmatrix}4&3\\1&2\end{vmatrix}\\-\begin{vmatrix}3&4\\2&4\end{vmatrix}&\begin{vmatrix}2&4\\1&4\end{vmatrix}&-\begin{vmatrix}2&3\\1&2\end{vmatrix}\\\begin{vmatrix}3&4\\3&1\end{vmatrix}&-\begin{vmatrix}2&4\\4&1\end{vmatrix}&\begin{vmatrix}2&3\\4&3\end{vmatrix}\end{bmatrix}^t$$

$$\Rightarrow A^{-1}=\frac{1}{5}\begin{bmatrix}-10&4&9\\15&-4&-14\\-5&1&6\end{bmatrix}$$

42. $\begin{bmatrix}1&0&-1\\-0.1&0.2&0.3\\1&0&-3\end{bmatrix}$

解：
$$A^{-1}=\frac{1}{\begin{vmatrix}1&0&-1\\-0.1&0.2&0.3\\1&0&-3\end{vmatrix}}\begin{bmatrix}\begin{vmatrix}0.2&0.3\\0&-3\end{vmatrix}&-\begin{vmatrix}-0.1&0.3\\1&-3\end{vmatrix}&\begin{vmatrix}-0.1&0.2\\1&0\end{vmatrix}\\-\begin{vmatrix}0&-1\\0&-3\end{vmatrix}&\begin{vmatrix}1&-1\\1&-3\end{vmatrix}&-\begin{vmatrix}1&0\\1&0\end{vmatrix}\\\begin{vmatrix}0&-1\\0.2&0.3\end{vmatrix}&-\begin{vmatrix}1&-1\\-0.1&0.3\end{vmatrix}&\begin{vmatrix}1&0\\-0.1&0.2\end{vmatrix}\end{bmatrix}^t$$

$$\Rightarrow A^{-1}=\begin{bmatrix}\frac{3}{2}&0&-\frac{1}{2}\\0&\frac{5}{2}&\frac{1}{2}\\\frac{1}{2}&0&-\frac{1}{2}\end{bmatrix}$$

43.～52.題，用擴展矩陣方式求反矩陣。

43. $\begin{bmatrix}11&0&-5\\0&-1&0\\4&-7&9\end{bmatrix}$

解：
$$\left[\begin{array}{ccc|ccc}11&0&-5&1&0&0\\0&-1&0&0&1&0\\4&-7&9&0&0&1\end{array}\right]\sim\left[\begin{array}{ccc|ccc}1&0&0&\frac{9}{119}&\frac{-35}{119}&\frac{5}{119}\\0&1&0&0&-1&0\\0&0&1&\frac{-4}{119}&\frac{-77}{119}&\frac{11}{119}\end{array}\right]$$

$$\Rightarrow \mathbf{A}^{-1} = \frac{1}{119}\begin{bmatrix} 9 & -35 & 5 \\ 0 & -119 & 0 \\ -4 & -77 & 11 \end{bmatrix}$$

44. $\begin{bmatrix} 1 & 2 & 3 \\ 2 & 4 & 5 \\ 3 & 5 & 6 \end{bmatrix}$

解:

$$\left[\begin{array}{ccc|ccc} 1 & 2 & 3 & 1 & 0 & 0 \\ 2 & 4 & 5 & 0 & 1 & 0 \\ 3 & 5 & 6 & 0 & 0 & 1 \end{array}\right] \sim \left[\begin{array}{ccc|ccc} 1 & 0 & 0 & 1 & -3 & 2 \\ 0 & 1 & 0 & -3 & 3 & -1 \\ 0 & 0 & 1 & 2 & -1 & 0 \end{array}\right]$$

$$\Rightarrow \mathbf{A}^{-1} = \begin{bmatrix} 1 & -3 & 2 \\ -3 & 3 & -1 \\ 2 & -1 & 0 \end{bmatrix}$$

45. $\begin{bmatrix} 1 & -3 & 4 \\ 2 & 2 & -5 \\ 0 & 1 & -7 \end{bmatrix}$

解:

$$\left[\begin{array}{ccc|ccc} 1 & -3 & 4 & 1 & 0 & 0 \\ 2 & 2 & -5 & 0 & 1 & 0 \\ 0 & 1 & -7 & 0 & 0 & 1 \end{array}\right] \sim \left[\begin{array}{ccc|ccc} 1 & -3 & 4 & 1 & 0 & 0 \\ 0 & 8 & -13 & -2 & 1 & 0 \\ 0 & 1 & -7 & 0 & 0 & 1 \end{array}\right]$$

$$\sim \left[\begin{array}{ccc|ccc} 1 & 0 & 0 & \frac{9}{43} & \frac{17}{43} & \frac{-7}{43} \\ 0 & 1 & 0 & \frac{-14}{43} & \frac{7}{43} & \frac{-13}{43} \\ 0 & 0 & 1 & \frac{-2}{43} & \frac{1}{43} & \frac{-8}{43} \end{array}\right] \Rightarrow \mathbf{A}^{-1} = \frac{1}{43}\begin{bmatrix} 9 & 17 & -7 \\ -14 & 7 & -13 \\ -2 & 1 & -8 \end{bmatrix}$$

46. $\begin{bmatrix} 1 & 0 & 0 \\ 1 & 2 & 0 \\ 1 & 5 & 2 \end{bmatrix}$

解:

$$\left[\begin{array}{ccc|ccc} 1 & 0 & 0 & 1 & 0 & 0 \\ 1 & 2 & 0 & 0 & 1 & 0 \\ 1 & 5 & 2 & 0 & 0 & 1 \end{array}\right] \sim \left[\begin{array}{ccc|ccc} 1 & 0 & 0 & 1 & 0 & 0 \\ 0 & 2 & 0 & -1 & 1 & 0 \\ 0 & 3 & 2 & 0 & -1 & 1 \end{array}\right]$$

$$\sim\left[\begin{array}{ccc|ccc}1&0&0&1&0&0\\0&1&0&\frac{-1}{2}&\frac{1}{2}&0\\0&0&1&\frac{3}{4}&\frac{-5}{4}&\frac{1}{2}\end{array}\right]\Rightarrow\mathbf{A}^{-1}=\begin{bmatrix}1&0&0\\\frac{-1}{2}&\frac{1}{2}&0\\\frac{3}{4}&\frac{-5}{4}&\frac{1}{2}\end{bmatrix}$$

47. $\begin{bmatrix}8&-1&4\\1&-3&6\\2&7&19\end{bmatrix}$

解:

$$\left[\begin{array}{ccc|ccc}8&-1&4&1&0&0\\1&-3&6&0&1&0\\2&7&19&0&0&1\end{array}\right]\sim\left[\begin{array}{ccc|ccc}0&23&-44&1&-8&0\\1&-3&6&0&1&0\\0&13&7&0&-2&1\end{array}\right]$$

$$\sim\left[\begin{array}{ccc|ccc}1&0&0&\frac{99}{733}&\frac{-47}{733}&\frac{-6}{733}\\0&1&0&\frac{7}{733}&\frac{-144}{733}&\frac{44}{733}\\0&0&1&\frac{-13}{733}&\frac{58}{733}&\frac{23}{733}\end{array}\right]\Rightarrow\mathbf{A}^{-1}=\frac{1}{733}\begin{bmatrix}99&-47&-6\\7&-144&44\\-13&58&23\end{bmatrix}$$

48. $\begin{bmatrix}1&4&8\\0&5&2\\0&0&-10\end{bmatrix}$

解:

$$\left[\begin{array}{ccc|ccc}1&4&8&1&0&0\\0&5&2&0&1&0\\0&0&-10&0&0&1\end{array}\right]\sim\left[\begin{array}{ccc|ccc}1&4&0&1&0&\frac{4}{5}\\0&5&0&0&1&\frac{1}{5}\\0&0&1&0&0&\frac{-1}{10}\end{array}\right]$$

$$\sim\left[\begin{array}{ccc|ccc}1&0&0&1&\frac{-4}{5}&\frac{16}{25}\\0&1&0&0&\frac{1}{5}&\frac{1}{25}\\0&0&1&0&0&\frac{-1}{10}\end{array}\right]\Rightarrow\mathbf{A}^{-1}=\begin{bmatrix}1&\frac{-4}{5}&\frac{16}{25}\\0&\frac{1}{5}&\frac{1}{25}\\0&0&\frac{-1}{10}\end{bmatrix}$$

49. $\begin{bmatrix} 1 & 1 & 1 & 1 \\ 1 & 2 & 3 & -4 \\ 2 & 3 & 5 & -5 \\ 3 & -4 & -5 & 8 \end{bmatrix}$

解:

$$\left[\begin{array}{cccc|cccc} 1 & 1 & 1 & 1 & 1 & 0 & 0 & 0 \\ 1 & 2 & 3 & -4 & 0 & 1 & 0 & 0 \\ 2 & 3 & 5 & -5 & 0 & 0 & 1 & 0 \\ 3 & -4 & -5 & 8 & 0 & 0 & 0 & 1 \end{array}\right] \sim \left[\begin{array}{cccc|cccc} 1 & 1 & 1 & 1 & 1 & 0 & 0 & 0 \\ 0 & 1 & 2 & -5 & -1 & 1 & 0 & 0 \\ 0 & 1 & 3 & -7 & -2 & 0 & 1 & 0 \\ 0 & -7 & -8 & 5 & -3 & 0 & 0 & 1 \end{array}\right]$$

$$\sim \left[\begin{array}{cccc|cccc} 1 & 0 & 0 & 0 & \frac{2}{18} & \frac{16}{18} & \frac{-6}{18} & \frac{4}{18} \\ 0 & 1 & 0 & 0 & \frac{22}{18} & \frac{41}{18} & \frac{-30}{18} & \frac{-1}{18} \\ 0 & 0 & 1 & 0 & \frac{-10}{18} & \frac{-44}{18} & \frac{30}{18} & \frac{-2}{18} \\ 0 & 0 & 0 & 1 & \frac{4}{18} & \frac{-13}{18} & \frac{6}{18} & \frac{-1}{18} \end{array}\right]$$

$$\Rightarrow \mathbf{A}^{-1} = \frac{1}{18}\begin{bmatrix} 2 & 16 & -6 & 4 \\ 22 & 41 & -30 & -1 \\ -10 & -44 & 30 & -2 \\ 4 & -13 & 6 & -1 \end{bmatrix}$$

50. $\begin{bmatrix} 10 & 0 & 0 \\ 0 & 9 & 17 \\ 0 & 4 & 8 \end{bmatrix}$

解:

$$\left[\begin{array}{ccc|ccc} 10 & 0 & 0 & 1 & 0 & 0 \\ 0 & 9 & 17 & 0 & 1 & 0 \\ 0 & 4 & 8 & 0 & 0 & 1 \end{array}\right] \sim \left[\begin{array}{ccc|ccc} 1 & 0 & 0 & \frac{1}{10} & 0 & 0 \\ 0 & 0 & -1 & 0 & 1 & \frac{-9}{4} \\ 0 & 1 & 2 & 0 & 0 & \frac{1}{4} \end{array}\right]$$

$$\sim \left[\begin{array}{ccc|ccc} 1 & 0 & 0 & \frac{1}{10} & 0 & 0 \\ 0 & 1 & 0 & 0 & 2 & \frac{-17}{4} \\ 0 & 0 & 1 & 0 & -1 & \frac{9}{4} \end{array}\right] \Rightarrow \mathbf{A}^{-1} = \begin{bmatrix} \frac{1}{10} & 0 & 0 \\ 0 & 2 & \frac{-17}{4} \\ 0 & -1 & \frac{9}{4} \end{bmatrix}$$

51. $\begin{bmatrix} 3 & 4 & 2 & 7 \\ 2 & 3 & 3 & 2 \\ 5 & 7 & 3 & 9 \\ 2 & 3 & 2 & 3 \end{bmatrix}$

解:

$$\left[\begin{array}{cccc|cccc} 3 & 4 & 2 & 7 & 1 & 0 & 0 & 0 \\ 2 & 3 & 3 & 2 & 0 & 1 & 0 & 0 \\ 5 & 7 & 3 & 9 & 0 & 0 & 1 & 0 \\ 2 & 3 & 2 & 3 & 0 & 0 & 0 & 1 \end{array}\right] \sim \left[\begin{array}{cccc|cccc} 0 & \frac{-1}{2} & \frac{-5}{2} & 4 & 1 & \frac{-3}{2} & 0 & 0 \\ 2 & 3 & 3 & 2 & 0 & 1 & 0 & 0 \\ 0 & 0 & -2 & 0 & -1 & -1 & 1 & 0 \\ 0 & 0 & -1 & 1 & 0 & -1 & 0 & 1 \end{array}\right]$$

$$\sim \left[\begin{array}{cccc|cccc} 1 & 0 & 0 & 0 & \frac{-1}{2} & \frac{11}{2} & \frac{7}{2} & -13 \\ 0 & 1 & 0 & 0 & \frac{-1}{2} & \frac{-7}{2} & \frac{-3}{2} & 8 \\ 0 & 0 & 1 & 0 & \frac{1}{2} & \frac{1}{2} & \frac{-1}{2} & 0 \\ 0 & 0 & 0 & 1 & \frac{1}{2} & \frac{-1}{2} & \frac{-1}{2} & 1 \end{array}\right]$$

$$\Rightarrow \mathbf{A}^{-1} = \frac{1}{2}\begin{bmatrix} -1 & 11 & 7 & -26 \\ -1 & -7 & -3 & 16 \\ 1 & 1 & -1 & 0 \\ 1 & -1 & -1 & 2 \end{bmatrix}$$

52. $\begin{bmatrix} 3 & -1 & 1 \\ 15 & -6 & 5 \\ 5 & -2 & 2 \end{bmatrix}$

解:

$$\left[\begin{array}{ccc|ccc} 3 & -1 & 1 & 1 & 0 & 0 \\ 15 & -6 & 5 & 0 & 1 & 0 \\ 5 & -2 & 2 & 0 & 0 & 1 \end{array}\right] \sim \left[\begin{array}{ccc|ccc} 3 & 0 & 1 & 6 & -1 & 0 \\ 0 & -1 & 0 & -5 & 1 & 0 \\ 0 & \frac{-1}{3} & \frac{1}{3} & \frac{5}{3} & 0 & 1 \end{array}\right]$$

$$\sim \left[\begin{array}{ccc|ccc} 1 & 0 & 0 & 2 & 0 & -1 \\ 0 & 1 & 0 & 5 & -1 & 0 \\ 0 & 0 & 1 & 0 & -1 & 3 \end{array}\right] \Rightarrow \mathbf{A}^{-1} = \begin{bmatrix} 2 & 0 & -1 \\ 5 & -1 & 0 \\ 0 & -1 & 3 \end{bmatrix}$$

53.～62.題，用克雷姆法解聯立方程式，或說明為何沒有答案。

53. $-8x_1 + 4x_2 - 3x_3 = 0$

$x_1 + 5x_2 - x_3 = -5$

$2x_1 - 6x_2 - x_3 = 4$

解: $|\mathbf{A}| = \begin{vmatrix} -8 & 4 & -3 \\ 1 & 5 & -1 \\ 2 & -6 & -1 \end{vmatrix} = 132, \ |\mathbf{A}_1| = \begin{vmatrix} 0 & 4 & -3 \\ -5 & 5 & -1 \\ 4 & -6 & -1 \end{vmatrix} = -66$

$|\mathbf{A}_2| = \begin{vmatrix} -8 & 0 & -3 \\ 1 & -5 & -1 \\ 2 & 4 & -1 \end{vmatrix} = -114, \ |\mathbf{A}_3| = \begin{vmatrix} -8 & 4 & 0 \\ 1 & 5 & -5 \\ 2 & -6 & 4 \end{vmatrix} = 24$

$$\Rightarrow \begin{cases} x_1 = \dfrac{-66}{132} = \dfrac{-1}{2} \\ x_2 = \dfrac{-114}{132} = \dfrac{-19}{22} \\ x_3 = \dfrac{24}{132} = \dfrac{2}{11} \end{cases}$$

54. $2x_2 - x_3 = -1$

$x_1 + 3x_3 = 11$

$2x_1 - 4x_2 + 2x_3 = 6$

解: $|\mathbf{A}| = \begin{vmatrix} 0 & 2 & -1 \\ 1 & 0 & 3 \\ 2 & -4 & 2 \end{vmatrix} = 12, \ |\mathbf{A}_1| = \begin{vmatrix} -1 & 2 & -1 \\ 11 & 0 & 3 \\ 6 & -4 & 2 \end{vmatrix} = 24$

$|\mathbf{A}_2| = \begin{vmatrix} 0 & -1 & -1 \\ 1 & 11 & 3 \\ 2 & 6 & 2 \end{vmatrix} = 12, \ |\mathbf{A}_3| = \begin{vmatrix} 0 & 2 & -1 \\ 1 & 0 & 11 \\ 2 & -4 & 6 \end{vmatrix} = 36$

$$\begin{cases} x_1 = \dfrac{24}{12} = 2 \\ x_2 = \dfrac{12}{12} = 1 \\ x_3 = \dfrac{36}{12} = 3 \end{cases}$$

55. $x_1 + 2x_2 = 3$

$x_1 + x_2 = 0$

解:
$$|\mathbf{A}|=\begin{vmatrix}1&2\\1&1\end{vmatrix}=-1,\quad |\mathbf{A}_1|=\begin{vmatrix}3&2\\0&1\end{vmatrix}=3$$
$$|\mathbf{A}_2|=\begin{vmatrix}1&3\\1&0\end{vmatrix}=-3\quad \therefore \begin{cases}x_1=-3\\x_2=3\end{cases}$$

56.$3x_1+2x_2=2$

$8x_1-6x_3=7$

$8x_2-2x_3=1$

解:
$$|\mathbf{A}|=\begin{vmatrix}3&2&0\\8&0&-6\\0&8&-2\end{vmatrix}=176,\quad |\mathbf{A}_1|=\begin{vmatrix}2&2&0\\7&0&-6\\1&8&-2\end{vmatrix}=112$$
$$|\mathbf{A}_2|=\begin{vmatrix}3&2&0\\8&7&-6\\0&1&-2\end{vmatrix}=9,\quad |\mathbf{A}_3|=\begin{vmatrix}3&2&2\\8&0&7\\0&8&1\end{vmatrix}=-56$$
$$\therefore \begin{cases}x_1=\dfrac{112}{176}=\dfrac{7}{11}\\ x_2=\dfrac{9}{176}\\ x_3=\dfrac{-56}{176}=\dfrac{-7}{22}\end{cases}$$

57.$x_1+x_2-3x_3=0$

$-x_2+4x_3=0$

$-x_1+x_2+x_3=-5$

解:
$$|\mathbf{A}|=\begin{vmatrix}1&1&-3\\0&-1&4\\-1&1&1\end{vmatrix}=-6,\quad |\mathbf{A}_1|=\begin{vmatrix}0&1&-3\\0&-1&4\\-5&1&1\end{vmatrix}=-5$$
$$|\mathbf{A}_2|=\begin{vmatrix}1&0&-3\\0&0&4\\-1&-5&1\end{vmatrix}=20,\quad |\mathbf{A}_3|=\begin{vmatrix}1&1&0\\0&-1&0\\-1&1&-5\end{vmatrix}=5$$

$$\therefore \begin{cases} x_1 = \dfrac{5}{6} \\ x_2 = \dfrac{-10}{3} \\ x_3 = \dfrac{-5}{6} \end{cases}$$

58. $3x_1 + 4x_2 + 6x_3 = 1$

$x_1 - 4x_2 + 2x_3 = 1$

$2x_1 - 4x_2 + 4x_3 = -1$

解: $|\mathbf{A}| = \begin{vmatrix} 3 & 4 & 6 \\ 1 & -4 & 2 \\ 2 & -4 & 4 \end{vmatrix} = 0 \Rightarrow$ 無法用克雷姆法求解

59. $2x_1 - 4x_2 + x_3 - x_4 = 6$

$x_2 - 3x_3 = 10$

$-x_1 + 4x_3 = 0$

$x_2 - x_3 + 2x_4 = 4$

解: $|\mathbf{A}| = \begin{vmatrix} 2 & -4 & 1 & -1 \\ 0 & 1 & -3 & 0 \\ -1 & 0 & 4 & 0 \\ 0 & 1 & -1 & 2 \end{vmatrix} = -4, \ |\mathbf{A}_1| = \begin{vmatrix} 6 & -4 & 1 & -1 \\ 10 & 1 & -3 & 0 \\ 0 & 0 & 4 & 0 \\ 4 & 1 & -1 & 2 \end{vmatrix} = 344$

$|\mathbf{A}_2| = \begin{vmatrix} 2 & 6 & 1 & -1 \\ 0 & 10 & -3 & 0 \\ -1 & 0 & 4 & 0 \\ 0 & 4 & -1 & 2 \end{vmatrix} = 218, \ |\mathbf{A}_3| = \begin{vmatrix} 2 & -4 & 6 & -1 \\ 0 & 1 & 10 & 0 \\ -1 & 0 & 0 & 0 \\ 0 & 1 & 4 & 2 \end{vmatrix} = 86$

$|\mathbf{A}_4| = \begin{vmatrix} 2 & -4 & 1 & 6 \\ 0 & 1 & -3 & 10 \\ -1 & 0 & 4 & 0 \\ 0 & 1 & -1 & 4 \end{vmatrix} = -76 \ \therefore \begin{cases} x_1 = \dfrac{-344}{4} = -86 \\ x_2 = \dfrac{-218}{4} = \dfrac{-109}{2} \\ x_3 = \dfrac{-86}{4} = \dfrac{-43}{2} \\ x_4 = \dfrac{76}{4} = 19 \end{cases}$

60. $4x_1 - x_2 + x_3 = 0$

$x_1 + 2x_2 - x_3 = 0$

$3x_1 + x_2 + 5x_3 = 0$

解: $|\mathbf{A}| = \begin{vmatrix} 4 & -1 & 1 \\ 1 & 2 & -1 \\ 3 & 1 & 5 \end{vmatrix} = 47,\ |\mathbf{A}_1| = \begin{vmatrix} 0 & -1 & 1 \\ 0 & 2 & -1 \\ 0 & 1 & 5 \end{vmatrix} = 0$

$|\mathbf{A}_2| = \begin{vmatrix} 4 & 0 & 1 \\ 1 & 0 & -1 \\ 3 & 0 & 5 \end{vmatrix} = 0,\ |\mathbf{A}_3| = \begin{vmatrix} 4 & -1 & 0 \\ 1 & 2 & 0 \\ 3 & 1 & 0 \end{vmatrix} = 0$

$$\therefore \begin{cases} x_1 = 0 \\ x_2 = 0 \\ x_3 = 0 \end{cases}$$

61. $-14x_1 + 3x_3 = -5$

$2x_1 - 4x_3 + x_4 = 2$

$x_1 - x_2 + x_3 - 3x_4 = 1$

$-x_3 + 4x_4 = 5$

解: $|\mathbf{A}| = \begin{vmatrix} -14 & 0 & 3 & 0 \\ 2 & 0 & -4 & 1 \\ 1 & -1 & 1 & -3 \\ 0 & 0 & -1 & 4 \end{vmatrix} = 186,\ |\mathbf{A}_1| = \begin{vmatrix} -5 & 0 & 3 & 0 \\ 2 & 0 & -4 & 1 \\ 1 & -1 & 1 & -3 \\ 5 & 0 & -1 & 4 \end{vmatrix} = 66$

$|\mathbf{A}_2| = \begin{vmatrix} -14 & -5 & 3 & 0 \\ 2 & 2 & -4 & 1 \\ 1 & 1 & 1 & -3 \\ 0 & 5 & -1 & 4 \end{vmatrix} = -818,\ |\mathbf{A}_3| = \begin{vmatrix} -14 & 0 & -5 & 0 \\ 2 & 0 & 2 & 1 \\ 1 & -1 & 1 & -3 \\ 0 & 0 & 5 & 4 \end{vmatrix} = -2$

$$|\mathbf{A}_4| = \begin{vmatrix} -14 & 0 & 3 & -5 \\ 2 & 0 & -4 & 2 \\ 1 & -1 & 1 & 1 \\ 0 & 0 & -1 & 5 \end{vmatrix} = 232 \quad \therefore \begin{cases} x_1 = \dfrac{66}{186} = \dfrac{11}{31} \\ x_2 = \dfrac{-818}{186} = \dfrac{-409}{93} \\ x_3 = \dfrac{-2}{186} = \dfrac{-1}{93} \\ x_4 = \dfrac{232}{186} = \dfrac{116}{93} \end{cases}$$

62. $2x_1+x_2+5x_3+x_4=5$

$x_1+x_2-3x_3-4x_4=-1$

$3x_1+6x_2-2x_3+x_4=8$

$2x_1+2x_2+2x_3-3x_4=2$

解:

$$|\mathbf{A}|=\begin{vmatrix}2&1&5&1\\1&1&-3&-4\\3&6&-2&1\\2&2&2&-3\end{vmatrix}=-120,\ |\mathbf{A}_1|=\begin{vmatrix}5&1&5&1\\-1&1&-3&-4\\8&6&-2&1\\2&2&2&-3\end{vmatrix}=-240$$

$$|\mathbf{A}_2|=\begin{vmatrix}2&5&5&1\\1&-1&-3&-4\\3&8&-2&1\\2&2&2&-3\end{vmatrix}=-24,\ |\mathbf{A}_3|=\begin{vmatrix}2&1&5&1\\1&1&-1&-4\\3&6&8&1\\2&2&2&-3\end{vmatrix}=0$$

$$|\mathbf{A}_4|=\begin{vmatrix}2&1&5&5\\1&1&-3&-1\\3&6&-2&8\\2&2&2&2\end{vmatrix}=-96\ \therefore\begin{cases}x_1=2\\x_2=\dfrac{1}{5}\\x_3=0\\x_4=\dfrac{4}{5}\end{cases}$$

9.5 特徵值和特徵向量

1.～24.題，求特徵值和特徵向量。

1. $\begin{bmatrix}1&3\\2&1\end{bmatrix}$

（※注意：1.～24.題的特徵向量僅供參考。）

解:

$$\begin{vmatrix}1-\lambda&3\\2&1-\lambda\end{vmatrix}=0\Rightarrow\lambda^2-2\lambda-5=0\Rightarrow\lambda=1\pm\sqrt{6}$$

$\lambda=1+\sqrt{6}$時，$\mathbf{X}=\begin{bmatrix}3\\\sqrt{6}\end{bmatrix}$；$\lambda=1-\sqrt{6}$ 時，$\mathbf{X}=\begin{bmatrix}3\\-\sqrt{6}\end{bmatrix}$。

2. $\begin{bmatrix} 2 & 0 \\ 4 & 5 \end{bmatrix}$

解: $\begin{vmatrix} 2-\lambda & 0 \\ 4 & 5-\lambda \end{vmatrix} = 0 \Rightarrow (2-\lambda)(5-\lambda) = 0 \Rightarrow \lambda = 2, 5$

$\lambda = 2$時，$\mathbf{X} = \begin{bmatrix} -3 \\ 4 \end{bmatrix}$；$\lambda = 5$時，$\mathbf{X} = \begin{bmatrix} 0 \\ 1 \end{bmatrix}$。

3. $\begin{bmatrix} 1 & -6 \\ 2 & 2 \end{bmatrix}$

解: $\begin{vmatrix} 1-\lambda & -6 \\ 2 & 2-\lambda \end{vmatrix} = \lambda^2 - 3\lambda + 14 = 0 \Rightarrow \lambda = \dfrac{3 \pm \sqrt{47}i}{2}$

$\lambda = \dfrac{3+\sqrt{47}i}{2}$時，$\mathbf{X} = \begin{bmatrix} -6 \\ \dfrac{1+\sqrt{47}i}{2} \end{bmatrix}$；

$\lambda = \dfrac{3-\sqrt{47}i}{2}$時，$\mathbf{X} = \begin{bmatrix} -6 \\ \dfrac{1-\sqrt{47}i}{2} \end{bmatrix}$。

4. $\begin{bmatrix} 0 & 2 \\ 2 & 0 \end{bmatrix}$

解: $\begin{vmatrix} -\lambda & 2 \\ 2 & -\lambda \end{vmatrix} = \lambda^2 - 4 = 0 \Rightarrow \lambda = 2, -2$

$\lambda = 2$時，$\mathbf{X} = \begin{bmatrix} 1 \\ 1 \end{bmatrix}$；$\lambda = -2$時，$\mathbf{X} = \begin{bmatrix} 1 \\ -1 \end{bmatrix}$。

5. $\begin{bmatrix} -5 & 2 \\ 2 & -4 \end{bmatrix}$

解: $\begin{vmatrix} -5-\lambda & 2 \\ 2 & -4-\lambda \end{vmatrix} = \lambda^2 + 9\lambda + 16 = 0 \Rightarrow \lambda = \dfrac{-9 \pm \sqrt{17}}{2}$

$$\lambda=\frac{-9+\sqrt{17}}{2}\text{時，}\mathbf{X}=\begin{bmatrix}2\\ \frac{1+\sqrt{17}}{2}\end{bmatrix}\text{；}$$

$$\lambda=\frac{-9-\sqrt{17}}{2}\text{時，}\mathbf{X}=\begin{bmatrix}2\\ \frac{1-\sqrt{17}}{2}\end{bmatrix}\text{。}$$

6. $\begin{bmatrix}-5 & 2\\ -9 & 6\end{bmatrix}$

解:
$$\begin{vmatrix}-5-\lambda & 2\\ -9 & 6-\lambda\end{vmatrix}=\lambda^2-\lambda-12=0\Rightarrow\lambda=-3,4$$

$$\lambda=-3\text{時，}\mathbf{X}=\begin{bmatrix}1\\1\end{bmatrix}\text{；}\lambda=4\text{時，}\mathbf{X}=\begin{bmatrix}2\\9\end{bmatrix}\text{。}$$

7. $\begin{bmatrix}4 & 2\\ 2 & 1\end{bmatrix}$

解:
$$\begin{vmatrix}4-\lambda & 2\\ 2 & 1-\lambda\end{vmatrix}=\lambda^2-5\lambda=0\Rightarrow\lambda=0,5$$

$$\lambda=0\text{時，}\mathbf{X}=\begin{bmatrix}1\\-2\end{bmatrix}\text{；}\lambda=5\text{時，}\mathbf{X}=\begin{bmatrix}2\\1\end{bmatrix}\text{。}$$

8. $\begin{bmatrix}0 & 1\\ -1 & 0\end{bmatrix}$

解:
$$\begin{vmatrix}-\lambda & 1\\ -1 & -\lambda\end{vmatrix}=\lambda^2+1=0\Rightarrow\lambda=\pm i$$

$$\lambda=i\text{時，}\mathbf{X}=\begin{bmatrix}1\\i\end{bmatrix}\text{；}\lambda=-i\text{時，}\mathbf{X}=\begin{bmatrix}1\\-i\end{bmatrix}\text{。}$$

9. $\begin{bmatrix}6 & 1\\ 1 & 4\end{bmatrix}$

解: $\begin{vmatrix} 6-\lambda & 1 \\ 1 & 4-\lambda \end{vmatrix} = \lambda^2 - 10\lambda + 23 = 0 \Rightarrow \lambda = 5 \pm \sqrt{2}$

$\lambda = 5+\sqrt{2}$時，$\mathbf{X} = \begin{bmatrix} 1+\sqrt{2} \\ 1 \end{bmatrix}$；$\lambda = 5-\sqrt{2}$時，$\mathbf{X} = \begin{bmatrix} 1-\sqrt{2} \\ 1 \end{bmatrix}$。

10. $\begin{bmatrix} 5 & 3 \\ 3 & -4 \end{bmatrix}$

解: $\begin{vmatrix} 5-\lambda & 3 \\ 3 & -4-\lambda \end{vmatrix} = \lambda^2 - \lambda - 29 = 0 \Rightarrow \lambda = \dfrac{1 \pm \sqrt{117}}{2}$

$\lambda = \dfrac{1+\sqrt{117}}{2}$時，$\mathbf{X} = \begin{bmatrix} 6 \\ -9+\sqrt{117} \end{bmatrix}$；

$\lambda = \dfrac{1-\sqrt{117}}{2}$時，$\mathbf{X} = \begin{bmatrix} 6 \\ -9-\sqrt{117} \end{bmatrix}$。

11. $\begin{bmatrix} i & 1 \\ 1 & 3i \end{bmatrix}$

解: $\begin{vmatrix} i-\lambda & 1 \\ 1 & 3i-\lambda \end{vmatrix} = (\lambda - 2i)^2 = 0 \Rightarrow \lambda = 2i, 2i$

$\lambda = 2i$時，$\mathbf{X} = \begin{bmatrix} 1 \\ i \end{bmatrix}$。

12. $\begin{bmatrix} 0 & i \\ i & 0 \end{bmatrix}$

解: $\begin{vmatrix} -\lambda & i \\ i & -\lambda \end{vmatrix} = \lambda^2 + 1 = 0 \Rightarrow \lambda = i, -i$

$\lambda = i$時，$\mathbf{X} = \begin{bmatrix} 1 \\ 1 \end{bmatrix}$；$\lambda = -i$時，$\mathbf{X} = \begin{bmatrix} 1 \\ -1 \end{bmatrix}$。

13. $\begin{bmatrix} -2+3i & 0 \\ -i & 5 \end{bmatrix}$

解：
$$\begin{vmatrix} -2+3i-\lambda & 0 \\ -i & 5-\lambda \end{vmatrix} = 0 \Rightarrow \lambda = -2+3i, 5$$

$\lambda = -2+3i$時，$\mathbf{X} = \begin{bmatrix} 7-3i \\ i \end{bmatrix}$；$\lambda = 5$時，$\mathbf{X} = \begin{bmatrix} 0 \\ 1 \end{bmatrix}$。

14. $\begin{bmatrix} 4 & i \\ -i & 2 \end{bmatrix}$

解：
$$\begin{vmatrix} 4-\lambda & i \\ -i & 2-\lambda \end{vmatrix} = \lambda^2 - 6\lambda + 7 = 0 \Rightarrow \lambda = 3 \pm \sqrt{2}$$

$\lambda = 3+\sqrt{2}$時，$\mathbf{X} = \begin{bmatrix} i \\ \sqrt{2}-1 \end{bmatrix}$；$\lambda = 3-\sqrt{2}$時，$\mathbf{X} = \begin{bmatrix} i \\ -1-\sqrt{2} \end{bmatrix}$。

15. $\begin{bmatrix} -3+2i & 0 \\ 1 & 4i \end{bmatrix}$

解：
$$\begin{vmatrix} -3+2i-\lambda & 0 \\ 1 & 4i-\lambda \end{vmatrix} = 0 \Rightarrow \lambda = -3+2i, 4i$$

$\lambda = -3+2i$時，$\mathbf{X} = \begin{bmatrix} 3+2i \\ -1 \end{bmatrix}$；$\lambda = 4i$時，$\mathbf{X} = \begin{bmatrix} 0 \\ 1 \end{bmatrix}$。

16. $\begin{bmatrix} 1 & \sqrt{2}i \\ -\sqrt{2}i & -1 \end{bmatrix}$

解：
$$\begin{vmatrix} 1-\lambda & \sqrt{2}i \\ -\sqrt{2}i & -1-\lambda \end{vmatrix} = \lambda^2 - 3 = 0 \Rightarrow \lambda = \pm\sqrt{3}$$

$\lambda = \sqrt{3}$時，$\mathbf{X} = \begin{bmatrix} (1+\sqrt{3})i \\ \sqrt{2} \end{bmatrix}$；$\lambda = -\sqrt{3}$時，$\mathbf{X} = \begin{bmatrix} (1-\sqrt{3})i \\ \sqrt{2} \end{bmatrix}$。

17. $\begin{bmatrix} 1 & i \\ -i & -1 \end{bmatrix}$

解：
$$\begin{vmatrix} 1-\lambda & i \\ -i & -1-\lambda \end{vmatrix} = \lambda^2 - 2 = 0 \Rightarrow \lambda = \pm\sqrt{2}$$

$\lambda=\sqrt{2}$時，$\mathbf{X}=\begin{bmatrix}1\\(1-\sqrt{2})i\end{bmatrix}$；$\lambda=-\sqrt{2}$時，$\mathbf{X}=\begin{bmatrix}1\\(1+\sqrt{2})i\end{bmatrix}$。

18. $\begin{bmatrix}2&0&0\\1&0&2\\0&0&3\end{bmatrix}$

解:

$$\begin{vmatrix}2-\lambda&0&0\\1&-\lambda&2\\0&0&3-\lambda\end{vmatrix}=0\Rightarrow\lambda=0,2,3$$

各λ值相對應的特徵向量為$\begin{bmatrix}0\\1\\0\end{bmatrix}$，$\begin{bmatrix}2\\1\\0\end{bmatrix}$，$\begin{bmatrix}0\\2\\3\end{bmatrix}$。

19. $\begin{bmatrix}2&0&0\\0&4&0\\0&0&3\end{bmatrix}$

解:

$$\begin{vmatrix}2-\lambda&0&0\\0&4-\lambda&0\\0&0&3-\lambda\end{vmatrix}=0\Rightarrow\lambda=2,3,4$$

$\lambda=2$時，$\mathbf{X}=\begin{bmatrix}1\\0\\0\end{bmatrix}$；$\lambda=3$時，$\mathbf{X}=\begin{bmatrix}0\\0\\1\end{bmatrix}$；$\lambda=4$時，$\mathbf{X}=\begin{bmatrix}0\\1\\0\end{bmatrix}$。

20. $\begin{bmatrix}-14&1&0\\0&2&0\\1&0&2\end{bmatrix}$

解:

$$\begin{vmatrix}-14-\lambda&1&0\\0&2-\lambda&0\\1&0&2-\lambda\end{vmatrix}=0\Rightarrow\lambda=2,2,-14$$

各λ值相對應的特徵向量為$\begin{bmatrix}0\\0\\\alpha\end{bmatrix}$，$\begin{bmatrix}16\\0\\-1\end{bmatrix}$，$\alpha\neq0$。

21. $\begin{bmatrix} -1 & 1 & 0 \\ 1 & -1 & 0 \\ 0 & 0 & 0 \end{bmatrix}$

解: $\begin{vmatrix} -1-\lambda & 1 & 0 \\ 1 & -1-\lambda & 0 \\ 0 & 0 & -\lambda \end{vmatrix} = \lambda^2(\lambda+2) = 0 \Rightarrow \lambda = 0, 0, -2$

相對應之特徵向量依次為 $\begin{bmatrix} 0 \\ 0 \\ 1 \end{bmatrix}$, $\begin{bmatrix} 1 \\ 1 \\ 0 \end{bmatrix}$, $\begin{bmatrix} 1 \\ -1 \\ 0 \end{bmatrix}$。

22. $\begin{bmatrix} 1 & -2 & 0 \\ 0 & 0 & 0 \\ -5 & 0 & 7 \end{bmatrix}$

解: $\begin{vmatrix} 1-\lambda & -2 & 0 \\ 0 & -\lambda & 0 \\ -5 & 0 & 7-\lambda \end{vmatrix} = 0 \Rightarrow \lambda = 0, 1, 7$

相對應之特徵向量依次為 $\begin{bmatrix} 14 \\ 7 \\ 10 \end{bmatrix}$, $\begin{bmatrix} 6 \\ 0 \\ 5 \end{bmatrix}$, $\begin{bmatrix} 0 \\ 0 \\ 1 \end{bmatrix}$。

23. $\begin{bmatrix} i & 0 & -1 \\ -1 & 0 & 0 \\ 0 & 0 & 4i \end{bmatrix}$

解: $\begin{vmatrix} i-\lambda & 0 & -1 \\ -1 & -\lambda & 0 \\ 0 & 0 & 4i-\lambda \end{vmatrix} = 0 \Rightarrow \lambda = 0, i, 4i$

相對應之特徵向量依次為 $\begin{bmatrix} 0 \\ 1 \\ 0 \end{bmatrix}$, $\begin{bmatrix} i \\ -1 \\ 0 \end{bmatrix}$, $\begin{bmatrix} 4i \\ -1 \\ 12 \end{bmatrix}$。

24. $\begin{bmatrix} i & 0 & 0 \\ 0 & 0 & i \\ 0 & i & 0 \end{bmatrix}$

解:
$$\begin{vmatrix} i-\lambda & 0 & 0 \\ 0 & -\lambda & i \\ 0 & i & -\lambda \end{vmatrix} = (\lambda^2+1)(\lambda-i)=0 \Rightarrow \lambda = i, i, -i$$

相對應之特徵向量依次為 $\begin{bmatrix} 0 \\ 1 \\ 1 \end{bmatrix}$, $\begin{bmatrix} 1 \\ 0 \\ 0 \end{bmatrix}$, $\begin{bmatrix} 0 \\ -1 \\ 1 \end{bmatrix}$。

25.～34.題，求使矩陣對角化的特徵矩陣。

25. $\begin{bmatrix} 0 & -1 \\ 4 & 3 \end{bmatrix}$

解:
$$\begin{vmatrix} -\lambda & -1 \\ 4 & 3-\lambda \end{vmatrix} = 0 \Rightarrow \lambda = \frac{3+\sqrt{7}i}{2}, \frac{3-\sqrt{7}i}{2}$$

相對應之特徵向量依次為 $\begin{bmatrix} 2 \\ -3-\sqrt{7}i \end{bmatrix}$, $\begin{bmatrix} 2 \\ -3+\sqrt{7}i \end{bmatrix}$

特徵矩陣 $\mathbf{P} = \begin{bmatrix} 2 & 2 \\ -3-\sqrt{7}i & -3+\sqrt{7}i \end{bmatrix}$

26. $\begin{bmatrix} 0 & 16 \\ 4 & 0 \end{bmatrix}$

解:
$$\begin{vmatrix} -\lambda & 16 \\ 4 & -\lambda \end{vmatrix} = 0 \Rightarrow \lambda = 8, -8$$

相對應之特徵向量依次為 $\begin{bmatrix} 2 \\ 1 \end{bmatrix}$, $\begin{bmatrix} -2 \\ 1 \end{bmatrix}$

特徵矩陣 $\mathbf{P} = \begin{bmatrix} 2 & -2 \\ 1 & 1 \end{bmatrix}$

27. $\begin{bmatrix} -1 & 0 \\ 4 & -1 \end{bmatrix}$

解:
$$\begin{vmatrix} -1-\lambda & 0 \\ 4 & -1-\lambda \end{vmatrix} = 0 \Rightarrow \lambda = -1, -1 \Rightarrow \mathbf{X} = \begin{bmatrix} 0 \\ \alpha \end{bmatrix},\ \alpha \neq 0$$

$\Rightarrow$ 沒有兩個線性獨立的特徵向量，故原矩陣不可對角化。

28. $\begin{bmatrix} 2 & 2 \\ 0 & 0 \end{bmatrix}$

解: $$\begin{vmatrix} 2-\lambda & 2 \\ 0 & -\lambda \end{vmatrix} = 0 \Rightarrow \lambda = 0, 2$$

相對應之特徵向量依次為 $\begin{bmatrix} -1 \\ 1 \end{bmatrix}$, $\begin{bmatrix} 1 \\ 0 \end{bmatrix}$, 特徵矩陣 $\mathbf{P} = \begin{bmatrix} -1 & 1 \\ 1 & 0 \end{bmatrix}$

29. $\begin{bmatrix} -5 & 3 \\ 0 & 9 \end{bmatrix}$

解: $$\begin{vmatrix} -5-\lambda & 3 \\ 0 & 9-\lambda \end{vmatrix} = 0 \Rightarrow \lambda = 9, -5$$

相對應之特徵向量依次為 $\begin{bmatrix} 3 \\ 14 \end{bmatrix}$, $\begin{bmatrix} 1 \\ 0 \end{bmatrix}$, 特徵矩陣 $\mathbf{P} = \begin{bmatrix} 3 & 1 \\ 14 & 0 \end{bmatrix}$

30. $\begin{bmatrix} 0 & 1 \\ -1 & 0 \end{bmatrix}$

解: $$\begin{vmatrix} -\lambda & 1 \\ -1 & -\lambda \end{vmatrix} = 0 \Rightarrow \lambda = i, -i$$

相對應之特徵向量依次為 $\begin{bmatrix} 1 \\ i \end{bmatrix}$, $\begin{bmatrix} 1 \\ -i \end{bmatrix}$, 特徵矩陣 $\mathbf{P} = \begin{bmatrix} 1 & 1 \\ i & -i \end{bmatrix}$

31. $\begin{bmatrix} 3 & 4 \\ 1 & 3 \end{bmatrix}$

解: $$\begin{vmatrix} 3-\lambda & 4 \\ 1 & 3-\lambda \end{vmatrix} = 0 \Rightarrow \lambda = 1, 5$$

相對應之特徵向量依次為 $\begin{bmatrix} -2 \\ 1 \end{bmatrix}$, $\begin{bmatrix} 2 \\ 1 \end{bmatrix}$, 特徵矩陣 $\mathbf{P} = \begin{bmatrix} -2 & 2 \\ 1 & 1 \end{bmatrix}$

32. $\begin{bmatrix} 5 & 0 & 0 \\ 1 & 0 & 3 \\ 0 & 0 & -2 \end{bmatrix}$

解:
$$\begin{vmatrix} 5-\lambda & 0 & 0 \\ 1 & -\lambda & 3 \\ 0 & 0 & -2-\lambda \end{vmatrix} = 0 \Rightarrow \lambda = 0, 5, -2$$

相對應之特徵向量依次為 $\begin{bmatrix} 0 \\ 1 \\ 0 \end{bmatrix}, \begin{bmatrix} 5 \\ 1 \\ 0 \end{bmatrix}, \begin{bmatrix} 0 \\ -3 \\ 2 \end{bmatrix}$

特徵矩陣 $\mathbf{P} = \begin{bmatrix} 0 & 5 & 0 \\ 1 & 1 & -3 \\ 0 & 0 & 2 \end{bmatrix}$

33. $\begin{bmatrix} 1 & 0 & 1 \\ 0 & 3 & 2 \\ 0 & 0 & 2 \end{bmatrix}$

解:
$$\begin{vmatrix} 1-\lambda & 0 & 1 \\ 0 & 3-\lambda & 2 \\ 0 & 0 & 2-\lambda \end{vmatrix} = 0 \Rightarrow \lambda = 1, 2, 3$$

相對應之特徵向量依次為 $\begin{bmatrix} 1 \\ 0 \\ 0 \end{bmatrix}, \begin{bmatrix} 1 \\ -2 \\ 1 \end{bmatrix}, \begin{bmatrix} 0 \\ 1 \\ 0 \end{bmatrix}$

特徵矩陣 $\mathbf{P} = \begin{bmatrix} 1 & 1 & 0 \\ 0 & -2 & 1 \\ 0 & 1 & 0 \end{bmatrix}$

34. $\begin{bmatrix} 2 & 0 & 0 \\ 0 & 2 & 1 \\ 0 & -1 & 2 \end{bmatrix}$

解:
$$\begin{vmatrix} 2-\lambda & 0 & 0 \\ 0 & 2-\lambda & 1 \\ 0 & -1 & 2-\lambda \end{vmatrix} = 0 \Rightarrow \lambda = 2, 2+i, 2-i$$

相對應之特徵向量依次為 $\begin{bmatrix} 1 \\ 0 \\ 0 \end{bmatrix}, \begin{bmatrix} 0 \\ 1 \\ i \end{bmatrix}, \begin{bmatrix} 0 \\ 1 \\ -i \end{bmatrix}$

特徵矩陣$\mathbf{P}=\begin{bmatrix}1&0&0\\0&1&1\\0&i&-i\end{bmatrix}$

35.～44.題，求下列平方型方程式寫成矩陣方式$\mathbf{X}^t\mathbf{AX}$。並且分析其圖形形狀。

35. $x_1^2-24x_1x_2-6x_2^2=4$

解: $$\mathbf{X}^t\mathbf{AX}=x_1^2-24x_1x_2-6x_2^2=\begin{bmatrix}x_1&x_2\end{bmatrix}\begin{bmatrix}1&-12\\-12&-6\end{bmatrix}\begin{bmatrix}x_1\\x_2\end{bmatrix}=4$$

$$\begin{vmatrix}1-\lambda&-12\\-12&-6-\lambda\end{vmatrix}=0\Rightarrow\lambda=10,-15$$

$\Rightarrow$標準式: $10y_1^2-15y_2^2=4\Rightarrow$此為雙曲線

36. $x_1^2-2x_1x_2+4x_2^2=4$

解: $$\mathbf{X}^t\mathbf{AX}=x_1^2-2x_1x_2+4x_2^2=\begin{bmatrix}x_1&x_2\end{bmatrix}\begin{bmatrix}1&-1\\-1&4\end{bmatrix}\begin{bmatrix}x_1\\x_2\end{bmatrix}=4$$

$$\begin{vmatrix}1-\lambda&-1\\-1&4-\lambda\end{vmatrix}=0\Rightarrow\lambda=\frac{5+\sqrt{13}}{2},\frac{5-\sqrt{13}}{2}$$

$\Rightarrow$標準式: $\frac{5+\sqrt{13}}{2}y_1^2+\frac{5-\sqrt{13}}{2}y_2^2=4\Rightarrow$此為橢圓

37. $x_1^2+\sqrt{3}x_1x_2+2x_2^2=2$

解: $$\mathbf{X}^t\mathbf{AX}=\begin{bmatrix}x_1&x_2\end{bmatrix}\begin{bmatrix}1&\frac{\sqrt{3}}{2}\\\frac{\sqrt{3}}{2}&2\end{bmatrix}\begin{bmatrix}x_1\\x_2\end{bmatrix}=2$$

$$\begin{vmatrix}1-\lambda&\frac{\sqrt{3}}{2}\\\frac{\sqrt{3}}{2}&2-\lambda\end{vmatrix}=0\Rightarrow\lambda=\frac{1}{2},\frac{5}{2}$$

$$\Rightarrow \text{標準式: } \frac{1}{2}y_1^2 + \frac{5}{2}y_2^2 = 2 \Rightarrow \text{此為橢圓}$$

38. $3x_1^2 + 5x_1x_2 - 3x_2^2 = 6$

解:

$$\mathbf{X}^t\mathbf{A}\mathbf{X} = \begin{bmatrix} x_1 & x_2 \end{bmatrix} \begin{bmatrix} 3 & \frac{5}{2} \\ \frac{5}{2} & -3 \end{bmatrix} \begin{bmatrix} x_1 \\ x_2 \end{bmatrix} = 6$$

$$\begin{vmatrix} 3-\lambda & \frac{5}{2} \\ \frac{5}{2} & -3-\lambda \end{vmatrix} = 0 \Rightarrow \lambda = \frac{\sqrt{61}}{2}, \frac{-\sqrt{61}}{2}$$

$$\Rightarrow \text{標準式: } \frac{\sqrt{61}}{2}y_1^2 - \frac{\sqrt{61}}{2}y_2^2 = 6 \Rightarrow \text{此為雙曲線}$$

39. $3x_1^2 - 8x_1x_2 - 3x_2^2 = 0$

解:

$$\mathbf{X}^t\mathbf{A}\mathbf{X} = \begin{bmatrix} x_1 & x_2 \end{bmatrix} \begin{bmatrix} 3 & -4 \\ -4 & -3 \end{bmatrix} \begin{bmatrix} x_1 \\ x_2 \end{bmatrix} = 0$$

$$\begin{vmatrix} 3-\lambda & -4 \\ -4 & -3-\lambda \end{vmatrix} = 0 \Rightarrow \lambda = 5, -5$$

$$\Rightarrow \text{標準式: } 5y_1^2 - 5y_2^2 = 0 \Rightarrow \text{此為直線}$$

40. $2x_1^2 + 3x_1x_2 - 2x_2^2 = 4$

解:

$$\mathbf{X}^t\mathbf{A}\mathbf{X} = \begin{bmatrix} x_1 & x_2 \end{bmatrix} \begin{bmatrix} 2 & \frac{3}{2} \\ \frac{3}{2} & -2 \end{bmatrix} \begin{bmatrix} x_1 \\ x_2 \end{bmatrix} = 4$$

$$\begin{vmatrix} 2-\lambda & \frac{3}{2} \\ \frac{3}{2} & -2-\lambda \end{vmatrix} = 0 \Rightarrow \lambda = \frac{5}{2}, \frac{-5}{2}$$

$$\Rightarrow \text{標準式: } \frac{5}{2}y_1^2 - \frac{5}{2}y_2^2 = 4 \Rightarrow \text{此為雙曲線}$$

41. $x_1^2 + 6x_1x_2 + 9x_2^2 = 4$

解：

$$\mathbf{X}^t\mathbf{A}\mathbf{X} = \begin{bmatrix} x_1 & x_2 \end{bmatrix} \begin{bmatrix} 1 & 3 \\ 3 & 9 \end{bmatrix} \begin{bmatrix} x_1 \\ x_2 \end{bmatrix} = 4$$

$$\begin{vmatrix} 1-\lambda & 3 \\ 3 & 9-\lambda \end{vmatrix} = 0 \Rightarrow \lambda = 0, 10$$

$\Rightarrow$ 標準式： $10y_2^2 = 4 \Rightarrow$ 兩平行直線

42. $6x_1^2 + 2x_1x_2 + 5x_2^2 = 9$

解：

$$\mathbf{X}^t\mathbf{A}\mathbf{X} = \begin{bmatrix} x_1 & x_2 \end{bmatrix} \begin{bmatrix} 6 & 1 \\ 1 & 5 \end{bmatrix} \begin{bmatrix} x_1 \\ x_2 \end{bmatrix} = 7$$

$$\begin{vmatrix} 6-\lambda & 1 \\ 1 & 5-\lambda \end{vmatrix} = 0 \Rightarrow \lambda = \frac{11+\sqrt{5}}{2}, \frac{11-\sqrt{5}}{2}$$

$\Rightarrow$ 標準式： $\frac{11+\sqrt{5}}{2}y_1^2 + \frac{11-\sqrt{5}}{2}y_2^2 = 7 \Rightarrow$ 此為橢圓

43. $3x_1^2 + 4\sqrt{3}x_1x_2 + 7x_2^2 = 4$

解：

$$\mathbf{X}^t\mathbf{A}\mathbf{X} = \begin{bmatrix} x_1 & x_2 \end{bmatrix} \begin{bmatrix} 3 & 2\sqrt{3} \\ 2\sqrt{3} & 7 \end{bmatrix} \begin{bmatrix} x_1 \\ x_2 \end{bmatrix} = 4$$

$$\begin{vmatrix} 3-\lambda & 2\sqrt{3} \\ 2\sqrt{3} & 7-\lambda \end{vmatrix} = 0 \Rightarrow \lambda = 1, 9$$

$\Rightarrow$ 標準式： $y_1^2 + 9y_2^2 = 4 \Rightarrow$ 橢圓曲線

44. $2x_1^2 - x_1x_2 - 3x_2^2 = 4$

解：

$$\mathbf{X}^t\mathbf{A}\mathbf{X} = \begin{bmatrix} x_1 & x_2 \end{bmatrix} \begin{bmatrix} 2 & \frac{-1}{2} \\ \frac{-1}{2} & -3 \end{bmatrix} \begin{bmatrix} x_1 \\ x_2 \end{bmatrix} = 4$$

$$\begin{vmatrix} 2-\lambda & \frac{-1}{2} \\ \frac{-1}{2} & -3-\lambda \end{vmatrix} = 0 \Rightarrow \lambda = \frac{1 \pm \sqrt{26}}{2}$$

$\Rightarrow$ 標準式： $\frac{1+\sqrt{26}}{2}y_1^2 + \frac{1-\sqrt{26}}{2}y_2^2 = 4 \Rightarrow$ 雙曲線

45.～54.題，判斷矩陣 **A** 是赫密動或扭赫密動，求赫密動型或扭赫密動型 $\overline{\mathbf{X}}^t\mathbf{AX}$。

45. $\mathbf{A}=\begin{bmatrix}0 & -i\\ i & 0\end{bmatrix}$，$\mathbf{X}=\begin{bmatrix}1\\ i\end{bmatrix}$

解: $\overline{\mathbf{A}}=\begin{bmatrix}0 & i\\ -i & 0\end{bmatrix}=\mathbf{A}^t$，**A**是赫密動矩陣

$$\overline{\mathbf{X}}^t\mathbf{AX}=\begin{bmatrix}1 & -i\end{bmatrix}\begin{bmatrix}0 & -i\\ i & 0\end{bmatrix}\begin{bmatrix}1\\ i\end{bmatrix}=2$$

46. $\mathbf{A}=\begin{bmatrix}2 & 2-i\\ 2+i & 5\end{bmatrix}$，$\mathbf{X}=\begin{bmatrix}-i\\ 2+i\end{bmatrix}$

解: $\overline{\mathbf{A}}=\begin{bmatrix}2 & 2+i\\ 2-i & 5\end{bmatrix}=\mathbf{A}^t$，**A**是赫密動矩陣

$$\overline{\mathbf{X}}^t\mathbf{AX}=\begin{bmatrix}i & 2-i\end{bmatrix}\begin{bmatrix}2 & 2-i\\ 2+i & 5\end{bmatrix}\begin{bmatrix}-i\\ 2+i\end{bmatrix}=27$$

47. $\mathbf{A}=\begin{bmatrix}2 & 1+i\\ 1-i & 1\end{bmatrix}$，$\mathbf{X}=\begin{bmatrix}2\\ 1\end{bmatrix}$

解: $\overline{\mathbf{A}}=\begin{bmatrix}2 & 1-i\\ 1+i & 1\end{bmatrix}=\mathbf{A}^t$，**A**是赫密動矩陣

$$\overline{\mathbf{X}}^t\mathbf{AX}=\begin{bmatrix}2 & 1\end{bmatrix}\begin{bmatrix}2 & 1+i\\ 1-i & 1\end{bmatrix}\begin{bmatrix}2\\ 1\end{bmatrix}=13$$

48. $\mathbf{A}=\begin{bmatrix}i & 3-i\\ -3-i & 0\end{bmatrix}$，$\mathbf{X}=\begin{bmatrix}-2-5i\\ 3i\end{bmatrix}$

解: $\overline{\mathbf{A}}=\begin{bmatrix}-i & 3+i\\ -3+i & 0\end{bmatrix}=-\mathbf{A}^t$，**A**是扭赫密動矩陣

$$\overline{\mathbf{X}}^t\mathbf{AX}=\begin{bmatrix}-2+5i & -3i\end{bmatrix}\begin{bmatrix}i & 3-i\\ -3-i & 0\end{bmatrix}\begin{bmatrix}-2-5i\\ 3i\end{bmatrix}=23i$$

49. $\mathbf{A}=\begin{bmatrix} -i & -1 \\ 1 & -2i \end{bmatrix}$, $\mathbf{X}=\begin{bmatrix} 1 \\ i \end{bmatrix}$

解: $\overline{\mathbf{A}}=\begin{bmatrix} i & -1 \\ 1 & 2i \end{bmatrix}=-\mathbf{A}^t$, $\mathbf{A}$是扭赫密動矩陣

$$\overline{\mathbf{X}}^t\mathbf{A}\mathbf{X}=\begin{bmatrix} 1 & -i \end{bmatrix}\begin{bmatrix} -i & -1 \\ 1 & -2i \end{bmatrix}\begin{bmatrix} 1 \\ i \end{bmatrix}=-5i$$

50. $\mathbf{A}=\begin{bmatrix} 0 & 3i & -2-i \\ 3i & 4i & 0 \\ 2-i & 0 & -3i \end{bmatrix}$, $\mathbf{X}=\begin{bmatrix} 0 \\ 2i \\ -1+5i \end{bmatrix}$

解: $\overline{\mathbf{A}}=\begin{bmatrix} 0 & -3i & -2+i \\ -3i & -4i & 0 \\ 2+i & 0 & 3i \end{bmatrix}=-\mathbf{A}^t$, $\mathbf{A}$是扭赫密動矩陣

$$\overline{\mathbf{X}}^t\mathbf{A}\mathbf{X}=\begin{bmatrix} 0 & -2i & -1-5i \end{bmatrix}\begin{bmatrix} 0 & 3i & -2-i \\ 3i & 4i & 0 \\ 2-i & 0 & -3i \end{bmatrix}\begin{bmatrix} 0 \\ 2i \\ -1+5i \end{bmatrix}$$

51. $\mathbf{A}=\begin{bmatrix} 0 & i & 0 \\ -i & 1 & -2i \\ 0 & 2i & 2 \end{bmatrix}$, $\mathbf{X}=\begin{bmatrix} -i \\ 1 \\ i \end{bmatrix}$

解: $\overline{\mathbf{A}}=\begin{bmatrix} 0 & -i & 0 \\ i & 1 & 2i \\ 0 & -2i & 2 \end{bmatrix}=\mathbf{A}^t$, $\mathbf{A}$是赫密動矩陣

$$\overline{\mathbf{X}}^t\mathbf{A}\mathbf{X}=\begin{bmatrix} i & 1 & -i \end{bmatrix}\begin{bmatrix} 0 & i & 0 \\ -i & 1 & -2i \\ 0 & 2i & 2 \end{bmatrix}\begin{bmatrix} -i \\ 1 \\ i \end{bmatrix}=1$$

52. $\mathbf{A}=\begin{bmatrix} 4 & -1 & 2i \\ -1 & 0 & 6-i \\ -2i & 6+i & -5 \end{bmatrix}$, $\mathbf{X}=\begin{bmatrix} -3i \\ -4 \\ 0 \end{bmatrix}$

解: $\overline{\mathbf{A}}=\begin{bmatrix} 4 & -1 & -2i \\ -1 & 0 & 6+i \\ 2i & 6-i & -5 \end{bmatrix}=\mathbf{A}^t$, $\mathbf{A}$是赫密動矩陣

$$\overline{\mathbf{X}}^t\mathbf{AX} = \begin{bmatrix} 3i & -4 & 0 \end{bmatrix} \begin{bmatrix} 4 & -1 & 2i \\ -1 & 0 & 6-i \\ -2i & 6+i & -5 \end{bmatrix} \begin{bmatrix} -3i \\ -4 \\ 0 \end{bmatrix} = 36$$

53. $\mathbf{A} = \begin{bmatrix} 3 & -i & 0 \\ i & 0 & 2i \\ 0 & -2i & 4 \end{bmatrix}$, $\mathbf{X} = \begin{bmatrix} 1 \\ 1 \\ 1 \end{bmatrix}$

解: $\overline{\mathbf{A}} = \begin{bmatrix} 3 & i & 0 \\ -i & 0 & -2i \\ 0 & 2i & 4 \end{bmatrix} = \mathbf{A}^t$, $\mathbf{A}$是赫密動矩陣

$$\overline{\mathbf{X}}^t\mathbf{AX} = \begin{bmatrix} 1 & 1 & 1 \end{bmatrix} \begin{bmatrix} 3 & -i & 0 \\ i & 0 & 2i \\ 0 & -2i & 4 \end{bmatrix} \begin{bmatrix} 1 \\ 1 \\ 1 \end{bmatrix} = 7$$

54. $\mathbf{A} = \begin{bmatrix} 2i & 0 & 4 \\ 0 & i & 5-i \\ -4 & -5-i & 4i \end{bmatrix}$, $\mathbf{X} = \begin{bmatrix} 0 \\ -2i \\ 3 \end{bmatrix}$

解: $\overline{\mathbf{A}} = \begin{bmatrix} -2i & 0 & 4 \\ 0 & -i & 5+i \\ -4 & -5+i & -4i \end{bmatrix} = -\mathbf{A}^t$, $\mathbf{A}$是扭赫密動矩陣

$$\overline{\mathbf{X}}^t\mathbf{AX} = \begin{bmatrix} 0 & 2i & 3 \end{bmatrix} \begin{bmatrix} 2i & 0 & 4 \\ 0 & i & 5-i \\ -4 & -5-i & 4i \end{bmatrix} \begin{bmatrix} 0 \\ -2i \\ 3 \end{bmatrix} = 100i$$

9.6 微分方程式之矩陣解法

1.～18.題，解齊性系統方程式 $\mathbf{Y}' = \mathbf{AY}$ 和初值問題。

1. $\mathbf{A} = \begin{bmatrix} 3 & 0 \\ 5 & -4 \end{bmatrix}$

解: $|\mathbf{A} - \lambda\mathbf{I}| = \begin{vmatrix} 3-\lambda & 0 \\ 5 & -4-\lambda \end{vmatrix} = 0 \Rightarrow \lambda = 3, -4$

$$特徵向量\mathbf{X}_1=\begin{bmatrix}7\\5\end{bmatrix},\ \mathbf{X}_2=\begin{bmatrix}0\\1\end{bmatrix}\Rightarrow\mathbf{Y}=\begin{bmatrix}7e^{3t}&0\\5e^{3t}&e^{-4t}\end{bmatrix}\begin{bmatrix}c_1\\c_2\end{bmatrix}$$

2.$\mathbf{A}=\begin{bmatrix}0&1\\1&0\end{bmatrix}$

解：$|\mathbf{A}-\lambda\mathbf{I}|=\begin{vmatrix}-\lambda&1\\1&-\lambda\end{vmatrix}=0\Rightarrow\lambda=1,-1$

$$特徵向量\mathbf{X}_1=\begin{bmatrix}1\\1\end{bmatrix},\ \mathbf{X}_2=\begin{bmatrix}1\\-1\end{bmatrix}\Rightarrow\mathbf{Y}=\begin{bmatrix}e^{t}&e^{-t}\\e^{t}&-e^{-t}\end{bmatrix}\begin{bmatrix}c_1\\c_2\end{bmatrix}$$

3.$\mathbf{A}=\begin{bmatrix}1&1\\1&1\end{bmatrix}$

解：$|\mathbf{A}-\lambda\mathbf{I}|=\begin{vmatrix}1-\lambda&1\\1&1-\lambda\end{vmatrix}=0\Rightarrow\lambda=0,2$

$$特徵向量\mathbf{X}_1=\begin{bmatrix}1\\-1\end{bmatrix},\ \mathbf{X}_2=\begin{bmatrix}1\\1\end{bmatrix}\Rightarrow\mathbf{Y}=\begin{bmatrix}1&e^{2t}\\-1&e^{2t}\end{bmatrix}\begin{bmatrix}c_1\\c_2\end{bmatrix}$$

4.$\mathbf{A}=\begin{bmatrix}2&3\\\frac{1}{3}&2\end{bmatrix}$

解：$|\mathbf{A}-\lambda\mathbf{I}|=\begin{vmatrix}2-\lambda&3\\\frac{1}{3}&2-\lambda\end{vmatrix}=0\Rightarrow\lambda=1,3$

$$特徵向量\mathbf{X}_1=\begin{bmatrix}1\\\frac{-1}{3}\end{bmatrix},\ \mathbf{X}_2=\begin{bmatrix}1\\\frac{1}{3}\end{bmatrix}\Rightarrow\mathbf{Y}=\begin{bmatrix}e^{t}&e^{3t}\\\frac{-1}{3}e^{t}&\frac{1}{3}e^{3t}\end{bmatrix}\begin{bmatrix}c_1\\c_2\end{bmatrix}$$

5.$\mathbf{A}=\begin{bmatrix}1&2&1\\6&-1&0\\-1&-2&-1\end{bmatrix}$

解：$|\mathbf{A}-\lambda\mathbf{I}|=\begin{vmatrix}1-\lambda&2&1\\6&-1-\lambda&0\\-1&-2&-1-\lambda\end{vmatrix}=0\Rightarrow\lambda=0,3,-4$

$$\text{特徵向量}\mathbf{X}_1=\begin{bmatrix}1\\6\\-13\end{bmatrix},\ \mathbf{X}_2=\begin{bmatrix}2\\3\\-2\end{bmatrix},\ \mathbf{X}_3=\begin{bmatrix}7\\-2\\1\end{bmatrix}$$

$$\Rightarrow \mathbf{Y}=\begin{bmatrix}1 & 2e^{3t} & 7e^{-4t}\\ 6 & 3e^{3t} & -2e^{-4t}\\ -13 & -2e^{3t} & e^{-4t}\end{bmatrix}\begin{bmatrix}c_1\\c_2\\c_3\end{bmatrix}$$

6. $\mathbf{A}=\begin{bmatrix}-4 & -6\\ 1 & 1\end{bmatrix}$

解:
$$|\mathbf{A}-\lambda\mathbf{I}|=\begin{vmatrix}-4-\lambda & -6\\ 1 & 1-\lambda\end{vmatrix}=0\Rightarrow\lambda=-1,-2$$

$$\text{特徵向量}\mathbf{X}_1=\begin{bmatrix}-2\\1\end{bmatrix},\ \mathbf{X}_2=\begin{bmatrix}-3\\1\end{bmatrix}\Rightarrow\mathbf{Y}=\begin{bmatrix}-2e^{-t} & -3e^{-2t}\\ e^{-t} & e^{-2t}\end{bmatrix}\begin{bmatrix}c_1\\c_2\end{bmatrix}$$

7. $\mathbf{A}=\begin{bmatrix}1 & -1\\ 1 & 1\end{bmatrix}$

解:
$$|\mathbf{A}-\lambda\mathbf{I}|=\begin{vmatrix}1-\lambda & -1\\ 1 & 1-\lambda\end{vmatrix}=0\Rightarrow\lambda=1+i,\ 1-i$$

$$\text{特徵向量}\mathbf{X}_1=\begin{bmatrix}1\\-i\end{bmatrix},\ \mathbf{X}_2=\begin{bmatrix}1\\i\end{bmatrix}$$

$$\Rightarrow\mathbf{Y}=\begin{bmatrix}e^{(1+i)t} & e^{(1-i)t}\\ -ie^{(1+i)t} & ie^{(1-i)t}\end{bmatrix}\begin{bmatrix}c_1\\c_2\end{bmatrix}=e^t\begin{bmatrix}\cos t & \sin t\\ \sin t & -\cos t\end{bmatrix}\begin{bmatrix}A\\B\end{bmatrix}$$

8. $\mathbf{A}=\begin{vmatrix}1 & -1 & 4\\ 3 & 2 & -1\\ 2 & 1 & -1\end{vmatrix}$

解:
$$|\mathbf{A}-\lambda\mathbf{I}|=\begin{vmatrix}1-\lambda & -1 & 4\\ 3 & 2-\lambda & -1\\ 2 & 1 & -1-\lambda\end{vmatrix}=0\Rightarrow\lambda=1,3,-2$$

$$\text{特徵向量}\mathbf{X}_1=\begin{bmatrix}1\\-4\\-1\end{bmatrix},\ \mathbf{X}_2=\begin{bmatrix}1\\-1\\-1\end{bmatrix},\ \mathbf{X}_3=\begin{bmatrix}1\\2\\1\end{bmatrix}$$

$$\Rightarrow \mathbf{Y} = \begin{bmatrix} e^{t} & e^{3t} & e^{-2t} \\ -4e^{t} & -e^{3t} & 2e^{-2t} \\ -e^{t} & -e^{3t} & e^{-2t} \end{bmatrix} \begin{bmatrix} c_1 \\ c_2 \\ c_3 \end{bmatrix}$$

9. $\mathbf{A} = \begin{bmatrix} 0 & -1 \\ -1 & 0 \end{bmatrix}$, $\mathbf{Y}(0) = \begin{bmatrix} 3 \\ 1 \end{bmatrix}$

解: $|\mathbf{A} - \lambda \mathbf{I}| = \begin{vmatrix} -\lambda & -1 \\ -1 & -\lambda \end{vmatrix} = 0 \Rightarrow \lambda = 1, -1$

$$\mathbf{X}_1 = \begin{bmatrix} 1 \\ -1 \end{bmatrix},\ \mathbf{X}_2 = \begin{bmatrix} 1 \\ 1 \end{bmatrix} \Rightarrow \mathbf{Y} = \begin{bmatrix} e^{t} & e^{-t} \\ -e^{t} & e^{-t} \end{bmatrix} \begin{bmatrix} c_1 \\ c_2 \end{bmatrix}$$

已知$\mathbf{Y}(0) \Rightarrow \begin{bmatrix} 3 \\ 1 \end{bmatrix} = \begin{bmatrix} 1 & 1 \\ -1 & 1 \end{bmatrix} \begin{bmatrix} c_1 \\ c_2 \end{bmatrix} \Rightarrow \begin{bmatrix} c_1 \\ c_2 \end{bmatrix} = \begin{bmatrix} 1 \\ 2 \end{bmatrix}$

$$\therefore \mathbf{Y} = \begin{bmatrix} e^{t} & e^{-t} \\ -e^{t} & e^{-t} \end{bmatrix} \begin{bmatrix} 1 \\ 2 \end{bmatrix} = \begin{bmatrix} e^{t} + 2e^{-t} \\ -e^{t} + 2e^{-t} \end{bmatrix}$$

10. $\mathbf{A} = \begin{bmatrix} 3 & -4 \\ 2 & -3 \end{bmatrix}$, $\mathbf{Y}(0) = \begin{bmatrix} 7 \\ 5 \end{bmatrix}$

解: $|\mathbf{A} - \lambda \mathbf{I}| = \begin{vmatrix} 3-\lambda & -4 \\ 2 & -3-\lambda \end{vmatrix} = 0 \Rightarrow \lambda = 1, -1$

$$\mathbf{X}_1 = \begin{bmatrix} 2 \\ 1 \end{bmatrix},\ \mathbf{X}_2 = \begin{bmatrix} 1 \\ 1 \end{bmatrix} \Rightarrow \mathbf{Y} = \begin{bmatrix} 2e^{t} & e^{-t} \\ e^{t} & e^{-t} \end{bmatrix} \begin{bmatrix} c_1 \\ c_2 \end{bmatrix}$$

已知$\mathbf{Y}(0) \Rightarrow \begin{bmatrix} 7 \\ 5 \end{bmatrix} = \begin{bmatrix} 2 & 1 \\ 1 & 1 \end{bmatrix} \begin{bmatrix} c_1 \\ c_2 \end{bmatrix} \Rightarrow \begin{bmatrix} c_1 \\ c_2 \end{bmatrix} = \begin{bmatrix} 2 \\ 3 \end{bmatrix}$

$$\therefore \mathbf{Y} = \begin{bmatrix} 2e^{t} & e^{-t} \\ e^{t} & e^{-t} \end{bmatrix} \begin{bmatrix} 2 \\ 3 \end{bmatrix} = \begin{bmatrix} 4e^{t} + 3e^{-t} \\ 2e^{t} + 3e^{-t} \end{bmatrix}$$

11. $\mathbf{A} = \begin{bmatrix} 6 & 9 \\ 1 & 6 \end{bmatrix}$, $\mathbf{Y}(0) = \begin{bmatrix} -1 \\ -1 \end{bmatrix}$

解: $|\mathbf{A} - \lambda \mathbf{I}| = \begin{vmatrix} 6-\lambda & 9 \\ 1 & 6-\lambda \end{vmatrix} = 0 \Rightarrow \lambda = 3, 9$

$$\mathbf{X}_1=\begin{bmatrix}-3\\1\end{bmatrix},\ \mathbf{X}_2=\begin{bmatrix}3\\1\end{bmatrix}\Rightarrow\mathbf{Y}=\begin{bmatrix}-3e^{3t}&3e^{9t}\\e^{3t}&e^{9t}\end{bmatrix}\begin{bmatrix}c_1\\c_2\end{bmatrix}$$

$$\Rightarrow\begin{bmatrix}-1\\-1\end{bmatrix}=\begin{bmatrix}-3&3\\1&1\end{bmatrix}\begin{bmatrix}c_1\\c_2\end{bmatrix}\Rightarrow\begin{bmatrix}c_1\\c_2\end{bmatrix}=\begin{bmatrix}\dfrac{-1}{3}\\\dfrac{-2}{3}\end{bmatrix}$$

$$\therefore\mathbf{Y}=\begin{bmatrix}-3e^{3t}&3e^{9t}\\e^{3t}&e^{9t}\end{bmatrix}\begin{bmatrix}\dfrac{-1}{3}\\\dfrac{-2}{3}\end{bmatrix}=\begin{bmatrix}e^{3t}-2e^{9t}\\\dfrac{-1}{3}e^{3t}-\dfrac{2}{3}e^{9t}\end{bmatrix}$$

12. $\mathbf{A}=\begin{bmatrix}1&-2\\-6&0\end{bmatrix},\ \mathbf{Y}(0)=\begin{bmatrix}1\\-19\end{bmatrix}$

解: $|\mathbf{A}-\lambda\mathbf{I}|=\begin{vmatrix}1-\lambda&-2\\-6&-\lambda\end{vmatrix}=0\Rightarrow\lambda=4,-3$

$$\mathbf{X}_1=\begin{bmatrix}2\\-3\end{bmatrix},\ \mathbf{X}_2=\begin{bmatrix}1\\2\end{bmatrix}\Rightarrow\mathbf{Y}=\begin{bmatrix}2e^{4t}&e^{-3t}\\-3e^{4t}&2e^{-3t}\end{bmatrix}\begin{bmatrix}c_1\\c_2\end{bmatrix}$$

$$\Rightarrow\begin{bmatrix}1\\-19\end{bmatrix}=\begin{bmatrix}2&1\\-3&2\end{bmatrix}\begin{bmatrix}c_1\\c_2\end{bmatrix}\Rightarrow\begin{bmatrix}c_1\\c_2\end{bmatrix}=\begin{bmatrix}3\\-5\end{bmatrix}$$

$$\therefore\mathbf{Y}=\begin{bmatrix}2e^{4t}&e^{-3t}\\-3e^{4t}&2e^{-3t}\end{bmatrix}\begin{bmatrix}3\\-5\end{bmatrix}=\begin{bmatrix}6e^{4t}-5e^{-3t}\\-9e^{4t}-10e^{-3t}\end{bmatrix}$$

13. $\mathbf{A}=\begin{bmatrix}2&4\\1&2\end{bmatrix},\ \mathbf{Y}(0)=\begin{bmatrix}-2\\-2\end{bmatrix}$

解: $|\mathbf{A}-\lambda\mathbf{I}|=\begin{vmatrix}2-\lambda&4\\1&2-\lambda\end{vmatrix}=0\Rightarrow\lambda=0,4$

$$\mathbf{X}_1=\begin{bmatrix}2\\-1\end{bmatrix},\ \mathbf{X}_2=\begin{bmatrix}2\\1\end{bmatrix}\Rightarrow\mathbf{Y}=\begin{bmatrix}2&2e^{4t}\\-1&e^{4t}\end{bmatrix}\begin{bmatrix}c_1\\c_2\end{bmatrix}$$

$$\Rightarrow\begin{bmatrix}-2\\-2\end{bmatrix}=\begin{bmatrix}2&2\\-1&1\end{bmatrix}\begin{bmatrix}c_1\\c_2\end{bmatrix}\Rightarrow\begin{bmatrix}c_1\\c_2\end{bmatrix}=\begin{bmatrix}\dfrac{1}{2}\\\dfrac{-3}{2}\end{bmatrix}$$

$$\therefore \mathbf{Y}=\begin{bmatrix} 2 & 2e^{4t} \\ -1 & e^{4t} \end{bmatrix}\begin{bmatrix} \frac{1}{2} \\ \frac{-3}{2} \end{bmatrix}=\begin{bmatrix} 1-3e^{4t} \\ \frac{-1}{2}-\frac{3}{2}e^{4t} \end{bmatrix}$$

14. $\mathbf{A}=\begin{bmatrix} 2 & -10 \\ -1 & -1 \end{bmatrix}$, $\mathbf{Y}(0)=\begin{bmatrix} -3 \\ 2 \end{bmatrix}$

解: $$|\mathbf{A}-\lambda\mathbf{I}|=\begin{vmatrix} 2-\lambda & -10 \\ -1 & -1-\lambda \end{vmatrix}=0\Rightarrow\lambda=4,-3$$

$$\mathbf{X}_1=\begin{bmatrix} -5 \\ 1 \end{bmatrix},\ \mathbf{X}_2=\begin{bmatrix} 2 \\ 1 \end{bmatrix}\Rightarrow\mathbf{Y}=\begin{bmatrix} -5e^{4t} & 2e^{-3t} \\ e^{4t} & e^{-3t} \end{bmatrix}\begin{bmatrix} c_1 \\ c_2 \end{bmatrix}$$

$$\Rightarrow\begin{bmatrix} -3 \\ 2 \end{bmatrix}=\begin{bmatrix} -5 & 2 \\ 1 & 1 \end{bmatrix}\begin{bmatrix} c_1 \\ c_2 \end{bmatrix}\Rightarrow\begin{bmatrix} c_1 \\ c_2 \end{bmatrix}=\begin{bmatrix} 1 \\ 1 \end{bmatrix}$$

$$\therefore \mathbf{Y}=\begin{bmatrix} -5e^{4t} & 2e^{-3t} \\ e^{4t} & e^{-3t} \end{bmatrix}\begin{bmatrix} 1 \\ 1 \end{bmatrix}=\begin{bmatrix} -5e^{4t}+2e^{-3t} \\ e^{4t}+e^{-3t} \end{bmatrix}$$

15. $\mathbf{A}=\begin{bmatrix} -1 & 4 \\ 3 & -2 \end{bmatrix}$, $\mathbf{Y}(0)=\begin{bmatrix} 1 \\ \frac{4}{3} \end{bmatrix}$

解: $$|\mathbf{A}-\lambda\mathbf{I}|=\begin{vmatrix} -1-\lambda & 4 \\ 3 & -2-\lambda \end{vmatrix}=0\Rightarrow\lambda=2,-5$$

$$\mathbf{X}_1=\begin{bmatrix} 4 \\ 3 \end{bmatrix},\ \mathbf{X}_2=\begin{bmatrix} 1 \\ -1 \end{bmatrix}\Rightarrow\mathbf{Y}=\begin{bmatrix} 4e^{2t} & e^{-5t} \\ 3e^{2t} & -e^{-5t} \end{bmatrix}\begin{bmatrix} c_1 \\ c_2 \end{bmatrix}$$

$$\Rightarrow\begin{bmatrix} 1 \\ \frac{4}{3} \end{bmatrix}=\begin{bmatrix} 4 & 1 \\ 3 & -1 \end{bmatrix}\begin{bmatrix} c_1 \\ c_2 \end{bmatrix}\Rightarrow\begin{bmatrix} c_1 \\ c_2 \end{bmatrix}=\begin{bmatrix} \frac{1}{3} \\ \frac{-1}{3} \end{bmatrix}$$

$$\therefore \mathbf{Y}=\begin{bmatrix} 4e^{2t} & e^{-5t} \\ 3e^{2t} & -e^{-5t} \end{bmatrix}\begin{bmatrix} \frac{1}{3} \\ \frac{-1}{3} \end{bmatrix}=\begin{bmatrix} \frac{4}{3}e^{2t}-\frac{1}{3}e^{-5t} \\ e^{2t}+\frac{1}{3}e^{-5t} \end{bmatrix}$$

16.$\mathbf{A}=\begin{bmatrix}3 & -1 & 1\\ 1 & 1 & -1\\ 1 & -1 & 1\end{bmatrix}$，$\mathbf{Y}(0)=\begin{bmatrix}-1\\ -5\\ -1\end{bmatrix}$

解:
$$|\mathbf{A}-\lambda\mathbf{I}|=\begin{vmatrix}3-\lambda & -1 & 1\\ 1 & 1-\lambda & -1\\ 1 & -1 & 1-\lambda\end{vmatrix}=0\Rightarrow\lambda=0,2,3$$

$$\mathbf{X}_1=\begin{bmatrix}0\\ 1\\ 1\end{bmatrix},\ \mathbf{X}_2=\begin{bmatrix}1\\ 1\\ 0\end{bmatrix},\ \mathbf{X}_3=\begin{bmatrix}3\\ 1\\ 1\end{bmatrix}$$

$$\Rightarrow\mathbf{Y}=\begin{bmatrix}0 & e^{2t} & 3e^{3t}\\ 1 & e^{2t} & e^{3t}\\ 1 & 0 & e^{3t}\end{bmatrix}\begin{bmatrix}c_1\\ c_2\\ c_3\end{bmatrix}\Rightarrow\begin{bmatrix}-1\\ -5\\ -1\end{bmatrix}=\begin{bmatrix}0 & 1 & 3\\ 1 & 1 & 1\\ 1 & 0 & 1\end{bmatrix}\begin{bmatrix}c_1\\ c_2\\ c_3\end{bmatrix}$$

$$\Rightarrow\begin{bmatrix}c_1\\ c_2\\ c_3\end{bmatrix}=\begin{bmatrix}-2\\ -4\\ 1\end{bmatrix}\therefore\mathbf{Y}=\begin{bmatrix}-4e^{2t}+3e^{3t}\\ -2-4e^{2t}+e^{3t}\\ -2+e^{3t}\end{bmatrix}$$

17.$\mathbf{A}=\begin{bmatrix}2 & 1 & -2\\ 3 & -2 & 0\\ 3 & 1 & -3\end{bmatrix}$，$\mathbf{Y}(0)=\begin{bmatrix}1\\ 7\\ 3\end{bmatrix}$

解:
$$|\mathbf{A}-\lambda\mathbf{I}|=\begin{vmatrix}2-\lambda & 1 & -2\\ 3 & -2-\lambda & 0\\ 3 & 1 & -3-\lambda\end{vmatrix}=0\Rightarrow\lambda=-3,-1,1$$

$$\mathbf{X}_1=\begin{bmatrix}1\\ -3\\ 1\end{bmatrix},\ \mathbf{X}_2=\begin{bmatrix}1\\ 3\\ 3\end{bmatrix},\ \mathbf{X}_3=\begin{bmatrix}1\\ 1\\ 1\end{bmatrix}$$

$$\Rightarrow\mathbf{Y}=\begin{bmatrix}e^{-3t} & e^{-t} & e^{t}\\ -3e^{-3t} & 3e^{-t} & e^{t}\\ e^{-3t} & 3e^{-t} & e^{t}\end{bmatrix}\begin{bmatrix}c_1\\ c_2\\ c_3\end{bmatrix}\Rightarrow\begin{bmatrix}1\\ 7\\ 3\end{bmatrix}\begin{bmatrix}1 & 1 & 1\\ -3 & 3 & 1\\ 1 & 3 & 1\end{bmatrix}\begin{bmatrix}c_1\\ c_2\\ c_3\end{bmatrix}$$

$$\Rightarrow\begin{bmatrix}c_1\\ c_2\\ c_3\end{bmatrix}=\begin{bmatrix}-1\\ 1\\ 1\end{bmatrix}\ \therefore\mathbf{Y}=\begin{bmatrix}-e^{-3t}+e^{-t}+e^{t}\\ 3e^{-3t}+3e^{-t}+e^{t}\\ -e^{-3t}+3e^{-t}+e^{t}\end{bmatrix}$$

18.$\mathbf{A}=\begin{bmatrix}2 & 3 & 3\\0 & -1 & -3\\0 & 0 & 2\end{bmatrix}$, $\mathbf{Y}(0)=\begin{bmatrix}-9\\1\\3\end{bmatrix}$

解: $$|\mathbf{A}-\lambda\mathbf{I}|=\begin{vmatrix}2-\lambda & 3 & 3\\0 & -1-\lambda & -3\\0 & 0 & 2-\lambda\end{vmatrix}=0\Rightarrow\lambda=-1,2,2$$

$$\mathbf{X}_1=\begin{bmatrix}1\\-1\\0\end{bmatrix},\ \mathbf{X}_2=\begin{bmatrix}1\\1\\-1\end{bmatrix},\ \mathbf{X}_3=\begin{bmatrix}1\\0\\0\end{bmatrix}$$

$$\Rightarrow\mathbf{Y}=\begin{bmatrix}e^{-t} & e^{2t} & e^{2t}\\-e^{-t} & e^{2t} & 0\\0 & -e^{2t} & 0\end{bmatrix}\begin{bmatrix}c_1\\c_2\\c_3\end{bmatrix}\Rightarrow\begin{bmatrix}-9\\1\\3\end{bmatrix}=\begin{bmatrix}0 & 1 & 1\\-1 & 1 & 0\\0 & -1 & 0\end{bmatrix}\begin{bmatrix}c_1\\c_2\\c_3\end{bmatrix}$$

$$\Rightarrow\begin{bmatrix}c_1\\c_2\\c_3\end{bmatrix}=\begin{bmatrix}-4\\-3\\-6\end{bmatrix}\ \therefore\mathbf{Y}=\begin{bmatrix}-4e^{-t}-9e^{2t}\\4e^{-t}-3e^{2t}\\3e^{2t}\end{bmatrix}$$

19.～28.題，解齊性系統方程式$\mathbf{Y}'=\mathbf{AY}$，只求實數解及注意重根。

19.$\mathbf{A}=\begin{bmatrix}3 & 2\\0 & 3\end{bmatrix}$

解: $$|\mathbf{A}-\lambda\mathbf{I}|=\begin{vmatrix}3-\lambda & 2\\0 & 3-\lambda\end{vmatrix}=0\Rightarrow\lambda=3,3\Rightarrow\mathbf{X}_1=\begin{bmatrix}1\\0\end{bmatrix}$$

$\therefore\mathbf{Y}_1=\mathbf{X}_1e^{3t}$，令$\mathbf{Y}_2=\mathbf{X}_1te^{3t}+\mathbf{U}e^{3t}$且$(\mathbf{A}-\lambda\mathbf{I})\mathbf{U}=\mathbf{X}_1$

$$\Rightarrow\mathbf{U}=\begin{bmatrix}0\\\frac{1}{2}\end{bmatrix}\ \therefore\mathbf{Y}=c_1\mathbf{Y}_1+c_2\mathbf{Y}_2=c_1e^{3t}\begin{bmatrix}1\\0\end{bmatrix}+c_2e^{3t}\begin{bmatrix}t\\\frac{1}{2}\end{bmatrix}$$

20.$\mathbf{A}=\begin{bmatrix}2 & 0\\5 & 2\end{bmatrix}$

解: $$|\mathbf{A}-\lambda\mathbf{I}|=\begin{vmatrix}2-\lambda & 0\\5 & 2-\lambda\end{vmatrix}=0\Rightarrow\lambda=2,2\Rightarrow\mathbf{X}_1=\begin{bmatrix}0\\1\end{bmatrix}$$

$\therefore\mathbf{Y}_1=\mathbf{X}_1e^{2t}$，令$\mathbf{Y}_2=\mathbf{X}_1te^{2t}+\mathbf{U}e^{2t}$且$(\mathbf{A}-\lambda\mathbf{I})\mathbf{U}=\mathbf{X}_1$

$$\Rightarrow \mathbf{U}=\begin{bmatrix}\frac{1}{5}\\0\end{bmatrix}\ \therefore \mathbf{Y}=c_1\mathbf{Y}_1+c_2\mathbf{Y}_2=c_1e^{2t}\begin{bmatrix}0\\1\end{bmatrix}+c_2e^{2t}\begin{bmatrix}\frac{1}{5}\\t\end{bmatrix}$$

21.$\mathbf{A}=\begin{bmatrix}2&-4\\1&6\end{bmatrix}$

解: $|\mathbf{A}-\lambda\mathbf{I}|=\begin{vmatrix}2-\lambda&-4\\1&6-\lambda\end{vmatrix}=0\Rightarrow\lambda=4,4\Rightarrow\mathbf{X}_1=\begin{bmatrix}2\\-1\end{bmatrix}$

$\therefore \mathbf{Y}_1=\mathbf{X}_1e^{4t}$，令$\mathbf{Y}_2=\mathbf{X}_1te^{4t}+\mathbf{U}e^{4t}$且$(\mathbf{A}-\lambda\mathbf{I})\mathbf{U}=\mathbf{X}_1$

$$\Rightarrow \mathbf{U}=\begin{bmatrix}0\\\frac{-1}{2}\end{bmatrix}\ \therefore \mathbf{Y}=c_1\mathbf{Y}_1+c_2\mathbf{Y}_2=c_1e^{4t}\begin{bmatrix}2\\-1\end{bmatrix}+c_2e^{4t}\begin{bmatrix}2t\\-t-\frac{1}{2}\end{bmatrix}$$

22.$\mathbf{A}=\begin{bmatrix}5&-3\\3&-1\end{bmatrix}$

解: $|\mathbf{A}-\lambda\mathbf{I}|=\begin{vmatrix}5-\lambda&-3\\3&-1-\lambda\end{vmatrix}=0\Rightarrow\lambda=2,2\Rightarrow\mathbf{X}_1=\begin{bmatrix}1\\1\end{bmatrix}$

$\therefore \mathbf{Y}_1=\mathbf{X}_1e^{2t}$，令$\mathbf{Y}_2=\mathbf{X}_1te^{2t}+\mathbf{U}e^{2t}$且$(\mathbf{A}-\lambda\mathbf{I})\mathbf{U}=\mathbf{X}_1$

$$\Rightarrow \mathbf{U}=\begin{bmatrix}\frac{1}{3}\\0\end{bmatrix}\ \therefore \mathbf{Y}=c_1\mathbf{Y}_1+c_2\mathbf{Y}_2=c_1e^{2t}\begin{bmatrix}1\\1\end{bmatrix}+c_2e^{2t}\begin{bmatrix}t+\frac{1}{3}\\t\end{bmatrix}$$

23.$\mathbf{A}=\begin{bmatrix}2&5&6\\0&8&9\\0&-1&2\end{bmatrix}$

解: $|\mathbf{A}-\lambda\mathbf{I}|=\begin{vmatrix}2-\lambda&5&6\\0&8-\lambda&9\\0&-1&2-\lambda\end{vmatrix}=0\Rightarrow\lambda=2,5,5$

$\mathbf{X}_1=\begin{bmatrix}1\\0\\0\end{bmatrix}$，$\mathbf{X}_2=\begin{bmatrix}3\\3\\-1\end{bmatrix}$，令$\mathbf{Y}_3=\mathbf{X}_2te^{5t}+\mathbf{U}e^{5t}$且$(\mathbf{A}-\lambda\mathbf{I})\mathbf{U}=\mathbf{X}_2$

$$\Rightarrow \mathbf{U}=\begin{bmatrix}\frac{-1}{3}\\0\\\frac{1}{3}\end{bmatrix}$$

$$\Rightarrow \mathbf{Y}=c_1\mathbf{Y}_1+c_2\mathbf{Y}_2+c_3\mathbf{Y}_3$$

$$=c_1e^{2t}\begin{bmatrix}1\\0\\0\end{bmatrix}+(c_2+c_3t)e^{5t}\begin{bmatrix}3\\3\\-1\end{bmatrix}+c_3e^{5t}\begin{bmatrix}\frac{-1}{3}\\0\\\frac{1}{3}\end{bmatrix}$$

24. $\mathbf{A}=\begin{bmatrix}1&5&0\\0&1&0\\4&8&1\end{bmatrix}$

解: $|\mathbf{A}-\lambda\mathbf{I}|=\begin{vmatrix}1-\lambda&5&0\\0&1-\lambda&0\\4&8&1-\lambda\end{vmatrix}=0\Rightarrow\lambda=1,1,1\Rightarrow\mathbf{X}_1=\begin{bmatrix}0\\0\\1\end{bmatrix}$

令$\mathbf{Y}_2=\mathbf{X}_1te^t+\mathbf{U}e^t$且$(\mathbf{A}-\lambda\mathbf{I})\mathbf{U}=\mathbf{X}_1\Rightarrow\mathbf{U}=\begin{bmatrix}\frac{1}{4}\\0\\0\end{bmatrix}$

令$\mathbf{Y}_3=\frac{\mathbf{X}_1}{2}t^2e^t+\mathbf{U}te^t+\mathbf{V}e^t$且$(\mathbf{A}-\lambda\mathbf{I})\mathbf{V}=\mathbf{U}\Rightarrow\mathbf{V}=\begin{bmatrix}\frac{1}{10}\\\frac{1}{20}\\0\end{bmatrix}$

$$\Rightarrow \mathbf{Y}=c_1\mathbf{Y}_1+c_2\mathbf{Y}_2+c_3\mathbf{Y}_3$$

$$\therefore \mathbf{Y}=c_1e^t\begin{bmatrix}0\\0\\1\end{bmatrix}+c_2e^t\begin{bmatrix}\frac{1}{4}\\0\\t\end{bmatrix}+c_3e^t\begin{bmatrix}\frac{1}{4}t+\frac{1}{10}\\\frac{1}{20}\\\frac{t^2}{2}\end{bmatrix}$$

25. $\mathbf{A}=\begin{bmatrix}7 & -1\\ 1 & 5\end{bmatrix}$， $\mathbf{Y}(0)=\begin{bmatrix}1\\ \frac{3}{5}\end{bmatrix}$

解: $|\mathbf{A}-\lambda\mathbf{I}|=\begin{vmatrix}7-\lambda & -1\\ 1 & 5-\lambda\end{vmatrix}=0\Rightarrow\lambda=6,6\Rightarrow\mathbf{X}_1=\begin{bmatrix}1\\ 1\end{bmatrix}$

令$\mathbf{Y}_2=\mathbf{X}_1te^{6t}+\mathbf{U}e^{5t}$且$(\mathbf{A}-\lambda\mathbf{I})\mathbf{U}=\mathbf{X}_1$

$$\Rightarrow\mathbf{U}=\begin{bmatrix}1\\ 0\end{bmatrix}\therefore\mathbf{Y}=c_1e^{6t}\begin{bmatrix}1\\ 1\end{bmatrix}+c_2e^{6t}\begin{bmatrix}t+1\\ t\end{bmatrix}$$

已知$\mathbf{Y}(0)=\begin{bmatrix}1\\ \frac{3}{5}\end{bmatrix}\Rightarrow\begin{bmatrix}1\\ \frac{3}{5}\end{bmatrix}=c_1\begin{bmatrix}1\\ 1\end{bmatrix}+c_2\begin{bmatrix}1\\ 0\end{bmatrix}$

$$\Rightarrow\begin{cases}c_1=\frac{3}{5}\\ c_2=\frac{2}{5}\end{cases}\Rightarrow\mathbf{Y}=e^{6t}\begin{bmatrix}1+\frac{2}{5}t\\ \frac{3}{5}+\frac{2}{5}t\end{bmatrix}$$

26. $\mathbf{A}=\begin{bmatrix}2 & 0\\ 5 & 2\end{bmatrix}$， $\mathbf{Y}(0)=\begin{bmatrix}4\\ 3\end{bmatrix}$

解: $|\mathbf{A}-\lambda\mathbf{I}|=\begin{vmatrix}2-\lambda & 0\\ 5 & 2-\lambda\end{vmatrix}=0\Rightarrow\lambda=2,2\Rightarrow\mathbf{X}_1=\begin{bmatrix}0\\ 1\end{bmatrix}$

令$\mathbf{Y}_2=\mathbf{X}_1te^{2t}+\mathbf{U}e^{2t}$且$(\mathbf{A}-\lambda\mathbf{I})\mathbf{U}=\mathbf{X}_1$

$$\Rightarrow\mathbf{U}=\begin{bmatrix}\frac{1}{5}\\ 0\end{bmatrix}\therefore\mathbf{Y}=c_1e^{2t}\begin{bmatrix}0\\ 1\end{bmatrix}+c_2e^{2t}\begin{bmatrix}\frac{1}{5}\\ t\end{bmatrix}$$

已知$\mathbf{Y}(0)=\begin{bmatrix}4\\ 3\end{bmatrix}\Rightarrow\begin{bmatrix}4\\ 3\end{bmatrix}=c_1\begin{bmatrix}0\\ 1\end{bmatrix}+c_2\begin{bmatrix}\frac{1}{5}\\ 0\end{bmatrix}$

$$\Rightarrow\begin{cases}c_1=3\\ c_2=20\end{cases}\Rightarrow\mathbf{Y}=e^{2t}\begin{bmatrix}4\\ 3+20t\end{bmatrix}$$

27. $\mathbf{A}=\begin{bmatrix}-4 & 1 & 1\\ 0 & 2 & -5\\ 0 & 0 & -4\end{bmatrix}$， $\mathbf{Y}(0)=\begin{bmatrix}0\\ 1\\ 3\end{bmatrix}$

解: $$|\mathbf{A}-\lambda\mathbf{I}|=\begin{vmatrix}-4-\lambda & 1 & 1\\ 0 & 2-\lambda & -5\\ 0 & 0 & -4-\lambda\end{vmatrix}=0\Rightarrow\lambda=2,-4,-4$$

$\mathbf{X}_1=\begin{bmatrix}1\\-6\\0\end{bmatrix}$, $\mathbf{X}_2=\begin{bmatrix}1\\0\\0\end{bmatrix}$, 令$\mathbf{Y}_3=\mathbf{X}_2te^{-4t}+\mathbf{U}e^{-4t}$且$(\mathbf{A}-\lambda\mathbf{I})\mathbf{U}=\mathbf{X}_2$

$$\Rightarrow\mathbf{U}=\begin{bmatrix}0\\ \frac{5}{11}\\ \frac{6}{11}\end{bmatrix}\Rightarrow\mathbf{Y}=c_1e^{2t}\begin{bmatrix}1\\-6\\0\end{bmatrix}+c_2e^{-4t}\begin{bmatrix}1\\0\\0\end{bmatrix}+c_3e^{-4t}\begin{bmatrix}t\\ \frac{5}{11}\\ \frac{6}{11}\end{bmatrix}$$

又$\mathbf{Y}(0)=\begin{bmatrix}0\\1\\3\end{bmatrix}=\begin{bmatrix}1 & 1 & 0\\ -6 & 0 & \frac{5}{11}\\ 0 & 0 & \frac{6}{11}\end{bmatrix}\begin{bmatrix}c_1\\c_2\\c_3\end{bmatrix}\Rightarrow\begin{cases}c_1=\frac{1}{4}\\ c_2=\frac{-1}{4}\\ c_3=\frac{11}{2}\end{cases}$

$$\therefore\mathbf{Y}=\begin{bmatrix}\frac{1}{4}e^{2t}+\left(\frac{11}{2}t-\frac{1}{4}\right)e^{-4t}\\ \frac{-3}{2}e^{2t}+\frac{5}{2}e^{-4t}\\ 3e^{-4t}\end{bmatrix}$$

28. $\mathbf{A}=\begin{bmatrix}-5 & 2 & 1\\ 0 & -5 & 3\\ 0 & 0 & -5\end{bmatrix}$, $\mathbf{Y}(0)=\begin{bmatrix}-2\\3\\-4\end{bmatrix}$

解: $$|\mathbf{A}-\lambda\mathbf{I}|=\begin{vmatrix}-5-\lambda & 2 & 1\\ 0 & -5-\lambda & 3\\ 0 & 0 & -5-\lambda\end{vmatrix}=0\Rightarrow\lambda=-5,-5,-5$$

$\mathbf{X}_1=\begin{bmatrix}1\\0\\0\end{bmatrix}$。令$\mathbf{Y}_2=\mathbf{X}_1te^{-5t}+\mathbf{U}e^{-5t}$且$(\mathbf{A}-\lambda\mathbf{I})\mathbf{U}=\mathbf{X}_1$

$\Rightarrow\mathbf{U}=\begin{bmatrix}0\\ \frac{1}{2}\\ 0\end{bmatrix}$。令$\mathbf{Y}_3=\frac{x_1}{2}t^2e^{-5t}+\mathbf{U}te^{-5t}+\mathbf{V}e^{-5t}$且$(\mathbf{A}-\lambda\mathbf{I})\mathbf{V}=\mathbf{U}$

$$\Rightarrow \mathbf{V} = \begin{bmatrix} 0 \\ \frac{-1}{12} \\ \frac{1}{6} \end{bmatrix} \Rightarrow \mathbf{Y} = e^{-5t} \begin{bmatrix} c_1 + c_2 t + c_3 \frac{t^2}{2} \\ \frac{1}{2} c_2 + c_3 \left(\frac{t}{2} - \frac{1}{12} \right) \\ \frac{1}{6} c_3 \end{bmatrix}$$

$$\text{又}\mathbf{Y}(0) = \begin{bmatrix} -2 \\ 3 \\ -4 \end{bmatrix} = \begin{bmatrix} c_1 \\ \frac{1}{2} c_2 - \frac{1}{12} c_3 \\ \frac{1}{6} c_3 \end{bmatrix} \Rightarrow \begin{cases} c_1 = -2 \\ c_2 = 2 \\ c_3 = -24 \end{cases}$$

$$\therefore \mathbf{Y} = e^{-5t} \begin{bmatrix} -2 + 2t - 12t^2 \\ 3 - 12t \\ -4 \end{bmatrix}$$

29.～37.題，用未定係數法，解非齊性系統方程式 $\mathbf{Y}' = \mathbf{AY} + \mathbf{G}$。

29.$\mathbf{A} = \begin{bmatrix} 0 & 1 \\ 1 & 0 \end{bmatrix}$，$\mathbf{G}(t) = \begin{bmatrix} 2e^{2t} \\ -e^{2t} \end{bmatrix}$

解:

$$|\mathbf{A} - \lambda \mathbf{I}| = \begin{vmatrix} -\lambda & 1 \\ 1 & -\lambda \end{vmatrix} = 0 \Rightarrow \lambda = 1, -1$$

$$\Rightarrow \mathbf{X}_1 = \begin{bmatrix} 1 \\ 1 \end{bmatrix},\ \mathbf{X}_2 = \begin{bmatrix} 1 \\ -1 \end{bmatrix} \Rightarrow \mathbf{Y}_h = c_1 e^t \begin{bmatrix} 1 \\ 1 \end{bmatrix} + c_2 e^{-t} \begin{bmatrix} 1 \\ -1 \end{bmatrix}$$

令 $\mathbf{Y}_p = \begin{bmatrix} u_1 \\ u_2 \end{bmatrix} e^{2t}$，代入 $\mathbf{Y}' = \mathbf{AY} + \mathbf{G} \Rightarrow \begin{bmatrix} 2u_1 \\ 2u_2 \end{bmatrix} e^{2t} = \begin{bmatrix} u_2 + 2 \\ u_1 - 1 \end{bmatrix} e^{2t}$

得 $\begin{bmatrix} u_1 \\ u_2 \end{bmatrix} = \begin{bmatrix} 1 \\ 0 \end{bmatrix} \therefore \mathbf{Y} = \mathbf{Y}_h + \mathbf{Y}_p = \begin{bmatrix} c_1 e^t + c_2 e^{-t} + e^{2t} \\ c_1 e^t - c_2 e^{-t} \end{bmatrix}$

30.$\mathbf{A} = \begin{bmatrix} 3 & 3 \\ 1 & 5 \end{bmatrix}$，$\mathbf{G}(t) = \begin{bmatrix} 2 \\ e^{3t} \end{bmatrix}$

解:

$$|\mathbf{A} - \lambda \mathbf{I}| = \begin{vmatrix} 3 - \lambda & 3 \\ 1 & 5 - \lambda \end{vmatrix} = 0 \Rightarrow \lambda = 2, 6$$

$$\mathbf{X}_1 = \begin{bmatrix} 3 \\ -1 \end{bmatrix},\ \mathbf{X}_2 = \begin{bmatrix} 1 \\ 1 \end{bmatrix} \Rightarrow \mathbf{Y}_h = c_1 e^{2t} \begin{bmatrix} 3 \\ -1 \end{bmatrix} + c_2 e^{6t} \begin{bmatrix} 1 \\ 1 \end{bmatrix}$$

$$令\mathbf{Y}_p = \begin{bmatrix} v_1 + u_1 e^{3t} \\ v_2 + u_2 e^{3t} \end{bmatrix}，代入\mathbf{Y}' = \mathbf{AY} + \mathbf{G}$$

$$\Rightarrow \begin{bmatrix} 3u_1 e^{3t} \\ 3u_2 e^{3t} \end{bmatrix} = \begin{bmatrix} 3(v_1 + v_2) + 3e^{3t}(u_1 + u_2) + 2 \\ v_1 + 5v_2 + e^{3t}(u_1 + 5u_2) + e^{3t} \end{bmatrix}$$

$$\Rightarrow \begin{cases} u_1 = 1 \\ u_2 = 0 \end{cases}, \begin{cases} v_1 = \dfrac{-5}{6} \\ v_2 = \dfrac{1}{6} \end{cases}$$

$$\therefore \mathbf{Y} = \begin{bmatrix} 3c_1 e^{2t} + c_2 e^{6t} + e^{3t} - \dfrac{5}{6} \\ -c_1 e^{2t} + c_2 e^{6t} + \dfrac{1}{6} \end{bmatrix}$$

31. $\mathbf{A} = \begin{bmatrix} 0 & 4 \\ 4 & 0 \end{bmatrix}$，$\mathbf{G}(t) = \begin{bmatrix} 0 \\ 1 - 8t^2 \end{bmatrix}$

解:

$$|\mathbf{A} - \lambda\mathbf{I}| = \begin{vmatrix} -\lambda & 4 \\ 4 & -\lambda \end{vmatrix} = 0 \Rightarrow \lambda = 4, -4$$

$$\Rightarrow \mathbf{X}_1 = \begin{bmatrix} 1 \\ 1 \end{bmatrix}, \mathbf{X}_2 = \begin{bmatrix} 1 \\ -1 \end{bmatrix} \Rightarrow \mathbf{Y}_h = c_1 e^{4t} \begin{bmatrix} 1 \\ 1 \end{bmatrix} + c_2 e^{-4t} \begin{bmatrix} 1 \\ -1 \end{bmatrix}$$

$$令\mathbf{Y}_p = \begin{bmatrix} u_1 \\ u_2 \end{bmatrix} t^2 + \begin{bmatrix} v_1 \\ v_2 \end{bmatrix} t + \begin{bmatrix} w_1 \\ w_2 \end{bmatrix}$$

$$\Rightarrow \begin{bmatrix} 2u_1 t + v_1 \\ 2u_2 t + v_2 \end{bmatrix} = \begin{bmatrix} 4u_2 t^2 + 4v_2 t + 4w_2 \\ 4u_1 t^2 + 4v_1 t + 4w_1 + 1 - 8t^2 \end{bmatrix}$$

$$\Rightarrow \begin{bmatrix} u_1 \\ u_2 \end{bmatrix} = \begin{bmatrix} 2 \\ 0 \end{bmatrix}, \begin{bmatrix} v_1 \\ v_2 \end{bmatrix} = \begin{bmatrix} 0 \\ 2 \end{bmatrix}, \begin{bmatrix} w_1 \\ w_2 \end{bmatrix} = \begin{bmatrix} \dfrac{1}{4} \\ 0 \end{bmatrix}$$

$$\therefore \mathbf{Y} = \mathbf{Y}_h + \mathbf{Y}_p = \begin{bmatrix} c_1 e^{4t} + c_2 e^{-4t} + 2t^2 + \dfrac{1}{4} \\ c_1 e^{4t} - c_2 e^{-4t} + 2t \end{bmatrix}$$

32. $\mathbf{A} = \begin{bmatrix} 2 & -4 \\ 1 & -2 \end{bmatrix}$，$\mathbf{G}(t) = \begin{bmatrix} 1 \\ 3t \end{bmatrix}$

解:

$$|\mathbf{A} - \lambda\mathbf{I}| = \begin{vmatrix} 2 - \lambda & -4 \\ 1 & -2 - \lambda \end{vmatrix} = 0 \Rightarrow \lambda = 0, 0 \Rightarrow \mathbf{X}_1 = \begin{bmatrix} 2 \\ 1 \end{bmatrix}$$

令$\mathbf{Y}_2 = \mathbf{X}_1 t + \mathbf{U}$且$(\mathbf{A} - \lambda\mathbf{I})\mathbf{U} = \mathbf{X}_1 \Rightarrow \mathbf{U} = \begin{bmatrix} 1 \\ 0 \end{bmatrix}$ $\therefore \mathbf{Y}_h = c_1\mathbf{Y}_1 + c_2\mathbf{Y}_2$

令$\mathbf{Y}_p = \begin{bmatrix} u_1 + v_1 t \\ u_2 + v_2 t \end{bmatrix} \Rightarrow$ 代入$\mathbf{Y}' = \mathbf{A}\mathbf{Y} + \mathbf{G}$,

$$\begin{bmatrix} v_1 \\ v_2 \end{bmatrix} = \begin{bmatrix} 2u_1 - 4u_2 + (2v_1 - 4v_2)t + 1 \\ u_1 - 2u_2 + (v_1 - 2v_2)t + 3t \end{bmatrix}$$

33. $\mathbf{A} = \begin{bmatrix} 0 & 5 \\ -5 & 0 \end{bmatrix}$, $\mathbf{G}(t) = \begin{bmatrix} 23 \\ 15t \end{bmatrix}$, $\mathbf{Y}(0) = \begin{bmatrix} -1 \\ 2 \end{bmatrix}$

解: $|\mathbf{A} - \lambda\mathbf{I}| = \begin{vmatrix} -\lambda & 5 \\ -5 & -\lambda \end{vmatrix} = 0 \Rightarrow \lambda = 5i, -5i \Rightarrow \mathbf{X}_1 = \begin{bmatrix} 1 \\ i \end{bmatrix}$, $\mathbf{X}_2 = \begin{bmatrix} 1 \\ -i \end{bmatrix}$

令$\mathbf{Y}_p = \begin{bmatrix} a_1 \\ a_2 \end{bmatrix} t + \begin{bmatrix} b_1 \\ b_2 \end{bmatrix}$

$$\Rightarrow \begin{bmatrix} a_1 \\ a_2 \end{bmatrix} = \begin{bmatrix} 5a_2 t + (23 + 5b_2) \\ -5a_1 t + 15t - 5b_1 \end{bmatrix} \Rightarrow \begin{cases} a_1 = 3 \\ a_2 = 0 \end{cases}, \begin{cases} b_1 = 0 \\ b_2 = -4 \end{cases}$$

$$\therefore \mathbf{Y} = \mathbf{Y}_h + \mathbf{Y}_p = \begin{bmatrix} A \\ B \end{bmatrix} \cos 5t + \begin{bmatrix} B \\ -A \end{bmatrix} \sin 5t + \begin{bmatrix} 3 \\ 0 \end{bmatrix} t + \begin{bmatrix} 0 \\ -4 \end{bmatrix}$$

A, B為任意數

又$\mathbf{Y}(0) = \begin{bmatrix} -1 \\ 2 \end{bmatrix} = \begin{bmatrix} A \\ B - 3 \end{bmatrix} \Rightarrow \begin{bmatrix} A \\ B \end{bmatrix} = \begin{bmatrix} -1 \\ 5 \end{bmatrix}$

$$\therefore \mathbf{Y} = \begin{bmatrix} -\cos 5t + 5\sin 5t + 3t \\ 5\cos 5t + \sin 5t - 4 \end{bmatrix}$$

34. $\mathbf{A} = \begin{bmatrix} 1 & -2 \\ -1 & 2 \end{bmatrix}$, $\mathbf{G}(t) = \begin{bmatrix} 2t \\ 5 \end{bmatrix}$, $\mathbf{Y}(0) = \begin{bmatrix} 13 \\ 12 \end{bmatrix}$

解: $|\mathbf{A} - \lambda\mathbf{I}| = \begin{vmatrix} 1-\lambda & -2 \\ -1 & 2-\lambda \end{vmatrix} = 0 \Rightarrow \lambda = 0, 3$

$\Rightarrow \mathbf{X}_1 = \begin{bmatrix} 2 \\ 1 \end{bmatrix}$, $\mathbf{X}_2 = \begin{bmatrix} 1 \\ -1 \end{bmatrix}$

令$\mathbf{Y}_p = \begin{bmatrix} a_1 t + b_1 \\ a_2 t + b_2 \end{bmatrix} \Rightarrow \begin{bmatrix} a_1 \\ a_2 \end{bmatrix} = \begin{bmatrix} (a_1 - 2a_2)t + b_1 - 2b_2 + 2t \\ (-a_1 + 2a_2)t - b_1 + 2b_2 + 5 \end{bmatrix}$

35. $\mathbf{A}=\begin{bmatrix}1&4\\1&1\end{bmatrix}$, $\mathbf{G}(t)=\begin{bmatrix}t^2-6t\\t^2-t+1\end{bmatrix}$, $\mathbf{Y}(0)=\begin{bmatrix}2\\-1\end{bmatrix}$

解: $$\begin{vmatrix}1-\lambda&4\\1&1-\lambda\end{vmatrix}=0\Rightarrow\lambda=-1,3\Rightarrow\mathbf{X}_1=\begin{bmatrix}2\\-1\end{bmatrix},\ \mathbf{X}_2=\begin{bmatrix}2\\1\end{bmatrix}$$

令$\mathbf{Y}_p=\begin{bmatrix}u_1t^2+v_1t+w_1\\u_2t^2+v_2t+w_2\end{bmatrix}$

$$\Rightarrow\begin{bmatrix}2u_1t+v_1\\2u_2t+v_2\end{bmatrix}=\begin{bmatrix}(u_1+4u_2+1)t^2+(v_1+4v_2-6)t+w_1+4w_2\\(u_1+u_2+1)t^2+(v_1+v_2-1)t+(w_1+w_2+1)\end{bmatrix}$$

$$\Rightarrow\begin{cases}u_1=-1\\u_2=0\end{cases},\ \begin{cases}v_1=0\\v_2=1\end{cases},\ \begin{cases}w_1=0\\w_2=0\end{cases}$$

$$\therefore\mathbf{Y}=\mathbf{Y}_h+\mathbf{Y}_p=\begin{bmatrix}2c_1e^{-t}+2c_2e^{3t}-t^2\\-c_1e^{-t}+c_2e^{3t}+t\end{bmatrix}$$

又$\mathbf{Y}(0)=\begin{bmatrix}2\\-1\end{bmatrix}=\begin{bmatrix}2c_1+2c_2\\-c_1+c_2\end{bmatrix}\Rightarrow\begin{cases}c_1=1\\c_2=0\end{cases}$ $\therefore\mathbf{Y}=\begin{bmatrix}2e^{-t}-t^2\\-e^{-t}+t\end{bmatrix}$

36. $\mathbf{A}=\begin{bmatrix}0&-2\\1&2\end{bmatrix}$, $\mathbf{G}(t)=\begin{bmatrix}t\\-t\end{bmatrix}$, $\mathbf{Y}(0)=\begin{bmatrix}0\\0\end{bmatrix}$

解: $$\begin{vmatrix}-\lambda&-2\\1&2-\lambda\end{vmatrix}=0\Rightarrow\lambda=1+i,1-i$$

$$\Rightarrow\mathbf{X}_1=\begin{bmatrix}-1+i\\1\end{bmatrix},\ \mathbf{X}_2=\begin{bmatrix}-1-i\\1\end{bmatrix}$$

令$\mathbf{Y}_p=\begin{bmatrix}u_1t\\u_2t\end{bmatrix}\Rightarrow\begin{bmatrix}u_1\\u_2\end{bmatrix}=\begin{bmatrix}-2u_2t+t\\(u_1+2u_2)t-t\end{bmatrix}$

37. $\mathbf{A}=\begin{bmatrix}2&0\\5&2\end{bmatrix}$, $\mathbf{G}(t)=\begin{bmatrix}1\\5t\end{bmatrix}$, $\mathbf{Y}(0)=\begin{bmatrix}0\\3\end{bmatrix}$

解: $$\begin{vmatrix}2-\lambda&0\\5&2-\lambda\end{vmatrix}=0\Rightarrow\lambda=2,2\Rightarrow\mathbf{X}_1=\begin{bmatrix}0\\1\end{bmatrix}$$

令$\mathbf{Y}_2=\mathbf{X}_1e^{2t}t+\mathbf{U}e^{2t}$且$(\mathbf{A}-\lambda\mathbf{I})\mathbf{U}=\mathbf{X}_1\Rightarrow\mathbf{U}=\begin{bmatrix}\frac{1}{5}\\0\end{bmatrix}$

$$令\mathbf{Y}_p=\begin{bmatrix}u_1t+v_1\\u_2t+v_2\end{bmatrix}\Rightarrow\begin{bmatrix}u_1\\u_2\end{bmatrix}=\begin{bmatrix}2u_1t+2v_1+1\\(5u_1+2u_2)t+5v_1+2v_2+5t\end{bmatrix}$$

$$\begin{cases}u_1=0\\u_2=\dfrac{-5}{2}\end{cases},\ \begin{cases}v_1=\dfrac{-1}{2}\\v_2=0\end{cases}\ \therefore\mathbf{Y}=\mathbf{Y}_h+\mathbf{Y}_p=\begin{bmatrix}\dfrac{1}{5}c_2e^{2t}-\dfrac{1}{2}\\c_1-\dfrac{5}{2}t\end{bmatrix}$$

$$又\mathbf{Y}(0)=\begin{bmatrix}0\\3\end{bmatrix}=\begin{bmatrix}\dfrac{1}{5}c_2-\dfrac{1}{2}\\c_1\end{bmatrix}\Rightarrow\begin{cases}c_1=3\\c_2=\dfrac{5}{2}\end{cases}\ \therefore\mathbf{Y}=\begin{bmatrix}\dfrac{3}{5}e^{2t}-\dfrac{1}{2}\\3-\dfrac{5}{2}t\end{bmatrix}$$

38.～57.題，用對角化方式，解系統方程式$\mathbf{Y}'=\mathbf{AY}+\mathbf{G}$。

38.$\mathbf{A}=\begin{bmatrix}1&1\\1&1\end{bmatrix}$，$\mathbf{G}(t)=\begin{bmatrix}0\\0\end{bmatrix}$

解：

$$|\mathbf{A}-\lambda\mathbf{I}|=\begin{vmatrix}1-\lambda&1\\1&1-\lambda\end{vmatrix}=0\Rightarrow\lambda=0,2\Rightarrow\mathbf{X}_1=\begin{bmatrix}1\\-1\end{bmatrix},\ \mathbf{X}_2=\begin{bmatrix}1\\1\end{bmatrix}$$

$$取\mathbf{P}=\begin{bmatrix}1&1\\-1&1\end{bmatrix}\Rightarrow\mathbf{P}^{-1}\mathbf{AP}=\begin{bmatrix}0&0\\0&2\end{bmatrix}$$

$$\mathbf{Z}'=(\mathbf{P}^{-1}\mathbf{AP})\mathbf{Z}\Rightarrow\mathbf{Z}'=\begin{bmatrix}0&0\\0&2\end{bmatrix}\mathbf{Z}\Rightarrow\mathbf{Z}=\begin{bmatrix}c_1\\c_2e^{2t}\end{bmatrix}$$

$$\therefore\mathbf{Y}=\mathbf{PZ}=\begin{bmatrix}1&1\\-1&1\end{bmatrix}\begin{bmatrix}c_1\\c_2e^{2t}\end{bmatrix}=\begin{bmatrix}c_1+c_2e^{2t}\\-c_1+c_2e^{2t}\end{bmatrix}$$

39.$\mathbf{A}=\begin{bmatrix}-2&1\\-4&3\end{bmatrix}$，$\mathbf{G}(t)=\begin{bmatrix}0\\5\cos t\end{bmatrix}$

解：

$$|\mathbf{A}-\lambda\mathbf{I}|=\begin{vmatrix}-2-\lambda&1\\-4&3-\lambda\end{vmatrix}=0\Rightarrow\lambda=2,-1\Rightarrow\mathbf{X}_1=\begin{bmatrix}1\\4\end{bmatrix},\ \mathbf{X}_2=\begin{bmatrix}1\\1\end{bmatrix}$$

$$取\mathbf{P}=\begin{bmatrix}1&1\\4&1\end{bmatrix}\Rightarrow\mathbf{P}^{-1}\mathbf{AP}=\begin{bmatrix}2&0\\0&-1\end{bmatrix}$$

$$\mathbf{Z}'=(\mathbf{P}^{-1}\mathbf{AP})\mathbf{Z}+\mathbf{P}^{-1}\mathbf{G}\Rightarrow\mathbf{Z}'=\begin{bmatrix}2&0\\0&-1\end{bmatrix}\mathbf{Z}+\begin{bmatrix}\dfrac{5}{3}\cos t\\\dfrac{-5}{3}\cos t\end{bmatrix}$$

$$\Rightarrow \mathbf{Z}=\begin{bmatrix} c_1e^{2t}-\frac{2}{3}\cos t+\frac{1}{3}\sin t \\ c_2e^{-t}-\frac{5}{6}\cos t-\frac{5}{6}\sin t \end{bmatrix}$$

$$\therefore \mathbf{Y}=\mathbf{PZ}=\begin{bmatrix} c_1e^{2t}+c_2e^{-t}-\frac{3}{2}\cos t-\frac{1}{2}\sin t \\ 4c_1e^{2t}+c_2e^{-t}-\frac{7}{2}\cos t+\frac{1}{2}\sin t \end{bmatrix}$$

40. $\mathbf{A}=\begin{bmatrix} 6 & 2 \\ 4 & 4 \end{bmatrix}$, $\mathbf{G}(t)=\begin{bmatrix} 0 \\ 0 \end{bmatrix}$

解: $|\mathbf{A}-\lambda\mathbf{I}|=\begin{vmatrix} 6-\lambda & 2 \\ 4 & 4-\lambda \end{vmatrix}=0 \Rightarrow \lambda=2,8 \Rightarrow \mathbf{X}_1=\begin{bmatrix} 1 \\ -2 \end{bmatrix}$, $\mathbf{X}_2=\begin{bmatrix} 1 \\ 1 \end{bmatrix}$

取$\mathbf{P}=\begin{bmatrix} 1 & 1 \\ -2 & 1 \end{bmatrix} \Rightarrow \mathbf{P}^{-1}\mathbf{AP}=\begin{bmatrix} 2 & 0 \\ 0 & 8 \end{bmatrix}$

$$\mathbf{Z}'=(\mathbf{P}^{-1}\mathbf{AP})\mathbf{Z} \Rightarrow \mathbf{Z}'=\begin{bmatrix} 2 & 0 \\ 0 & 8 \end{bmatrix}\mathbf{Z} \Rightarrow \mathbf{Z}=\begin{bmatrix} c_1e^{2t} \\ c_2e^{8t} \end{bmatrix}$$

$$\therefore \mathbf{Y}=\mathbf{PZ}=\begin{bmatrix} 1 & 1 \\ -2 & 1 \end{bmatrix}\begin{bmatrix} c_1e^{2t} \\ c_2e^{8t} \end{bmatrix}=\begin{bmatrix} c_1e^{2t}+c_2e^{8t} \\ -2c_1e^{2t}+c_2e^{8t} \end{bmatrix}$$

41. $\mathbf{A}=\begin{bmatrix} 3 & 3 \\ 1 & 5 \end{bmatrix}$, $\mathbf{G}(t)=\begin{bmatrix} 2 \\ e^{3t} \end{bmatrix}$

解: $|\mathbf{A}-\lambda\mathbf{I}|=\begin{vmatrix} 3-\lambda & 3 \\ 1 & 5-\lambda \end{vmatrix}=0 \Rightarrow \lambda=2,6 \Rightarrow \mathbf{X}_1=\begin{bmatrix} 3 \\ -1 \end{bmatrix}$, $\mathbf{X}_2=\begin{bmatrix} 1 \\ 1 \end{bmatrix}$

取$\mathbf{P}=\begin{bmatrix} 3 & 1 \\ -1 & 1 \end{bmatrix} \Rightarrow \mathbf{P}^{-1}\mathbf{AP}=\begin{bmatrix} 2 & 0 \\ 0 & 6 \end{bmatrix}$

$$\mathbf{Z}'=(\mathbf{P}^{-1}\mathbf{AP})\mathbf{Z}+\mathbf{P}^{-1}\mathbf{G} \Rightarrow \mathbf{Z}'=\begin{bmatrix} 2 & 0 \\ 0 & 6 \end{bmatrix}\mathbf{Z}+\begin{bmatrix} \frac{1}{4} & \frac{-1}{4} \\ \frac{1}{4} & \frac{3}{4} \end{bmatrix}\begin{bmatrix} 2 \\ e^{3t} \end{bmatrix}$$

$$\Rightarrow \mathbf{Z}=\begin{bmatrix} c_1e^{2t}+\frac{1}{4}e^{3t}-\frac{1}{4} \\ c_2e^{6t}-\frac{1}{4}e^{3t}-\frac{1}{12} \end{bmatrix}$$

$$\therefore \mathbf{Y}=\mathbf{PZ}=\begin{bmatrix} 3c_1e^{2t}+\frac{1}{2}e^{3t}+c_2e^{6t}-\frac{5}{6} \\ -c_1e^{2t}-\frac{1}{2}e^{3t}-c_2e^{6t}+\frac{1}{6} \end{bmatrix}$$

42. $\mathbf{A}=\begin{bmatrix} 2 & 2 \\ 1 & 3 \end{bmatrix}$，$\mathbf{G}(t)=\begin{bmatrix} 0 \\ 0 \end{bmatrix}$

解:

$$|\mathbf{A}-\lambda\mathbf{I}|=\begin{vmatrix} 2-\lambda & 2 \\ 1 & 3-\lambda \end{vmatrix}=0\Rightarrow\lambda=1,4\Rightarrow\mathbf{X}_1=\begin{bmatrix} 2 \\ -1 \end{bmatrix},\ \mathbf{X}_2=\begin{bmatrix} 1 \\ 1 \end{bmatrix}$$

取 $\mathbf{P}=\begin{bmatrix} 2 & 1 \\ -1 & 1 \end{bmatrix}\Rightarrow\mathbf{P}^{-1}\mathbf{AP}=\begin{bmatrix} 1 & 0 \\ 0 & 4 \end{bmatrix}$

$$\mathbf{Z}'=(\mathbf{P}^{-1}\mathbf{AP})\mathbf{Z}\Rightarrow\mathbf{Z}'=\begin{bmatrix} 1 & 0 \\ 0 & 4 \end{bmatrix}\mathbf{Z}\Rightarrow\mathbf{Z}=\begin{bmatrix} c_1e^{t} \\ c_2e^{4t} \end{bmatrix}$$

$$\therefore \mathbf{Y}=\mathbf{PZ}=\begin{bmatrix} 2 & 1 \\ -1 & 1 \end{bmatrix}\begin{bmatrix} c_1e^{t} \\ c_2e^{4t} \end{bmatrix}=\begin{bmatrix} 2c_1e^{t}+c_2e^{4t} \\ -c_1e^{t}+c_2e^{4t} \end{bmatrix}$$

43. $\mathbf{A}=\begin{bmatrix} 1 & 1 \\ 1 & 1 \end{bmatrix}$，$\mathbf{G}(t)=\begin{bmatrix} 3e^{3t} \\ 2 \end{bmatrix}$

解:

$$|\mathbf{A}-\lambda\mathbf{I}|=\begin{vmatrix} 1-\lambda & 1 \\ 1 & 1-\lambda \end{vmatrix}=0\Rightarrow\lambda=0,2\Rightarrow\mathbf{X}_1=\begin{bmatrix} 1 \\ -1 \end{bmatrix},\ \mathbf{X}_2=\begin{bmatrix} 1 \\ 1 \end{bmatrix}$$

取 $\mathbf{P}=\begin{bmatrix} 1 & 1 \\ -1 & 1 \end{bmatrix}\Rightarrow\mathbf{P}^{-1}\mathbf{AP}=\begin{bmatrix} 0 & 0 \\ 0 & 2 \end{bmatrix}$

$$\mathbf{Z}'=(\mathbf{P}^{-1}\mathbf{AP})\mathbf{Z}+\mathbf{P}^{-1}\mathbf{G}\Rightarrow\mathbf{Z}'=\begin{bmatrix} 0 & 0 \\ 0 & 2 \end{bmatrix}\mathbf{Z}+\begin{bmatrix} \frac{1}{2} & \frac{-1}{2} \\ \frac{1}{2} & \frac{1}{2} \end{bmatrix}\begin{bmatrix} 3e^{3t} \\ 2 \end{bmatrix}$$

$$\Rightarrow\mathbf{Z}=\begin{bmatrix} \frac{1}{2}e^{3t}-t+c_1 \\ c_2e^{2t}+\frac{3}{2}e^{3t}-\frac{1}{2} \end{bmatrix}$$

$$\therefore \mathbf{Y}=\mathbf{PZ}=\begin{bmatrix} 2e^{3t}+c_2e^{2t}-t-\frac{1}{2}+c_1 \\ e^{3t}-c_2e^{2t}+t-\frac{1}{2}-c_1 \end{bmatrix}$$

44. $\mathbf{A}=\begin{bmatrix}5&-4&4\\12&-11&12\\4&-4&5\end{bmatrix}$, $\mathbf{G}(t)=\begin{bmatrix}0\\0\\0\end{bmatrix}$

解: $|\mathbf{A}-\lambda\mathbf{I}|=\begin{vmatrix}5-\lambda&-4&4\\12&-11-\lambda&12\\4&-4&5-\lambda\end{vmatrix}=0\Rightarrow\lambda=-3,1,1$

$$\Rightarrow \mathbf{X}_1=\begin{bmatrix}1\\3\\1\end{bmatrix},\ \mathbf{X}_2=\begin{bmatrix}1\\0\\-1\end{bmatrix},\ \mathbf{X}_3=\begin{bmatrix}1\\1\\0\end{bmatrix}$$

取$\mathbf{P}=\begin{bmatrix}1&1&1\\3&0&1\\1&-1&0\end{bmatrix}\Rightarrow \mathbf{P}^{-1}\mathbf{A}\mathbf{P}=\begin{bmatrix}-3&0&0\\0&1&0\\0&0&1\end{bmatrix}$

$$\mathbf{Z}'=(\mathbf{P}^{-1}\mathbf{A}\mathbf{P})\mathbf{Z}\Rightarrow \mathbf{Z}=\begin{bmatrix}c_1e^{-3t}\\c_2e^{t}\\c_3e^{t}\end{bmatrix}$$

$$\therefore \mathbf{Y}=\mathbf{P}\mathbf{Z}=\begin{bmatrix}c_1e^{-3t}+c_2e^{t}+c_3e^{t}\\3c_1e^{-3t}+c_3e^{t}\\c_1e^{-3t}-c_2e^{t}\end{bmatrix}$$

45. $\mathbf{A}=\begin{bmatrix}3&-2\\9&-3\end{bmatrix}$, $\mathbf{G}(t)=\begin{bmatrix}3e^{2t}\\e^{2t}\end{bmatrix}$

解: $|\mathbf{A}-\lambda\mathbf{I}|=\begin{vmatrix}3-\lambda&-2\\9&-3-\lambda\end{vmatrix}=0\Rightarrow\lambda=3i,-3i$

$$\Rightarrow \mathbf{X}_1=\begin{bmatrix}1+i\\3\end{bmatrix},\ \mathbf{X}_2=\begin{bmatrix}1-i\\3\end{bmatrix}$$

取$\mathbf{P}=\begin{bmatrix}1+i&3\\3&1-i\end{bmatrix}\Rightarrow \mathbf{P}^{-1}\mathbf{A}\mathbf{P}=\begin{bmatrix}3i&0\\0&-3i\end{bmatrix}$

$$\Rightarrow \mathbf{Z}'=(\mathbf{P}^{-1}\mathbf{A}\mathbf{P})\mathbf{Z}+\mathbf{P}^{-1}\mathbf{G}$$

$$\mathbf{Z}'=\begin{bmatrix}3i&0\\0&-3i\end{bmatrix}\mathbf{Z}+\begin{bmatrix}\frac{-1+i}{7}&\frac{3}{7}\\\frac{3}{7}&\frac{-1-i}{7}\end{bmatrix}\begin{bmatrix}3e^{2t}\\e^{2t}\end{bmatrix}$$

$$\therefore \mathbf{Z} = \begin{bmatrix} c_1 e^{i3t} + \dfrac{-9+6i}{91} \\ c_2 e^{-i3t} + \dfrac{1-2i}{7} \end{bmatrix}$$

$$\therefore \mathbf{Y} = \mathbf{PZ} = \begin{bmatrix} 1+i & 3 \\ 3 & 1-i \end{bmatrix} \begin{bmatrix} c_1 e^{i3t} + \dfrac{-9+6i}{91} \\ c_2 e^{-i3t} + \dfrac{1-2i}{7} \end{bmatrix}$$

46. $\mathbf{A} = \begin{bmatrix} 2 & 1 & -2 \\ 3 & -2 & 0 \\ 3 & 1 & -3 \end{bmatrix}$, $\mathbf{G}(t) = \begin{bmatrix} -2 \\ 0 \\ 9t \end{bmatrix}$

解: $$|\mathbf{A} - \lambda \mathbf{I}| = \begin{vmatrix} 2-\lambda & 1 & -2 \\ 3 & -2-\lambda & 0 \\ 3 & 1 & -3-\lambda \end{vmatrix} = 0 \Rightarrow \lambda = -3, -1, 1$$

$$\Rightarrow \mathbf{X}_1 = \begin{bmatrix} 1 \\ -3 \\ 1 \end{bmatrix}, \ \mathbf{X}_2 = \begin{bmatrix} 1 \\ 3 \\ 3 \end{bmatrix}, \ \mathbf{X}_3 = \begin{bmatrix} 1 \\ 1 \\ 1 \end{bmatrix}$$

取$\mathbf{P} = \begin{bmatrix} 1 & 1 & 1 \\ -3 & 3 & 1 \\ 1 & 3 & 1 \end{bmatrix} \Rightarrow \mathbf{P}^{-1}\mathbf{AP} = \begin{bmatrix} -3 & 0 & 0 \\ 0 & -1 & 0 \\ 0 & 0 & -1 \end{bmatrix}$

$$\therefore \mathbf{Z}' = (\mathbf{P}^{-1}\mathbf{AP})\mathbf{Z} + \mathbf{P}^{-1}\mathbf{G}, \ \ \mathbf{P}^{-1} = \begin{bmatrix} 0 & \dfrac{-1}{4} & \dfrac{1}{4} \\ \dfrac{1}{2} & 0 & \dfrac{1}{2} \\ \dfrac{3}{2} & \dfrac{1}{4} & \dfrac{-3}{4} \end{bmatrix}$$

$$\mathbf{Z} = \begin{bmatrix} c_1 e^{-3t} + \dfrac{3}{4}t - \dfrac{1}{4} \\ c_2 e^{-t} + \dfrac{3}{2}t - \dfrac{5}{6} \\ c_3 e^{t} + \dfrac{9}{4}t + \dfrac{7}{4} \end{bmatrix}$$

$$\therefore \mathbf{Y}=\mathbf{PZ}=\begin{bmatrix} c_1e^{-3t}+c_2e^{-t}+c_3e^{t}+\frac{9}{2}t+\frac{2}{3} \\ -3c_1e^{-3t}+3c_2e^{-t}+c_3e^{t}+\frac{9}{2}t \\ c_1e^{-3t}+3c_2e^{-t}+c_3e^{t}+\frac{15}{2}t-1 \end{bmatrix}$$

47. $\mathbf{A}=\begin{bmatrix} 2 & -9 & 0 \\ 1 & 2 & 0 \\ 2 & 6 & -1 \end{bmatrix}$, $\mathbf{G}(t)=\begin{bmatrix} 0 \\ 0 \\ 0 \end{bmatrix}$

解: $$|\mathbf{A}-\lambda\mathbf{I}|=\begin{vmatrix} 2-\lambda & -9 & 0 \\ 1 & 2-\lambda & 0 \\ 2 & 6 & -1-\lambda \end{vmatrix}=0 \Rightarrow \lambda=-1, 2\pm 3i$$

$$\Rightarrow \mathbf{X}_1=\begin{bmatrix} 0 \\ 0 \\ 1 \end{bmatrix},\ \mathbf{X}_2=\begin{bmatrix} 3i \\ 1 \\ 2 \end{bmatrix},\ \mathbf{X}_3=\begin{bmatrix} -3i \\ 1 \\ 2 \end{bmatrix}$$

$$\text{取}\mathbf{P}=\begin{bmatrix} 0 & 3i & -3i \\ 0 & 1 & 1 \\ 1 & 2 & 2 \end{bmatrix} \Rightarrow \mathbf{P}^{-1}\mathbf{AP}=\begin{bmatrix} -1 & 0 & 0 \\ 0 & 2+3i & 0 \\ 0 & 0 & 2-3i \end{bmatrix}$$

$$\mathbf{Z}'=(\mathbf{P}^{-1}\mathbf{AP})\mathbf{Z},\ \mathbf{Z}=\begin{bmatrix} c_1e^{-t} \\ c_2e^{(2+3i)t} \\ c_3e^{(2-3i)t} \end{bmatrix}$$

$$\therefore \mathbf{Y}=\mathbf{PZ}=\begin{bmatrix} 3c_2ie^{(2+3i)t}-3c_3ie^{(2-3i)t} \\ c_2e^{(2+3i)t}+c_3e^{(2-3i)t} \\ c_1e^{-t}+2c_2e^{(2+3i)t}+2c_3e^{(2-3i)t} \end{bmatrix}$$

48. $\mathbf{A}=\begin{bmatrix} 3 & -1 & 1 \\ 1 & 1 & -1 \\ 1 & -1 & 1 \end{bmatrix}$, $\mathbf{G}(t)=\begin{bmatrix} 3e^{4t} \\ \cos 2t \\ \cos 2t \end{bmatrix}$

解: $$|\mathbf{A}-\lambda\mathbf{I}|=\begin{vmatrix} 3-\lambda & -1 & 1 \\ 1 & 1-\lambda & -1 \\ 1 & -1 & 1-\lambda \end{vmatrix}=0 \Rightarrow \lambda=0,2,3$$

$$\Rightarrow \mathbf{X}_1 = \begin{bmatrix} 0 \\ 1 \\ 1 \end{bmatrix},\ \mathbf{X}_2 = \begin{bmatrix} 1 \\ 1 \\ 0 \end{bmatrix},\ \mathbf{X}_3 = \begin{bmatrix} 3 \\ 1 \\ 1 \end{bmatrix}$$

取$\mathbf{P} = \begin{bmatrix} 0 & 1 & 3 \\ 1 & 1 & 1 \\ 1 & 0 & 1 \end{bmatrix} \Rightarrow \mathbf{P}^{-1}\mathbf{A}\mathbf{P} = \begin{bmatrix} 0 & 0 & 0 \\ 0 & 2 & 0 \\ 0 & 0 & 3 \end{bmatrix}$

$$\mathbf{Z}' = (\mathbf{P}^{-1}\mathbf{A}\mathbf{P})\mathbf{Z} + \mathbf{P}^{-1}\mathbf{G},\ \mathbf{P}^{-1} = \begin{bmatrix} \frac{-1}{3} & \frac{1}{3} & \frac{2}{3} \\ 0 & 1 & -1 \\ \frac{1}{3} & \frac{-1}{3} & \frac{1}{3} \end{bmatrix}$$

$$\Rightarrow \mathbf{Z} = \begin{bmatrix} \frac{-1}{4}e^{4t} + \frac{1}{2}\sin 2t + c_1 \\ c_2 e^{2t} \\ c_3 e^{3t} + e^{4t} \end{bmatrix}$$

$$\therefore \mathbf{Y} = \mathbf{P}\mathbf{Z} = \begin{bmatrix} c_2 e^{2t} + 3c_3 e^{3t} + 3e^{4t} \\ \frac{3}{4}e^{4t} + \frac{1}{2}\sin 2t + c_1 + c_2 e^{2t} + c_3 e^{3t} \\ \frac{3}{4}e^{4t} + \frac{1}{2}\sin 2t + c_1 + c_3 e^{3t} \end{bmatrix}$$

49.$\mathbf{A} = \begin{bmatrix} 1 & -1 & -1 \\ 1 & -1 & 0 \\ 1 & 0 & -1 \end{bmatrix},\ \mathbf{G}(t) = \begin{bmatrix} 2e^{t} \\ e^{-3t} \\ -e^{3t} \end{bmatrix}$

解: $|\mathbf{A} - \lambda\mathbf{I}| = \begin{vmatrix} 1-\lambda & -1 & -1 \\ 1 & -1-\lambda & 0 \\ 1 & 0 & -1-\lambda \end{vmatrix} = 0 \Rightarrow \lambda = -1, \pm i$

$$\Rightarrow \mathbf{X}_1 = \begin{bmatrix} 0 \\ 1 \\ -1 \end{bmatrix},\ \mathbf{X}_2 = \begin{bmatrix} 1+i \\ 1 \\ 1 \end{bmatrix},\ \mathbf{X}_3 = \begin{bmatrix} 1-i \\ 1 \\ 1 \end{bmatrix}$$

取$\mathbf{P} = \begin{bmatrix} 0 & 1+i & 1-i \\ 1 & 1 & 1 \\ -1 & 1 & 1 \end{bmatrix} \Rightarrow \mathbf{P}^{-1}\mathbf{A}\mathbf{P} = \begin{bmatrix} -1 & 0 & 0 \\ 0 & i & 0 \\ 0 & 0 & -i \end{bmatrix}$

$$\mathbf{Z}' = (\mathbf{P}^{-1}\mathbf{AP})\mathbf{Z} + \mathbf{P}^{-1}\mathbf{G},\ \ \mathbf{P}^{-1} = \begin{bmatrix} 0 & \frac{1}{2} & \frac{-1}{2} \\ \frac{-i}{2} & \frac{1+i}{4} & \frac{1+i}{4} \\ \frac{i}{2} & \frac{1-i}{4} & \frac{1-i}{4} \end{bmatrix}$$

$$\Rightarrow \mathbf{Z} = \begin{bmatrix} c_1e^{-t} - \frac{1}{2}e^{-3t} \\ c_2e^{it} + \frac{1-i}{2}e^t \\ c_3e^{-it} + \frac{1+i}{2}e^t \end{bmatrix}$$

$$\therefore \mathbf{Y} = \mathbf{PZ} = \begin{bmatrix} (1+i)c_2e^{it} + e^t + (1-i)c_3e^{-it} + e^t \\ c_1e^{-t} + c_2e^{it} + c_3e^{-it} - \frac{1}{2}e^{-3t} + e^t \\ -c_1e^{-t} + c_2e^{it} + c_3e^{-it} + \frac{1}{2}e^{-3t} + e^t \end{bmatrix}$$

50. $\mathbf{A} = \begin{bmatrix} -1 & -3 \\ 1 & -5 \end{bmatrix},\ \ \mathbf{G}(t) = \begin{bmatrix} 0 \\ 0 \end{bmatrix},\ \ \mathbf{Y}(0) = \begin{bmatrix} -1 \\ 0 \end{bmatrix}$

解: $|\mathbf{A} - \lambda\mathbf{I}| = \begin{vmatrix} -1-\lambda & -3 \\ 1 & -5-\lambda \end{vmatrix} = 0 \Rightarrow \lambda = -2, -4$

$$\Rightarrow \mathbf{X}_1 = \begin{bmatrix} 3 \\ 1 \end{bmatrix},\ \ \mathbf{X}_2 = \begin{bmatrix} 1 \\ 1 \end{bmatrix}$$

取$\mathbf{P} = \begin{bmatrix} 3 & 1 \\ 1 & 1 \end{bmatrix} \Rightarrow \mathbf{P}^{-1}\mathbf{AP} = \begin{bmatrix} -2 & 0 \\ 0 & -4 \end{bmatrix}$

$$\mathbf{Z}' = (\mathbf{P}^{-1}\mathbf{AP})\mathbf{Z} \Rightarrow \mathbf{Z} = \begin{bmatrix} c_1e^{-2t} \\ c_2e^{-4t} \end{bmatrix} \Rightarrow \mathbf{Y} = \mathbf{PZ} = \begin{bmatrix} 3 & 1 \\ 1 & 1 \end{bmatrix}\begin{bmatrix} c_1e^{-2t} \\ c_2e^{-4t} \end{bmatrix}$$

又$\mathbf{Y}(0) = \begin{bmatrix} -1 \\ 0 \end{bmatrix} = \begin{bmatrix} 3 & 1 \\ 1 & 1 \end{bmatrix}\begin{bmatrix} c_1 \\ c_2 \end{bmatrix} \Rightarrow \begin{bmatrix} c_1 \\ c_2 \end{bmatrix} = \begin{bmatrix} -\frac{1}{2} \\ \frac{1}{2} \end{bmatrix}$

$$\therefore \mathbf{Y} = \mathbf{PZ} = \begin{bmatrix} 3 & 1 \\ 1 & 1 \end{bmatrix}\begin{bmatrix} \frac{-1}{2}e^{-2t} \\ \frac{1}{2}e^{-4t} \end{bmatrix} = \begin{bmatrix} \frac{-3}{2}e^{-2t} + \frac{1}{2}e^{-4t} \\ \frac{-1}{2}e^{-2t} + \frac{1}{2}e^{-4t} \end{bmatrix}$$

51. $\mathbf{A}=\begin{bmatrix}1 & 1\\ 1 & 1\end{bmatrix}$, $\mathbf{G}(t)=\begin{bmatrix}3e^{2t}\\ e^{2t}\end{bmatrix}$, $\mathbf{Y}(0)=\begin{bmatrix}3\\ 0\end{bmatrix}$

解: $$|\mathbf{A}-\lambda\mathbf{I}|=\begin{vmatrix}1-\lambda & 1\\ 1 & 1-\lambda\end{vmatrix}=0\Rightarrow\lambda=0,2$$

$$\Rightarrow\mathbf{X}_1=\begin{bmatrix}1\\ -1\end{bmatrix},\ \mathbf{X}_2=\begin{bmatrix}1\\ 1\end{bmatrix}$$

取 $\mathbf{P}=\begin{bmatrix}1 & 1\\ -1 & 1\end{bmatrix}\Rightarrow\mathbf{P}^{-1}\mathbf{A}\mathbf{P}=\begin{bmatrix}0 & 0\\ 0 & 2\end{bmatrix}$

$$\mathbf{Z}'=(\mathbf{P}^{-1}\mathbf{A}\mathbf{P})\mathbf{Z}+\mathbf{P}^{-1}\mathbf{G}\Rightarrow\mathbf{P}^{-1}=\begin{bmatrix}\frac{1}{2} & \frac{-1}{2}\\ \frac{1}{2} & \frac{1}{2}\end{bmatrix}$$

$$\Rightarrow\mathbf{Z}=\begin{bmatrix}c_1+\frac{1}{2}e^{2t}\\ c_2e^{2t}+2te^{2t}\end{bmatrix}\Rightarrow\mathbf{Y}=\mathbf{P}\mathbf{Z}=\begin{bmatrix}c_1+\left(c_2+2t+\frac{1}{2}\right)e^{2t}\\ -c_1+\left(c_2+2t-\frac{1}{2}\right)e^{2t}\end{bmatrix}$$

又 $\mathbf{Y}(0)=\begin{bmatrix}3\\ 0\end{bmatrix}=\begin{bmatrix}c_1+c_2+\frac{1}{2}\\ -c_1+c_2-\frac{1}{2}\end{bmatrix}\Rightarrow\begin{bmatrix}c_1\\ c_2\end{bmatrix}=\begin{bmatrix}\frac{3}{2}\\ 1\end{bmatrix}$

$$\therefore\mathbf{Y}=\mathbf{P}\mathbf{Z}=\begin{bmatrix}\frac{3}{2}+\left(\frac{3}{2}+2t\right)e^{2t}\\ \frac{-3}{2}+\left(\frac{1}{2}+2t\right)e^{2t}\end{bmatrix}$$

52. $\mathbf{A}=\begin{bmatrix}1 & -4\\ 2 & -5\end{bmatrix}$, $\mathbf{G}(t)=\begin{bmatrix}0\\ 0\end{bmatrix}$, $\mathbf{Y}(0)=\begin{bmatrix}-1\\ 1\end{bmatrix}$

解: $$|\mathbf{A}-\lambda\mathbf{I}|=\begin{vmatrix}1-\lambda & -4\\ 2 & -5-\lambda\end{vmatrix}=0\Rightarrow\lambda=-1,-3$$

$$\Rightarrow\mathbf{X}_1=\begin{bmatrix}2\\ 1\end{bmatrix},\ \mathbf{X}_2=\begin{bmatrix}1\\ 1\end{bmatrix}$$

取 $\mathbf{P}=\begin{bmatrix}2 & 1\\ 1 & 1\end{bmatrix}\Rightarrow\mathbf{P}^{-1}\mathbf{A}\mathbf{P}=\begin{bmatrix}-1 & 0\\ 0 & -3\end{bmatrix}$

$$\mathbf{Z}'=(\mathbf{P}^{-1}\mathbf{AP})\mathbf{Z}\Rightarrow\mathbf{Z}=\begin{bmatrix}c_1e^{-t}\\c_2e^{-3t}\end{bmatrix}\Rightarrow\mathbf{Y}=\mathbf{PZ}=\begin{bmatrix}2c_1e^{-t}+c_2e^{-3t}\\c_1e^{-t}+c_2e^{-3t}\end{bmatrix}$$

$$\text{又}\mathbf{Y}(0)=\begin{bmatrix}-1\\1\end{bmatrix}=\begin{bmatrix}2c_1+c_2\\c_1+c_2\end{bmatrix}\Rightarrow\begin{bmatrix}c_1\\c_2\end{bmatrix}=\begin{bmatrix}-2\\3\end{bmatrix}$$

$$\therefore\mathbf{Y}=\mathbf{PZ}=\begin{bmatrix}-4e^{-t}+3e^{-3t}\\-2e^{-t}+3e^{-3t}\end{bmatrix}$$

53. $\mathbf{A}=\begin{bmatrix}2&-5\\1&-2\end{bmatrix}$，$\mathbf{G}(t)=\begin{bmatrix}5\sin t\\2\sin t\end{bmatrix}$，$\mathbf{Y}(0)=\begin{bmatrix}2\\1\end{bmatrix}$

解:

$$|\mathbf{A}-\lambda\mathbf{I}|=\begin{vmatrix}2-\lambda&-5\\1&-2-\lambda\end{vmatrix}=0\Rightarrow\lambda=i,-i$$

$$\Rightarrow\mathbf{X}_1\begin{bmatrix}2+i\\1\end{bmatrix},\ \mathbf{X}_2=\begin{bmatrix}2-i\\1\end{bmatrix}$$

$$\text{取}\mathbf{P}=\begin{bmatrix}2+i&2-i\\1&1\end{bmatrix}\Rightarrow\mathbf{P}^{-1}\mathbf{AP}=\begin{bmatrix}i&0\\0&-i\end{bmatrix}$$

$$\mathbf{Z}'=(\mathbf{P}^{-1}\mathbf{AP})\mathbf{Z}+\mathbf{P}^{-1}\mathbf{G}\Rightarrow\mathbf{P}^{-1}=\begin{bmatrix}\frac{-i}{2}&\frac{1+2i}{2}\\\frac{i}{2}&\frac{1-2i}{2}\end{bmatrix}$$

$$\Rightarrow\mathbf{Z}=\begin{bmatrix}c_1e^{it}-\frac{2i+1}{4}te^{it}+\frac{2i+1}{4}te^{-it}\\c_2e^{-it}\end{bmatrix}$$

$$\Rightarrow\mathbf{Y}=\mathbf{PZ}$$

$$=\begin{bmatrix}(2+i)c_1e^{it}-\frac{(2+i)(2i+1)}{4}te^{it}+\frac{(2+i)(2i+1)}{4}te^{-it}+(2-i)c_2e^{-it}\\c_1e^{it}-\frac{2i+1}{4}te^{it}+\frac{2i+1}{4}te^{-it}+c_2e^{-it}\end{bmatrix}$$

$$\text{又}\mathbf{Y}(0)=\begin{bmatrix}2\\1\end{bmatrix}=\begin{bmatrix}(2+i)c_1+(2-i)c_2\\c_1+c_2\end{bmatrix}$$

$$\Rightarrow\begin{bmatrix}c_1\\c_2\end{bmatrix}=\begin{bmatrix}\frac{1}{2}\\\frac{1}{2}\end{bmatrix}$$

54. $\mathbf{A}=\begin{bmatrix}1 & -1 & 4\\ 3 & 2 & 1\\ 2 & 1 & -1\end{bmatrix}$, $\mathbf{G}(t)=\begin{bmatrix}0\\0\\0\end{bmatrix}$, $\mathbf{Y}(0)=\begin{bmatrix}-7\\4\\1\end{bmatrix}$

解:
$$|\mathbf{A}-\lambda\mathbf{I}|=\begin{vmatrix}1-\lambda & -1 & 4\\ 3 & 2-\lambda & -1\\ 2 & 1 & -1-\lambda\end{vmatrix}=0\Rightarrow\lambda=3,1,-2$$

$$\Rightarrow\mathbf{X}_1=\begin{bmatrix}1\\2\\1\end{bmatrix},\ \mathbf{X}_2=\begin{bmatrix}1\\-4\\-1\end{bmatrix},\ \mathbf{X}_3=\begin{bmatrix}1\\-1\\1\end{bmatrix}$$

取$\mathbf{P}=\begin{bmatrix}1 & 1 & 1\\ 2 & -4 & -1\\ 1 & -1 & 1\end{bmatrix}\Rightarrow\mathbf{P}^{-1}\mathbf{A}\mathbf{P}=\begin{bmatrix}3 & 0 & 0\\ 0 & 1 & 0\\ 0 & 0 & -2\end{bmatrix}$

$$\mathbf{Z}'=(\mathbf{P}^{-1}\mathbf{A}\mathbf{P})\mathbf{Z},\ \mathbf{Z}=\begin{bmatrix}c_1e^{3t}\\ c_2e^{t}\\ c_3e^{-2t}\end{bmatrix}$$

$$\Rightarrow\mathbf{Y}=\mathbf{P}\mathbf{Z}=\begin{bmatrix}c_1e^{3t}+c_2e^{t}+c_3e^{-2t}\\ 2c_1e^{3t}-4c_2e^{t}-c_3e^{-2t}\\ c_1e^{3t}-c_2e^{t}+c_3e^{-2t}\end{bmatrix}$$

又$\mathbf{Y}(0)=\begin{bmatrix}-7\\4\\1\end{bmatrix}=\begin{bmatrix}c_1+c_2+c_3\\ 2c_1-4c_2-c_3\\ c_1-c_2+c_3\end{bmatrix}\Rightarrow\begin{bmatrix}c_1\\c_2\\c_3\end{bmatrix}=\begin{bmatrix}-5\\-4\\2\end{bmatrix}$

$$\therefore\mathbf{Y}=\mathbf{P}\mathbf{Z}=\begin{bmatrix}-5e^{3t}-4e^{t}+2e^{-2t}\\ -10e^{3t}+16e^{t}-2e^{-2t}\\ -5e^{3t}+4e^{t}+2e^{-2t}\end{bmatrix}$$

55. $\mathbf{A}=\begin{bmatrix}5 & -4 & 4\\ 12 & -11 & 12\\ 4 & -4 & 5\end{bmatrix}$, $\mathbf{G}(t)=\begin{bmatrix}-3e^{-3t}\\ t\\ t\end{bmatrix}$, $\mathbf{Y}(0)=\begin{bmatrix}-1\\1\\-2\end{bmatrix}$

解:
$$|\mathbf{A}-\lambda\mathbf{I}|=\begin{vmatrix}5-\lambda & -4 & 4\\ 12 & -11-\lambda & 12\\ 4 & -4 & 5-\lambda\end{vmatrix}=0\Rightarrow\lambda=1,1,-3$$

$$\Rightarrow\mathbf{X}_1=\begin{bmatrix}1\\0\\-1\end{bmatrix},\ \mathbf{X}_2=\begin{bmatrix}1\\1\\0\end{bmatrix},\ \mathbf{X}_3=\begin{bmatrix}1\\3\\1\end{bmatrix}$$

$$取\mathbf{P}=\begin{bmatrix}1&1&1\\0&1&3\\-1&0&1\end{bmatrix}\Rightarrow\mathbf{P}^{-1}\mathbf{AP}=\begin{bmatrix}1&0&0\\0&1&0\\0&0&-3\end{bmatrix}$$

$$\mathbf{Z}'=(\mathbf{P}^{-1}\mathbf{AP})\mathbf{Z}+\mathbf{P}^{-1}\mathbf{G}\Rightarrow\mathbf{P}^{-1}=\begin{bmatrix}-1&1&-2\\3&-2&3\\-1&1&-1\end{bmatrix}$$

$$\Rightarrow\mathbf{Z}=\begin{bmatrix}c_1e^t-\frac{3}{4}e^{-3t}+t+1\\c_2e^t+\frac{9}{4}e^{-3t}-t-1\\c_3e^{-3t}-3te^{-3t}\end{bmatrix}\therefore\mathbf{Y}=\mathbf{PZ}=\begin{bmatrix}1&1&1\\0&1&3\\-1&0&1\end{bmatrix}\cdot\mathbf{Z}$$

$$又\mathbf{Y}(0)=\begin{bmatrix}-1\\1\\-2\end{bmatrix}=\begin{bmatrix}1&1&1\\0&1&3\\-1&0&1\end{bmatrix}\begin{bmatrix}c_1-\frac{3}{4}+1\\c_2+\frac{9}{4}-1\\c_3\end{bmatrix}\Rightarrow\begin{bmatrix}c_1\\c_2\\c_3\end{bmatrix}=\begin{bmatrix}\frac{23}{4}\\-\frac{49}{4}\\4\end{bmatrix}$$

$$\therefore\mathbf{Y}=\begin{bmatrix}1&1&1\\0&1&3\\-1&0&1\end{bmatrix}\begin{bmatrix}\frac{23}{4}e^t-\frac{3}{4}e^{-3t}+t+1\\\frac{-49}{4}e^t+\frac{9}{4}e^{-3t}-t-1\\4e^{-3t}-3te^{-3t}\end{bmatrix}$$

56. $\mathbf{A}=\begin{bmatrix}3&-1&-1\\1&1&-1\\1&-1&1\end{bmatrix}$，$\mathbf{G}(t)=\begin{bmatrix}0\\t\\2e^t\end{bmatrix}$，$\mathbf{Y}(0)=\begin{bmatrix}1\\2\\-2\end{bmatrix}$

解:
$$|\mathbf{A}-\lambda\mathbf{I}|=\begin{vmatrix}3-\lambda&-1&-1\\1&1-\lambda&-1\\1&-1&1-\lambda\end{vmatrix}=0\Rightarrow\lambda=1,2,2$$

$$\Rightarrow\mathbf{X}_1=\begin{bmatrix}1\\1\\1\end{bmatrix},\ \mathbf{X}_2=\begin{bmatrix}1\\0\\1\end{bmatrix},\ \mathbf{X}_3=\begin{bmatrix}1\\1\\0\end{bmatrix}$$

$$取\mathbf{P}=\begin{bmatrix}1&1&1\\1&0&1\\1&1&0\end{bmatrix}\Rightarrow\mathbf{P}^{-1}\mathbf{AP}=\begin{bmatrix}1&0&0\\0&2&0\\0&0&2\end{bmatrix}$$

$$\mathbf{Z}' = (\mathbf{P}^{-1}\mathbf{A}\mathbf{P})\mathbf{Z} + \mathbf{P}^{-1}\mathbf{G} \Rightarrow \mathbf{P}^{-1} = \begin{bmatrix} -1 & 1 & 1 \\ 1 & -1 & 0 \\ 1 & 0 & -1 \end{bmatrix}$$

$$\Rightarrow \mathbf{Z} = \begin{bmatrix} c_1e^t - t + 2te^t - 1 \\ c_2e^{2t} + \frac{1}{2}t + \frac{1}{4} \\ c_3e^{2t} + 2e^t \end{bmatrix} \quad \therefore \mathbf{Y} = \mathbf{PZ} = \begin{bmatrix} 1 & 1 & 1 \\ 1 & 0 & 1 \\ 1 & 1 & 0 \end{bmatrix} \cdot \mathbf{Z}$$

$$\text{又}\mathbf{Y}(0) = \begin{bmatrix} 1 \\ 2 \\ -2 \end{bmatrix} = \begin{bmatrix} 1 & 1 & 1 \\ 1 & 0 & 1 \\ 1 & 1 & 0 \end{bmatrix} \begin{bmatrix} c_1 - 1 \\ c_2 + \frac{1}{4} \\ c_3 + 2 \end{bmatrix} \Rightarrow \begin{bmatrix} c_1 \\ c_2 \\ c_3 \end{bmatrix} = \begin{bmatrix} 0 \\ \frac{-5}{4} \\ 1 \end{bmatrix}$$

$$\therefore \mathbf{Y} = \begin{bmatrix} 1 & 1 & 1 \\ 1 & 0 & 1 \\ 1 & 1 & 0 \end{bmatrix} \begin{bmatrix} 2te^t - t - 1 \\ \frac{-5}{4}e^{2t} + \frac{1}{2}t + \frac{1}{4} \\ e^{2t} + 2e^t \end{bmatrix}$$

57. $\mathbf{A} = \begin{bmatrix} 3 & -4 & 0 & 0 \\ 2 & -3 & 0 & 0 \\ 0 & 0 & 1 & -2 \\ 0 & 0 & -6 & 0 \end{bmatrix}$, $\mathbf{G}(t) = \begin{bmatrix} 1 \\ 2t \\ 7 \\ \frac{7}{2}t \end{bmatrix}$, $\mathbf{Y}(0) = \begin{bmatrix} 1 \\ 0 \\ \frac{1}{2} \\ -\frac{1}{2} \end{bmatrix}$

解: 原式可分為

$$\begin{cases} \begin{bmatrix} y_1' \\ y_2' \end{bmatrix} = \begin{bmatrix} 3 & -4 \\ 2 & -3 \end{bmatrix} \begin{bmatrix} y_1 \\ y_2 \end{bmatrix} + \begin{bmatrix} 1 \\ 2t \end{bmatrix} \equiv \mathbf{A}_1\mathbf{Y}_1 + \mathbf{G}_1 \\ \begin{bmatrix} y_3' \\ y_4' \end{bmatrix} = \begin{bmatrix} 1 & -2 \\ -6 & 0 \end{bmatrix} \begin{bmatrix} y_1 \\ y_2 \end{bmatrix} + \begin{bmatrix} 7 \\ \frac{7}{2}t \end{bmatrix} \equiv \mathbf{A}_2\mathbf{Y}_2 + \mathbf{G}_2 \end{cases}$$

$$\begin{cases} |\mathbf{A}_1 - \lambda\mathbf{I}| = \begin{vmatrix} 3-\lambda & -4 \\ 2 & -3-\lambda \end{vmatrix} = 0 \Rightarrow \lambda = 1,\ -1 \\ |\mathbf{A}_2 - \lambda\mathbf{I}| = \begin{vmatrix} 1-\lambda & -2 \\ -6 & -\lambda \end{vmatrix} = 0 \Rightarrow \lambda = 4,\ -3 \end{cases}$$

$$\Rightarrow \begin{cases} \mathbf{X}_{11} = \begin{bmatrix} 2 \\ 1 \end{bmatrix},\ \mathbf{X}_{12} = \begin{bmatrix} 1 \\ 1 \end{bmatrix} \\ \mathbf{X}_{21} = \begin{bmatrix} -2 \\ 3 \end{bmatrix},\ \mathbf{X}_{22} = \begin{bmatrix} 1 \\ 2 \end{bmatrix} \end{cases}$$

$$\begin{cases} 取\mathbf{P}_1 = \begin{bmatrix} 2 & 1 \\ 1 & 1 \end{bmatrix} \Rightarrow \mathbf{Z}_1' = \begin{bmatrix} 1 & 0 \\ 0 & -1 \end{bmatrix} \cdot \mathbf{Z}_1 + \begin{bmatrix} 1-2t \\ -1+4t \end{bmatrix} \\ 取\mathbf{P}_2 = \begin{bmatrix} -2 & 1 \\ 3 & 2 \end{bmatrix} \Rightarrow \mathbf{Z}_2' = \begin{bmatrix} 4 & 0 \\ 0 & -3 \end{bmatrix} \cdot \mathbf{Z}_2 + \begin{bmatrix} \frac{t}{2}-2 \\ t+3 \end{bmatrix} \end{cases}$$

$$\begin{cases} \mathbf{Y}_1 = \mathbf{P}_1\mathbf{Z}_1 = \begin{bmatrix} 2 & 1 \\ 1 & 1 \end{bmatrix} \begin{bmatrix} c_1e^t+2t+1 \\ c_2e^{-t}+4t-5 \end{bmatrix} \\ \mathbf{Y}_2 = \mathbf{P}_2\mathbf{Z}_2 = \begin{bmatrix} -2 & 1 \\ 3 & 2 \end{bmatrix} \begin{bmatrix} c_3e^{4t}-\frac{1}{8}t+\frac{15}{32} \\ c_4e^{-3t}+\frac{1}{3}t+\frac{8}{9} \end{bmatrix} \end{cases}$$

$$\begin{cases} \begin{bmatrix} 1 \\ 0 \end{bmatrix} = \begin{bmatrix} 2 & 1 \\ 1 & 1 \end{bmatrix} \begin{bmatrix} c_1+1 \\ c_2-5 \end{bmatrix} \Rightarrow \begin{bmatrix} c_1 \\ c_2 \end{bmatrix} = \begin{bmatrix} 0 \\ 4 \end{bmatrix} \\ \begin{bmatrix} \frac{1}{2} \\ \frac{-1}{2} \end{bmatrix} = \begin{bmatrix} -2 & 1 \\ 3 & 2 \end{bmatrix} \begin{bmatrix} c_3+\frac{15}{32} \\ c_4+\frac{8}{9} \end{bmatrix} \Rightarrow \begin{bmatrix} c_3 \\ c_4 \end{bmatrix} = \begin{bmatrix} \frac{-153}{224} \\ \frac{-103}{126} \end{bmatrix} \end{cases}$$

$$\therefore \mathbf{Y} = \begin{bmatrix} 4e^{-t}+8t-3 \\ 4e^{-t}+6t-4 \\ \frac{153}{112}e^{4t}-\frac{103}{126}e^{-3t}+\frac{7}{12}t-\frac{t}{144} \\ \frac{-459}{224}e^{4t}-\frac{103}{63}e^{-3t}+\frac{7}{24}t+\frac{917}{288} \end{bmatrix}$$

58.～69.題，用參數變異法，解系統方程式 $\mathbf{Y}' = \mathbf{AY} + \mathbf{G}$。

58. $\mathbf{A} = \begin{bmatrix} -3 & 1 \\ 1 & -3 \end{bmatrix}$，$\mathbf{G}(t) = \begin{bmatrix} -3\cos t \\ 2\cos t + 3\sin t \end{bmatrix}$

解:

$$|\mathbf{A}-\lambda\mathbf{I}| = \begin{vmatrix} -3-\lambda & 1 \\ 1 & -3-\lambda \end{vmatrix} = 0 \Rightarrow \lambda = -2, -4$$

$$\Rightarrow \mathbf{X}_1 = \begin{bmatrix} 1 \\ 1 \end{bmatrix},\ \mathbf{X}_2 = \begin{bmatrix} 1 \\ -1 \end{bmatrix}$$

$$\therefore \mathbf{X}_\lambda = \begin{bmatrix} e^{-2t} & e^{-4t} \\ e^{-2t} & -e^{-4t} \end{bmatrix} \Rightarrow \mathbf{X}_\lambda^{-1} = \frac{1}{2}\begin{bmatrix} e^{2t} & e^{2t} \\ e^{4t} & -e^{4t} \end{bmatrix}$$

$$令\mathbf{U}=\int_0^t \mathbf{X}_\lambda^{-1}\mathbf{G}(\tau)d\tau=\int_0^t \begin{bmatrix} \frac{1}{2}e^{2\tau} & \frac{1}{2}e^{2\tau} \\ \frac{1}{2}e^{4\tau} & \frac{-1}{2}e^{4\tau} \end{bmatrix} \begin{bmatrix} -3\cos\tau \\ 2\cos\tau+3\sin\tau \end{bmatrix} d\tau$$

$$\therefore \mathbf{Y}=\mathbf{X}_\lambda \begin{bmatrix} c_1 \\ c_2 \end{bmatrix} + \mathbf{X}_\lambda\mathbf{U} = \begin{bmatrix} c_1e^{-2t}+c_2e^{-4t}-\cos t \\ c_1e^{-2t}-c_2e^{-4t}+\sin t \end{bmatrix}$$

59. $\mathbf{A}=\begin{bmatrix} 5 & 2 \\ -2 & 1 \end{bmatrix}$, $\mathbf{G}(t)=\begin{bmatrix} 3e^t \\ -e^{3t} \end{bmatrix}$

解: $$|\mathbf{A}-\lambda\mathbf{I}|=\begin{vmatrix} 5-\lambda & 2 \\ -2 & 1-\lambda \end{vmatrix}=0 \Rightarrow \lambda=3,3 \Rightarrow \mathbf{X}_1=\begin{bmatrix} 1 \\ -1 \end{bmatrix}$$

$$\Rightarrow \mathbf{Y}_1=\mathbf{X}_1e^{3t},\ 經計算得\mathbf{Y}_2=\begin{bmatrix} 1+2t \\ -2t \end{bmatrix}e^{3t}$$

$$\therefore \mathbf{X}_\lambda=\begin{bmatrix} e^{3t} & (1+2t)e^{3t} \\ -e^{3t} & -2te^{3t} \end{bmatrix} \Rightarrow \mathbf{X}_\lambda^{-1}=\begin{bmatrix} -2te^{-3t} & -(1+2t)e^{-3t} \\ e^{-3t} & e^{-3t} \end{bmatrix}$$

$$令\mathbf{U}=\int_0^t \mathbf{X}_\lambda^{-1}\cdot\begin{bmatrix} 3e^\tau \\ -e^{3\tau} \end{bmatrix}d\tau=\begin{bmatrix} 3te^{-2t}+\frac{3}{2}e^{-2t}+t+t^2 \\ -\frac{3}{2}e^{-2t}-t \end{bmatrix}$$

$$\therefore \mathbf{Y}=\mathbf{X}_\lambda \begin{bmatrix} c_1 \\ c_2 \end{bmatrix} + \mathbf{X}_\lambda\mathbf{U}=\mathbf{X}_\lambda \begin{bmatrix} c_1+3te^{-2t}+\frac{3}{2}e^{-2t}+t+t^2 \\ c_2-\frac{3}{2}e^{-2t}-t \end{bmatrix}$$

60. $\mathbf{A}=\begin{bmatrix} 4 & -8 \\ 2 & -6 \end{bmatrix}$, $\mathbf{G}(t)=\begin{bmatrix} 2\cosh t \\ \cosh t+2\sinh t \end{bmatrix}$

解: $$|\mathbf{A}-\lambda\mathbf{I}|=\begin{vmatrix} 4-\lambda & -8 \\ 2 & -6-\lambda \end{vmatrix}=0 \Rightarrow \lambda=2,-4$$

$$\Rightarrow \mathbf{X}_1=\begin{bmatrix} 4 \\ 1 \end{bmatrix},\ \mathbf{X}_2=\begin{bmatrix} 1 \\ 1 \end{bmatrix}$$

$$\therefore \mathbf{X}_\lambda=\begin{bmatrix} 4e^{2t} & e^{-4t} \\ e^{2t} & e^{-4t} \end{bmatrix} \Rightarrow \mathbf{X}_\lambda^{-1}=\frac{1}{3}\begin{bmatrix} e^{-2t} & -e^{-2t} \\ -e^{-4t} & 4e^{4t} \end{bmatrix}$$

$$令\mathbf{U}=\int_0^t \mathbf{X}_\lambda^{-1}\mathbf{G}(\tau)d\tau=\int_0^t \mathbf{X}_\lambda^{-1}\begin{bmatrix}2\cosh\tau\\ \cosh\tau+2\sinh\tau\end{bmatrix}d\tau$$

$$\therefore \mathbf{Y}=\mathbf{X}_\lambda\begin{bmatrix}c_1\\c_2\end{bmatrix}+\mathbf{X}_\lambda\mathbf{U}=\begin{bmatrix}4c_1e^{2t}+c_2e^{-4t}+2\sinh t\\ c_1e^{2t}+c_2e^{-4t}+\sinh t\end{bmatrix}$$

61.$\mathbf{A}=\begin{bmatrix}7 & -1\\ 1 & 5\end{bmatrix}$，$\mathbf{G}(t)=\begin{bmatrix}e^{6t}\\ 3te^{6t}\end{bmatrix}$

解:

$$|\mathbf{A}-\lambda\mathbf{I}|=\begin{vmatrix}7-\lambda & -1\\ 1 & 5-\lambda\end{vmatrix}=0\Rightarrow\lambda=6,6\Rightarrow\mathbf{X}_1=\begin{bmatrix}1\\1\end{bmatrix}$$

$$\Rightarrow\mathbf{Y}_1=\mathbf{X}_1e^{6t}，經計算得\mathbf{Y}_2=\begin{bmatrix}1+t\\ t\end{bmatrix}\cdot e^{6t}$$

$$\therefore\mathbf{X}_\lambda=\begin{bmatrix}e^{6t} & (1+t)e^{6t}\\ e^{6t} & te^{6t}\end{bmatrix}，\mathbf{X}_\lambda^{-1}=\begin{bmatrix}-te^{6t} & (1+t)e^{6t}\\ e^{6t} & -e^{6t}\end{bmatrix}$$

$$令\mathbf{U}=\int_0^t\mathbf{X}_\lambda^{-1}\cdot\mathbf{G}(\tau)d\tau=\int_0^t\mathbf{X}_\lambda^{-1}\cdot\begin{bmatrix}e^{6\tau}\\ 3\tau e^{6\tau}\end{bmatrix}d\tau=\begin{bmatrix}t^2+t^3\\ -\frac{3}{2}t^2+t\end{bmatrix}$$

$$\therefore\mathbf{Y}=\mathbf{X}_\lambda\begin{bmatrix}c_1\\c_2\end{bmatrix}+\mathbf{X}_\lambda\mathbf{U}=\begin{bmatrix}e^{6t} & (1+t)e^{6t}\\ e^{6t} & te^{6t}\end{bmatrix}\begin{bmatrix}c_1+t^2+t^3\\ c_2+t-\frac{3}{2}t^2\end{bmatrix}$$

62.$\mathbf{A}=\begin{bmatrix}0 & 1\\ -4 & 0\end{bmatrix}$，$\mathbf{G}(t)=\begin{bmatrix}5\sin t\\ -17\cos t\end{bmatrix}$

解:

$$|\mathbf{A}-\lambda\mathbf{I}|=\begin{vmatrix}-\lambda & 1\\ -4 & -\lambda\end{vmatrix}=0\Rightarrow\lambda=2i,-2i$$

$$\Rightarrow\mathbf{X}_1=\begin{bmatrix}1\\2i\end{bmatrix}，\mathbf{X}_2=\begin{bmatrix}1\\-2i\end{bmatrix}$$

$$\therefore\mathbf{X}_\lambda=\begin{bmatrix}e^{2it} & e^{-2it}\\ 2ie^{2it} & -2ie^{-2it}\end{bmatrix}\Rightarrow\mathbf{X}_\lambda^{-1}=\frac{i}{4}\begin{bmatrix}-2ie^{-2it} & -e^{-2it}\\ -2ie^{2it} & e^{2it}\end{bmatrix}$$

$$令\mathbf{U}=\int_0^t\mathbf{X}_\lambda^{-1}\mathbf{G}(\tau)d\tau=\int_0^t\mathbf{X}_\lambda^{-1}\begin{bmatrix}5\sin\tau\\ -17\cos\tau\end{bmatrix}d\tau$$

$$\therefore\mathbf{Y}=\mathbf{X}_\lambda\cdot\begin{bmatrix}c_1\\c_2\end{bmatrix}+\mathbf{X}_\lambda\mathbf{U}=\begin{bmatrix}A\cos 2t+B\sin 2t-4\cos t\\ -2A\sin 2t+2B\cos 2t-\sin t\end{bmatrix}$$

63. $\mathbf{A}=\begin{bmatrix}2&0&0\\0&6&-4\\0&4&-2\end{bmatrix}$，$\mathbf{G}(t)=\begin{bmatrix}3e^{2t}\cos 3t\\-1\\-1\end{bmatrix}$

解: $\lambda=2$（三重根）

$$\Rightarrow \mathbf{X}_1=\begin{bmatrix}1\\0\\0\end{bmatrix},\ \mathbf{X}_2=\begin{bmatrix}0\\1\\1\end{bmatrix},\ \mathbf{Y}_1=\mathbf{X}_1e^{2t},\ \mathbf{Y}_2=\mathbf{X}_2e^{2t}$$

經計算得$\mathbf{Y}_3=\mathbf{X}_2te^{2t}+\mathbf{V}e^{2t}=\begin{bmatrix}0\\t\\t-\dfrac{1}{4}\end{bmatrix}e^{2t}$，其中$\mathbf{V}=\begin{bmatrix}0\\0\\\dfrac{-1}{4}\end{bmatrix}$

$$\Rightarrow \mathbf{X}_\lambda=\begin{bmatrix}e^{2t}&0&0\\0&e^{2t}&te^{2t}\\0&e^{2t}&\left(t-\dfrac{1}{4}\right)e^{2t}\end{bmatrix}$$

令$\mathbf{U}=\int_0^t\mathbf{X}_\lambda^{-1}\mathbf{G}(\tau)d\tau=\int_0^t\begin{bmatrix}1&0&0\\0&(4\tau-1)e^{-2\tau}&-4\tau e^{-2\tau}\\0&-4e^{-2\tau}&4e^{-2\tau}\end{bmatrix}\mathbf{G}(\tau)d\tau$

$$=\begin{bmatrix}\dfrac{2}{13}e^{2t}\cos 3t+\dfrac{3}{13}e^{2t}\sin 3t-\dfrac{2}{13}\\-\dfrac{1}{2}e^{-2t}+\dfrac{1}{2}\\0\end{bmatrix}$$

$\therefore \mathbf{Y}=\mathbf{X}_\lambda(\mathbf{C}+\mathbf{U})$，其中$\mathbf{C}=\begin{bmatrix}C_1\\C_2\\C_3\end{bmatrix}$

64. $\mathbf{A}=\begin{bmatrix}0&-1\\-1&0\end{bmatrix}$，$\mathbf{G}(t)=\begin{bmatrix}\cos t-\sin t\\\cos t+\sin t\end{bmatrix}$，$\mathbf{Y}(0)=\begin{bmatrix}1\\6\end{bmatrix}$

解: $|\mathbf{A}-\lambda\mathbf{I}|=\begin{vmatrix}-\lambda&-1\\-1&-\lambda\end{vmatrix}=0\Rightarrow\lambda=1,-1\Rightarrow\mathbf{X}_1=\begin{bmatrix}1\\-1\end{bmatrix}$，$\mathbf{X}_2=\begin{bmatrix}1\\1\end{bmatrix}$

$$\Rightarrow \mathbf{X}_\lambda = \begin{bmatrix} e^t & e^{-t} \\ -e^t & e^{-t} \end{bmatrix},\ \mathbf{X}_\lambda^{-1} = \frac{1}{2}\begin{bmatrix} e^{-t} & e^t \\ -e^{-t} & e^t \end{bmatrix}$$

$$\text{令}\mathbf{U} = \int_0^t \mathbf{X}_\lambda^{-1}\mathbf{G}(\tau)d\tau = \int_0^t \mathbf{X}_\lambda^{-1}\begin{bmatrix} \cos\tau - \sin\tau \\ \cos\tau + \sin\tau \end{bmatrix} d\tau$$

$$\therefore \mathbf{Y} = \begin{bmatrix} c_1e^t + c_2e^{-t} + \cos t + \sin t \\ -c_1e^t + c_2e^{-t} \end{bmatrix}$$

$$\text{又}\mathbf{Y}(0) = \begin{bmatrix} 1 \\ 6 \end{bmatrix} = \begin{bmatrix} c_1 + c_2 + 1 \\ -c_1 + c_2 \end{bmatrix} \Rightarrow \begin{bmatrix} c_1 \\ c_2 \end{bmatrix} = \begin{bmatrix} -3 \\ 3 \end{bmatrix}$$

$$\therefore \mathbf{Y} = \begin{bmatrix} -3e^t + 3e^{-t} + \cos t + \sin t \\ 3e^t + 3e^{-t} \end{bmatrix}$$

65. $\mathbf{A} = \begin{bmatrix} 5 & -4 \\ 4 & -3 \end{bmatrix},\ \mathbf{G}(t) = \begin{bmatrix} e^t \\ e^t \end{bmatrix},\ \mathbf{Y}(0) = \begin{bmatrix} 1 \\ -3 \end{bmatrix}$

解: $\begin{vmatrix} 5-\lambda & -4 \\ 4 & -3 \end{vmatrix} = 0 \Rightarrow \lambda = 1, 1 \Rightarrow \mathbf{X}_1 = \begin{bmatrix} 1 \\ 1 \end{bmatrix} \Rightarrow \mathbf{Y}_1 = \mathbf{X}_1 e^t$

$$\text{經計算得}\mathbf{Y}_2 = \begin{bmatrix} 1+4t \\ 4t \end{bmatrix} e^t \ \therefore \mathbf{X}_\lambda = \begin{bmatrix} e^t & (1+4t)e^t \\ e^t & 4te^t \end{bmatrix}$$

$$\Rightarrow \text{令}\mathbf{U} = \int_0^t \mathbf{X}_\lambda^{-1}\mathbf{G}(\tau)d\tau = \int_0^t \begin{bmatrix} -4\tau e^{-\tau} & (1+\tau)e^{-\tau} \\ e^{-\tau} & -e^{-\tau} \end{bmatrix}\begin{bmatrix} e^\tau \\ e^\tau \end{bmatrix} d\tau$$

$$\Rightarrow \mathbf{U} = \begin{bmatrix} t \\ 0 \end{bmatrix} \Rightarrow \mathbf{Y} = \mathbf{X}_\lambda \begin{bmatrix} c_1 \\ c_2 \end{bmatrix} + \mathbf{X}_\lambda\mathbf{U} = \mathbf{X}_\lambda \begin{bmatrix} c_1 + t \\ c_2 \end{bmatrix}$$

$$\mathbf{Y}(0) = \begin{bmatrix} 1 \\ -3 \end{bmatrix} = \begin{bmatrix} 1 & 1 \\ 1 & 0 \end{bmatrix}\begin{bmatrix} c_1 \\ c_2 \end{bmatrix} \Rightarrow \begin{bmatrix} c_1 \\ c_2 \end{bmatrix} = \begin{bmatrix} -3 \\ 4 \end{bmatrix}$$

$$\therefore \mathbf{Y} = \begin{bmatrix} e^t & (1+4t)e^t \\ e^t & 4te^t \end{bmatrix}\begin{bmatrix} -3+t \\ 4 \end{bmatrix}$$

66. $\mathbf{A} = \begin{bmatrix} 5 & 4 \\ 1 & 2 \end{bmatrix},\ \mathbf{G}(t) = \begin{bmatrix} 5t^2 - 6t - 25 \\ t^2 - 2t - 4 \end{bmatrix},\ \mathbf{Y}(0) = \begin{bmatrix} 0 \\ 0 \end{bmatrix}$

解: $\begin{vmatrix} 5-\lambda & 4 \\ 1 & 2-\lambda \end{vmatrix} = 0 \Rightarrow \lambda = 1, 6 \Rightarrow \mathbf{X}_1 = \begin{bmatrix} 1 \\ -1 \end{bmatrix},\ \mathbf{X}_2 = \begin{bmatrix} 4 \\ 1 \end{bmatrix}$

$$\mathbf{X}_\lambda = \begin{bmatrix} e^t & 4e^{6t} \\ -e^t & e^{6t} \end{bmatrix},\ 令\mathbf{U} = \int_0^t \mathbf{X}_\lambda^{-1}\mathbf{G}(\tau)d\tau$$

$$\therefore \mathbf{U} = \int_0^t \frac{1}{5}\begin{bmatrix} e^{-t} & e^{-6t} \\ -4e^{-t} & e^{-6t} \end{bmatrix}\begin{bmatrix} 5t^2-6t-25 \\ t^2-2t-4 \end{bmatrix}dt$$

$$\Rightarrow \mathbf{Y} = \mathbf{X}_\lambda\mathbf{C} + \mathbf{X}_\lambda\mathbf{U} = \begin{bmatrix} c_1e^t + 4c_2e^{6t} - t^2 + 5 \\ -c_1e^t + c_2e^{6t} + t \end{bmatrix}$$

$$\mathbf{Y}(0) = \begin{bmatrix} 0 \\ 0 \end{bmatrix} = \begin{bmatrix} c_1 + 4c_2 + 5 \\ -c_1 + c_2 \end{bmatrix} \Rightarrow \begin{bmatrix} c_1 \\ c_2 \end{bmatrix} = \begin{bmatrix} -1 \\ -1 \end{bmatrix}$$

$$\Rightarrow \mathbf{Y} = \begin{bmatrix} -e^t - 4e^{6t} - t^2 + 5 \\ e^t - e^{6t} + t \end{bmatrix}$$

67. $\mathbf{A} = \begin{bmatrix} 2 & 3 \\ 1 & 4 \end{bmatrix}$, $\mathbf{G}(t) = \begin{bmatrix} 2e^{2t} \\ 3e^{2t} \end{bmatrix}$, $\mathbf{Y}(0) = \begin{bmatrix} -2 \\ 1 \end{bmatrix}$

解:

$$\begin{vmatrix} 2-\lambda & 3 \\ 1 & 4-\lambda \end{vmatrix} = 0 \Rightarrow \lambda = 1, 5 \Rightarrow \mathbf{X}_1 = \begin{bmatrix} 3 \\ -1 \end{bmatrix},\ \mathbf{X}_2 = \begin{bmatrix} 1 \\ 1 \end{bmatrix}$$

$$\mathbf{X}_\lambda = \begin{bmatrix} 3e^t & e^{5t} \\ -e^t & e^{5t} \end{bmatrix},\ 令\mathbf{U} = \int_0^t \mathbf{X}_\lambda^{-1}\mathbf{G}(\tau)d\tau$$

$$\therefore \mathbf{U} = \int_0^t \frac{1}{4}\begin{bmatrix} e^{-t} & -e^{-t} \\ e^{-5t} & 3e^{-5t} \end{bmatrix}\begin{bmatrix} 2e^{2t} \\ 3e^{2t} \end{bmatrix}dt$$

$$\Rightarrow \mathbf{Y} = \mathbf{X}_\lambda\mathbf{C} + \mathbf{X}_\lambda\mathbf{U} = \begin{bmatrix} 3c_1e^t + c_2e^{5t} - \frac{5}{3}e^{2t} \\ -c_1e^t + c_2e^{5t} - \frac{2}{3}e^{2t} \end{bmatrix}$$

$$又\mathbf{Y}(0) = \begin{bmatrix} -2 \\ 1 \end{bmatrix} = \begin{bmatrix} 3c_1 + c_2 - \frac{5}{3} \\ -c_1 + c_2 - \frac{2}{3} \end{bmatrix} \Rightarrow \begin{bmatrix} c_1 \\ c_2 \end{bmatrix} = \begin{bmatrix} \frac{-1}{2} \\ \frac{7}{6} \end{bmatrix}$$

$$\therefore \mathbf{Y} = \begin{bmatrix} \frac{-3}{2}e^t + \frac{7}{6}e^{5t} - \frac{5}{3}e^{2t} \\ \frac{1}{2}e^t + \frac{7}{6}e^{5t} - \frac{2}{3}e^{2t} \end{bmatrix}$$

68. $\mathbf{A}=\begin{bmatrix}2 & -3 & 1\\ 0 & 2 & 4\\ 0 & 0 & 1\end{bmatrix}$, $\mathbf{G}(t)=\begin{bmatrix}10e^{2t}\\ 6e^{2t}\\ -e^{2t}\end{bmatrix}$, $\mathbf{Y}(0)=\begin{bmatrix}-5\\ -11\\ 2\end{bmatrix}$

解: $\lambda=1,2,2$

$$\Rightarrow \mathbf{X}_1=\begin{bmatrix}-13\\ -4\\ 1\end{bmatrix},\ \mathbf{X}_2=\begin{bmatrix}1\\ 0\\ 0\end{bmatrix},\ \mathbf{Y}_1=\mathbf{X}_1e^{t},\ \mathbf{Y}_2=\mathbf{X}_2e^{2t}$$

經計算得$\mathbf{Y}_3=\mathbf{X}_2te^{2t}+\mathbf{V}e^{2t}=\begin{bmatrix}t\\ \frac{-1}{3}\\ 0\end{bmatrix}e^{2t}$, 其中$\mathbf{V}=\begin{bmatrix}0\\ \frac{-1}{3}\\ 0\end{bmatrix}$

$$\Rightarrow \mathbf{X}_\lambda=\begin{bmatrix}-13e^{t} & e^{2t} & te^{2t}\\ -4e^{t} & 0 & \frac{-1}{3}e^{2t}\\ e^{t} & 0 & 0\end{bmatrix}$$

令$\mathbf{U}=\int_0^t \mathbf{X}_\lambda^{-1}\mathbf{G}(\tau)d\tau=\begin{bmatrix}-1-e^{t}\\ -23t+15t^2\\ -30t\end{bmatrix}$

$$\Rightarrow \mathbf{Y}=\mathbf{X}_\lambda(\mathbf{C}+\mathbf{U}),\ 其中\mathbf{C}=\begin{bmatrix}C_1\\ C_2\\ C_3\end{bmatrix}$$

已知$\mathbf{Y}(0)=\begin{bmatrix}-5\\ -11\\ 2\end{bmatrix}$, 代入$\mathbf{Y}$得$\mathbf{C}=\begin{bmatrix}4\\ 21\\ 15\end{bmatrix}$

$$\therefore \mathbf{Y}=\mathbf{X}_\lambda(\mathbf{C}+\mathbf{U})=\mathbf{X}_\lambda\begin{bmatrix}3-e^{t}\\ 21-23t+15t^2\\ 15-30t\end{bmatrix}$$

69. $\mathbf{A}=\begin{bmatrix}1 & -3 & 0\\ 3 & -5 & 0\\ 4 & 7 & -2\end{bmatrix}$, $\mathbf{G}(t)=\begin{bmatrix}te^{-2t}\\ te^{-2t}\\ 11t^2e^{-2t}\end{bmatrix}$, $\mathbf{Y}(0)=\begin{bmatrix}3\\ 1\\ \frac{3}{2}\end{bmatrix}$

解：
$$\begin{vmatrix} 1-\lambda & -3 & 0 \\ 3 & -5-\lambda & 0 \\ 4 & 7 & -2-\lambda \end{vmatrix} = 0 \Rightarrow \lambda = -2 \text{（三重根）}$$

$$\therefore \mathbf{Y} = e^{-2t}\begin{bmatrix} 0 & 1 & 1+3t \\ 0 & 1 & 3t \\ 1 & 11t & 4t+\frac{33}{2}t^2 \end{bmatrix}\begin{bmatrix} \frac{3}{2} \\ 1+\frac{t^2}{2} \\ 2 \end{bmatrix}$$

70.～81.題，用系統方程式法去簡化n階微分方程式。

70.$y''' - 4y'' + 8y' - 10y = -\cos t$

解：令 $y_1 = y$，$y_2 = y_1' = y'$，$y_3 = y_2' = y''$，$y_3' = y'''$

$$\mathbf{Y}' = \begin{bmatrix} y_1' \\ y_2' \\ y_3' \end{bmatrix} = \begin{bmatrix} 0 & 1 & 0 \\ 0 & 0 & 1 \\ 10 & -8 & 4 \end{bmatrix}\begin{bmatrix} y_1 \\ y_2 \\ y_3 \end{bmatrix} + \begin{bmatrix} 0 \\ 0 \\ -\cos t \end{bmatrix}$$

71.$y^{(5)} + 16y''' + 5y'' - 8y = \frac{1}{2}t^2 - t$

解：令$y_1 = y$，$y_2 = y_1' = y'$，$y_3 = y_2' = y''$，$y_4 = y_3' = y'''$，$y_5 = y_4' = y^{(4)}$

$$\mathbf{Y}' = \begin{bmatrix} y_1' \\ y_2' \\ y_3' \\ y_4' \\ y_5' \end{bmatrix} = \begin{bmatrix} 0 & 1 & 0 & 0 & 0 \\ 0 & 0 & 1 & 0 & 0 \\ 0 & 0 & 0 & 1 & 0 \\ 0 & 0 & 0 & 0 & 1 \\ 8 & 0 & -5 & -16 & 0 \end{bmatrix}\begin{bmatrix} y_1 \\ y_2 \\ y_3 \\ y_4 \\ y_5 \end{bmatrix} + \begin{bmatrix} 0 \\ 0 \\ 0 \\ 0 \\ \frac{1}{2}t^2 - t \end{bmatrix}$$

72.$y^{(4)} - 22y'' + 8y' + 12y = \cos t - \frac{1}{2}e^t$

解：令 $y_1 = y$，$y_2 = y_1' = y'$，$y_3 = y_2' = y''$，$y_4 = y_3' = y'''$

$$\mathbf{Y}' = \begin{bmatrix} y_1' \\ y_2' \\ y_3' \\ y_4' \end{bmatrix} = \begin{bmatrix} 0 & 1 & 0 & 0 \\ 0 & 0 & 1 & 0 \\ 0 & 0 & 0 & 1 \\ 9 & -4 & -10 & 6 \end{bmatrix}\begin{bmatrix} y_1 \\ y_2 \\ y_3 \\ y_4 \end{bmatrix} + \begin{bmatrix} 0 \\ 0 \\ 0 \\ \cos t - \frac{1}{2}e^t \end{bmatrix}$$

73. $y^{(4)}-6y'''+10y''+4y'-9y=\frac{1}{2}t^3$

解:

$$\mathbf{Y}'=\begin{bmatrix}0&1&0&0\\0&0&1&0\\0&0&0&1\\9&-4&-10&6\end{bmatrix}\begin{bmatrix}y_1\\y_2\\y_3\\y_4\end{bmatrix}+\begin{bmatrix}0\\0\\0\\\frac{1}{2}t^3\end{bmatrix}$$

74. $y_1'-3y_2'-y_1+2y_2=e^{5t}+6t$

$y_2''-2y_2'-3y_1=\cos 5t$

解: 令 $x_1=y_1,\ x_2=y_2,\ x_3=y_2'$

$$\begin{bmatrix}x_1'\\x_2'\\x_3'\end{bmatrix}=\begin{bmatrix}1&-2&3\\0&0&1\\3&0&2\end{bmatrix}\begin{bmatrix}x_1\\x_2\\x_3\end{bmatrix}+\begin{bmatrix}e^{5t}+6t\\0\\\cos 5t\end{bmatrix}$$

75. $y_1'-2y_1-y_2'+2y_2=2-e^{3t}$

$y_1'-4y_1+y_2'-8y_2=2+e^{3t}$

解:

$$\begin{cases}y_1'-2y_1-y_2'+2y_2=2-e^{3t}\cdots\cdots①\\y_1'-4y_1+y_2'-8y_2=2+e^{3t}\cdots\cdots②\end{cases}$$

① − ②: $2y_1-2y_2'+10y_2=-2e^{3t}$

① + ②: $2y_1'-6y_1-6y_2=4$

$$\therefore\begin{bmatrix}y_1'\\y_2'\end{bmatrix}=\begin{bmatrix}3&3\\1&5\end{bmatrix}\begin{bmatrix}y_1\\y_2\end{bmatrix}+\begin{bmatrix}4\\2e^{3t}\end{bmatrix}$$

76. $y'''-2y''+3y'-5y=6e^{2t}-5t$

解: 令 $y_1=y,\ y_2=y',\ y_3=y''$

$$\therefore\begin{bmatrix}y_1'\\y_2'\\y_3'\end{bmatrix}=\begin{bmatrix}0&1&0\\0&0&1\\5&-3&2\end{bmatrix}\begin{bmatrix}y_1\\y_2\\y_3\end{bmatrix}+\begin{bmatrix}0\\0\\6e^{2t}-5t\end{bmatrix}$$

77. $2y_1'' - 6y_1' - 4y_1 + 8y_2' - 2y_2 = 8e^{4t}$

$3y_1' + 5y_1 - y_2'' + 4y_2' + 7y_2 = e^{-t}$

解: 令 $x_1 = y_1$, $x_2 = y_2$, $x_3 = y_1'$, $x_4 = y_2'$

$$\therefore \begin{bmatrix} x_1' \\ x_2' \\ x_3' \\ x_4' \end{bmatrix} = \begin{bmatrix} 0 & 0 & 1 & 0 \\ 0 & 0 & 0 & 1 \\ 2 & 1 & 3 & -4 \\ 5 & 7 & 3 & 4 \end{bmatrix} \begin{bmatrix} x_1 \\ x_2 \\ x_3 \\ x_4 \end{bmatrix} + \begin{bmatrix} 0 \\ 0 \\ 8e^{4t} \\ -e^{-t} \end{bmatrix}$$

78. $2y_1' - 3y_1 - 7y_2' + 23y_2 = 5e^{2t}$

$y_1' - y_1 - 4y_2' + 13y_2 = 3e^{2t}$

解: $\begin{cases} 2y_1' - 3y_1 - 7y_2' + 23y_2 = 5e^{2t} \cdots\cdots ① \\ y_1' - y_1 - 4y_2' + 13y_2 = 3e^{2t} \cdots\cdots ② \end{cases}$

① − ② ×2 : $y_2' + 3y_1 - 3y_2 = -e^{2t}$

① × 4− ② ×7 : $y_1' - 5y_1 - y_2 = -e^{2t}$

$$\therefore \begin{bmatrix} y_1' \\ y_2' \end{bmatrix} = \begin{bmatrix} 5 & 1 \\ -3 & 3 \end{bmatrix} \begin{bmatrix} y_1 \\ y_2 \end{bmatrix} + \begin{bmatrix} -e^{2t} \\ -e^{2t} \end{bmatrix}$$

79. $3y_1' - 8y_1 + 5y_2' - 8y_2 = 4e^{4t}$

$y_1' - 3y_1 + 2y_2' - 3y_2 = e^{4t}$

解: $$\begin{bmatrix} 3 & 5 \\ 1 & 2 \end{bmatrix} \begin{bmatrix} y_1' \\ y_2' \end{bmatrix} = \begin{bmatrix} 8 & 8 \\ 3 & 3 \end{bmatrix} \begin{bmatrix} y_1 \\ y_2 \end{bmatrix} + \begin{bmatrix} 4e^{4t} \\ e^{4t} \end{bmatrix}$$

$$\Rightarrow \begin{bmatrix} y_1' \\ y_2' \end{bmatrix} = \begin{bmatrix} 3 & 5 \\ 1 & 2 \end{bmatrix}^{-1} \begin{bmatrix} 8 & 8 \\ 3 & 3 \end{bmatrix} \begin{bmatrix} y_1 \\ y_2 \end{bmatrix} + \begin{bmatrix} 3 & 5 \\ 1 & 2 \end{bmatrix}^{-1} \begin{bmatrix} 4e^{4t} \\ e^{4t} \end{bmatrix}$$

$$\Rightarrow \mathbf{Y}' = \begin{bmatrix} 1 & 1 \\ 1 & 1 \end{bmatrix} \mathbf{Y} + \begin{bmatrix} 3e^{4t} \\ -e^{4t} \end{bmatrix} = \mathbf{AY} + \mathbf{G}$$

$$|\mathbf{A} - \lambda\mathbf{I}| = \begin{vmatrix} 1-\lambda & 1 \\ 1 & 1-\lambda \end{vmatrix} = 0 \Rightarrow \lambda = 0, 2$$

$$\Rightarrow \mathbf{X}_1 = \begin{bmatrix} 1 \\ -1 \end{bmatrix}, \ \mathbf{X}_2 = \begin{bmatrix} 1 \\ 1 \end{bmatrix}$$

$$\mathbf{X}_\lambda = \begin{bmatrix} 1 & e^{2t} \\ -1 & e^{2t} \end{bmatrix}\text{。令}\mathbf{U} = \int_0^t \mathbf{X}_\lambda^{-1}\mathbf{G}(\tau)d\tau$$

$$\therefore \mathbf{U} = \int_0^t \frac{1}{2e^{2t}}\begin{bmatrix} e^{2t} & e^{-2t} \\ 1 & 1 \end{bmatrix}\begin{bmatrix} 3e^{4t} \\ -e^{4t} \end{bmatrix} dt = \begin{bmatrix} \frac{1}{2}e^{4t} \\ \frac{1}{2}e^{2t} \end{bmatrix}$$

$$\Rightarrow \mathbf{Y} = \mathbf{X}_\lambda \begin{bmatrix} c_1 \\ c_2 \end{bmatrix} + \mathbf{X}_\lambda \mathbf{U} = \begin{bmatrix} 1 & e^{2t} \\ -1 & e^{2t} \end{bmatrix}\begin{bmatrix} c_1 + \frac{1}{2}e^{4t} \\ c_2 + \frac{1}{2}e^{2t} \end{bmatrix}$$

$$= \begin{bmatrix} c_1 + c_2e^{2t} + e^{4t} \\ -c_1 + c_2e^{2t} \end{bmatrix}$$

80. $4y_1' - 9y_1 + y_2' + 18y_2 = 3t + 4$

$y_1'' - 7y_1 + 7y_2' + 14y_2 = 9t + 2$

$y_1(2) = -7,\ y_2(2) = -7,\ y_1'(2) = 13$

解: 令 $y_3 = y_1' \Rightarrow \begin{cases} 4y_3 - 9y_1 + y_2' + 18y_2 = 3t + 4 \\ y_3' - 7y_1 + 7y_2' + 14y_2 = 9t + 2 \end{cases}$

$$\begin{bmatrix} y_1' \\ y_2' \\ y_3' \end{bmatrix} = \begin{bmatrix} 0 & 0 & 1 \\ 9 & -18 & -4 \\ -56 & 112 & 28 \end{bmatrix}\begin{bmatrix} y_1 \\ y_2 \\ y_3 \end{bmatrix} + \begin{bmatrix} 0 \\ 3t + 4 \\ -12t - 26 \end{bmatrix}$$

81. $y_1'' - 2y_1' + y_1 - y_2 = 5e^{-t}$

$2y_1' - 2y_1 - y_2' = e^{-t}$

$y_1(0) = -1,\ y_2(0) = -1,\ y_1'(0) = 4$

解: 令 $y_3 = y_1'$

$$\Rightarrow \mathbf{Y}' = \begin{bmatrix} y_1' \\ y_2' \\ y_3' \end{bmatrix} = \begin{bmatrix} 0 & 0 & 1 \\ -2 & 0 & 2 \\ -1 & 1 & 2 \end{bmatrix}\begin{bmatrix} y_1 \\ y_2 \\ y_3 \end{bmatrix} + \begin{bmatrix} 0 \\ -e^{-t} \\ 5e^{-t} \end{bmatrix} = \mathbf{AY} + \mathbf{G}$$

$$|\mathbf{A}-\lambda\mathbf{I}| = \begin{vmatrix} -\lambda & 0 & 1 \\ -2 & -\lambda & 2 \\ -1 & 1 & 2-\lambda \end{vmatrix} = 0 \Rightarrow \lambda = 1, -1, 2$$

$$\mathbf{X}_1 = \begin{bmatrix} 1 \\ 0 \\ 1 \end{bmatrix},\ \mathbf{X}_2 = \begin{bmatrix} 1 \\ 4 \\ -1 \end{bmatrix},\ \mathbf{X}_3 = \begin{bmatrix} 1 \\ 1 \\ 2 \end{bmatrix} \Rightarrow \mathbf{P} = \begin{bmatrix} 1 & 1 & 1 \\ 0 & 4 & 1 \\ 1 & -1 & 2 \end{bmatrix}$$

令$\mathbf{Z}' = (\mathbf{P}^{-1}\mathbf{A}\mathbf{P})\mathbf{Z} + \mathbf{P}^{-1}\mathbf{G}$

$$\Rightarrow \mathbf{Z}' = \begin{bmatrix} 1 & 0 & 0 \\ 0 & -1 & 0 \\ 0 & 0 & 2 \end{bmatrix}\mathbf{Z} + \begin{bmatrix} \frac{3}{2} & \frac{-1}{2} & \frac{-1}{2} \\ \frac{1}{6} & \frac{1}{6} & \frac{-1}{6} \\ \frac{-2}{3} & \frac{1}{3} & \frac{2}{3} \end{bmatrix}\begin{bmatrix} 0 \\ -e^{-t} \\ 5e^{-t} \end{bmatrix}$$

$$= \begin{bmatrix} 1 & 0 & 0 \\ 0 & -1 & 0 \\ 0 & 0 & 2 \end{bmatrix}\mathbf{Z} + \begin{bmatrix} -2e^{-t} \\ -e^{-t} \\ 3e^{-t} \end{bmatrix}$$

$$\Rightarrow \begin{cases} z_1' = z_1 - 2e^{-t} \\ z_2' = -z_2 - e^{-t} \\ z_3' = 2z_3 + 3e^{-t} \end{cases} \text{得} \begin{cases} z_1 = c_1e^t + e^{-t} \\ z_2 = c_2e^{-t} - te^{-t} \\ z_3 = c_3e^{2t} - e^{-t} \end{cases}$$

$$\therefore \mathbf{Y} = \mathbf{PZ} = \begin{bmatrix} c_1e^t + c_2e^{-t} + c_3e^{2t} - te^{-t} \\ 4c_2e^{-t} + c_3e^{2t} - 4te^{-t} - e^{-t} \\ c_1e^t - c_2e^{-t} + 2c_3e^{2t} - e^{-t} + te^{-t} \end{bmatrix}$$

將$y_1(0) = -1$，$y_2(0) = -1$，$y_3(0) = y_1'(0) = 4$代入上式

$$\text{得} \begin{bmatrix} -1 \\ -1 \\ 4 \end{bmatrix} = \begin{bmatrix} c_1 + c_2 + c_3 \\ 4c_2 + c_3 - 1 \\ c_1 - c_2 + 2c_3 - 1 \end{bmatrix}$$

$$\Rightarrow \begin{bmatrix} -1 \\ 0 \\ 5 \end{bmatrix} = \begin{bmatrix} 1 & 1 & 1 \\ 0 & 4 & 1 \\ 1 & -1 & 2 \end{bmatrix}\begin{bmatrix} c_1 \\ c_2 \\ c_3 \end{bmatrix} \Rightarrow \begin{bmatrix} c_1 \\ c_2 \\ c_3 \end{bmatrix} = \begin{bmatrix} -4 \\ 1 \\ 4 \end{bmatrix}$$

$$\therefore \begin{cases} y_1 = -4e^t + e^{-t} + 4e^{2t} - te^{-t} \\ y_2 = 4e^{-t} + 4e^{2t} - 4te^{-t} - e^{-t} \end{cases}$$

9.7 矩陣的工程應用

1.～4.題，求直流電流。

1.

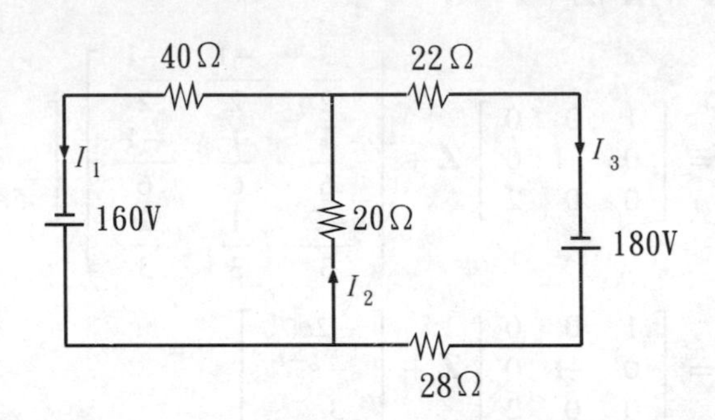

解: $$\begin{bmatrix} 40 & 20 & 0 \\ 1 & -1 & 1 \\ 0 & 20 & 22+28 \end{bmatrix}\begin{bmatrix} I_1 \\ I_2 \\ I_3 \end{bmatrix}=\begin{bmatrix} 160 \\ 0 \\ 180 \end{bmatrix}$$

$$\Rightarrow \begin{bmatrix} I_1 \\ I_2 \\ I_3 \end{bmatrix}=\begin{bmatrix} 2 \\ 4 \\ 2 \end{bmatrix}$$，單位：A。

2.

解: $I_1 = I_2 + I_3$，$I_2 \times 4000 = 10$，$I_3 \times 4000 = 10$

$\therefore I_2 = 2.5\text{mA}$，$I_3 = 2.5\text{mA} \Rightarrow I_1 = I_2 + I_3 = 5\text{mA}$

3.

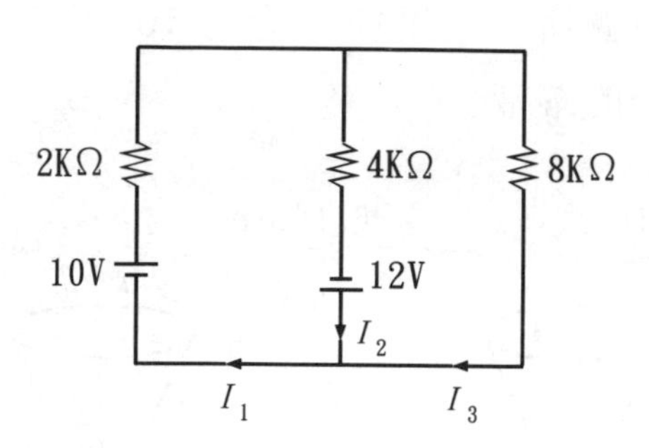

解:
$$\begin{bmatrix} 2K & 4K & 0 \\ 1 & -1 & -1 \\ 0 & 4K & -8K \end{bmatrix}\begin{bmatrix} I_1 \\ I_2 \\ I_3 \end{bmatrix}=\begin{bmatrix} 10+12 \\ 0 \\ 12 \end{bmatrix}$$

$$\Rightarrow \begin{bmatrix} I_1 \\ I_2 \\ I_3 \end{bmatrix}=\begin{bmatrix} 3.857\times 10^{-3} \\ 3.571\times 10^{-3} \\ 2.857\times 10^{-4} \end{bmatrix}$$，單位: A。

4.

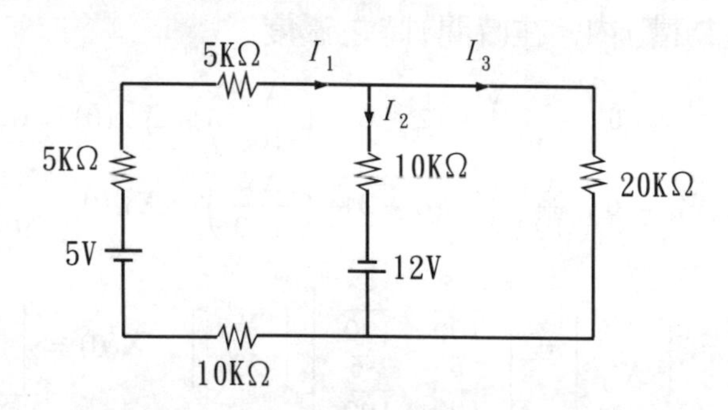

解:
$$\begin{bmatrix} 5K+5K+10K & 10K & 0 \\ 1 & -1 & -1 \\ 0 & 10K & -20K \end{bmatrix}\begin{bmatrix} I_1 \\ I_2 \\ I_3 \end{bmatrix}=\begin{bmatrix} 5+12 \\ 0 \\ 12 \end{bmatrix}$$

$$\Rightarrow \begin{bmatrix} I_1 \\ I_2 \\ I_3 \end{bmatrix}=\begin{bmatrix} 4.875\times 10^{-4} \\ 7.25\times 10^{-4} \\ -2.375\times 10^{-4} \end{bmatrix}$$，單位: A。

5.～6.題，求燒杯中的 K^+ 離子濃度的變化。假設燒杯間的液體流動如下圖所示，燒杯 A 含有 100 公升的溶液，燒杯 B 含有 150 公升的溶液。

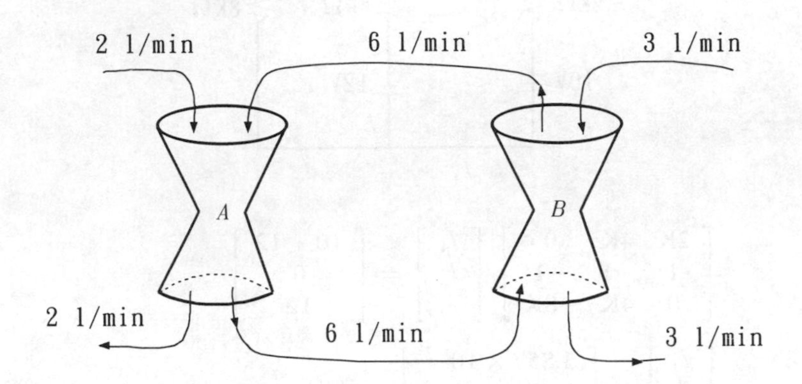

5.燒杯 A 從外面流入的是純水，燒杯 B 從外面流入的也是純水；燒杯 A 的起始 K^+ 離子濃度是 0.2M，燒杯 B 的起始 K^+ 離子濃度是 $\frac{1}{60}$M。

解：令 $X_j(t)$ 為槽 j 內，在時間 t 時之濃度

$$\begin{cases} X_A' = 6\left(\dfrac{X_B}{150}\right) - (2+6)\cdot\left(\dfrac{X_A}{100}\right), \ X_A(0) = 0.2 \\ X_B' = 6\left(\dfrac{X_A}{100}\right) - (6+3)\cdot\left(\dfrac{X_B}{150}\right), \ X_B(0) = \dfrac{1}{60} \end{cases}$$

$$\Rightarrow \mathbf{X}' = \begin{bmatrix} X_A' \\ X_B' \end{bmatrix} = \begin{bmatrix} \dfrac{-8}{100} & \dfrac{4}{100} \\ \dfrac{6}{100} & \dfrac{-6}{100} \end{bmatrix} \begin{bmatrix} X_A \\ X_B \end{bmatrix}, \ \mathbf{X}(0) = \begin{bmatrix} 0.2 \\ \dfrac{1}{60} \end{bmatrix}$$

$$\Rightarrow \lambda = -0.12, -0.02 \Rightarrow \varepsilon_1 = \begin{bmatrix} 1 \\ -1 \end{bmatrix}, \ \varepsilon_2 = \begin{bmatrix} 2 \\ 3 \end{bmatrix}$$

$$\therefore \mathbf{X} = c_1 \begin{bmatrix} 1 \\ -1 \end{bmatrix} e^{-0.12t} + c_2 \begin{bmatrix} 2 \\ 3 \end{bmatrix} e^{-0.02t} \text{ 其中} \begin{bmatrix} c_1 \\ c_2 \end{bmatrix} = \begin{bmatrix} \dfrac{47}{600} \\ \dfrac{13}{300} \end{bmatrix}$$

6.燒杯 A 從外面流入的是 0.125M 的 K^+ 溶液且起始濃度是 0.5M，燒杯 B 從外面流入的仍是純水且濃度是 0.25M。

解:
$$\begin{cases} X'_A = 6\left(\dfrac{X_B}{150}\right) + 0.125 - (2+6)\left(\dfrac{X_A}{100}\right), \quad X_A(0) = 0.5 \\ X'_B = 6\left(\dfrac{X_A}{100}\right) - (6+3)\left(\dfrac{X_B}{150}\right), \quad X_B(0) = 0.25 \end{cases}$$

$$\Rightarrow \mathbf{X}' = \begin{bmatrix} X'_A \\ X'_B \end{bmatrix} = \begin{bmatrix} \dfrac{-8}{100} & \dfrac{4}{100} \\ \dfrac{6}{100} & \dfrac{-6}{100} \end{bmatrix} \begin{bmatrix} X_A \\ X_B \end{bmatrix} + \begin{bmatrix} 0.125 \\ 0 \end{bmatrix}$$

$\mathbf{X}(0) = \begin{bmatrix} 0.5 \\ 0.25 \end{bmatrix}$，由上題知 $\mathbf{X}_h = \begin{bmatrix} c_1 e^{-0.12t} + 2c_2 e^{-0.02t} \\ -c_1 e^{-0.12t} + 3c_2 e^{-0.02t} \end{bmatrix}$

令 $\mathbf{X}_p = \begin{bmatrix} a \\ b \end{bmatrix} \Rightarrow \begin{bmatrix} 0 \\ 0 \end{bmatrix} = \begin{bmatrix} \dfrac{-8}{100} & \dfrac{4}{100} \\ \dfrac{6}{100} & \dfrac{-6}{100} \end{bmatrix} \begin{bmatrix} a \\ b \end{bmatrix} + \begin{bmatrix} 0.125 \\ 0 \end{bmatrix}$

$\Rightarrow \begin{bmatrix} a \\ b \end{bmatrix} = \begin{bmatrix} 3.125 \\ 3.125 \end{bmatrix}$ $\therefore \mathbf{X} = \mathbf{X}_h + \mathbf{X}_p$，將 $\mathbf{X}(0)$ 代入，求 c_1，c_2，

則可得到完整的解答。

7.～12.題，根據下圖的彈簧系統，求普通答案。

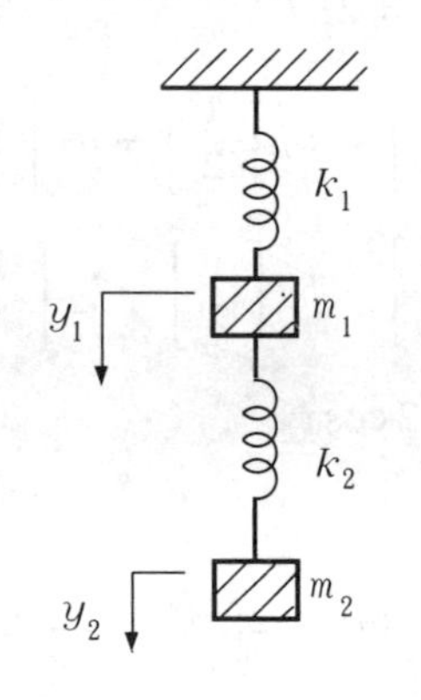

7. $k_1 = 6$, $m_1 = 2$, $k_2 = 4$, $m_2 = 2$; $y_1(0) = 1$, $y_2(0) = 2$

解:
$$\begin{cases} m_1 y_1'' = -k_1 y_1 + k_2(y_2 - y_1) = -(k_1 + k_2)y_1 + k_2 y_2 \\ m_2 y_2'' = -k_2(y_2 - y_1) = k_2 y_1 - k_2 y_2 \end{cases}$$

$$
令\begin{cases} x_1 = y_1 \\ x_2 = y_2 \\ x_3 = y_1' \\ x_4 = y_2' \end{cases} \Rightarrow \begin{cases} x_1' = y_1' = x_3 \\ x_2' = y_2' = x_4 \\ x_3' = y_1'' = -\dfrac{(k_1+k_2)}{m_1} y_1 + \dfrac{k_2}{m_1} y_2 \\ x_4' = y_2'' = \dfrac{k_2}{m_2} y_1 - \dfrac{k_2}{m_2} y_2 \end{cases}
$$

$$
\mathbf{X}' = \mathbf{AX} = \begin{bmatrix} 0 & 0 & 1 & 0 \\ 0 & 0 & 0 & 1 \\ -5 & 2 & 0 & 0 \\ 2 & -2 & 0 & 0 \end{bmatrix} \begin{bmatrix} x_1 \\ x_2 \\ x_3 \\ x_4 \end{bmatrix}
$$

特徵值$\lambda = \sqrt{6}i,\ -\sqrt{6}i,\ i,\ -i$

當$\lambda = i$時，$\varepsilon_1 = \begin{bmatrix} 1 \\ 2 \\ i \\ 2i \end{bmatrix}$；當$\lambda = \sqrt{6}i$時，$\varepsilon_2 = \begin{bmatrix} 2 \\ -1 \\ 2\sqrt{6}i \\ -\sqrt{6}i \end{bmatrix}$。

$$
\therefore \mathbf{Y} = \begin{bmatrix} y_1 \\ y_2 \end{bmatrix} = \begin{bmatrix} 1 \\ 2 \end{bmatrix} (a_1 \cos t + b_1 \sin t) + \begin{bmatrix} 2 \\ -1 \end{bmatrix} (a_2 \cos \sqrt{6}t + b_2 \sin \sqrt{6}t)
$$

已知$y_1(0) = 1,\ y_2(0) = 2$

$$
\Rightarrow \begin{bmatrix} y_1(0) \\ y_2(0) \end{bmatrix} = \begin{bmatrix} 1 \\ 2 \end{bmatrix} = a_1 \begin{bmatrix} 1 \\ 2 \end{bmatrix} + a_2 \begin{bmatrix} 2 \\ -1 \end{bmatrix} \Rightarrow \begin{cases} a_1 = 1 \\ a_2 = 0 \end{cases}
$$

$$
\Rightarrow \begin{bmatrix} y_1'(0) \\ y_2'(0) \end{bmatrix} = \begin{bmatrix} 0 \\ 0 \end{bmatrix} = b_1 \begin{bmatrix} 1 \\ 2 \end{bmatrix} + b_2 \begin{bmatrix} 2\sqrt{6} \\ -\sqrt{6} \end{bmatrix} \Rightarrow \begin{cases} b_1 = 0 \\ b_2 = 0 \end{cases}
$$

$\therefore y_1 = \cos t,\ y_2 = 2\cos t$

8.$k_1 = 6,\ m_1 = 2,\ k_2 = 4,\ m_2 = 2;\ y_1'(0) = 2,\ y_2'(0) = -1$

解:

$$
\begin{bmatrix} y_1(0) \\ y_2(0) \end{bmatrix} = \begin{bmatrix} 0 \\ 0 \end{bmatrix} = a_1 \begin{bmatrix} 1 \\ 2 \end{bmatrix} + a_2 \begin{bmatrix} 2 \\ -1 \end{bmatrix} \Rightarrow a_1 = a_2 = 0
$$

$$
\begin{bmatrix} y_1'(0) \\ y_2'(0) \end{bmatrix} = \begin{bmatrix} 2 \\ -1 \end{bmatrix} = b_1 \begin{bmatrix} 1 \\ 2 \end{bmatrix} + \sqrt{6}b_2 \begin{bmatrix} 2 \\ -1 \end{bmatrix} \Rightarrow b_1 = 0,\ b_2 = \frac{1}{\sqrt{6}}
$$

$$\therefore y_1=\left(\frac{2}{\sqrt{6}}\right)\sin\sqrt{6}t,\ \ y_2=-\left(\frac{1}{\sqrt{6}}\right)\sin\sqrt{6}t$$

9.$k_1=3,\ m_1=1,\ k_2=2,\ m_2=1; y_1(0)=6,\ y_1'(0)=0,\ y_2(0)=2,\ y_2'(0)=0$

解: 請參考第 7.題的作法

$$\mathbf{Y}=\begin{bmatrix}y_1\\y_2\end{bmatrix}=\begin{bmatrix}1\\2\end{bmatrix}(a_1\cos t+b_1\sin t)+\begin{bmatrix}2\\-1\end{bmatrix}(a_2\cos\sqrt{6}t+b_2\sin\sqrt{6}t)$$

$$\Rightarrow\begin{bmatrix}y_1(0)\\y_2(0)\end{bmatrix}=\begin{bmatrix}6\\2\end{bmatrix}=a_1\begin{bmatrix}1\\2\end{bmatrix}+a_2\begin{bmatrix}2\\-1\end{bmatrix}\Rightarrow\begin{cases}a_1=2\\a_2=2\end{cases}$$

$$\Rightarrow\begin{bmatrix}y_1'(0)\\y_2'(0)\end{bmatrix}=\begin{bmatrix}0\\0\end{bmatrix}=b_1\begin{bmatrix}1\\2\end{bmatrix}+b_2\begin{bmatrix}2\sqrt{6}\\-\sqrt{6}\end{bmatrix}\Rightarrow\begin{cases}b_1=0\\b_2=0\end{cases}$$

$$\therefore y_1=2\cos t+4\cos\sqrt{6}t,\ \ y_2=4\cos t-2\cos\sqrt{6}t$$

10.$k_1=16,\ \ m_1=2,\ \ k_2=6,\ \ m_2=1;\ \ y_1(0)=y_2(0)=1$

解: 請參考第 7.題的作法

$$\mathbf{X}'=\mathbf{AX}=\begin{bmatrix}0&0&1&0\\0&0&0&1\\-22&6&0&0\\6&-6&0&0\end{bmatrix}\begin{bmatrix}x_1\\x_2\\x_3\\x_4\end{bmatrix}\Rightarrow\lambda=\pm 2i,\pm 2\sqrt{6}i$$

$$\therefore y_1=\frac{2}{5}\cos 2t+\frac{3}{5}\cos 2\sqrt{6}t$$

$$y_2=\frac{-4}{5}\sin 2t-\frac{6\sqrt{6}}{5}\sin 2\sqrt{6}t$$

11.$k_1=16,\ \ m_1=2,\ \ k_2=6,\ \ m_2=1;\ \ y_1(0)=1,\ \ y_2(0)=-1$

解: 請參考第10.題的作法

$$\begin{cases}x_1=\dfrac{-1}{5}\cos 2t+\dfrac{6}{5}\cos 2\sqrt{6}t\\[2mm] x_2=\dfrac{-3}{5}\cos 2t-\dfrac{2}{5}\cos 2\sqrt{6}t\end{cases}$$

12. $k_1 = 4,\ m_1 = \dfrac{1}{4},\ k_2 = \dfrac{3}{2},\ m_2 = \dfrac{1}{4};\ y_1(0) = y_2(0) = y_1'(0) = y_2'(0) = 0;$
在 m_2 再加上外力 $F(t) = \sin 3t$。

解:
$$\mathbf{X}' = \mathbf{AX} = \begin{bmatrix} 0 & 0 & 1 & 0 \\ 0 & 0 & 0 & 1 \\ -22 & 6 & 0 & 0 \\ 6 & -6 & 0 & 0 \end{bmatrix} \begin{bmatrix} x_1 \\ x_2 \\ x_3 \\ x_4 \end{bmatrix} + \begin{bmatrix} 0 \\ 0 \\ 0 \\ \sin 3t \end{bmatrix}$$

利用$\mathbf{Z}' = (\mathbf{P}^{-1}\mathbf{AP})\mathbf{Z} + \mathbf{P}^{-1}\mathbf{G}$的公式，求得$\mathbf{X} = \mathbf{PZ}$

$$\therefore \begin{cases} y_1 = \dfrac{1}{8}\sin 3t \\ y_2 = \dfrac{11}{24}\sin 3t \end{cases}$$

13.～16.題，根據下圖的彈簧系統，求普通答案。

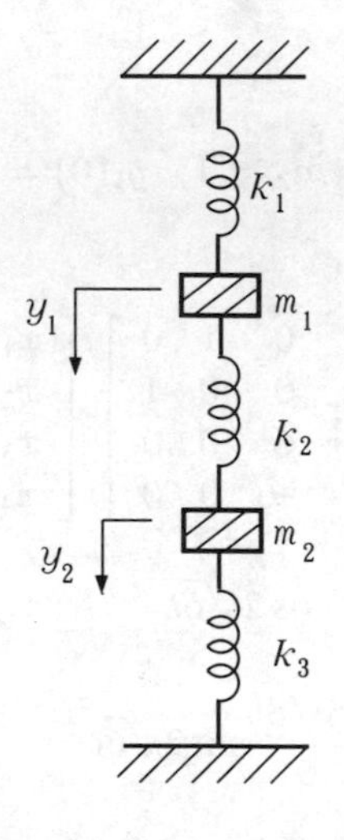

13. $k_1 = 3,\ m_2 = 0.5,\ k_2 = 1,\ m_2 = 0.5,\ k_3 = 1.5;\ y_1(0) = 1,\ y_2(0) = -1,\ y_1'(0) = y_2'(0) = 0$

解:
$$\begin{cases} m_1 y_1'' = -k_1 y_1 + k_2(y_2 - y_1) = -(k_1 + k_2)y_1 + k_2 y_2 \\ m_2 y_2'' = -k_2(y_2 - y_1) - k_3 y_2 = k_2 y_1 - (k_2 + k_3) y_2 \end{cases}$$

$$令\begin{cases} x_1 = y_1 \\ x_2 = y_2 \\ x_3 = y_1' \\ x_4 = y_2' \end{cases} \Rightarrow \begin{cases} x_1' = y_1' = x_3 \\ x_2' = y_2' = x_4 \\ x_3' = y_1'' = -\dfrac{(k_1+k_2)}{m_1}y_1 + \dfrac{k_2}{m_1}y_2 \\ x_4' = y_2'' = \dfrac{k_2}{m_2}y_1 - \dfrac{(k_2+k_3)}{m_2}y_2 \end{cases}$$

$$\mathbf{X}' = \mathbf{AX} = \begin{bmatrix} 0 & 0 & 1 & 0 \\ 0 & 0 & 0 & 1 \\ -8 & 2 & 0 & 0 \\ 2 & -5 & 0 & 0 \end{bmatrix} \begin{bmatrix} x_1 \\ x_2 \\ x_3 \\ x_4 \end{bmatrix} \Rightarrow \lambda = \pm 2i, \pm 3i$$

當$\lambda = 2i$時，$\varepsilon_1 = \begin{bmatrix} 1 \\ 2 \\ 2i \\ 4i \end{bmatrix}$；當$\lambda = 3i$時，$\varepsilon_2 = \begin{bmatrix} 2 \\ -1 \\ 6i \\ -3i \end{bmatrix}$

$$\therefore \mathbf{Y} = \begin{bmatrix} y_1 \\ y_2 \end{bmatrix} = \begin{bmatrix} 1 \\ 2 \end{bmatrix} (a_1 \cos 2t + b_1 \sin 2t) + \begin{bmatrix} 2 \\ -1 \end{bmatrix} (a_2 \cos 3t + b_2 \sin 3t)$$

$$\Rightarrow \begin{bmatrix} y_1(0) \\ y_2(0) \end{bmatrix} = \begin{bmatrix} 1 \\ -1 \end{bmatrix} = a_1 \begin{bmatrix} 1 \\ 2 \end{bmatrix} + a_2 \begin{bmatrix} 2 \\ -1 \end{bmatrix} \Rightarrow \begin{cases} a_1 = \dfrac{-1}{5} \\ a_2 = \dfrac{3}{5} \end{cases}$$

$$\Rightarrow \begin{bmatrix} y_1'(0) \\ y_2'(0) \end{bmatrix} = \begin{bmatrix} 0 \\ 0 \end{bmatrix} = 2b_1 \begin{bmatrix} 1 \\ 2 \end{bmatrix} + 3b_2 \begin{bmatrix} 2 \\ -1 \end{bmatrix} \Rightarrow \begin{cases} b_1 = 0 \\ b_2 = 0 \end{cases}$$

$$\therefore \begin{cases} y_1 = -\dfrac{1}{5}\cos 2t + \dfrac{6}{5}\cos 3t \\ y_2 = \dfrac{-2}{5}\cos 2t - \dfrac{3}{5}\cos 3t \end{cases}$$

14. $k_1 = 16$, $m_2 = 4$, $k_2 = 10$, $m_2 = 4$, $k_3 = 16$; $y_1(0) = y_2(0) = -1$

解：請參考第13.題的作法

$$\mathbf{X}' = \mathbf{AX} = \begin{bmatrix} 0 & 0 & 1 & 0 \\ 0 & 0 & 0 & 1 \\ -\dfrac{13}{2} & \dfrac{5}{2} & 0 & 0 \\ \dfrac{5}{2} & -\dfrac{13}{2} & 0 & 0 \end{bmatrix} \begin{bmatrix} x_1 \\ x_2 \\ x_3 \\ x_4 \end{bmatrix} \Rightarrow \lambda = \pm 2i, \pm 3i$$

$$\lambda = 2i\text{時}，\ \varepsilon_1 = \begin{bmatrix} 1 \\ 1 \\ 2i \\ 2i \end{bmatrix}；\ \lambda = 3i\text{時}，\ \varepsilon_2 = \begin{bmatrix} 1 \\ -1 \\ 3i \\ -3i \end{bmatrix}。$$

$$\therefore \mathbf{Y} = \begin{bmatrix} y_1 \\ y_2 \end{bmatrix} = \begin{bmatrix} 1 \\ 1 \end{bmatrix}(a_1 \cos 2t + b_1 \sin 2t) + \begin{bmatrix} 1 \\ -1 \end{bmatrix}(a_2 \cos 3t + b_2 \sin 3t)$$

$$\Rightarrow \begin{bmatrix} y_1(0) \\ y_2(0) \end{bmatrix} = \begin{bmatrix} -1 \\ -1 \end{bmatrix} = a_1 \begin{bmatrix} 1 \\ 1 \end{bmatrix} + a_2 \begin{bmatrix} 1 \\ -1 \end{bmatrix} \Rightarrow \begin{cases} a_1 = -1 \\ a_2 = 0 \end{cases}$$

$$\Rightarrow \begin{bmatrix} y_1'(0) \\ y_2'(0) \end{bmatrix} = \begin{bmatrix} 0 \\ 0 \end{bmatrix} = b_1 \begin{bmatrix} 1 \\ 1 \end{bmatrix} + b_2 \begin{bmatrix} 1 \\ -1 \end{bmatrix} \Rightarrow \begin{cases} b_1 = 0 \\ b_2 = 0 \end{cases}$$

$$\therefore y_1 = -\cos 2t,\ y_2 = -\cos 2t$$

15.$k_1 = 8$, $m_2 = 2$, $k_2 = 5$, $m_2 = 2$, $k_3 = 8$; $y_1(0) = 1$, $y_2(0) = -1$

解: 請參考第14.題的作法

$$\mathbf{Y} = \begin{bmatrix} y_1 \\ y_2 \end{bmatrix} = \begin{bmatrix} 1 \\ 1 \end{bmatrix}(a_1 \cos 2t + b_1 \sin 2t) + \begin{bmatrix} 1 \\ -1 \end{bmatrix}(a_2 \cos 3t + b_2 \sin 3t)$$

$$\Rightarrow \begin{bmatrix} y_1(0) \\ y_2(0) \end{bmatrix} = \begin{bmatrix} 1 \\ -1 \end{bmatrix} = a_1 \begin{bmatrix} 1 \\ 1 \end{bmatrix} + a_2 \begin{bmatrix} 1 \\ -1 \end{bmatrix} \Rightarrow \begin{cases} a_1 = 0 \\ a_2 = 1 \end{cases}$$

$$\Rightarrow \begin{bmatrix} y_1'(0) \\ y_2'(0) \end{bmatrix} = \begin{bmatrix} 0 \\ 0 \end{bmatrix} = b_1 \begin{bmatrix} 1 \\ 1 \end{bmatrix} + b_2 \begin{bmatrix} 1 \\ -1 \end{bmatrix} \Rightarrow \begin{cases} b_1 = 0 \\ b_2 = 0 \end{cases}$$

$$\therefore y_1 = \cos 3t,\ y_2 = -\cos 3t$$

16.$k_1 = 4$, $m_1 = 1$, $k_2 = 2.5$, $m_2 = 1$, $k_3 = 4$; $y_1(0) = y_2(0) = y_1'(0) = y_2'(0) = 0$，在 m_1 再加上外力 $F(t) = 2\sin t$。

解:
$$\mathbf{X}' = \mathbf{AX} = \begin{bmatrix} 0 & 0 & 1 & 0 \\ 0 & 0 & 0 & 1 \\ \frac{-13}{2} & \frac{5}{2} & 0 & 0 \\ \frac{5}{2} & \frac{-13}{2} & 0 & 0 \end{bmatrix} \begin{bmatrix} x_1 \\ x_2 \\ x_3 \\ x_4 \end{bmatrix} + \begin{bmatrix} 0 \\ 0 \\ 0 \\ 2\sin t \end{bmatrix}$$

利用 $\mathbf{Z}' = (\mathbf{P}^{-1}\mathbf{AP})\mathbf{Z} + \mathbf{P}^{-1}\mathbf{G}$ 的公式，求得 $\mathbf{X} = \mathbf{PZ}$。

17.～29.題，解電路問題。

17.

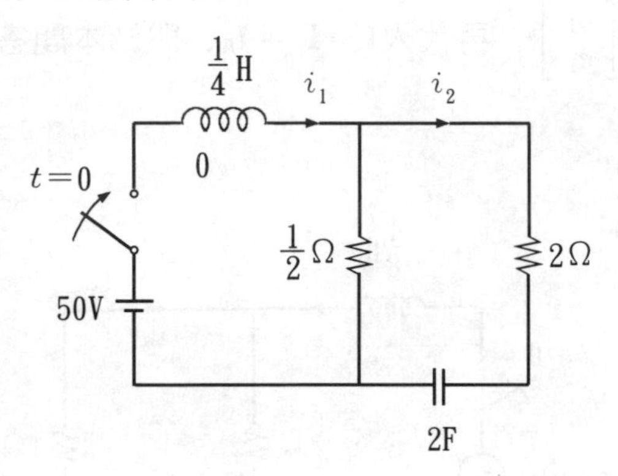

$i_1(0)=i_2(0)=0$; $q(0)=0$

解: 左方迴路: $\frac{1}{4}i_1' + \frac{1}{2}(i_1 - i_2) = 50$

右方迴路: $2i_2 + \frac{1}{2}\int i_2 dt = \frac{1}{2}(i_1 - i_2)$

$$\Rightarrow 5i_2' = i_1' - i_2 = 200 - 2i_1 + i_2$$

$$\therefore \mathbf{I}' = \begin{bmatrix} i_1' \\ i_2' \end{bmatrix} = \begin{bmatrix} -2 & 2 \\ \frac{-2}{5} & \frac{1}{5} \end{bmatrix} \begin{bmatrix} i_1 \\ i_2 \end{bmatrix} + \begin{bmatrix} 200 \\ 40 \end{bmatrix}$$

$$\Rightarrow \lambda_1 = -0.9 + \sqrt{0.41},\ \mathbf{X}_1 = \begin{bmatrix} 2 \\ 1.1 + \sqrt{0.41} \end{bmatrix}$$

$$\lambda_2 = -0.9 - \sqrt{0.41},\ \mathbf{X}_2 = \begin{bmatrix} 2 \\ 1.1 - \sqrt{0.41} \end{bmatrix}$$

$$\therefore \mathbf{I}_h = c_1 \begin{bmatrix} 2 \\ 1.1 + \sqrt{0.41} \end{bmatrix} e^{\lambda_1 t} + c_2 \begin{bmatrix} 2 \\ 1.1 - \sqrt{0.41} \end{bmatrix} e^{\lambda_2 t}$$

$$令\mathbf{I}_p=\begin{bmatrix}a_1\\a_2\end{bmatrix}\Rightarrow\begin{bmatrix}0\\0\end{bmatrix}=\begin{bmatrix}-2a_1+2a_2+200\\\frac{-2}{5}a_1+\frac{1}{5}a_2+40\end{bmatrix}\Rightarrow\begin{cases}a_1=100\\a_2=0\end{cases}$$

$$\therefore\mathbf{I}=\mathbf{I}_p+\mathbf{I}_h=\begin{bmatrix}2c_1e^{\lambda_1t}+2c_2e^{\lambda_2t}+100\\(1.1+\sqrt{0.41})c_1e^{\lambda_1t}+(1.1-\sqrt{0.41})c_2e^{\lambda_2t}\end{bmatrix}$$

$$又\mathbf{I}(0)=\begin{bmatrix}0\\0\end{bmatrix}=\begin{bmatrix}2c_1+2c_2+100\\(1.1+\sqrt{0.41})c_1+(1.1-\sqrt{0.41})c_2\end{bmatrix}$$

如此可得 $\begin{bmatrix}c_1\\c_2\end{bmatrix}$，再代入$\mathbf{I}=\mathbf{I}_p+\mathbf{I}_h$，即為本題答案。

18.

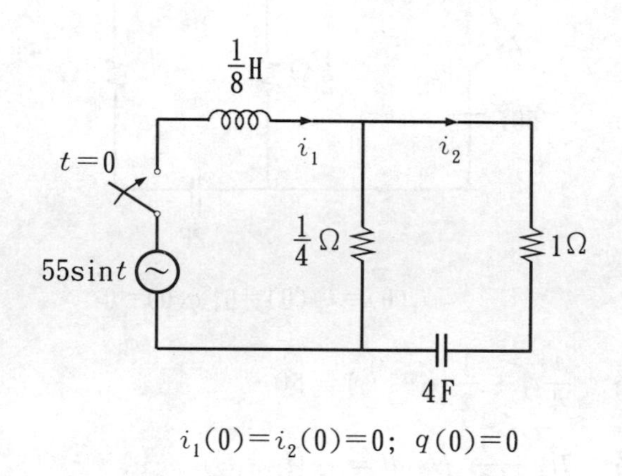

$i_1(0)=i_2(0)=0$; $q(0)=0$

解：請參考第17.題

$$\mathbf{I}'=\begin{bmatrix}i_1'\\i_2'\end{bmatrix}=\begin{bmatrix}-2&2\\\frac{-2}{5}&\frac{1}{5}\end{bmatrix}\begin{bmatrix}i_1\\i_2\end{bmatrix}+\begin{bmatrix}440\sin t\\88\sin t\end{bmatrix}$$

$$令\mathbf{I}_p=\begin{bmatrix}a_1\\a_2\end{bmatrix}\cos t+\begin{bmatrix}b_1\\b_2\end{bmatrix}\sin t，則$$

$$\begin{bmatrix}-a_1\sin t+b_1\cos t\\-a_2\sin t+b_2\cos t\end{bmatrix}$$

$$=\begin{bmatrix}(-2a_1+2a_2)\cos t+(-2b_1+2b_2+440)\sin t\\\left(\frac{-2}{5}a_1+\frac{1}{5}a_2\right)\cos t+\left(\frac{-2}{5}b_1+\frac{1}{5}b_2+88\right)\sin t\end{bmatrix}$$

$$\Rightarrow \begin{bmatrix} a_1 \\ a_2 \end{bmatrix} = \begin{bmatrix} \frac{-352}{3} \\ \frac{-44}{3} \end{bmatrix},\ \begin{bmatrix} b_1 \\ b_2 \end{bmatrix} = \begin{bmatrix} \frac{616}{3} \\ 44 \end{bmatrix}$$

$$\therefore \mathbf{I} = \mathbf{I}_h + \mathbf{I}_p$$

$$= \begin{bmatrix} 2c_1e^{\lambda_1 t}+2c_2e^{\lambda_2 t}+\frac{1}{3}(-352\cos t+616\sin t) \\ (1.1+\sqrt{0.41})c_1e^{\lambda_1 t}+(1.1-\sqrt{0.41})c_2e^{\lambda_2 t}+\frac{44}{3}(-\cos t+3\sin t) \end{bmatrix}$$

又$\mathbf{I}(0) = \begin{bmatrix} 0 \\ 0 \end{bmatrix} = \begin{bmatrix} 2c_1 + 2c_2 - \frac{352}{3} \\ (1.1+\sqrt{0.41})c_1 + (1.1-\sqrt{0.41})c_2 - \frac{44}{3} \end{bmatrix}$

$\Rightarrow$ 可得 $\begin{bmatrix} c_1 \\ c_2 \end{bmatrix}$，再代回$\mathbf{I} = \mathbf{I}_h + \mathbf{I}_p$，即為本題答案

19.

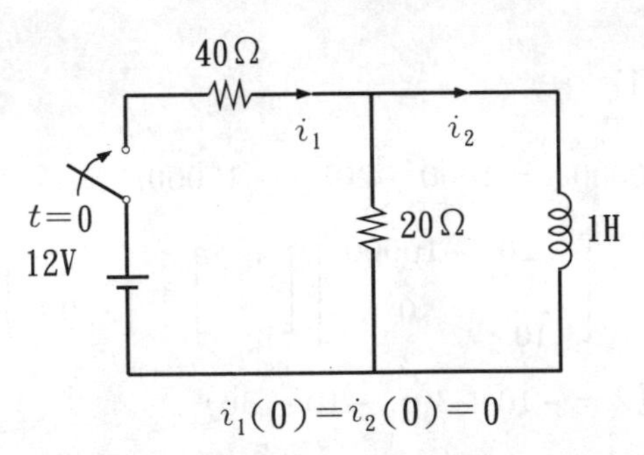

$i_1(0) = i_2(0) = 0$

解：左邊迴路：$12 = 40i_1 + 20(i_1 - i_2) \cdots\cdots$ ①

右邊迴路：$i_2' = 20(i_1 - i_2) \cdots\cdots$ ②

①代入②得：$i_2' + \frac{40}{3}i_2 = 4 \Rightarrow i_2 = c \cdot e^{\frac{-40}{3}t} + \frac{3}{10}$

由 $i_2(0^+) = 0$，得 $c = \frac{-3}{10}$

將 $i_2(0^+) = 0$ 代入①式，得 $i_1(0^+) = 0.2$

$$\therefore i_1 = \frac{3}{10} - \frac{1}{10}e^{\frac{-40}{3}t},\ i_2 = \frac{3}{10} - \frac{3}{10}e^{\frac{-40}{3}t}$$

20.

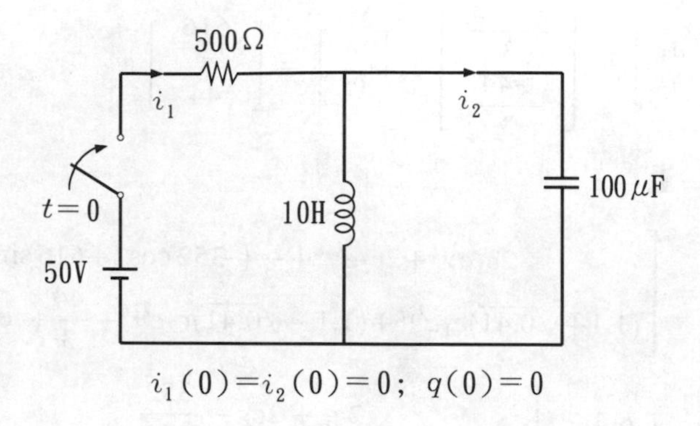

解: 由圖知: $10\dfrac{d(i_1-i_2)}{dt}=V_C$ （V_C 表電容之電壓）

由電容知: $10^{-4}\cdot\dfrac{dV_C}{dt}=i_2$

左邊迴路: $50=500i_1+V_C$

令 $i=i_1-i_2$

$$\therefore i'=\frac{1}{10}V_C$$

$$V_C'=10000i_2=1000-20V_C-10000i$$

$$\begin{bmatrix} V_C' \\ i' \end{bmatrix}=\begin{bmatrix} -20 & -10000 \\ \dfrac{1}{10} & 0 \end{bmatrix}\begin{bmatrix} V_C \\ i \end{bmatrix}+\begin{bmatrix} 1000 \\ 0 \end{bmatrix}=\mathbf{A}\begin{bmatrix} V_C \\ i \end{bmatrix}+\mathbf{G}$$

$\Rightarrow$ 特徵值 $\lambda=-10+30j,\ -10-30j$

取 $\mathbf{P}=\begin{bmatrix} -10+30j & -10-30j \\ 1 & 1 \end{bmatrix}$,

並經過 $\mathbf{Z}'=(\mathbf{P}^{-1}\mathbf{AP})\mathbf{Z}+\mathbf{P}^{-1}\mathbf{G}$ 之公式，得

$$\begin{bmatrix} V_C \\ i \end{bmatrix}=\mathbf{PZ}$$

$$=\begin{bmatrix} (-10+30j)c_1e^{(-10+30j)t}+(-10-30j)c_2e^{(-10-30j)t} \\ c_1e^{(-10+30j)t}+c_2e^{(-10-30j)t}+\dfrac{1}{10} \end{bmatrix}$$

由 $i(0^-)=i(0^+)=0,\ q(0^-)=q(0^+)=0\Rightarrow V_C(0^+)=0$

得 $\begin{cases} c_1 + c_2 + \dfrac{1}{10} = 0 \\ -10(c_1 + c_2) + 30j(c_1 - c_2) = 0 \end{cases} \Rightarrow \begin{cases} c_1 = \dfrac{-1}{20} + \dfrac{j}{60} \\ c_2 = \dfrac{-1}{20} - \dfrac{j}{60} \end{cases}$

$$\therefore V_C = \frac{10}{3} e^{-10t} \sin 30t$$

$$i = \frac{1}{10} - \frac{1}{10}\cos(30t)e^{-10t} + \frac{1}{30}\sin(30t)e^{-10t}$$

$$i_1 = \frac{50 - V_C}{500} = \frac{1}{10} - \frac{1}{15} e^{-10t} \sin 30t$$

$$i_2 = i_1 - i = \left[\frac{1}{10}\cos 30t - \frac{1}{30}\sin 30t\right] e^{-10t}$$

21.

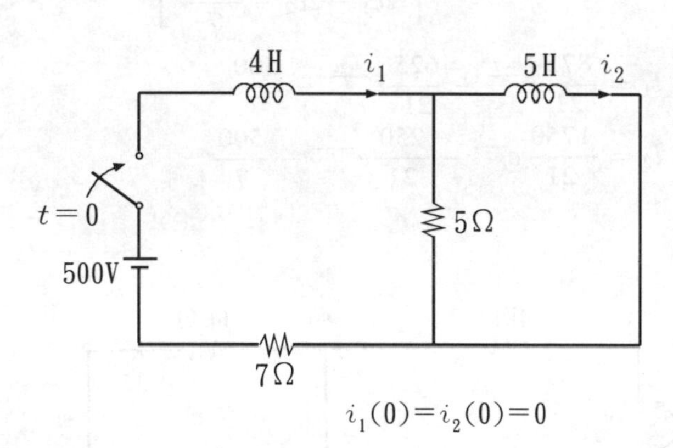

$i_1(0) = i_2(0) = 0$

解: 左邊迴路: $500 + 4i_1' + 5(i_1 - i_2) + 7i_1 = 0$

右邊迴路: $5(i_1 - i_2) = 5i_2'$

$$\mathbf{I}' = \begin{bmatrix} i_1' \\ i_2' \end{bmatrix} = \begin{bmatrix} -3 & \dfrac{5}{4} \\ 1 & -1 \end{bmatrix} \begin{bmatrix} i_1 \\ i_2 \end{bmatrix} + \begin{bmatrix} -125 \\ 0 \end{bmatrix} = \mathbf{AI} + \mathbf{G}$$

由 $|\mathbf{A} - \lambda\mathbf{I}| = \begin{vmatrix} -3-\lambda & \dfrac{5}{4} \\ 1 & -1-\lambda \end{vmatrix} = 0 \Rightarrow \lambda_1 = \dfrac{-1}{2},\ \lambda_2 = \dfrac{-7}{2}$

$$\Rightarrow \mathbf{X}_1 = \begin{bmatrix} 1 \\ 2 \end{bmatrix},\ \mathbf{X}_2 = \begin{bmatrix} 5 \\ -2 \end{bmatrix} \therefore \mathbf{I}_h = c_1 \begin{bmatrix} 1 \\ 2 \end{bmatrix} e^{\frac{-t}{2}} + c_2 \begin{bmatrix} 5 \\ -2 \end{bmatrix} e^{\frac{-7}{2}t}$$

$$令\mathbf{I}_p = \begin{bmatrix} a_1 \\ a_2 \end{bmatrix} \Rightarrow \begin{bmatrix} 0 \\ 0 \end{bmatrix} = \begin{bmatrix} -3a_1 + \frac{5}{4}a_2 - 125 \\ a_1 - a_2 \end{bmatrix}$$

$$\Rightarrow \begin{bmatrix} a_1 \\ a_2 \end{bmatrix} = \begin{bmatrix} \frac{-500}{7} \\ \frac{-500}{7} \end{bmatrix}$$

$$\therefore \mathbf{I} = \mathbf{I}_h + \mathbf{I}_p = c_1 \begin{bmatrix} 1 \\ 2 \end{bmatrix} e^{\frac{-t}{2}} + c_2 \begin{bmatrix} 5 \\ -2 \end{bmatrix} e^{\frac{-7t}{2}} + \begin{bmatrix} -\frac{500}{7} \\ -\frac{500}{7} \end{bmatrix}$$

$$\because \begin{bmatrix} i_1(0) \\ i_2(0) \end{bmatrix} = \begin{bmatrix} 0 \\ 0 \end{bmatrix} = \begin{bmatrix} c_1 + 5c_2 - \frac{500}{7} \\ 2c_1 - 2c_2 - \frac{500}{7} \end{bmatrix} \Rightarrow \begin{bmatrix} c_1 \\ c_2 \end{bmatrix} = \begin{bmatrix} \frac{875}{21} \\ \frac{125}{21} \end{bmatrix}$$

$$\therefore \begin{cases} I_1 = \frac{875}{21}e^{\frac{-t}{2}} + \frac{625}{21}e^{\frac{-7t}{2}} - \frac{500}{7} \\ I_2 = \frac{1750}{21}e^{\frac{-t}{2}} - \frac{250}{21}e^{\frac{-7t}{2}} - \frac{500}{7} \end{cases}$$

22.

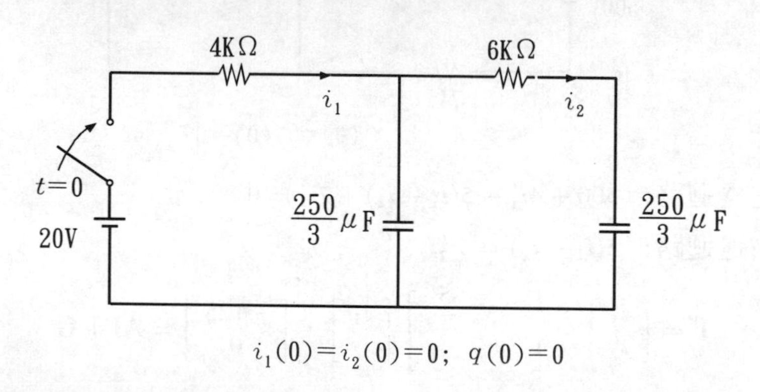

$i_1(0)=i_2(0)=0$; $q(0)=0$

解: 左邊迴路: $20 = 4 \times 10^3 i_1 + \frac{3}{250} \times 10^6 \int (i_1 - i_2)dt$

右邊迴路: $\frac{3}{250} \times 10^6 \int (i_1 - i_2)dt = 6 \times 10^3 i_2 + \frac{3}{250} \times 10^6 \int i_2 dt$

$$\Rightarrow \begin{cases} 0 = i_1' + 3(i_1 - i_2) \\ i_1 - i_2 = \dfrac{1}{2}i_2' + i_2 \end{cases} \Rightarrow \mathbf{I}' = \begin{bmatrix} i_1' \\ i_2' \end{bmatrix} = \begin{bmatrix} -3 & 3 \\ 2 & -4 \end{bmatrix} \begin{bmatrix} i_1 \\ i_2 \end{bmatrix}$$

$$\Rightarrow |\mathbf{A} - \lambda \mathbf{I}| = \begin{vmatrix} -3-\lambda & 3 \\ 2 & -4-\lambda \end{vmatrix} = 0 \Rightarrow \lambda = -1, -6$$

$$\Rightarrow \mathbf{X}_1 = \begin{bmatrix} 3 \\ 2 \end{bmatrix}，\ \mathbf{X}_2 = \begin{bmatrix} 1 \\ -1 \end{bmatrix} \therefore \mathbf{I} = c_1 \begin{bmatrix} 3 \\ 2 \end{bmatrix} e^{-t} + c_2 \begin{bmatrix} 1 \\ -1 \end{bmatrix} e^{-6t}$$

23.

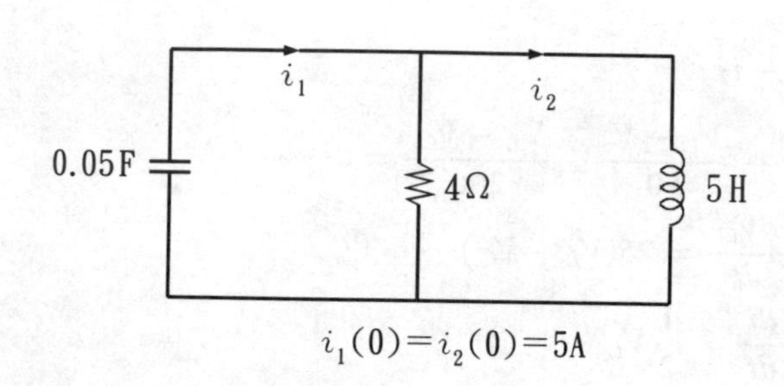

解：左邊迴路：$4(i_1 - i_2) + \dfrac{1}{0.05}\displaystyle\int i_1 dt = 0$

右邊迴路：$5i_2' = 4(i_1 - i_2)$

$$\Rightarrow \mathbf{I}' = \begin{bmatrix} i_1' \\ i_2' \end{bmatrix} = \begin{bmatrix} -4.2 & -0.8 \\ 0.8 & -0.8 \end{bmatrix} \begin{bmatrix} i_1 \\ i_2 \end{bmatrix}$$

$$|\mathbf{A} - \lambda \mathbf{I}| = \begin{vmatrix} -4.2-\lambda & -0.8 \\ 0.8 & -0.8-\lambda \end{vmatrix} = 0 \Rightarrow \lambda = -1, -4$$

$$\Rightarrow \mathbf{X}_1 = \begin{bmatrix} 1 \\ -4 \end{bmatrix}，\ \mathbf{X}_2 = \begin{bmatrix} 4 \\ -1 \end{bmatrix} \therefore \mathbf{I} = c_1 \begin{bmatrix} 1 \\ -4 \end{bmatrix} e^{-t} + c_2 \begin{bmatrix} 4 \\ -1 \end{bmatrix} e^{-4t}$$

$$\text{又} \begin{bmatrix} i_1(0) \\ i_2(0) \end{bmatrix} = \begin{bmatrix} 5 \\ 5 \end{bmatrix} = \begin{bmatrix} c_1 + 4c_2 \\ -4c_1 - c_2 \end{bmatrix} \Rightarrow \begin{bmatrix} c_1 \\ c_2 \end{bmatrix} = \begin{bmatrix} \dfrac{-5}{3} \\ \dfrac{5}{3} \end{bmatrix}$$

$$\therefore i_1 = \frac{-5}{3}e^{-t} + \frac{20}{3}e^{-4t}，\ i_2 = \frac{20}{3}e^{-t} - \frac{5}{3}e^{-4t}$$

24.求 i_1，i_2 和 V_C

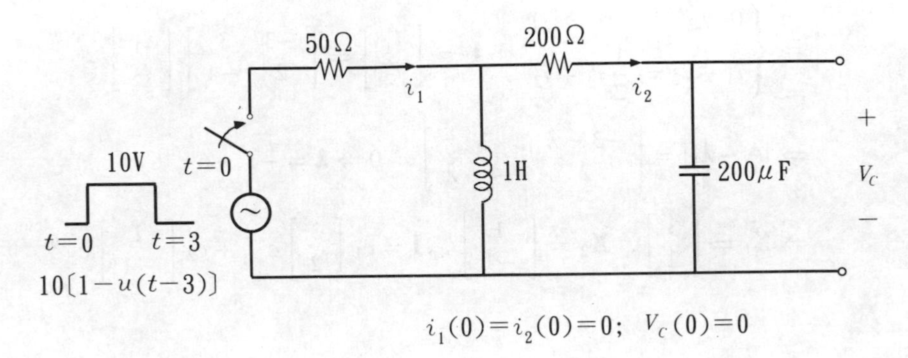

解: 令 $i = i_1 - i_2$

$$\begin{cases} i + \dfrac{V_L - V}{50} + \dfrac{V_L - V_C}{200} = 0 \cdots\cdots ① \\ \dfrac{dV_C}{dt} = 25(V_L - V_C) \cdots\cdots ② \\ \dfrac{di}{dt} = \dfrac{1}{2} V_L \cdots\cdots ③ \end{cases}$$

$$\therefore \mathbf{X}' = \begin{bmatrix} i' \\ V_C' \end{bmatrix} = \begin{bmatrix} -40 & \dfrac{1}{10} \\ -2000 & -20 \end{bmatrix} \begin{bmatrix} i \\ V_C \end{bmatrix} + \begin{bmatrix} \dfrac{4}{10} \\ 20 \end{bmatrix} V(t)$$

$$\therefore V_C(t) = 40e^{-30t}\sin 10t - 40e^{-30(t-3)}\sin(10(t-3)) \cdot u(t-3)$$

25.

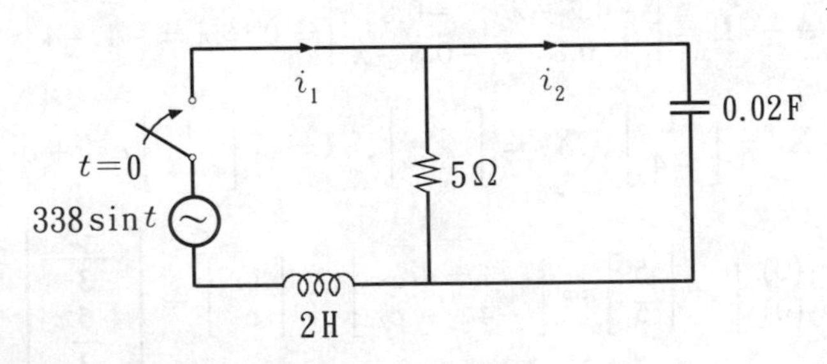

解: 左邊迴路: $(i_1 - i_2)R + Li_1' - E = 0$

右邊迴路: $(i_2 - i_1)R + \dfrac{1}{C}\displaystyle\int i_2 dt = 0$

$$\therefore \mathbf{I}' = \begin{bmatrix} i_1' \\ i_2' \end{bmatrix} = \begin{bmatrix} -2.5 & 2.5 \\ -2.5 & -7.5 \end{bmatrix} \begin{bmatrix} i_1 \\ i_2 \end{bmatrix} + \begin{bmatrix} 169\sin t \\ 169\sin t \end{bmatrix}$$

$$\Rightarrow |\mathbf{A} - \lambda\mathbf{I}| = \begin{vmatrix} -2.5-\lambda & 2.5 \\ -2.5 & -7.5-\lambda \end{vmatrix} = 0 \Rightarrow \lambda = -5, -5$$

$$\Rightarrow \mathbf{X}_1 = \begin{bmatrix} 1 \\ -1 \end{bmatrix}，由(\mathbf{A} - \lambda\mathbf{I})\mathbf{U} = \mathbf{X}_1 得 \mathbf{U} = \begin{bmatrix} 0 \\ 0.4 \end{bmatrix}$$

$$\therefore \mathbf{I}_h = c_1 \begin{bmatrix} 1 \\ -1 \end{bmatrix} e^{-5t} + c_2 \left(\begin{bmatrix} 1 \\ -1 \end{bmatrix} t + \begin{bmatrix} 0 \\ 0.4 \end{bmatrix} \right) e^{-5t}$$

$$令 \mathbf{I}_p = \begin{bmatrix} a_1 \\ a_2 \end{bmatrix} \cos t + \begin{bmatrix} b_1 \\ b_2 \end{bmatrix} \sin t \Rightarrow \begin{bmatrix} a_1 \\ a_2 \end{bmatrix} = \begin{bmatrix} 62.5 \\ 2.5 \end{bmatrix}$$

$$又 \begin{bmatrix} i_1(0) \\ i_2(0) \end{bmatrix} = \begin{bmatrix} 0 \\ 0 \end{bmatrix} \Rightarrow \begin{bmatrix} c_1 \\ c_2 \end{bmatrix} = \begin{bmatrix} 19 \\ 32.5 \end{bmatrix}$$

$$\therefore \mathbf{I} = \begin{bmatrix} i_1 \\ i_2 \end{bmatrix} = \begin{bmatrix} (19 + 32.5t)e^{-5t} - 19\cos t + 62.5\sin t \\ (-6 + 32.5t)e^{-5t} + 6\cos t + 2.5\sin t \end{bmatrix}$$

26.求 i_1，i_2，i_3 和 V_o 何時達到其最大值。

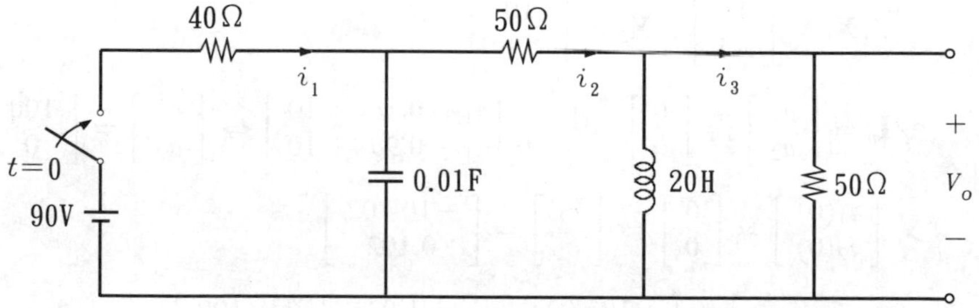

40Ω　50Ω　i_1　i_2　i_3　$t=0$　90V　0.01F　20H　50Ω　+　V_o　−

$i_1(0) = i_2(0) = i_3(0) = 0$；$q(0) = 0$

解: 〈提示〉令 $i = i_2 - i_3$,

$$V_C = \frac{1}{C}\int (i_1 - i_2)dt \Rightarrow \begin{cases} i' = i_2' - i_3' \\ V_C' = \dfrac{1}{C}(i_1 - i_2) \end{cases}$$

$$\begin{cases} 90 = 40i_1 + V_C \\ 90 = 40i_1 + 50i_2 + 20i' \\ 90 = 40i_1 + 50i_2 + 50i_3 \text{ 且 } V_o = 50i_3 \end{cases}$$

27.

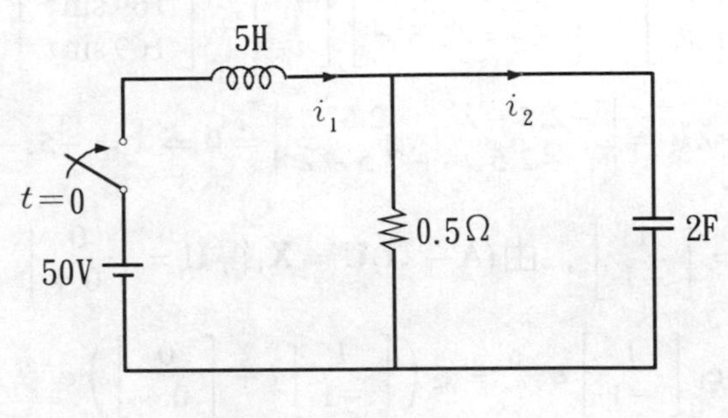

$i_1(0)=i_2(0)=0$; $q(0)=0$

解:
$$\begin{cases} i_1' = \dfrac{-R}{L}i_1 + \dfrac{R}{L}i_2 + \dfrac{V}{L} \\ i_2' = \dfrac{-R}{L}i_1 + \left(\dfrac{R}{L} - \dfrac{1}{RC}\right)i_2 + \dfrac{V}{L} \end{cases}$$

$$\Rightarrow \mathbf{I}' = \begin{bmatrix} i_1' \\ i_2' \end{bmatrix} = \begin{bmatrix} -0.1 & 0.1 \\ -0.1 & -0.9 \end{bmatrix} \begin{bmatrix} i_1 \\ i_2 \end{bmatrix} + \begin{bmatrix} 10 \\ 10 \end{bmatrix}$$

$$\Rightarrow |\mathbf{A} - \lambda\mathbf{I}| = \begin{vmatrix} -0.1-\lambda & 0.1 \\ -0.1 & -0.9-\lambda \end{vmatrix} = 0 \Rightarrow \lambda_1 = -0.11,\ \lambda_2 = -0.89$$

$$\therefore \mathbf{X}_1 = \begin{bmatrix} 10 \\ -1 \end{bmatrix},\ \mathbf{X}_2 = \begin{bmatrix} 10 \\ -99 \end{bmatrix}$$

令$\mathbf{I}_p = \begin{bmatrix} a_1 \\ a_2 \end{bmatrix}$得$\begin{bmatrix} 0 \\ 0 \end{bmatrix} = \begin{bmatrix} -0.1a_1 + 0.1a_2 + 10 \\ -0.1a_1 - 0.9a_2 + 10 \end{bmatrix} \Rightarrow \begin{bmatrix} a_1 \\ a_2 \end{bmatrix} = \begin{bmatrix} 100 \\ 0 \end{bmatrix}$

又$\begin{bmatrix} i_1(0) \\ i_2(0) \end{bmatrix} = \begin{bmatrix} 0 \\ 0 \end{bmatrix} \Rightarrow \begin{bmatrix} c_1 \\ c_2 \end{bmatrix} = \begin{bmatrix} -10.102 \\ 0.102 \end{bmatrix}$

$$\therefore \mathbf{I} = \begin{bmatrix} i_1 \\ i_2 \end{bmatrix} = \begin{bmatrix} -101.02e^{-0.11t} + 1.02e^{-0.89t} + 100 \\ 10.102e^{-0.11t} - 10.102e^{-0.89t} \end{bmatrix}$$

28.

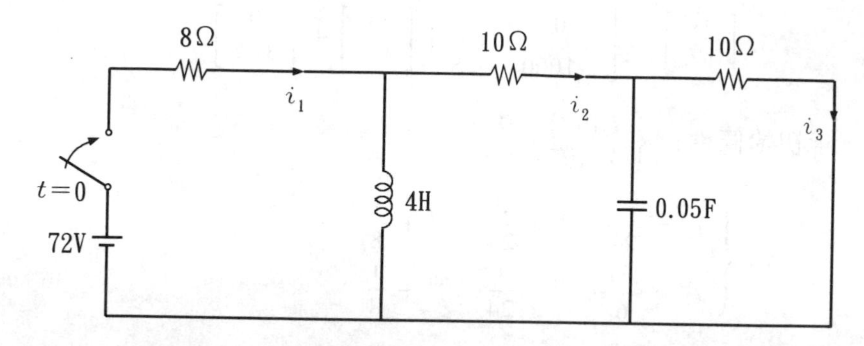

解:
$$\begin{cases} 72 = 8i_1 + 4\dfrac{d}{dt}(i_1 - i_2) \\ 72 = 8i_1 + 10i_2 + \dfrac{1}{0.05}\displaystyle\int (i_2 - i_3)dt \\ 72 = 8i_1 + 10i_2 + 10i_3 \end{cases}$$

初始條件: $\mathbf{I}(0^+) = \begin{bmatrix} i_1(0^+) \\ i_2(0^+) \\ i_3(0^+) \end{bmatrix} = \begin{bmatrix} 4 \\ 4 \\ 0 \end{bmatrix}$

$$\therefore \begin{cases} i_1(t) = 9 - 45e^{-2t} + 40e^{-\frac{20t}{9}} \\ i_2(t) = 4e^{\frac{-20}{9}t} \\ i_3(t) = 36e^{-2t} - 36e^{\frac{-20t}{9}} \end{cases}$$

29.

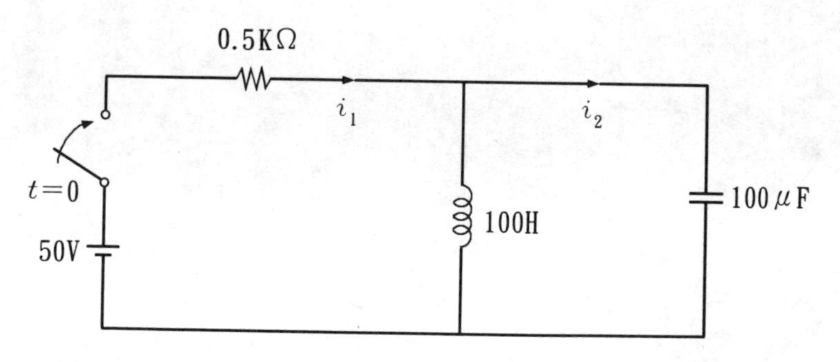

$i_1(0)=i_2(0)=0$; $q(0)=0$

解: $5 = 40i_1 + V_C$, V_C 為電容之電壓

$$i_2' = \frac{1}{L}V_C, \quad V_C' = \frac{1}{C}(i_1 - i_2)$$

$$\therefore \begin{bmatrix} i_2' \\ V_C' \end{bmatrix} = \begin{bmatrix} 0 & \frac{1}{10} \\ -1000 & -25 \end{bmatrix} \begin{bmatrix} i_2 \\ V_C \end{bmatrix} + \begin{bmatrix} 0 \\ 125 \end{bmatrix}$$

初始條件: $\begin{cases} i_2(0^+) = 0 \\ V_C(0^+) = 0 \end{cases}$

$$\therefore \begin{cases} i_1 = \frac{-5}{24}e^{-5t} + \frac{5}{24}e^{-20t} + \frac{1}{8} \\ i_2 = \frac{-1}{6}e^{-5t} + \frac{1}{24}e^{-20t} + \frac{1}{8} \end{cases}$$

第十章 複數和複變函數

10.1　基本觀念

1.試證明

(a) $\dfrac{2-i}{5i}+\dfrac{1+2i}{3-4i}=-\dfrac{2}{5}$

(b) $(1-i)^8=16$

(c) $\dfrac{10}{(1-i)(2-i)(3-i)}=i$

證明：(a) $\dfrac{2-i}{5i}+\dfrac{1+2i}{3-4i}=\dfrac{(2-i)i}{5i\cdot i}+\dfrac{(1+2i)(3+4i)}{(3-4i)(3+4i)}$

$=-\dfrac{1+2i}{5}+\dfrac{-1+2i}{5}=-\dfrac{2}{5}$　故得證

(b) $(1-i)^8=[(1-i)^2]^4=(-2i)^4=16$　故得證

(c) $\dfrac{10}{(1-i)(2-i)(3-i)}=\dfrac{10}{(1-3i)(3-i)}=\dfrac{10}{-10i}=i$　故得證

2.已知 z_1 和 z_2 為任意兩複數，且 n 為正整數，試證

$$(z_1+z_2)^n=z_1^n+\frac{n}{1!}z_1^{n-1}z_2+\frac{n(n-1)}{2!}z_1^{n-2}z_2^2+\cdots+\frac{n(n-1)(n-2)\cdots(n-k+1)}{k!}z_1^{n-k}z_2^k+\cdots+z_2^n$$

（提示：利用數學歸納法）

證明：數學歸納法：

令 $n=1$，$(z_1+z_2)^1=z_1^1+z_2^1$

若 $n=k$，

則 $(z_1+z_2)^k=z_1^k+\dfrac{k}{1!}z_1^{k-1}z_2+\dfrac{k(k-1)}{2!}z_1^{k-2}z_2^2+\cdots+$

$$\frac{k(k-1)(k-2)\cdots(k-l+1)}{l!}z_1^{k-l}z_2^l+\cdots+z_2^k$$

$n=k+1$,

$$(z_1+z_2)^{k+1}=(z_1+z_2)(z_1+z_2)^k$$

$$=[z_1(z_1+z_2)^k]+[z_2(z_1+z_2)^k]$$

$$=[z_1^{k+1}+\frac{k}{1!}z_1^kz_2+\cdots+\frac{k(k-1)(k-2)\cdots(k-l+1)}{l!}z_1^{k-l+1}z_2^l+$$

$$\cdots+z_1z_2^k]+[z_1^kz_2+\cdots+\frac{k(k-1)(k-2)\cdots(k-l+1)}{l!}z_1^{k-l}z_2^{l+1}+$$

$$\cdots+z_1z_2^k+z_2^{k+1}]$$

考慮通式 $z_1^{k-l+1}z_2^l$ 其係數為

$$\frac{k(k-1)\cdots(k-l+1)}{l!}+\frac{k(k-1)\cdots(k-l+2)}{(l-1)!}$$

$$=\frac{k(k-1)\cdots(k-l+2)[(k-l+1)+l]}{l!}$$

$$=\frac{k(k-1)\cdots(k-l+2)}{l!}(k+1)=\frac{(k+1)k(k-1)\cdots(k-l+2)}{l!}$$

則 $(z_1+z_2)^{k+1}=z_1^{k+1}+\frac{k+1}{1!}z_1^kz_2+\cdots+$

$$\frac{(k+1)k(k-1)\cdots(k-l-2)}{l!}z_1^{k-l+1}z_2^l+$$

$$\frac{(k+1)k\cdots(k-l+1)}{(l+1)!}z_1^{k-l}z_2^{l+1}+\cdots+z_2^{k+1}$$ 故得證

3.試證明

(a) $\overline{z_1+z_2+\cdots+z_n}=\overline{z}_1+\overline{z}_2+\cdots+\overline{z}_n$

(b) $\overline{z_1z_2\cdots z_n}=\overline{z}_1\overline{z}_2\cdots\overline{z}_n$

(c) $\overline{\left(\frac{1}{z_1z_2\cdots z_n}\right)}=\frac{1}{\overline{z}_1\overline{z}_2\cdots\overline{z}_n}$

證明：(a)利用數學歸納法

設 $n=1$, $\overline{z}_1=\overline{z}_1$

若 $n=k$, $\overline{z_1+z_2+\cdots+z_k}=\overline{z}_1+\overline{z}_2+\cdots+\overline{z}_k$　成立

則當 $n=k+1$,

$$\overline{z_1+z_2+\cdots+z_{k+1}}=\overline{(z_1+z_2+\cdots+z_k)+z_{k+1}}=\overline{w+z_{k+1}}$$

其中 $w=z_1+z_2+\cdots+z_k=u+iv$

$$\overline{w+z_{k+1}}=\overline{(u+iv)+(x_{k+1}+iy_{k+1})}=\overline{(u+x_{k+1})+i(v+y_{k+1})}$$

$$=(u+x_{k+1})-i(v+y_{k+1})=\overline{w}+\overline{z}_{k+1}$$

$$\overline{w}=\overline{z_1+z_2+\cdots+z_k}=\overline{z}_1+\overline{z}_2+\cdots+\overline{z}_k$$

故 $\overline{z_1+z_2+\cdots+z_{k+1}}=\overline{z}_1+\overline{z}_2+\cdots+\overline{z}_k+\overline{z}_{k+1}$

(b)利用數學歸納法

設 $n=1$, $\overline{z}_1=\overline{z}_1$

若 $n=k$, $\overline{z_1z_2\cdots z_k}=\overline{z}_1\overline{z}_2\cdots\overline{z}_k$　成立

令 $w=z_1z_2\cdots z_k=u+iv$

則 $n=k+1$

$$\overline{z_1z_2\cdots z_kz_{k+1}}=\overline{w}\,\overline{z}_{k+1}=\overline{(u+iv)(x_{k+1}+iy_{k+1})}$$

$$=\overline{(ux_{k+1}-vy_{k+1})+i(uy_{k+1}+vx_{k+1})}$$

$$=(ux_{k+1}-vy_{k+1})-i(uy_{k+1}+vx_{k+1})$$

$$=(u-iv)(x_{k+1}-iy_{k+1})=\overline{w}\,\overline{z}_{k+1}$$

$$=\overline{z_1z_2\cdots z_k}\,\overline{z}_{k+1}=\overline{z}_1\overline{z}_2\cdots\overline{z}_k\overline{z}_{k+1}$$

(c) $\overline{\left(\dfrac{1}{z_1z_2\cdots z_n}\right)}=\dfrac{1}{\overline{z_1z_2\cdots z_n}}=\dfrac{1}{\overline{z}_1\overline{z}_2\cdots\overline{z}_n}$（由(b)小題得知）

4.試證明，若 z 位於圓 $|z|=2$ 上，則 $\left|\dfrac{1}{z^4-4z^2+3}\right| \le \dfrac{1}{3}$

證明:

$$\left|\frac{1}{z^4-4z^2+3}\right|=\left|\frac{1}{(z^2-3)(z^2-1)}\right|=\frac{1}{|z^2-3||z^2-1|}$$

$$\le \frac{1}{(|z^2|-3)(|z^2|-1)}$$

$$=\frac{1}{(|z|^2-3)(|z|^2-1)}=\frac{1}{3}\quad \text{故得證}$$

5.試證明 $\sqrt{2}|z| \ge |\text{Re}(z)|+|\text{Im}(z)|$

證明:

$$\sqrt{2}z=[2(\text{Re}(z))^2+2(\text{Im}(z))^2]^{\frac{1}{2}}$$

$$(\sqrt{2}|z|)^2=2(\text{Re}(z))^2+2(\text{Im}(z))^2$$

$$(|\text{Re}(z)|+|\text{Im}(z)|)^2=(\text{Re}(z))^2+2|\text{Re}(z)||\text{Im}(z)|+(\text{Im}(z))^2$$

$$(\sqrt{2}|z|)^2-(|\text{Re}(z)|+|\text{Im}(z)|)^2$$

$$=(\text{Re}(z))^2-2|\text{Re}(z)||\text{Im}(z)|+(\text{Im}(z))^2=(|\text{Re}(z)|-|\text{Im}(z)|)^2\ge 0$$

$$\sqrt{2}|z| \ge |\text{Re}(z)|+|\text{Im}(z)|\quad \text{故得證}$$

6.試在 z 平面上畫出 $z^2+\overline{z}^2=2$ 的幾何圖形。

解: 令 $x=z+iy \Rightarrow z^2=x^2+2ixy-y^2$，$(\overline{z})^2=x^2-2ixy-y^2$

$$z^2+\overline{z}^2=2x^2-2y^2 \Rightarrow x^2-y^2=2$$

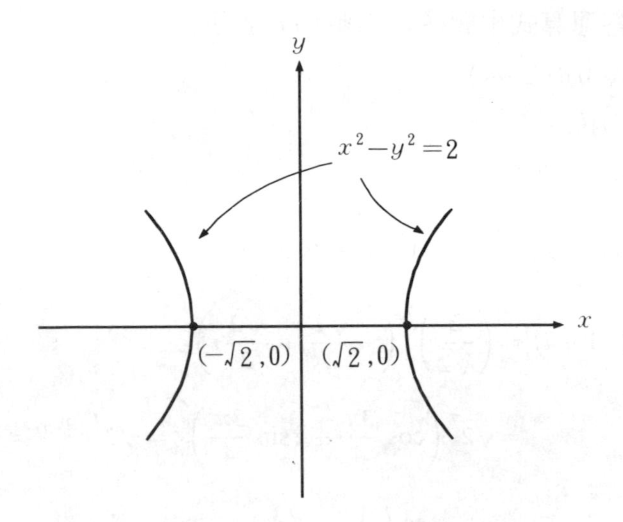

7.試求 $\arg(z)$

(a) $z=(\sqrt{3}-i)^3$，(b) $z=\dfrac{-i}{1+i}$，(c) $z=\dfrac{2}{1+\sqrt{3}i}$

解: (a) $z=(\sqrt{3}-i)^3=2^3\left(\dfrac{\sqrt{3}}{2}-\dfrac{1}{2}i\right)^3$

$$=2^3\left(\cos\frac{-\pi}{6}+i\sin\frac{-\pi}{6}\right)^3=2^3e^{-\frac{\pi}{2}i}=2^3e^{\frac{3}{2}\pi i}$$

$\therefore \arg(z)=\dfrac{3}{2}\pi$

(b) $z=\dfrac{-i}{1+i}=-\dfrac{1}{2}-\dfrac{1}{2}i=\dfrac{\sqrt{2}}{2}[\cos(\dfrac{-3}{4}\pi)+i\sin(-\dfrac{3}{4}\pi)]$

$$=\frac{\sqrt{2}}{2}e^{-\frac{3}{4}\pi}=\frac{\sqrt{2}}{2}e^{\frac{5}{4}\pi i}$$

$\therefore \arg(z)=\dfrac{5}{4}\pi$

(c) $\dfrac{2}{1+\sqrt{3}i}=\dfrac{1-\sqrt{3}i}{2}=\cos\dfrac{-\pi}{3}+i\sin\dfrac{-\pi}{3}=e^{-\frac{\pi}{3}i}=e^{\frac{5}{3}\pi i}$

$\therefore \arg(z)=\dfrac{5}{3}\pi$

8.將下列各運算式化簡後以指數形式表示:

(a) $i(1-\sqrt{3}i)(\sqrt{3}+i)$

(b) $(-1+i)^7$

(c) $(1+\sqrt{3}i)^{-10}$

解: (a) $i(1-\sqrt{3}i)(\sqrt{3}+i)=2+2\sqrt{3}i=\cos\dfrac{\pi}{3}+i\sin\dfrac{\pi}{3}=e^{\frac{\pi}{3}i}$

(b) $$(-1+i)^7=\left(\frac{2}{\sqrt{2}}\right)^7\left(-\frac{\sqrt{2}}{2}+\frac{\sqrt{2}}{2}i\right)^7$$

$$=\sqrt{2}^7\left(\cos\frac{3\pi}{4}+i\sin\frac{3\pi}{4}\right)^7=\sqrt{2}^7e^{\frac{21}{4}\pi i}=\sqrt{2}^7e^{\frac{5}{4}\pi i}$$

(c) $$(1+\sqrt{3}i)^{-10}=2^{-10}\left(\frac{1}{2}+\frac{\sqrt{3}}{2}i\right)^{-10}$$

$$=2^{-10}\left(\cos\frac{\pi}{3}+i\sin\frac{\pi}{3}\right)^{-10}=2^{-10}e^{-\frac{10}{3}\pi i}=2^{-10}e^{\frac{2}{3}\pi i}$$

9.證明

(a) $\overline{e^{i\theta}}=e^{-i\theta}$,(b) $|e^{i\theta}|=1$,(c) $e^{i\theta_1}\cdot e^{i\theta_2}=e^{i(\theta_1+\theta_2)}$

證明: (a)$\overline{e^{i\theta}}=\overline{\cos\theta+i\sin\theta}=\cos\theta-i\sin\theta=e^{-i\theta}$ 故得證

(b)$|e^{i\theta}|=|\cos\theta+i\sin\theta|=\sqrt{\cos^2\theta+\sin^2\theta}=1$ 故得證

(c)$$e^{i\theta_1}\cdot e^{i\theta_2}=(\cos\theta_1+i\sin\theta_1)\cdot(\cos\theta_2+i\sin\theta_2)$$

$$=\cos\theta_1\cos\theta_2+i\cos\theta_1\sin\theta_2+i\cos\theta_2\sin\theta_1-\sin\theta_1\sin\theta_2$$

$$=(\cos\theta_1\cos\theta_2-\sin\theta_1\sin\theta_2)+i(\cos\theta_1\sin\theta_2+\cos\theta_2\sin\theta_1)$$

$$=\cos(\theta_1+\theta_2)+i\sin(\theta_1+\theta_2)=e^{i(\theta_1+\theta_2)}$$ 故得證

10.已知 $z_1\neq 0$,求 $\arg(z)$

(a) $z=z_1^{-2}$,(b) $z=z_1^2$

解：(a)設 $z_1 = r_1 e^{i\theta_1} \Rightarrow z = z_1^{-2} = r_1^{-2} e^{-2\theta_1 i}$

$\therefore \arg(z) = -2\theta_1 = -2\arg(z_1)$

(b)設 $z_1 = r_1 e^{i\theta_1} \Rightarrow z = z_1^2 = r_1^2 e^{2\theta_1 i}$

$\therefore \arg(z) = 2\theta_1 = 2\arg(z_1)$

11.證明若 $\mathrm{Re}(z_1) > 0$, $\mathrm{Re}(z_2) > 0$，則 $\arg(z_1 z_2) = \arg(z_1) + \arg(z_2)$

證明：令 $z_1 = r_1 e^{i\theta_1}$, $z_2 = r_2 e^{i\theta_2} \Rightarrow z_1 z_2 = r_1 r_2 e^{i(\theta_1+\theta_2)}$

對 $\mathrm{Re}(z_1) > 0$，且 $\mathrm{Re}(z_2) > 0$

$$\left.\begin{array}{l}\arg(z_1) = \theta_1,\ -\dfrac{\pi}{2} \le \theta_1 \le \dfrac{\pi}{2} \\ \arg(z_2) = \theta_2,\ -\dfrac{\pi}{2} \le \theta_2 \le \dfrac{\pi}{2}\end{array}\right\} \Rightarrow -\pi \le \theta_1 + \theta_2 \le \pi$$

$$\arg(z_1 z_2) = \theta_1 + \theta_2 = \arg(z_1) + \arg(z_2)$$

12.試導出

(a) $\sin^3\theta = \dfrac{3}{4}\sin\theta - \dfrac{1}{4}\sin 3\theta$

(b) $\cos^4\theta = \dfrac{1}{8}\cos 4\theta + \dfrac{1}{2}\cos 2\theta + \dfrac{3}{8}$

解：(a)由棣美佛式子可知

$$(\cos 3\theta + i\sin 3\theta) = (\cos\theta + i\sin\theta)^3$$

$$= \cos^3\theta + i3\sin\theta\cos^2\theta - 3\sin^2\theta\cos\theta - i\sin^3\theta$$

比較虛數部分，可得

$$\sin 3\theta = 3\sin\theta\cos^2\theta - \sin^3\theta$$

$$\sin 3\theta = 3\sin\theta(1 - \sin^2\theta) - \sin^3\theta$$

$$\sin 3\theta = 3\sin\theta - 4\sin^3\theta$$

$$\sin^3\theta=\frac{3}{4}\sin\theta-\frac{1}{4}\sin 3\theta$$ 故得證

(b) $$\cos 4\theta+i\sin 4\theta=(\cos 2\theta+i\sin 2\theta)^2$$

$$=\cos^2 2\theta-\sin^2 2\theta+2i\cos 2\theta\sin 2\theta$$

比較實數部分

$$\cos 4\theta=\cos^2 2\theta-\sin^2 2\theta=2\cos^2 2\theta-1$$

$$=2(2\cos^2\theta-1)^2-1=2(4\cos^4\theta+1-4\cos^2\theta)-1$$

$$\cos 4\theta=8\cos^4\theta-8\cos^2\theta+1$$

$$\cos 4\theta=8\cos^4\theta-8\frac{\cos 2\theta+1}{2}+1$$

$$\cos^4\theta=\frac{1}{8}\cos 4\theta+\frac{1}{2}\cos 2\theta+\frac{3}{8}$$ 故得證

13.已知當 $z\neq 1$ 時 $1+z+z^2+\cdots+z^n=\frac{1-z^{n+1}}{1-z}$，試利用其導出

$$1+\cos\theta+\cos 2\theta+\cdots+\cos n\theta=\frac{1}{2}+\frac{\sin\left[\left(n+\frac{1}{2}\right)\theta\right]}{2\sin\frac{\theta}{2}},\quad 0<\theta<2\pi$$

解：設 $s=1+z+z^2+\cdots+z^n$

$$zs=z+z^2+z^3+\cdots+z^n+z^{n+1}$$

$$s-zs=1-z^{n+1}\Rightarrow(1-z)s=1-z^{n+1}$$

$$\Rightarrow s=\frac{1-z^{n+1}}{1-z}=1+z+z^2+\cdots+z^n$$

$$1+e^{i\theta}+e^{i2\theta}+\cdots+e^{in\theta}=\frac{1-e^{i(n+1)\theta}}{1-e^{i\theta}}$$

$$(1+\cos\theta+\cos 2\theta+\cdots+\cos n\theta)+i(1+\sin\theta+\sin 2\theta+\cdots+\sin n\theta)$$

$$=\frac{(1-\cos(n+1)\theta)-i\sin(n+1)\theta}{(1-\cos\theta)-i\sin\theta}$$

分母有理化，並取得實數項，可得

$$\mathrm{Re}\left(\frac{1-\cos(n+1)\theta-i\sin(n+1)\theta}{1-\cos\theta-i\sin\theta}\right)$$
$$=\frac{[1-\cos(n+1)\theta](1-\cos\theta)+\sin\theta\sin(n+1)\theta}{2-2\cos\theta}$$
$$=\frac{1}{2}+\frac{\cos n\theta-\cos(n+1)\theta}{2-2\cos\theta}$$

$$2-2\cos\theta=2(1-\cos\theta)=2\cdot 2\sin^2\frac{\theta}{2}$$

$$\cos n\theta-\cos(n+1)\theta=2\sin\frac{\theta}{2}\sin\left(n+\frac{1}{2}\right)\theta$$

原式 $=\dfrac{1}{2}+\dfrac{\sin\left(n+\frac{1}{2}\right)\theta}{2\sin\frac{1}{2}\theta}$　故得證

14.解方程式(a) $z\bar{z}-z+\bar{z}=0$，(b) $z^2+2\bar{z}=-1+6i$

解：(a)設 $z=a+ib,\ \bar{z}=a-ib$

$$z\bar{z}-z+\bar{z}=(a+ib)(a-ib)-2ib=a^2+b^2-2ib=0$$

$$\therefore\begin{cases}a^2+b^2=0\\ zb=0\end{cases}\Rightarrow a=b=0\Rightarrow z=0$$

(b)設 $z=a+ib,\ \bar{z}=a-ib,\ a,b\in\boldsymbol{R}$

$$z^2+2\bar{z}=(a+ib)^2+2(a-ib)=(a^2-b^2+2a)+i(2ab-2b)$$

$$\therefore\begin{cases}a^2-b^2+2a=-1\cdots\cdots①\\ 2ab-2b=6\cdots\cdots②\end{cases}$$

由①，$(a+1)^2=b^2\ \therefore a+1=\pm b$

$a+1=b$ 代入②則 $b=3,-1\ \therefore a=2,-2$

$a+1=-b$ 代入②則 $b=-1\pm\sqrt{2}i$（不合）

$\therefore z$ 有 2 解，為 $2+3i,\ -2-i$

15.已知方程式 $az^2+bz+c=0\ (a\neq 0)$，其中 a,b,c 為複數，試證明方程式的根為 $z=\dfrac{-b+\sqrt{b^2-4ac}}{2a}$

證明：

$$az^2+bz+c=a(z^2+\frac{b}{a}z)=a(z+\frac{b}{2a})^2-\frac{b^2}{4a}+c=0$$

$$(z+\frac{b}{2a})^2=\frac{1}{4a^2}(b^2-4ac)\Rightarrow z=-\frac{b}{2a}+\frac{\sqrt{b^2-4ac}}{2a}\quad \text{故得證}$$

16.證明(a) $|z_1+z_2|\leq|z_1|+|z_2|$，(b) $|z_1-z_2|\geq\big||z_1|-|z_2|\big|$

證明：(a)

$$|z_1+z_2|^2=(z_1+z_2)\overline{(z_1+z_2)}=(z_1+z_2)(\overline{z}_1+\overline{z}_2)$$

$$=|z_1|^2+z_1\overline{z}_2+z_2\overline{z}_1+|z_2|^2=|z_1|^2+2\text{Re}(z_1\overline{z}_2)+|z_2|^2$$

$$\because \text{Re}(z_1\overline{z}_2)\leq|z_1\overline{z}_2|=|\overline{z}_1||\overline{z}_2|=|z_1||z_2|$$

$$\therefore |z_1+z_2|^2\leq|z_1|^2+2|z_1||z_2|+|z_2|^2=(|z_1|+|z_2|)^2$$

故 $|z_1+z_2|\leq|z_1|+|z_2|$

(b)

$$|z_1-z_2|^2=(z_1-z_2)\overline{(z_1-z_2)}=(z_1-z_2)(\overline{z}_1-\overline{z}_2)$$

$$=|z_1|^2-z_1\overline{z_2}-z_2\overline{z_1}+|z_2|^2=|z_1|^2+|z_2|^2-2\text{Re}(z_1\overline{z}_2)$$

$$\geq|z_1|^2+|z_2|^2-2|z_1||z_2|=(|z_1|-|z_2|)^2$$

$$\Rightarrow |z_1-z_2|\geq\big||z_1|-|z_2|\big|\quad \text{故得證。}$$

10.2 複函數、極限、導數

1.將 $f(z)=z^3+z^2+z+1$ 表示成 $f(z)=u(x,y)+iv(x,y)$ 的形式。

解：設 $z=x+iy$

$$z^3=(x+iy)^3=x^3+i3x^2y-3xy^2-iy^3$$

$$f(z)=u(x,y)+iv(x,y)=(x^3-3xy^3+x+1)+i(3x^2y-y^3+y)$$

2.將 $f(z)=x^2-y^2-2y+i(2x-2xy)$ 表示成 z 的形式。

解: $f(z)=x^2-y^2-2y+i(2x-2xy)$

由 $x=\dfrac{z+\overline{z}}{2}$, $y=\dfrac{z-\overline{z}}{2i}$，可得

$$f(z)=\left(\frac{z+\overline{z}}{2}\right)^2-\left(\frac{z-\overline{z}}{2i}\right)^2-2\left(\frac{z-\overline{z}}{2i}\right)+$$
$$i\left(2\frac{z+\overline{z}}{2}-2\frac{z+\overline{z}}{2}\frac{z-\overline{z}}{2i}\right)$$
$$=\overline{z}^2+2zi$$

3.已知 $f(z)=y\displaystyle\int_0^\infty e^{-xt}dt+i\sum_{n=0}^{\infty}y^n$，$g(z)=\dfrac{y}{x}+\dfrac{i}{1-y}$，其中 $z=x+iy$。

試證明若 z 為區域 $x>0$，$-1<y<1$ 內任一點，則 $g(z)=f(z)$。

證明: $$y\int_0^\infty e^{-xt}dt=y\cdot\left(-\frac{1}{x}\right)e^{-xt}\Big|_0^\infty$$

當 $-x<0$，即 $x>0$ 時 $\Rightarrow y\displaystyle\int_0^\infty e^{-xt}dt=y\frac{1}{x}(0-(-1))=\frac{y}{x}$

當 $|y|<1$ 即 $-1<y<1$ 時 $\Rightarrow i\displaystyle\sum_{n=0}^{\infty}y^n=i\frac{1}{1-y}$

$\therefore$當 $x>0$ 且 $-1<y<1$ 同時成立時

$$f(z)=y\int_0^\infty e^{-xt}dt+i\sum_{n=0}^{\infty}y^n=\frac{y}{x}+\frac{i}{1-y}=g(z)$$ 故得證

4.求出下列各式的極限值：（a,b,c 和 z_0 表複數常數）

(a) $\displaystyle\lim_{z\to z_0}c$，(b) $\displaystyle\lim_{z\to z_0}(az+b)$，(c) $\displaystyle\lim_{z\to z_0}\overline{z}$，(d) $\displaystyle\lim_{z\to 0}\frac{\overline{z}^2}{z}$

(e) $\lim_{z\to 1+i}[x+i(2x+y)]$, (f) $\lim_{z\to 2i}\frac{z^2+4}{z-2i}$, (g) $\lim_{z\to\infty}\frac{3z^2}{(z-1)^2}$

解: (a) $\lim_{z\to z_0} c = c$

(b) $\lim_{z\to z_0}(az+b) = az_0+b$

(c) $\lim_{z\to z_0}\overline{z} = \overline{z}_0$

(d)由 hospital 定理知

$$\lim_{z\to 0}\frac{\overline{z}^2}{z} = \lim_{z\to 0}\frac{(\overline{z}^2)'}{1} = \lim_{z\to 0}\frac{2\overline{z}\cdot(\overline{z})'}{1} = 0$$

(e) $\lim_{z\to 1+i}[x+i(2x+y)] = [1+i(2+1)] = 1+3i$

(f) $\lim_{z\to 2i}\frac{z^2+4}{z-2i} = \lim_{z\to 2i}\frac{(z+2i)(z-2i)}{z-2i} = 4i$

(g) $\lim_{z\to\infty}\frac{3z^2}{(z-1)^2}$

由 hospital 定理得

$$\lim_{z\to\infty}\frac{3z^2}{(z-1)^2} = \lim_{z\to\infty}\frac{6z}{2(z-1)} = 3$$

5.求下列各函數的 $f'(z)$:

(a) $f(z)=3z^2+z+1$, (b) $f(z)=(1-z^2)^2$

(c) $f(z)=\frac{1+z^3}{z}\ (z\neq 0)$, (d) $f(z)=\frac{2z-1}{z+1}$

解: (a) $f'(z)=6z+1$

(b) $f'(z)=2(1-z^2)\cdot(-2z) = -4z(1-z^2)$

(c) $f'(z)=\frac{3z^2\cdot z^2-(1+z^3)\cdot 2z}{z^4} = 3-\frac{2(1+z^3)}{z^3}$

(d) $f'(z)=\frac{2(z+1)-(2z-1)}{(z+1)^2} = \frac{3}{(z+1)^2}$

6.試證明 $f(z) = \text{Re}(z)$ 的導函數不存在。

證明: 由定義 $f'(z) = \lim\limits_{\Delta z \to 0} \dfrac{f(z+\Delta z) - f(z)}{\Delta z}$, $\Delta z = \Delta x + i\Delta y$

$$= \lim_{\Delta z \to 0} \frac{\text{Re}(z+\Delta z) - \text{Re}(z)}{\Delta z}$$

$$= \lim_{\substack{\Delta x \to 0 \\ \Delta y \to 0}} \frac{\Delta x}{\Delta x + i\Delta y} = \lim_{\substack{\Delta x \to 0 \\ \Delta y \to 0}} \frac{1}{1 + i\dfrac{\Delta y}{\Delta x}}$$

但是 $\dfrac{\Delta y}{\Delta x}$ 沒有界定，$f'(z)$ 可以有無限多值出現

所以 $f'(z)$ 不存在。

7.試證明 $\dfrac{d}{dz}(z^{-n}) = \dfrac{-n}{z^{n+1}}$，$n$ 為正整數。

證明: 利用數學歸納法

當 $n = 1$ 時，$\dfrac{d}{dz}(z^{-n}) = z^{-1} = \dfrac{-1}{z^2}$

當 $n = k$ 時，$\dfrac{d}{dz}(z^{-k}) = \dfrac{-k}{z^{k+1}}$　成立

當 $n = k + 1$ 時

$$\frac{d}{dz}[z^{-(k+1)}] = \frac{d}{dz}(z^{-k} \cdot z^{-1}) = \frac{d}{dz}z^{-k} \cdot z^{-1} + z^{-k} \cdot \frac{d}{dz}z^{-1}$$

$$= \frac{-k}{z^{k+1}} \cdot z^{-1} + z^{-k} \cdot \frac{-1}{z^2} = \frac{-k}{z^{k+2}} + \frac{-1}{z^{k+2}}$$

$$= \frac{-k-1}{z^{k+2}} = \frac{-(k+1)}{z^{(k+1)+1}}$$

$\therefore n = k + 1$ 亦成立，故得證

8.試證明 $f(z) = \overline{z}$ 的導函數不存在。

證明: 由定義 $f'(z) = \lim\limits_{\Delta z \to 0} \dfrac{f(z+\Delta z) - f(z)}{\Delta z}$, $\Delta z = \Delta x + i\Delta y$

$$= \lim_{\Delta z \to 0} \frac{(\overline{z} + \Delta\overline{z}) - \overline{z}}{\Delta z}$$

$$= \lim_{\Delta z \to 0} \frac{\Delta \overline{z}}{\Delta z} = \lim_{\substack{\Delta x \to 0 \\ \Delta y \to 0}} \frac{\Delta x - i\Delta y}{\Delta x + i\Delta y} = \lim_{\substack{\Delta x \to 0 \\ \Delta y \to 0}} \frac{1 - i\dfrac{\Delta y}{\Delta x}}{1 + i\dfrac{\Delta y}{\Delta x}}$$

式中的 $\dfrac{\Delta y}{\Delta x}$ 沒有界定，所以 $f'(z)$ 可以有無限多值出現，

$\therefore f'(z)$ 不存在。

9.寫出下列各函數的非連續點

(a) $f(z) = \dfrac{z}{z^2+1}$，(b) $f(z) = \dfrac{z^2-1}{z-1}$，(c) $f(z) = \begin{cases} z^2 + iz + 2, \ z \neq i \\ i, \ z = i \end{cases}$

解：(a) $z^2 + 1 = 0$ 時，$f(z)$ 沒有意義，即非連續點存在。

$z^2 = \pm i$ 時為不連續點。

(b)在 $z = 1$ 時分母為 0。

$\therefore z = 1$ 為不連續點。

(c) $z = i$ 時，$f(z)$ 到處連續

$\because \lim_{z \to i} z^2 + iz + 2 = 0 \neq i = f(i)$

故 $z = i$ 時，$f(z)$ 不連續。

10.已知 $z^n = 1$ 的 n 次方根分別為 $z_1, z_2, \cdots, z_n$，試證明

(a) $z_1 + z_2 + \cdots + z_n = 0$

(b) $z_1 z_2 \cdots z_n = (-1)^{n-1}$

證明：(a)已知 $z_1, z_2, \cdots, z_n$ 為根

$\therefore z^n - 1 = (z - z_1)(z - z_2)\cdots(z - z_n)$

比較 $n-1$ 次的係數可得 $(z_1 + z_2 + z_3 + \cdots z_n) = 0$

(b)比較常數項

$$(-z_1)(-z_2)(-z_3)\cdots(-z_n) = -1$$

$$(-1)^n z_1 z_2 z_3 \cdots z_n = -1$$

$\therefore z_1 z_2 \cdots z_n = (-1)^{n-1}$　得證

11.證明 $\lim_{z \to 0}\left[\frac{xy}{x^2+y^2}\right]$ 不存在。

證明：令 $y = mx$，則 $\lim_{z \to 0}\left[\frac{xy}{x^2+y^2}\right] = \lim_{x \to 0}\frac{mx^2}{(1+m^2)x^2} = \frac{m}{1+m^2}$

$\therefore$其極限值必須依 m 之值而定

故 $\lim_{z \to 0}\frac{xy}{x^2+y^2}$ 不存在。

10.3　解析函數 (analytic) 與科煦－黎曼方程式 (Cauchy-Riemann)

1.證明下列各函數為完全函數：

(a) $f(z) = 3x + y + i(3y - x)$

(b) $f(z) = e^{-y}e^{ix}$

(c) $f(z) = (z^2 - 2)e^{-x}e^{-iy}$

證明：(a) $f(z) = 3x + y + i(3y - x) = 3z - iz$　$(\because x = \frac{z+\overline{z}}{2},\ y = \frac{z-\overline{z}}{2i})$

$f'(z) = 3 - i$　是到處可解析。

(b) $f(z) = e^{-y}e^{ix} = e^{-y}(\cos x + i\sin x)$，$u = e^{-y}\cos x$，$v = e^{-y}\sin x$

$$\begin{cases} u_x = -e^{-y}\sin x, & u_y = -e^{-y}\cos x \\ v_y = -e^{-y}\sin x, & v_x = e^{-y}\cos x \end{cases} \Rightarrow \begin{cases} u_x = v_y \\ u_y = -v_x \end{cases}$$

故 $f'(z)$ 存在，$f'(z) = u_x + iv_x = -e^{-y}\sin x + ie^{-y}\cos x$ 對 x, y 均可解析。

(c) $f(z) = (z^2 - 2)e^{-x}e^{-iy} = (z^2 - 2)e^{-(x+iy)} = (z^2 - z)e^{-z}$

$$f'(z) = 2ze^{-z} - (z^2 - 2)e^{-z} = (-z^2 + 2z + 2)e^{-z}$$

對所有 z 均連續可微，故均為解析。

2.試求下列各函數的不解析點：

(a) $f(z) = e^y e^{ix}$

(b) $f(z) = \dfrac{z-2}{(z+1)(z^2+1)}$

解：(a) $f(z) = e^y e^{ix} = e^y(\cos x + i\sin x)$, $u = e^y \cos x$, $v = e^y \sin x$

$$\begin{cases} u_x = -e^y \sin x, & u_y = e^y \cos x \\ v_y = e^y \sin x, & v_x = e^y \cos x \end{cases}$$

$$\Rightarrow \begin{cases} u_x \neq v_y, & \text{除了 } x = 2n\pi,\ n \in \boldsymbol{Z} \\ u_y \neq -v_x, & \text{除了 } x = \dfrac{(2n+1)}{2}\pi,\ n \in \boldsymbol{Z} \end{cases}$$

故 $f(z)$ 到處不可微，即到處不解析。

(b)當分母 $(z+1)(z^2+1) = 0$ 時，$f(z)$ 不解析。

所以 $(z+1)(z^2+1) = 0$，即 $z = -1, i, -i$ 時 $f(z)$ 非解析。

3.試求下列各函數的奇異點：

(a) $f(z) = \dfrac{z^3 + i}{z^2 - 3z + 2}$

(b) $f(z) = \dfrac{2z-1}{z(z^2+1)}$

(c) $f(z) = \dfrac{z^2+1}{(z-2)(z^2+2z+2)}$

解：(a) $f(z) = \dfrac{z^3 + i}{z^2 - 3z + 2} = \dfrac{P(z)}{Q(z)}$，$P(z)$，$Q(z)$ 均為多項式

故僅在 $Q(z) = 0$ 之 z 值外均為解析。

$$z^2 - 3z + 2 = 0,\ z = 1, 2$$

(b) $f(z)=\dfrac{2z-1}{z(z^2+1)}=\dfrac{P(z)}{Q(z)}$，$P(z)$，$Q(z)$ 均為多項式

故僅在 $Q(z)=0$ 處奇異點。

即 $z=0,i,-i$ 處不可解析。

(c) $f(z)=\dfrac{z^2+1}{(z-2)(z^2+2z+2)}=\dfrac{P(z)}{Q(z)}$，$P(z)$，$Q(z)$ 均為多項式，

當 $Q(z)=0$ 時，$f(z)$ 不可解析。

此時 $z=2,-1+i,-1-i$

4.證明兩完全函數的合成函數亦是完全函數。

證明：已知 $f(z)$，$g(z)$ 是完全函數於 z 平面

令 $w=f(z)$，$g(w)$ 是完全函數定義於 w 平面

$$\frac{dg(w)}{dz}=\frac{dg}{dw}\frac{dw}{dz}=g'\frac{df}{dz}=g'f'$$

因為兩可微連續函數之乘積仍為可微連續函數，

故 $g(f(z))$ 為一完全函數。

5.證明下列各 $u(x,y)$ 函數在某個區域內為調和函數，並求其調和共軛 $v(x,y)$：

(a) $u(x,y)=2x-x^3+3xy^2$

(b) $u(x,y)=\sinh x\sin y$

證明：(a) $u_x=2-3x^2+3y^2=v_y\Rightarrow v=2y-3x^2y+y^3+f(x)\cdots\cdots①$

$u_y=6xy=-v_x\Rightarrow v=-3x^2y+g(y)\cdots\cdots②$

由①②可得 $v=-3x^2y+2y+y^3$

(b) $u_x=\cosh x\sin y=v_y\Rightarrow v=-\cosh x\cos y+f(x)\cdots\cdots①$

$u_y=\sinh x\cos y=v_x\Rightarrow v=-\cosh x\cos y+g(x)\cdots\cdots②$

由①②可得$v=-\cosh x\cos y$

6.證明若在某區域內，v為u的調和共軛，且u亦為v的調和共軛，則u,v必為常數函數。

證明：由題意知$\begin{cases}u_x=v_y\\u_y=-v_x\end{cases}$ 且 $\begin{cases}v_x=u_y\\v_y=-u_x\end{cases}\Rightarrow\begin{cases}v_y=-v_y\\v_x=-v_x\end{cases}$ 且 $\begin{cases}u_x=-u_x\\u_y=-u_y\end{cases}$

$\therefore$唯一的可能是$u_x=u_y=v_x=v_y=0$

故u為常數且v為常數。

7.證明函數$u(r,\theta)=\ln r$，在區域$r>0,\ 0<\theta<2\pi$內為調和函數，並求其調和共軛$v(r,\theta)$。

證明：$u(r,\theta)=\ln r$

$$u_r=\frac{d}{dr}\ln r=\frac{1}{r},\ u_{rr}=\frac{d}{dr}u_r=\frac{d}{dr}\frac{1}{r}=-\frac{1}{r^2}$$

$u_\theta=0,\ u_{\theta\theta}=0\Rightarrow$代入 Laplace 方程式中

$$r^2(u_{rr})+ru_r+u_{\theta\theta}=r^2\left(-\frac{1}{r^2}\right)$$

故$\ln r$在此為調和的。

設其共軛函數為$v(r,\theta)$，應滿足科煦–黎曼方程式

$$\begin{cases}u_x=v_y\\u_y=-v_x\end{cases}\Rightarrow\begin{cases}u_r=\dfrac{v_\theta}{r}\\\dfrac{u_\theta}{r}=-v_r\end{cases}$$

$$\Rightarrow\begin{cases}\dfrac{1}{r}=\dfrac{v_\theta}{r}\\0=-v_r\end{cases}\Rightarrow\begin{cases}v=\theta+f(r)\\u=f(\theta)\end{cases}\Rightarrow v=\theta$$

8.求下列各題$f'(z)$在z平面存在的區域：

(a) $f(z)=\overline{z}$

(b) $f(z)=e^{x}e^{-iy}$

(c) $f(z)=z^{3}$

(d) $f(z)=iz+2$

(e) $f(z)=\dfrac{1}{z}$

(f) $f(z)=e^{-x}e^{-iy}$

(g) $f(z)=2x+ixy^{2}$

(h) $f(z)=x^{2}+iy^{2}$

(i) $f(z)=\cos x\cosh y-i\sin x\sinh y$

(j) $f(z)=x^{3}+i(1-y)^{3}$

(k) $f(z)=z\mathrm{Im}(z)$

解: (a) $f(z)=\overline{z}=x-iy,\ \ u=x,\ \ v=-y\Rightarrow\begin{cases}u_x=1, & u_y=0\\ v_y=-1, & v_x=0\end{cases}$

$$\frac{\partial u}{\partial x}\neq\frac{\partial v}{\partial y}\Rightarrow f'(z)\text{ 不存在}$$

(b) $f(z)=e^{x}e^{-iy}=e^{x}(\cos y-i\sin y)$

$$\begin{cases}u=e^{x}\cos y\\ v=-e^{x}\sin y\end{cases}\Rightarrow\begin{cases}u_x=e^{x}\cos y, & v_x=-e^{x}\sin y\\ u_y=-e^{x}\sin y, & v_y=-e^{x}\cos y\end{cases}$$

$$\begin{cases}u_x\neq v_y, & \text{除了}\,y=k+\frac{1}{2}\pi,\ k\in\boldsymbol{Z}\\ u_y\neq -v_x, & \text{除了}\,y=2k\pi,\ k\in\boldsymbol{Z}\end{cases}$$

但兩者為空集合，所以 $f'(z)$ 不存在

(c) $f(z)=z^{3}=(x+iy)^{3}=x^{3}-3xy^{2}+i(3x^{2}y-y^{3})$

$$\begin{cases}u=x^{3}-3xy^{2}\\ v=3x^{2}y-y^{3}\end{cases}\Rightarrow\begin{cases}u_x=3x^{2}-3y^{2}, & u_y=-6xy\\ v_y=3x^{2}-3y^{2}, & v_x=6xy\end{cases}$$

$$\Rightarrow\begin{cases}u_x=v_y\\ u_y=-v_x\end{cases}\Rightarrow f'(z)\text{存在於整個 }z\text{ 平面},\quad f'(z)=3z^{2}$$

(d) $f(z)=iz+2=2-y+ix$

$$\begin{cases}u=2-y\\ v=x\end{cases}\Rightarrow\begin{cases}u_x=0, & u_y=-1\\ v_y=0, & v_x=1\end{cases}$$

$$\Rightarrow \begin{cases} u_x = v_y \\ u_y = -v_x \end{cases} \Rightarrow f'(z)\text{存在於整個平面,}\quad f'(z) = i$$

(e) $f(z) = \dfrac{1}{z} \Rightarrow f'(z) = -\dfrac{1}{z^2}$

$f'(z)$ 除了在 $z = 0$ 外均存在

(f) $f(z) = e^{-x}e^{-iy} = e^{-x}(\cos y - i\sin y)$

$$\begin{cases} u = e^{-x}\cos y \\ v = -e^{-x}\sin y \end{cases} \Rightarrow \begin{cases} u_x = -e^{-x}\cos y,\ u_y = -e^{-x}\sin y \\ v_y = -e^{-x}\cos y,\ v_x = e^{-x}\sin y \end{cases}$$

$$\Rightarrow \begin{cases} u_x = v_y \\ u_y = -v_x \end{cases} \text{所以 } f'(z) \text{ 存在於整個 } z \text{ 平面}$$

$$f'(z) = u_x + iv_x = -e^{-x}\cos y + ie^{-x}\cos y = -e^{-x}e^{-iy}$$

(g) $f(z) = 2x + ixy^2,\ \begin{cases} u = 2x \\ v = xy^2 \end{cases} \Rightarrow \begin{cases} u_x = 2,\ u_y = 0 \\ v_y = 2xy,\ v_x = y^2 \end{cases}$

$$\Rightarrow \begin{cases} u_x \neq v_y, & \text{除了 } xy = 1 \\ u_y \neq -v_x, & \text{除了 } y = 0 \end{cases}$$

兩者為一空集合 $\therefore f'(z)$ 不存在

(h) $f(z) = x^2 + iy^2,\ u = x^2,\ v = y^2$

$$\begin{cases} u_x = 2x,\ u_y = 0 \\ v_y = 2y,\ v_x = 0 \end{cases} \Rightarrow \begin{cases} u_x \neq v_y, & \text{除了 } x = y \\ u_y = -v_x \end{cases}$$

$\therefore f'(z)$存在於$x = y$, $f'(z) = u_x + iv_x = 2x$

(i) $f(z) = \cos x\cosh y - i\sin x\sinh y,\ u = \cos x\cosh y,\ v = -\sin x\sinh y$

$$\begin{cases} u_x = -\sin x\cosh y,\ u_y = \cos x\sinh y \\ v_y = -\sin x\cosh y,\ v_x = -\cos x\sinh y \end{cases}$$

$$\begin{cases} u_x = v_y \\ u_y = -v_x \end{cases} \text{故 } f'(z) \text{ 存在於整個 } z \text{ 平面}$$

$$f'(z) = u_x + iv_x = -\sin x\cosh y + i(-\cos x\sinh y)$$

(j) $f(z) = x^3 + i(1-y)^3,\ u = x^3,\ v = (1-y)^3$

$$\begin{cases} u_x = 3x^2,\ u_y = 0 \\ v_y = -3(1-y)^2,\ v_x = 0 \end{cases}$$

$$\Rightarrow \begin{cases} u_x \neq v_y \\ u_y = -v_x \end{cases}，除了 3x^2 = -3(1-y)^2$$

$\therefore x = 0,\ y = 1$ 時 $f'(z)$存在，$f'(z) = u_x + iv_x = 3x^2 = 0$

(k) $f(z) = z\text{Im}(z) = xy + iy^2,\ u = xy,\ v = y^2$

$$\begin{cases} u_x = y,\ u_y = x \\ v_y = 2y,\ v_x = 0 \end{cases} \Rightarrow \begin{cases} u_x \neq v_y 除了 y = 0 \\ u_y \neq -v_x 除了 x = 0 \end{cases}$$

所以當 $x = 0,\ y = 0$ 時 $f'(z)$ 才存在，$f'(z) = f'(0) = u_x + iv_x = 0$

9.已知 $f(z) = \begin{cases} \dfrac{(\overline{z})^2}{z},\ z \neq 0 \\ 0,\ z = 0 \end{cases}$

證明在點 $z = 0$ 處，科煦－黎曼方程式恒成立，但是 $f'(0)$ 則不存在。

證明：

$$f(z) = \frac{(\overline{z})^2}{z} = \frac{(x-iy)^2}{x+iy}$$

$$= \frac{x^2 - y^2 - 2ixy}{x+iy} = \frac{(x^3 - 3xy^2) + i(y^3 - 3x^2y)}{x^2 + y^2}$$

$$\begin{cases} u = \dfrac{x^3 - 3xy^2}{x^2 + y^2} \\ v = \dfrac{-3x^2y + y^3}{x^2 + y^2} \end{cases} \Rightarrow \begin{cases} u_x = \dfrac{3x^4 - 3y^4 - 2x^2(x^2 - 3y^2)}{(x^2 + y^2)^2} \\ v_y = \dfrac{-3x^4 + 3y^4 + 2y^2(3x^2 - y^2)}{(x^2 + y^2)^2} \end{cases}$$

$$\begin{cases} u_y = \dfrac{-8x^3y}{(x^2 + y^2)^2} \\ v_x = \dfrac{-8xy^3}{(x^2 + y^2)^2} \end{cases} \Rightarrow \begin{cases} u_x \neq v_y \\ u_y \neq -v_x \end{cases}，除了 z = 0 之外$$

$\lim\limits_{z \to 0} f(z) = \lim\limits_{z \to 0} \dfrac{(\overline{z})^2}{z} = 0$，$f(z)$在$z = 0$時存在。

$$f'(z) = \lim_{\Delta z \to 0} \frac{f(z + \Delta z) - f(z)}{\Delta z} = \frac{\dfrac{\overline{z + \Delta z}}{z + \Delta z} - \dfrac{(\overline{z})^2}{z}}{\Delta z}$$

$$= \lim_{\Delta z \to 0} \frac{2z\overline{z}(\Delta\overline{z}) + z(\Delta\overline{z})^2 - (\overline{z})^2(\Delta z)}{z(z + \Delta z) \cdot \Delta z}$$

$$= \lim_{\Delta z \to 0} \frac{2z\overline{z}\left(\frac{\Delta \overline{z}}{\Delta z}\right) + z\frac{(\Delta \overline{z})^2}{\Delta z} - (\overline{z})^2}{z(z+\Delta z)}$$

$$= \lim_{\Delta z \to 0} \left[\frac{2\overline{z}}{z}\left(\frac{\Delta \overline{z}}{\Delta z}\right) - \frac{(\overline{z})^2}{z^2}\right] \cdot \frac{1}{1+\left(\frac{\Delta z}{z}\right)}$$

但 $\frac{\Delta \overline{z}}{\Delta z} = \frac{\Delta x - i\Delta y}{\Delta x + i\Delta y} = \frac{1 - i\frac{\Delta y}{\Delta x}}{1 + i\frac{\Delta y}{\Delta x}}$, $\frac{\Delta y}{\Delta x}$ 沒有定界

$\frac{\Delta \overline{z}}{\Delta z}$ 有無限多解，故 $f'(z)$ 不存在。

10.已知 $f(z) = \frac{z-1}{z+1}$，試繪出分量函數 $u(x,y)$ 和 $v(x,y)$ 的等值曲線族。

解: $f(z) = \frac{z-1}{z+1} = 1 - \frac{2}{z+1} = 1 - \frac{2}{(x+1)+iy} = \frac{(x^2-1+y^2)+i(2y)}{(x+1)^2+y^2}$

$$\begin{cases} u(x,y) = \dfrac{x^2-1+y^2}{(x+1)^2+y^2} = C_1 \\ v(x,y) = \dfrac{2y}{(x+1)^2+y^2} = C_2 \end{cases}$$

$$\Rightarrow \begin{cases} \left(x + \dfrac{C_1}{C_1-1}\right)^2 + y^2 = \dfrac{1}{(C_1-1)^2} \\ (x+1)^2 + \left(y - \dfrac{1}{C_2}\right)^2 = \dfrac{1}{C_2^2} \end{cases}$$

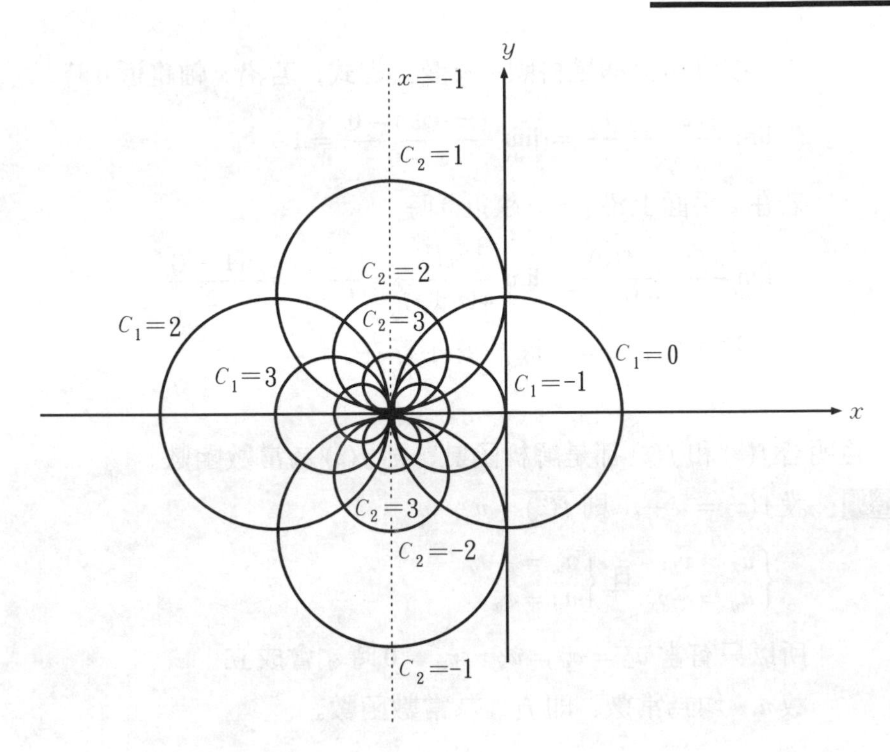

11.已知 $f(z)=\begin{cases}\dfrac{x^3-y^3}{x^2+y^2}+i\dfrac{x^3+y^3}{x^2+y^2}, & z\neq 0\\ 0, & z=0\end{cases}$

證明在 $z=0$ 處函數 f 滿足科煦－黎曼方程式，但 $f'(0)$ 不存在。

證明：原式中 $u=\dfrac{x^3-y^3}{x^2+y^2}$，$v=\dfrac{x^3+y^3}{x^2+y^2}$

$$\begin{cases}u_x=\dfrac{3x^2(x^2+y^2)-2x(x^3-y^3)}{(x^2+y^2)^2}=\dfrac{x^4+3x^2y^2-2x^3y}{(x^2+y^2)^2}\\ v_y=\dfrac{3y^2(x^2+y^2)-2y(x^3+y^3)}{(x^2+y^2)^2}=\dfrac{y^4+3x^2y^2-2x^3y}{(x^2+y^2)^2}\end{cases}$$

$$\begin{cases}u_y=\dfrac{-3y^2(x^2+y^2)-2y(x^3-y^3)}{(x^2+y^2)^2}=\dfrac{-4y^4-3x^2y^2-2x^3y}{(x^2+y^2)^2}\\ v_x=\dfrac{3x^2(x^2+y^2)-2x(x^3+y^3)}{(x^2+y^2)^2}=\dfrac{x^4+3x^2y^2-2xy^3}{(x^2+y^2)^2}\end{cases}$$

$$\begin{cases}u_{x_{(x=0)}}=v_{y_{(y=0)}}=1\\ u_{y_{(y=0)}}=-v_{x_{(x=0)}}=-1\end{cases}$$

$\therefore f$ 在原點上滿足科煦－黎曼方程式，若沿 x 軸趨近 0 時，

$$\lim_{z\to 0}\frac{f(z)-f(0)}{z-0}=\lim_{x\to 0}\frac{(x+ix)-0}{x-0}=1+i$$

若在 z 平面上沿 $y=x$ 趨近 0 時，

$$\lim_{z\to 0}\frac{f(z)-f(0)}{z-0}=\lim_{x\to 0}\frac{xi}{x(1+i)}=\frac{i}{1+i}=\frac{i(1-i)}{2}$$

由上述可知在 $z=0$ 時 $f'(z)$ 不存在。

12.證明若 $f(z)$ 和 $f(\overline{z})$ 都是解析函數，則 $f(z)$ 為常數函數。

證明: 設 $f(z)=u+iv$ 則 $\overline{f(z)}=u-iv$

$$\begin{cases}u_x=v_y\\ u_y=-v_x\end{cases}\text{且}\begin{cases}u_x=-v_y\\ u_y=v_x\end{cases}$$

所以只有當 $u_x=v_y=u_y=v_x=0$ 時才會成立

故 u,v 均為常數，即 $f(z)$ 為常數函數。

10.4 指數、三角、雙曲等函數

1.求下列各複數方程式的根

(a) $e^z=1+\sqrt{3}i$，(b) $e^{(2z+1)}=1$，(c) $e^z=-1$。

解: (a) $e^z=1+\sqrt{3}i=2e^{\frac{\pi}{3}i+2k\pi i}$

$\Rightarrow z=\ln e^z=\ln(2e^{\frac{\pi}{3}i+2k\pi i})=\ln 2+\left(\frac{\pi}{3}+2k\pi\right)i,\ k\in \boldsymbol{Z}$

(b) $e^{(2z+1)}=1=e^{2k\pi i},\ k\in \boldsymbol{Z}$

$2z+1=2k\pi i\Rightarrow z=k\pi i-\frac{1}{2}$

(c) $e^z=-1$

$\Rightarrow z=\ln e^z=\ln(-1)=\ln(1)+\ln(-1)=(2k+1)\pi i,\ k\in \boldsymbol{Z}$

2.證明 $e^{\frac{2+\pi i}{4}}=\sqrt{\frac{e}{2}}(1+i)$

證明: $$e^{\frac{2+\pi i}{4}}=e^{\frac{1}{2}}\cdot e^{\frac{\pi}{4}i}=e^{\frac{1}{2}}\cdot\frac{1+i}{\sqrt{2}}=\sqrt{\frac{e}{2}}(1+i)$$

3.證明 $\left|e^{(z^2)}\right|\le e^{(|z|^2)}$

證明: $$\left|e^{(z^2)}\right|=\left|e^{(x^2-y^2+i2xy)}\right|=e^{(x^2-y^2)}$$

$$e^{|z|^2}=e^{(x^2+y^2)}\ge e^{(x^2-y^2)}\quad\therefore e^{(|z|)^2}\ge\left|e^{(z^2)}\right|$$

4.證明 $\left|e^{(iz^2)}+e^{(2z+i)}\right|\le e^{2x}+e^{-2xy}$

證明: $$\left|e^{(2z+i)}\right|=\left|e^{[2x+i(2y+1)]}\right|=e^{2x}$$

$$\left|e^{(iz^2)}\right|=\left|e^{[-2xy+i(x^2-y^2)]}\right|=e^{-2xy}$$

$$\left|e^{(2z+i)}+e^{(iz^2)}\right|\le\left|e^{(2z+i)}\right|+\left|e^{(iz^2)}\right|=e^{2x}+e^{-2xy}=e^{2x}+e^{-2xy}$$ 得證

5.證明若且唯若 $\mathrm{Re}(z)>0$，則 $|e^{-2z}|<1$

證明: $(\Rightarrow)$

$$|e^{-2z}|=|e^{(-2x-2yi)}|=e^{-2x}<1$$

$$1=e^0\Rightarrow-2x<0\Rightarrow\mathrm{Re}(z)>0$$ 得證

$(\Leftarrow)$

若 $\mathrm{Re}(z)>0$，則 $-2\mathrm{Re}(z)<0$，$\therefore e^{-2\mathrm{Re}(z)}<1$

$\therefore|e^{-2\mathrm{Re}(z)}|<1\Rightarrow|e^{-2z}|<1$　得證

6.證明 $e^{\bar{z}}$ 不是解析函數。

證明: $$f(z)=e^{\overline{z}}=e^x(\cos y-i\sin y)$$

$$\Rightarrow \begin{cases} u = e^x \cos y \\ v = -e^x \sin y \end{cases}$$ 若 $f(z)$ 可解析則滿足科煦–黎曼方程式

$$\Rightarrow \begin{cases} u_x = e^x \cos y, & u_y = -e^x \sin y \\ v_y = -e^x \cos y, & v_x = -e^x \sin y \end{cases}$$

$$\Rightarrow \begin{cases} u_x \neq v_y, & \text{除了 } \cos y = 0 \text{即} y = \left(n + \frac{1}{2}\right)\pi,\ n \in \boldsymbol{Z} \\ u_y \neq -v_x, & \text{除了 } \sin y = 0 \text{即} y = n\pi,\ n \in \boldsymbol{Z} \end{cases}$$

但兩者沒有交集，所以 f 不是解析函數

7.證明 $e^{(z^2)}$ 為完全函數。

證明: $f(z) = e^{(z^2)} = e^{(x^2+i2xy+y^2)} = e^{x^2-y^2} \cdot (\cos 2xy + i \sin 2xy)$

$$\begin{cases} u = e^{x^2-y^2} \cos 2xy \\ v = e^{x^2-y^2} \sin 2xy \end{cases} \Rightarrow \begin{cases} u_x = 2xe^{x^2-y^2} \cos 2xy - 2ye^{x^2-y^2} \sin 2xy \\ v_y = -2ye^{x^2-y^2} \sin 2xy + 2xe^{x^2-y^2} \cos 2xy \\ u_y = -2ye^{x^2-y^2} \cos 2xy - 2xe^{x^2-y^2} \sin 2xy \\ v_x = 2xe^{x^2-y^2} \sin 2xy + 2ye^{x^2-y^2} \cos 2xy \end{cases}$$

$$\Rightarrow \begin{cases} u_x = v_y \\ u_y = -v_x \end{cases}$$ $\therefore f(z)$ 在 z 平面上均解析，為完全函數。

8.已知 $f(z) = u(x,y) + iv(x,y)$ 在區域 D 內解析，證明函數

$$U(x,y) = e^{u(x,y)} \cos v(x,y), \quad V(x,y) = e^{u(x,y)} \sin v(x,y)$$

在 D 內為調和函數，且 $V(x,y)$ 為 $U(x,y)$ 的調和共軛。

證明: $U(x,y) = e^{u(x,y)} \cos(x,y)$

$$U_x = u_x e^u \cos v - v_x e^u \sin v$$

$$U_{xx} = u_{xx} e^u \cos v + u_x^2 e^u \cos v - u_x v_x e^u \sin v - v_{xx} e^u \sin v - u_x v_x e^u \sin v - v_x^2 e^u \cos v$$

$$U_y = u_y e^u \cos v - v_y e^u \sin v$$

$$U_{yy} = u_{yy} e^u \cos v + u_y^2 e^u \cos v - u_y v_y e^u \sin v -$$

$$v_{yy}e^u\sin v - u_y v_y e^u \sin v - v_y^2 e^u \cos v$$

藉已知 $\begin{cases} u_x = v_y \\ u_y = -v_x \end{cases}$ 及 $\begin{cases} u_{xx} + u_{yy} = 0 \\ v_{xx} + v_{yy} = 0 \end{cases} \Rightarrow U_{xx} + U_{yy} = 0$

$$V(x+y) = e^{u(x,y)}\sin v(x,y)$$

$$V_x = u_x e^u \sin v + v_x e^u \cos v = v_y e^u \sin v - u_y e^u \cos v$$

$$V_{xx} = u_{xx}e^u \sin v + u_x^2 e^u \sin v + u_x v_x e^u \cos v +$$

$$v_{xx}e^u \cos v + u_x v_x e^u \cos v - v_x^2 e^u \sin v$$

$$V_y = u_y e^u \sin v + v_y e^u \cos v = -v_x e^u \sin v + u_x e^u \cos v$$

$$V_{yy} = u_{yy}e^u \sin v + u_y^2 e^u \sin v + u_y v_y e^u \cos v +$$

$$v_{yy}e^u \cos v + u_y v_y e^u \cos v - v_y^2 e^u \sin v$$

同理 $\Rightarrow V_{xx} + V_{yy} = 0$

但 $\begin{cases} U_x = V_y \\ U_y = -V_x \end{cases}$ 故 V 為 U 之共軛函數

9.證明 $e^{iz} = \cos z + i\sin z$

證明:　$e^{iz} = e^{i(x+iy)} = e^{-y+ix} = e^{-y}(\cos x + i\sin x)$

$$\cos z = \cos(x+iy) = \cos x\cos iy - \sin x \sin iy$$

$$= \cos x(\cosh y) - \sin x(i\sinh y)$$

$$\sin z = \sin(x+iy) = \sin x\cos iy + \cos x\sin iy$$

$$= \sin x(\cosh y) + \cos x(i\sinh y)$$

$$\sinh y = \frac{e^y - e^{-y}}{2},\quad \cosh y = \frac{e^y + e^{-y}}{2}$$

$$\cos z + i\sin z = \cos x\frac{e^y + e^{-y}}{2} - i\sin x\frac{e^y - e^{-y}}{2} +$$

$$i\left(\sin x\frac{e^{y}+e^{-y}}{2}+i\cos x\frac{e^{y}-e^{-y}}{2}\right)$$

$$=e^{-y}\cos x+e^{-y}(i\sin x)=e^{-y}(\cos x+i\sin x)$$

故 $e^{iz}=\cos z+i\sin z$

10.證明 $\sin^2 z+\cos^2 z=1$

證明: $$\sin^2 z+\cos^2 z=\left(\frac{e^{iz}-e^{-iz}}{2i}\right)^2+\left(\frac{e^{iz}+e^{-iz}}{2}\right)^2$$

$$=\frac{e^{i2z}-2+e^{-i2z}}{-4}+\frac{e^{i2z}+2+e^{-i2z}}{4}=1$$ 得證

11.證明 $\sin(z_1+z_2)=\sin z_1\cos z_2+\cos z_1\sin z_2$

證明: $$e^{i(z_1+z_2)}=\cos(z_1+z_2)+i\sin(z_1+z_2)=e^{iz_1}\cdot e^{iz_2}$$

$$=(\cos z_1+i\sin z_1)\cdot(\cos z_2+i\sin z_2)$$

$$=\cos z_1\cos z_2-\sin z_1\sin z_2+i(\sin z_1\cos z_2+\cos z_1\sin z_2)$$

前後比較可得 $\sin(z_1+z_2)=\sin z_1\cos z_2+\cos z_1\sin z_2$ 得證

12.證明 $\sin z=\sin x\cosh y+i\cos x\sinh y$

證明: $$\sin z=\sin(x+iy)=\sin x\cos iy+\cos x\sin iy$$

其中 $\cos iy=\dfrac{e^{i(iy)}+e^{-i(iy)}}{2}=\dfrac{e^{-y}+e^{y}}{2}=\cosh y$

$$\sin iy=\frac{e^{i(iy)}-e^{-i(iy)}}{2}=\frac{e^{-y}-e^{y}}{2i}=-\frac{\sinh y}{i}$$

故 $\sin z=\sin x\cosh y+\cos x\left(\dfrac{-\sinh y}{i}\right)$

$$=\sin x\cosh y+i\cos x\sinh y$$ 故得證

13.證明 $1+\tan^2 z=\sec^2 z$

證明：　$1+\tan^2 z=1+\dfrac{\sin^2 z}{\cos^2 z}=\dfrac{\cos^2 z+\sin^2 z}{\cos^2 z}=\dfrac{1}{\cos^2 z}=\sec^2 z$　故得證

14.證明 $|\sin z|\geq|\sin x|$

證明：　$\sin z=\sin(x+iy)=\sin x\cosh y+i\cos x\sinh y$

$$
\begin{aligned}
|\sin z|^2&=\sin^2 x\cosh^2 y+\cos^2 x\sinh^2 y\\
&=\sin^2 x\left(\frac{e^y+e^{-y}}{2}\right)^2+\cos^2 x\left(\frac{e^y-e^{-y}}{2}\right)^2\\
&=\frac{1}{2}\sin^2 x-\frac{1}{2}\cos^2 x+\frac{e^{2y}+e^{-2y}}{4}(\sin^2 x+\cos^2 x)\\
&=\frac{1}{2}\sin^2 x-\frac{1}{2}+\frac{1}{2}\sin^2 x+\frac{e^{2y}+e^{-2y}}{4}=\sin^2 x+\sinh^2 y
\end{aligned}
$$

因為 $\sinh^2 y\geq 0$，故 $|\sin z|\geq|\sin x|$

15.證明 $|\sinh y|\leq|\sin z|\leq\cosh y$

證明：由前題我們可知 $|\sin z|\geq|\sinh y|$

$$|\sin z|^2=\frac{1}{2}\sin^2 x-\frac{1}{2}\cos^2 x+\frac{e^{2y}+e^{-2y}}{4}=-\cos^2 x+\cosh^2 y$$

$\Rightarrow\cosh y\geq|\sin z|\geq|\sinh y|$

16.證明 $2\cos(z_1+z_2)\sin(z_1-z_2)=\sin 2z_1-\sin 2z_2$

證明：　$2\cos(z_1+z_2)\sin(z_1-z_2)$

$=2(\cos z_1\cos z_2-\sin z_1\sin z_2)(\sin z_1\cos z_2-\cos z_1\sin z_2)$

$=2(\cos z_1\sin z_1\cos^2 z_2-\sin^2 z_1\sin z_2\cos z_2+\sin z_1\cos z_1\sin^2 z_2-$

$\cos^2 z_1\sin z_2\cos z_2)$

$=2(\cos z_1\sin z_1-\sin z_2\cos z_2)=\sin 2z_1-\sin 2z_2$　故得證

17.證明 $\cos 2x \sinh 2y$ 為調和函數。

證明: $\cos 2x$ 是調和函數，$\sinh 2y$ 也是調和函數，兩調和函數的乘積仍然是調和函數。其證明可以如下:

$$令\ V(x,y) = 2\cos x \sinh 2y \Rightarrow \begin{cases} V_x = -2\sin 2x \sinh 2y \\ V_{xx} = -4\cos 2x \sinh 2y \\ V_y = 2\cos 2x \cosh 2y \\ V_{yy} = 4\cos 2x \sinh 2y \end{cases}$$

$\Rightarrow V_{xx} + V_{yy} = 0$ 得證

18.求方程式 $\cos z = 2$ 的所有根。

解:

$$\cos z = \cos(x+iy) = \cos x \cosh y - i \sin x \sinh y = 2$$

$$\Rightarrow \begin{cases} \cos x \cosh y = 2 \\ \sin x \sinh y = 0 \end{cases}$$

若 $\sinh y = 0$ 則 $y = 0 \Rightarrow \cos x = 2$ （矛盾）

故 $\sin x = 0$, $x = n\pi$, $n \in \boldsymbol{Z}$

$\Rightarrow \cos x = \pm 1$ （-1 不合）

$$\cosh y = 2 \Rightarrow \frac{e^y + e^{-y}}{2} = 2 \Rightarrow y = \ln(2 \pm \sqrt{3})$$

$$z = 2n\pi + i\ln(2 \pm \sqrt{3})$$

19.求方程式 $\sin z = \cosh 4$ 的所有根。

解:

$$\sin z = \sin(x+iy) = \sin x \cosh y + i \cos x \sinh y = \cosh 4$$

$$\Rightarrow \begin{cases} \sin x \cosh y = \cosh 4 \\ \cos x \sinh y = 0 \end{cases}$$

若 $\sinh y = 0 \Rightarrow y = 0$ 則 $\sin x = \cosh 4$（不合理，$\because \sin x \le 1$，$\cosh 4 > 1$）

故 $\cos x = 0$, $x = (n + \frac{1}{2})\pi$, $n \in \boldsymbol{Z}$

$\Rightarrow \sin x = \pm 1$（$-1$ 不合）

$\cosh y = \cosh 4$, $y = \pm 4$

$$z = x + iy = (2n + \frac{1}{2})\pi \pm 4i,\ \ n \in \boldsymbol{Z}$$

20.證明 $\sin \bar{z}$ 不是 z 的解析函數。

證明: $\sin \bar{z} = \sin(x - iy) = \sin x \cosh y - i \cos x \sinh y$

令 $U(x,y) = \sin x \cosh y,\ \ V(x,y) = -\cos x \sinh y$

$$\Rightarrow \begin{cases} U_x = \cos x \cosh y \\ U_y = \sin x \sinh y \\ V_x = \sin x \sinh y \\ V_y = -\cos x \cosh y \end{cases} \Rightarrow \begin{cases} U_x \neq V_y \\ U_y \neq -V_x \end{cases}$$

故 $\sin \bar{z}$ 不為解析

21.證明(a) $\dfrac{d(\cos^{-1} z)}{dz} = \dfrac{-1}{\sqrt{1 - z^2}}$, (b) $\dfrac{d(\sin^{-1} z)}{dz} = \dfrac{1}{\sqrt{1 - z^2}}$

證明: (a)$\because \dfrac{d}{dz} \ln z = \dfrac{1}{z}$

$$\therefore \frac{d}{dz}(\cos^{-1} z) = \frac{d}{dz}[-i \ln(z + \sqrt{z^2 - 1})]$$

$$= -i \frac{1}{z - \sqrt{z^2 - 1}} \cdot \left[1 + \frac{1}{2}(z^2 - 1)^{-\frac{1}{2}} \cdot 2z\right]$$

$$= \frac{-i}{z + \sqrt{z^2 - 1}} \cdot \frac{\sqrt{z^2 - 1} + z}{\sqrt{z^2 - 1}}$$

$$= \frac{-i}{\sqrt{z^2 - 1}} = \frac{-i}{\sqrt{1 - z^2}i} = \frac{-1}{\sqrt{1 - z^2}} \quad \text{故得證}$$

(b) $$\frac{d}{dz} \sin^{-1} z = \frac{d}{dz}[-i \ln(iz + \sqrt{1 - z^2})]$$

$$= -i \frac{1}{iz + \sqrt{1 - z^2}} \cdot \left[i + \frac{1}{2}(1 - z^2)^{-\frac{1}{2}} \cdot (-2)z\right]$$

$$= \frac{-i}{iz + \sqrt{1 - z^2}} \cdot \frac{i(\sqrt{1 - z^2} + iz)}{\sqrt{1 - z^2}} = \frac{1}{\sqrt{1 - z^2}} \quad \text{故得證}$$

22.證明 $|\sin z|^2 = \sin^2 x + \sinh^2 y$ 而且 $|\cos z|^2 = \cos^2 x + \sinh^2 y$

證明:

$$|\sin z|^2 = \sin z \cdot \overline{\sin z}$$
$$= (\sin x\cosh y + i\cos x\sinh y)\cdot(\sin x\cosh y - i\cos x\sinh y)$$
$$= \sin^2 x\cosh^2 y + \cos^2 x\sinh^2 y$$
$$= \sin^2 x\left(\frac{e^{2y}+2+e^{-2y}}{4}\right) + \cos^2 x\left(\frac{e^{2y}-2+e^{-2y}}{4}\right)$$
$$= \frac{e^{2y}+e^{-2y}}{4} + \sin^2 x - \frac{1}{2}$$
$$= \sin^2 x + \frac{e^{2y}-2+e^{-2y}}{4} = \sin^2 x + \sinh^2 y \quad \text{得證}$$

$$|\cos z|^2 = \cos^2 x\cosh^2 y + \sin^2 x\sinh^2 y$$
$$= \cos^2 x\left(\frac{e^{2y}+2+e^{-2y}}{4}\right) + \sin^2 x\left(\frac{e^{2y}-2+e^{-2y}}{4}\right)$$
$$= \frac{e^{2y}+e^{-2y}}{4} + \cos^2 x - \frac{1}{2} = \cos^2 x + \sinh^2 y$$

23.證明 $\sinh z = \sinh x\cos y + i\cosh x\sin y$

證明: $\sinh(z_1+z_2) = \sinh z_1\cosh z_2 + \cosh z_1\sinh z_2$

令 $z_1 = x,\ z_2 = iy$

$$\sinh(x+iy) = \sinh(z) = \sinh x\cosh iy + \cosh x\sinh iy$$
$$= \sinh x\cos y + \cosh x(i\sin y)$$
$$= \sinh x\cos y + i\cosh x\sin y \quad \text{得證}$$

24.證明

(a) $\sinh(z+\pi i) = -\sinh z$

(b) $\cosh(z+\pi i) = -\cosh z$

證明: (a) $\sinh(z+\pi i) = \sinh z\cosh\pi i + \cosh z\sinh\pi i$

$$= \sinh z\cos\pi + \cosh z(i\sin\pi) = -\sinh z$$

(b) $\cosh(z+\pi i)=\cosh z\cosh\pi i+\sinh z\sinh\pi i$

$$=\cosh z\cos\pi+\sinh z(i\sin\pi)=-\cosh z$$

25.求下列各方程式的所有根:

(a) $\cosh z=-1$

(b) $\sinh z=i$

(c) $\cosh z=2$

解: (a) $\cosh z=\cosh x\cos y+i\sinh x\sin y=-1\Rightarrow\begin{cases}\cosh x\cos y=-1\\ \sinh x\sin y=0\end{cases}$

若 $\sinh x=0$ 則 $x=0\Rightarrow\cos y=-1\Rightarrow y=(2n+1)\pi,\ n\in\boldsymbol{Z}$

若 $\sin y=0$ 則 $\begin{cases}y=2n\pi,\ \cos y=1\ （不合）\\ y=(2n+1)\pi,\ \cos y=-1\end{cases}\Rightarrow\cosh x=1,\ x=0$

$\therefore$其解為 $z=(2n+1)\pi i,\ n\in\boldsymbol{Z}$

(b) $\sinh z=\sinh x\cos y+i\cosh x\sin y=i\Rightarrow\begin{cases}\sinh x\cos y=0\\ \cosh x\sin y=1\end{cases}$

若 $\sinh x=0$，則 $x=0\Rightarrow\sin y=1\Rightarrow y=2n\pi+\frac{1}{2}\pi,\ n\in\boldsymbol{Z}$

若 $\cos y=0$，則 $\begin{cases}y=2n\pi+\frac{1}{2}\pi\Rightarrow\cosh x=1\Rightarrow x=0\\ y=2n\pi+\pi+\frac{1}{2}\pi\Rightarrow\cosh x=-1\quad（不合）\end{cases}$

$\therefore$其解為 $z=i(2n\pi+\frac{1}{2}\pi),\ n\in\boldsymbol{Z}$

(c) $\cosh z=\cosh x\cos y+i\sinh x\sin y=2\Rightarrow\begin{cases}\cosh x\cos y=2\\ \sinh x\sin y=0\end{cases}$

若 $\sinh x=0$，則 $x=0\Rightarrow\cos y=2$（不合）

若 $\sin y=0$，則 $\begin{cases}y=2n\pi,\ n\in\boldsymbol{Z}\\ y=2n\pi+\pi,\ n\in\boldsymbol{Z}\end{cases}$

當 $\begin{cases}y=2n\pi\Rightarrow\cosh x=2\Rightarrow x=\cosh^{-1}2\\ y=2n\pi+\pi\Rightarrow\cosh x=-2\quad（不合）\end{cases}$

$\therefore$ 其解為 $z=\cosh^{-1}2+i(2n\pi),\ n\in \boldsymbol{Z}$

10.5 對數、廣義指數、反三角及反雙曲函數

1.證明當 n 是整數時

(a) $\ln(-1+\sqrt{3}i)=\text{Ln}2+2\left(n+\dfrac{1}{3}\right)\pi i$

(b) $\ln e=1+2n\pi i$

(c) $\ln i=\left(2n+\dfrac{1}{2}\right)\pi i$

證明: (a) $\ln(-1+\sqrt{3}i)=\ln 2e^{\frac{2\pi}{3}i}=\ln 2e^{2n\pi i+\frac{2\pi}{3}i}$

$$=\ln 2+\left(2n\pi+\frac{2\pi}{3}\right)i=\text{Ln}2+2\left(n+\frac{1}{3}\right)\pi i \quad \text{得證}$$

(b) $\ln e=\ln(e\cdot 1)=\ln(e\cdot e^{2n\pi i})=\ln e^{1+2n\pi i}=1+2n\pi i$ 得證

(c) $\ln i=\ln e^{\frac{\pi}{2}i}=\ln e^{2n\pi i+\frac{\pi}{2}i}=\left(2n+\dfrac{1}{2}\right)\pi i$ 得證

2.求下列各值

(a) $(-1+i)^i$

(b) $(\sqrt{3}-i)^{1+2i}$

(c) $[(1+i)^{(1-i)}]^{(1+i)}$

(d) $(1+i)^{1+i}$

(e) $\left[\dfrac{e}{2}(-1+i\sqrt{3})\right]^{3\pi i}$

(f) $\text{Ln}(1-i)$

(g) $\text{Ln}(\sqrt{2}+i\sqrt{2})$

(h) $\text{Ln}(1+i)^2$

(i) $\ln 3$

(j) $\ln(-1-i)$

解：(a) $(-1+i)^i = e^{i\ln[-1+i]} = e^{i[\text{Ln}(\sqrt{2})+i(\frac{3}{4}\pi+2n\pi)]}$

$$= e^{i\text{Ln}\sqrt{2}} \cdot e^{-(\frac{3}{4}\pi+2n\pi)}$$

$$= e^{-(\frac{3}{4}\pi+2n\pi)}\left(\cos\frac{\text{Ln}2}{2} + i\sin\frac{\text{Ln}2}{2}\right),\quad n\in \boldsymbol{Z}$$

(b) $(\sqrt{3}-i)^{1+2i} = e^{(1+2i)\ln(\sqrt{3}-i)} = e^{(1+2i)[\text{Ln}2+i(2n\pi-\frac{1}{6}\pi)]}$

$$= e^{\text{Ln}2-2(2n\pi-\frac{1}{6}\pi)} \cdot e^{(2\text{Ln}2+2n\pi-\frac{1}{6}\pi)i}$$

$$= e^{(\text{Ln}2-4n\pi+\frac{1}{3}\pi)} \cdot e^{(2\text{Ln}2-\frac{1}{6}\pi+2n\pi)i},\ n\in \boldsymbol{Z}$$

(c) $[(1+i)^{(1-i)}]^{(1+i)} = (1+i)^2 = e^{2\ln(1+i)}$

$$= e^{2\ln\sqrt{2}+(\frac{\pi}{4}+2n\pi)i} = 2e^{2(\frac{\pi}{4}+2n\pi)i} = 2i$$

(d) $(1+i)^{1+i} = e^{(1+i)\ln(1+i)} = e^{(1+i)[\text{Ln}\sqrt{2}+i(\frac{\pi}{4}+2n\pi)]}$

$$= e^{\text{Ln}\sqrt{2}-(\frac{\pi}{4}+2n\pi)} \cdot e^{(\text{Ln}\sqrt{2}+\frac{\pi}{4}+2n\pi)i},\quad n\in \boldsymbol{Z}$$

(e) $\left[\frac{e}{2}(-1+i\sqrt{3})\right]^{3\pi i} = [e\cdot e^{(\frac{2}{3}+2n)\pi i}]^{(3\pi i)}$

$$= e^{3\pi i-(2+6n)\pi^2} = -e^{-(2+6n)\pi^2},\quad n\in \boldsymbol{Z}$$

(f) $\text{Ln}(1-i) = \text{Ln}(\sqrt{2}) + i\left(-\frac{\pi}{4}+2n\pi\right),\quad n=0$

$$= \text{Ln}(\sqrt{2}) - \frac{\pi}{4}i$$

(g) $\text{Ln}(\sqrt{2}+i\sqrt{2}) = \text{Ln}(2) + i\left(\frac{\pi}{4}+2n\pi\right),\quad n=0$

$$= \text{Ln}(2) + \frac{\pi}{4}i$$

(h) $\text{Ln}(1+i)^2 = \text{Ln}(2i) = \text{Ln}(2) + i\left(\frac{\pi}{2}+2n\pi\right),\quad n=0$

$$= \text{Ln}(2) + \frac{\pi}{2}i$$

(i) $\ln 3 = \text{Ln}(3) + i(0 + 2n\pi) = \text{Ln}3 + 2n\pi i$

(j) $\ln(-1 - i) = \text{Ln}\sqrt{2} + i\left(-\frac{3}{4}\pi + 2n\pi\right),\ n \in \mathbf{Z}$

3.求方程式 $\ln z = \frac{\pi}{2}i$ 所有的根。

解: $\ln z = \ln(re^{i\theta}) = \frac{\pi}{2}i$

$$\therefore \begin{cases} \ln r = 0 \\ i\theta = \frac{\pi}{2}i \end{cases} \Rightarrow \begin{cases} r = 1 \\ \theta = \frac{\pi}{2} \end{cases}$$

$\therefore z = e^{\frac{\pi}{2}i} = i$

4.證明 $(\sqrt{3} + i)^{\frac{i}{2}} = e^{\frac{-\pi}{12}}\left[\cos\left(\frac{1}{2}\text{Ln}2\right) + i\sin\left(\frac{1}{2}\text{Ln}2\right)\right]$

證明: $(\sqrt{3} + i)^{\frac{i}{2}} = e^{\frac{i}{2}\ln(\sqrt{3}+i)} = e^{\frac{i}{2}[\ln(2)+i(\frac{\pi}{6}+2n\pi)]}$ for $n = 0$

$$= e^{\frac{i}{2}[\ln(2)+\frac{\pi}{6}i]} = e^{\frac{\text{Ln}2}{2}i} \cdot e^{-\frac{\pi}{12}}$$

$$= e^{-\frac{\pi}{12}} \cdot \left[\cos\left(\frac{\text{Ln}2}{2}\right) + i\sin\left(\frac{\text{Ln}2}{2}\right)\right]$$ 得證

5.證明 $\text{Re}[(1 + i)^{\text{Ln}(1+i)}] = 2^{\frac{1}{4}\text{Ln}2}e^{-\left(\frac{\pi^2}{16}\right)}\cos\left(\frac{1}{4}\pi\text{Ln}2\right)$

證明: $\text{Ln}(1 + i) = \text{Ln}\sqrt{2} + i \cdot \frac{\pi}{4}$

$$(1 + i)^{\text{Ln}(1+i)} = e^{[\text{Ln}(1+i)\cdot\text{Ln}(1+i)]} = e^{(\frac{1}{2}\text{Ln}2+\frac{\pi}{4}i)(\frac{1}{2}\text{Ln}2+\frac{\pi}{4}i)}$$

$$= e^{\frac{1}{4}(\ln 2)^2 - \frac{\pi^2}{16} + \frac{\text{Ln}2}{4}\pi i} = e^{\frac{1}{4}(\ln 2)^2} \cdot e^{-\frac{\pi^2}{16}} \cdot e^{\frac{\text{Ln}2}{4}\pi i}$$

$$= 2^{\frac{1}{4}\text{Ln}2} \cdot e^{-\frac{\pi^2}{16}} \cdot \cos\left(\frac{\text{Ln}2}{4}\pi\right) + i\sin\left(\frac{\text{Ln}2}{4}\pi\right)$$

故 $\text{Re}[(1 + i)^{\text{Ln}(1+i)}] = 2^{\frac{1}{4}\text{Ln}2}e^{-\frac{\pi^2}{16}}\cos\left(\frac{1}{4}\pi\text{Ln}2\right)$ 得證

6.已知 $z = re^{i\theta}$ 且 $z-1=\rho e^{i\phi}$，證明 $\text{Re}[\text{Ln}(z-1)] = \frac{1}{2}\text{Ln}(1+r^2-2r\cos\theta)$

證明:

$$z = x+iy = re^{i\theta}\begin{cases} x = r\cos\theta \\ y = r\sin\theta \end{cases}$$

$$\begin{aligned}\text{Re}[\text{Ln}(z-1)] &= \text{Re}[\ln(x-1+iy)] \\ &= \text{Re}[\ln((x-1)^2+y^2)^{\frac{1}{2}}+i\theta],\ \theta = \tan^{-1}\frac{y}{x-1} \\ &= \text{Ln}[(x-1)^2+y^2]^{\frac{1}{2}} = \frac{1}{2}\text{Ln}[(x-1)^2+y^2] \\ &= \frac{1}{2}\text{Ln}[(r\cos\theta-1)^2+r^2\sin^2\theta] \\ &= \frac{1}{2}\text{Ln}(1+r^2-2r\cos\theta)\end{aligned}$$

7.證明當 $z_1 \neq 0$ 且 $z_2 \neq 0$，則 $\text{Ln}(z_1z_2) = \text{Ln}z_1+\text{Ln}z_2+2N\pi i$，其中 N 為 0，± 1 三數之一。

證明: 對 $\text{Ln}z_1$ 而言，$-\pi < \theta_1 < \pi$,
對 $\text{Ln}z_2$ 而言，$-\pi < \theta_2 < \pi$, $\Rightarrow -2\pi < \theta_1+\theta_2 < 2\pi$

$$\begin{aligned}\text{Ln}z_1z_2 &= \text{Ln}r_1r_2e^{(\theta_1+\theta_2)i} \\ &= \text{Ln}r_1r_2e^{(\theta_1+\theta_2+2N\pi)i} \quad \text{使得}\theta_1+\theta_2+2N\pi\text{永遠落在}(-\pi,\pi) \\ &= \text{Ln}r_1e^{i\theta_1}+\text{Ln}r_2e^{i\theta_2}+2N\pi i,\ N=0,\ \pm 1\end{aligned}$$

$$\text{當}\begin{cases} -2\pi < \theta_1+\theta_2 < -\pi,\ N=1 \\ -\pi < \theta_1+\theta_2 < \pi,\ N=0 \\ \pi < \theta_1+\theta_2 < 2\pi,\ N=-1 \end{cases}$$

8.已知 $z = re^{i}$ $(r>0, -\pi < \arg(z) \leq \pi)$，$n$ 為任意固定正整數，證明

$$\ln(z^{\frac{1}{n}}) = \frac{1}{n}\text{Ln}r + i\frac{\arg(z)+2(pn+k)\pi}{n}$$

其中 $p = 0, \pm 1, \pm 2, \cdots$ 且 $k = 0, 1, 2, \cdots, n-1$

證明: $\ln(z^{\frac{1}{n}}) = \ln(re^{i\theta})^{\frac{1}{n}} = \ln(re^{i(\theta+2k\pi)})^{\frac{1}{n}}$

$$=\ln(r^{\frac{1}{n}}e^{i\frac{\theta+2k\pi}{n}}),\ k\in \boldsymbol{Z},\ k=0,1,2,\cdots,n+1$$

$$=\text{Ln}r^{\frac{1}{n}}+i\left(\frac{\theta+2k\pi}{n}+2p\pi\right),\ p\in \boldsymbol{Z}$$

$$=\frac{1}{n}\text{Ln}r+i\frac{\theta+2(pn+k)\pi}{n}\quad \text{得證}$$

9.證明 $(-1)^{\frac{1}{n}}=e^{\frac{(2n+1)}{n}\pi i},\ n=0,\ \pm 1,\ \pm 2,\cdots$

證明: $$(-1)^{\frac{1}{n}}=[e^{(2n+1)\pi i}]^{\frac{1}{n}}=e^{(\frac{2n+1}{n})\pi i}\begin{cases}\text{當}n=0,\ \pm1,\ \pm2,\cdots\\ e^{(2n+1)\pi i}=-1\end{cases}$$

故得證

10.證明 $(-1+\sqrt{3}i)^{\frac{3}{2}}=\pm 2\sqrt{2}$

證明: $$(-1+\sqrt{3}i)^{\frac{3}{2}}=e^{\frac{3}{2}\ln(-1+\sqrt{3}i)}=e^{\frac{3}{2}[\ln 2+i(\frac{2\pi}{3}+2n\pi)]},\ \text{其中}n\in \boldsymbol{Z}$$

$$=e^{\frac{3}{2}\ln 2}\cdot e^{i(\pi+3n\pi)},\ n\in \boldsymbol{Z}$$

$$=2\sqrt{2}\cdot(\pm 1)=\pm 2\sqrt{2}\quad \text{故得證}$$

11.求下列各題的主值

(a) i^i

(b) $(1+i)^i$

(c) $\left[\left(\frac{1+\sqrt{3}i}{2}\right)e\right]^{3\pi i}$

解: (a) $$i^i=e^{i\ln(i)}=e^{i\cdot i(\frac{\pi}{2})}=e^{-\frac{\pi}{2}}$$

(b) $$(1+i)^i=e^{i\ln(1+i)}=e^{i[\text{Ln}\sqrt{2}+i(\frac{\pi}{4})]}=e^{i\frac{\text{Ln}2}{2}}\cdot e^{-\frac{\pi}{4}}$$

$$=e^{-\frac{\pi}{4}}\left[\cos\left(\frac{\text{Ln}2}{2}\right)+i\sin\left(\frac{\text{Ln}2}{2}\right)\right]$$

(c) $\left[\left(\frac{1+\sqrt{3}i}{2}\right)e\right]^{3\pi i}=[e^{\frac{\pi}{3}i}\cdot e]^{3\pi i}=(e^{1+\frac{\pi}{3}i})^{3\pi i}=e^{3\pi i}\cdot e^{-\pi^2}=-e^{-\pi^2}$

12.若 $z\neq 0$ 且 c 為一實數，證明 $|z^c|=|z|^c$。

證明：令 $z=re^{i\theta}$，$|z|=r$

$$|z^c|=|r^ce^{i\theta c}|=|r^c|\cdot|e^{i\theta c}|=|r^c|=r^c$$

又 $e^{c\text{Ln}|z|}=e^{c\text{Ln}r}=|r^c|$ ∴可得 $|z^c|=e^{c\text{Ln}|z|}=|z|^c$

13.已知 c,d 和 z 為複數且 $z\neq 0$，證明若下列各冪函數皆為主值時，則

(a) $(z^c)^n=z^{cn}\quad(n=1,2,\cdots)$

(b) $z^cz^d=z^{c+d}$

(c) $\dfrac{z^c}{z^d}=z^{c-d}$

證明：(a) $(z^c)^n=(e^{c\text{Ln}z})^n=e^{nc\text{Ln}z}=e^{\text{Ln}z^{cn}}=z^{cn}$　故得證

(b) $z^cz^d=e^{c\text{Ln}z}\cdot e^{d\text{Ln}z}=e^{(c+d)\text{Ln}z}=e^{\text{Ln}z^{c+d}}=z^{c+d}$　故得證

(c) $\dfrac{z^c}{z^d}=\dfrac{e^{c\text{Ln}z}}{e^{d\text{Ln}z}}=e^{(c-d)\text{Ln}z}=e^{\text{Ln}z^{c-d}}=z^{c-d}$　故得證

14.求下列各方程式的根

(a) $\sin z=i$，(b) $\cos z=2$，(c) $\tan z=1$

解：(a) $\Rightarrow\dfrac{e^{iz}-e^{-iz}}{2i}=i\Rightarrow e^{iz}-e^{-iz}=-2$

$\Rightarrow e^{iz2}+2e^{iz}-1=0$

$e^{iz}=-1\pm\sqrt{2}$ ∴ $iz=\ln(-1\pm\sqrt{2})$

∴ $z=-i\text{Ln}(-1+\sqrt{2})+2n\pi,\ \ z=-i\text{Ln}(-1-\sqrt{2})+(2n+1)\pi$

(b) $\cos z=2\Rightarrow\cos x\cosh y-i\sin x\sinh y=2\Rightarrow\begin{cases}\cos x\cosh y=2\\ \sin x\sinh y=0\end{cases}$

若 $\sin x = 0$ 則 $x = n\pi \Rightarrow \cos x = \pm 1$ （-1不合）

$$\cosh y = \frac{e^y + e^{-y}}{2} = 2，則 y = \ln(2 \pm \sqrt{3})$$

若 $\sinh y = 0$，$\cos x = 2$ （不合）

$$\therefore z = i\ln(2 + \sqrt{3}) = i\ln(2 + \sqrt{3}) + 2n\pi$$

(c) $\tan z = 1 \Rightarrow \tan z = \dfrac{\sin z}{\cos z} = \dfrac{e^{iz} - e^{-iz}}{i(e^{iz} + e^{-iz})} = 1$

$$i(e^{iz} + e^{-iz}) = e^{iz} - e^{-iz} \Rightarrow i(e^{2iz} + 1) = e^{2iz} - 1$$

$$\Rightarrow e^{2iz} = \frac{1+i}{1-i} \Rightarrow 2iz = \ln\left(\frac{1+i}{1-i}\right) = \ln(i)$$

$$2iz = i\left(\frac{\pi}{2} + 2n\pi\right) \Rightarrow z = \frac{\pi}{4} + n\pi \quad n \in \boldsymbol{Z}$$

15.求下列各題所有值:

(a) $\tan^{-1}(1-2i)$，(b) $\tan^{-1}(2i)$，(c) $\cosh^{-1}(-1)$

(d) $\sinh^{-1}\left(-\dfrac{1}{2}\right)$，(e) $\tanh^{-1} 0$，(f) $\tanh^{-1} i$

解: (a) $\tan^{-1} z = \dfrac{-i}{2}\ln\left(\dfrac{1+iz}{1-iz}\right)$

$$\therefore \tan^{-1}(1-2i) = -\frac{i}{2}\ln(-2+i)$$

$$= \frac{-i}{2}[\text{Ln}A + i(\theta + 2n\pi)]，其中 \begin{cases} A = \sqrt{4+1} = \sqrt{5} \\ \theta = \tan^{-1}\dfrac{1}{-2} \end{cases}$$

$$= -\frac{i}{2}\text{Ln}A + \frac{1}{2}(\theta + 2n\pi),\quad n \in \boldsymbol{Z}$$

(b) $\tan^{-1}(2i) = \dfrac{-i}{2}\ln\left(\dfrac{1-2}{1+2}\right) = -\dfrac{i}{2}\ln\left(\dfrac{-1}{3}\right)$

$$= \frac{-i}{2}\left[\text{Ln}\left(\frac{1}{3}\right) + i(\pi + 2n\pi)\right] = \frac{i}{2}\text{Ln}3 + \left(\frac{1}{2} + n\right)\pi$$

(c) $\cosh^{-1} z = \ln(z + \sqrt{z^2 - 1})$

$$\cosh^{-1}(-1) = \ln(-1) = i(\pi + 2n\pi) = (2n+1)\pi i,\ \ n \in \boldsymbol{Z}$$

(d) $\sinh^{-1} z = \ln(z - \sqrt{z^2 + 1})$

$$\sinh^{-1}(-\frac{1}{2}) = \ln\left(\frac{-1-\sqrt{5}}{2}\right) = \ln\left(-\frac{1+\sqrt{5}}{2}\right)$$

$$= \mathrm{Ln}\left(\frac{1+\sqrt{5}}{2}\right) + i(\pi + 2n\pi)$$

$$= \mathrm{Ln}\left(\frac{1+\sqrt{5}}{2}\right) + (2n+1)\pi i,\ \ n \in \boldsymbol{Z}$$

(e) $\tanh^{-1} z = \frac{1}{2}\ln\left(\frac{1+z}{1-z}\right)$

$$\tanh^{-1} 0 = \frac{1}{2}\ln(1) = \frac{1}{2}i(0 + 2n\pi) = n\pi i,\ \ n \in \boldsymbol{Z}$$

(f) $\tanh^{-1} i = \frac{1}{2}\ln\left(\frac{1+i}{1-i}\right) = \frac{1}{2}\ln i$

$$= \frac{1}{2}i\left(\frac{\pi}{2} + 2n\pi\right) = \left(\frac{1}{4} + n\right)\pi i,\ \ n \in \boldsymbol{Z}$$

16.證明 $\cos^{-1} z = (-1)^{n+1}\sin^{-1} z + \frac{\pi}{2} + n\pi \quad (n = 0, \pm 1, \pm 2, \cdots)$

證明: $\cos^{-1} z = -i\ln[z + i(1-z^2)^{\frac{1}{2}}]$

$$= -i\{(-1)^n \mathrm{Ln}[(z + i(1-z^2)^{\frac{1}{2}}] + n\pi i\}$$

$$= (-1)^n[-i\ln(z + i(1-z^2)^{\frac{1}{2}}] + n\pi$$

$$= (-1)^{n+1}[-i\ln(iz + (1-z^2)^{\frac{1}{2}}] + n\pi + \frac{\pi}{2}$$

$$= (-1)^{n+1}\sin^{-1} z + \frac{\pi}{2} + n\pi \quad \text{得證}$$

17.證明下列各導函數公式

(a) $\frac{d}{dz}\sin^{-1} z = \frac{1}{\sqrt{1-z^2}}$

(b) $\frac{d}{dz}\tan^{-1} z = \frac{1}{1+z^2}$

(c) $\frac{d}{dz}\cosh^{-1} z = \frac{1}{\sqrt{z^2-1}}$

證明：(a) $$\frac{d}{dz}\sin^{-1} z = \frac{d}{dz}[-i\ln(iz+(1-z^2)^{\frac{1}{2}})]$$

$$= -i\frac{i-\frac{1}{2}(1-z^2)^{-\frac{1}{2}}\cdot 2z}{iz+(1-z^2)^{\frac{1}{2}}} = -i\frac{i-\frac{z}{(1-z^2)^{\frac{1}{2}}}}{iz+(1-z^2)^{\frac{1}{2}}}$$

$$= \frac{i-\frac{z}{(1-z^2)^{\frac{1}{2}}}}{-z+i(1-z^2)^{\frac{1}{2}}} = \frac{1}{(1-z^2)^{\frac{1}{2}}}$$ 故得證

(b) $$\frac{d}{dz}\tan^{-1} z = \frac{d}{dz}\left(\frac{-i}{2}\ln\frac{1+iz}{1-iz}\right) = \frac{-i}{2}\frac{\frac{i(1-iz)+i(1+iz)}{(1+iz)^2}}{\frac{1+iz}{1-iz}}$$

$$= \frac{i}{2}\frac{\frac{2i}{i(1-iz)^2}}{\frac{1+iz}{1-iz}} = \frac{1}{1+z^2}$$ 故得證

(c) $$\frac{d}{dz}\cosh^{-1} z = \frac{d}{dz}\ln(z+\sqrt{z^2-1}) = \frac{1}{z+\sqrt{z^2-1}}\cdot\left(1+\frac{z}{\sqrt{z^2-1}}\right)$$

$$= \frac{1}{z+\sqrt{z^2-1}}\cdot\frac{\sqrt{z^2-1}+z}{\sqrt{z^2-1}} = \frac{1}{\sqrt{z^2-1}}$$ 故得證

第十一章 複數積分

11.1　複平面之線積分

1.～5.題，求沿著圍線 C 的積分值 $\int_C f(z)dz$。

1. $f(z)=z^2$，而 C 為

(a)從 $z=0$ 到 $z=3+i$ 的線段 $y=\dfrac{x}{3}$

(b)兩線段的組成，一從 $z=0$ 到 $z=3$，另一從 $z=3$ 到 $z=3+i$

(c)兩線段的組成，一從 $z=0$ 到 $z=i$，另一從 $z=i$ 到 $z=3+i$

解：(a)

$$\int_C f(z)dz=\int_C z^2dz$$

$$=\int_C (x^2-y^2)dx-2xydy+i\int_C (x^2-y^2)dy+2xydx$$

$$=\int_C \left(x^2-\frac{x^2}{9}\right)dx-\frac{2}{3}x^2\cdot\frac{1}{3}dx+i\int_C \left(x^2-\frac{x^2}{9}\right)\frac{1}{3}dx+\frac{2}{3}x^2dx$$

$$=\int_0^3 \frac{2}{3}x^2dx+i\int_0^3 \frac{26}{27}x^2dx=\frac{2}{9}x^3\Big|_0^3+i\,\frac{26}{81}x^3\Big|_0^3=6+\frac{26}{3}i$$

(b)沿 $z=0$ 到 $z=3$：

$$\int_0^3 f(z)=\int_0^3 z^2dz=\int_0^3 x^2dx=\frac{1}{3}x^3\Big|_0^3=9$$

從 $z=3$ 到 $z=3+i$：

$$\int_0^1 -2\cdot 3ydy+i\int_0^1 (9-y^2)dy=-3+\frac{26}{3}i$$

$$\therefore\int_0^{3+i} f(z)dz=9-3+\frac{26}{3}i=6+\frac{26}{3}i$$

(c)從 $z=0$ 到 $z=i$：

$$i\int_0^1 -y^2dy=-\frac{1}{3}i$$

從 $z=i$ 到 $z=3+i$:

$$\int_0^3 (x^2-1)dx + i\int_0^3 2xdx = 6+9i$$

$$\therefore \int_0^{3+i} f(z) = -\frac{1}{3}i + 6 + 9i = 6 + \frac{26}{3}i$$

2.$f(z)=\dfrac{z+3}{z}$，而 C 為

(a)半圓 $z=3e^{i\theta}$ $(0\le\theta\le\pi)$

(b)半圓 $z=3e^{i\theta}$ $(\pi\le\theta\le 2\pi)$

(c)半圓 $z=3e^{i\theta}$ $(0\le\theta\le 2\pi)$

解：(a) $$\int_C f(z)dz=\int_C \frac{z+3}{z}dz=\int_0^{\pi}\frac{3e^{i\theta}+3}{3e^{i\theta}}(3\cdot i\cdot e^{i\theta})d\theta$$

$$=\int_0^{\pi} i(3e^{i\theta}+3)d\theta = i\left(\frac{3}{i}e^{i\theta}+3\theta\right)\Bigg|_0^{\pi} = 3\pi i-6$$

(b) $$\int_C f(z)dz=\int_{\pi}^{2\pi}\frac{3e^{i\theta}+3}{3e^{i\theta}}\cdot(3\cdot i\cdot e^{i\theta})d\theta=(3e^{i\theta}+3i\theta)\Big|_{\pi}^{2\pi}=3\pi i+6$$

(c) $$\int_C f(z)dz=\int_0^{2\pi}\frac{3e^{i\theta}+3}{3e^{i\theta}}\cdot 3\cdot i\cdot e^{i\theta}d\theta=(3e^{i\theta}+3i\theta)\Big|_0^{2\pi}=6\pi i$$

3.$f(z)=(\overline{z})^2$，而 C 為

(a)從 $z=0$ 到 $z=3+i$ 的線段 $y=\dfrac{x}{3}$

(b)兩線段的組成，一從 $z=0$ 到 $z=3$，另一從 $z=3$ 到 $z=3+i$

解：(a) $$\int_C f(z)dz=\int_C(\overline{z})^2dz$$

$$=\int_C (x^2-y^2)dx+2xydy+i\int_C(x^2-y^2)dy-2xydx$$

$$=\int_0^3\left(x^2-\frac{x^2}{9}\right)dx+\frac{2}{3}x^2\cdot\frac{1}{3}dx+i\int_0^3\left(x^2-\frac{x^2}{9}\right)\frac{1}{3}dx-\frac{2}{3}x^2dx$$

$= 10 - \frac{10}{3}i$

(b)從 $z = 3$ 到 $z = 3 + i$：

$$\int_0^1 6y dy + i \int_0^1 (9 - y^2) dy = 3 + \frac{26}{3}i$$

從 $z = 0$ 到 $z = 3$：

$$\int_0^3 x^2 dx = 9$$

$$\therefore \int_0^{3+i} f(z) dz = 9 + 3 + \frac{26}{3}i = 12 + \frac{26}{3}i$$

4. $f(z) = e^{-z^2}$，絕對值的上界沿著

(a)從 $z = 0$ 到 $z = 1 + i$ 的線段 $y = x$

(b)從 $z = 0$ 到 $z = 1 + i$ 的單弧 $y = x^2$

解：(a) $y = x$, $e^{-z^2} = e^{-2x^2 i}$

$$\left| \int_0^{1+i} e^{-z^2} dz \right| \leq \int_0^{1+i} |e^{-z^2}||dz| = \int_0^1 \sqrt{2} dx = \sqrt{2}$$

(b) $y = x^2$, $e^{-z^2} = e^{(x^4 - x^2 + 2x^3)i}$, $|e^{-z^2}| = e^{x^4 - x^3} \leq e^{x^4}$

$$\left| \int_0^{1+i} e^{-z^2} dz \right| = \int_0^{1+i} |e^{-z^2}||dz| \leq \int_0^1 e^{x^4} \sqrt{1 + 4x^2} dx$$

$$\leq e \int_0^1 \sqrt{1 + 4x^2} dx \leq e \cdot \int_0^1 \sqrt{5} dx = \sqrt{5} e$$

5. $f(z) = \begin{cases} 4y, & \text{當 } y > 0 \\ 1, & \text{當 } y < 0 \end{cases}$，而 C 為從 $z = -1 - i$ 到 $z = -1 + i$ 之單弧 $y = x^3$。

解：$z = x + iy = x + ix^3 \Rightarrow dz = (1 + i3x^2) dx$, $-1 \leq x \leq 1$

$y > 0 \Rightarrow x > 0$ 即 $[0, 1)$；$y < 0 \Rightarrow x < 0$ 即 $(-1, 0]$

$$\int_C f(z)dz = \int_{C_1} 1dz + \int_{C_2} 4ydz$$
$$= \int_{-1}^{0} (1 + i \cdot 3x^2)dx + \int_0^1 4x^3(1 + i \cdot 3x^2)dx$$
$$= (x + ix^3)\Big|_{-1}^{0} + (x^4 + i \cdot 2x^6)\Big|_0^1$$
$$= (1 + i) + (1 + 2i) = 2 + 3i$$

6.證明若 C 為四頂點 $z = 0, z = 1, z = 1 + i, z = i$ 之正方形邊界，而 C 為逆時針方向（正向），則

$$\int_C (3z + 1)dz = 0$$

證明：

$$\int_C (3z + 1)dz = \int_0^1 (3x + 1)dx + \int_0^1 [3(1 + iy) + 1]idy + \int_0^1 [3(1 - x + i) + 1](-dx) + \int_0^1 [3(i - iy) + 1](-idy)$$
$$= \int_0^1 (3x + 1)dx + \int_0^1 (4 + 3iy)idy + \int_0^1 (4 - 3x + 3i)(-dx) + \int_0^1 (1 - 3yi + 3i)(-idy)$$
$$= \frac{3}{2}x^2 + x\Big|_0^1 + \left(4iy - \frac{3}{2}y^2\right)\Big|_0^1 + \left[-(4 + 3i)x + \frac{3}{2}x^2\right]\Big|_0^1 + \left[(3 - i)y - \frac{3}{2}y^2\right]\Big|_0^1$$
$$= \frac{5}{2} + \left(4i - \frac{3}{2}\right) + \left(-\frac{5}{2} - 3i\right) + \left(\frac{3}{2} - i\right) = 0 \quad \text{得證}$$

7.證明若 C 為圓 $|z| = 2$ 在第一象限內從 $z = 2$ 到 $z = 2i$ 之圓弧，則

$$\left|\int_C \frac{dz}{z^2-1}\right| \le \frac{\pi}{3}$$

證明: $z = 2e^{i\theta},\ 0 \le \theta \le \frac{\pi}{2},\ dz = 2e^{i\theta} \cdot id\theta$

$$\int_C \frac{dz}{z^2-1} = \int_0^{\frac{\pi}{2}} \frac{2ie^{i\theta}}{4e^{2\theta i}-1} d\theta$$

$$\left|\int_C \frac{dz}{z^2-1}\right| = \left|\int_0^{\frac{\pi}{2}} \frac{2ie^{i\theta}}{4e^{2\theta i}-1} d\theta\right|$$

$$\le \int_0^{\frac{\pi}{2}} \left|\frac{2ie^{i\theta}}{4e^{2\theta i}-1}\right| d\theta = \int_0^{\frac{\pi}{2}} \frac{|2ie^{i\theta}|}{|4e^{2\theta i}-1|} d\theta$$

$$|2ie^{i\theta}| = 2,\ |4e^{2\theta i}-1| = \sqrt{(4\cos 2\theta - 1)^2 + (4\sin 2\theta)^2}$$

當 $\theta = 0$ 時可得 $|4e^{2\theta i}-1|$ 的最小值 3

$\therefore$原式 $\le \frac{2}{3}\int_0^{\frac{\pi}{2}} d\theta = \frac{\pi}{3}$　故得證

8.試求 $\left|\int_C \frac{e^{2z}}{z^2+1} dz\right|$ 的上界，若 C 為

(a)正向圓 $|z| = \frac{1}{2}$

(b)正向圓 $|z| = 3$

解: (a) $|z| = \frac{1}{2}$, $\frac{e^{2z}}{z^2+1}$ 在 $|z| \le \frac{1}{2}$ 上為解析函數

$$\therefore \int_C \frac{e^{2z}}{z^2+1} dz = 0$$

(b)

$$\left|\int_C \frac{e^{2z}}{z^2+1} dz\right| \le \int_C \left|\frac{e^{2z}}{z^2+1}\right| |dz| \le \int_C \frac{|e^{2z}|}{||z^2|-1|} |dz|$$

$$\le \int \frac{e^6}{8} |dz| = \frac{e^6}{8} \cdot 6 = \frac{3}{4} e^6$$

11.2 科煦積分定理

1.利用科煦－葛薩定理證明下列各函數對 C 的圍線積分

$$\int_C f(z)dz = 0$$

而 C 為正向圓 $|z| = 1$

(a) $f(z) = \dfrac{z^3}{z-3}$

(b) $f(z) = \dfrac{1}{z^2+2z+2}$

(c) $f(z) = e^{-z}$

(d) $f(z) = \tan z$

(e) $f(z) = \mathrm{Ln}(z+2)$

證明: (a) $f(z) = \dfrac{z^3}{z-3}$ 在 $|z| \leq 1$ 內解析

$$\therefore \int_C f(z)dz = 0$$

(b) $z^2 + 2z + 2 = 0 \Rightarrow z = -1 \pm i,\ |z| > 1$

故 $f(z) = \dfrac{1}{z^2+2z+2}$ 在 $|z| < 1$ 內解析

$$\therefore \int_C f(z)dz = 0$$

(c) $f(z) = e^{-z}$ 在 $|z| < 1$ 內解析

$$\therefore \int_C e^{-z}dz = 0$$

(d) $f(z) = \tan z = \dfrac{\sin z}{\cos z}$

當 $\cos z = 0$ 時 $z = \left(n + \frac{1}{2}\right)\pi \Rightarrow |z| > 1,\ n \in \boldsymbol{Z}$

$\therefore f(z)$ 在 $|z| \leq 1$ 內解析，$\int_C \tan z dz = 0$

(e) $f(z) = \mathrm{Ln}(z+2)$ 在 $z = -2$ 處不解析

但 $f(z)$ 在 $|z| < 1$ 內到處解析

$\therefore \int_C \mathrm{Ln}(z+2) = 0$

2.已知 C_0 為正向單閉圍線 C 內部的另外一條正向單閉圍線。證明若函數 f 在由 C 和 C_0 所圍成的封閉區域內解析，則

$$\int_C f(z)dz = \int_{C_0} f(z)dz$$

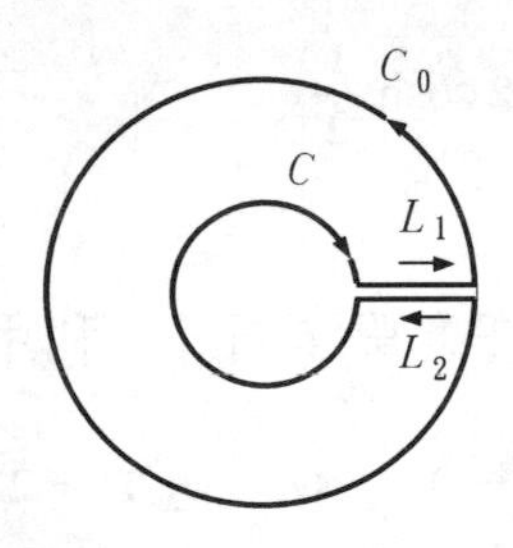

證明：令 $B = C_0 + L_1 + L_2 - C$

$$\int_B f(z)dz = 0 \Rightarrow \int_{C_0} + \int_{L_1} + \int_{L_2} + \int_{-C} = 0$$

但 $\int_{L_1} = -\int_{L_2} \Rightarrow \int_{C_0} f(z)dz + \int_{-C} f(z)dz = 0$

$$\Rightarrow \int_{C_0} f(z)dz = \int_C f(z)dz \quad 得證$$

3.求下列各積分值

(a) $\int_1^3 (z-1)^3 dz$

(b) $\int_i^{\frac{i}{2}} e^{\pi z} dz$

(c) $\int_0^{\pi+i} \cos\frac{z}{2} dz$

解: (a) $\int_1^3 (z-1)^3 dz = \frac{1}{4}(z-1)^4\Big|_1^3 = \frac{16}{4} = 4$

(b) $\int_i^{\frac{i}{2}} e^{\pi z} dz = \frac{1}{\pi}e^{\pi z}\Big|_i^{\frac{i}{2}} = \frac{1}{\pi}(e^{\frac{\pi}{2}i} - e^{\pi i}) = \frac{1}{\pi}(i+1)$

(c) $\int_0^{\pi+i} \cos\frac{z}{2} dz = 2\sin\frac{z}{2}\Big|_0^{\pi+i} = 2\sin\frac{\pi+i}{2}$

$$= 2\sin\frac{\pi}{2}\cosh\frac{1}{2} + \cos\frac{\pi}{2}\sinh\frac{1}{2}$$

$$= 2\cosh\frac{1}{2}$$

4.已知 C 為不經過 z_0 的任意單閉圍線，利用反導函數證明

$$\int_C (z-z_0)^{n-1} dz = 0 \qquad (n = \pm 1, \pm 2, \cdots)$$

證明: $\int_C (z-z_0)^{n-1} dz = \frac{(z-z_0)^n}{n}\Big|_a^a = 0 \quad (n = \pm 1, \pm 2, \cdots)$

5.已知圍線 C 為圓 $|z| = 2$ 左半從 $-2i$ 到 $2i$，試利用對數函數的分支

$$\ln z = \mathrm{Ln} r + i\theta \qquad (r > 0,\ 0 < \theta < 2\pi)$$

是 $\frac{1}{z}$ 的反導函數證明

$$\int_C \frac{1}{z} dz = -\pi i$$

證明: $\int_{-2i}^{2i}\frac{1}{z}dz=\ln z\Big|_{-2i}^{2i}=(\text{Ln}r-i\theta)\Big|_{-2i}^{2i}$　（$\because\ \theta$ 是順向，$r=2$）

$=-\pi i$　得證

11.3　科煦積分公式

1.～5.題，根據給予的正向單閉圍線 C，求積分值。

1. $\int_C\frac{z^2+2z+1}{z+1}dz$

(a) C 為圓 $|z+1|=1$

(b) C 為圓 $|z+i|=1$

(c) C 為橢圓 $x^2+2y^2=8$

解: (a) $\because\ z^2+2z+1$ 為解析函數，又 $z=-1$ 在 C 的內部

$$\therefore\int_C\frac{z^2+2z+1}{z+1}dz=2\pi i\cdot(1-2+1)=0$$

(b) $z=-1$ 不在 C 之內部，所以 $\frac{z^2+2z+1}{z+1}$ 在 C 內解析

$$\therefore\int_C\frac{3z^2+7z+1}{z+1}dz=0$$

(c) $z=-1$ 在 C 的內部

$$\therefore\int_C\frac{z^2+2\pi+1}{z^2+1}dz=2\pi i\cdot(1-2+1)=0$$

2. $\int_C\frac{z+4}{z^2+2z+5}dz$

(a) C 為圓 $|z|=1$

(b) C 為圓 $|z+1+i|=2$

(c) C 為圓 $|z+1-i|=2$

解: (a) $\dfrac{z+4}{z^2+2z+5}$ 在 C 的內部及邊界上解析

$$\therefore \int_C \frac{z+4}{z^2+2z+5}dz=0$$

(b) $$\int_C \frac{z+4}{z^2+2z+5}dz=\int \frac{z+4}{(z+1+2i)(z+1-2i)}dz$$

$$=\int \frac{\frac{z+4}{z+1+2i}}{z+1-2i}dz=2\pi i\cdot\frac{-1+2i+4}{-1+2i+1+2i}$$

$$=2\pi i\cdot\frac{3+2i}{4i}=\frac{3+2i}{2}\pi$$

(c) $$\int_C \frac{z+4}{z^2+2z+5}dz=\int_C \frac{\frac{z+4}{z+1-2i}}{z+1+2i}dz=2\pi i\cdot\frac{-1-2i+4}{-1-2i+1-2i}$$

$$=2\pi i\frac{3-2i}{-4i}=\frac{-3+2i}{2}\pi$$

3. $\displaystyle\int_C \frac{1}{(z^2+4)^2}dz$，$C$ 為圓 $|z-i|=2$

解: $$\int_C \frac{dz}{(z^2+4)^2}=\frac{2\pi i}{1!}f'(2i)=\frac{2\pi i}{1!}\frac{d}{dz}\left[\frac{1}{(z+2i)^2}\right]_{z=2i}$$

$$=2\pi i\cdot\left.\frac{-2}{(z+2i)^3}\right|_{z=2i}=\frac{\pi}{16}$$

4. $\displaystyle\int_C \frac{e^z}{(z+1)^2}dz$，$C$ 為圓 $|z-1|=3$

解: 令 $f(z)=e^z$，則 $f(-1)=\dfrac{1}{2\pi i}\displaystyle\int_C \frac{f(z)}{z+1}dz$

$$f'(-1)=\frac{1}{2\pi i}\int_C \frac{f(z)}{(z+1)^2}dz,\ \because f'(-1)=e^{-1}$$

$$\therefore \int_C \frac{e^z}{(z+1)^2}dz=2\pi i e^{-1}$$

5.$\int_C \frac{z-1}{z^3-2z^2}dz$，$C$ 為圓 $|z-1-2i|=2$

解: $z^3-2z^2=0,\ z=0,\ z=2$ 皆在 C 外

$\therefore$ 在 C 內部 $\frac{z-1}{z^3-2z}$ 皆解析

$$\int_C \frac{z-1}{z^3-2z^2}dz=0$$

6.令正向單閉圍線 C 為四頂點 $2+2i, 2-2i, -2-2i, -2+2i$ 正方形的邊界，試求下列各積分:

(a) $\int_C \frac{\cos z}{z(z^2+8)}dz$,　(b) $\int_C \frac{z}{z+1}dz$

(c) $\int_C \frac{e^{-z}}{z-\left(\frac{\pi i}{2}\right)}dz$,　(d) $\int_C \frac{\sinh z}{z^3}dz$

解: (a) $\int_C \frac{\cos z}{z(z^2+8)}dz=2\pi i f(0)=2\pi i\cdot\frac{\cos 0}{8}=\frac{\pi i}{4}$

(b) $\int_C \frac{z}{z+1}dz=2\pi i f(-1)=2\pi i\cdot(-1)=-2\pi i$

(c) $\int_C \frac{e^{-z}}{z-\left(\frac{\pi i}{2}\right)}dz=2\pi i f\left(\frac{\pi i}{2}\right)=2\pi i e^{-\frac{\pi i}{2}}=2\pi$

(d) $\int_C \frac{\sinh z}{z^3}dz=\frac{2\pi i}{2!}f''(0)=\frac{2\pi i}{2}\sinh 0=0$

7.試求下列各積分:

(a) $\int_1^{3-i}\sin 2z\,dz$,　(b) $\int_{1+i}^{2+3i}(z^2+2z+1)dz$

解: (a) $\sin 2z$ 為解析函數

$$\int_1^{3-i}\sin 2z\,dz=\frac{-1}{2}\cos 2z\Big|_1^{3-i}=-\frac{1}{2}[\cos(6-2i)-\cos 2]$$

(b) z^2+2z+1 為解析函數

$$\therefore \int_{1+i}^{2+3i}(z^2+2z+1)dz=\frac{1}{3}z^3+z^2+z\Big|_{1+i}^{2+3i}$$

$$=\frac{1}{3}(2+3i)^3+(2+3i)^2+(2+3i)-\frac{1}{3}(1+i)^3-(1+i)^2-1-i$$

$$=-\frac{46}{3}+3i+(12i-5)+(2+3i)-\frac{2}{3}i+\frac{2}{3}-2i-1-i$$

$$=-\frac{56}{3}+\frac{43}{3}i$$

8.證明若函數 f 在單閉圍線 C 上及其內部解析，而且 z_0 點不在 C 上，則

$$\int_C\frac{f'(z)dz}{z-z_0}=\int_C\frac{f(z)dz}{(z-z_0)^2}$$

證明: $$\int_C\frac{f'(z)dz}{z-z_0}=\int_C\frac{df}{z-z_0}=\frac{f}{z-z_0}\Big|_C-\int_C f(z)d\frac{1}{z-z_0}$$

$$\because \frac{f}{z-z_0}\Big|_C=\frac{f}{z-z_0}\Big|_a^a=0$$

$$\therefore \int_C\frac{f'(z)dz}{z-z_0}=0+\int_C\frac{f(z)dz}{(z-z_0)^2}$$ 得證

9.證明在 z 平面上任一個由單閉圍線 C 包圍起來的面積 A

$$A=\frac{1}{2i}\int_C\overline{z}dz$$

證明: $f(z)=u+iv$ 其中 $u=x,\ v=-y$

則 $\int_C f(z)dz=\int_C\overline{z}dz$

$$=\iint_R\left(-\frac{\partial v}{\partial x}-\frac{\partial u}{\partial y}\right)dxdy+i\iint_R\left(\frac{\partial u}{\partial x}-\frac{\partial v}{\partial y}\right)dxdy$$

$$= 2i \iint_R dxdy = 2iA$$

$$\therefore A = \frac{1}{2i} \int_C \bar{z} dz \quad 故得證$$

10.證明科煦積分定理在多連通區域亦成立。

證明：假設 R 為複連通區域，C 為其邊界。若 $f(z)$ 在 R 及 C 為一解析函數且 $z_0 \in \boldsymbol{R}$，必須證明 $f(z_0) = \frac{1}{2\pi i} \int_C \frac{f(z)}{z - z_0} dz$, $z_0 \in \boldsymbol{R}$，所以可以 z_0 當圓心，取一圓 C'，使 C' 整個在 R 裡，

$$\therefore \int_{C-C'} \frac{f(z)}{z - z_0} dz = 0$$

$$\therefore \frac{1}{2\pi i} \int_C \frac{f(z)}{z - z_0} dz = \frac{1}{2\pi i} \int_{C'} \frac{f(z)}{z - z_0} dz = f(z_0) \quad 故得證$$

11.令 C 為圓 $z = Re^{i\theta}$，$z_0 = re^{i\phi}$，其中 $r < R$，證明

(a)科煦積分公式可寫成

$$f(re^{i\phi}) = \frac{1}{2\pi i} \int_0^{2\pi} \frac{f(Re^{i\theta})}{Re^{i\theta} - re^{i\phi}} iRe^{i\theta} d\theta$$

(b)
$$\frac{1}{2\pi i} \int_0^{2\pi} \frac{f(Re^{i\theta})}{Re^{i\theta} - \left(\frac{R^2}{r}\right) e^{i\phi}} iRe^{i\theta} d\theta = 0$$

(c)圓的 Poisson's 積分公式

$$u(r, \phi) = \frac{1}{2\pi} \int_0^{2\pi} \frac{(R^2 - r^2) u(R, \theta)}{R^2 - 2Rr\cos(\theta - \phi) + r^2} d\theta$$

證明：(a) $f(z_0) = \frac{1}{2\pi i} \int_C \frac{f(z)}{z - z_0} dz$

$$\Rightarrow f(re^{i\phi}) = \frac{1}{2\pi i} \int_0^{2\pi} \frac{f(Re^{i\theta})}{Re^{i\theta} - re^{i\phi}} (iRe^{i\theta}) d\theta$$

(b)若 z_0 在 C 外部，則 $\dfrac{1}{2\pi i}\displaystyle\int_C \frac{f(z)}{z-z_0}dz=0$

即當 $z_0=\dfrac{R^2}{r}e^{i\phi}$ 時，z_0 在 C 外部

$$\therefore \frac{1}{2\pi i}\int_0^{2\pi}\frac{f(Re^{i\theta})}{Re^{i\theta}-\left(\dfrac{R^2}{r}\right)e^{i\phi}}(iRe^{i\theta})d\theta=0$$

(c)由(a)和(b)的兩積分式相減

$$f(re^{i\phi})=\frac{1}{2\pi i}\int_0^{2\pi}\left[\frac{f(Re^{i\theta})}{Re^{i\theta}-re^{i\phi}}-\frac{f(Re^{i\theta})}{Re^{i\theta}-\left(\dfrac{R^2}{r}\right)e^{i\phi}}\right]\cdot(iRe^{i\theta})d\theta$$

$$\therefore f(re^{i\phi})=\int_0^{2\pi}\frac{1}{2\pi}\left[\frac{f(Re^{i\theta})}{1-\dfrac{r}{R}e^{i(\phi-\theta)}}-\frac{f(Re^{i\theta})}{1-\dfrac{R}{r}e^{i(\phi-\theta)}}\right]d\theta$$

$$f(re^{i\theta})=\frac{1}{2\pi}\int_0^{2\pi}\left[\frac{f(Re^{i\theta})\left[1-\dfrac{r}{R}\cos(\phi-\theta)+i\dfrac{r}{R}\sin(\phi-\theta)\right]}{1-\dfrac{2r}{R}\cos(\phi-\theta)+\dfrac{r^2}{R}}-\right.$$

$$\left.\frac{f(Re^{i\theta})\left(1-\dfrac{R}{r}\cos(\phi-\theta)+i\dfrac{R}{r}\sin(\phi-\theta)\right)}{1-\dfrac{2R}{r}\cos(\phi-\theta)+\dfrac{R^2}{r}}\right]d\theta$$

$$=\frac{1}{2\pi}\int_0^{2\pi}\frac{f(Re^{i\theta})(R^2-r^2)}{R^2-2Rr\cos(\phi-\theta)+r^2}d\theta$$

故其實數部 $u(r,\phi)=\dfrac{1}{2\pi}\displaystyle\int_0^{2\pi}\frac{(R^2-r^2)u(R,\theta)}{R^2-2Rr\cos(\phi-\theta)+r^2}d\theta$

12.證明若 $P(z)=a_0+a_1z+a_2z^2+\cdots+a_nz^n \qquad (a_n\neq 0)$

為 n 次 $(n\geq 1)$ 多項式，則存在一正數 R 使得對所有滿足 $|z|>R$ 之 z，恆有 $|P(z)|>\dfrac{|a_n||z|^n}{2}$

證明：當 $|z|>R$ 時，$\left|\frac{a_{n-1}}{z}+\frac{a_{n-2}}{z^2}+\frac{a_{n-3}}{z^3}+\cdots+\frac{a_0}{z^n}\right|<\frac{|a_n|}{2}$

利用此結果及 $|z_1+z_2|\geq||z_1|-|z_2||$ 來證明

$$
\begin{aligned}
|P(z)| &= |a_0+a_1z+\cdots+a_nz^n| \\
&= \left|z^n\left(\frac{a_0}{z^n}+\frac{a_1}{z^{n-1}}+\cdots+\frac{a_{n-1}}{z}\right)+a_nz^n\right| \\
&\geq |a_nz^n|-\left|z^n\left(\frac{a_0}{z^n}+\frac{a_1}{z^{n-1}}+\cdots+\frac{a_{n-1}}{z}\right)\right| \\
&= |a_nz^n|-|z|^n\left|\frac{a_0}{z^n}+\cdots+\frac{a_{n-1}}{z}\right| \\
&\geq |a_n||z^n|-\frac{|a_n||z|^n}{2}=\frac{|a_n||z|^n}{2}
\end{aligned}
$$

故得證

11.4　泰勒與勞倫茲複級數

1.～5.題，試求函數對點 z_0 的泰勒級數展開式。

1. $\cos z \quad \left(z_0=\frac{\pi}{2}\right)$

解：

$$f(z)=\cos z=\sum_{n=0}^{\infty}\frac{\cos^{(n)}\left(\frac{\pi}{2}\right)}{n!}\left(z-\frac{\pi}{2}\right)^n$$

$$\cos^{(n)} z\Big|_{z=\frac{\pi}{2}}=\begin{cases}(-1)\sin z=-1, & n=4m+1\\ (-1)\cos z=0, & n=4m+2\\ \sin z=1, & n=4m+3\\ \cos z=0, & n=4m\end{cases}$$

$$\cos z=\sum_{n=0}^{\infty}\frac{(-1)^{n+1}}{(2n+1)!}\left(z-\frac{\pi}{2}\right)^{2n+1}$$

2. $\sinh z \quad (z_0=i\pi)$

解:
$$f(z)=\sinh z=\sum_{n=0}^{\infty}\frac{\sinh^{(n)}(\pi i)}{n!}(z-\pi i)^n$$

$$\sinh^{(n)} z\Big|_{z=\pi i}=\begin{cases}\cosh(\pi i)=-1, & n\text{為奇數}\\ \sinh(\pi i)=0, & n\text{為偶數}\end{cases}$$

$$\sinh z=-\sum_{n=0}^{\infty}\frac{(z-\pi i)^{2n+1}}{(2n+1)!}$$

3. $\dfrac{z-1}{z+1}\quad(z_0=0)$

解:
$$f(z)=\frac{z-1}{z+1}=1-\frac{2}{z+1}=1-2(z+1)^{-1}$$
$$=-1+2z-2z^2+2z^3-\cdots+n(-z)^n+\cdots$$

收斂半徑 $|z|=1$ 即 $r=1$

4. $\dfrac{1}{(z+1)(z+2)}\quad(z_0=2)$

解: $z=2$ 時 $f(z)=\dfrac{1}{(z+1)(z+2)}$ 不解析，所以無法展開。

5. $e^z\quad(z_0=1)$

解:
$$f(z)=e^z=\sum_{n=0}^{\infty}\frac{f(z)^{(n)}(1)}{n!}(z-1)^n$$
$$f^{(n)}(z)=e^z,\ f^{(n)}(1)=e^1$$
$$\therefore e^z=\sum_{n=0}^{\infty}f^{(n)}(1)\frac{(z-1)^n}{n!}=e\sum_{n=0}^{\infty}\frac{(z-1)^n}{n!}$$

6. 試求能使 $\tan z$ 之馬克勞林級數對所有 z 而言會收斂到 $\tanh z$ 的最大圓。

解: 已知 $\tan z=z+\dfrac{z^3}{3}+\dfrac{2}{15}z^5+\cdots$

$$\tanh z=\frac{\sinh z}{\cosh z}=\frac{\frac{1}{i}\sin iz}{\cos iz}=\frac{1}{i}\tan iz$$

$$=\frac{1}{i}\left[(iz)+\frac{(iz)^3}{3}+\frac{2}{15}(iz)^5+\cdots\right]=z-\frac{z^3}{3}+\frac{2}{15}z^5+\cdots$$

$\tan iz=\dfrac{\sin iz}{\cos iz}$ 不解析，∴當 $\cos iz=0$ 即 $z=\left(k\pi+\dfrac{\pi}{2}\right)i$

$\Rightarrow |z|<\dfrac{\pi}{2}$ 為收斂半徑

7.在下列各區間，將 $f(z)=\dfrac{z}{(z-1)(z-2)}$ 展開成 z 的冪級數:

(a) $|z|<1$,　(b) $1<|z|<2$,　(c) $|z|>2$,　(d) $0<|z-1|<1$,

(e) $|z-1|>1$,　(f) $0<|z-2|<1$,　(g) $|z-2|>1$。

解: (a)

$$f(z)=\frac{z}{(z-1)(z-2)}=\frac{-1}{z-1}+\frac{2}{z-2}=\frac{1}{1-z}+\frac{-2}{2-z}$$

$$=(1+z+z^2+\cdots)-2\left(\frac{1}{2}+\frac{1}{2^2}z+\frac{1}{2^3}z^2+\cdots\right)$$

$$=\frac{1}{2}z+\frac{3}{4}z^2+\frac{7}{8}z^3+\cdots$$

(b)

$$f(z)=-\frac{2}{2-z}-\frac{1}{z-1}$$

$$=-2\left(\frac{1}{2}+\frac{1}{2^2}z+\frac{1}{2^3}z^2+\cdots\right)-(z^{-1}+z^{-2}+\cdots)$$

$$=\cdots-z^{-3}-z^{-2}-z^{-1}-1-\frac{1}{2}z-\frac{1}{2^2}z^2-\frac{1}{2^3}z^3$$

(c)

$$f(z)=\frac{2}{z-2}-\frac{1}{z-1}$$

$$=2\left(\frac{1}{z}+\frac{2}{z^2}+\frac{2^2}{z^3}+\cdots\right)-(z^{-1}+z^{-2}+z^{-3}+\cdots)$$

$$=\frac{1}{z}+\frac{3}{z^2}+\frac{7}{z^3}+\frac{15}{z^4}+\cdots$$

(d)

$$f(z)=\frac{2}{z-2}-\frac{1}{z-1}=\frac{2}{(z-1)-1}-\frac{1}{z-1}=\frac{2}{-1+(z-1)}-\frac{1}{z-1}$$

$$=2[-1-(z-1)-(z-1)^2-(z-1)^3-\cdots]-\frac{1}{z-1}$$

$$=\frac{1}{z-1}-2-2(z-1)-2(z-1)^2-2(z-1)^3-\cdots$$

(e) $f(z)=\dfrac{2}{z-2}-\dfrac{1}{z-1}=\dfrac{2}{(z-1)-1}-\dfrac{1}{z-1}$

$$=2(z-1)^{-1}+2(z-1)^{-2}+\cdots-\frac{1}{z-1}$$

$$=(z-1)^{-1}+2(z-1)^{-2}+2(z-1)^{-3}+2(z-1)^{-4}+\cdots$$

(f) $f(z)=\dfrac{2}{z-2}-\dfrac{1}{z-1}=\dfrac{2}{z-2}-\dfrac{1}{(z-2)+1}=\dfrac{2}{z-2}-\dfrac{1}{1+(z-2)}$

$$=\frac{2}{z-2}-[1-(z-2)+(z-2)^2-(z-2)^3+\cdots]$$

$$=\frac{2}{z-2}-1+(z-2)-(z-2)^2+(z-2)^3-\cdots$$

(g) $f(z)=\dfrac{2}{z-2}-\dfrac{1}{(z-2)+1}$

$$=\frac{2}{z-2}-[(z-2)^{-1}-(z-2)^{-2}+(z-2)^{-3}-\cdots]$$

$$=(z-2)^{-1}+(z-2)^{-2}-(z-2)^{-3}+(z-2)^{-4}-\cdots$$

8.證明 $f(z)=\sinh(z+z^{-1})$ 對點 $z=0$ 的勞倫茲級數展開式是

$$\sum_{n=-\infty}^{\infty}a_nz^n,\ a_n=\frac{1}{2\pi}\int_0^{2\pi}\cos n\theta\sinh(2\cos\theta)d\theta$$

證明: 令 C 為圓 $|z|=1$，在此圓上積分，令積分變數 $t=e^{i\theta}$

$$a_n=\frac{1}{2\pi i}\int_{|t|=1}\frac{f(t)}{t^{n+1}}dt\ \because dt=de^{i\theta}=ie^{i\theta}d\theta$$

$$=\frac{1}{2\pi i}\int_0^{2\pi}\frac{\sinh(e^{i\theta}+e^{-i\theta})}{(e^{i\theta})^{n+1}}\cdot ie^{i\theta}d\theta=\frac{1}{2\pi}\int_0^{2\pi}\frac{\sinh(2\cos\theta)}{(e^{i\theta})^n}d\theta$$

$$=\frac{1}{2\pi}\int_0^{2\pi}\sinh(2\cos\theta)(\cos n\theta-i\sin n\theta)d\theta$$

$$= \frac{1}{2\pi}\int_0^{2\pi} \cos n\theta \sinh(2\cos\theta)d\theta - i\frac{1}{2\pi}\int_0^{2\pi} \sin n\theta \sinh(2\cos\theta)d\theta$$

$$\int_0^{2\pi} \sin n\theta \sinh(2\cos\theta)d\theta = \int_{-\pi}^{\pi} \sin n\theta \sinh(2\cos\theta)d\theta$$

因 $\sin n\theta$ 為奇函數，$\sinh(2\cos\theta)$ 為偶函數，

$$2\cos\theta = 2\cos(-\theta)$$

故 $\sin n\theta \sinh(2\cos\theta)$ 為奇函數

$$\therefore \int_0^{2\pi} \sin n\theta \sinh(2\cos\theta)d\theta = 0$$

$$a_n = \frac{1}{2\pi}\int_0^{2\pi} \sinh(2\cos\theta)\cos n\theta\, d\theta$$

9.證明 $f(z) = \sin(z + z^{-1})$ 對點 $z = 0$ 的勞倫茲級數展開式是

$$\sum_{n=-\infty}^{\infty} a_n z^n,\ \ a_n = \frac{1}{2\pi}\int_0^{2\pi} \cos n\theta \sin(2\cos\theta)d\theta$$

證明:

$$a_n = \frac{1}{2\pi i}\int_{|t|=1} \frac{f(t)}{t^{n+1}}dt = \frac{1}{2\pi i}\int_0^{2\pi} \frac{\sin(e^{i\theta} + e^{-i\theta})}{(e^{i\theta})^{n+1}} \cdot ie^{i\theta}d\theta$$

$$= \frac{1}{2\pi}\int_0^{2\pi} \frac{\sin(2\cos\theta)}{(e^{i\theta})^n}d\theta$$

$$= \frac{1}{2\pi}\int_0^{2\pi} \sin(2\cos\theta)[\cos n\theta + i\sin n\theta]d\theta$$

$$= \frac{1}{2\pi}\int_0^{2\pi} \sin(2\cos\theta)\cos n\,\theta\, d\theta + \frac{i}{2\pi}\int_0^{2\pi} \sin(2\cos\theta)\sin n\theta\, d\theta$$

但 $\int_0^{2\pi} \sin(2\cos\theta)\sin n\,\theta\, d\theta = \int_{-\pi}^{\pi} \sin(2\cos\theta)\sin n\,\theta\, d\theta = 0$

因 $2\cos\theta$ 為偶函數，$\sin n\theta$ 為奇函數

$\therefore \sin(2\cos\theta)\sin n\theta$ 為奇函數

$$\Rightarrow a_n = \frac{1}{2\pi}\int_0^{2\pi} \sin(2\cos\theta)\cos n\theta\, d\theta$$

10.證明 $f(z)=e^{z-z^{-1}}$，$|z|>0$ 對點 $z=0$ 的勞倫茲級數展開式是

$$\sum_{n=-\infty}^{\infty} a_n z^n,\ a_n=\frac{1}{2\pi}\int_0^{2\pi}\cos(n\theta-2\sin\theta)d\theta$$

證明：令 $z=e^{i\theta}\Rightarrow f(z)=e^{z-z^{-1}}$

$$a_n=\frac{1}{2\pi i}\int\frac{z-\frac{1}{z}}{z^{n+1}}dz=\frac{1}{2\pi i}\int_0^{2\pi}\frac{e^{(2i\sin\theta)}}{(e^{i\theta})^{n+1}}ie^{i\theta}d\theta$$

$$=\frac{1}{2\pi i}\int_0^{2\pi}e^{i(2\sin\theta-n\theta)}d\theta$$

$$=\frac{1}{2\pi i}\int_0^{2\pi}[\cos(2\sin\theta-n\theta)+i\sin(2\sin\theta-n\theta)]d\theta$$

其中 $\sin(2\sin\theta-n\theta)=-\sin[-(2\sin\theta-n\theta)]$

故 $\int_0^{2\pi}\sin(2\sin\theta-n\theta)d\theta=0$

$\therefore$可得 $a_n=\frac{1}{2\pi}\int_0^{2\pi}\cos(n\theta-2\sin\theta)d\theta$

11.5 賸值與賸值定理

1.～15.題，試決定函數的極點，並求出該極點的階數與賸值。

1. $\frac{1-\sinh z}{z^2}$

解：

$$\frac{1-\sinh z}{z^2}=\frac{1-\frac{\sin iz}{i}}{z^2}=\frac{1}{z^2}\left[1-\sum_{n=0}^{\infty}(-1)^n\frac{(iz)^{2n+1}}{i(2n+1)!}\right]$$

$$=\frac{1}{z^2}\left[1-\sum_{n=0}^{\infty}\frac{z^{2n+1}}{(2n+1)!}\right]=\frac{1}{z^2}\left[1-z-\frac{z^3}{3!}-\frac{z^5}{5!}-\cdots\right]$$

$$=\frac{1}{z^2}-\frac{1}{z}-\frac{z}{3!}-\frac{z^3}{5!}-\cdots$$

所以為 2 階之極點於 $z=0$，賸值為 -1

2. $\dfrac{1-\cosh z}{z^5}$

解:

$$\frac{1-\cosh z}{z^5}=\frac{1-\cos iz}{z^5}=\frac{1}{z^5}\left[1-\sum_{n=0}^{\infty}\frac{z^{2n}}{(2n)!}\right]=\frac{1}{z^5}\left[1-\sum_{n=0}^{\infty}\frac{z^{2n}}{(2n)!}\right]$$

$$=\frac{1}{z^5}\left[1-1-\frac{z^2}{2!}-\frac{z^4}{4!}-\frac{z^6}{6!}-\cdots\right]$$

$$=\frac{1}{(2!)z^3}-\frac{1}{(4!)z}-\frac{z}{6!}-\cdots$$

所以為 3 階之極點於 $z=0$，賸值為 $-\dfrac{1}{4!}=-\dfrac{1}{24}$

3. $\dfrac{1-e^z}{z^3}$

解:

$$\frac{1-e^z}{z^3}=\frac{1}{z^3}\left[1-\sum_{n=0}^{\infty}\frac{z^n}{n!}\right]$$

$$=\frac{1}{z^3}\left[1-1-\frac{z}{1}-\frac{z^2}{2!}-\frac{z^3}{3!}-\cdots\right]=-\frac{1}{z^2}-\frac{1}{2z}-6-\cdots$$

所以為 2 階極點於 $z=0$，賸值為 $-\dfrac{1}{2}$

4. $\dfrac{e^{2z}}{(1-z)^2}$

解:

$$\frac{e^{2z}}{(1-z)^2}=\frac{e^{(2z-2+2)}}{(z-1)^2}=\frac{e^2e^{2(z-1)}}{(z-1)^2}=\frac{e^2}{(z-1)^2}\sum_{n=0}^{\infty}\frac{[2(z-1)]^n}{n!}$$

$$=\frac{e^2}{(z-1)^2}\left(1+\frac{2(z-1)}{1}+2(z-1)^2+\frac{4}{3}(z-1)^3+\cdots\right)$$

$$=\frac{e^2}{(z-1)^2}+\frac{2e^2}{z-1}+2e^2+\frac{4e^2}{3}(z-1)+\cdots$$

所以為 2 階之極點於 $z=1$，賸值為 $2e^2$

5. $\dfrac{z-\sin z}{z}$

解: $$\frac{z-\sin z}{z}=1-\frac{\sin z}{z}=1-\frac{1}{z}\sum_{n=0}^{\infty}(-1)^n\frac{z^{2n+1}}{(2n+1)!}$$

$$=1-1+\frac{z^2}{3!}-\frac{z^4}{5!}+\cdots$$

∴沒有極點，賸值為 0

6. $\dfrac{\cot z}{z^4}$

解: $$\frac{\cot z}{z^4}=\frac{1}{z^4}\left(\frac{1}{z}-\frac{z}{3}-\frac{z^3}{45}-\frac{2}{945}z^5+\cdots+(-1)^n\frac{B_{2n}(2z)^{2n}}{(2n)!z}+\cdots\right)$$

其中 B_{2n} 是伯努利數 (Bernoulli number)

$$=\frac{1}{z^5}-\frac{1}{3z^3}-\frac{1}{45z}-\frac{2}{945}z+\cdots$$

所以為 5 階極點於 $z=0$，賸值為 $-\dfrac{1}{45}$

7. $\dfrac{z}{z^2+1}$

解: $z^2+1=0,\ z=\pm i$

極點 $z=i$ 之賸值為

$$\lim_{z\to i}(z-i)f(z)=\lim_{z\to i}\frac{z}{z+i}=\frac{1}{2}$$

極點 $z=-i$ 之賸值為

$$\lim_{z\to -i}(z+i)f(z)=\lim_{z\to -i}\frac{z}{z-i}=\frac{1}{2}$$

所以為 1 階極點在 $z=i$ 及 $z=-i$，賸值為 $\dfrac{1}{2}$

8. $\dfrac{z+1}{z^2(z-3)}$

解: $z^2(z-3)=0,\ z=0,\ \ z=3$

2 階極點 $z=0$ 之賸值為

$$\lim_{z\to 0}\frac{d}{dz}\left[z^2\cdot\frac{z+1}{z^2(z-3)}\right]=\lim_{z\to 0}\frac{(z-3)-(z+1)}{(z-3)^2}=\frac{-4}{9}$$

1 階極點 $z=3$ 之賸值為

$$\lim_{z\to 3}(z-3)\frac{z+1}{z^2(z-3)}=\frac{4}{9}$$

9. $\dfrac{z}{(1+z)^3}$

解: 為在 $z=-1$ 之 3 階極點

其賸值為

$$\frac{1}{2!}\lim_{z\to -1}\frac{d^2}{dz^2}[(z+1)^3f(z)]=0$$

10. $\tan z$

解: $$f(z)=\tan z=\frac{\sin z}{\cos z}=\frac{\sin z}{-\sin\left(z-\frac{\pi}{2}\right)}$$

$$=\frac{\sin z}{-\left(z-\frac{\pi}{2}\right)+\frac{1}{3!}\left(z-\frac{\pi}{2}\right)^3+\cdots}$$

$$=\frac{\sin z}{\left(z-\frac{\pi}{2}\right)\left[-1+\frac{1}{3!}\left(z-\frac{\pi}{2}\right)^2-\cdots\right]}$$

所以為 1 階極點於 $z=\dfrac{\pi}{2}$，其賸值為

$$\lim_{z\to\frac{\pi}{2}}\left(z-\frac{\pi}{2}\right)f(z)=\lim_{z\to\frac{\pi}{2}}\frac{\sin z}{-1+\frac{1}{3!}\left(z-\frac{\pi}{2}\right)^2-\cdots}=-1$$

11. $\dfrac{1}{z-\sin z}$

解: $$\frac{1}{z-\sin z}=\frac{1}{z-\left(z-\frac{z^3}{3!}+\frac{z^5}{5!}-\cdots\right)}=\frac{1}{z^3}\left(\frac{1}{3!}-\frac{z^2}{5!}+\frac{z^4}{7!}\right)$$

所以為 3 階極點於 $z=0$，其臏值為

$$\frac{1}{2!}\lim_{z\to 0}\frac{d^2}{dz^2}[z^3f(z)]=\frac{1}{2!}\lim_{z\to 0}\left[\frac{d^2}{dz^2}\frac{1}{\left(\frac{1}{3!}-\frac{1}{5!}z^2+\frac{1}{7!}z^4-\cdots\right)}\right]$$

$$=\frac{1}{2!}\lim_{z\to 0}\frac{d}{dz}\left[\frac{\left(-\frac{2}{5!}z+\frac{4}{7!}z^3-\frac{6}{9!}z^5+\cdots\right)(-1)}{\left(\frac{1}{3!}-\frac{1}{5!}z^2+\frac{1}{7!}z^4-\cdots\right)^2}\right]$$

$$=\frac{1}{2!}\lim_{z\to 0}\left[\frac{\left(\frac{2}{5}-\frac{12}{7!}z^2+\frac{30}{9!}z^4-\cdots\right)}{\left(\frac{1}{3!}-\frac{1}{5!}z^2+\frac{1}{7!}z^4-\cdots\right)^4}\times\left(\frac{1}{3!}-\frac{1}{5!}z^2+\cdots\right)^2+\right.$$

$$\left.\frac{\frac{1}{2}\left(\frac{1}{3!}-\frac{1}{5!}z^2+\cdots\right)\left(\frac{-2}{5!}z+\frac{4}{7!}z^3+\cdots\right)\left(\frac{2}{5!}z^2-\frac{4}{7!}z^3+\cdots\right)}{\left(\frac{1}{3!}-\frac{1}{5!}z^2+\frac{1}{7!}z^4-\cdots\right)}\right]$$

$$=\frac{1}{2!}\frac{\frac{2}{5!}\times\left(\frac{1}{3!}\right)^2}{\left(\frac{1}{3!}\right)^4}=\frac{\frac{1}{5!}}{\left(\frac{1}{3!}\right)^2}=\frac{3}{10}$$

12. $\dfrac{1}{1-e^z}$

解: $$\frac{1}{1-e^z}=\frac{1}{1-\left(1+z+\frac{z^2}{2!}+\frac{z^3}{3!}+\cdots\right)}=\frac{1}{-z\left(1+\frac{z}{2!}+\frac{z^2}{3!}+\cdots\right)}$$

所以為 1 階極點於 $z=0$，臏值為

$$\lim_{z\to 0} zf(z) = \frac{1}{-\left(1+\frac{z}{2!}+\frac{z^2}{3!}+\cdots\right)} = -1$$

13. $\tanh z$

解：$\tanh z = \frac{\sinh z}{\cosh z}$ 其中 $\cosh z = 0$ 之 z 值 $= \left(k+\frac{1}{2}\right)\pi i,\ k \in \mathbf{Z}$

其微分 $\sinh z \neq 0$

為 1 階極點於 $z = \left(k+\frac{1}{2}\right)\pi i,\ k \in \mathbf{Z}$

$$\text{賸值} = \frac{\sinh z}{\frac{d}{dz}(\cosh z)} = \frac{\sinh z}{\sinh z} = 1$$

14. $\frac{z}{\cos z}$

解：對 $\frac{z}{\cos z}$ 而言，$\cos z = 0$ 之 z 值為 $\left(k+\frac{1}{2}\right)\pi$

其微分 $-\sin z = \pm 1 \neq 0$

$\therefore$ 為一階極點於 $z = \left(k+\frac{1}{2}\right)\pi,\ k \in \mathbf{Z}$

$$\text{賸值} = \left.\frac{z}{-\sin z}\right|_{z=\left(k+\frac{1}{2}\right)\pi} = \frac{\left(k+\frac{1}{2}\right)\pi}{(-1)^k} = (-1)^k\left(k+\frac{1}{2}\right)\pi,\ k \in \mathbf{Z}$$

15. $\csc^2 z$

解：

$$\csc^2 z = \left(\frac{1}{\sin z}\right)^2 = \frac{1}{\left(z-\frac{z^3}{3!}+\frac{z^5}{5!}-\frac{z^7}{7!}+\cdots\right)^2}$$

$$= \frac{1}{\left(z^2-\frac{2}{3!}z^4+\cdots\right)} = \frac{1}{z^2\left(1-\frac{2}{3!}z^2+\cdots\right)}$$

所以為 2 階之極點於 $z=0$

$$\text{其賸值} = \lim_{z\to 0}\frac{d}{dz}\left[z^2\frac{1}{z^2\left(1-\frac{2}{3!}z^2+\cdots\right)}\right]$$

$$= \lim_{z\to 0}\frac{-\left(0-\frac{2}{3!}\cdot 2z+\cdots\right)}{\left(1-\frac{2}{3!}z^2+\cdots\right)^2} = 0$$

16.～23.題，已知 C 為正向圓 $z=|z|$，求函數的圍線積分 $\int_C f(z)dz$。

16. $\dfrac{z}{z^2-1}$

解：在 $z=1$ 之賸值為 $\lim_{z\to 1}(z-1)\dfrac{z}{z^2-1}=\dfrac{1}{2}$

在 $z=-1$ 之賸值為 $\lim_{z\to -1}(z+1)\dfrac{z}{z^2-1}=\dfrac{1}{2}$

$$\therefore \int_C f(z)dz = 2\pi i\left(\frac{1}{2}+\frac{1}{2}\right) = 2\pi i$$

17. $\dfrac{z+1}{z^2(z+2)}$

解：在 $z=0$ 之賸值為

$$\lim_{z\to 0}\frac{d}{dz}\left[z^2\frac{z+1}{z^2(z+2)}\right] = \lim_{z\to 0}\frac{(z+2)-(z+1)}{(z+2)^2} = \frac{1}{4}$$

在 $z=-2$ 之賸值為

$$\lim_{z\to -2}(z+2)\frac{z+1}{z^2(z+2)} = -\frac{1}{4}$$

$$\therefore \int_C f(z)dz = 2\pi i\left(\frac{1}{4}-\frac{1}{4}\right) = 0$$

18. $\dfrac{e^{-z}}{z^2}$

解:
$$\frac{e^{-z}}{z^2}=\frac{1}{z^2}\sum_{n=0}^{\infty}\frac{(-z)^n}{n!}=\frac{1}{z^2}\left(1-z+\frac{z^2}{2}-\cdots\right)$$

其贕值 $=-1$

$$\int_C \frac{e^{-z}}{z^2}dz=2\pi i(-1)=-2\pi i$$

19. $z^2e^{z^{-1}}$

解:
$$z^2e^{z^{-1}}=z^2\sum_{n=0}^{\infty}\frac{1}{n!}\left(\frac{1}{z}\right)^n=z^2\left(1+\frac{1}{z}+\frac{1}{2z^2}+\frac{1}{6z^3}+\cdots\right)$$

其贕值 $=\dfrac{1}{6}$ 於 $z=0$

$$\int_C z^2e^{z^{-1}}=2\pi i\left(\frac{1}{6}\right)=\frac{\pi i}{3}$$

20. $\dfrac{z^2}{(z^2+3z+2)^2}$

解:
$$(z^2+3z+2)^2=(z+1)^2(z+2)^2$$

在 $z=-1$ 之贕值:

$$\lim_{z\to -1}\frac{d}{dz}\left[(z+1)^2\frac{z^2}{(z^2+3z+2)^2}\right]=-4$$

在 $z=-2$ 之贕值:

$$\lim_{z\to -2}\frac{d}{dz}\left[(z+2)^2\frac{z^2}{(z^2+3z+2)^2}\right]=4$$

$$\therefore \int_C f(z)dz=2\pi i(-4+4)=0$$

21. $\dfrac{1}{z^2\sin z}$

解: $$z^2\sin z = z^2\left(z-\frac{z^3}{3!}+\frac{z^5}{5!}-\cdots\right) = z^3\left(1-\frac{z^2}{3!}+\frac{z^4}{5!}-\cdots\right)$$

在 $z=0$ 之賸值 $=\dfrac{1}{2!}\lim\limits_{z\to 0}\dfrac{d^2}{dz^2}\left[z^3\dfrac{1}{z^2\sin z}\right]$

$$=\frac{1}{2!}\lim_{z\to 0}\frac{d^2}{dz^2}\left[\frac{1}{\left(1-\frac{z^2}{3!}+\frac{z^4}{5!}-\cdots\right)}\right]=\frac{1}{6}$$

$$\therefore \int_C f(z)dz = 2\pi i\left(\frac{1}{6}\right)=\frac{\pi i}{3}$$

22. $\dfrac{z}{\cos z}$

解: $\cos z = 0,\ z=\dfrac{\pi}{2}+2n\pi,\ n\in \boldsymbol{Z}$

當 $n=+1,\ -1$ 時會在 $|z|\le 2$ 之內

所以 $z=\dfrac{\pi}{2},\ z=-\dfrac{\pi}{2}$ 為極點

當 $z=\dfrac{\pi}{2}$ 時, 賸值 $=\lim\limits_{z\to\frac{\pi}{2}}\left(z-\dfrac{\pi}{2}\right)\dfrac{z}{\cos z}$

$$=\lim_{z\to\frac{\pi}{2}}\left(z-\frac{\pi}{2}\right)\cdot\frac{z}{-\sin\left(z-\frac{\pi}{2}\right)}$$

$$=\lim_{z\to\frac{\pi}{2}}\left(z-\frac{\pi}{2}\right)\frac{-z}{\left(z-\frac{\pi}{2}\right)-\frac{\left(z-\frac{\pi}{2}\right)^3}{3!}+\cdots}=\frac{-\pi}{2}$$

當 $z=-\dfrac{\pi}{2}$ 時, 賸值 $=\lim\limits_{z\to-\frac{\pi}{2}}\left(z+\dfrac{\pi}{2}\right)\dfrac{z}{\cos z}=-\dfrac{\pi}{2}$

$$\therefore \int_C f(z)dz = 2\pi i\left(-\frac{\pi}{2}-\frac{\pi}{2}\right)=-2\pi^2 i$$

23. $\tan z$

解: 當 $z=\frac{\pi}{2}$, $-\frac{\pi}{2}$ 時為極點

$z=\frac{\pi}{2}$ 時:

$$\tan z=\frac{\sin z}{\cos z}=\frac{\sin z}{-\sin\left(z-\frac{\pi}{2}\right)}$$

$$=\frac{\sin z}{-\left(z-\frac{\pi}{2}\right)\left[-1+\frac{1}{3!}\left(z-\frac{\pi}{2}\right)^2+\cdots\right]}$$

$$=\frac{\sin z}{\left(z-\frac{\pi}{2}\right)\left[-1+\frac{1}{3!}\left(z-\frac{\pi}{2}\right)^2-\ldots\right]}$$

膡值 $=\lim_{z\to\frac{\pi}{2}}\left(z-\frac{\pi}{2}\right)f(z)=-1$

$z=-\frac{\pi}{2}$ 時, $\lim_{z\to-\frac{\pi}{2}}\left(z+\frac{\pi}{2}\right)\tan z=-1$

$$\therefore \int_C f(z)dz=2\pi i(-1-1)=-4\pi i$$

24.試求積分公式

$$\int_C \frac{3z^3-2}{(z-1)(z^2+9)}dz$$

沿著正向圓 C (a) $|z-2|=2$; (b) $|z|=4$ 的圍線積分值。

解: (a) $z=1$ 在 $|z-2|=2$ 內, 膡值 $=\lim_{z\to1}\frac{3z^3+2}{z^2+9}=\frac{1}{2}$

$$\int_C \frac{3z^3+2}{(z-1)(z^2+9)}dz=2\pi i\cdot\frac{1}{2}=\pi i$$

(b) $z=1$, $z=\pm3i$ 均在 $|z|=4$ 內

當 $z=1$ 時, 膡值 $=\lim_{z\to1}\frac{3z^2+2}{z^2+9}=\frac{1}{2}$

當 $z=3i$ 時, 膡值 $=\lim_{z\to3i}\frac{3z^2+2}{(z-1)(z+3i)}=\frac{-25}{-18-6i}$

當 $z=-3i$ 時，賸值 $=\lim_{z\to -3i}\dfrac{3z^2+2}{(z-1)(z-3i)}=\dfrac{-25}{-18+6i}$

$$\int_C f(z)dz=2\pi i\left(\frac{1}{2}+\frac{-25}{-18-6i}+\frac{-25}{-18+6i}\right)=2\pi i\left(\frac{1}{2}+\frac{5}{2}\right)$$

$$=6\pi i$$

11.6 以賸值定理求實函數積分

1.～24.題，試利用賸值定理求出積分值。

1. $\displaystyle\int_0^{2\pi}\frac{d\theta}{1-2a\sin\theta+a^2}\quad(-1<a<1)$

解：

$$(1-2a\sin\theta+a^2)^{-1}=\frac{z}{(az-i)(iz+a)}$$

$$\therefore\int_0^{2\pi}\frac{d\theta}{1-2a\sin\theta+a^2}=\int_C\frac{dz}{(z-ia)(-az+i)}\quad\left(\because d\theta=\frac{dz}{iz}\right)$$

$$=2\pi i\lim_{z\to ia}(z-ia)\frac{1}{(z-ia)(-az+i)}=\frac{2\pi}{1-a^2}$$

2. $\displaystyle\int_0^{\pi}\frac{d\theta}{(a+\cos\theta)^2}\quad(a>1)$

解：

$$\int_0^{\pi}\frac{d\theta}{(a+\cos\theta)^2}=\frac{1}{2}\int_{-\pi}^{\pi}\frac{d\theta}{(a+\cos\theta)^2},\ d\theta=\frac{dz}{iz},\ \cos\theta=\frac{z+z^{-1}}{2}$$

$$\text{原式}=\frac{4}{2i}\int_C\frac{zdz}{(z^2+2az+1)^2}$$

$$=\frac{2}{i}\int_C\frac{zdz}{[z-(-a+\sqrt{a^2-1})]^2[z-(-a-\sqrt{a^2-1})]^2}$$

只有 $z=-a+\sqrt{a^2-1}$ 在 C 內

$$=2\pi i\frac{2}{i}\left[\frac{d}{dz}\frac{z}{[z-(-a-\sqrt{a^2-1})]^2}\bigg|_{z=-a+\sqrt{a^2-1}}\right]=\frac{\pi a}{(a^2-1)^{\frac{3}{2}}}$$

3. $\int_0^{2\pi} \frac{d\theta}{1+a\cos\theta} \quad (-1 < a < 1)$

解: $\int_0^{2\pi} \frac{d\theta}{1+a\cos\theta}, \; d\theta = \frac{dz}{iz}, \; \cos\theta = \frac{z+z^{-1}}{2}$

$$\text{原式} = \int_C \frac{\frac{dz}{iz}}{1+a\left(\frac{z+z^{-1}}{2}\right)} = \frac{2}{ai}\int_C \frac{dz}{z^2+\frac{2}{a}z+1}$$

$$= 2\pi i \cdot \frac{2}{ai} \frac{1}{z-\left(-\frac{1}{a}-\sqrt{\left(\frac{1}{a}\right)^2-1}\right)}\Bigg|_{z=-\frac{1}{a}+\sqrt{\left(\frac{1}{a}\right)^2-1}}$$

$$= \frac{2\pi}{a} \frac{1}{\sqrt{\left(\frac{1}{a}\right)^2-1}} = \frac{2\pi}{\sqrt{1-a^2}}, \quad |a| < 1$$

4. $\int_0^{\pi} \frac{\cos 2\theta \, d\theta}{3+2\cos\theta}$

解: $$\int_0^{2\pi} \frac{\cos 2\theta \, d\theta}{3+2\cos\theta} = \int_0^{2\pi} \frac{\frac{z^2+z^{-2}}{2}}{3+(z+z^{-1})}\frac{dz}{iz} = \int_C \frac{z^4+1}{2(3z^2+z^3+z)z}dz$$

$$= \int_C \frac{z^4+1}{2iz^2(z^2+3z+1)}dz, \quad \left(z^2+3z+1=0, \; z = \frac{-3\pm\sqrt{5}}{2}\right)$$

$$= 2\pi i\left[\lim_{z\to 0}\frac{d}{dz}\frac{z^4+1}{2i(z^2+3z+1)} + \lim_{z\to\frac{-3+\sqrt{5}}{2}} \frac{z^4+1}{2iz^2\left(z-\frac{-3-\sqrt{5}}{2}\right)}\right]$$

$$= 2\pi i\left[\frac{-3}{2i} + \frac{49-21\sqrt{5}}{i(14\sqrt{5}-30)}\right] = 2\pi i\left[\frac{-3}{2i} + \frac{7\sqrt{5}}{i\cdot 10}\right]$$

$$= \frac{-3}{\pi} + \frac{7\sqrt{5}}{5\pi} = \frac{-15+7\sqrt{5}}{5\pi}$$

$$\therefore \int_0^{\pi} \frac{\cos 2\theta \, d\theta}{3+2\cos\theta} = \frac{-15+7\sqrt{5}}{10\pi}$$

5. $\displaystyle\int_0^{\pi} \sin^{2n}\theta \, d\theta \quad (n=1,2,\cdots)$

解: $\displaystyle\int_0^{\pi} \sin^{2n}\theta \, d\theta = \frac{1}{2}\int_{-\pi}^{\pi} \sin^{2n}\theta \, d\theta,\ d\theta = \frac{dz}{iz},\ \sin\theta = \frac{z-z^{-1}}{2i}$

$$\text{原式} = \frac{1}{2}\int_C \left(\frac{z-z^{-1}}{2i}\right)^{2n} \frac{dz}{iz}$$

$$= \frac{1}{2i}\int_C \frac{(z^2-1)^{2n}dz}{2^{2n}(-1)^n z^{2n+1}} = \frac{2\pi i}{2i}\cdot\frac{(-1)^n}{2^{2n}}\frac{1}{(2n)!}\frac{d^{2n}}{dz^{2n}}(z^2-1)^{2n}\Big|_{z=0}$$

$$= \frac{2\pi i}{2i}\frac{(-1)^n}{2^{2n}}\frac{d^{2n}}{(2n)!dz^{2n}}\left[z^{4n}+\cdots+\binom{2n}{n}z^{2n}(-1)^n+\cdots+1\right]_{z=0}$$

$$= \frac{(2n)!}{2^{2n}(n!)^2}\pi$$

6. $\displaystyle\int_0^{2\pi} \frac{d\theta}{\cos\theta+2\sin\theta+3}$

解: $\displaystyle\int_0^{2\pi} \frac{d\theta}{\cos\theta+2\sin\theta+3}$

$$= \int_C \frac{-2i}{(1-2i)\left(z+\frac{1+2i}{5}\right)(z+1+2i)}dz$$

$$= 2\pi i \lim_{z\to-\frac{1+2i}{5}} \frac{-2i}{(1-2i)(z+1+2i)} = \pi$$

7. $\displaystyle\int_0^{\infty} \frac{dx}{1+x^2}$

解: $z=i$ 在 C_R 內,

$$\lim_{R\to\infty}\left[\int_{-R}^{R}\frac{dx}{x^2+1}+\int_{C_R}\frac{dz}{z^2+1}\right] = 2\pi i\left(\frac{1}{1+i}\right) = \pi$$

$$\int_0^\infty \frac{dx}{x^2+1} = \frac{1}{2}\int_{-\infty}^\infty \frac{dx}{x^2+1} = \frac{1}{2}\cdot 2\pi i\cdot\frac{1}{1+i} = \frac{\pi}{2}$$

8. $\int_0^\infty \frac{dx}{1+x^6}$

解: $\frac{1}{1+z^6}$ 的極點在 $\frac{\sqrt{3}}{2}+\frac{i}{2}$, i, $-\frac{\sqrt{3}}{2}+\frac{i}{2}$, $-\frac{\sqrt{3}}{2}-\frac{i}{2}$, $-i$, $\frac{\sqrt{3}}{2}-\frac{i}{2}$

前三個極點在上半面

在 $z=\frac{\sqrt{3}}{2}+\frac{i}{2}$ 時的賸值為:

$$\lim_{z\to\frac{\sqrt{3}}{2}+\frac{i}{2}}\left(z-\frac{\sqrt{3}}{2}-\frac{i}{2}\right)\frac{1}{z^6+1} = \frac{-\sqrt{3}-i}{12}$$

在 $z=i$ 時的賸值為:

$$\lim_{z\to i}(z-i)\frac{1}{z^6+1} = -\frac{i}{6}$$

在 $z=-\frac{\sqrt{3}}{2}+\frac{i}{2}$ 時的賸值為:

$$\lim_{z\to\frac{\sqrt{3}}{2}+\frac{i}{2}}\left(z+\frac{\sqrt{3}}{2}-\frac{i}{2}\right)\frac{1}{z^6+1} = \frac{\sqrt{3}-i}{12}$$

$$\therefore \int_0^\infty \frac{dx}{1+x^6} = \pi i\left(\frac{-\sqrt{3}-i}{12}-\frac{i}{6}+\frac{\sqrt{3}-i}{12}\right) = \frac{\pi}{3}$$

9. $\int_{-\infty}^\infty \frac{x^2dx}{1+x^6}$

解: $\frac{z^2}{1+z^6}$ 的極點為: $\frac{\sqrt{3}}{2}+\frac{i}{2}$, i, $-\frac{\sqrt{3}}{2}+\frac{i}{2}$, $-\frac{\sqrt{3}}{2}-\frac{i}{2}$, $-i$, $\frac{\sqrt{3}}{2}-\frac{i}{2}$

只有前三點在上半平面

在 $z=\frac{\sqrt{3}}{2}+\frac{i}{2}$ 的賸值:

$$\lim_{z\to\frac{\sqrt{3}}{2}+\frac{i}{2}}\left(z-\frac{\sqrt{3}}{2}-\frac{i}{2}\right)\left(\frac{z^2}{z^6+1}\right)=-\frac{i}{6}$$

在 $z=i$ 時的賸值:

$$\lim_{z\to i}(z-i)\frac{z^2}{z^6+1}=\frac{i}{6}$$

在 $z=-\frac{\sqrt{3}}{2}+\frac{i}{2}$ 時的賸值為:

$$\lim_{z\to-\frac{\sqrt{3}}{2}+\frac{i}{2}}\left(z+\frac{\sqrt{3}}{2}-\frac{i}{2}\right)\frac{z^2}{z^6+1}=-\frac{i}{6}$$

$$\therefore\int_{-\infty}^{\infty}\frac{x^2}{1+x^6}dx=2\pi i\left(-\frac{i}{6}+\frac{i}{6}-\frac{i}{6}\right)=\frac{\pi}{3}$$

10. $\int_{-\infty}^{\infty}\frac{dx}{(1+x^2)^3}$

解: $\frac{1}{(1+z^2)^3}$ 的極點 $z=\pm i$，但是只有 $z=i$ 在上半面

在 $z=i$ 時賸值為:

$$\frac{1}{2!}\lim_{z\to i}\frac{d^2}{dz^2}\left[(z-i)^3\frac{1}{(1+z^2)^3}\right]=-\frac{3i}{16}$$

$$\therefore\int_{-\infty}^{\infty}\frac{dx}{(1+x^2)^3}=2\pi i\cdot\frac{-3i}{16}=\frac{3}{8}\pi$$

11. $\int_{0}^{\infty}\frac{x^2dx}{(1+x^2)(4+x^2)}$

解: $$\int_{0}^{\infty}\frac{x^2dx}{(1+x^2)(4+x^2)}$$

$$=\frac{1}{2}\int_{-\infty}^{\infty}\frac{x^2dx}{(x^2+1)(x^2+4)}=\frac{1}{2}\int_{C}\frac{z^2dz}{(z^2+1)(z^2+4)},\ z=i,\ 2i \text{ 在 } C_R \text{ 內}$$

$$=\frac{1}{2}\cdot 2\pi i\left[\left.\frac{z^2}{(z+i)(z^2+4)}\right|_{z=i}+\left.\frac{z^2}{(z^2+1)(z+2i)}\right|_{z=2i}\right]=\frac{\pi}{6}$$

12. $\int_0^{\infty} \frac{dx}{(a^2+x^2)^2}$

解: $\frac{1}{(a^2+z^2)^2}$ 的極點為 $\pm ai$。ai 在上半平面。

在 $z=ai$ 時賸值為 $\lim_{z \to ai} \frac{d}{dz}\left[(z-ai)^2 \frac{1}{(a^2+z^2)^2}\right] = \frac{-i}{4a^3}$

$$\int_{-\infty}^{\infty} \frac{dx}{(a^2+x^2)^2} = 2\int_0^{\infty} \frac{dx}{(a^2+x^2)^2}$$

$$\therefore \int_0^{\infty} \frac{dx}{(a^2+x^2)^2} = \pi i \cdot \frac{-i}{4a^2} = \frac{\pi}{4a^3}$$

13. $\int_{-\infty}^{\infty} \frac{\cos x \, dx}{(x^2+a^2)(x^2+b^2)} \quad (a>b>0)$

解: $\int_{-\infty}^{\infty} \frac{\cos x \, dx}{(x^2+a^2)(x^2+b^2)} \Rightarrow \int_{C_R} \frac{e^{iz}}{(z^2+a^2)(z^2+b^2)} dz$

$$\int_C \frac{e^{iz}}{(z^2+a^2)(z^2+b^2)} dz$$

$$= 2\pi i \left[\frac{e^{iz}}{(z+ai)(z^2+b^2)}\Big|_{z=ai} + \frac{e^{iz}}{(z^2+a^2)(z+bi)}\Big|_{z=bi} \right]$$

$$= 2\pi i \left[\frac{e^{-a}}{2ai(b^2-a^2)} + \frac{e^{-b}}{(a^2-b^2)2bi} \right]$$

$$= 2\pi i \left[\frac{e^{-a}}{(z+ai)(z+ib^2)} + \frac{e^{-b}}{(a^2-b^2)2bi} \right]$$

$$= \frac{\pi}{a^2-b^2}\left(\frac{e^{-b}}{b} - \frac{e^{-a}}{a} \right) \in \boldsymbol{R}, \ (a>b>0)$$

故 $\int_{-\infty}^{\infty} \frac{\cos x \, dx}{(x^2+a^2)(x^2+b^2)} = \frac{\pi}{a^2-b^2}\left(\frac{e^{-b}}{b} - \frac{e^{-a}}{a} \right)$

14. $\int_{-\infty}^{\infty} \frac{x \sin x \, dx}{(x^2+a^2)(x^2+b^2)}$

解: $\dfrac{ze^{iz}}{(z^2+a^2)(z^2+b^2)}$ 的極點為 $z=ai, bi, -ai, -bi$。其中 ai, bi 在上半平面，在 $z=ai$ 時賸值為:

$$\lim_{z\to ai}(z-ai)\frac{ze^{iz}}{(z^2+a^2)(z^2+b^2)}=\frac{e^{-a}}{2(b^2-a^2)}$$

在 $z=bi$ 時賸值為:

$$\lim_{z\to bi}(z-bi)\frac{ze^{iz}}{(z^2+a^2)(z^2+b^2)}=\frac{-e^{-b}}{2(b^2-a^2)}$$

$$\therefore \int_{-\infty}^{\infty}\frac{x\sin x}{(x^2+a^2)(x^2+b^2)}dx=2\pi\left[\frac{e^{-a}}{2(b^2-a^2)}+\frac{e^{-b}}{2(b^2-a^2)}\right]$$

$$=\frac{\pi(e^{-a}-e^{-b})}{b^2-a^2}$$

15. $\displaystyle\int_0^{\infty}\frac{\cos ax}{1+x^2}dx \quad (a\geq 0)$

解:
$$\int_0^{\infty}\frac{\cos ax}{1+x^2}dx=\frac{1}{2}\int_{-\infty}^{\infty}\frac{\cos ax}{x^2+1}dx$$

$$=\frac{1}{2}\int_C\frac{e^{iaz}dz}{z^2+1},\ \ z=i \text{ 在 } C_R \text{ 內}$$

$$=\frac{1}{2}\cdot 2\pi i\cdot\frac{e^{ia\cdot i}}{i+i}=\frac{\pi}{2}e^{-a}\in \boldsymbol{R}$$

$$\Rightarrow \int_0^{\infty}\frac{\cos ax}{x^2+1}dx=\frac{\pi}{2}e^{-a}$$

16. $\displaystyle\int_{-\infty}^{\infty}\frac{x\sin ax}{1+x^4}dx$

解: $\dfrac{ze^{iaz}}{1+z^4}$ 的極點為 $\dfrac{1}{\sqrt{2}}+\dfrac{i}{\sqrt{2}}, -\dfrac{1}{\sqrt{2}}+\dfrac{i}{\sqrt{2}}, -\dfrac{1}{\sqrt{2}}-\dfrac{i}{\sqrt{2}}, \dfrac{1}{\sqrt{2}}-\dfrac{i}{\sqrt{2}}$

前二者在上半平面。

在 $z=\dfrac{1}{\sqrt{2}}+\dfrac{i}{\sqrt{2}}$ 時，賸值為:

$$\lim_{z\to\frac{1}{\sqrt{2}}+\frac{i}{\sqrt{2}}}\left(z-\frac{1}{\sqrt{2}}-\frac{i}{\sqrt{2}}\right)\frac{ze^{iaz}}{1+z^4}=\frac{e^{-\frac{a}{\sqrt{2}}}\left(\sin\frac{a}{\sqrt{2}}-i\cos\frac{a}{\sqrt{2}}\right)}{4}$$

在 $z=\frac{-1}{\sqrt{2}}+\frac{i}{\sqrt{2}}$ 時，賸值為:

$$\lim_{z\to\frac{-1}{\sqrt{2}}+\frac{i}{\sqrt{2}}}\left(z+\frac{1}{\sqrt{2}}-\frac{i}{\sqrt{2}}\right)\frac{ze^{iaz}}{1+z^4}=\frac{e^{-\frac{a}{\sqrt{2}}}\left(\sin\frac{a}{\sqrt{2}}+i\cos\frac{a}{\sqrt{2}}\right)}{4}$$

$$\therefore\int_{-\infty}^{\infty}\frac{x\sin ax}{1+x^4}dx=2\pi\left(\frac{e^{-\frac{a}{\sqrt{2}}}\sin\frac{a}{\sqrt{2}}}{4}+\frac{e^{-\frac{a}{\sqrt{2}}}\sin\frac{a}{\sqrt{2}}}{4}\right)$$

$$=\pi e^{-\frac{a}{\sqrt{2}}}\sin\frac{a}{\sqrt{2}}$$

17. $\int_{-\infty}^{\infty}\frac{x\sin 2x}{3+x^2}dx$

解:

$$\int_{-\infty}^{\infty}\frac{x\sin 2x}{3+x^2}dx\Rightarrow\int_{C_R}\frac{ze^{i2z}}{3+z^2}dz,\ \ z=\sqrt{3}i \text{在 } C_R \text{ 內}$$

$$\int_C\frac{ze^{i2z}}{z^2+3}dz=2\pi i\cdot\frac{\sqrt{3}i\cdot e^{i\cdot 2\cdot\sqrt{3}i}}{(\sqrt{3}i+\sqrt{3}i)}=e^{-2\sqrt{3}}\pi i$$

$$\therefore\int_{-\infty}^{\infty}\frac{x\sin 2x}{3+x^2}dx=e^{-2\sqrt{3}}\pi$$

18. $\int_{-\infty}^{\infty}\frac{x^3\sin\pi x}{4+x^4}dx$

解:

$$\int_{-\infty}^{\infty}\frac{x^3\sin\pi x}{4+x^4}dx\Rightarrow\int_{C_R}\frac{z^3e^{i\pi z}}{z^4+4}dz,\ \ z=\sqrt{2}e^{\frac{\pi}{4}i},\ \sqrt{2}e^{\frac{3}{4}\pi i}\text{在 } C_R \text{ 內}$$

$$\int_C\frac{z^3e^{i\pi z}}{z^4+4}dz$$

$$=2\pi i\left[\frac{z^3e^{i\pi z}}{(z-\sqrt{2}e^{-\frac{\pi}{4}i})(z-\sqrt{2}e^{-\frac{3}{4}\pi i})(z-\sqrt{2}e^{\frac{3}{4}\pi i})}\bigg|_{z=\sqrt{2}e^{\frac{\pi}{4}i}}+\right.$$

$$\left.\frac{z^3e^{i\pi z}}{(z-\sqrt{2}e^{\frac{\pi}{4}i})(z-\sqrt{2}e^{-\frac{\pi}{4}i})(z-\sqrt{2}e^{-\frac{3}{4}\pi i})}\bigg|_{z=\sqrt{2}e^{\frac{3\pi}{4}i}}\right]$$

$$=2\pi i\left(\frac{e^{-\pi}}{4}e^{\pi i}+\frac{e^{-\pi}}{4}e^{-\pi i}\right)=i\pi e^{-\pi}\cos\pi=-i\pi e^{-\pi}$$

$$\Rightarrow\int_{-\infty}^{\infty}\frac{x^3\sin\pi x}{4+x^4}dx=-\pi e^{-\pi}$$

19. $\int_0^{\infty}\frac{dx}{1+x^3}$

解:

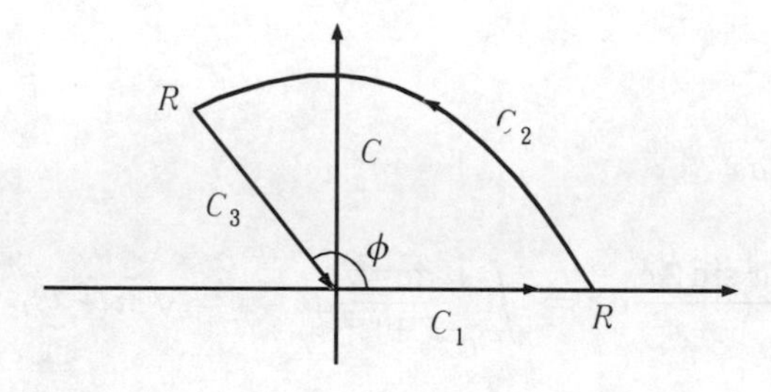

如圖取一積分路徑

$$\int_C\frac{1}{1+z^3}dz=\lim_{R\to\infty}\left[\int_0^R\frac{1}{1+x^3}dx+\int_0^{\phi}\frac{iRe^{i\theta}}{1+R^3e^{i3\theta}}d\theta+\right.$$

$$\left.\int_R^0\frac{e^{i\phi}}{1+x^3e^{i3\phi}}dx\right]$$

$$=\int_0^{\infty}\frac{dx}{1+x^3}+0+\int_{\infty}^0\frac{e^{\frac{2}{3}\pi i}}{1+x^3}dx\quad\left(\text{取}\phi=\frac{2}{3}\pi\right)$$

$$=(1-e^{\frac{2}{3}\pi i})\int_0^{\infty}\frac{1}{1+x^3}dx$$

$\frac{1}{1+z^3}$ 具一極點 $z=e^{\frac{\pi}{3}i}$ 在 C 內

$$\text{賸值} = \lim_{z\to e^{\frac{\pi}{3}i}} (z - e^{\frac{\pi}{3}i})\frac{1}{1+z^3} = \lim_{z\to\frac{\pi}{3}i} \frac{1}{3z^2} = \frac{1}{3}e^{-\frac{2\pi}{3}i}$$

$$\therefore \text{可知} \int_C \frac{1}{1+z^3}dz = 2\pi i\left(\frac{1}{3}e^{-\frac{2}{3}\pi i}\right) = (1 - e^{\frac{2}{3}\pi i})\int_0^\infty \frac{1}{1+x^3}dx$$

$$\Rightarrow \int_0^\infty \frac{1}{1+x^3}dx = \frac{2\pi i\left(\frac{1}{3}e^{-\frac{2}{3}\pi i}\right)}{1 - e^{\frac{2}{3}\pi i}}$$

$$= \frac{2\pi i\cdot\frac{1}{3}}{e^{\frac{2}{3}\pi i} - e^{\frac{4}{3}\pi i}} = 2\pi i\cdot\frac{-i}{3\cdot\sqrt{3}} = \frac{2\sqrt{3}\pi}{9}$$

20. $\int_0^\infty \frac{xdx}{1+x^3}$

解:

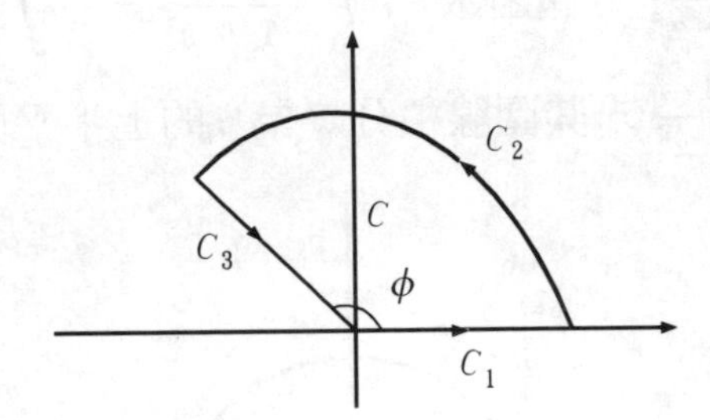

取一積分路徑如圖所示

$$\int_C \frac{z}{1+z^3}dz = \lim_{R\to\infty}\left[\int_0^R \frac{x}{1+x^3}dx + \int_0^\phi \frac{iRe^{i\theta}\cdot Re^{i\theta}}{1+R^3e^{i3\theta}}d\theta + \int_R^0 \frac{e^{i\phi}\cdot xe^{i\phi}}{1+x^3e^{i3\phi}}dx\right]$$

$$= \int_0^\infty \frac{x}{1+x^3}dx + 0 + \int_\infty^0 \frac{xe^{i\frac{4}{3}\pi}}{1+x^3}dx \quad \left(\text{取}\phi = \frac{2}{3}\pi\right)$$

$$= (1 - e^{\frac{4}{3}\pi i})\int_0^\infty \frac{x}{1+x^3}dx$$

$\frac{1}{1+z^3}$ 具一極點 $z = e^{\frac{\pi}{3}i}$ 在 C 內

其賸值 $= \lim_{z\to e^{i\frac{\pi}{3}}} \left(z - e^{i\frac{\pi}{3}}\right)\frac{1}{1+z^2} = \frac{1}{3}e^{-\frac{\pi}{3}i}$

$$\therefore \text{可得} \int_C \frac{z}{1+z^3}dz = 2\pi i\left(\frac{1}{3}e^{-\frac{\pi}{3}i}\right) = \left(1-e^{\frac{4}{3}\pi i}\right)\int_0^\infty \frac{x}{1+x^3}dx$$

$$\Rightarrow (1-e^{\frac{4}{3}\pi i})\int_0^\infty \frac{x}{1+x^3}dx = \frac{2\pi i}{3}e^{-\frac{\pi}{3}i}$$

$$\int_0^\infty \frac{x}{1+x^3}dx = \frac{2\pi i}{3}\frac{e^{-\frac{\pi}{3}i}}{1-e^{\frac{4}{3}\pi i}} = \frac{2\pi i}{3}\frac{1}{e^{\frac{\pi}{3}i}-e^{\frac{5}{3}\pi i}}$$

$$= \frac{2\pi i}{3}\cdot\frac{1}{\sqrt{3}i} = \frac{2\pi}{3\sqrt{3}} = \frac{2\sqrt{3}}{9}\pi$$

21. $\int_0^\infty \frac{dx}{1+x^4}$

解: $\because f(x) = \frac{1}{1+x^4}$ 為偶函數 $\therefore \int_0^\infty \frac{dx}{1+x^4} = \frac{1}{2}\int_{-\infty}^\infty \frac{dx}{1+x^4}$

設 $f(z) = \frac{1}{1+z^4}$ 求其圍線積分 C 為 z 的上半平面

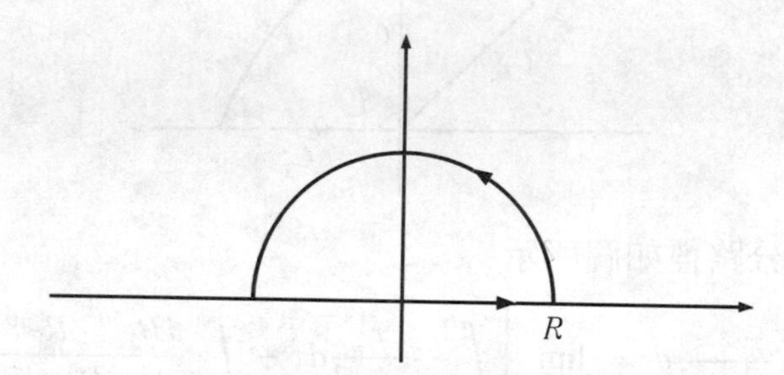

當 $R\to\infty$, $f(z)$ 有 2 個極點 $z = e^{i\frac{\pi}{4}}$, $z = e^{i\frac{3\pi}{4}}$ 於上半平面,

$$\lim_{R\to\infty}\int_C f(z)dz = 2\pi i[\,\text{Res（上半平面之所有極點）}]$$

$$= \lim_{R\to\infty}\left[\int_0^\pi \frac{iRe^{i\theta}}{1+R^4e^{i4\theta}}d\theta + \int_{-R}^R \frac{dx}{1+x^4}\right] = \int_{-\infty}^\infty \frac{dx}{1+x^4}$$

當 $z = e^{i\frac{\pi}{4}}$ 時，賸值為:

$$\lim_{z\to e^{i\frac{\pi}{4}}}\left[(z-e^{\frac{\pi i}{4}})\frac{1}{1+z^4}\right] = \frac{1}{4}e^{-\frac{3}{4}\pi i}$$

當 $z = e^{\frac{i3\pi}{4}}$ 時，賸值為:

$$\lim_{z\to e^{i\frac{3}{4}\pi}}\left[(z-e^{\frac{3\pi}{4}i})\frac{1}{1+z^4}\right]=\frac{1}{4}e^{-\frac{1}{4}\pi i}$$

所以 $\int_{-\infty}^{\infty}\frac{1}{1+x^4}dx=2\pi i\left(\frac{1}{4}e^{-\frac{3}{4}\pi i}+\frac{1}{4}e^{-\frac{1}{4}\pi i}\right)=2\pi i\cdot\frac{-\sqrt{2}}{4}i=\frac{\sqrt{2}}{2}\pi$

$$\therefore \int_0^{\infty}\frac{1}{1+x^4}dx=\frac{1}{2}\int_{-\infty}^{\infty}\frac{1}{1+x^4}dx=\frac{\sqrt{2}}{4}\pi$$

22. $\int_0^{\infty}\frac{x^2dx}{1+x^4}$

解: 設 $f(x)=\frac{z^2}{1+z^4}$，求其圍線積分 C 為 z 平面的上半平面

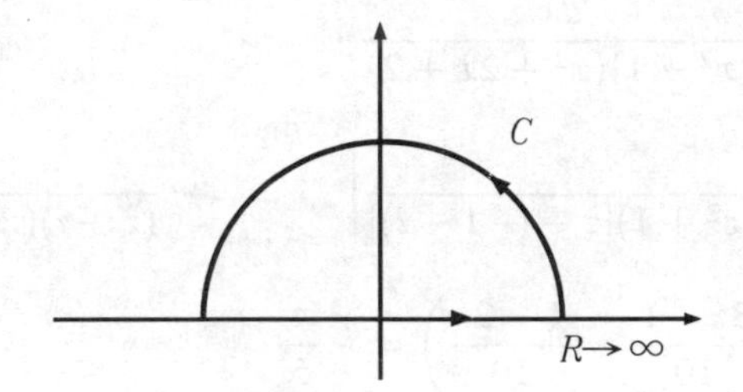

當 $R\to\infty$ 時 $\frac{z^2}{1+z^4}$ 有二個極點 $z=e^{i\frac{\pi}{4}}$, $z=e^{i\frac{3}{4}\pi}$ 於上半平面

$$\lim_{R\to\infty}\int_C f(z)dz=2\pi i\,[\text{Res（上半平面之所有極點）}]$$

$$=\lim_{R\to\infty}\left[\int_0^{2\pi}\frac{(Re^{i\theta})^2\cdot iRe^{i\theta}}{1+R^4e^{i4\theta}}d\theta+\int_{-R}^{R}\frac{x^2dx}{1+x^4}\right]$$

當 $z=e^{i\frac{\pi}{4}}$ 時，其賸值為:

$$\lim_{z\to e^{i\frac{\pi}{4}}}\left[(z-e^{\frac{\pi}{4}i})\frac{1}{1+z^4}\right]=\frac{1}{4}e^{-\frac{1}{4}\pi i}$$

當 $z=e^{\frac{3\pi}{4}i}$ 時，其賸值為:

$$\lim_{z\to e^{i\frac{3\pi}{4}}}\left[(z-e^{\frac{3\pi}{4}i})\frac{1}{1+z^4}\right]=\frac{1}{4}e^{\frac{5}{4}\pi i}$$

$$所以 \int_{-\infty}^{\infty} \frac{x^2}{1+x^4}dx = 2\pi i\left(\frac{1}{4}e^{-\frac{1}{4}\pi i}+\frac{1}{4}e^{\frac{5}{4}\pi i}\right) = \frac{2\pi i}{4}(-\sqrt{2}i) = \frac{\sqrt{2}}{2}\pi$$

$$\therefore \int_{0}^{\infty} \frac{x^2}{1+x^4}dx = \frac{1}{2}\int_{-\infty}^{\infty} \frac{x^2}{1+x^4}dx = \frac{\sqrt{2}}{4}\pi$$

23. $\int_{-\infty}^{\infty} \frac{dx}{(x^2+1)(x^2+2x+2)}$

解:

$$\int_{-\infty}^{\infty} \frac{xdx}{(x^2+1)(x^2+2x+2)} \Rightarrow \int_C \frac{zdz}{(z^2+1)(z^2+2z+2)}$$

$z=i,\ -1+i$ 時在上半平面

$$\therefore \int_{-\infty}^{\infty} \frac{dx}{(x^2+1)(x^2+2x+2)}$$

$$= 2\pi i\left[\left.\frac{z}{(z^2+1)[z-(-1-i)]}\right|_{z=-1+i} + \left.\frac{z}{(z+i)(z^2+2z+2)}\right|_{z=i}\right]$$

$$= 2\pi i\left(\frac{3i-1}{10}+\frac{1-2i}{10}\right) = -\frac{\pi}{5}$$

24. $\int_{-\infty}^{\infty} \frac{\sin x\, dx}{x^2+4x+5}$

解:

$$\int_{-\infty}^{\infty} \frac{\sin x\, dx}{x^2+4x+5} \Rightarrow \int_C \frac{e^{iz}dz}{z^2+4z+5},\quad z=-2+i \text{ 在上半平面}$$

$$\int_{-\infty}^{\infty} \frac{\sin x\, dx}{x^2+4x+5} = 2\pi i[\text{Res}（上半平面之所有極點）]$$

$$= 2\pi i\left[\left.\frac{e^{iz}}{z-(-2-i)}\right|_{z=-2+i}\right]$$

$$= 2\pi i\left[\frac{-\sin 2}{2e} - \frac{\cos 2}{2e}i\right] = -i\frac{\pi}{e}\sin 2 + \frac{\pi}{e}\cos 2$$

$$\therefore \int_{-\infty}^{\infty} \frac{\sin x\, dx}{x^2+4x+5} = \frac{-\pi}{e}\sin 2$$

25.證明 $\int_0^\infty \frac{\sin x}{x}dx = \frac{\pi}{2}$

證明：取一積分路徑如圖所示：

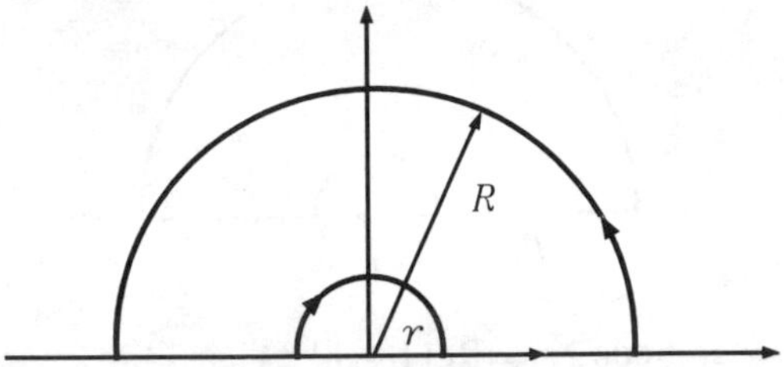

$$0 = \int_{ABCDA} = \int_r^R \frac{e^{ix}}{x}dx + \int_0^\pi \frac{e^{iRe^{i\theta}}}{Re^{i\theta}} \cdot i \cdot Re^{i\theta}d\theta + \int_{-R}^{-r} \frac{e^{ix}}{x}dx + \int_\pi^0 \frac{e^{ire^{i\theta}}}{re^{i\theta}} \cdot ire^{i\theta}d\theta$$

$$= \int_r^R \frac{e^{ix}}{x}dx + i\int_0^\pi e^{iRe^{i\theta}}d\theta - \int_r^R \frac{e^{-ix}}{x}dx + i\int_\pi^0 e^{ire^{i\theta}}d\theta$$

$$\int_r^R \frac{e^{ix}}{x}dx - \int_r^R \frac{e^{-ix}}{x}dx = 2i\int_0^\infty \frac{\sin x}{x}dx \text{（當 } R\to\infty,\ r\to 0\text{）}$$

$$\int_\pi^0 e^{ire^{i\theta}}d\theta \to -\pi \quad \text{因當} r\to 0,\ e^{ire^{i\theta}} \to e^0 = 1$$

$$\int_0^\pi e^{iRe^{i\theta}}d\theta = \int_0^\pi e^{iR(\cos\theta+i\sin\theta)}d\theta = \int_0^\pi e^{-R\sin\theta}\cdot e^{iR\cos\theta}d\theta$$

$$\le \int_0^\pi |e^{-R\sin\theta}||e^{iR\cos\theta}|d\theta = \int_0^\pi |e^{-R\sin\theta}|d\theta = 0$$

（當 $R\to\infty$，$e^{iR\sin\theta}\to 0$）

$$\therefore 2i\int_0^\infty \frac{\sin x}{x}dx = \pi i$$

$$\therefore \int_0^\infty \frac{\sin x}{x}dx = \frac{\pi}{2}$$ 得證

26.證明 $\int_0^\infty \frac{\sin^2 x}{x^2} dx = \frac{\pi}{2}$

證明:

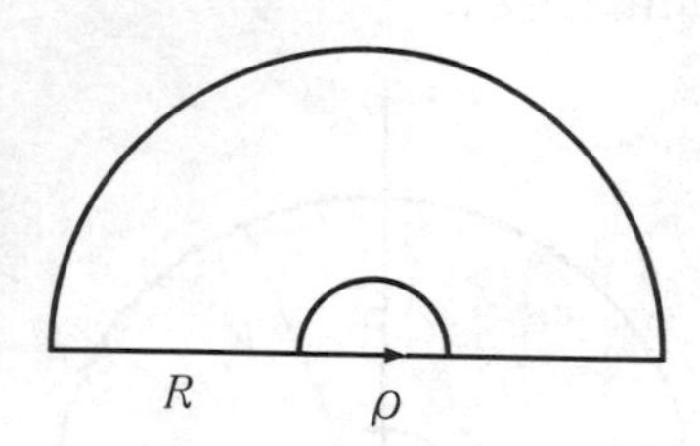

$$2\sin^2 x = 1 - \cos 2x = \text{Re}(1 - e^{i2x})$$

令 $f(z) = \frac{1 - e^{i2z}}{z^2}$

$$\int_{C_R} + \int_{C_\rho} + \int_{-\infty}^{-\rho} + \int_\rho^\infty = 0$$

$$\text{Re}\left(\int_{-\infty}^{-\rho}\right) = \text{Re}\left(\int_\rho^\infty\right), \ \text{Im}\left(\int_{-\infty}^{-\rho}\right) = -\text{Im}\left(\int_\rho^\infty\right)$$

$$\int_{C_\rho} = \int_\pi^0 \frac{1 - e^{i2\rho e^{i\theta}}}{\rho^2 e^{i2\theta}} \cdot \rho e^{i\theta} \cdot id\theta = -2\pi, \ \rho \to 0$$

$$\int_0^\infty \frac{\sin^2 x}{x^2} dx = \frac{1}{2} \int_0^\infty \frac{1 - \cos 2x}{x^2} dx$$

$$= \frac{1}{2} \cdot \frac{1}{2}(+2\pi) = \frac{\pi}{2} \quad \text{故得證}$$

27.證明 $\int_0^\infty \frac{\cos x}{\sqrt{x}} dx = \int_0^\infty \frac{\sin x}{\sqrt{x}} dx = \sqrt{\frac{\pi}{2}}$

證明: 對圖之路徑積分 $\frac{e^{iz}}{\sqrt{z}}$, 令 $r \to 0$, $R \to \infty$

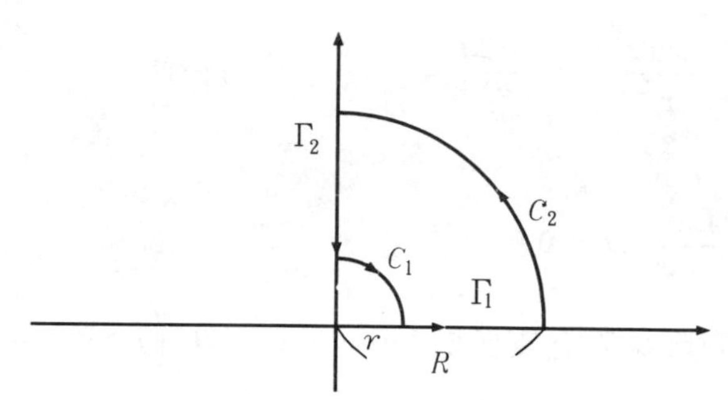

$$\int_{\Gamma_1+C_2+\Gamma_2+C_1} \frac{e^{iz}}{z^{\frac{1}{2}}} dz = 0$$

當 $r \to 0,\ R \to \infty,\ \int_{\Gamma_1} = \int_0^\infty \frac{e^{ix}}{x^{\frac{1}{2}}} dx$

$$\int_{\Gamma_2} = \int_\infty^0 \frac{e^{i(ix)}}{(ix)^{\frac{1}{2}}} idx = \int_\infty^0 \frac{e^{-x}}{e^{\frac{\pi}{4}i} x^{\frac{1}{2}}} idx = -ie^{-\frac{\pi}{4}i} \int_0^\infty \frac{e^{-x}}{x^{\frac{1}{2}}} dx$$

$$\int_0^\infty \frac{e^{-x}}{x^{\frac{1}{2}}} dx = \int_0^\infty \frac{e^{-x^2}}{x} 2xdx = 2\int_0^\infty e^{-x^2} dx = 2 \cdot \frac{\sqrt{\pi}}{2} = \sqrt{\pi}$$

$$\left|\int_{C_2}\right| = \left|\int_0^{\frac{\pi}{2}} \frac{e^{i(Re^{i\theta})}}{R^{\frac{1}{2}} e^{\frac{i\theta}{2}}} iRe^{i\theta} d\theta\right| \le \int_0^{\frac{\pi}{2}} R^{\frac{1}{2}} e^{-R\sin\theta} d\theta$$

$$\because \sin\theta \ge \frac{2\theta}{\pi} \le R^{\frac{1}{2}} \int_0^{\frac{\pi}{2}} e^{\frac{-2R}{\pi}\theta} d\theta = \frac{R^{\frac{1}{2}}}{-\frac{2R}{\pi}} e^{-\frac{2R}{\pi}\theta} \Bigg|_0^{\frac{\pi}{2}}$$

$$= \frac{-\pi R^{\frac{1}{2}}}{2R} e^{-\frac{2R}{\pi}\frac{\pi}{2}} = \frac{-\pi R^{\frac{1}{2}}}{2R} e^{-R}$$

$R \to \infty,\ \left|\int_{C_2}\right| \to 0$

同理，當 $r \to 0$ 時 $\left|\int_{C_1} f(z)dz\right| \to 0$

$$\int_0^\infty \frac{e^{ix}}{x^{\frac{1}{2}}} dx = ie^{-(\frac{\pi}{4})i}\sqrt{\pi} = \frac{\sqrt{2\pi}}{2} + i\frac{\sqrt{2\pi}}{2}$$

$$\int_0^\infty \frac{\cos x}{x^{\frac{1}{2}}} dx = \frac{\sqrt{2\pi}}{2} = \sqrt{\frac{\pi}{2}}$$

$$\int_0^\infty \frac{\sin x}{x^{\frac{1}{2}}}dx = \frac{\sqrt{2\pi}}{2} = \sqrt{\frac{\pi}{2}}$$ 皆可得證

28.證明 $\int_0^\infty \frac{\mathrm{Ln}x}{1+x^2}dx = 0$

證明: 利用對數函數之支函數 $\mathrm{Ln}z = \mathrm{Ln}r + i\theta \quad \left(r > 0,\ -\frac{\pi}{2} < \theta < \frac{3\pi}{2}\right)$

並將函數 $\frac{\mathrm{Ln}z}{z^2+1}$ 沿圖之路徑積分

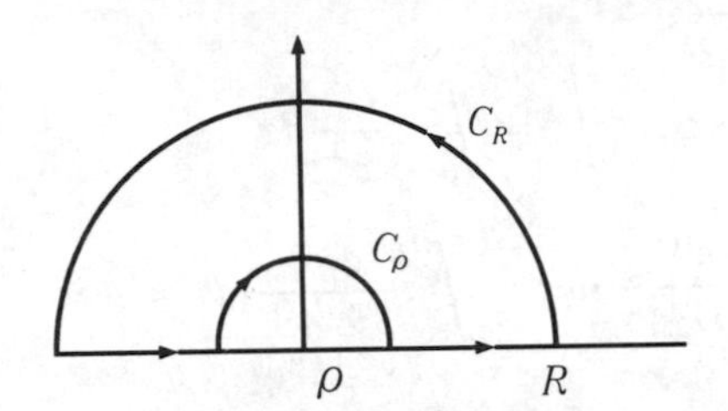

對 $\int \frac{\ln z}{z^2+1}dz$

$$\left|\int_{C_R} \frac{\mathrm{Ln}R + i\theta}{R^2 e^{i2\theta}+1} \cdot Re^{i\theta} \cdot id\theta\right| \le \int_{C_R} \left|\frac{\mathrm{Ln}R}{R}\right| d\theta \to 0 \text{ 當} R \to \infty$$

$$\left|\int_{C_\rho} \frac{\mathrm{Ln}\rho + i\theta}{\rho^2 e^{i2\theta}+1}\rho e^{i\theta} \cdot id\theta\right| \le \int_{C_\rho} \left|\frac{\rho \mathrm{Ln}\rho}{1}\right| d\theta = \int_{C_\rho} \left|\frac{\frac{1}{R}\mathrm{Ln}\frac{1}{R}}{1}\right| d\theta$$

$$= \int \left|\frac{-\mathrm{Ln}R}{R}\right| d\theta \to 0$$

當 $R = \frac{1}{\rho} \to \infty$ 即 $\rho \to 0$

$$\int_C \frac{\mathrm{Ln}z}{z^2+1}dz = \int_{C_R} + \int_{C_\rho} + 2\int_0^\infty \frac{\mathrm{Ln}x}{x^2+1}dx + \int_{-\infty}^0 \frac{i\pi}{x^2+1}dx$$

$z = i$ 在 C 內, $\int_C \frac{\ln z}{z^2+1}dz = 2\pi i \cdot \left.\frac{\ln z}{z+i}\right|_{z=i} = \frac{\pi^2}{2}i$

$$\frac{\pi^2}{2}i = \cancel{\int_{C_R}} + \cancel{\int_{C_\rho}} + 2\int_0^\infty \frac{\mathrm{Ln}x}{x^2+1}dx + \int_{-\infty}^0 \frac{i\pi}{x^2+1}dx$$

而 $\int_{-\infty}^{0} \frac{i\pi}{x^2+1} dx = i\pi \int_{0}^{\infty} \frac{dx}{x^2+1} = \frac{\pi^2}{2} i$

$\Rightarrow \int_{0}^{\infty} \frac{\text{Ln}x}{x^2+1} dx = 0$

29.證明 $\int_{0}^{\infty} \frac{\text{Ln}x}{(1+x^2)^2} dx = -\frac{\pi}{4}$

證明: 其方法如28.題

$$\int_C \frac{\ln z}{(z^2+1)^2} dz = 2\pi i \frac{d}{dz}\left[\frac{\ln z}{(z+1)^2}\right]\Bigg|_{z=i} = \frac{\pi^2}{4} i - \frac{\pi}{2}$$

如28.題, $\int_C = \int_{C_R} + \int_{C_\rho} + 2\int_0^{\infty} \frac{\text{Ln}x}{x^2+1} + \int_{-\infty}^{0} \frac{i\pi}{(x^2+1)^2} dx$

$$\int_{-\infty}^{0} \frac{i\pi}{(x^2+1)^2} dx = i\pi \int_0^{\infty} \frac{dx}{(x^2+1)^2} = i\pi \frac{\pi}{4} = \frac{\pi^2}{4} i$$

$\therefore \int_0^{\infty} \frac{\text{Ln}x}{(x^2+1)^2} dx = -\frac{\pi}{4}$ 得證

30.證明 $\int_0^{\infty} \frac{(\text{Ln}x)^2}{1+x^2} dx = \frac{\pi^3}{8}$

證明: 將函數 $\frac{(\text{Ln}z)^2}{1+z^2}$ 對圖之路徑積分

$$\int_C \frac{(\ln z)^2}{1+z^2} dz = 2\pi i \text{Res} f(z)$$

$$\text{Res}(f,i) = \lim_{z\to i} \frac{(\text{Ln}z)^2}{3+i} = \frac{\left(i\frac{\pi}{2}\right)^2}{2i} = \frac{-\frac{\pi^2}{4}}{2i} = i\frac{\pi^2}{8}$$

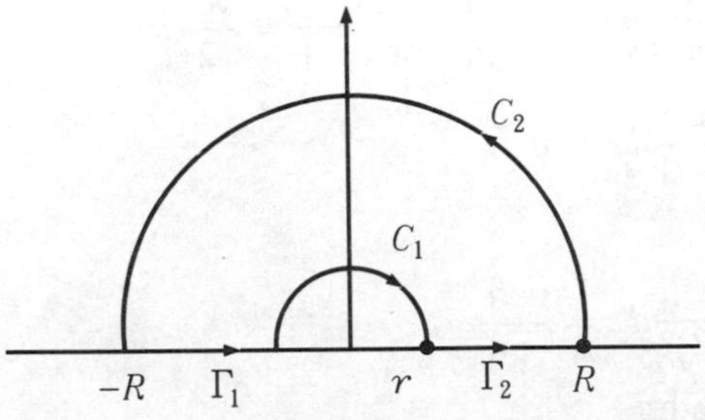

$$\int_{\Gamma_1}+\int_{C_1}+\int_{\Gamma_2}+\int_{C_2}=2\pi i\cdot i\frac{\pi^2}{8}=-\frac{\pi^3}{4}$$

$$\left|\int_{C_2}f(z)dz\right|\to 0\text{ 當 }R\to\infty$$

$$\int_{\Gamma_1}=\int_{-R}^{0}\frac{(\text{Ln}x)^2}{1+x^2}dx,\ \int_{\Gamma_2}=\int_{0}^{\infty}\frac{(\text{Ln}x)^2}{1+x^2}dx$$

$$\int_{\Gamma_1}=\int_{-R}^{0}\frac{(\text{Ln}x)^2}{1+x^2}dx=-\int_{R}^{0}\frac{[\text{Ln}(-x)]^2}{1+x^2}dx$$

$$=\int_{0}^{R}\frac{(\text{Ln}x)^2}{1+x^2}dx+\int_{0}^{\infty}\frac{2\pi i\text{Ln}x}{1+x^2}dx+\int_{0}^{R}\frac{-\pi^2}{1+x^2}dx$$

$$\int_{C_1}\frac{(\ln z)^2}{1+z^2}dz=\int_{\pi}^{0}\frac{[\ln(re^{i\theta})]^2}{1+r^2e^{2i\theta}}ire^{i\theta}d\theta=0\quad\text{（當 }r\to 0\text{ 時）}$$

$$\int_{C_2}\frac{(\ln z)^2}{1+z^2}dz=\int_{0}^{\pi}\frac{[\ln(Re^{i\theta})]^2}{1+R^2e^{2i\theta}}iRe^{i\theta}d\theta=\int_{0}^{\pi}\frac{i(\ln R+i\theta)^2Re^{i\theta}d\theta}{1+R^2e^{2i\theta}}$$

$$\leq\int_{0}^{\pi}\frac{(\ln R+i\theta)^2Rd\theta}{R^2e^{2i\theta}}d\theta$$

$$=\int_{0}^{\pi}\frac{(\ln R)^2+2i\theta\ln R-\theta^2}{Re^{2i\theta}}d\theta=0$$

$$\left(\text{當}R\to\infty,\ \frac{(\ln R)^2}{R}\to 0,\ \frac{\ln R}{R}\to 0\right)$$

當 $R\to\infty,\ r\to 0$

$$2\int_{0}^{\infty}\frac{(\text{Ln}x)^2}{1+x^2}dx+2\pi i\int_{0}^{\infty}\frac{\text{Ln}x}{1+x^2}dx-\pi^2\cdot\frac{\pi}{2}=-\frac{\pi^3}{4}$$

$$2\int_0^\infty \frac{(\mathrm{Ln}x)^2}{x^2+1}dx + 2\pi i\int_0^\infty \frac{\mathrm{Ln}x}{1+x^2}dx = \frac{\pi^3}{4}$$

$$\Rightarrow \int_0^\infty \frac{(\mathrm{Ln}x)^2}{x^2+1}dx = \frac{\pi^3}{8}$$ 得證

第十二章 初值問題的數值分析法

12.1 尤拉法

1.～12.題，用尤拉法去解答微分方程式。

1. $y' = y\sin t$; $y(0) = 2$, $t \in [0, \pi]$, $h = 0.1\pi$

解：令 $f(t, y) = y' = y\sin t$

則尤拉法的預估值 y_i

$$\begin{aligned} y_{i+1} &= y_i + h \cdot f(t_i, y_i) \\ &= y_i + h \cdot y_i \sin(t_i) \\ &= y_i[1 + h\sin(t_i)] \end{aligned}$$

其解如表及圖形

t	y
0	2.00000000000000
0.31	2.00000000000000
0.62	2.19416110387255
0.94	2.59933090663054
1.25	3.25997732973722
1.57	4.23400384194893
1.88	5.56415537846270
2.19	7.22663161940176
2.51	9.06335364593902
2.82	10.73697606252907
3.14	11.77932762480594

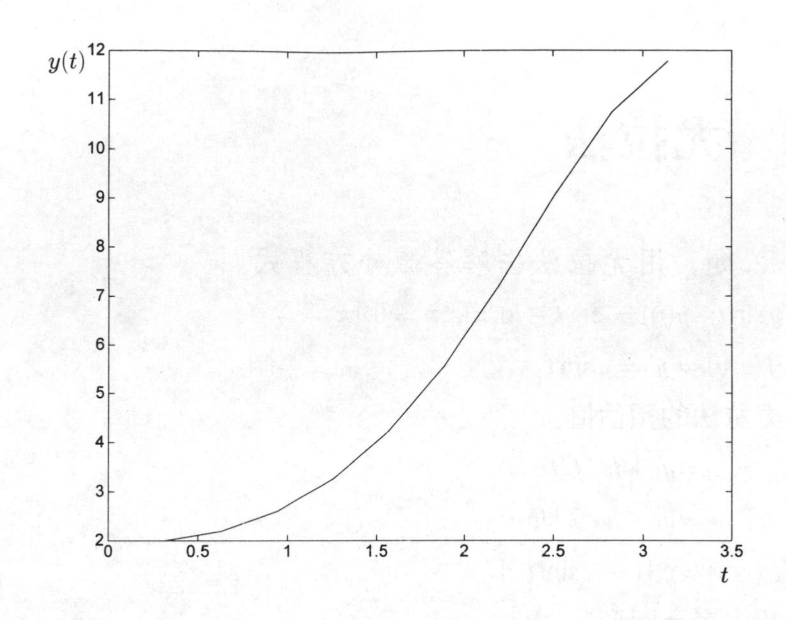

2. $y' = t^{-1}y + t^{-2}y^2;\ y(1) = 2,\ t \in [1, 1.5],\ h = 0.05$

解：令 $f(t, y) = y' = t^{-1}y + t^{-2}y^2$

則尤拉法的預估值 y_i

$$y_{i+1} = y_i + h \cdot f(t_i, y_i)$$

$$= y_i + h \cdot (t_i^{-1}y_i + t_i^{-2}y_i^2) = y_i(1 + ht_i^{-1}) + ht_i^{-2}y_i^2$$

其解如表及圖形

t	y
1.00	2.00000000000000
1.05	2.30000000000000
1.10	2.64943310657596
1.15	3.05992369349556
1.20	3.54695754066137
1.25	4.13158451441304
1.30	4.84308759418116
1.35	5.72330982250504
1.40	6.83394750658637
1.45	8.26941600230063
1.50	10.18080468773325

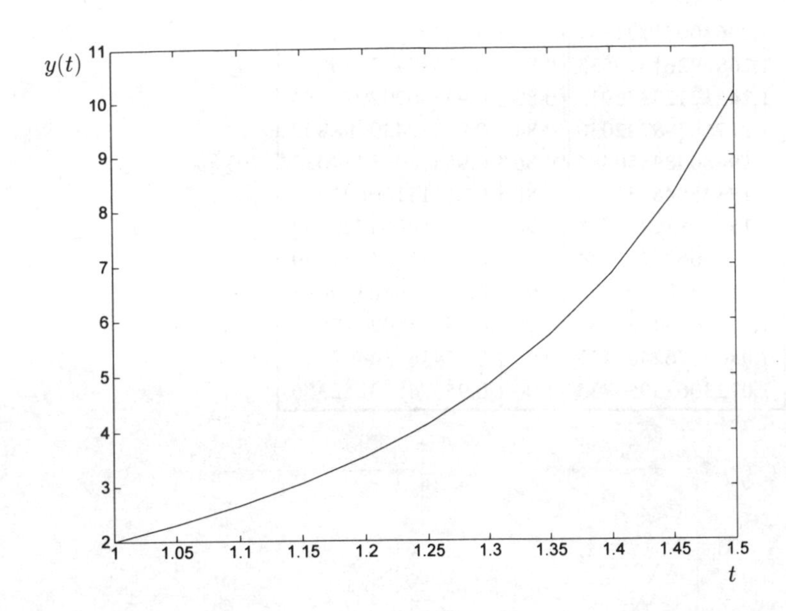

3. $y' = t - y^2$; $y(0) = 2$, $t \in [0, 1]$, $h = 0.02$

解: 令 $f(t, y) = y' = t - y^2$

則尤拉法的預估值 y_i

$$y_{i+1} = y_i + h \cdot f(t_i, y_i) = y_i + h \cdot (t_i - y_i^2)$$

其解如表及圖形

t	y	t	y
0	2.00000000000000		
0.02	1.92000000000000	0.52	1.05930952181154
0.04	1.84667200000000	0.54	1.04726678855153
0.06	1.77926805048832	0.56	1.03613143402347
0.08	1.71715215457855	0.58	1.02586006705204
0.10	1.65977992413907	0.60	1.01641228950860
0.12	1.60668253620757	0.62	1.00775041066331
0.14	1.55745396076448	0.64	0.99983919285947
0.16	1.51174070396646	0.66	0.99264562462791
0.18	1.46923350484588	0.68	0.98613871790606
0.20	1.42966056301065	0.70	0.98028932648699
0.22	1.39278197650209	0.72	0.97506998321450
0.24	1.35838514382071	0.74	0.97045475377118
0.26	1.32628093984165	0.76	0.96641910518884

0.28	1.29630051721391	0.78	0.96293978745136
0.30	1.26829261659533	0.80	0.95999472676622
0.32	1.24212129336912	0.82	0.95756292925784
0.34	1.21766398722030	0.84	0.95562439398807
0.36	1.19480987550484	0.86	0.95416003434037
0.38	1.17345846273276	0.88	0.95315160691772
0.40	1.15351836745758	0.90	0.95258164720232
0.42	1.13490627497634	0.92	0.95243341131059
0.44	1.11754602991672	0.94	0.95269082325097
0.46	1.10136784733707	0.96	0.95333842715684
0.48	1.08630762463411	0.98	0.95436134402296
0.50	1.07230633952735	1.00	0.95574523252366

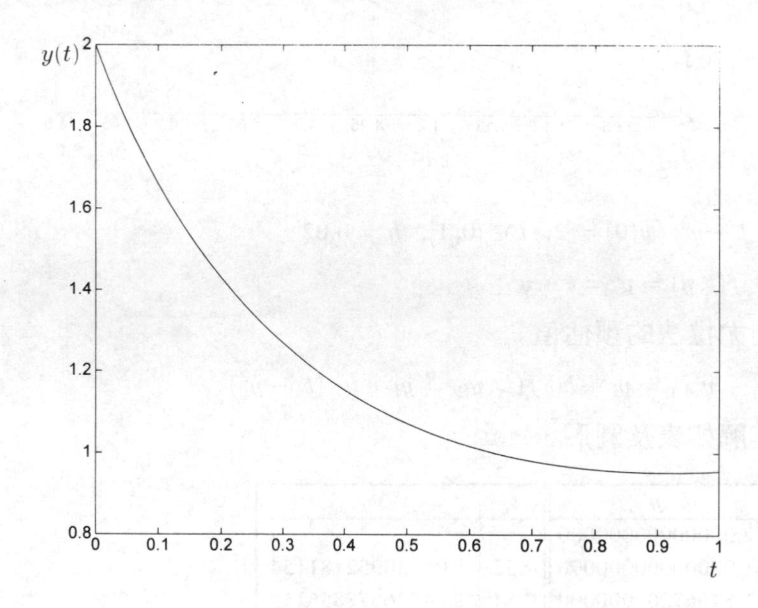

4. $y' = \sin t + e^{-t};\ \ y(0) = 0,\ \ t \in [0, 2],\ \ h = 0.02$

解: 令 $f(t, y) = y' = \sin t + e^{-t}$

則尤拉法的預估值 y_i

$$y_{i+1} = y_i + h \cdot f(t_i, y_i) = y_i + h \cdot (\sin t_i + e^{-t_i})$$

其解如表及圖形

t	y	t	y
0	0		
0.02	0.02000000000000	1.02	1.11391750440641
0.04	0.04000394680000	1.04	1.13817156364886
0.06	0.06001952226678	1.06	1.16248874183290
0.08	0.08005409306805	1.08	1.18686496768640
0.10	0.10011471387517	1.10	1.21129603433700
0.12	0.12020813056883	1.12	1.23577760321219
0.14	0.14034078344895	1.14	1.26030520794818
0.16	0.16051881044981	1.16	1.28487425830682
0.18	0.18074805036142	1.18	1.30948004409991
0.20	0.20103404605816	1.20	1.33411773912009
0.22	0.22138204773562	1.22	1.35878240507768
0.24	0.24179701615649	1.24	1.38346899554254
0.26	0.26228362590636	1.26	1.40817235989032
0.28	0.28284626866028	1.28	1.43288724725212
0.30	0.30348905646067	1.30	1.45760831046697
0.32	0.32421582500753	1.32	1.48233011003599
0.34	0.34503013696133	1.34	1.50704711807768
0.36	0.36593528525940	1.36	1.53175372228319
0.38	0.38693429644632	1.38	1.55644422987097
0.40	0.40802993401883	1.40	1.58111287153961
0.42	0.42922470178571	1.42	1.60575380541821
0.44	0.45052084724321	1.44	1.63036112101319
0.46	0.47192036496619	1.46	1.65492884315066
0.48	0.49342500001564	1.48	1.67945093591349
0.50	0.51503625136259	1.50	1.70392130657192
0.52	0.53675537532893	1.52	1.72833380950697
0.54	0.55858338904521	1.54	1.75268225012552
0.56	0.58052107392575	1.56	1.77696038876617
0.58	0.60256897916114	1.58	1.80116194459479
0.60	0.62472742522829	1.60	1.82528059948886
0.62	0.64699650741807	1.62	1.84931000190958
0.64	0.66937609938071	1.64	1.87324377076067
0.66	0.69186585668882	1.66	1.89707549923287
0.68	0.71446522041812	1.68	1.92079875863323
0.70	0.73717342074580	1.70	1.94440710219798
0.72	0.75998948056638	1.72	1.96789406888808
0.74	0.78291221912501	1.74	1.99125318716641
0.76	0.80594025566800	1.76	2.01447797875546
0.78	0.82907201311040	1.78	2.03756196237467
0.80	0.85230572172052	1.80	2.06049865745620

0.82	0.87563942282085	1.82	2.08328158783820
0.84	0.89907097250551	1.84	2.10590428543449
0.86	0.92259804537351	1.86	2.12836029387967
0.88	0.94621813827777	1.88	2.15064317214861
0.90	0.96992857408938	1.90	2.17274649814918
0.92	0.99372650547674	1.92	2.19466387228738
0.94	1.01760891869916	1.94	2.21638892100370
0.96	1.04157263741443	1.96	2.23791530027969
0.98	1.06561432649995	1.98	2.25923669911388
1.00	1.08973049588682	2.00	2.28034684296573

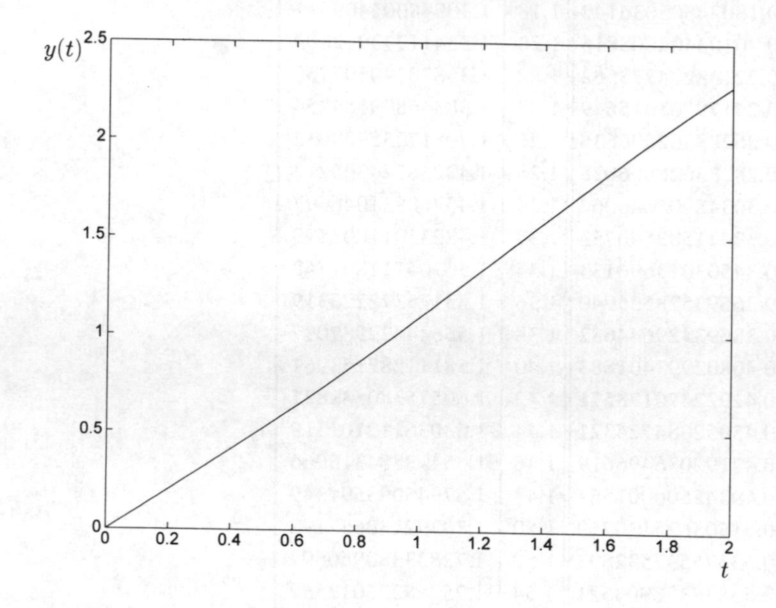

5. $y' = 2t^2 \ln y;\ \ y(1) = 2,\ \ t \in [1,2],\ \ h = 0.01$

解: 令 $f(t,y) = y' = 2t^2 \ln y$

則尤拉法的預估值 y_i

$$y_{i+1} = y_i + h \cdot f(t_i, y_i) = y_i + h \cdot [2t_i^2 \ln(y_i)]$$

其解如表及圖形

t	y
1.0	2.00000000000000
1.1	2.13862943611199
1.2	2.32258940808515
1.3	2.56528202207056
1.4	2.88370114894439
1.5	3.29885838832149
1.6	3.83596779788086
1.7	4.52431174016461
1.8	5.39678277833475
1.9	6.48918311859700
2.0	7.83942178357153

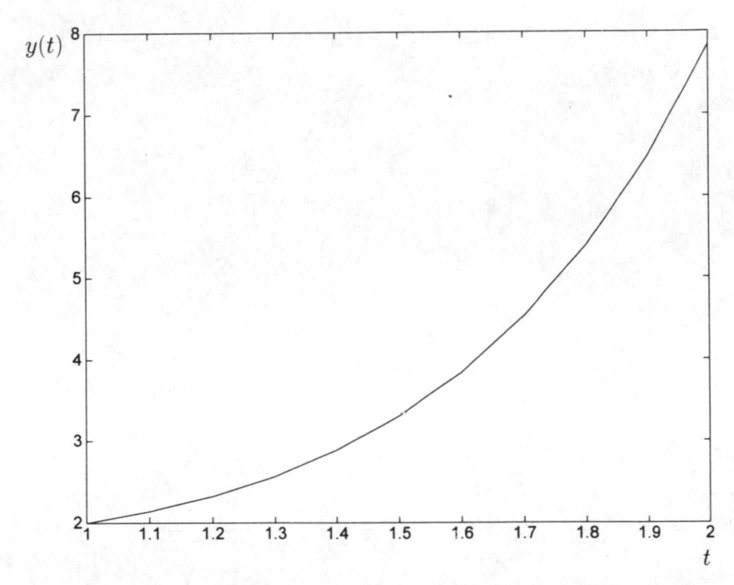

6. $y' = -5t^4y^2;\ \ y(0) = 2,\ \ t \in [0,1],\ \ h = 0.1$

解：令 $f(t,y) = y' = -5t^4y^2$

則尤拉法的預估值 y_i

$$y_{i+1} = y_i + h \cdot f(t_i, y_i) = y_i + h \cdot (-5t_i^4 y_i^2)$$

其解如表及圖形

t	y
0	2.00000000000000
0.1	2.00000000000000
0.2	1.99980000000000
0.3	1.99660063996800
0.4	1.98045566280014
0.5	1.93025144350648
0.6	1.81381798615777
0.7	1.60063015364604
0.8	1.29306002615029
0.9	0.95063355959484
1.0	0.65417340838864

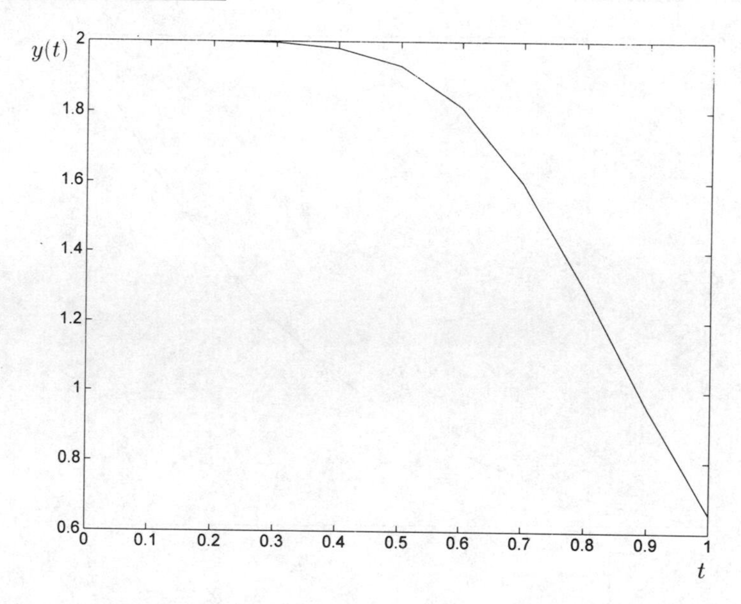

7. $y' = t + \sinh y;\ \ y(0) = 1,\ \ t \in [0, 0.5],\ \ h = 0.1$

解: 令 $f(t, y) = y' = t + \sinh y$

則尤拉法的預估值 y_i

$$y_{i+1} = y_i + h \cdot f(t_i, y_i) = y_i + h \cdot [t_i + \sinh(y_i)]$$

其解如表及圖形

t	y
0	1.00000000000000
0.1	1.11752011936438
0.2	1.26402878003307
0.3	1.44688576695629
0.4	1.67761361201268
0.5	1.97591099555808

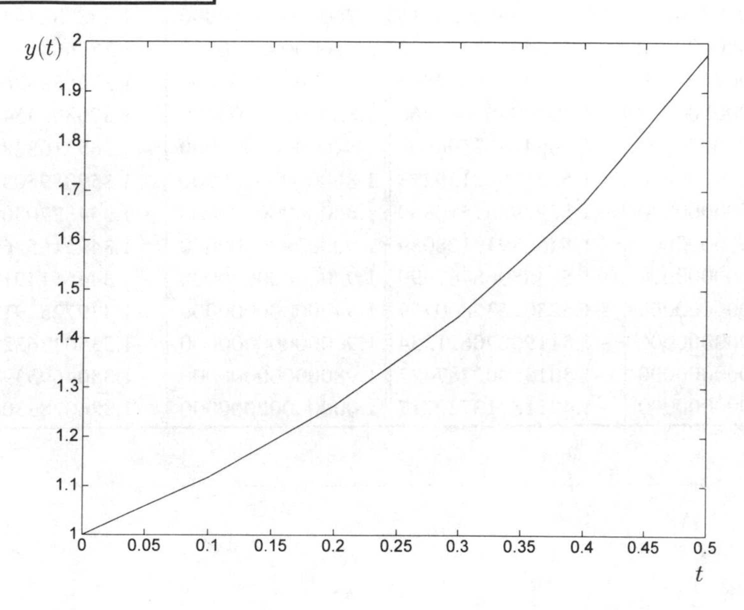

8. $y' = t^{-1}(y + y^2);\ \ y(1) = -2,\ \ t \in [1,2],\ \ h = 0.02$

解: 令 $f(t,y) = y' = t^{-1}(y + y^2)$

則尤拉法的預估值 y_i

$$y_{i+1} = y_i + h \cdot f(t_i, y_i) = y_i(1 + ht^{-1}) + ht^{-1}y_i^2$$

其解如表及圖形

t	y	t	y
1.00000000000000	−2.00000000000000		
1.02000000000000	−1.96000000000000	1.52000000000000	−1.48142111141526
1.04000000000000	−1.92310588235294	1.54000000000000	−1.47203706670563
1.06000000000000	−1.88896683711472	1.56000000000000	−1.46301296204265
1.08000000000000	−1.85728327344294	1.58000000000000	−1.45432842402903
1.10000000000000	−1.82779775706575	1.60000000000000	−1.44596459186562

1.12000000000000	−1.80028781372632	1.62000000000000	−1.43790397925233
1.14000000000000	−1.77456016375265	1.64000000000000	−1.43013035117458
1.16000000000000	−1.75044606531362	1.66000000000000	−1.42262861373341
1.18000000000000	−1.72779752458502	1.68000000000000	−1.41538471543365
1.20000000000000	−1.70648418964643	1.70000000000000	−1.40838555856163
1.22000000000000	−1.68639078798198	1.72000000000000	−1.40161891946748
1.24000000000000	−1.66741499942774	1.74000000000000	−1.39507337672397
1.26000000000000	−1.64946568038115	1.76000000000000	−1.38873824626742
1.28000000000000	−1.63246137323235	1.78000000000000	−1.38260352274039
1.30000000000000	−1.61632904882824	1.80000000000000	−1.37665982635439
1.32000000000000	−1.60100304043966	1.82000000000000	−1.37089835467502
1.34000000000000	−1.58642413596909	1.84000000000000	−1.36531083880496
1.36000000000000	−1.57253880159273	1.86000000000000	−1.35988950350329
1.38000000000000	−1.55929851510859	1.88000000000000	−1.35462703083409
1.40000000000000	−1.54665919128089	1.90000000000000	−1.34951652698481
1.42000000000000	−1.53458068467099	1.92000000000000	−1.34455149193618
1.44000000000000	−1.52302635800769	1.94000000000000	−1.33972579170147
1.46000000000000	−1.51196270621354	1.96000000000000	−1.33503363288448
1.48000000000000	−1.50135902787427	1.98000000000000	−1.33046953933296
1.50000000000000	−1.49118713729717	2.00000000000000	−1.32602833068893

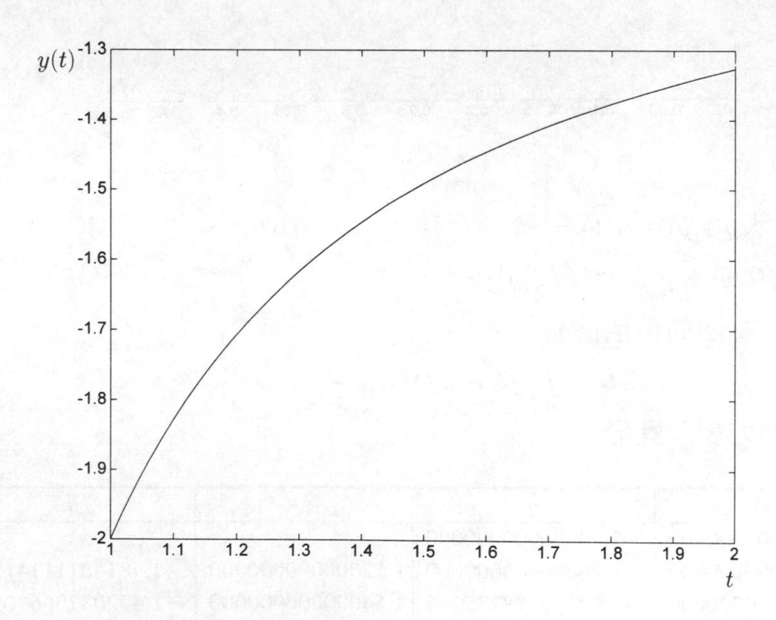

9. $y' = \sqrt{t+y};\ \ y(2) = 1,\ \ t \in [1,2],\ \ h = -0.1$

解：令 $f(t,y) = y' = (t+y)^{\frac{1}{2}}$

則尤拉法的預估值 y_i

$$y_{i+1} = y_i + h \cdot f(t_i, y_i) = y_i + h \cdot (t_i + y_i)^{\frac{1}{2}}$$

其解如表及圖形

t	y
2.0	1.00000000000000
1.9	0.82679491924311
1.8	0.66166482146433
1.7	0.50476788645716
1.6	0.35628327828321
1.5	0.21641608133256
1.4	0.08540401771502
1.3	−0.03647313427480
1.2	−0.14887984518323
1.1	−0.25140399623150
1.0	−0.34352326694987

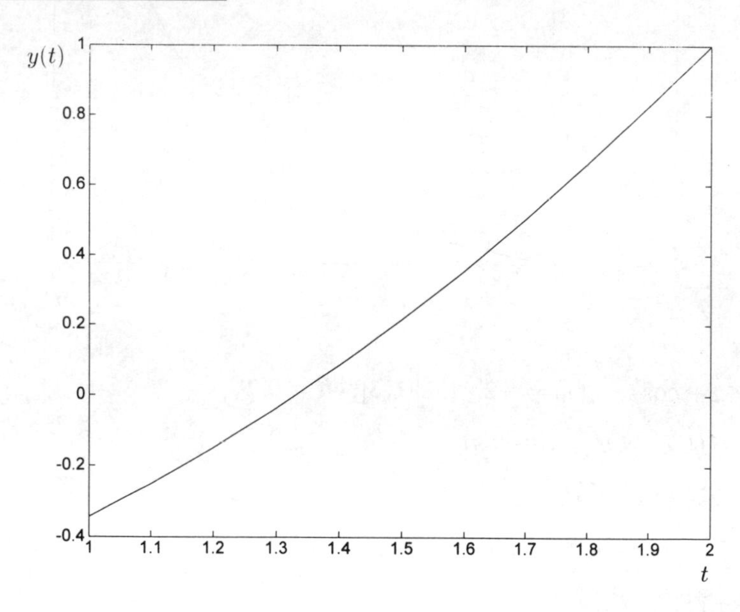

10. $y' = ty;\ \ y(0) = 2,\ \ t \in [0,2],\ \ h = 0.4$

解：令 $f(t,y) = y' = ty$

則尤拉法的預估值 y_i

$$y_{i+1} = y_i + h \cdot f(t_i, y_i) = y_i(1 + ht_i)$$

其解如表及圖形

t	y
0	2.00000000000000
0.4	2.00000000000000
0.8	2.32000000000000
1.2	3.06240000000000
1.6	4.53235200000000
2.0	7.43305728000000

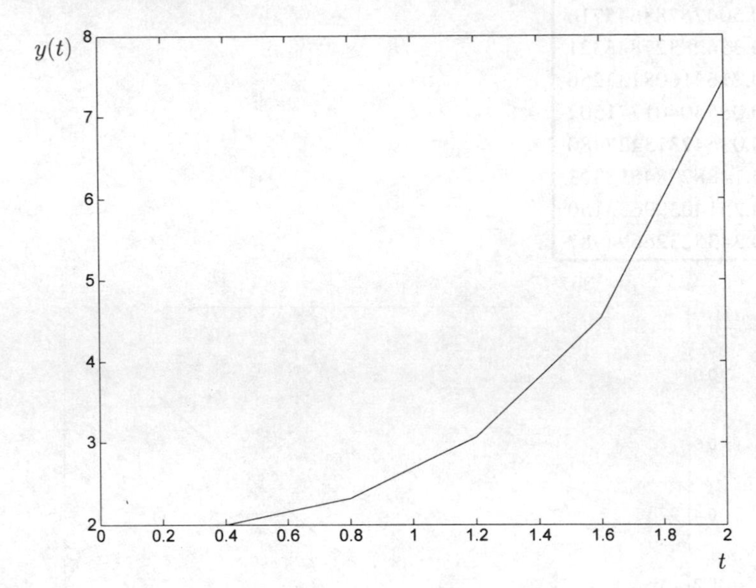

11. $y' = y + \cos t;\ \ y(1) = -2,\ \ t \in [1,3],\ \ h = 0.2$

解: 令 $f(t,y) = y' = y + \cos t$

則尤拉法的預估值 y_i

$$y_{i+1} = y_i + h \cdot f(t_i, y_i) = y_i(1 + h) + h\cos(t_i)$$

其解如表及圖形

t	y
1.0	−2.00000000000000
1.2	−2.29193953882637
1.4	−2.67785589569631
1.6	−3.17943364625553
1.8	−3.82116027996689
2.0	−4.63083275489888
2.2	−5.64022867318809
2.4	−6.88597463127678
2.6	−8.41064830064038
2.8	−10.26415571144224
3.0	−12.50543132186442

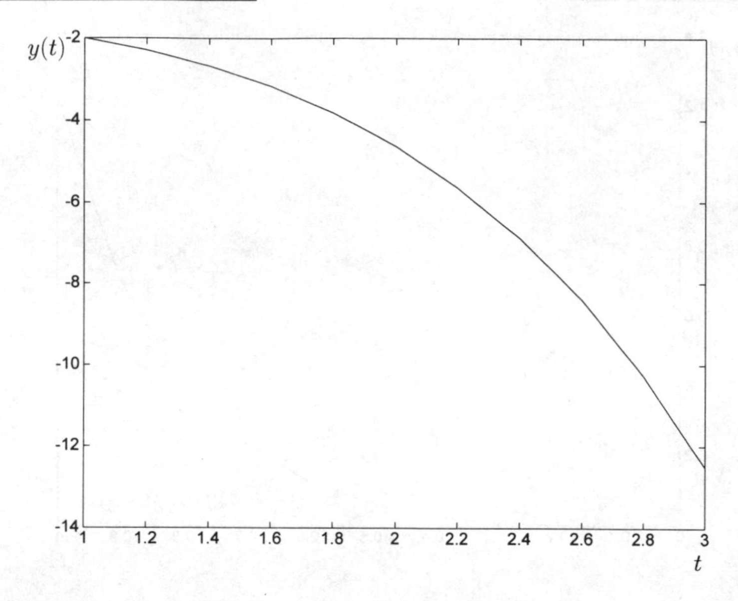

12.$y' = 2(t+y)^2,\ \ y(0)=0,\ \ t\in[0,1],\ \ h=0.1$

解: 令 $f(t,y) = y' = 2(t+y)^2$

則尤拉法的預估值 y_i

$$y_{i+1} = y_i + h\cdot f(t_i,y_i) = y_i + 2h\cdot(t_i+y_i)^2$$

其解可由表及圖形得知

t	y
0	0
0.1	0
0.2	0.00200000000000
0.3	0.01016080000000
0.4	0.02940074437133
0.5	0.06627774422466
0.6	0.13041184094549
0.7	0.23711213242417
0.8	0.41274796217148
0.9	0.70689948612170
1.0	1.22332467782133

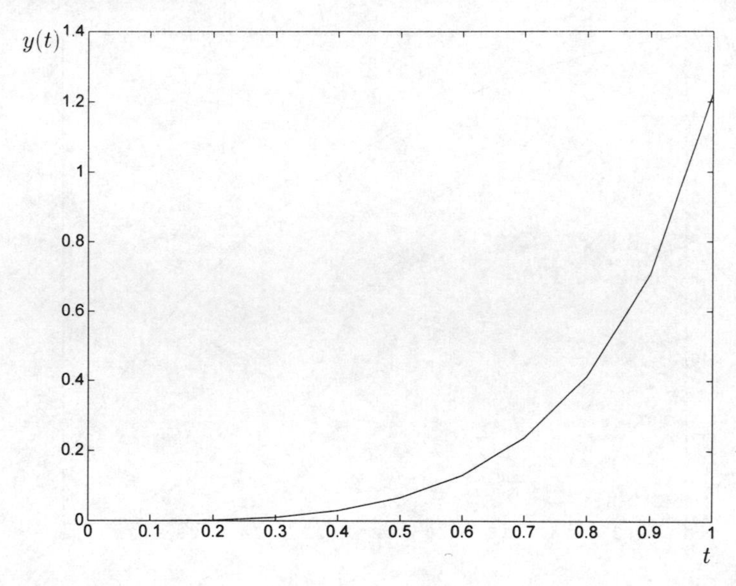

13.解初值問題

$$y' = 2(t^{-1}y + t^2 e^t);\ \ y(1) = 0,\ \ t \in [1, 3]$$

(a)用尤拉法，求 $h = 0.4,\ 0.2,\ 0.1,\ 0.05$ 的近似解。

(b)實際解 $y = 2t^2(e^t - e)$，求(a)題的誤差百分比。

(c)修改一下尤拉法，令 $y_{i+1} = y_i + hf(t_i, y_i) + 10^{-5}$，求(a)題中，那一個 h 的 $y(2)$ 解最準確。

解: (a)四種不同間距 h 求出的近似解如列表中的 y_i

(b)在(a)中求出的 y_i 誤差百分比列於表中的誤差欄中

① $h=0.4$

t_i 1.0e + 002 *	y_i	真實解 $y(t)$	誤差 (%)
0.0100	0	0	0
0.0140	0.02174625462767	0.05240719102472	0.58505208536332
0.0180	0.09775822132361	0.21587249320981	0.54714831950083
0.0220	0.29801318196724	0.61049162575039	0.51184722378306
0.0260	0.75583013447160	1.45278567912457	0.47973734506589
0.0300	1.71651220570345	3.12610591705115	0.45091041338656

② $h=0.2$

t_i 1.0e + 002 *	y_i	真實解 $y(t)$	誤差 (%)
0.0100	0	0	0
0.0120	0.01087312731384	0.01733285071519	0.37268672692681
0.0140	0.03362137656008	0.05240719102472	0.35845871715924
0.0160	0.07502025188873	0.11441923051193	0.34433878332267
0.0180	0.14449436688672	0.21587249320981	0.33064947396385
0.0200	0.25500765733367	0.37366194163773	0.31754447291047
0.0220	0.42423408638330	0.61049162575039	0.30509433956305
0.0240	0.67609181798385	0.95672385241143	0.29332605612397
0.0260	1.04274777145781	1.45278567912457	0.28224253140617
0.0280	1.56722998199469	2.15229402300564	0.27183276762248
0.0300	2.30682410216411	3.12610591705115	0.26207743327516

③ $h=0.1$

t_i 1.0e + 002 *	y_i	真實解 $y(t)$	誤差 (%)
0.0100	0	0	0
0.0110	0.00543656365692	0.00691839753079	0.21418744258058
0.0120	0.01369511155431	0.01733285071519	0.20987541060949
0.0130	0.02553956688417	0.03214430156361	0.20547140109328
0.0140	0.04187095375675	0.05240719102472	0.20104564014877
0.0150	0.06374890244918	0.07935332588456	0.19664485718064
0.0160	0.09241635692559	0.11441923051193	0.19230048557304
0.0170	0.12932792755419	0.15927746955690	0.18803376325619
0.0180	0.17618239377887	0.21587249320981	0.18385899398664
0.0190	0.23495993087925	0.28646163071782	0.17978568267421
0.0200	0.30796471305558	0.37366194163773	0.17581996254207
0.0210	0.39787363315259	0.48050372901838	0.17196556629143
0.0220	0.50779197874835	0.61049162575039	0.16822449755278

0.0230	0.64131701658181	0.76767428626843	0.16459750176188
0.0240	0.80261056404782	0.95672385241143	0.16108440066082
0.0250	0.99648176962347	1.18302651653055	0.15768433276894
0.0260	1.22848148570214	1.45278567912457	0.15439592821261
0.0270	1.50500979975860	1.77313939489713	0.15121743722472
0.0280	1.83343849569677	2.15229402300564	0.14814682561985
0.0290	2.22225044961734	2.59967624759351	0.14518184651860
0.0300	2.68119822642912	3.12610591705115	0.14232009484877

④ $h = 0.05$

t_i $1.0e+002$ *	y_i	真實解 $y(t)$	誤差 (%)
0.0100	0	0	0
0.0105	0.00271828182846	0.00307309283577	0.11545730190178
0.0110	0.00612772616979	0.00691839753079	0.11428533233150
0.0115	0.01031983307420	0.01163564809855	0.11308480741348
0.0120	0.01539391998632	0.01733285071519	0.11186450288703
0.0125	0.02145771502059	0.02412691028134	0.11063145797050
0.0130	0.02862799309327	0.03214430156361	0.10939134774433
0.0135	0.03703125777641	0.04152178794657	0.10814876700243
0.0140	0.04680447193770	0.05240719102472	0.10690744871975
0.0145	0.05809584043969	0.06496021447615	0.10567043369256
0.0150	0.07106564839333	0.07935332588456	0.10444020334176
0.0155	0.08588715869448	0.09577270041603	0.10321878446164
0.0160	0.10274757282070	0.11441923051193	0.10200783241600
0.0165	0.12184905912844	0.13550960603035	0.10080869764203
0.0170	0.14340985317027	0.15927746955690	0.09962247912885
0.0175	0.16766543484826	0.18597465191223	0.09845006766091
0.0180	0.19486978753486	0.21587249320981	0.09729218096602
0.0185	0.22529674462705	0.24926325516407	0.09614939242148
0.0190	0.25924142935542	0.28646163071782	0.09502215460474
0.0195	0.29702179404760	0.32780635744951	0.09391081869621
0.0200	0.33898026544703	0.37366194163773	0.09281565052810
0.0205	0.38548550311510	0.42442050030310	0.09173684390880
0.0210	0.43693427839802	0.48050372901838	0.09067453172396
0.0215	0.49375348192187	0.54236500377806	0.08962879521643
0.0220	0.55640226809175	0.61049162575039	0.08859967176806
0.0225	0.62537434561500	0.68540721829982	0.08758716144504
0.0230	0.70120042364723	0.76767428626843	0.08659123251909
0.0235	0.78445082377439	0.85789694814286	0.08561182613770
0.0240	0.87573826869725	0.95672385241143	0.08464886028508
0.0245	0.97572085917880	1.06485129013626	0.08370223315037
0.0250	1.08510525155191	1.18302651653055	0.08277182599914
0.0255	1.20465004886839	1.31205129514423	0.08185750562750
0.0260	1.33516941960215	1.45278567912457	0.08095912646475

0.0265	1.47753695870346	1.60615204493596	0.08007653237937
0.0270	1.63268980673980	1.77313939489713	0.07920955823413
0.0275	1.80163304385633	1.95480794592903	0.07835803122843
0.0280	1.98544437634801	2.15229402300564	0.07752177206004
0.0285	2.18527913476013	2.36681527696704	0.07670059593309
0.0290	2.40237560362891	2.59967624759351	0.07589431343508
0.0295	2.63806070424210	2.85227429415542	0.07510273130192
0.0300	2.89375605314651	3.12610591705115	0.07432565308722

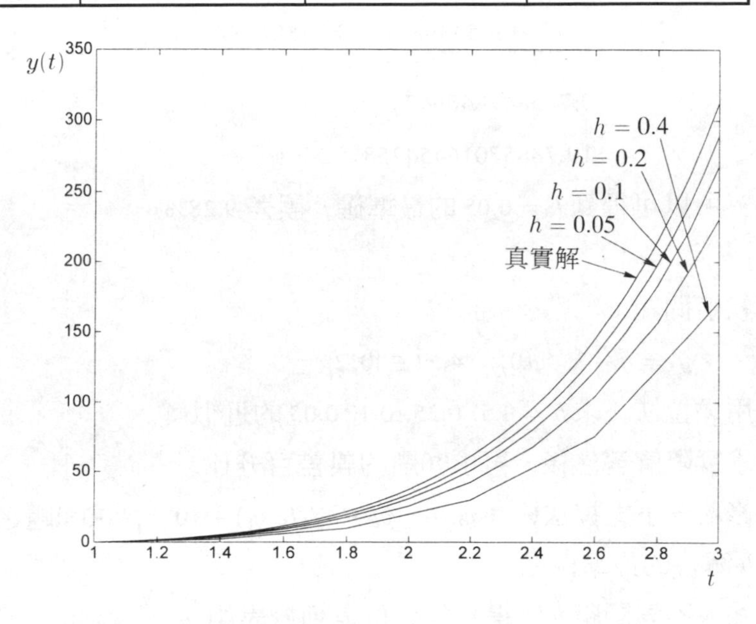

(c)經過修改尤拉法得到不同 h 解出的 $y(2)$ 近似值列於表中。

① $h = 0.4$

t_i 1.0e + 002 *	y_i	真實解 $y(t)$	誤差 (%)
0.018	0.09775847846647	0.21587249320981	0.54714712832147
0.022	0.29801365339581	0.61049162575039	0.51184645157170

② $h = 0.2$

t_i 1.0e + 002 *	y_i	真實解 $y(t)$	誤差 (%)
0.02	0.25500849066701	0.37366194163773	0.31754224273061

③ $h = 0.1$

t_i 1.0e + 002 *	y_i	真實解 $y(t)$	誤差 (%)
0.02	0.30796653123740	0.37366194163773	0.17581509669513

④ $h = 0.05$

t_i $1.0e+002$ *	y_i	真實解 $y(t)$	誤差 (%)
0.02	0.33898407497084	0.37366194163773	0.09280545542021

其中 $h = 0.4$ 時只能得到 $y(1.8)$ 和 $y(2.2)$ 的近似值，可利用內插方式得到 $y(2.0)$ 的近似值

$$y(2.0) = \frac{29.801365339581 - 9.775847846647}{2.2 - 1.8} \times (2.0 - 1.8) + 9.775847846647$$

$$= 19.78857016454258$$

所以可得到 $h = 0.05$ 的最準確，誤差 9.28%

14.解初值問題

$$y' = y - 3;\ \ y(0) = 4,\ \ t \in [0, 2]$$

(a)用尤拉法，求 $h = 0.5,\ 0.25,\ 0.1,\ 0.05$ 的近似解。

(b)求實際解答之後，再求(a)題的誤差百分比。

(c)修改一下尤拉法，令 $y_{i+1} = y_i + hf(t_i, y_i) + 10^{-6}$，求(a)題之中，各 h 解答的最準確點。

解：(a)各不同間距 h 所得到的近似值列於表中 y_i

(b) $y' - y = -3$

$$y \cdot e^{-t} = \int -3e^{-t}dt \Rightarrow y = 3 + ce^{t}$$

由初值 $y(0) = 4$，可得到真實解

$$y(t) = 3 + e^{t}$$

可得到(a)中近似值的誤差百分比，列於表中。

① $h = 0.5$

t_i	近似解 y_i	真實解 $y(t)$	誤差 (%)
0	4.00000000000000	4.00000000000000	0
0.50	4.50000000000000	4.64872127070013	3.19918665886651
1.00	5.25000000000000	5.71828182845904	8.18920512326754
1.50	6.37500000000000	7.48168907033806	14.79196822981656
2.00	8.06250000000000	10.38905609893065	22.39429719866585

② $h = 0.25$

t_i	近似解 y_i	真實解 $y(t)$	誤差 (%)
0	4.00000000000000	4.00000000000000	0
0.25	4.25000000000000	4.28402541668774	0.79423937484594
0.50	4.56250000000000	4.64872127070013	1.85473091801743
0.75	4.95312500000000	5.11700001661268	3.20256040806418
1.00	5.44140625000000	5.71828182845904	4.84193656005333
1.25	6.05175781250000	6.49034295746184	6.75750338366337
1.50	6.81469726562500	7.48168907033806	8.91498962924593
1.75	7.76837158203125	8.75460267600573	11.26528673514224
2.00	8.96046447753906	10.38905609893065	13.75092797447338

③ $h = 0.1$

t_i	近似解 y_i	真實解 $y(t)$	誤差 (%)
0	4.00000000000000	4.00000000000000	0
0.10	4.10000000000000	4.10517091807565	0.12596109099574
0.20	4.21000000000000	4.22140275816017	0.27011775026980
0.30	4.33100000000000	4.34985880757600	0.43354987851924
0.40	4.46410000000000	4.49182469764127	0.61722572690403
0.50	4.61051000000000	4.64872127070013	0.82197379612681
0.60	4.77156100000000	4.82211880039051	1.04845613480978
0.70	4.94871710000000	5.01375270747048	1.29714430018805
0.80	5.14358881000000	5.22554092849247	1.56829923665166
0.90	5.35794769100000	5.45960311115695	1.86195622808575
1.00	5.59374246010000	5.71828182845904	2.17791588618859
1.10	5.85311670611000	6.00416602394643	2.51574185713725
1.20	6.13842837672100	6.32011692273655	2.87476558166078
1.30	6.45227121439310	6.66929666761924	3.25409805624402
1.40	6.79749833583241	7.05519996684468	3.65264814921354
1.50	7.17724816941565	7.48168907033806	4.06914666006908
1.60	7.59497298635722	7.95303242439512	4.50217500609691
1.70	8.05447028499294	8.47394739172720	4.95019720259043
1.80	8.55991731349223	9.04964746441295	5.41159368745073
1.90	9.11590904484145	9.68589444227927	5.88469553157435
2.00	9.72749994932560	10.38905609893065	6.36781766606444

④ $h = 0.05$

t_i	近似解 y_i	真實解 $y(t)$	誤差 (%)
0	4.00000000000000	4.00000000000000	0
0.05	4.05000000000000	4.05127109637602	0.03137524855252
0.10	4.10250000000000	4.10517091807565	0.06506228678293
0.15	4.15762500000000	4.16183424272828	0.10113912478943
0.20	4.21550625000000	4.22140275816017	0.13968125047464
0.25	4.27628156250000	4.28402541668774	0.18076116349769
0.30	4.34009564062500	4.34985880757600	0.22444790469979
0.35	4.40710042265625	4.41906754859326	0.27080658544847
0.40	4.47745544378906	4.49182469764127	0.31989792165650
0.45	4.55132821597852	4.56831218549017	0.37177777748196
0.50	4.62889462677744	4.64872127070013	0.42649672389803
0.55	4.71033935811631	4.73325301786740	0.48409961742137
0.60	4.79585632602213	4.82211880039051	0.54462520430340
0.65	4.88564914232324	4.91554082901390	0.60810575540791
0.70	4.97993159943940	5.01375270747048	0.67456673682141
0.75	5.07892817941137	5.11700001661268	0.74402652096354
0.80	5.18287458838194	5.22554092849247	0.81649614258864
0.85	5.29201831780103	5.33964685192599	0.89197910359519
0.90	5.40661923369108	5.45960311115695	0.97047122999820
0.95	5.52695019537564	5.58570965931585	1.05196058377663
1.00	5.65329770514442	5.71828182845904	1.13642743159679
1.05	5.78596259040164	5.85765111806316	1.22384427164765
1.10	5.92526071992172	6.00416602394643	1.31417591902041
1.15	6.07152375591781	6.15819290968977	1.40737964924070
1.20	6.22509994371370	6.32011692273655	1.50340539873597
1.25	6.38635494089939	6.49034295746184	1.60219602021034
1.30	6.55567268794436	6.66929666761924	1.70368759012560
1.35	6.73345632234157	6.85742553069698	1.80780976476461
1.40	6.92012913845865	7.05519996684468	1.91448618070044
1.45	7.11613559538158	7.26311451516882	2.02363489492383
1.50	7.32194237515066	7.48168907033806	2.13516885940546
1.55	7.53803949390820	7.71147018259074	2.24899642449605
1.60	7.76494146860361	7.95303242439512	2.36502186530207
1.65	8.00318854203379	8.20697982717985	2.48314592502285
1.70	8.25334796913548	8.47394739172720	2.60326636919045
1.75	8.51601536759225	8.75460267600573	2.72527854482069
1.80	8.79181613597186	9.04964746441295	2.84907593864828
1.85	9.08140694277046	9.35981952260183	2.97455072887970
1.90	9.38547728990898	9.68589444227927	3.10159432523816
1.95	9.70475115440443	10.02868758058930	3.23009789248848
2.00	10.03998871212465	10.38905609893065	3.35995285309829

(c)各 h 的最準確點都是在最開始的點，因為誤差是慢慢變大，可由圖中看出

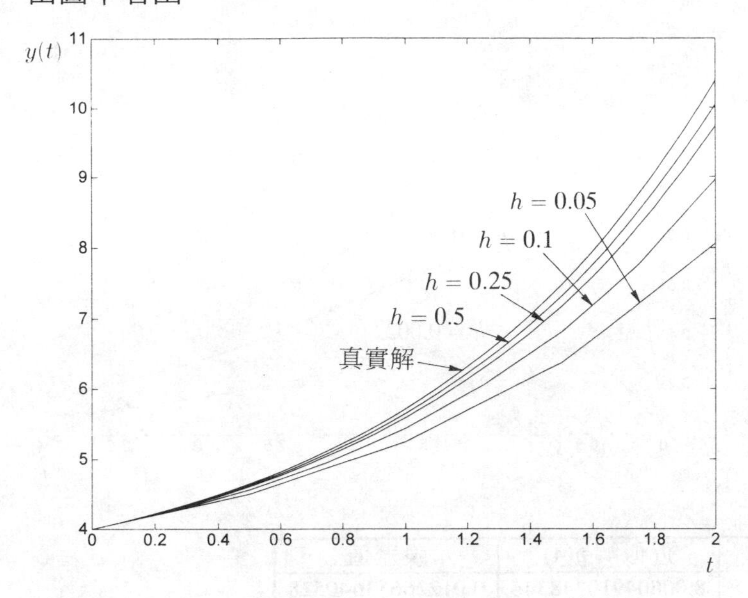

15.解初值問題

$$y' = -y + 2(t+1),\ \ y(0) = 1,\ \ t \in [0, 4]$$

(a)用尤拉法，求 $y(4)$ 的近似解用 $h = 0.4,\ 0.01,\ 0.004,\ 0.002$

(b)修改尤拉法，令 $y_{i+1} = y_i + hf(t_i, y_i) + 10^{-6}$，求那個 h 的 $y(4)$ 解最準確。

解：(a)由 $y' + y = 2(t+1)$，$y(0) = 1$ 可得 $y(t) = 2t + e^{-t}$

由尤拉法可得不同 h 的近似解

而真實解 $y(4) = 2 \times 4 + e^{-4} = 8.01831563888873$

h	近似解 $y(4)$	誤差值
h =0.4	8.00604661760000	0.01226902128873
h =0.01	8.01795055327505	0.00036508561369
h =0.004	8.01816930953559	0.00014632935314
h =0.002	8.01824242[illegible]2375	0.00007321366499

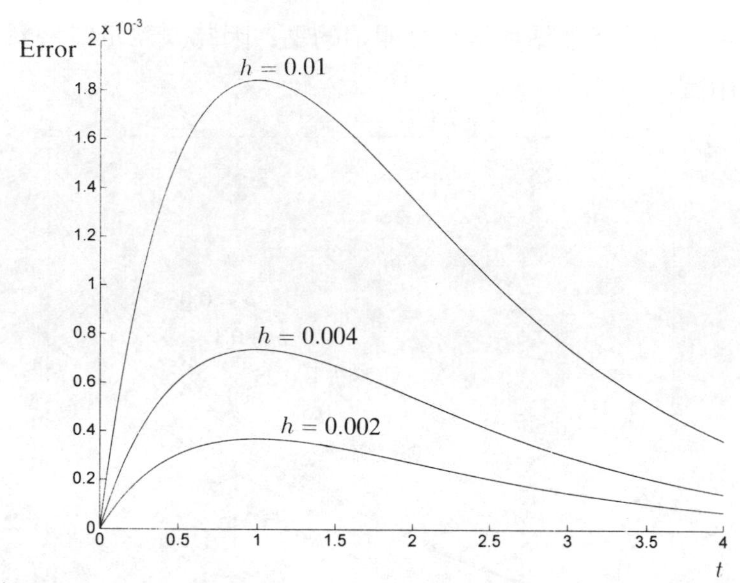

(b)

h	近似解 $y(4)$	誤差值
h =0.4	8.00604910248346	0.01226653640528
h =0.01	8.01804875821973	0.00026688066900
h =0.004	8.01841476720823	0.00009912831950
h =0.002	8.01873330401122	0.00041766512248

由表可看出修正後 $y(4)$ 的最準確解是 $h=0.004$。

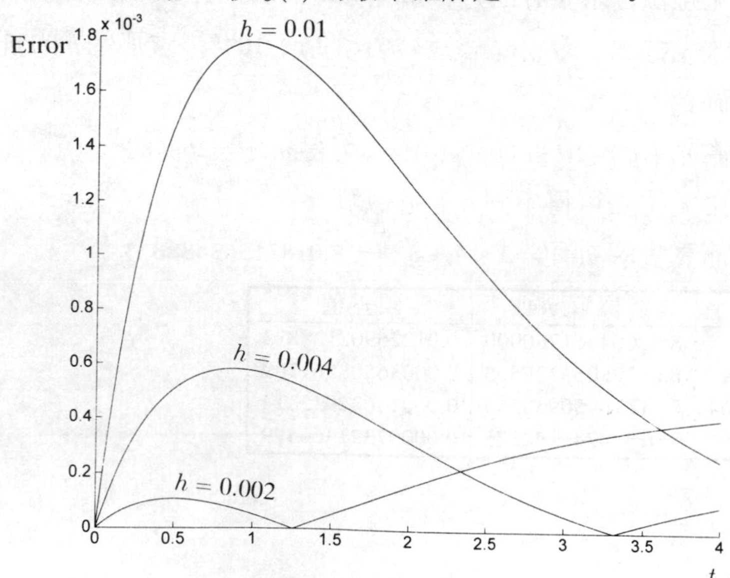

12.2　單步數值法

1.～12.題，用二階泰勒法、中點法、尤拉修正法、宏恩法去解初值問題，令 $N = 10$。

1. $y' = 2\sinh(t+y);\ \ y(0) = 0,\ \ t \in [0, 0.5]$

解:

$$h = \frac{0.5-0}{10} = 0.05,\ \ f(t,y) = y' = 2\sinh(t+y)$$

對二階泰勒法

$$y_{i+1} = y_i + hf(t_i, y_i) + \frac{h^2}{2} f'(t_i, y_i)$$

然而

$$f'(t_i, y_i) = y''(t_i) = 2\cosh(t_i + y_i) \cdot (y_i' + 1)$$

可得到二階泰勒差分方程式為

$$y_{i+1} = y_i + h \cdot f(t_i, y_i) + \frac{h^2}{2}\{2\cosh(t_i + y_i) \cdot [f(t_i, y_i) + 1]\}$$

表中列出四種方法的近似值

t	二階泰勒法	中點法	尤拉修正法	宏恩法
0	0	0	0	0
0.05	0.00250000000000	0.00250026042480	0.00250104179688	0.00250046298868
0.10	0.01051884076477	0.01052148499729	0.01052540984843	0.01052265091931
0.15	0.02466562581737	0.02467419202789	0.02468513291084	0.02467757489502
0.20	0.04565056720804	0.04567072113162	0.04569481708028	0.04567831447183
0.25	0.07431750512687	0.07435812421337	0.07440493302678	0.07437303791069
0.30	0.11169113679752	0.11176600196786	0.11185030335920	0.11179305072189
0.35	0.15904703287673	0.15917755417830	0.15932226540490	0.15922420784345
0.40	0.21801813244198	0.21823791377688	0.21847899446679	0.21831589361415
0.45	0.29076201436291	0.29112486027570	0.29151996366890	0.29125294909090
0.50	0.38023445094808	0.38082921205987	0.38147383768328	0.38103848840005

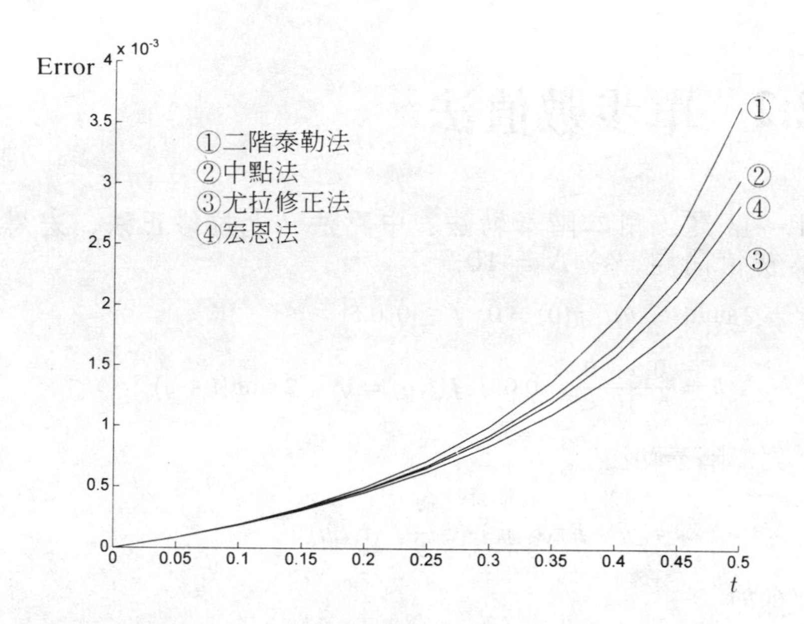

2. $y' = t^{-1}y + t^{-2}y^2;\ \ y(1) = 1,\ \ t \in [1, 1.4]$

解:
$$h = \frac{1.4-1}{10} = 0.04,\ \ f(t,y) = y' = \frac{y}{t} + \frac{y^2}{t^2}$$

對二階泰勒法，

$$y_{i+1} = y_i + hf(t_i, y_i) + \frac{h^2}{2}f'(t_i, y_i)$$

然而，

$$f'(t,y) = y''(t) = \frac{y't - y}{t^2} + \frac{2yy't - 2y^2}{t^3}$$

可得到二階泰勒差分方程式為

$$y_{i+1} = y_i + h \cdot f(t_i, y_i) + \frac{h^2}{2}\left[\frac{f(t_i, y_i)t_i - y_i}{t_i^2} + \frac{2y_i f(t_i, y_i)t - 2y_i^2}{t_i^3}\right]$$

表中列出四種方法的近似值

t	二階泰勒法	中點法	尤拉修正法	宏恩法
1.00	1.00000000000000	1.00000000000000	1.00000000000000	1.00000000000000
1.04	1.08240000000000	1.08236831987697	1.08233727810651	1.08235790183842
1.08	1.16992642696474	1.16985905504094	1.16979297298645	1.16983688441072
1.12	1.26294802630231	1.26284049526920	1.26273491916606	1.26280508567763
1.16	1.36187208889311	1.36171941960386	1.36156938345100	1.36166911394842
1.20	1.46714942785432	1.46694606493947	1.46674602519134	1.46687901370954
1.24	1.57928016792254	1.57901990593373	1.57876366651893	1.57893404233208
1.28	1.69882050316892	1.69849640172337	1.69817702779333	1.69838941305944
1.32	1.82639061438118	1.82599490050664	1.82560461902631	1.82586419524147
1.36	1.96268398237363	1.96220793793235	1.96173802287868	1.96205060764253
1.40	2.10847839052715	2.10791222222266	2.10735286174702	2.10772499761747

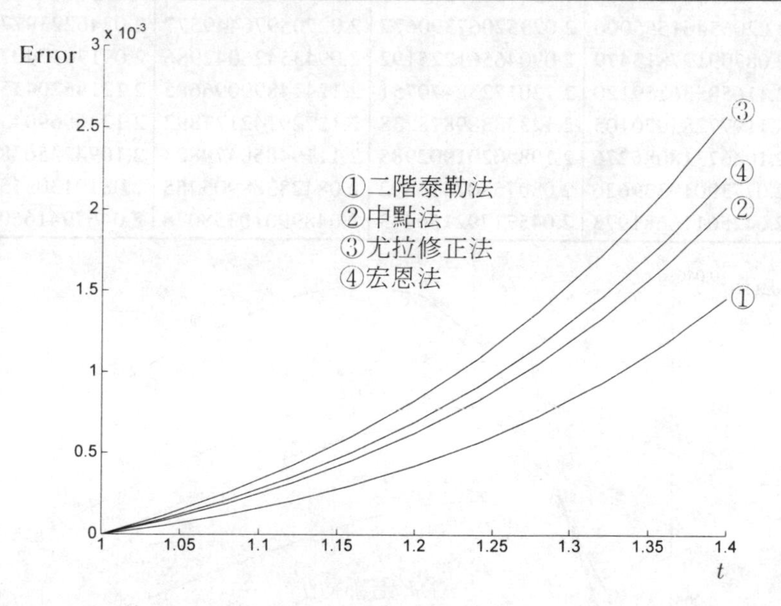

3. $y' = \cos y + 2e^{-t};\ \ y(0) = 1,\ \ t \in [0, 2]$

解:　$h = \dfrac{2-0}{10} = 0.2,\ \ f(t, y) = y' = \cos y + 2e^{-t}$

對二階泰勒法,

$$y_{i+1} = y_i + hf(t_i, y_i) + \frac{h^2}{2} f'(t_i, y_i)$$

然而

$$f'(t,y) = y''(t) = -\sin(y)\cdot y' - 2e^{-t}$$

可得到二階泰勒差分方程式為

$$y_{i+1} = y_i + h\cdot f(t_i, y_i) + \frac{h^2}{2}[-\sin(y_i)\cdot f(t_i,y_i) - 2e^{-t_i}]$$

表中列出四種方法的近似值

t	二階泰勒法	中點法	尤拉修正法	宏恩法
0	1.00000000000000	1.00000000000000	1.00000000000000	1.00000000000000
0.2	1.42530864751306	1.42423400422651	1.42404585332231	1.42406881454734
0.4	1.71377460116565	1.71420483389832	1.71563375604891	1.71456611766931
0.6	1.90287304111800	1.90478647554553	1.90755452974166	1.90561059808063
0.8	2.02065461555006	2.02352067390677	2.02705976449577	2.02462239775606
1.0	2.08709197813479	2.09046561225192	2.09435426042986	2.09170174073037
1.2	2.11658536159120	2.12017238470751	2.12414899096685	2.12145204558559
1.4	2.11977285920105	2.12338889878238	2.12729742177892	2.12465690434696
1.6	2.10467318085276	2.10820201902985	2.11194850479823	2.10942456383191
1.8	2.07739019339626	2.08075707513292	2.08428388905755	2.08191303555067
2.0	2.04256116681973	2.04571792156443	2.04899010358078	2.04679416604701

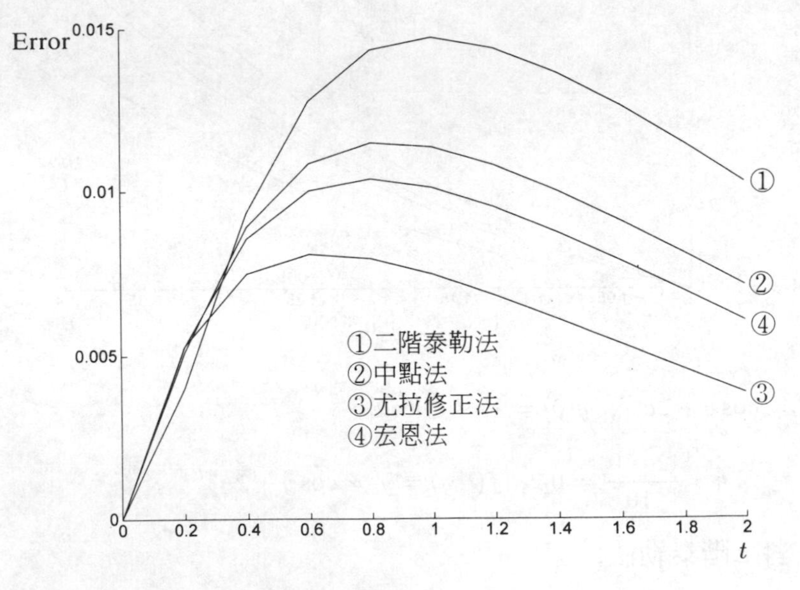

4. $y' = e^{-t} + 2\sin t;\ \ y(0) = 0,\ \ t \in [0,1]$

解: $$h=\frac{1-0}{10}=0.1,\quad f(t,y)=y'=e^{-t}+2\sin t$$

對二階泰勒法,

$$y_{i+1}=y_i+h\cdot f(t_i,y_i)+\frac{h^2}{2}f'(t_i,y_i)$$

然而,

$$f'(t_i,y_i)=y''(t_i)=-e^{-t_i}+2\cos t_i$$

可得到二階泰勒差分方程式為

$$y_{i+1}=y_i+h\cdot f(t_i,y_i)+\frac{h^2}{2}(-e^{-t_i}+2\cos t_i)$$

表中列出四種方法的近似值

t	二階泰勒法	中點法	尤拉修正法	宏恩法
0	0	0	0	0
0.1	0.10500000000000	0.10511877630421	0.10522521256648	0.10515561811588
0.2	0.21987461219536	0.22107720044143	0.22125389586637	0.22113877366993
0.3	0.34517520564979	0.34843807059948	0.34865029829999	0.34851274308551
0.4	0.48116513990360	0.48748644106244	0.48770106653286	0.48756310608140
0.5	0.62783229942072	0.63824236304686	0.63842798991156	0.63831048782660
0.6	0.78490269237822	0.80047478987104	0.80060190590181	0.80052446431849
0.7	0.95185511281378	0.97371664869435	0.97375776895936	0.97373863327850
0.8	1.12793683897595	1.15728105597312	1.15721086016851	1.15726682777411
0.9	1.31218031601859	1.35027863019605	1.35007409141410	1.35022042619724
1.0	1.50342074804507	1.55163583349938	1.55127633590324	1.55152669027081

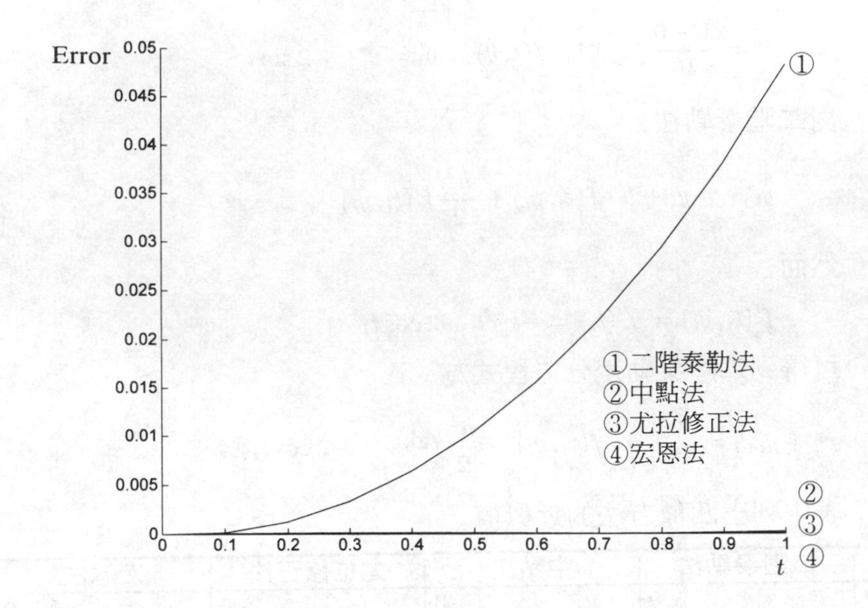

5. $y' = -y + e^{-t};\ y(0) = 2,\ t \in [0, 1]$

解: $h = \dfrac{1-0}{10} = 0.1,\ f(t, y) = y' = -y + e^{-t}$

對二階泰勒法,

$$y_{i+1} = y_i + h \cdot f(t_i, y_i) + \frac{h^2}{2} \cdot f'(t_i, y_i)$$

然而,

$$f'(t, y) = y''(t) = -y' - e^{-t}$$

可得到二階泰勒方程式為

$$y_{i+1} = y_i + h \cdot f(t_i, y_i) + \frac{h^2}{2} \cdot [-f(t_i, y_i) - e^{-t}]$$

表中列出四種方法的近似值

t	二階泰勒法	中點法	尤拉修正法	宏恩法
0	2.00000000000000	2.00000000000000	2.00000000000000	2.00000000000000
0.1	1.90000000000000	1.90012294245007	1.90024187090180	1.90016302387737
0.2	1.80093536762324	1.80115787346964	1.80137311463164	1.80123041433654
0.3	1.70353227547605	1.70383430003178	1.70412646366423	1.70393276541347
0.4	1.60837034916718	1.60873475939722	1.60908727184859	1.60885356361931
0.5	1.51590397013950	1.51631617218648	1.51671491608021	1.51645055739167
0.6	1.42648085235039	1.42692846356825	1.42736146054436	1.42707439279349
0.7	1.34035821862556	1.34083077902490	1.34128791060645	1.34098484212743
0.8	1.25771686519736	1.25820558377268	1.25867834597531	1.25836491472822
0.9	1.17867336977416	1.17917090168856	1.17965218947996	1.17933310594954
1.0	1.10329066902227	1.10379092007489	1.10427483822626	1.10395401082334

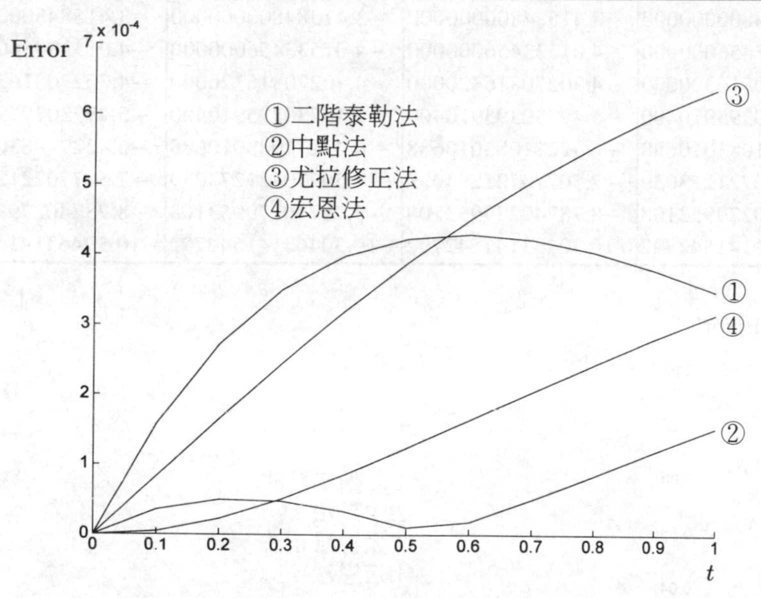

6. $y' = t + y;\ \ y(0) = -2,\ \ t \in [0, 2]$

解: $$h = \frac{2-0}{10} = 0.2,\ \ f(t, y) = y' = t + y$$

對二階泰勒法,

$$y_{i+1} = y_i + hf(t_i, y_i) + \frac{h^2}{2} f'(t_i, y_i)$$

然而,

$$f'(t,y) = y''(t) = 1 + y'$$

可得到二階泰勒差分方程式為

$$y_{i+1} = y_i + hf(t_i, y_i) + \frac{h^2}{2}[1 + f(t_i, y_i)]$$

表中列出四種方法的近似值

t	二階泰勒法	中點法	尤拉修正法	宏恩法
0	−2.00000000000000	−2.00000000000000	−2.00000000000000	−2.00000000000000
0.2	−2.42000000000000	−2.42000000000000	−2.42000000000000	−2.42000000000000
0.4	−2.88840000000000	−2.88840000000000	−2.88840000000000	−2.88840000000000
0.6	−3.41584800000000	−3.41584800000000	−3.41584800000000	−3.41584800000000
0.8	−4.01533456000000	−4.01533456000000	−4.01533456000000	−4.01533456000000
1.0	−4.70270816320000	−4.70270816320000	−4.70270816320000	−4.70270816320000
1.2	−5.49730395910400	−5.49730395910400	−5.49730395910400	−5.49730395910400
1.4	−6.42271083010688	−6.42271083010688	−6.42271083010688	−6.42271083010688
1.6	−7.50770721273039	−7.50770721273039	−7.50770721273039	−7.50770721273039
1.8	−8.78740279953108	−8.78740279953108	−8.78740279953108	−8.78740279953108
2.0	−10.30463141542792	−10.30463141542792	−10.30463141542792	−10.30463141542792

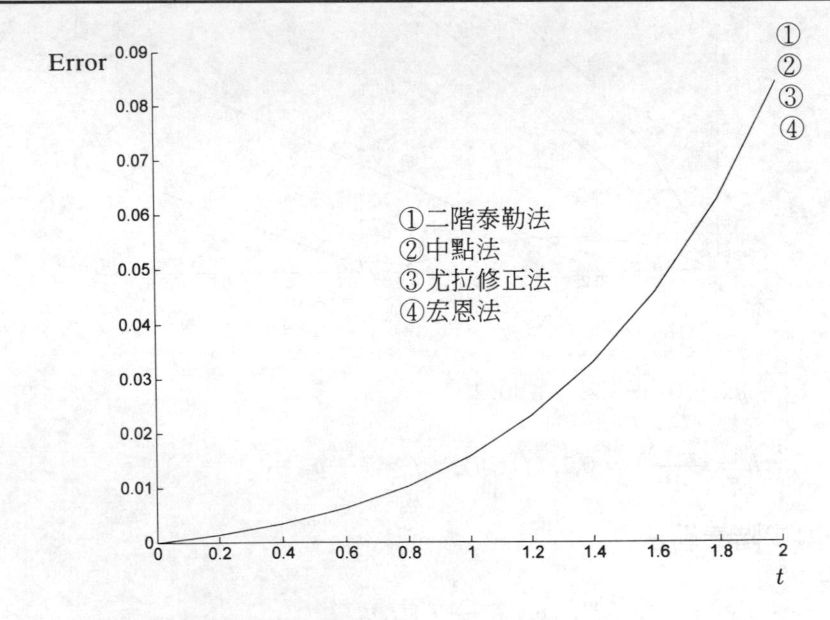

$7.\ y' = \sec y - 2ty^2;\ \ y\left(\frac{\pi}{4}\right) = 1,\ \ t \in \left[\frac{\pi}{4}, \frac{\pi}{2}\right]$

解: $$h = \frac{\frac{\pi}{2} - \frac{\pi}{4}}{10} = \frac{\pi}{40},\ f(t,y) = y' = \sec y - 2ty^2$$

對二階泰勒法,

$$y_{i+1} = y_i + hf(t_i, y_i) + \frac{h^2}{2} f'(t_i, y_i)$$

然而,

$$f'(t,y) = y''(t) = \sec(y) \cdot \tan(y) \cdot y' - 2y^2 - 4tyy'$$

可得到二階泰勒差分方程式為

$$y_{i+1} = y_i + hf(t_i, y_i) + \frac{h^2}{2}[\sec(y_i) \cdot \tan(y_i) \cdot f(t_i, y_i) - 2y_i^2 - 4t_i y_i \cdot f(t_i, y_i)]$$

表中列出四種方法的近似值

t	二階泰勒法	中點法	尤拉修正法	宏恩法
0.785	1.00000000000000	1.00000000000000	1.00000000000000	1.00000000000000
0.863	1.01560038150707	1.01550147860243	1.01540316499126	1.01546863580674
0.942	1.01810460831341	1.01796012587439	1.01781608390337	1.01791205692265
1.021	1.00797622581770	1.00786725908948	1.00775852988723	1.00783098397010
1.099	0.98666402910482	0.98668091962072	0.98669632169888	0.98668621199752
1.178	0.95654736303295	0.95675325451901	0.95695318305574	0.95682054580448
1.256	0.92051061783985	0.92091676923034	0.92131072850393	0.92104941945310
1.335	0.88137357849435	0.88194418188220	0.88249674917131	0.88213034555089
1.413	0.84147042806649	0.84214607755145	0.84279970530520	0.84236637416377
1.492	0.80248789491124	0.80320833368272	0.80390495614727	0.80344317066533
1.570	0.76550012597996	0.76621701909137	0.76691013062400	0.76645069315884

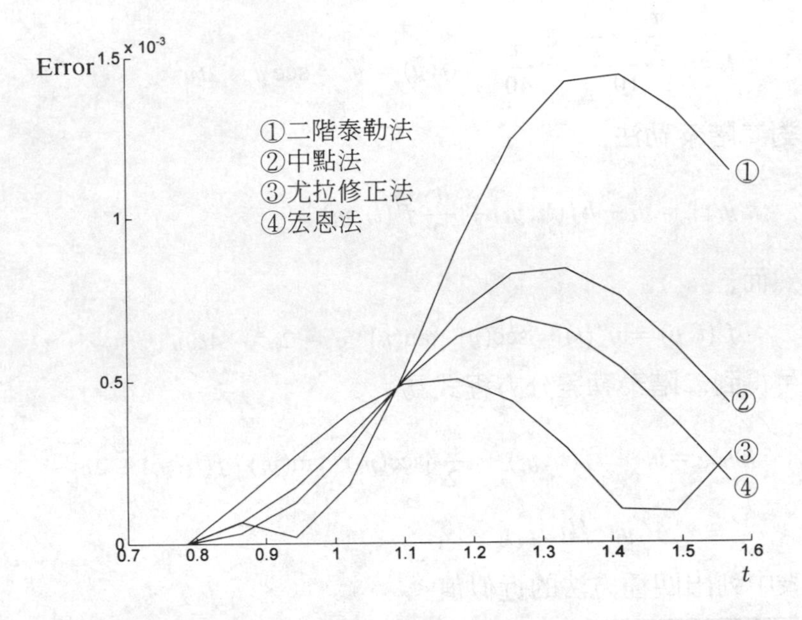

8. $y' = 2 + t\sin(ty);\ \ y(0) = 0,\ \ t \in [0, 2]$

解: $$h = \frac{2-0}{10} = 0.2,\ \ f(t, y) = y' = 2 + t\sin(ty)$$

對二階泰勒法，

$$y_{i+1} = y_i + hf(t_i, y_i) + \frac{h^2}{2}f'(t_i, y_i)$$

然而，

$$f'(t, y) = y''(t) = \sin(ty) + t\cdot\cos(ty)\cdot(y + ty')$$

可得到二階泰勒差分方程式為

$$y_{i+1} = y_i + h\cdot f(t_i, y_i) + \frac{h^2}{2}\{\sin(t_i, y_i) + t_i\cdot\cos(t_i, y_i)\cdot[y_i + t_i f(t_i, y_i)]\}$$

表中列出四種方法求出的近似值

t	二階泰勒法	中點法	尤拉修正法	宏恩法
0	0	0	0	0
0.2	0.40000000000000	0.40039997333387	0.40159829387938	0.40071096128976
0.4	0.80799739255485	0.81117716173284	0.81585861663495	0.81257767149527
0.6	1.25234096235961	1.26016626255708	1.26935591534082	1.26311906662099
0.8	1.77157319529000	1.78167039344340	1.78962075111894	1.78468376013229
1.0	2.35925346521993	2.35446270290944	2.34013050020553	2.35080077825128
1.2	2.84250310408801	2.80969423682185	2.77433683721703	2.79784703284258
1.4	3.06088585358600	3.03525687826739	3.01955414557459	3.02848931346956
1.6	3.14054851305628	3.13559370694951	3.14610214503614	3.13699578791681
1.8	3.25542572264392	3.27524930514616	3.31653342762438	3.28618331509824
2.0	3.68059930409330	3.74719488281342	3.82110765330900	3.77171001137666

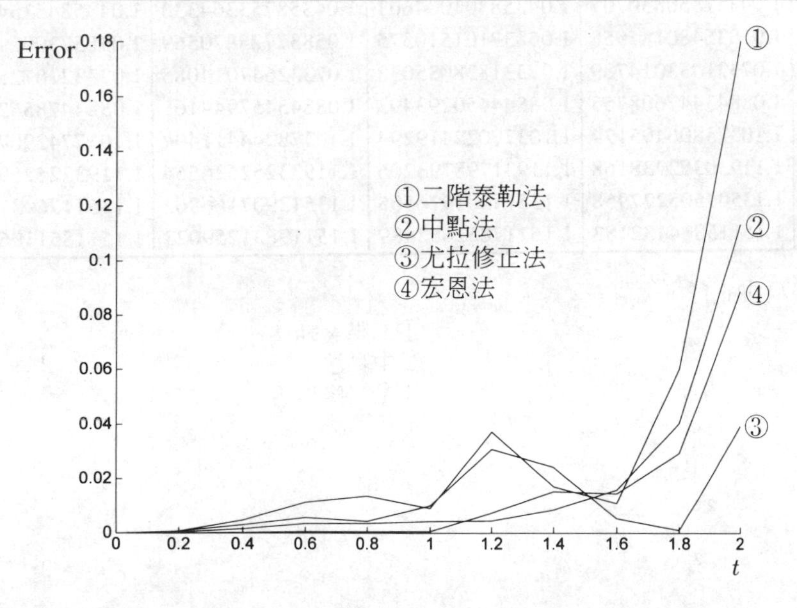

9. $y' = e^y - t - y;\ \ y(1) = 1,\ \ t \in [1, 1.2]$

解:
$$h = \frac{1.2 - 1}{10} = 0.02,\ \ f(t, y) = y' = e^y - t - y$$

對二階泰勒法,

$$y_{i+1} = y_i + hf(t_i, y_i) + \frac{h^2}{2} f'(t_i, y_i)$$

然而,

$$f'(t,y) = y''(t) = e^y y' - 1 - y'$$

可得到二階泰勒差分方程式為

$$y_{i+1} = y_i + hf(t_i, y_i) + \frac{h^2}{2}[e^{y_i} f(t_i, y_i) - 1 - f(t_i, y_i)]$$

表中列出四種方法的近似值

t	二階泰勒法	中點法	尤拉修正法	宏恩法
1.00	1.00000000000000	1.00000000000000	1.00000000000000	1.00000000000000
1.02	1.01441247869189	1.01441388449559	1.01441529705124	1.01441435459546
1.04	1.02893336857031	1.02893627159072	1.02893918862724	1.02893724237512
1.06	1.04357850830707	1.04358301004601	1.04358753364333	1.04358451547717
1.08	1.05836480185958	1.05837101510575	1.05837725870569	1.05837309292481
1.10	1.07331033014789	1.07331838035038	1.07332647014085	1.07332107253765
1.12	1.08843447608755	1.08844450293493	1.08845457944161	1.08844785623900
1.14	1.10375806495174	1.10377022419294	1.10378244411494	1.10377429074093
1.16	1.11930352238168	1.11931798793206	1.11933252626564	1.11932282593558
1.18	1.13509505277958	1.13511201916505	1.13512907166863	1.13511769373949
1.20	1.15115884132183	1.15117852652489	1.15119831259023	1.15118511064374

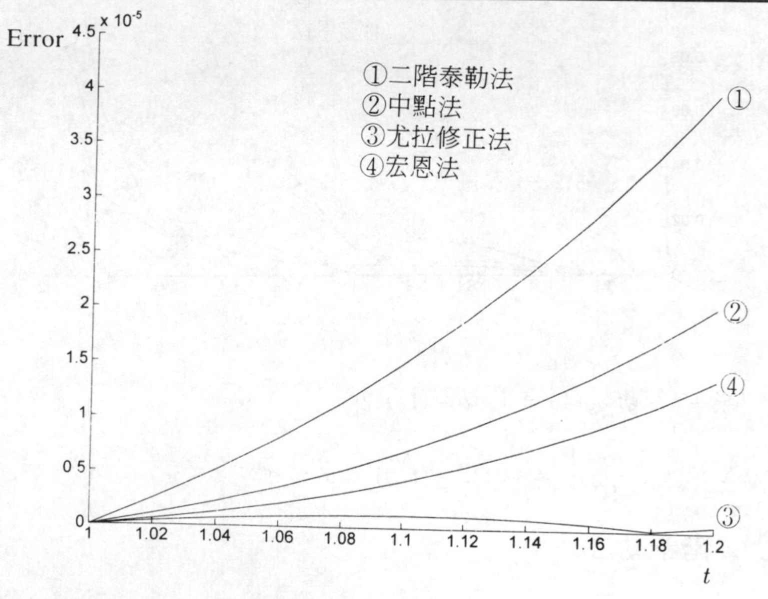

10. $y' = y - t;\ \ y(0) = 1,\ \ t \in [0, 1]$

解: $$h = \frac{1-0}{10} = 0.1 f(t,y) = y' = y - t$$

對二階泰勒法,

$$y_{i+1} = y_i + hf(t_i, y_i) + \frac{h^2}{2} f'(t_i, y_i)$$

然而,

$$f'(t,y) = y''(t) = y' - 1$$

可得到二階泰勒差分方程式為

$$y_{i+1} = y_i + (h + \frac{h^2}{2}) f(t_i, y_i) - \frac{h^2}{2}$$

表中列出四種方法的近似值

t	二階泰勒法	中點法	尤拉修正法	宏恩法
0	1.00000000000000	1.00000000000000	1.00000000000000	1.00000000000000
0.1	1.10000000000000	1.10000000000000	1.10000000000000	1.10000000000000
0.2	1.20000000000000	1.20000000000000	1.20000000000000	1.20000000000000
0.3	1.30000000000000	1.30000000000000	1.30000000000000	1.30000000000000
0.4	1.40000000000000	1.40000000000000	1.40000000000000	1.40000000000000
0.5	1.50000000000000	1.50000000000000	1.50000000000000	1.50000000000000
0.6	1.60000000000000	1.60000000000000	1.60000000000000	1.60000000000000
0.7	1.70000000000000	1.70000000000000	1.70000000000000	1.70000000000000
0.8	1.80000000000000	1.80000000000000	1.80000000000000	1.80000000000000
0.9	1.90000000000000	1.90000000000000	1.90000000000000	1.90000000000000
1.0	2.00000000000000	2.00000000000000	2.00000000000000	2.00000000000000

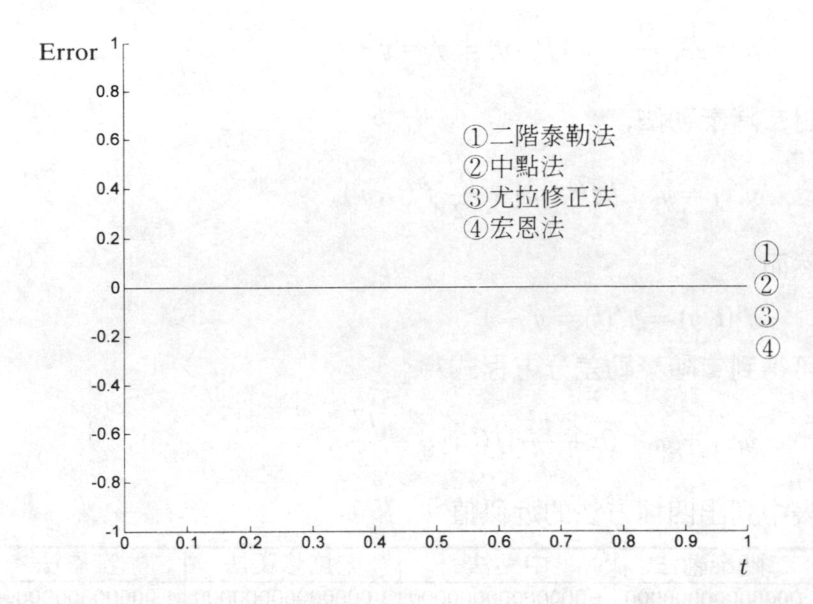

11. $y' = y + e^{t-y};\ \ y(0) = 2,\ \ t \in [0,1]$

解: $h = \dfrac{1-0}{10} = 0.1,\ \ f(t,y) = y' = y + e^{t-y}$

對二階泰勒法,

$$y_{i+1} = y_i + hf(t_i, y_i) + \frac{h^2}{2} f'(t_i, y_i)$$

然而,

$$f'(t,y) = y''(t) = y' + e^{t-y} \cdot (1 - y')$$

可得到二階泰勒差分方程式為

$$y_{i+1} = y_i + hf(t_i, y_i) + \frac{h^2}{2}\{f(t_i, y_i) + e^{t_i - y_i} \cdot [1 - f(t_i, y_i)]\}$$

表中列出四種方法的近似值

t	二階泰勒法	中點法	尤拉修正法	宏恩法
0	2.00000000000000	2.00000000000000	2.00000000000000	2.00000000000000
0.1	2.22344195012922	2.22346334897084	2.22348395680963	2.22347030448766
0.2	2.46866009098337	2.46870985162683	2.46875759969224	2.46872598663331
0.3	2.73791854440028	2.73800414599546	2.73808596552668	2.73803182978097
0.4	3.03377383610713	3.03390296672327	3.03402588334025	3.03394461192322
0.5	3.35910384315886	3.35928404661599	3.35945484358391	3.35934199500805
0.6	3.71713580934891	3.71737412610713	3.71759901710859	3.71745053594357
0.7	4.11147343976952	4.11177609697730	4.11206046242231	4.11187285003373
0.8	4.54612364911714	4.54649586281944	4.54684410750204	4.54661451104572
0.9	5.02552419565216	5.02597014227712	5.02638572185385	5.02611191095108
1.0	5.55457404658954	5.55509703689323	5.55558267359952	5.55526289244803

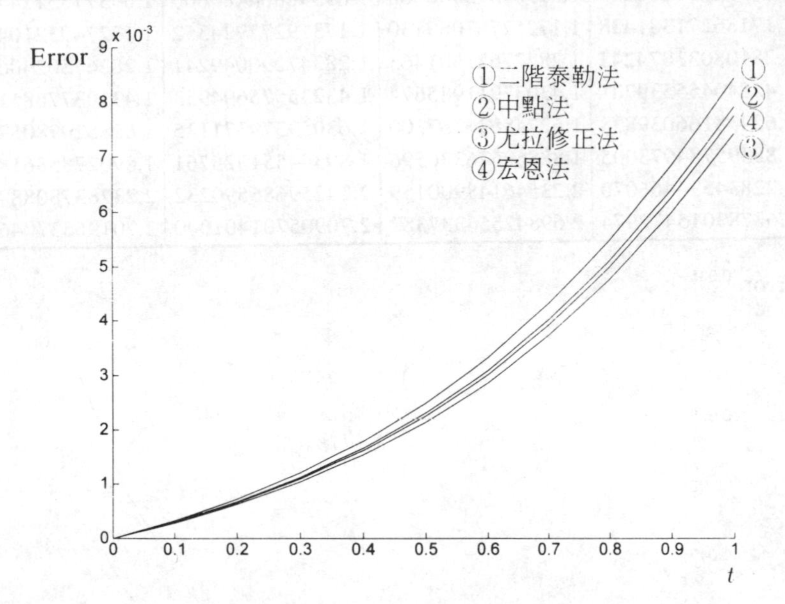

12.$y' = 2ty$;　$y(0) = 1$,　$t \in [0,1]$

解:　$$h = \frac{1-0}{10} = 0.1,\quad f(t,y) = y' = 2ty$$

對二階泰勒法,

$$y_{i+1} = y_i + hf(t_i, y_i) + \frac{h^2}{2} f'(t_i, y_i)$$

然而,

$$f'(t,y)=y''(t)=2y+2ty'$$

可以得到二階泰勒差分方程式為

$$y_{i+1}=y_i+hf(t_i,y_i)+\frac{h^2}{2}[2y_i+2t_if(t_i,y_i)]$$

表中列出四種方法的近似值

t	二階泰勒法	中點法	尤拉修正法	宏恩法
0	1.00000000000000	1.00000000000000	1.00000000000000	1.00000000000000
0.1	1.01000000000000	1.01000000000000	1.01000000000000	1.01000000000000
0.2	1.04050200000000	1.04060300000000	1.04070400000000	1.04063666666667
0.3	1.09335950160000	1.09367375300000	1.09398804480000	1.09377851244444
0.4	1.17186271381488	1.17252763059130	1.17319277924352	1.17274932104293
0.5	1.28108031874243	1.28227621681465	1.28347290049241	1.28267502406869
0.6	1.42840455539731	1.43037911985674	1.43235575694953	1.43103776851930
0.7	1.62438166039838	1.62748536257300	1.63059379371135	1.62852098057497
0.8	1.88395784973005	1.88869676326596	1.89344551325761	1.89027858618605
0.9	2.22834534466070	2.23546148900159	2.24259686590232	2.23783780889946
1.0	2.68783015472974	2.69842556337382	2.70905701401000	2.70196537046520

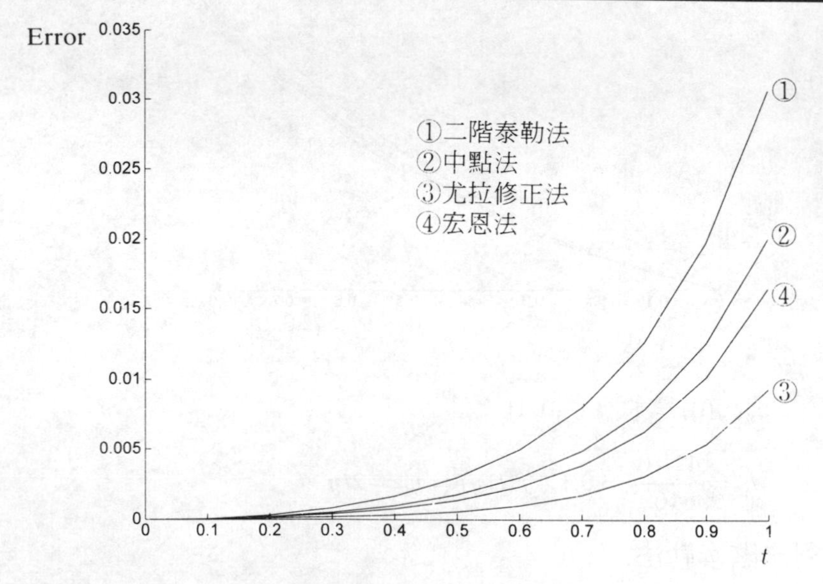

13.～20.題，用尤拉法 ($N=1000$)、尤拉修正法 ($N=100$)、宏恩法 ($N=100$)、四階倫格－庫塔法 ($N=10$) 分別去求初

值問題，並且求出真正解答及比較各方法的誤差（只要 10 點即可）。

13. $y' = t - t^{-1}y;\ \ y(1) = 2,\ \ t \in [1, 2]$

解:

$$y' + t^{-1}y = t$$

$$y \cdot t = \int t \cdot t dt$$

$$y = \frac{1}{3}t^2 + ct^{-1} \quad \text{將} y(1) = 2 \text{代入}$$

可得到真實解

$$y(t) = \frac{1}{3}t^2 + \frac{5}{3}t^{-1}$$

表中列出四種方法和真實解的誤差值

使用的 h 分別為 0.001, 0.01, 0.01, 0.1

t	真實解	尤拉法	尤拉修正法
1.0	2.00000000000000	0	0
1.1	1.91848484848485	0.00016969834836	0.00000151515152
1.2	1.86888888888889	0.00029280882217	0.00000277777778
1.3	1.84538461538462	0.00038457689347	0.00000384615385
1.4	1.84380952380952	0.00045469893461	0.00000476190476
1.5	1.86111111111111	0.00050954339930	0.00000555555556
1.6	1.89500000000000	0.00055340838024	0.00000625000000
1.7	1.94372549019608	0.00058926300361	0.00000686274510
1.8	2.00592592592593	0.00061919996706	0.00000740740741
1.9	2.08052631578947	0.00064472021286	0.00000789473684
2.0	2.16666666666667	0.00066691679173	0.00000833333333

t	宏恩法	四階倫格－庫塔
1.0	0	0
1.1	0.00000543091354	0
1.2	0.00000898478116	0
1.3	0.00001136037205	0
1.4	0.00001297185251	0
1.5	0.00001407430614	0
1.6	0.00001483001140	0

1.7	0.00001534509873	0
1.8	0.00001569064658	0
1.9	0.00001591524675	0
2.0	0.00001605271702	0

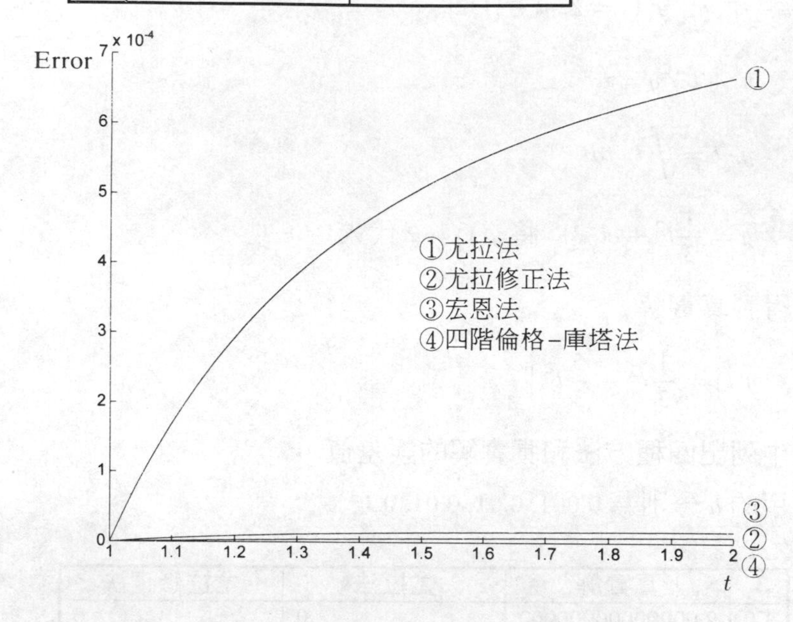

14. $y' = \dfrac{2}{t}y + 2t^2e^t;\ \ y(1) = 0,\ \ t \in [1, 2]$

解：
$$y' - \frac{2}{t}y = 2t^2e^t$$

$$y \cdot t^{-2} = \int 2t^2 \cdot e^t \cdot t^{-2}dt \Rightarrow yt^{-2} = 2e^t + c$$

由初始條件 $y(1) = 0$，可得真實解

$$y(t) = 2t^2e^t - 2e^1t^2 = 2t^2(e^t - e^1)$$

表中列出四種方法所得近似解和真實解的誤差

其中使用的 h 分別為 0.001, 0.01, 0.01, 0.1

t	真實解	尤拉法	尤拉修正法
1.0	0	0	0
1.1	1.25789046014451	0.56774190744327	0.56613966395314
1.2	2.88880845253202	1.15966574283956	1.15573077833878

1.3	4.94527716363304	1.73834988795323	1.73120470016460
1.4	7.48674157495953	2.25796175926491	2.24656469348986
1.5	10.58044345127412	2.66274861288874	2.64587423398332
1.6	14.30240381399085	2.88528763654093	2.86150431090098
1.7	18.73852583022346	2.84445969532264	2.81210404652563
1.8	23.98583257886809	2.44310608205873	2.40025393380941
1.9	30.15385586503371	1.56532192829023	1.50975529374950
2.0	37.36619416377284	0.07333346906406	0.00250308538116

t	宏恩法	四階倫格－庫塔
1.0	0	0
1.1	0.56615641019430	0.56606988553163
1.2	1.15577087798546	1.15556506707425
1.3	1.73127649053787	1.73091446830497
1.4	2.24667849703710	2.24611896321592
1.5	2.64604264861520	2.64523965529804
1.6	2.86174254060926	2.86064516550194
1.7	2.81243027778802	2.81098224501424
1.8	2.40068976398030	2.39882901157105
1.9	1.51032621842881	1.50798440985639
2.0	0.00323905265542	0.00034102846847

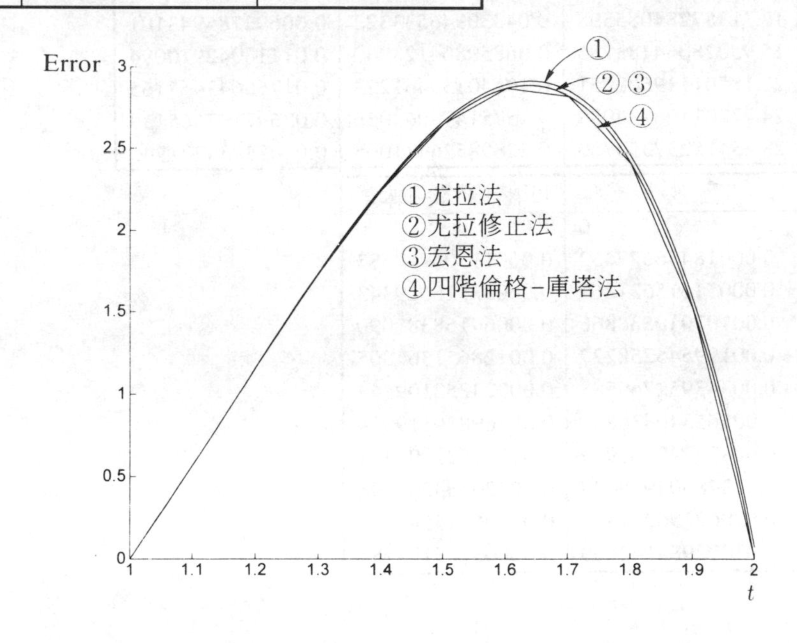

15. $y' = y - e^t;\ \ y(-1) = 2,\ \ t \in [-1, 3]$

解：

$$y' - y = -e^t$$

$$y \cdot e^{-t} = \int -e^t \cdot e^{-t} dt \Rightarrow y \cdot e^{-t} = -t + c$$

由初始條件 $y(-1) = 2$，可得真實解

$$y(t) = -te^t + (2e^1 - 1)e^t = (2e^1 - 1 - t)e^t$$

表中列出四種方法所得近似值和真實解的誤差

其中使用的 h 分別為 0.004, 0.04, 0.04, 0.4

t	真實解	尤拉法	尤拉修正法
−1.0	2.00000000000000	0	0
−0.6	2.76412474084493	0.00141694754584	0.00021312012748
−0.2	3.79609725452255	0.00396479572040	0.00060194328846
0.2	5.17455053568089	0.00828422903657	0.00127106413366
0.6	6.99067476816541	0.01530930474764	0.00237725788340
1.0	9.34154854094321	0.02637000478666	0.00415147407061
1.4	12.31387284085598	0.04330946533322	0.00692785943101
1.8	15.95028064183785	0.06859804128940	0.01118042910094
2.2	20.18501719602951	0.10540159461223	0.01756643467165
2.6	24.72701196134989	0.15751478062056	0.02697197665130
3.0	28.85415237353780	0.22898526431065	0.04054834271745

t	宏恩法	四階倫格－庫塔
−1.0	0	0
−0.6	0.00018436627652	0.00011704917683
−0.2	0.00051615631867	0.00032916629343
0.2	0.00107910538866	0.00069168385090
0.6	0.00199545258227	0.00128651366805
1.0	0.00343952769588	0.00223252109344
1.4	0.00565340636850	0.00369850119034
1.8	0.00896240657974	0.00591822993801
2.2	0.01378502948478	0.00920563204995
2.6	0.02062596221873	0.01396525548853
3.0	0.03002984144400	0.02068785194781

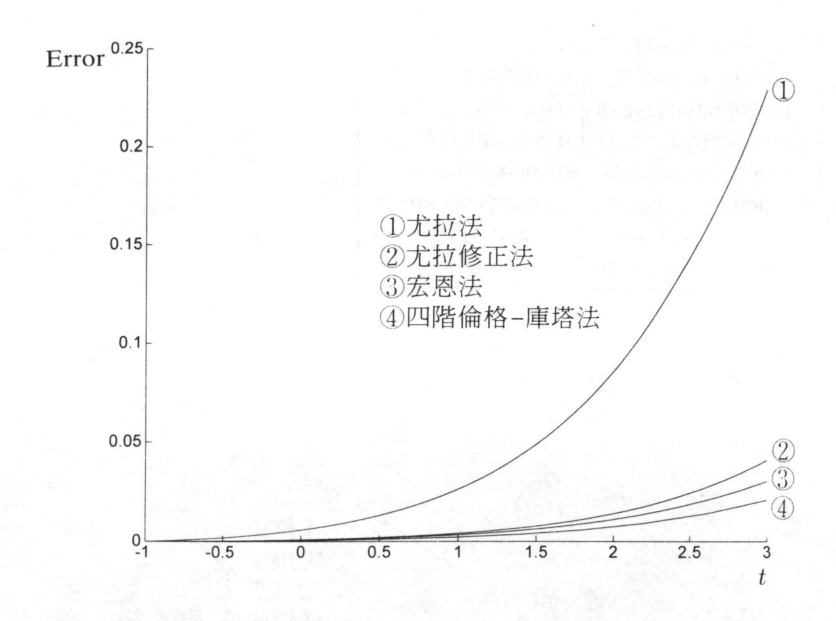

16. $y' = t^{-2} - t^{-1}y - y^2;\ \ y(1) = -1,\ \ t \in [1, 3]$

解: 本題的真實解為 $y(t) = \dfrac{-1}{t}$

表中列出四種方法求出的近似解和真實解的誤差

其中使用的 h 分別為 0.002, 0.02, 0.02, 0.2

t	真實解	尤拉法	尤拉修正法
1.0	−1.00000000000000	0	0
1.2	−0.83333333333333	0.00033702819412	0.00006153218291
1.4	−0.71428571428571	0.00059313894494	0.00010260580008
1.6	−0.62500000000000	0.00080607817631	0.00013437398112
1.8	−0.55555555555556	0.00099387354519	0.00016142001313
2.0	−0.50000000000000	0.00116601539095	0.00018586364825
2.2	−0.45454545454545	0.00132788359830	0.00020877738159
2.4	−0.41666666666667	0.00148271068306	0.00023074358733
2.6	−0.38461538461538	0.00163253217455	0.00025209709118
2.8	−0.35714285714286	0.00177868016641	0.00027303968667
3.0	−0.33333333333333	0.00192205479398	0.00029369789628

t	宏恩法	四階倫格－庫塔
1.0	0	0
1.2	0.00002089084237	0.00002169298800
1.4	0.00003480626826	0.00003333307185

1.6	0.00004555983107	0.00004151300554
1.8	0.00005471307526	0.00004832087883
2.0	0.00006298629885	0.00005452237187
2.2	0.00007074320491	0.00006043187162
2.4	0.00007818098170	0.00006619061895
2.6	0.00008541286634	0.00007186689326
2.8	0.00009250704765	0.00007749577336
3.0	0.00009950625739	0.00008309622940

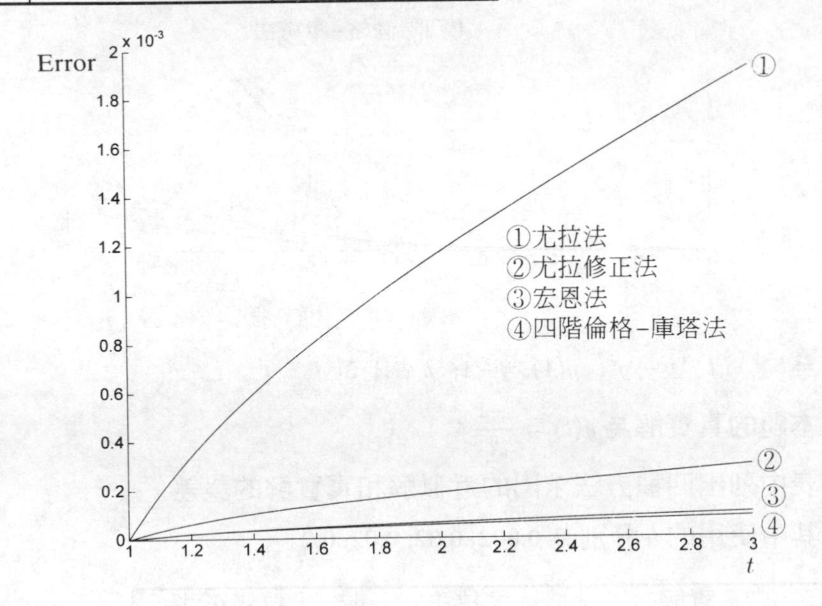

17. $y' = te^{-t-y};\ \ y(0) = 0,\ \ t \in [0, 1]$

解: $\dfrac{dy}{dt} = te^{-t} \cdot e^{-y}$

$$\int e^y dy = \int te^{-t} dt \Rightarrow e^y = e^{-t}(-t-1) + c$$

由初始條件可以求得真實解

$$y(t) = \ln[e^{-t}(-t-1) + 2]$$

表中列出四種方法所得近似值和真實解的誤差值

其中使用的 h 分別為 0.001, 0.01, 0.01, 0.1

t	真實解	尤拉法	尤拉修正法
0	0	0	0
0.1	0.00466792841080	0.00004490710376	0.00000152982406
0.2	0.01737133714964	0.00007953716566	0.00000281112910
0.3	0.03627051281348	0.00010449235481	0.00000385666382
0.4	0.05973192753059	0.00012096870950	0.00000468946448
0.5	0.08636484426084	0.00013041331872	0.00000533692949
0.6	0.11502490862931	0.00013428444313	0.00000582706306
0.7	0.14479705667162	0.00013391075904	0.00000618631754
0.8	0.17496780460647	0.00013042658884	0.00000643850296
0.9	0.20499395654480	0.00012475686502	0.00000660436559
1.0	0.23447203517286	0.00011763015968	0.00000670156373

t	宏恩法	四階倫格－庫塔
0	0	0
0.1	0.00000006985044	0.00000000555639
0.2	0.00000021798889	0.00000000697995
0.3	0.00000038056828	0.00000000832554
0.4	0.00000051967730	0.00000001085126
0.5	0.00000061823108	0.00000001442055
0.6	0.00000067305683	0.00000001845447
0.7	0.00000068875479	0.00000002240770
0.8	0.00000067327389	0.00000002592601
0.9	0.00000063518287	0.00000002884589
1.0	0.00000058223667	0.00000003114009

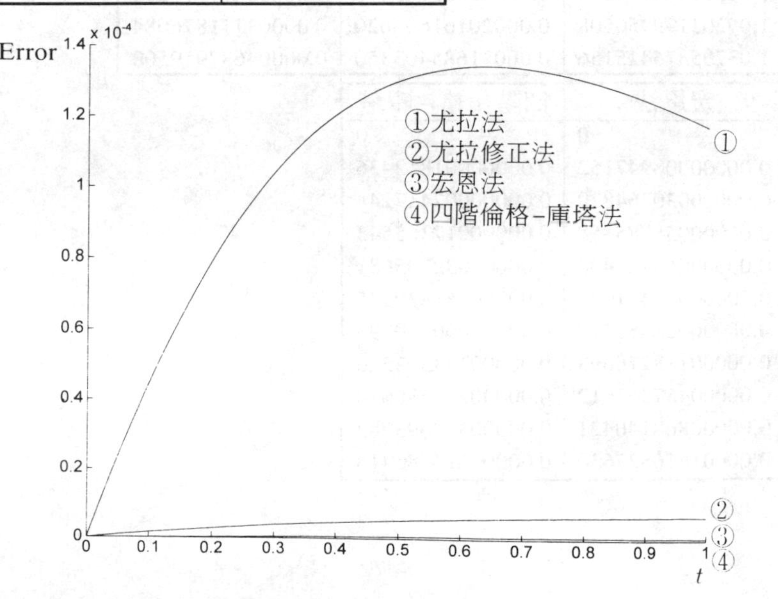

18. $y' = -y\tan t + \sin 2t;\ \ y(0) = 1,\ \ t \in [0, 1]$

解:

$$e^{\int \tan t\, dt} = \frac{1}{\cos t}$$

$$y \cdot \frac{1}{\cos t} = \int \frac{1}{\cos t} \sin 2t\, dt$$

整理可得 $y = -2\cos^2 t + c\cos t$

由初始條件可得真實解

$$y(t) = -2\cos^2 t + 3\cos t$$

表中列出四種方法所求得近似值和真實解的誤差

其中使用的 h 分別為 0.001, 0.01, 0.01, 0.1

t	真實解	尤拉法	尤拉修正法
0	1.00000000000000	0	0
0.1	1.00494591799284	0.00004876251828	0.00000040506152
0.2	1.01913873952084	0.00009018027351	0.00000165439117
0.3	1.04067385246714	0.00011744863034	0.00000377322682
0.4	1.06647627266149	0.00012485619164	0.00000679985166
0.5	1.09244537980298	0.00010828257680	0.00001078122808
0.6	1.11364909025236	0.00006564071936	0.00001576697611
0.7	1.12455941895322	0.00000274658648	0.00002180184102
0.8	1.11931965034279	0.00009383743418	0.00002891678250
0.9	1.09203199950508	0.00020161606620	0.00003711876084
1.0	1.03705375415156	0.00031685403350	0.00004637919500

t	宏恩法	四階倫格－庫塔
0	0	0
0.1	0.00000008947152	0.00000001812436
0.2	0.00000030764829	0.00000007417244
0.3	0.00000055785358	0.00000017365543
0.4	0.00000068486408	0.00000032795681
0.5	0.00000048431094	0.00000055839935
0.6	0.00000028450579	0.00000090370995
0.7	0.00000188276693	0.00000143393520
0.8	0.00000457363612	0.00000227780638
0.9	0.00000860140421	0.00000368093782
1.0	0.00001416827630	0.00000614285418

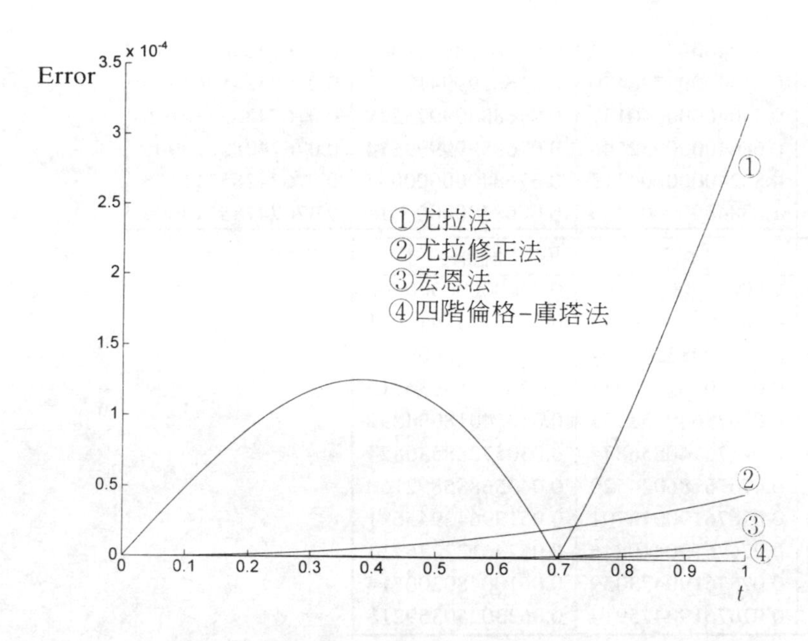

19. $y' = 25t^2 + t - 25y;\ \ y(0) = \dfrac{1}{3},\ \ t \in [0,1]$

解:

$$y' + 25y = 25t^2 + t$$

$$y \cdot e^{25t} = \int e^{25t} \cdot (25t^2 + t)dt$$

$$y = \frac{(25t^2 + t)}{25} - \frac{(50t + 1)}{625} + \frac{50}{625} + ce^{25t}$$

由初始條件可得真實解

$$y(t) = \frac{(25t^2 + t)}{25} - \frac{(50t + 1)}{625} + \frac{50}{625} + \left(\frac{1}{3} - \frac{49}{625}\right) e^{25t}$$

表中列出四種方法所求得近似解和真實解的誤差

其中使用的 h 分別為 0.001, 0.01, 0.01, 0.1

t	真實解	尤拉法	尤拉修正法
0	0.33333333333333	0.00000000000000	0.00000000000000
0.1	0.10532620231585	0.07138448600076	0.06957499334340
0.2	0.11211772728830	0.07645992470502	0.07608092446896
0.3	0.15654099964210	0.07681418806601	0.07668229174583
0.4	0.22241157395543	0.07683830955098	0.07673735787537

0.5	0.30840095004812	0.07683989529862	0.07674236103274
0.6	0.41440007798470	0.07683999411388	0.07674281263319
0.7	0.54040000640137	0.07683999973219	0.07674285316855
0.8	0.68640000052546	0.07683999999514	0.07674285678946
0.9	0.85240000004313	0.07684000000096	0.07674285711155
1.0	1.03840000000354	0.07684000000019	0.07674285714009

t	宏恩法	四階倫格－庫塔
0	0.00000000000000	0.00000000000000
0.1	0.06959242756635	0.12063733935081
0.2	0.07609983542804	0.06633259009451
0.3	0.07670132778933	0.02024058636915
0.4	0.07675640451393	0.01054018094292
0.5	0.07676140856874	0.03057288530824
0.6	0.07676186024520	0.04356885892160
0.7	0.07676190078701	0.05199642945681
0.8	0.07676190440846	0.05746122276713
0.9	0.07676190473059	0.06100480300714
1.0	0.07676190475914	0.06330259359218

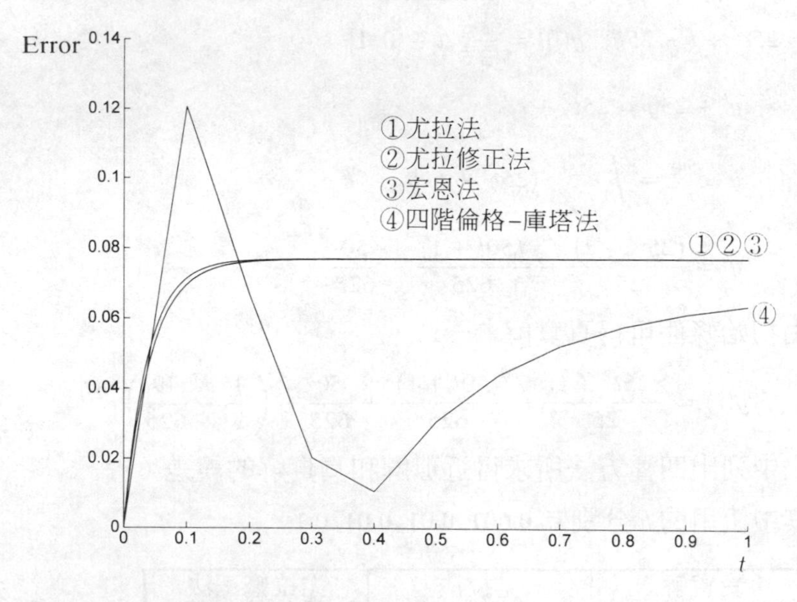

20. $y' = (1 + t^{-1})y;\;\; y(1) = 2e,\;\; t \in [1, 3]$

解: $$\frac{dy}{dt} = (1 + t^{-1})y$$

$$\int \frac{1}{y}dy = \int (1+\frac{1}{t})dt \Rightarrow \ln y = t + \ln t + c$$

由初始值代入可得真實解

$$y(t) = 2t \cdot e^t$$

表中列出四種方法所得近似值和真實解的誤差

其中使用的 h 分別為 0.002, 0.02, 0.02, 0.2

t 1.0e + 002*	真實解	尤拉法	尤拉修正法
0.010	0.05436563656918	0	0
0.012	0.07968280614568	0.00004487405600	0.00000642477029
0.014	0.11354559907165	0.00012148551691	0.00001665987674
0.016	0.15849703758064	0.00024335724628	0.00003219442967
0.018	0.21778730871887	0.00042889621967	0.00005502519107
0.020	0.29556224395723	0.00070295567816	0.00008781198632
0.022	0.39710059397510	0.00109887568181	0.00013407928328
0.024	0.52911246627080	0.00166113734350	0.00019847657105
0.026	0.70011437782009	0.00244880525699	0.00028711380293
0.028	0.92090021918144	0.00353998172877	0.00040799266601
0.030	1.20513221539126	0.00503755848102	0.00057156009195

t 1.0e + 002*	宏恩法	四階倫格－庫塔
0.010	0	0
0.012	0.00000558313923	0.00000379033642
0.014	0.00001459996814	0.00000922199974
0.016	0.00002841502497	0.00001692521187
0.018	0.00004886342688	0.00002770930304
0.020	0.00007839614291	0.00004262410313
0.022	0.00012026867453	0.00006303380675
0.024	0.00017878509978	0.00009070934498
0.026	0.00025961287628	0.00012794530311
0.028	0.00037018806871	0.00017770842728
0.030	0.00052023603939	0.00024382637126

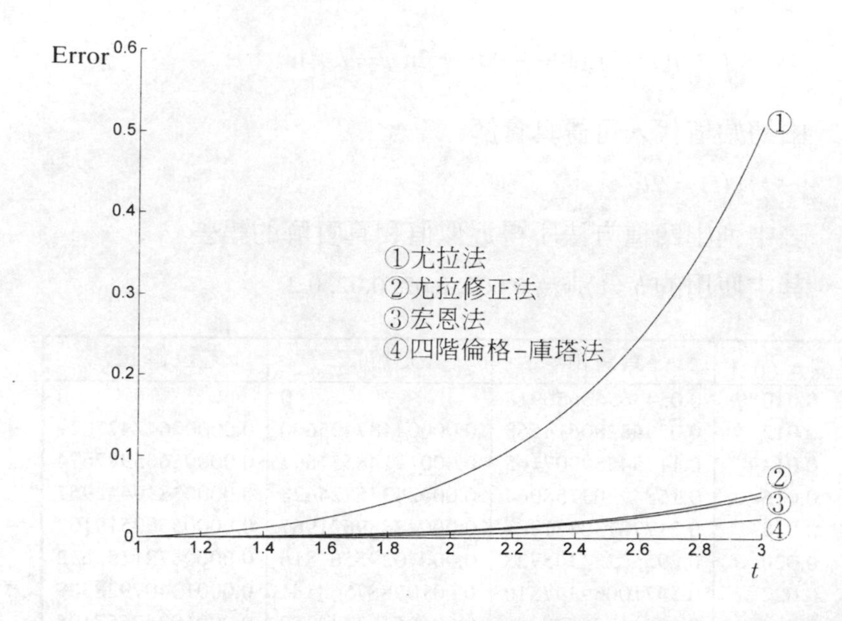

12.3 多步法和預測－修正法

1.～12. 題，求出初值問題的真正解答，並且用宏恩法、中點法、雙步亞當貝斯福法、雙步亞當摩登法去求近似解及誤差 $(N=10)$。（打 * 的題目，用五步亞當貝斯福法當真正解，其餘要求出真正解答。）

1. $y'=2y-t^2;\ y(0)=\dfrac{1}{2},\ t\in[0,1]$

解：

$$y'-2y=-t^2$$

$$e^{-2t}\cdot y=\int -e^{-2t}\cdot t^2dt$$

$$y=\frac{1}{2}t^2+\frac{1}{2}t+\frac{1}{4}+ce^{2t}$$ 將初值代入可得真實解

$$y=\frac{1}{2}t^2+\frac{1}{2}t+\frac{1}{4}+\frac{1}{4}e^{2t}$$

表中列出四種方法的近似解及誤差

t	真實解	宏恩法	宏恩法誤差
0	0.50000000000000	0.50000000000000	0
0.1	0.61035068954004	0.60966666666667	0.00068402287338
0.2	0.74295617441032	0.74136000000000	0.00159617441032
0.3	0.90052970009763	0.89772586666667	0.00280383343096
0.4	1.08638523212312	1.08199222400000	0.00439300812312
0.5	1.30457045711476	1.29809717994667	0.00647327716809
0.6	1.56002923068414	1.55084522620160	0.00918400448254
0.7	1.85879999171117	1.84609784263262	0.01270214907855
0.8	2.20825810609878	2.19100603467846	0.01725207142032
0.9	2.61741186610324	2.59429402897439	0.02311783712885
1.0	3.09726402473266	3.06660538201542	0.03065864271724

t	中點法	中點法誤差	雙步亞當貝斯福法	雙步亞當貝斯福法誤差
0	0.50000000000000	0	0.50000000000000	0
0.1	0.60975000000000	0.00060068954004	0.61034916666667	0.00000152287338
0.2	0.74154500000000	0.00141117441032	0.74195391666667	0.00100225774365
0.3	0.89803490000000	0.00249480009763	0.89800517500000	0.00252452509763
0.4	1.08245257800000	0.00393265412312	1.08171133583333	0.00467389628978
0.5	1.29874214516000	0.00582831195476	1.29692421908333	0.00764623803143
0.6	1.55171541709520	0.00831381358894	1.54833035122500	0.01169887945914
0.7	1.84724280885614	0.01155718285502	1.84163703468417	0.01716295702700
0.8	2.19248622680450	0.01577187929428	2.18379510996692	0.02446299613186
0.9	2.59618319670148	0.02122866940175	2.58326993948858	0.03414192661466
1.0	3.06899349997581	0.02827052475685	3.05037141033846	0.04689261439421

t	雙步亞當摩登法	雙步亞當摩登法誤差
0	0.50000000000000	0
0.1	0.61034916666667	0.00000152287338
0.2	0.74289788750000	0.00005828691032
0.3	0.90039807161806	0.00013162847957
0.4	1.08615998698997	0.00022524513315
0.5	1.30422594940564	0.00034450770912
0.6	1.55953304773280	0.00049618295134
0.7	1.85811121479325	0.00068877691792
0.8	2.20732513280745	0.00093297329133
0.9	2.61616968543731	0.00124218066593
1.0	3.09563080930162	0.00163321543104

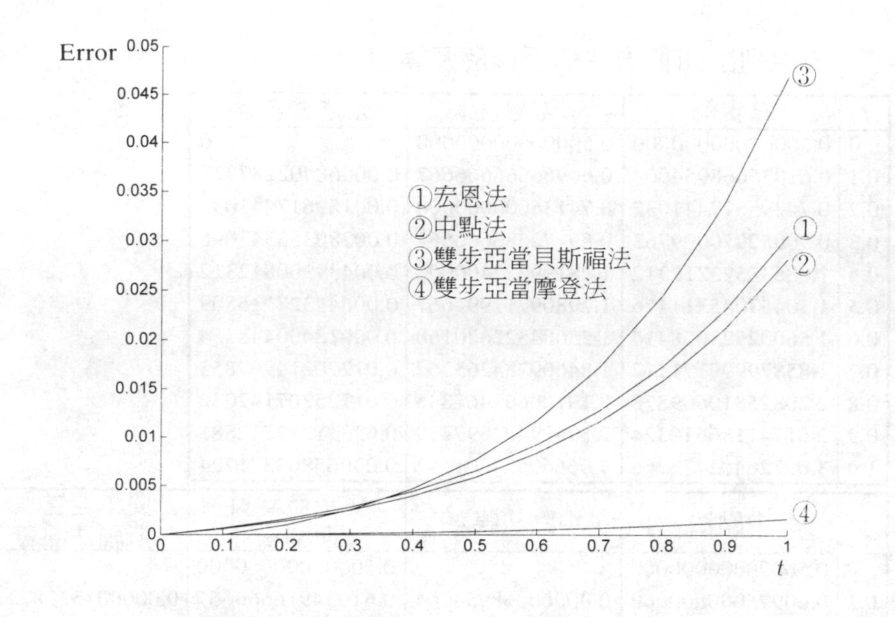

2. $y' = 2 - y;\ \ y(0) = 4,\ \ t \in [0, 2]$

解: $y' + y = 2$

$e^t \cdot y = \int 2e^t dt$

$y = 2 + ce^{-t}$ 將初值條件帶入可得真實解

$y = 2 + 2e^{-t}$

表中列出四種方法所求得的近似解及誤差

t	真實解	宏恩法	宏恩法誤差
0	4.00000000000000	4.00000000000000	0
0.2	3.63746150615596	3.64000000000000	0.00253849384404
0.4	3.34064009207128	3.34480000000000	0.00415990792872
0.6	3.09762327218805	3.10273600000000	0.00511272781195
0.8	2.89865792823444	2.90424352000000	0.00558559176556
1.0	2.73575888234288	2.74147968640000	0.00572080405712
1.2	2.60238842382440	2.60801334284800	0.00562491902360
1.4	2.49319392788321	2.49857094113536	0.00537701325215
1.6	2.40379303598931	2.40882817173100	0.00503513574168
1.8	2.33059777644317	2.33523910081942	0.00464132437624
2.0	2.27067056647323	2.27489606267192	0.00422549619870

t	中點法	中點法誤差	雙步亞當貝斯福法	雙步亞當貝斯福法誤差
0	4.00000000000000	0	4.00000000000000	0
0.2	3.64000000000000	0.00253849384404	3.63746666666667	0.00000516051070
0.4	3.34480000000000	0.00415990792872	3.34622666666667	0.00558657459539
0.6	3.10273600000000	0.00511272781195	3.10610533333333	0.00848206114528
0.8	2.90424352000000	0.00558559176556	2.90889640000000	0.01023847176556
1.0	2.74147968640000	0.00572080405712	2.74683801333333	0.01107913099045
1.2	2.60801334284800	0.00562491902360	2.61367624933333	0.01128782550893
1.4	2.49857094113536	0.00537701325215	2.50425717586667	0.01106324798345
1.6	2.40882817173100	0.00503513574168	2.41434764804000	0.01055461205069
1.8	2.33523910081942	0.00464132437624	2.34046907121467	0.00987129477149
2.0	2.27489606267192	0.00422549619870	2.27976311465427	0.00909254818104

t	雙步亞當摩登法	雙步亞當摩登法誤差
0	4.00000000000000	0
0.2	3.63746666666667	0.00000516051070
0.4	3.34057755555556	0.00006253651572
0.6	3.09751885962963	0.00010441255842
0.8	2.89852884886358	0.00012907937086
1.0	2.73561751200325	0.00014137033963
1.2	2.60224346123032	0.00014496259408
1.4	2.49305132174893	0.00014260613428
1.6	2.40365669621673	0.00013633977258
1.8	2.33047011784217	0.00012765860100
2.0	2.27055292234761	0.00011764412561

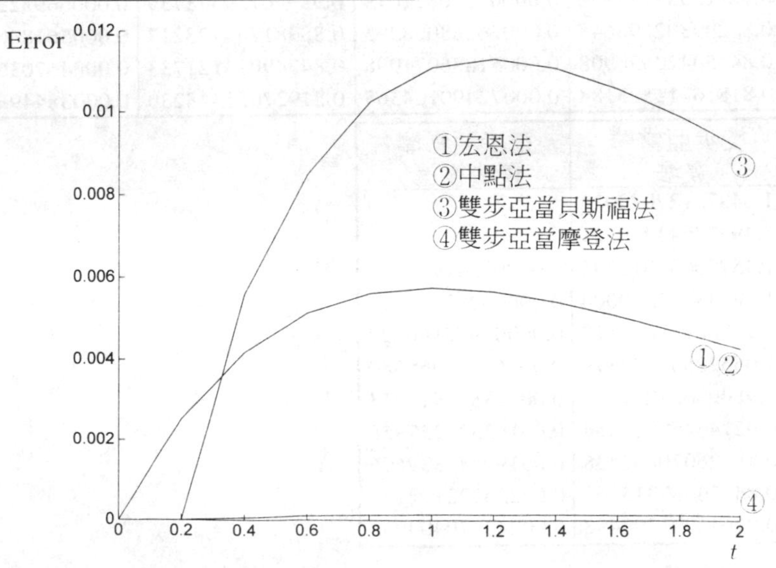

3*: $y' = 2\ln t + ty;\ \ y(1) = e^{\frac{1}{2}},\ \ t \in [1,2]$

解: 以五步的亞當貝斯福法當做方程式的真實解

表中列出四種方法所得到的近似解及誤差

t	真實解	宏恩法	宏恩法誤差
1.0	1.64872127070013	1.64872127070013	0
1.1	1.49372643479531	1.49407949555765	0.00035306076234
1.2	1.35793844932519	1.35862352253160	0.00068507320641
1.3	1.24040056059114	1.24138610914967	0.00098554855853
1.4	1.13997034835640	1.14121540204939	0.00124505369299
1.5	1.05590785617959	1.05679317041230	0.00088531423270
1.6	0.98611882169446	0.98667105046963	0.00055222877517
1.7	0.92909797166416	0.92931657235483	0.00021860069067
1.8	0.88325560701944	0.88316256928877	0.00009303773067
1.9	0.84702309508006	0.84665508699561	0.00036800808445
2.0	0.81889201697550	0.81829626145727	0.00059575551823

t	中點法	中點法誤差	雙步亞當貝斯福法	雙步亞當貝斯福法誤差
1.0	1.64872127070013	0	1.64872127070013	0
1.1	1.49401935678168	0.00029292198637	1.49372643479531	0
1.2	1.35851312459071	0.00057467526552	1.35829069053039	0.00035224120519
1.3	1.24123752325422	0.00083696266308	1.24111876920641	0.00071820861527
1.4	1.14104131780121	0.00107096944482	1.14107517430384	0.00110482594744
1.5	1.05660575995121	0.00069790377162	1.05682735223806	0.00091949605847
1.6	0.98648118612876	0.00036236443430	0.98690876895610	0.00078994726164
1.7	0.92913333977436	0.00003536811019	0.92976729378739	0.00066932212323
1.8	0.88299302693648	0.00026258008295	0.88381744778217	0.00056184076274
1.9	0.84650422536908	0.00051886971098	0.84749013121733	0.00046703613727
2.0	0.81816711593184	0.00072490104365	0.81927651348230	0.00038449650680

t	雙步亞當摩登法	雙步亞當摩登法誤差
1.0	1.64872127070013	0
1.1	1.49372643479531	0
1.2	1.35790603016795	0.00003241915725
1.3	1.24033763340004	0.00006292719110
1.4	1.13988059675518	0.00008975160122
1.5	1.05522563652379	0.00068221965580
1.6	0.98493027257433	0.00118854912013
1.7	0.92746459928458	0.00163337237958
1.8	0.88126070862348	0.00199489839596
1.9	0.84476087315265	0.00226222192741
2.0	0.81646091293498	0.00243110404052

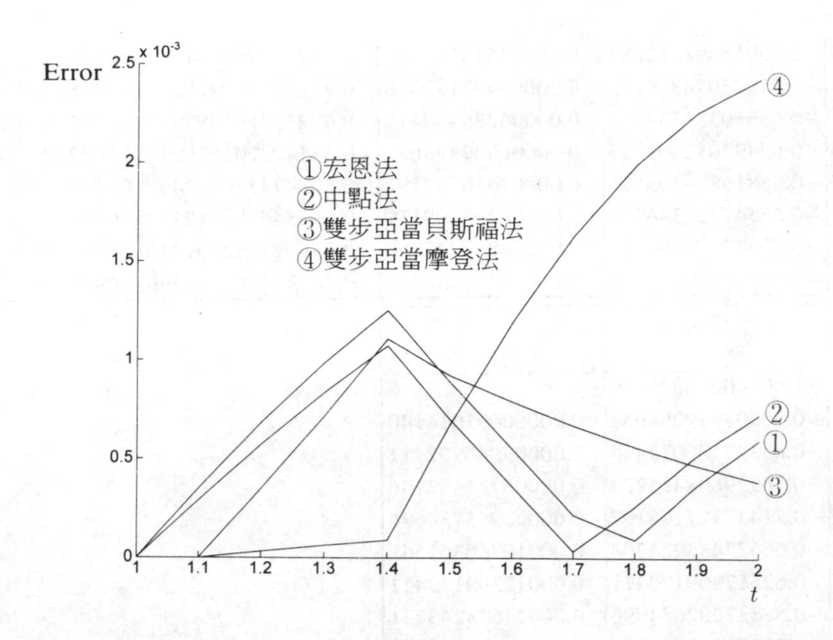

4. $y' = t^{-2} - t^{-1}y - y^2;\ y(1) = -1,\ \ t \in [1,2]$

解: 本題的真實解 $y = -\dfrac{1}{t}$

表中列出四種方法所得到的近似解及誤差

t	真實解	宏恩法	宏恩法誤差
1.0	−1.00000000000000	−1.00000000000000	0
1.1	−0.90909090909091	−0.90879036458333	0.00030054450758
1.2	−0.83333333333333	−0.83279835372108	0.00053497961225
1.3	−0.76923076923077	−0.76850391734238	0.00072685188839
1.4	−0.71428571428571	−0.71339539289233	0.00089032139338
1.5	−0.66666666666667	−0.66563241676677	0.00103424989990
1.6	−0.62500000000000	−0.62383562465781	0.00116437534219
1.7	−0.58823529411765	−0.58695077035718	0.00128452376047
1.8	−0.55555555555556	−0.55415824301921	0.00139731253634
1.9	−0.52631578947368	−0.52481121648368	0.00150457299001
2.0	−0.50000000000000	−0.49839238773814	0.00160761226186

t	中點法	中點法誤差	雙步亞當貝斯福法	雙步亞當貝斯福法誤差
1.0	−1.00000000000000	0	−1.00000000000000	0
1.1	−0.90907086167800	0.00002004741290	−0.90908999294951	0.00000091614140
1.2	−0.83329877478762	0.00003455854571	−0.83512292587250	0.00178959253916

1.3	−0.76918498683287	0.00004578239790	−0.77250279436178	0.00327202513101
1.4	−0.71423074316263	0.00005497112308	−0.71877204092997	0.00448632664425
1.5	−0.66660381234255	0.00006285432412	−0.67218454199755	0.00551787533088
1.6	−0.62493012601315	0.00006987398685	−0.63142320167991	0.00642320167991
1.7	−0.58815898709572	0.00007630702192	−0.59547458616249	0.00723929204484
1.8	−0.55547322346436	0.00008233209119	−0.56354655621233	0.00799100065677
1.9	−0.52622772198378	0.00008806748990	−0.53501125239171	0.00869546291803
2.0	−0.49990640663560	0.00009359336440	−0.50936476515059	0.00936476515059

t	雙步亞當摩登法	雙步亞當摩登法誤差
1.0	−1.00000000000000	0
1.1	−0.90908999294951	0.00000091614140
1.2	−0.83337180035444	0.00003846702111
1.3	−0.76929808415223	0.00006731492146
1.4	−0.71437527163197	0.00008955734626
1.5	−0.66677433024208	0.00010766357542
1.6	−0.62512309122411	0.00012309122411
1.7	−0.58837202654996	0.00013673243231
1.8	−0.55570470678893	0.00014915123337
1.9	−0.52647650396402	0.00016071449033
2.0	−0.50017166687526	0.00017166687526

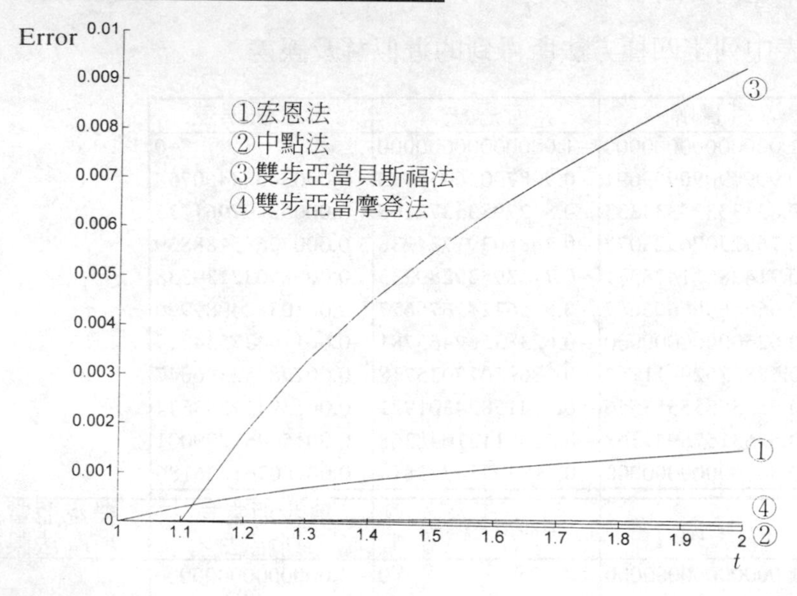

5*. $y' = \sin^2 y - 2t;\ \ y\left(\frac{\pi}{2}\right) = 1,\ \ t \in \left[\frac{\pi}{2}, \pi\right]$

解: 以五步的亞當貝斯福法當做本題方程式的真實解

表中列出四種方法所得到的近似解及誤差

t	真實解	宏恩法	宏恩法誤差
1.57	1.00000000000000	1.00000000000000	0
1.72	0.63764009593977	0.63763818905359	0.00000190688618
1.88	0.21836996010713	0.21836281047941	0.00000714962772
2.04	−0.26463237548385	−0.26464759051239	0.00001521502854
2.19	−0.81678085528023	−0.81680616887125	0.00002531359102
2.35	−1.44046442392449	−1.44158790238398	0.00112347845949
2.51	−2.13895401766121	−2.14018943663745	0.00123541897624
2.67	−2.91106177138744	−2.91141194901100	0.00035017762356
2.82	−3.75322408979437	−3.75177849778725	0.00144559200711
2.98	−4.65985047690517	−4.65587436943270	0.00397610747246
3.14	−5.62387077277247	−5.61687710848486	0.00699366428761

t	中點法	中點法誤差	雙步亞當貝斯福法	雙步亞當貝斯福法誤差
1.57	1.00000000000000	0	1.00000000000000	0
1.72	0.63795844615380	0.00031835021404	0.63764009593977	0
1.88	0.21897549819818	0.00060553809105	0.22145145722481	0.00308149711768
2.04	−0.26379892380318	0.00083345168067	−0.25889683433189	0.00573554115197
2.19	−0.81580107406744	0.00097978121279	−0.80907851949925	0.00770233578098
2.35	−1.44052124265320	0.00005681872871	−1.43276208814352	0.00770233578098
2.51	−2.13916210155135	0.00020808389014	−2.13125168188023	0.00770233578098
2.67	−2.91052097877101	0.00054079261643	−2.90335943560646	0.00770233578098
2.82	−3.75110758425356	0.00211650554080	−3.74552175401339	0.00770233578098
2.98	−4.65548566378185	0.00436481312332	−4.65214814112419	0.00770233578098
3.14	−5.61680513741957	0.00706563535290	−5.61616843699150	0.00770233578098

t	雙步亞當摩登法	雙步亞當摩登法誤差
1.57	1.00000000000000	0
1.72	0.63764009593977	0
1.88	0.21840489649840	0.00003493639126
2.04	−0.26453495440292	0.00009742108093
2.19	−0.81659951764800	0.00018133763223
2.35	−1.44127297387804	0.00080854995355
2.51	−2.13976256761476	0.00080854995355
2.67	−2.91088043375520	0.00018133763223
2.82	−3.75115987408442	0.00206421570995
2.98	−4.65519470185061	0.00465577505456
3.14	−5.61616843699150	0.00770233578098

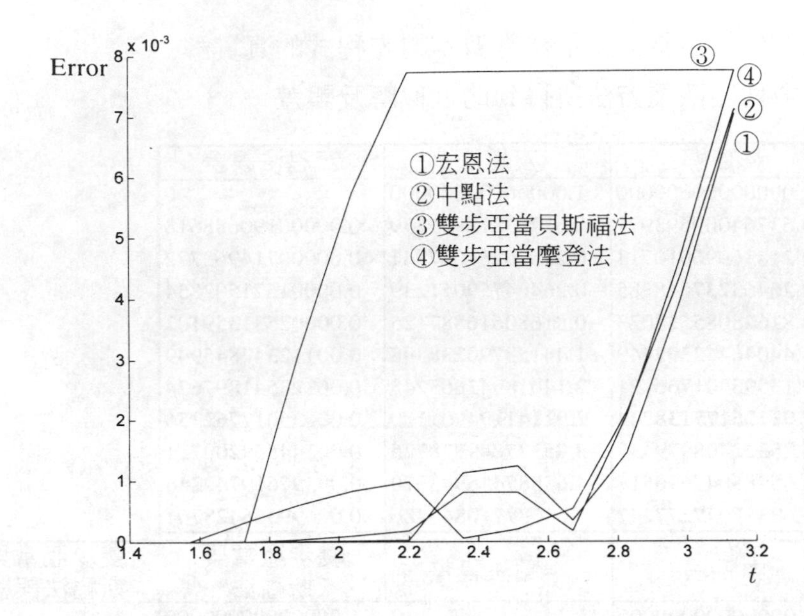

6. $y' = 3t^2 y;\ \ y(0) = 1,\ \ t \in [0, 1]$

解: $\int \frac{1}{y} dy = \int 3t^2 dt$

$y = e^{t^3 + c}$，由初值條件可求得真實解

$y = e^{t^3}$

表中列出了四種方法所得到的近似解及誤差

t	真實解	宏恩法	宏恩法誤差
0	1.00000000000000	1.00000000000000	0
0.1	1.00100050016671	1.00100000000000	0.00000050016671
0.2	1.00803208550427	1.00801951250000	0.00001257300427
0.3	1.02736780276349	1.02730090973510	0.00006689302839
0.4	1.06609239876151	1.06587040874065	0.00022199002086
0.5	1.13314845306683	1.13255978847473	0.00058866459209
0.6	1.24110237900067	1.23971410146180	0.00138827753887
0.7	1.40916876192645	1.40608373387797	0.00308502804848
0.8	1.66862511013967	1.66193543313628	0.00668967700339
0.9	2.07300656426099	2.05852640941645	0.01448015484454
1.0	2.71828182845904	2.68650150513624	0.03178032332280

t	中點法	中點法誤差	雙步亞當貝斯福法	雙步亞當貝斯福法誤差
0	1.00000000000000	0	1.00000000000000	0
0.1	1.00075000000000	0.00025050016671	1.00100046889063	0.00000003127608
0.2	1.00751519509375	0.00051689041052	1.00550497100063	0.00252711450364
0.3	1.02651945046121	0.00084835230228	1.02210255977531	0.00526524298818
0.4	1.06475332222802	0.00133907653349	1.05746468362020	0.00862771514130
0.5	1.13098949689718	0.00215895616965	1.11980375628389	0.01334469678293
0.6	1.23747569237222	0.00362668662845	1.22040252645895	0.02069985254173
0.7	1.40279563875684	0.00637312316961	1.37611509488465	0.03305366704180
0.8	1.65691645245402	0.01170865768565	1.61364673687793	0.05497837326174
0.9	2.05053021106609	0.02247635319490	1.97723253762475	0.09577402663624
1.0	2.67316576385174	0.04511606460731	2.54302371084869	0.17525811761035

t	雙步亞當摩登法	雙步亞當摩登法誤差
0	1.00000000000000	0
0.1	1.00100046889063	0.00000003127608
0.2	1.00804509978048	0.00001301427621
0.3	1.02742269489000	0.00005489212651
0.4	1.06624059461533	0.00014819585382
0.5	1.13347776833747	0.00032931527064
0.6	1.24176686498548	0.00066448598480
0.7	1.41044923695810	0.00128047503165
0.8	1.67105133177548	0.00242622163581
0.9	2.07760848638282	0.00460192212182
1.0	2.72712024233898	0.00883841387993

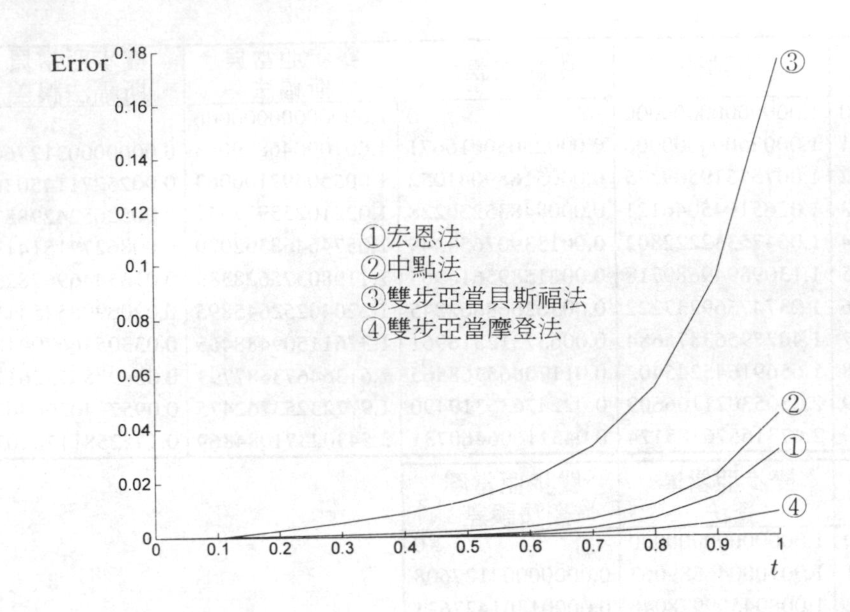

7^*: $y' = 1 - 2ty + \sinh t;\ \ y(0) = 1,\ \ t \in [0, 2]$

解: 以五步的亞當貝斯福法當做本題的真實解

表中列出了四種方法所得到的近似解及誤差

t	真實解	宏恩法	宏恩法誤差
0	1.00000000000000	1.00000000000000	0
0.2	1.17520637531394	1.17472597862312	0.00048039669081
0.4	1.28702114713274	1.28500413675594	0.00201701037680
0.6	1.32844669042656	1.32422251178102	0.00422417864554
0.8	1.30997491200564	1.30400479865224	0.00597011335340
1.0	1.24336699353558	1.24760145232175	0.00423445878617
1.2	1.17069254320951	1.18072618977466	0.01003364656515
1.4	1.11178559806505	1.12427195894085	0.01248636087580
1.6	1.07919622095493	1.09120193864532	0.01200571769039
1.8	1.07670805211133	1.08723445278895	0.01052640067762
2.0	1.10430163764535	1.11345820770376	0.00915657005840

t	中點法	中點法誤差	雙步亞當貝斯福法	雙步亞當貝斯福法誤差
0	1.00000000000000	0	1.00000000000000	0
0.2	1.17603335000397	0.00082697469003	1.17520637531394	0
0.4	1.28704233474245	0.00002118760971	1.29458241103859	0.00756126390585
0.6	1.32623055973253	0.00221613069403	1.33398298488862	0.00553629446206

0.8	1.30533778988219	0.00463712212345	1.30723654527600	0.00273836672964
1.0	1.24793517200470	0.00456817846912	1.24260739817162	0.00075959536396
1.2	1.18008263296355	0.00939008975404	1.16995056638718	0.00074197682233
1.4	1.12289847339345	0.01111287532839	1.11142592548201	0.00035967258305
1.6	1.08940413381935	0.01020791286441	1.07896059890429	0.00023562205065
1.8	1.08525142829111	0.00854337617979	1.07659791890605	0.00011013320528
2.0	1.11141246998071	0.00711083233535	1.10423504924557	0.00006658839978

t	雙步亞當摩登法	雙步亞當摩登法誤差
0	1.00000000000000	0
0.2	1.17520637531394	0
0.4	1.28802350359477	0.00100235646203
0.6	1.33033174204507	0.00188505161851
0.8	1.31216552940823	0.00219061740259
1.0	1.25548502020173	0.01211802666615
1.2	1.18582931382661	0.01513677061710
1.4	1.12504872464439	0.01326312657934
1.6	1.08751291485055	0.00831669389562
1.8	1.08000477245832	0.00329672034700
2.0	1.10394796151549	0.00035367612986

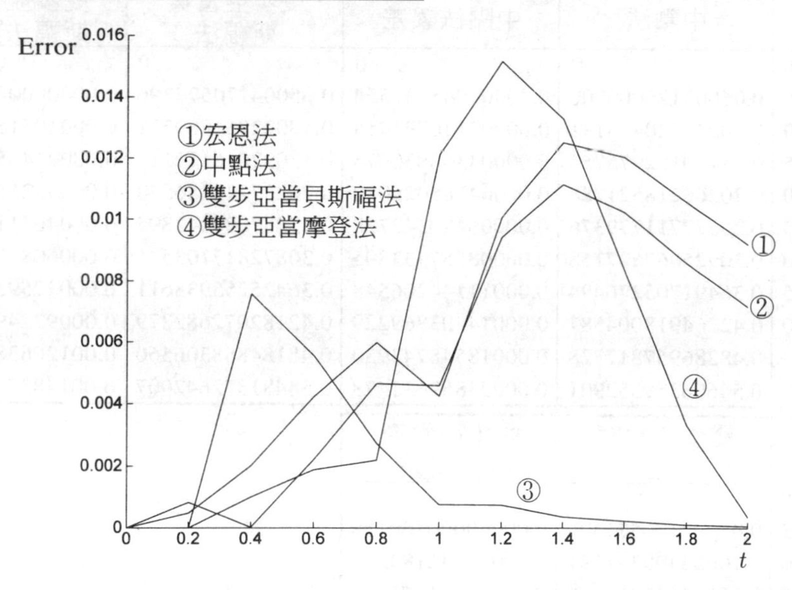

8. $y' = 1 + y^2;\ \ y(0) = 0,\ \ t \in [0, 0.5]$

解: $\int \frac{1}{1+y^2} dy = \int dt$

$\tan^{-1} y = t + c$, 將初值條件代入可得真實解

$y = \tan t$

表中列出四種方法所得到的真實解及誤差

t	真實解	宏恩法	宏恩法誤差
0	0	0	0
0.05	0.05004170837554	0.05004166666667	0.00000004170887
0.10	0.10033467208545	0.10033416814403	0.00000050394142
0.15	0.15113521805830	0.15113338577712	0.00000183228118
0.20	0.20271003550867	0.20270550631090	0.00000452919777
0.25	0.25534192122104	0.25533273001356	0.00000919120748
0.30	0.30933624960962	0.30931969457234	0.00001655503728
0.35	0.36502849483042	0.36500093704956	0.00002755778087
0.40	0.42279321873816	0.42274980069545	0.00004341804271
0.45	0.48305506561658	0.48298931736560	0.00006574825098
0.50	0.54630248984379	0.54620577648301	0.00009671336078

t	中點法	中點法誤差	雙步亞當貝斯福法	雙步亞當貝斯福法誤差
0	0	0	0	0
0.05	0.05003125000000	0.00001045837554	0.05004170577396	0.00000000260158
0.10	0.10031320415131	0.00002146793414	0.10022951869771	0.00010515338774
0.15	0.15110152975752	0.00003368830078	0.15092036112117	0.00021485693712
0.20	0.20266218521788	0.00004785029080	0.20237748386578	0.00033255164289
0.25	0.25527711779376	0.00006480342728	0.25487980842895	0.00046211279209
0.30	0.30925067527158	0.00008557433805	0.30872817103541	0.00060807857421
0.35	0.36491705276494	0.00011144206548	0.36425255938611	0.00077593544432
0.40	0.42264918004587	0.00014403869229	0.42182072682279	0.00097249191538
0.45	0.48286957817728	0.00018548743930	0.48184868306560	0.00120638255098
0.50	0.54606389352901	0.00023859631478	0.54481372642907	0.00148876341472

t	雙步亞當摩登法	雙步亞當摩登法誤差
0	0	0
0.05	0.05004170577396	0.00000000260158
0.10	0.10033499391781	0.00000032183236
0.15	0.15113612977898	0.00000091172069
0.20	0.20271182721305	0.00000179170438
0.25	0.25534492195040	0.00000300072936
0.30	0.30934084457761	0.00000459496799

0.35	0.36503514706434	0.00000665223391
0.40	0.42280249717268	0.00000927843452
0.45	0.48306768252203	0.00001261690545
0.50	0.54631935177825	0.00001686193446

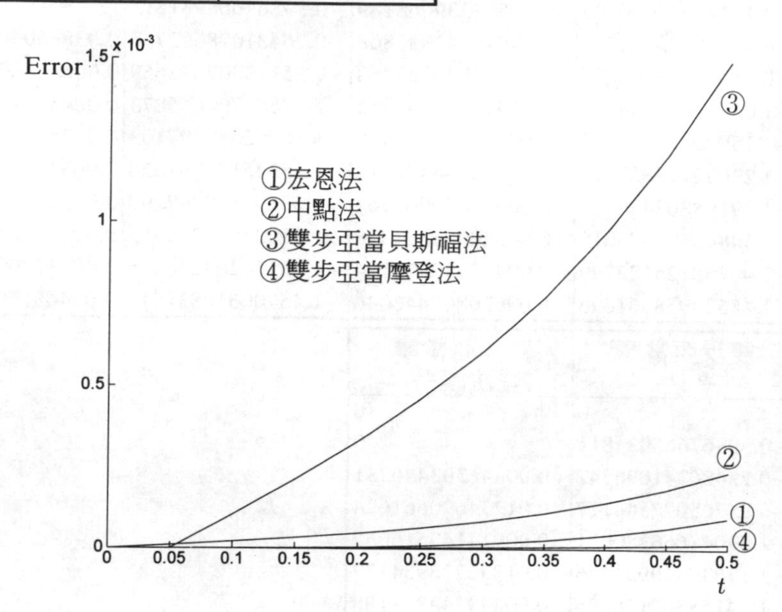

9*$y' = 4y^2 - t^2;\ \ y(2) = 0,\ \ t \in [2, 3]$

解: 以五步亞當貝斯福法當做本題的真實解

表中列出四種方法所得到的近似解及誤差

t	真實解	宏恩法	宏恩法誤差
2.0	0	0	0
2.1	−0.39867660931811	−0.39900000000000	0.00032339068189
2.2	−0.72645037650516	−0.71845004776745	0.00800032873771
2.3	−0.94530386982503	−0.92828824115204	0.01701562867299
2.4	−1.08134518763405	−1.06296647266700	0.01837871496705
2.5	−1.15798062000370	−1.15654869890590	0.00143192109780
2.6	−1.23679063318507	−1.22914473884686	0.00764589433822
2.7	−1.28868381424530	−1.29123159293131	0.00254777868601
2.8	−1.35369044445348	−1.34807112392353	0.00561932052995
2.9	−1.39784494743025	−1.40227163701811	0.00442668958786
3.0	−1.46145821307741	−1.45511975903078	0.00633845404663

t	中點法	中點法誤差	雙步亞當貝斯福法	雙步亞當貝斯福法誤差
2.0	0	0	0	0
2.1	−0.40425000000000	0.00557339068189	−0.39867660931811	0
2.2	−0.72628295711708	0.00016741938808	−0.76481078602768	0.03836040952252
2.3	−0.93477338095035	0.01053048887468	−0.95113807073659	0.00583420091156
2.4	−1.06717252264489	0.01417266498915	−1.07682700065873	0.00451818697532
2.5	−1.15900924093858	0.00102862093488	−1.16152589297103	0.00354527296733
2.6	−1.23052118822292	0.00626944496215	−1.23345173081528	0.00333890236980
2.7	−1.29198807489091	0.00330426064561	−1.29193830747298	0.00325449322768
2.8	−1.34848592574019	0.00520451871328	−1.35025618773353	0.00343425671995
2.9	−1.40250125122749	0.00465630379724	−1.40166204228915	0.00381709485890
3.0	−1.45524958861696	0.00620862446046	−1.45700650831517	0.00445170476224

t	雙步亞當摩登法	雙步亞當摩登法誤差
2.0	0	0
2.1	−0.39867660931811	0
2.2	−0.73486341096747	0.00841303446231
2.3	−0.95765077644127	0.01234690661624
2.4	−1.09048666280071	0.00914147516667
2.5	−1.17630840954506	0.01832778954137
2.6	−1.24158307156695	0.00479243838188
2.7	−1.29847977806622	0.00979596382092
2.8	−1.35210666858403	0.00158377586944
2.9	−1.40446650427603	0.00662155684578
3.0	−1.45630877595029	0.00514943712712

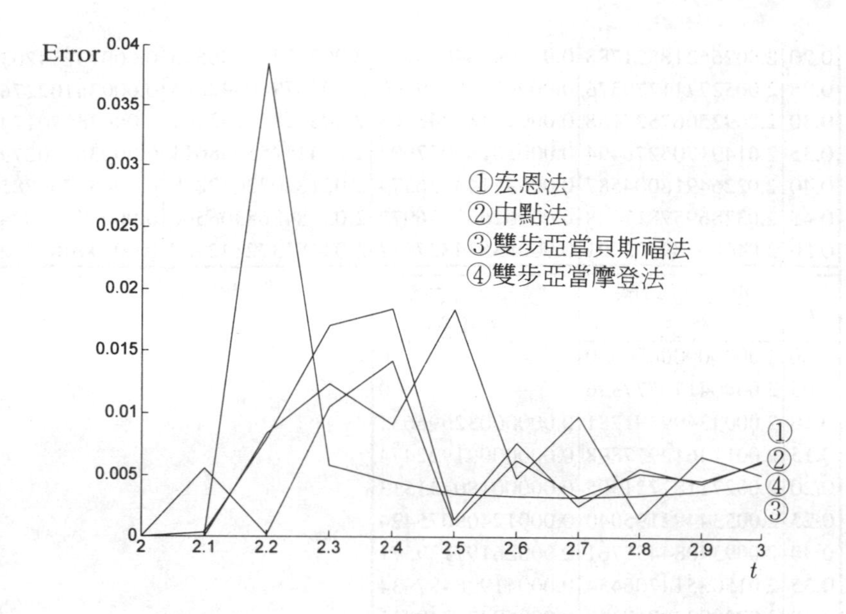

$10^*y' = (t+y-2)^2;\ \ y(0) = 2,\ \ t \in [0, 0.5]$

解: 以五步亞當貝斯福法當做本題的真實解

表中列出四種方法所得到的近似解及誤差

t	真實解	宏恩法	宏恩法誤差
0	2.00000000000000	2.00000000000000	0
0.05	2.00004170577396	2.00004166666667	0.00000003910729
0.10	2.00033466695146	2.00033416814403	0.00000049880743
0.15	2.00113521055424	2.00113338577712	0.00000182477712
0.20	2.00271002589792	2.00270550631090	0.00000451958702
0.25	2.00522083119616	2.00533273001356	0.00011189881741
0.30	2.00907887278190	2.00931969457234	0.00024082179044
0.35	2.01461516218500	2.01500093704956	0.00038577486456
0.40	2.02219773468214	2.02274980069545	0.00055206601331
0.45	2.03224294880756	2.03298931736560	0.00074636855804
0.50	2.04522854525389	2.04620577648301	0.00097723122912

t	中點法	中點法誤差	雙步亞當貝斯福法	雙步亞當貝斯福法誤差
0	2.00000000000000	0	2.00000000000000	0
0.05	2.00003125000000	0.00001045577396	2.00004170577396	0
0.10	2.00031320415131	0.00002146280015	2.00022951869771	0.00010514825375
0.15	2.00110152975752	0.00003368079672	2.00092036112117	0.00021484943307

0.20	2.00266218521788	0.00004784068005	2.00237748386578	0.00033254203214
0.25	2.00527711779376	0.00005628659760	2.00487980842895	0.00034102276721
0.30	2.00925067527158	0.00017180248968	2.00872817103541	0.00035070174649
0.35	2.01491705276494	0.00030189057994	2.01425255938611	0.00036260279889
0.40	2.02264918004587	0.00045144536374	2.02182072682279	0.00037700785935
0.45	2.03286957817728	0.00062662936972	2.03184868306560	0.00039426574196
0.50	2.04606389352901	0.00083534827512	2.04481372642907	0.00041481882482

t	雙步亞當摩登法	雙步亞當摩登法誤差
0	2.00000000000000	0
0.05	2.00004170577396	0
0.10	2.00033499391781	0.00000032696635
0.15	2.00113612977898	0.00000091922474
0.20	2.00271182721305	0.00000180131513
0.25	2.00534492195040	0.00012409075424
0.30	2.00934084457761	0.00026197179571
0.35	2.01503514706434	0.00041998487934
0.40	2.02280249717268	0.00060476249055
0.45	2.03306768252203	0.00082473371447
0.50	2.04631935177825	0.00109080652436

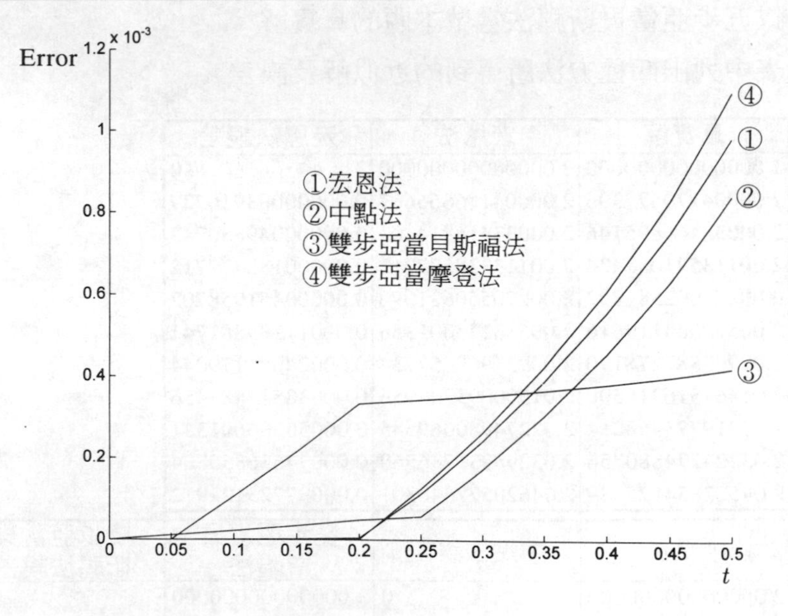

11*. $y' = 2t^3 - 3ty + \cos t;\ \ y(0) = 2,\ \ t \in [0, 0.1]$

解: 以五步亞當貝斯福法當做本題的真實解

表中列出四種方法所得到的近似解及誤差

t	真實解	宏恩法	宏恩法誤差
0	2.00000000000000	2.00000000000000	0
0.01	2.00999985350124	2.00999985123044	0.00000000227080
0.02	2.01999899184804	2.01999898721601	0.00000000463203
0.03	2.02999715934311	2.02999715225845	0.00000000708466
0.04	2.03999461940139	2.03999460977155	0.00000000962984
0.05	2.04999174842253	2.04999216217438	0.00000041375185
0.06	2.05999009763333	2.05999117103653	0.00000107340321
0.07	2.06999159961130	2.06999357749834	0.00000197788704
0.08	2.07999878709069	2.08000192300049	0.00000313590981
0.09	2.09001481402274	2.09001937036995	0.00000455634721
0.10	2.10004347704550	2.10004972532230	0.00000624827680

t	中點法	中點法誤差	雙步亞當貝斯福法	雙步亞當貝斯福法誤差
0	2.00000000000000	0	2.00000000000000	0
0.01	2.00999988505032	0.00000003154908	2.00999985350124	0
0.02	2.01999903413652	0.00000004228847	2.01999922471047	0.00000023286243
0.03	2.02999719074251	0.00000003139940	2.02999741370264	0.00000025435954
0.04	2.03999461745441	0.00000000194698	2.03999467566429	0.00000005626290
0.05	2.04999211585337	0.00000036743084	2.04999180468559	0.00000005626306
0.06	2.05999104665999	0.00000094902667	2.05999015389711	0.00000005626378
0.07	2.06999335015325	0.00000175054195	2.06999165587629	0.00000005626499
0.08	2.08000156689832	0.00000277980764	2.07999884335758	0.00000005626689
0.09	2.09001885883015	0.00000404480741	2.09001487029243	0.00000005626969
0.10	2.10004903075287	0.00000555370737	2.10004353331913	0.00000005627363

t	雙步亞當摩登法	雙步亞當摩登法誤差
0	2.00000000000000	0
0.01	2.00999985350124	0
0.02	2.01999901275951	0.00000002091147
0.03	2.02999720198625	0.00000004264314
0.04	2.03999468460660	0.00000006520521
0.05	2.04999226305287	0.00000051463035
0.06	2.05999129891162	0.00000120127829
0.07	2.06999373334633	0.00000213373503
0.08	2.08000210783022	0.00000332073953
0.09	2.09001958523596	0.00000477121322
0.10	2.10004997134278	0.00000649429728

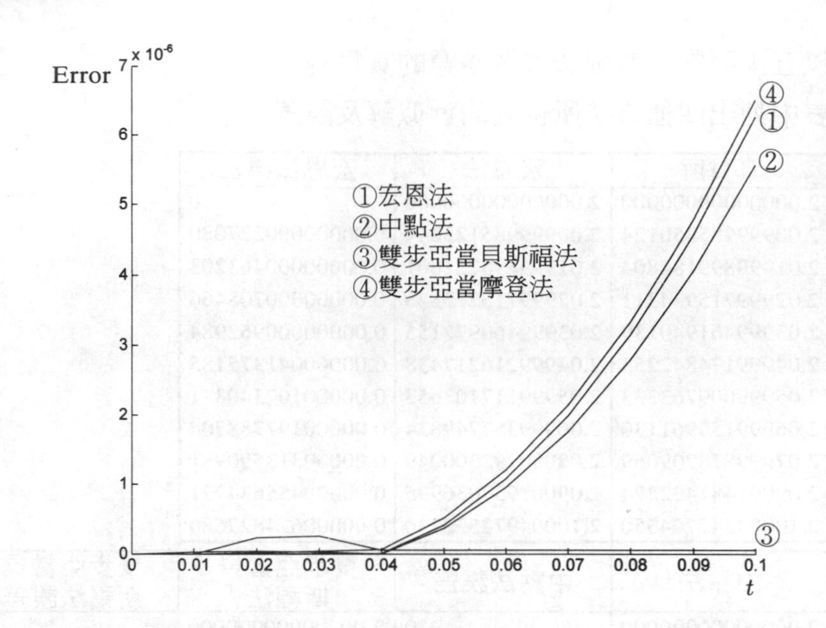

12.* $y' = 2t^2y^2 - 3y - t;\ \ y(0) = 2,\ \ t \in [0, 1]$

解: 以五步亞當貝斯福法當做本題的真實解

表中列出四種方法得到的近似解及誤差

t	真實解	宏恩法	宏恩法誤差
0	2.00000000000000	2.00000000000000	0
0.1	1.47871204014654	1.48670666666667	0.00799462652013
0.2	1.08858630153238	1.10039584181995	0.01180954028757
0.3	0.79392654844082	0.80690119616228	0.01297464772146
0.4	0.56720451027035	0.57990244421973	0.01269793394938
0.5	0.39582119454655	0.40055567713970	0.00473448259315
0.6	0.25438537959154	0.25583601832594	0.00145063873440
0.7	0.13735716501182	0.13694644645026	0.00041071856155
0.8	0.03914806617130	0.03807133342063	0.00107673275067
0.9	−0.04349521775392	−0.04455997866367	0.00106476090974
1.0	−0.11268852873431	−0.11338844114020	0.00069991240590

t	中點法	中點法誤差	雙步亞當貝斯福法	雙步亞當貝斯福法誤差
0	2.00000000000000	0	2.00000000000000	0
0.1	1.48644500000000	0.00773295985346	1.47871204014654	0
0.2	1.10039067080470	0.01180436927232	1.10485138997362	0.01626508844124
0.3	0.80715334915769	0.01322680071687	0.81693684033692	0.02301029189610

0.4	0.58029740126446	0.01309289099410	0.59317960093533	0.02597509066498
0.5	0.40098361331016	0.00516241876360	0.41467221222543	0.01885101767888
0.6	0.25621649956652	0.00183111997498	0.26931334251023	0.01492796291869
0.7	0.13722748776383	0.00012967724798	0.14885754918168	0.01150038416986
0.8	0.03822458769021	0.00092347848109	0.04791489485652	0.00876682868522
0.9	−0.04454278946418	0.00104757171026	−0.03696314464650	0.00653207310742
1.0	−0.11349807919691	0.00080955046260	−0.10795742430754	0.00473110442677

t	雙步亞當摩登法	雙步亞當摩登法誤差
0	2.00000000000000	0
0.1	1.47871204014654	0
0.2	1.08813509268126	0.00045120885112
0.3	0.79355925157050	0.00036729687031
0.4	0.56697932836280	0.00022518190755
0.5	0.38871424292975	0.00710695161680
0.6	0.24532074799701	0.00906463159453
0.7	0.12779493781960	0.00956222719222
0.8	0.03021513347597	0.00893293269533
0.9	−0.05124741630809	0.00775219855416
1.0	−0.11906458320874	0.00637605447443

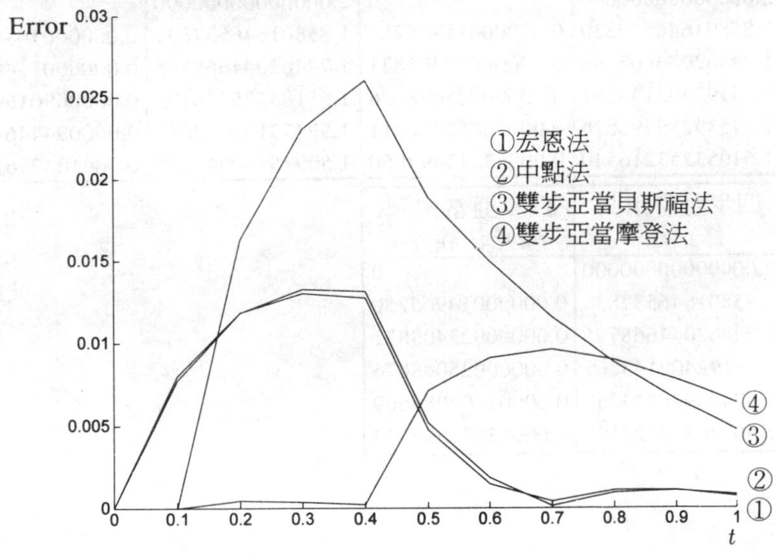

13.～22.題，用五階亞當預測修正法且 $N = 20$ 當做初值問題的

真正解答（打 * 的題目，則用真正解答），求出四階倫格－庫塔法，四步亞當貝斯福法、三步亞當摩登法、四步亞當預測修正法的近似值及誤差 $(N=5)$。

13. $y' = 3ty - y^3;\ y(0)=2,\ t \in [0, 0.1]$

解：以五階亞當預測修正法當做本題的真實解

表中列出四種方法所得到的近似解及誤差

t	真實解	四階倫格－庫塔法	四階倫格－庫塔法誤差
0	2.00000000000000	2.00000000000000	0
0.02	1.85801661503089	1.85801646537839	0.0000014965250
0.04	1.74462068072626	1.74462044668795	0.0000023403831
0.06	1.65192427241336	1.65192402143261	0.0000025098076
0.08	1.57482580332865	1.57482555802946	0.0000024529920
0.10	1.50985939719680	1.50985916510137	0.0000023209543

t	四步亞當貝斯福法	四步亞當貝斯福法誤差	三步亞當摩登法	三步亞當摩登法誤差
0	2.00000000000000	0	2.00000000000000	0
0.02	1.85801646537839	0.00000014965250	1.85801646537839	0.00000014965250
0.04	1.74462044668795	0.00000023403831	1.74462044668795	0.00000023403831
0.06	1.65192402143261	0.00000025098076	1.65185525738173	0.00006901503164
0.08	1.57539235798876	0.00056655466011	1.57473135687686	0.00009444645180
0.10	1.51053253216540	0.00067313496860	1.50975560047439	0.00010379672241

t	四步亞當預測修正法	四步亞當預測修正法誤差
0	2.00000000000000	0
0.02	1.85801646537839	0.00000014965250
0.04	1.74462044668795	0.00000023403831
0.06	1.65192402143261	0.00000025098076
0.08	1.57476978243257	0.00005602089609
0.10	1.50978332122107	0.00007607597573

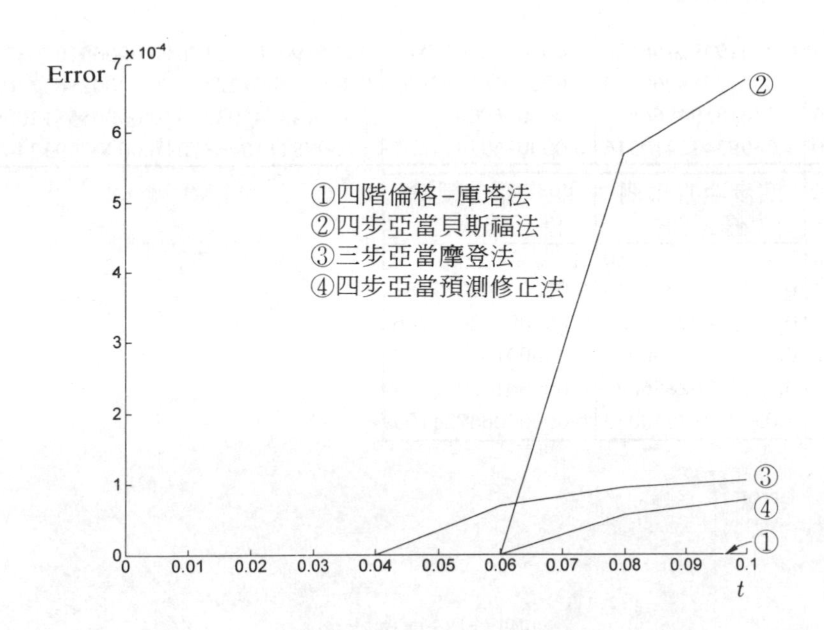

14*. $y' = 3t^{-1}y + t^3e^t;\ \ y(1) = 0,\ \ t \in [1, 1.2]$

解:

$$y' - 3t^{-1}y = t^3e^t$$

$$y \cdot t^{-3} = \int t^{-3} \cdot t^3e^t dt$$

$y = t^3e^t + ct^3$　將初值條件代入可求得真實解

$$y = t^3(e^t - e^1)$$

表中列出了四種方法所得到的近似解及誤差

t	真實解	四階倫格－庫塔法	四階倫格－庫塔法誤差
1.00	0	0	0
1.04	0.12478699694380	0.12478652636519	0.00000047057861
1.08	0.28519592794005	0.28519490756120	0.00000102037886
1.12	0.48690923343072	0.48690758060013	0.00000165283059
1.16	0.73619885804224	0.73619648656140	0.00000237148084
1.20	1.03997104291152	1.03996786292851	0.00000317998302

t	四步亞當貝斯福法	四步亞當貝斯福法誤差	三步亞當摩登法	三步亞當摩登法誤差
1.00	0	0	0	0
1.04	0.12478652636519	0.00000047057861	0.12478652636519	0.00000047057861

1.08	0.28519490756120	0.00000102037886	0.28519490756120	0.00000102037886
1.12	0.48690758060013	0.00000165283059	0.48688360122853	0.00002563220219
1.16	0.73618194866624	0.00001690937600	0.73614354503289	0.00005531300935
1.20	1.03993432419516	0.00003671871637	1.03988111046370	0.00008993244782

t	四步亞當預測修正法	四步亞當預測修正法誤差
1.00	0	0
1.04	0.12478652636519	0.0000047057861
1.08	0.28519490756120	0.0000102037886
1.12	0.48690758060013	0.0000165283059
1.16	0.73619762856090	0.0000122948134
1.20	1.03997037570050	0.0000066721103

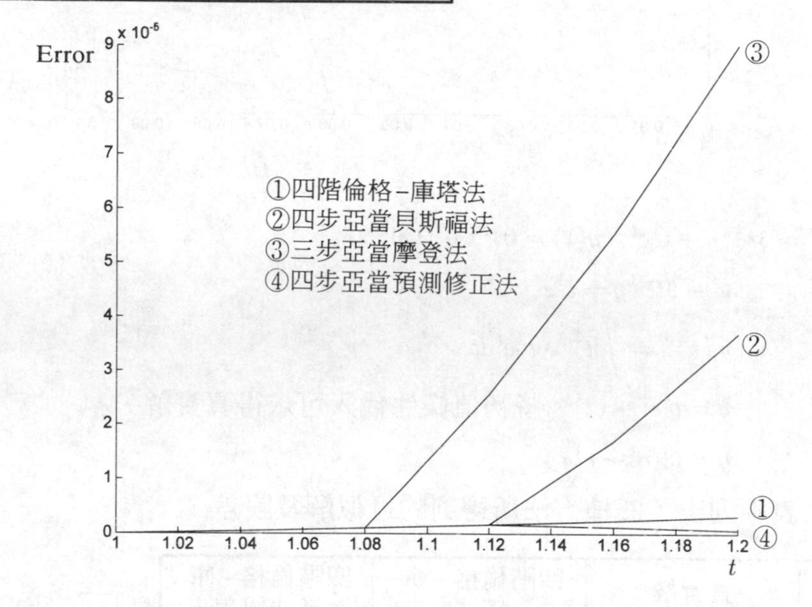

15. $y' = t^2e^t - 2\cos t$; $y(1) = -1$, $t \in [1, 1.5]$

解: 以五階亞當預測修正法當做本題的真實解

表中列出了四種方法所得到的近似解及誤差

t	真實解	四階倫格－庫塔法	四階倫格－庫塔法誤差
1.00	−1.00000000000000	−1.00000000000000	0
1.10	−0.78354689395962	−0.78354668482714	0.00000020913248

1.20	−0.44649642845770	−0.44649597697553	0.00000045148217
1.30	0.03707714282411	0.03707787562096	0.00000073279685
1.40	0.69779264994584	0.69779370865894	0.00000105871310
1.50	1.57178151587580	1.57178295152180	0.00000143564599

t	四步亞當貝斯福法	四步亞當貝斯福法誤差	三步亞當摩登法	三步亞當摩登法誤差
1.00	−1.00000000000000	0	−1.00000000000000	0
1.10	−0.78354668482714	0.00000020913248	−0.78354668482714	0.00000020913248
1.20	−0.44649597697553	0.00000045148217	−0.44649597697553	0.00000045148217
1.30	0.03707787562096	0.00000073279685	0.03709678019659	0.00001963737248
1.40	0.69753054368404	0.00026210626181	0.69783454561177	0.00004189566592
1.50	1.57121462598916	0.00056688988664	1.57184918596203	0.00006767008623

t	四步亞當預測修正法	四步亞當預測修正法誤差
1.00	−1.00000000000000	0
1.10	−0.78354668482714	0.00000020913248
1.20	−0.44649597697553	0.00000045148217
1.30	0.03707787562096	0.00000073279685
1.40	0.69781564103614	0.00002299109030
1.50	1.57183028138640	0.00004876551060

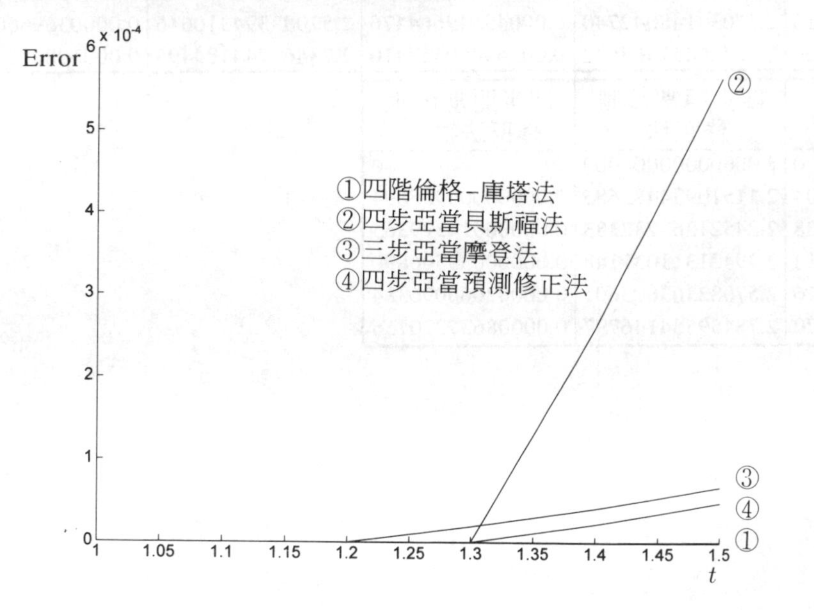

16.* $y' = e^{y-1}$;　$y(0) = 2$,　$t \in [0, 0.2]$

解: 解初值問題可得本題真實解為

$$y(t) = \ln\left|\frac{e^2}{1-et}\right|$$

表中列出了四種方法所得到的近似解及誤差

t	真實解	四階倫格–庫塔法	四階倫格–庫塔法誤差
0	2.00000000000000	2.00000000000000	0
0.04	2.11510929556791	2.11510934482685	0.00000004925894
0.08	2.24521349353018	2.24521363732383	0.00000014379365
0.12	2.39481277532258	2.39481311039148	0.00000033506890
0.16	2.57079697707217	2.57079773072090	0.00000075364873
0.20	2.78450916926042	2.78451094728107	0.00000177802065

t	四步亞當貝斯福法	四步亞當貝斯福法誤差	三步亞當摩登法	三步亞當摩登法誤差
1.00	2.00000000000000	0	2.00000000000000	0
0.04	2.11510934482685	0.00000004925894	2.11510934482685	0.00000004925894
0.08	2.24521363732383	0.00000014379365	2.24521363732383	0.00000014379365
0.12	2.39481311039148	0.00000033506890	2.39482339804742	0.00001062272484
0.16	2.57034148042740	0.00045549664476	2.57083394310646	0.00003696603429
0.20	2.78286457568632	0.00164459357410	2.78461744184495	0.00010827258453

t	四步亞當預測修正法	四步亞當預測修正法誤差
0	2.00000000000000	0
0.04	2.11510934482685	0.00000004925894
0.08	2.24521363732383	0.00000014379365
0.12	2.39481311039148	0.00000033506890
0.16	2.57082363803601	0.00002666096384
0.20	2.78459554146797	0.00008637220756

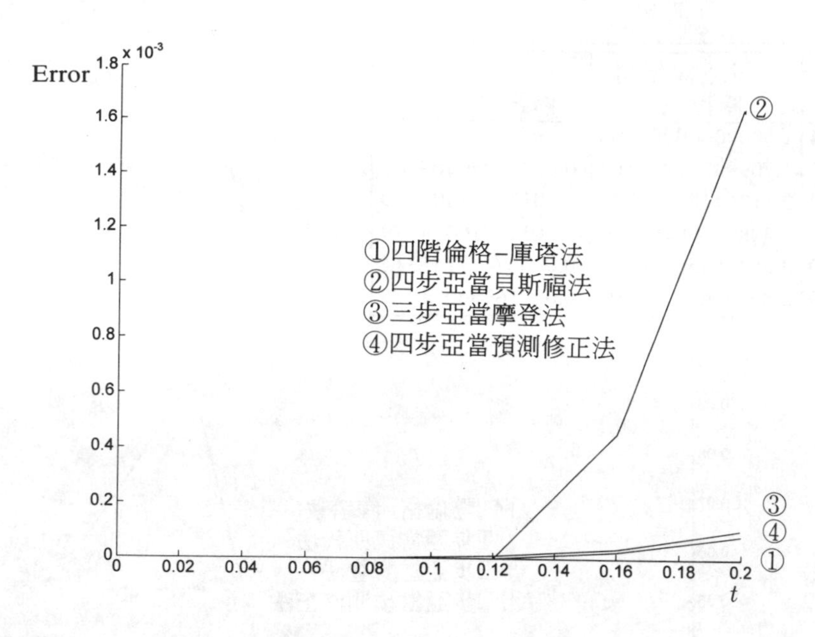

17. $y' = (t-y)^3 - 2\cos t;\ \ y(\pi) = 1,\ \ t \in \left[\pi, \dfrac{8}{7}\pi\right]$

解: 以五階亞當預測修正法當做本題的真實解

表中列出了四種方法所得到的近似解及誤差

t	真實解	四階倫格－庫塔法	四階倫格－庫塔法誤差
3.14	1.00000000000000	1.00000000000000	0
3.23	1.70750557932134	1.70999797202101	0.00249239269967
3.32	2.11096116830953	2.11267188233332	0.00171071402379
3.41	2.40681763811776	2.40807480265956	0.00125716454179
3.50	2.64890939466895	2.64991401487162	0.00100462020267
3.59	2.85837899157277	2.85923056535616	0.00085157378339

t	四步亞當貝斯福法	四步亞當貝斯福法誤差	三步亞當摩登法	三步亞當摩登法誤差
3.14	1.00000000000000	0	1.00000000000000	0
3.23	1.70999797202101	0.00249239269967	1.70999797202101	0.00249239269967
3.32	2.11267188233332	0.00171071402379	2.11267188233332	0.00171071402379
3.41	2.40807480265956	0.00125716454179	2.41799268667551	0.01117504855774
3.50	2.55342247207084	0.09548692259810	2.65857331408208	0.00966391941313
3.59	2.79640982935151	0.06196916222126	2.86709223405236	0.00871324247959

t	四步亞當預測修正法	四步亞當預測修正法誤差
3.14	1.00000000000000	0
3.23	1.70999797202101	0.00249239269967
3.32	2.11267188233332	0.00171071402379
3.41	2.40807480265956	0.00125716454179
3.50	2.65918356710209	0.01027417243314
3.59	2.86794655188290	0.00956756031013

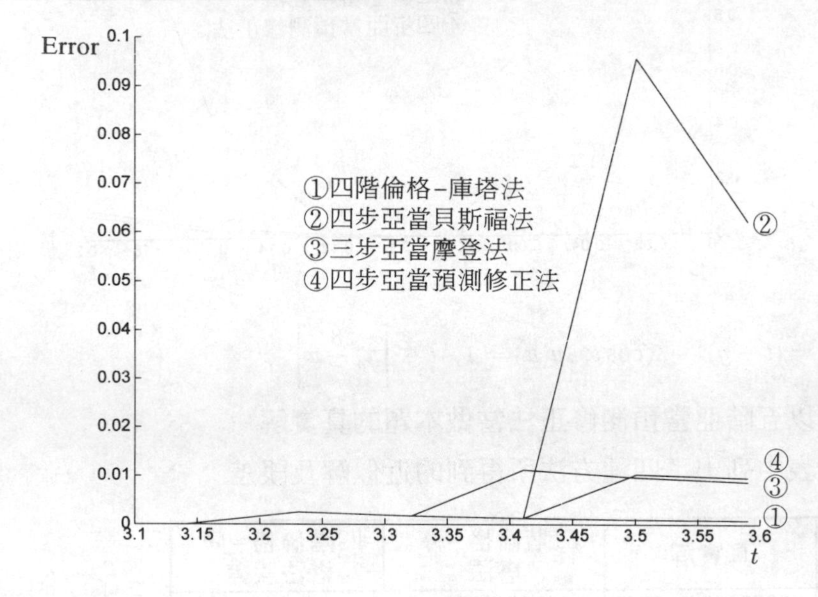

18. $y' = [t + \cosh y]^{-1}$; $y(3) = 1$, $t \in [3, 4]$

解: 以五階亞當預測修正法當做本題的真實解

表中列出四種方法所得到的近似解及誤差

t	真實解	四階倫格－庫塔法	四階倫格－庫塔法誤差
3.00	1.00000000000000	1.00000000000000	0
3.20	1.04284642255297	1.04284642409556	0.00000000154260
3.40	1.08349923056707	1.08349923334518	0.00000000277811
3.60	1.12217194250846	1.12217194625251	0.00000000374404
3.80	1.15904867161871	1.15904867612273	0.00000000450402
4.00	1.19428922014825	1.19428922525360	0.00000000510536

t	四步亞當貝斯福法	四步亞當貝斯福法誤差	三步亞當摩登法	三步亞當摩登法誤差
3.00	1.00000000000000	0	1.00000000000000	0
3.20	1.04284642409556	0.00000000154260	1.04284642409556	0.00000000154260
3.40	1.08349923334518	0.00000000277811	1.08349923334518	0.00000000277811
3.60	1.12217194625251	0.00000000374404	1.12217206729311	0.00000012478464
3.80	1.15904665889673	0.00000201272198	1.15904888990126	0.00000021828255
4.00	1.19428565448662	0.00000356566162	1.19428951079223	0.00000029064399

t	四步亞當預測修正法	四步亞當預測修正法誤差
3.00	1.00000000000000	0
3.20	1.04284642409556	0.00000000154260
3.40	1.08349923334518	0.00000000277811
3.60	1.12217194625251	0.00000000374404
3.80	1.15904880954211	0.00000013792339
4.00	1.19428946332906	0.00000024318081

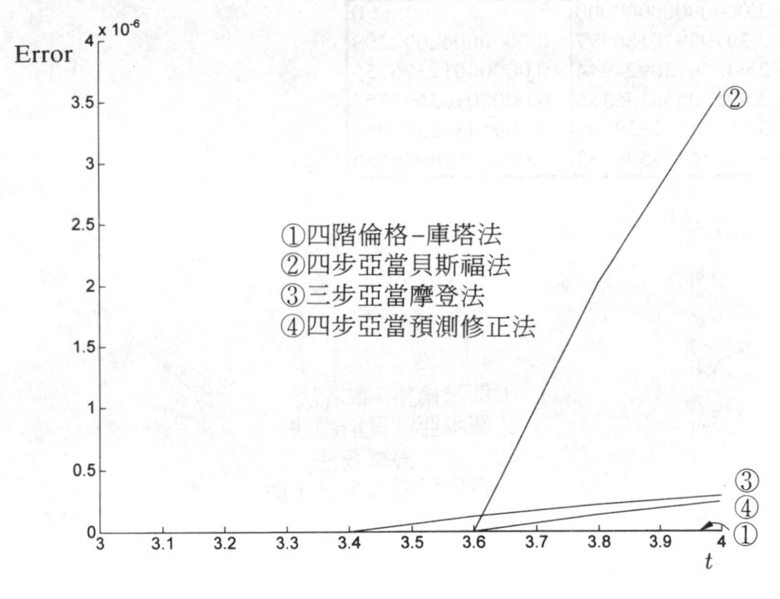

19. $y' = t\sin y - 2t^2$; $y(1) = -2$, $t \in [1, 1.5]$

解: 以五階亞當預測修正法當做本題的真實解

表中列出四種方法所得到的近似解及誤差

t	真實解	四階倫格－庫塔法	四階倫格－庫塔法誤差
1.00	−2.00000000000000	−2.00000000000000	0
1.10	−2.30798012279206	−2.30797970186997	0.00000042092209
1.20	−2.64330711548188	−2.64330730924944	0.00000019376756
1.30	−2.99520392702603	−2.99520556395355	0.00000163692752
1.40	−3.35512379800836	−3.35512719067512	0.00000339266676
1.50	−3.71995793520947	−3.71996281284352	0.00000487763405

t	四步亞當貝斯福法	四步亞當貝斯福法誤差	三步亞當摩登法	三步亞當摩登法誤差
1.00	−2.00000000000000	0	−2.00000000000000	0
1.10	−2.30797970186997	0.00000042092209	−2.30797970186997	0.00000042092209
1.20	−2.64330730924944	0.00000019376756	−2.64330730924944	0.00000019376756
1.30	−2.99520556395355	0.00000163692752	−2.99532481915302	0.00012089212699
1.40	−3.35379625274701	0.00132754526135	−3.35530937283673	0.00018557482838
1.50	−3.71814994059608	0.00180799461339	−3.72013116306310	0.00017322785363

t	四步亞當預測修正法	四步亞當預測修正法誤差
1.00	−2.00000000000000	0
1.10	−2.30797970186997	0.00000042092209
1.20	−2.64330730924944	0.00000019376756
1.30	−2.99520556395355	0.00000163692752
1.40	−3.35527222339805	0.00014842538969
1.50	−3.72016303599483	0.00020510078536

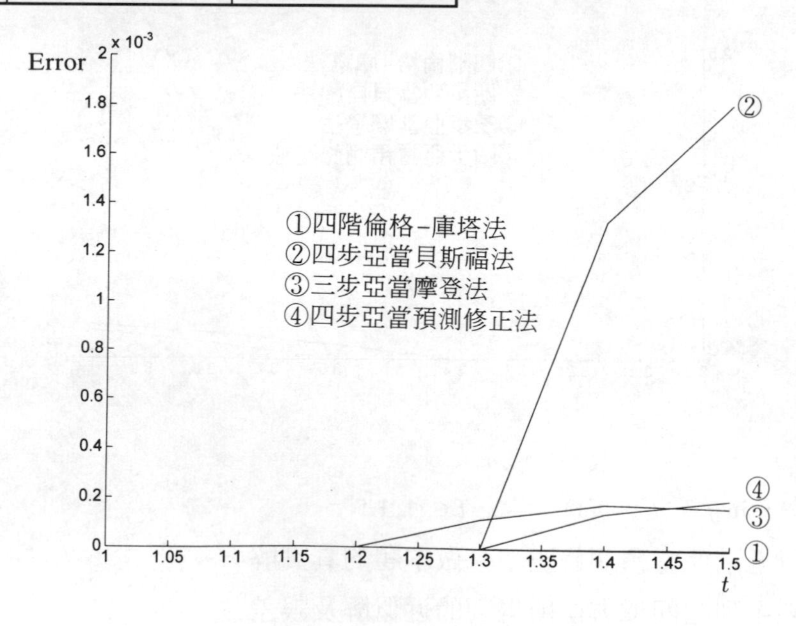

20. $y' = 2 - \cos(t-y) + 2t^2;\ \ y(2) = 4,\ \ t \in [2, 2.5]$

解：以五階亞當預測修正法當做本題的真實解

表中列出四種方法所得到的近似解及誤差

t	真實解	四階倫格－庫塔法	四階倫格－庫塔法誤差
2.00	4.00000000000000	4.00000000000000	0
2.10	5.11716785137849	5.11715100165927	0.00001684971923
2.20	6.32820888317782	6.32822662032296	0.00001773714514
2.30	7.54325470917796	7.54329032095227	0.00003561177431
2.40	8.76392145400761	8.76389161180925	0.00002984219836
2.50	10.09159316600197	10.09147829371372	0.00011487228825

t	四步亞當貝斯福法	四步亞當貝斯福法誤差	三步亞當摩登法	三步亞當摩登法誤差
2.00	4.00000000000000	0	4.00000000000000	0
2.10	5.11715100165927	0.00001684971923	5.11715100165927	0.00001684971923
2.20	6.32822662032296	0.00001773714514	6.32822662032296	0.00001773714514
2.30	7.54329032095227	0.00003561177431	7.54663374439401	0.00337903521605
2.40	8.73371914425826	0.03020230974935	8.76629673385412	0.00237527984651
2.50	10.07779279485880	0.01380037114317	10.09159066441406	0.00000250158792

t	四步亞當預測修正法	四步亞當預測修正法誤差
2.00	4.00000000000000	0
2.10	5.11715100165927	0.00001684971923
2.20	6.32822662032296	0.00001773714514
2.30	7.54329032095227	0.00003561177431
2.40	8.76306676445676	0.00085468955085
2.50	10.08851838125434	0.00307478474763

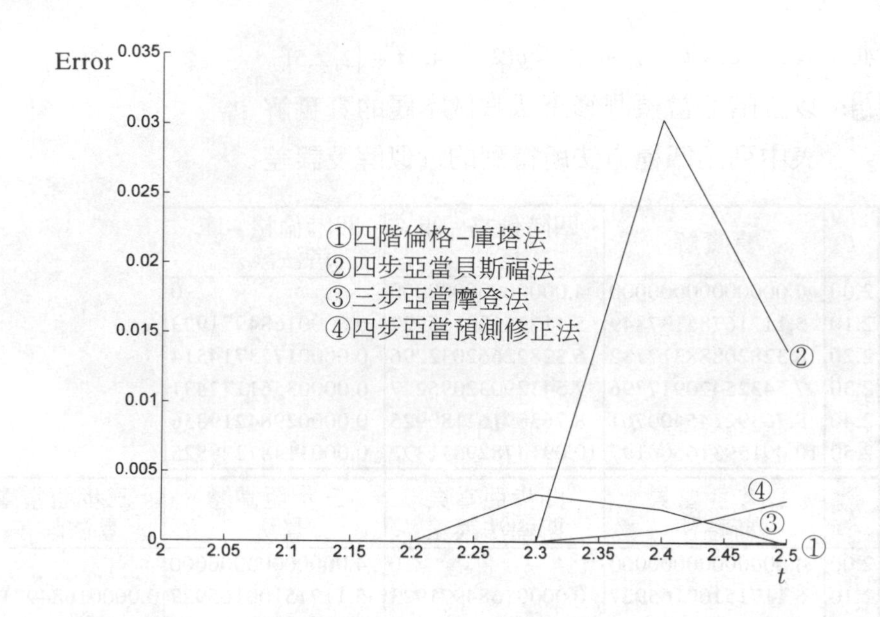

21. $y' = y^3 - t^2 + t;\ y(-1) = 0,\ t \in [-1, 0]$

解：以五階亞當預測修正法當做本題的真實解

表中列出了四種方法所得到的近似解及誤差

t	真實解	四階倫格－庫塔法	四階倫格－庫塔法誤差
−0.5	0	0	0
−0.4	−0.06534094102720	−0.06534087978998	0.0000006123721
−0.3	−0.11275334149403	−0.11275331946852	0.0000002202551
−0.2	−0.14430842342660	−0.14430848517891	0.0000006175231
−0.1	−0.16200984776904	−0.16201000166993	0.00000015390089
0	−0.16779924704252	−0.16779948213673	0.00000023509422

t	四步亞當貝斯福法	四步亞當貝斯福法誤差	三步亞當摩登法	三步亞當摩登法誤差
−0.5	0	0	0	0
−0.4	−0.06534087978998	0.00000006123721	−0.06534087978998	0.00000006123721
−0.3	−0.11275331946852	0.00000002202551	−0.11275331946852	0.00000002202551
−0.2	−0.14430848517891	0.00000006175231	−0.14430746923050	0.00000095419609
−0.1	−0.16202112710323	0.00001127933419	−0.16201002467434	0.00000017690530
0	−0.16780089973531	0.00000165269280	−0.16780112401447	0.00000187697195

t	四步亞當預測修正法	四步亞當預測修正法誤差
−0.5	0	0
−0.4	−0.06534087978998	0.0000006123721
−0.3	−0.11275331946852	0.0000002202551
−0.2	−0.14430848517891	0.0000006175231
−0.1	−0.16201052453279	0.0000067676375
0	−0.16780101247516	0.00000176543264

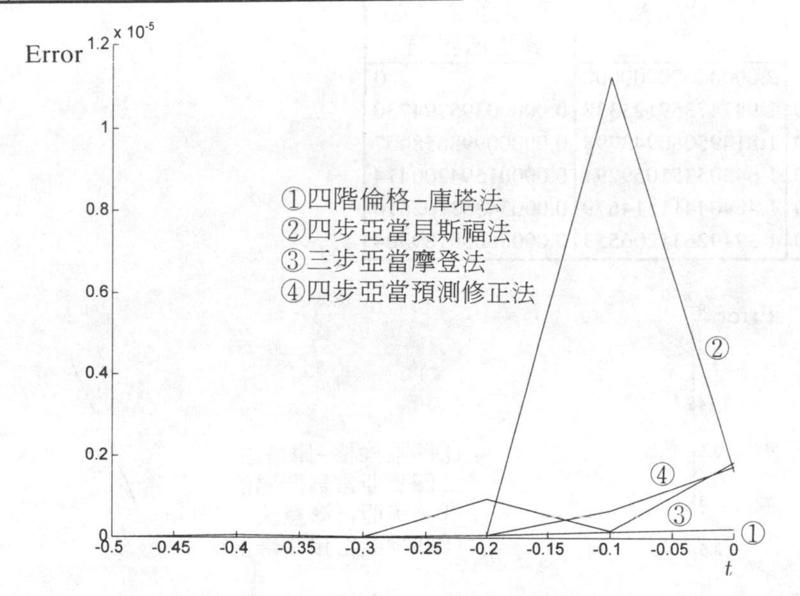

22. $y' = 2t^2 - ty + t\sin y;\ \ y(0) = 2,\ \ t \in [0, 1]$

解: 以五階亞當預測修正法當做本題的真實解

表中列出了四種方法所得到的近似解及誤差

t	真實解	四階倫格–庫塔法	四階倫格–庫塔法誤差
0	2.00000000000000	2.00000000000000	0
0.20	1.94746963328607	1.94747359123338	0.00000395794730
0.40	1.81494062285341	1.81495060943798	0.00000998658457
0.60	1.64503756858880	1.64505351059294	0.00001594200414
0.80	1.48438764617189	1.48441194264191	0.00002429647002
1.00	1.37578689395856	1.37582895709559	0.00004206313702

t	四步亞當貝斯福法	四步亞當貝斯福法誤差	三步亞當摩登法	三步亞當摩登法誤差
0.00	2.00000000000000	0	2.00000000000000	0
0.20	1.94747359123338	0.00000395794730	1.94747359123338	0.00000395794730
0.40	1.81495060943798	0.00000998658457	1.81495060943798	0.00000998658457
0.60	1.64505351059294	0.00001594200414	1.64481798391474	0.00021958467406
0.80	1.48609166479848	0.00170401862659	1.48364395149022	0.00074369468167
1.00	1.38029153578780	0.00450464182923	1.37435309272918	0.00143380122938

t	四步亞當預測修正法	四步亞當預測修正法誤差
0	2.00000000000000	0
0.20	1.94747359123338	0.00000395794730
0.40	1.81495060943798	0.00000998658457
0.60	1.64505351059294	0.00001594200414
0.80	1.48404411514679	0.00034353102510
1.00	1.37492631206553	0.00086058189304

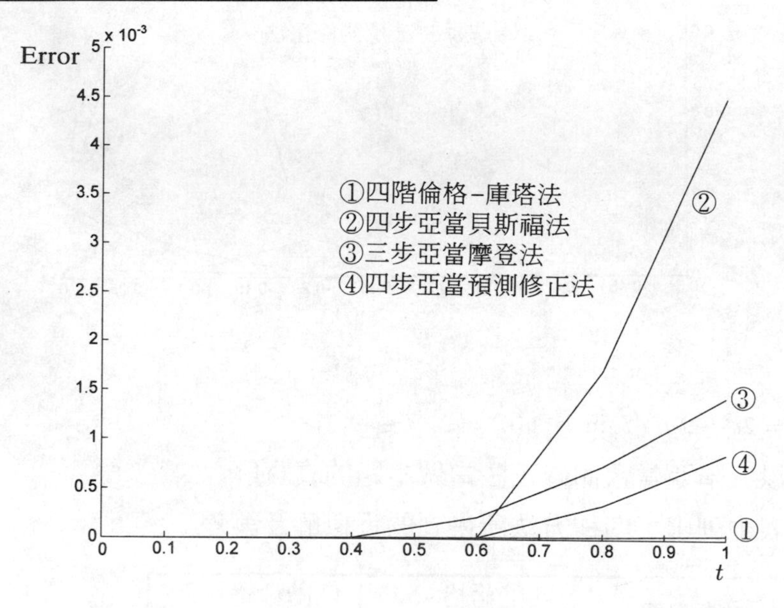

12.4 高階常微分方程式之數值解法

1.~10.題，求出真正解答，並且用四階倫格－庫塔法和四階亞當預測修正法求近似解及誤差 $(N=10)$。

1. $y_1' = 2y_1 - 5y_2 + 5\sin t;\ y_1(0) = 10,\ t \in [0,\pi]$

$y_2' = y_1 - 2y_2 + 2\sin t;\ y_2(0) = 5$

解: 可求得真實解為

$$y_1 = -5\sin t + 10\cos t + \frac{5}{2}t\sin t$$

$$y_2 = 5\cos t + \frac{1}{2}\sin t - \frac{1}{2}t\cos t + t\sin t$$

表中列出兩種方法所得到的近似解及誤差

t	真實解 y_1	四階倫格－庫塔 y_1	四階倫格－庫塔 y_1 Error
0	0.00000000000000	10.00000000000000	0
0.31	8.20818157091748	8.20831795687650	0.00013638595902
0.62	6.07453459753234	6.07487462273836	0.00034002520602
0.94	3.73896893566822	3.73953737306507	0.00056843739685
1.25	1.32271952701526	1.32349769744940	0.00077817043413
1.57	1.07300918301276	−1.07207926025543	0.00092992275733
1.88	3.36370427811291	−3.36271182743717	0.00099245067573
2.19	5.47513426402361	−5.47418921770148	0.00094504632214
2.51	7.33593254423092	−7.33515392992777	0.00077861430316
2.82	8.87133771626012	−8.87084214880692	0.00049556745320
3.14	−10.00000000000000	−9.99989112181784	0.00010887818215

t	四階亞當預測修正 y_1	四階亞當預測修正 y_1 Error
0	10.00000000000000	0
0.31	8.20831795687650	0.00013638595902
0.62	6.07487462273836	0.00034002520602
0.94	3.73953737306507	0.00056843739685
1.25	1.32302664404024	0.00030711702498
1.57	−1.07289917616765	0.00011000684511
1.88	−3.36363972614923	0.00006455196368
2.19	−5.47492631739613	0.00020794662749
2.51	−7.33544111445467	0.00049142977626
2.82	−8.87053180589662	0.00080591036350
3.14	−9.99898897084313	0.00101102915687

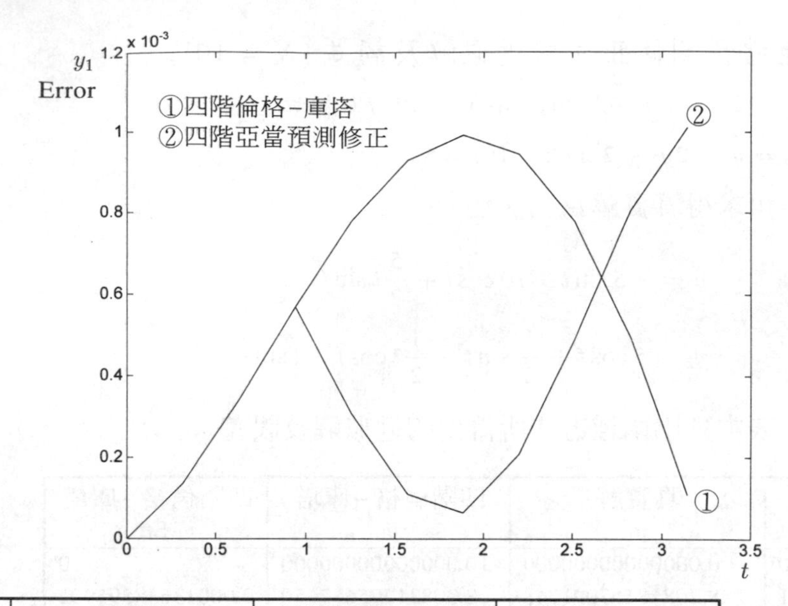

t	真實解 y_2	四階倫格-庫塔 y_2	四階倫格-庫塔 y_2 Error
0	5.00000000000000	5.00000000000000	0
0.31	4.85748002236244	4.85751462473113	0.00003460236870
0.62	4.45413377950330	4.45424674731721	0.00011296781391
0.94	3.82892803792356	3.82914838709337	0.00022034916981
1.25	3.02158499204639	3.02192363079411	0.00033863874772
1.57	2.07079632679490	2.07124514706385	0.00044882026895
1.88	1.01438424092659	1.01491740835830	0.00053316743171
2.19	−0.10899283129289	−0.10841585213069	0.00057697916220
2.51	−1.25728614287308	−1.25671639469604	0.00056974817704
2.82	−2.38252464272813	−2.38201887956556	0.00050576316258
3.14	−3.42920367320510	−3.42881944453978	0.00038422866533

t	四階亞當預測修正 y_2	四階亞當預測修正 y_2 Error
0	5.00000000000000	0
0.31	4.85751462473113	0.00003460236870
0.62	4.45424674731721	0.00011296781391
0.94	3.82914838709337	0.00022034916981
1.25	3.02173991240775	0.00015492036136
1.57	2.07084771442910	0.00005138763420
1.88	1.01436322139806	0.00002101952854
2.19	−0.10901745721437	0.00002462592148
2.51	−1.25723427443294	0.00005186844015
2.82	−2.38234042762661	0.00018421510153
3.14	−3.42888084192342	0.00032283128169

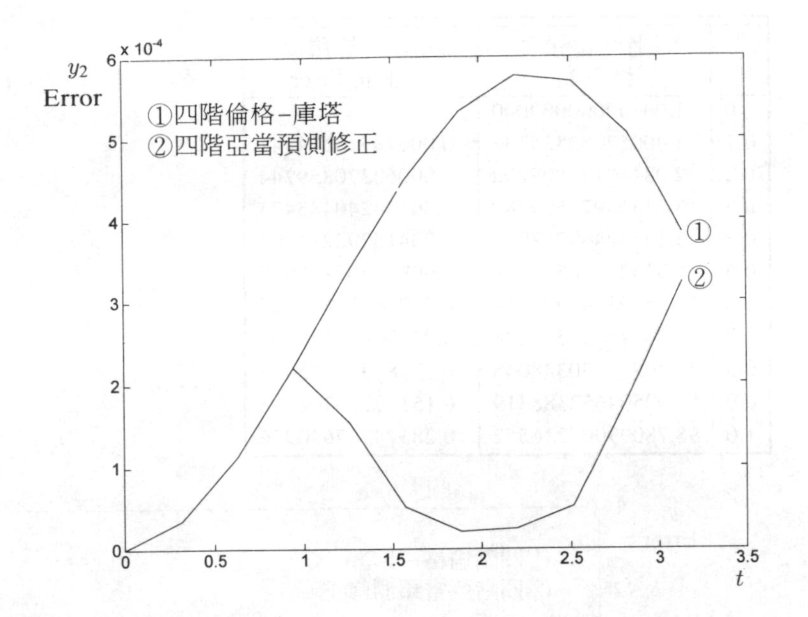

2. $y_1' = 3y_1 + 4y_2$; $y_1(0) = 1$, $t \in [0,1]$

$y_2' = 2y_1 + y_2$; $y_2(0) = 0$

解: 可解得真實解為

$$y_1 = \frac{1}{3}(2e^{5t} + e^{-t}),\ \ y_2 = \frac{1}{3}(e^{5t} - e^{-t})$$

表中列出兩種方法所得到的近似解和誤差

t	真實解 y_1	四階倫格－庫塔 y_1	四階倫格－庫塔 y_1 Error
0	1.00000000000000	1.00000000000000	0
0.1	1.40075998647874	1.40057083333333	0.00018915314541
0.2	2.08509813666536	2.08447442807292	0.00062370859244
0.3	3.23473212045262	3.23318971559789	0.00154240485473
0.4	5.14947741463231	5.14608697893920	0.00339043569311
0.5	8.32383952703986	8.31685269873207	0.00698682830779
0.6	13.57329516082312	13.55947306962040	0.01382209120272
0.7	22.24249640705868	22.21591170340164	0.02658470365704
0.8	36.54854301013524	36.49845492656150	0.05008808357373
0.9	60.14694408692807	60.05404803972156	0.09289604720651
1.0	99.06473254877488	98.89456966699304	0.17016288178183

t	四階亞當預測修正 y_1	四階亞當預測修正 y_1 Error
0	1.00000000000000	0
0.1	1.40057083333333	0.00018915314541
0.2	2.08447442807292	0.00062370859244
0.3	3.23318971559789	0.00154240485473
0.4	5.14532449252038	0.00415292211193
0.5	8.31422490577329	0.00961462126657
0.6	13.55293144093484	0.02036371988829
0.7	22.20148717579278	0.04100923126590
0.8	36.46866930348048	0.07987370665475
0.9	59.99504652388319	0.15189756304488
1.0	98.78099007236552	0.28374247640936

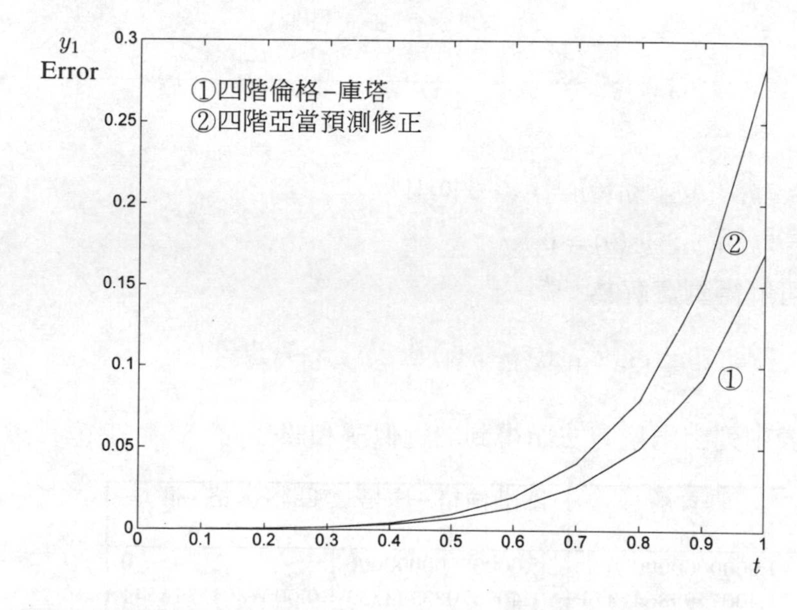

t	真實解 y_2	四階倫格－庫塔 y_2	四階倫格－庫塔 y_2 Error
0	0	0	0
0.1	0.24796128422139	0.24786666666667	0.00009461755472
0.2	0.63318369179369	0.63287176333333	0.00031192846035
0.3	1.24695694988545	1.24618564679835	0.00077130308710
0.4	2.23957868429834	2.23788334501085	0.00169533928748
0.5	3.85865443366361	3.85516088215434	0.00349355150927
0.6	6.51224176236455	6.50533056762204	0.00691119474251

0.7	10.87295555163364	10.85966304236521	0.01329250926843
0.8	18.04960702300900	18.02456281841354	0.02504420459547
0.9	29.87018721359374	29.82373902426074	0.04644818933300
1.0	49.34842655380172	49.26334494629027	0.08508160751144

t	四階亞當預測修正 y_2	四階亞當預測修正 y_2 Error
0	0	0
0.1	0.24786666666667	0.00009461755472
0.2	0.63287176333333	0.00031192846035
0.3	1.24618564679835	0.00077130308710
0.4	2.23750228713822	0.00207639716012
0.5	3.85384731868150	0.00480711498211
0.6	6.50206020419037	0.01018155817418
0.7	10.85245132220848	0.02050422942516
0.8	18.00967062151632	0.03993640149269
0.9	29.79423893354502	0.07594828004871
1.0	49.20655585317088	0.14187070063083

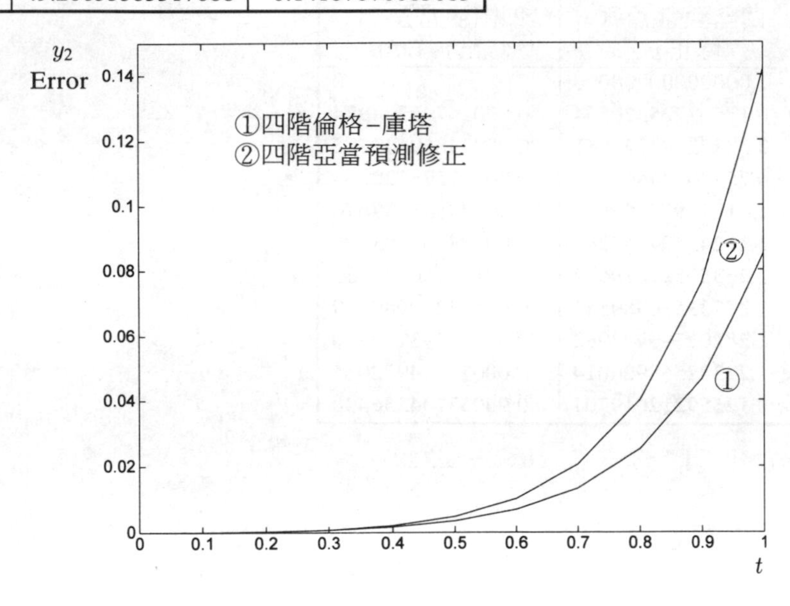

3. $y_1' = -4y_1 + 3y_2 + \cos t + 4\sin t;\quad y_1(0) = -1,\quad t \in [0, 2]$

$y_2' = -2y_1 + y_2 + 2\sin t;\quad y_2(0) = 0$

解: 可解得真實解為

$$y_1 = 2e^{-t} - 3e^{-2t} + \sin t,\ y_2 = 2e^{-t} - 2e^{-2t}$$

表中列出兩種方法所得到的近似解和誤差

t	真實解 y_1	四階倫格－庫塔 y_1	四階倫格－庫塔 y_1 Error
0	−1.00000000000000	−1.00000000000000	0
0.2	−0.17482930115589	−0.17507725220564	0.00024795104974
0.4	0.38207154202826	0.38172284355041	0.00034869847785
0.6	0.75868310984648	0.75830734462084	0.00037576522564
0.8	1.01032446515000	1.00995513228063	0.00036933286937
1.0	1.17122401744094	1.17087387843225	0.00035013900869
1.2	1.26227364992339	1.26194577626364	0.00032787365975
1.4	1.29621346999602	1.29590727678079	0.00030619321523
1.6	1.28108002709572	1.28079435705206	0.00028567004366
1.8	1.22247423997949	1.22220874717358	0.00026549280591
2.0	1.12502107663270	1.12477665864672	0.00024441798598

t	四階亞當預測修正 y_1	四階亞當預測修正 y_1 Error
0	−1.00000000000000	0
0.2	−0.17507725220564	0.00024795104974
0.4	0.38172284355041	0.00034869847785
0.6	0.75830734462084	0.00037576522564
0.8	1.01112977752670	0.00080531237670
1.0	1.17247307847240	0.00124906103146
1.2	1.26350525819674	0.00123160827335
1.4	1.29733596980541	0.00112249980939
1.6	1.28202796497962	0.00094793788390
1.8	1.22322558920014	0.00075134922065
2.0	1.12559212019701	0.00057104356430

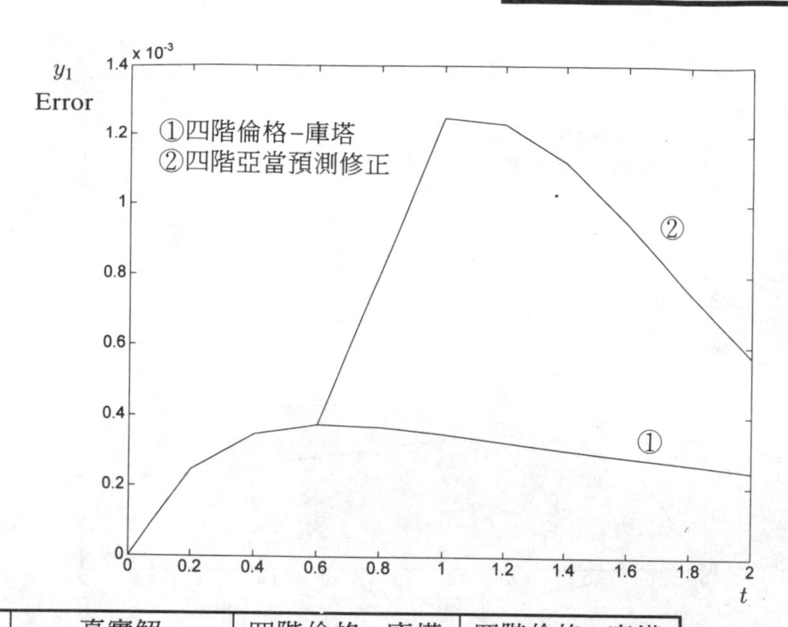

t	真實解 y_2	四階倫格－庫塔 y_2	四階倫格－庫塔 y_2 Error
0	0	0	0
0.2	0.29682141408468	0.29665854396948	0.00016287011520
0.4	0.44198216383684	0.44175415471844	0.00022800911839
0.6	0.49523484836365	0.49499050374297	0.00024434462068
0.8	0.49486489224513	0.49462627726653	0.00023861497860
1.0	0.46508831586966	0.46486369262116	0.00022462324850
1.2	0.42095251724558	0.42074369150884	0.00020882573673
1.4	0.37157380263278	0.37138013541985	0.00019366721292
1.6	0.32226862803258	0.32208908676086	0.00017954127172
1.8	0.27595033154859	0.27578441249125	0.00016591905733
2.0	0.23403928869576	0.23388730881064	0.00015197988512

t	四階亞當預測修正 y_2	四階亞當預測修正 y_2 Error
0	0	0
0.2	0.29665854396948	0.00016287011520
0.4	0.44175415471844	0.00022800911839
0.6	0.49499050374297	0.00024434462068
0.8	0.49538974149894	0.00052484925380
1.0	0.46589692596615	0.00080861009649
1.2	0.42174234043048	0.00078982318490
1.4	0.37228750928562	0.00071370665284
1.6	0.32286589000614	0.00059726197356
1.8	0.27641917535596	0.00046884380737
2.0	0.23439272694772	0.00035343825196

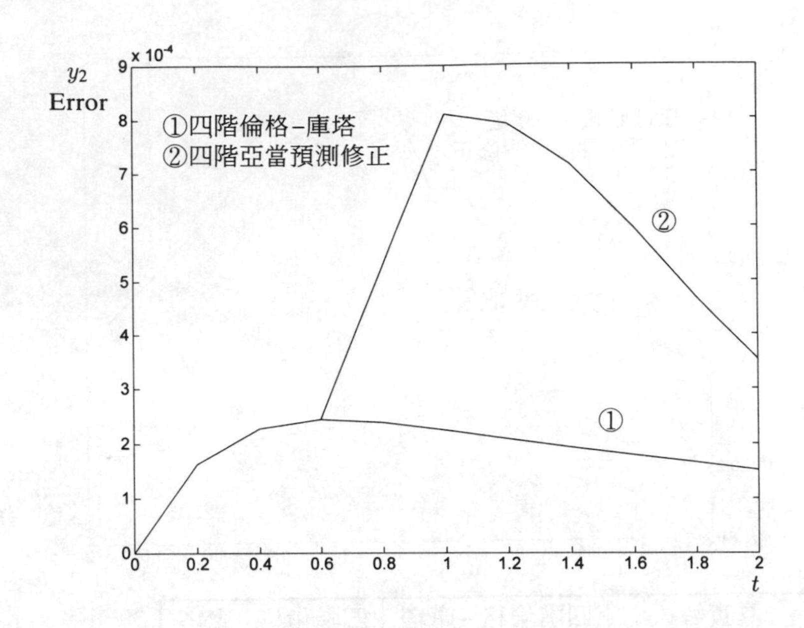

4. $y_1' = 5y_1 - 4y_2 + 4y_3 - 3e^{-3t};\ \ y_1(0) = 1,\ \ t \in [0, 1]$

$y_2' = 12y_1 - 11y_2 + 12y_3 + t;\ \ y_2(0) = -1$

$y_3' = 4y_1 - 4y_2 + 5y_3 + t;\ \ y_3(0) = 2$

解: 可求得真實解

$$y_1 = c_3e^t + \left(\frac{3}{4} + \frac{c_1}{3}\right)e^{-3t} + 3te^{-3t}$$

$$y_2 = c_1e^{-3t} + c_2e^t + 9te^{-3t} - t - 1$$

$$y_3 = (c_2 - c_3)e^t + \frac{c_1}{3}e^{-3t} + 3te^{-3t} - t - 1$$

其中 $c_1 = -\frac{39}{4},\ c_2 = \frac{39}{4},\ c_3 = \frac{7}{2}$

表中列出兩種方法所得到的近似解及誤差

t	真實解 y_1	四階倫格–庫塔 y_1	四階倫格–庫塔 y_1 Error
0	1.00000000000000	1.00000000000000	0
0.1	2.23829812776499	2.23818000048506	0.00011812727993
0.2	3.23216754498194	3.23199454675440	0.00017299822755

0.3	4.07399437093105	4.07380351668217	0.00019085424888
0.4	4.82983396625858	4.82964563721101	0.00018832904757
0.5	5.54739428730202	5.54721854268577	0.00017574461625
0.6	6.26170657961167	6.26154725436618	0.00015932524549
0.7	6.99915190484548	6.99900923078359	0.00014267406189
0.8	7.78032145439470	7.78019370497944	0.00012774941525
0.9	8.62205199159727	8.62193648759506	0.00011550400221
1.0	9.53887993379059	9.53877363571880	0.00010629807179

t	四階亞當預測修正 y_1	四階亞當預測修正 y_1 Error
0	1.00000000000000	0
0.1	2.23818000048506	0.00011812727993
0.2	3.23199454675440	0.00017299822755
0.3	4.07380351668217	0.00019085424888
0.4	4.83036305484046	0.00052908858188
0.5	5.54824697409768	0.00085268679566
0.6	6.26263595060385	0.00092937099218
0.7	7.00005561945587	0.00090371461040
0.8	7.78113356609473	0.00081211170003
0.9	8.62274232578081	0.00069033418353
1.0	9.53944153539540	0.00056160160481

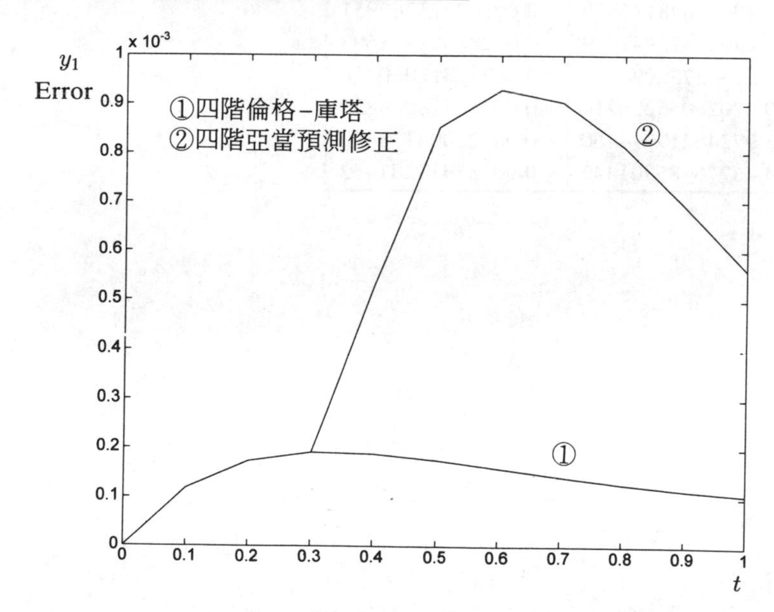

t	真實解 y_2	四階倫格－庫塔 y_2	四階倫格－庫塔 y_2 Error
0	−1.00000000000000	−1.00000000000000	0
0.1	3.11917519820436	3.11882929068754	0.00034590751682
0.2	6.34562438511415	6.34512105709600	0.00050332801815
0.3	8.99480727269481	8.99425671784358	0.00055055485123
0.4	11.29294639874234	11.29240923943872	0.00053715930362
0.5	13.40359904854700	13.40310519730398	0.00049385124301
0.6	15.44660814004356	15.44616903927225	0.00043910077131
0.7	17.51161422036436	17.51123066775456	0.00038355260981
0.8	19.66769327191356	19.66736032808596	0.00033294382760
0.9	21.97024123775968	21.96995122518439	0.00029001257529
1.0	24.46590752619980	24.46565179508223	0.00025573111756

t	四階亞當預測修正 y_2	四階亞當預測修正 y_2 Error
0	−1.00000000000000	0
0.1	3.11882929068754	0.00034590751682
0.2	6.34512105709600	0.00050332801815
0.3	8.99425671784358	0.00055055485123
0.4	11.29458205505571	0.00163565631336
0.5	13.40622878115650	0.00262973260951
0.6	15.44948872942049	0.00288058937693
0.7	17.51443735097217	0.00282313060780
0.8	19.67026055226214	0.00256728034859
0.9	21.97246219914460	0.00222096138492
1.0	24.46776185901442	0.00185433281462

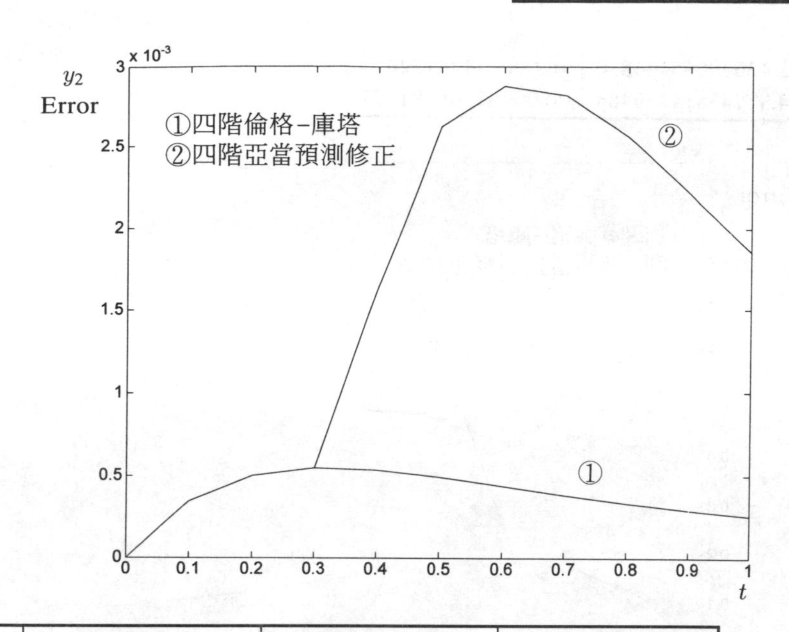

t	真實解 y_3	四階倫格–庫塔 y_3	四階倫格–庫塔 y_3 Error
0	2.00000000000000	2.00000000000000	0
0.1	3.62190448696173	3.62178893022918	0.00011555673255
0.2	4.97941640285189	4.97924806491742	0.00016833793448
0.3	6.18117884695961	6.18099439713547	0.00018444982414
0.4	7.30645622583793	7.30627580005496	0.00018042578296
0.5	8.41403016161605	8.41386364822518	0.00016651339087
0.6	9.54855911451938	9.54841023269988	0.00014888181950
0.7	10.74512952919955	10.74499843570852	0.00013109349103
0.8	12.03252054278192	12.03240546590560	0.00011507687632
0.9	13.43555641272407	13.43545464973501	0.00010176298906
1.0	14.97681466077706	14.97672316409958	0.00009149667749

t	四階亞當預測修正 y_3	四階亞當預測修正 y_3 Error
0	2.00000000000000	0
0.1	3.62178893022918	0.00011555673255
0.2	4.97924806491742	0.00016833793448
0.3	6.18099439713547	0.00018444982414
0.4	7.30700097275116	0.00054474691324
0.5	8.41490685206840	0.00087669045235
0.6	9.54952013018175	0.00096101566237
0.7	10.74607224640881	0.00094271720926
0.8	12.03337900180427	0.00085845902234

0.9	13.43630065444830	0.00074424172423
1.0	14.97743814259484	0.00062348181777

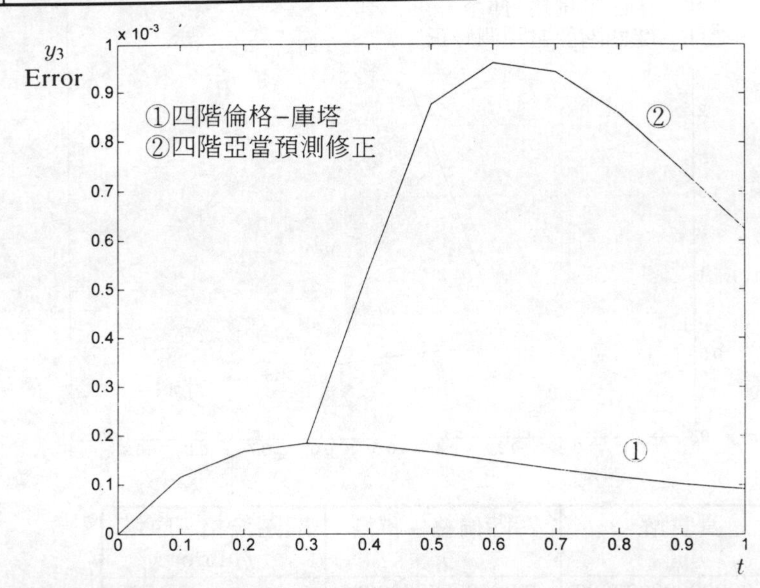

5. $y_1' = y_2;\ \ y_1(0) = 3,\ \ t \in [0, 1]$

$y_2' = -y_1 + 5e^{-2t} + 1;\ \ y_2(0) = -1$

$y_3' = -y_1 + e^{-2t} + 1;\ \ y_3(0) = 1$

解: 可解得真實解為

$$y_1 = \cos t + \sin t + e^{-2t} + 1$$

$$y_2 = -\sin t + \cos t - 2e^{-2t}$$

$$y_3 = -\sin t + \cos t$$

表中列出兩種方法所得到的近似解和誤差

t	真實解 y_1	四階倫格–庫塔 y_1	四階倫格–庫塔 y_1 Error
0	3.00000000000000	3.00000000000000	0
0.1	2.91356833500284	2.91356812363393	0.00000021136890
0.2	2.84905595467194	2.84905552645484	0.00000042821711
0.3	2.79966833188097	2.79966768949330	0.00000064238767
0.4	2.75980830042876	2.75980745368875	0.00000084674001

0.5	2.72488754166602	2.72488650657711	0.00000103508891
0.6	2.69117230021692	2.69117109805840	0.00000120215852
0.7	2.65565683846379	2.65565549491704	0.00000134354675
0.8	2.61595931824134	2.61595786254481	0.00000145569653
0.9	2.57023576611973	2.57023423024882	0.00000153587091
1.0	2.51710857391265	2.51710699178321	0.00000158212944

t	四階亞當預測修正 y_1	四階亞當預測修正 y_1 Error
0	3.00000000000000	0
0.1	2.91356812363393	0.00000021136890
0.2	2.84905552645484	0.00000042821711
0.3	2.79966768949330	0.00000064238767
0.4	2.75979727855499	0.00001102187377
0.5	2.72486893475723	0.00001860690879
0.6	2.69114826829505	0.00002403192187
0.7	2.65562930510151	0.00002753336228
0.8	2.61592990489028	0.00002941335106
0.9	2.57020585348437	0.00002991263536
1.0	2.51707933422888	0.00002923968377

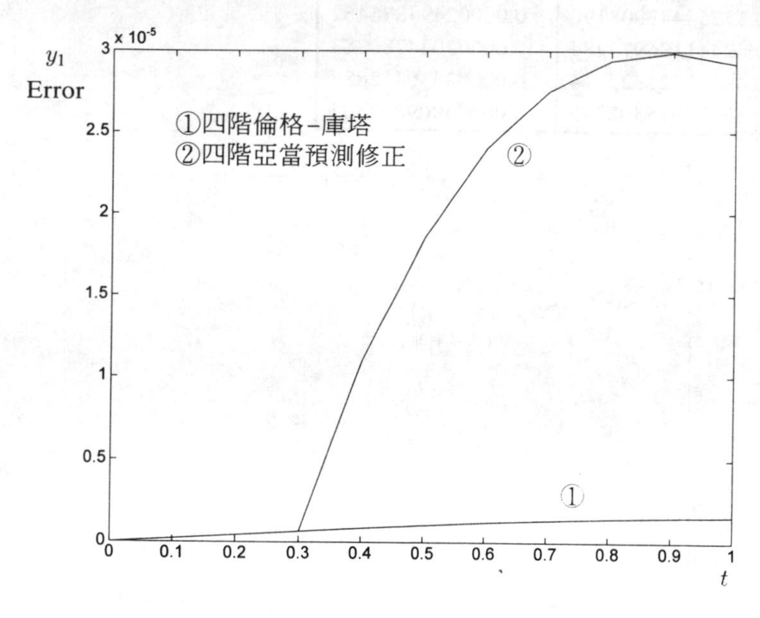

t	真實解 y_2	四階倫格－庫塔 y_2	四階倫格－庫塔 y_2 Error
0	−1.00000000000000	−1.00000000000000	0

0.1	−0.74229075752477	−0.74229114682236	0.00000038929760
0.2	−0.55924284502510	−0.55924350689651	0.00000066187141
0.3	−0.43780698972379	−0.43780782398009	0.00000083425631
0.4	−0.36701527654021	−0.36701619750408	0.00000092096388
0.5	−0.33760185905671	−0.33760279394967	0.00000093489295
0.6	−0.34169528230976	−0.34169616996054	0.00000088765078
0.7	−0.37256942783642	−0.37257021763718	0.00000078980077
0.8	−0.42444241754167	−0.42444306859166	0.00000065104999
0.9	−0.49231471779999	−0.49231519818746	0.00000048038747
1.0	−0.57183924541298	−0.57183953159540	0.00000028618242

t	四階亞當預測修正 y_2	四階亞當預測修正 y_2 Error
0	−1.00000000000000	0
0.1	−0.74229114682236	0.00000038929760
0.2	−0.55924350689651	0.00000066187141
0.3	−0.43780782398009	0.00000083425631
0.4	−0.36700925324801	0.00000602329220
0.5	−0.33758913336807	0.00001272568865
0.6	−0.34167624861011	0.00001903369965
0.7	−0.37254447908190	0.00002494875452
0.8	−0.42441196973284	0.00003044780883
0.9	−0.49227921327114	0.00003550452886
1.0	−0.57179915308995	0.00004009232304

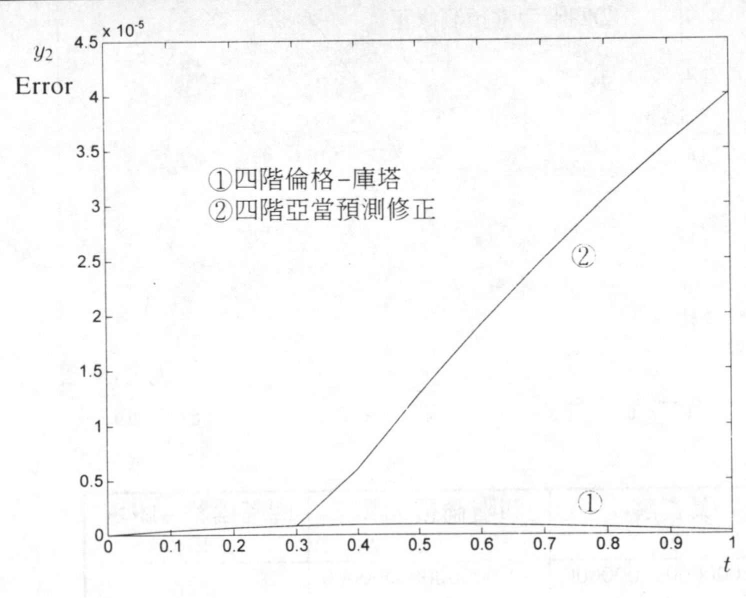

t	真實解 y_3	四階倫格－庫塔 y_3	四階倫格－庫塔 y_3 Error
0	1.00000000000000	1.00000000000000	0
0.1	0.89517074863120	0.89517015816285	0.00000059046835
0.2	0.78139724704618	0.78139621929934	0.00000102774684
0.3	0.65981628246427	0.65981494748374	0.00000133498053
0.4	0.53164265169423	0.53164111960129	0.00000153209295
0.5	0.39815702328617	0.39815538687230	0.00000163641387
0.6	0.26069314151464	0.26069147833637	0.00000166317828
0.7	0.12062450004680	0.12062287412707	0.00000162591973
0.8	−0.02064938155236	−0.02065091832941	0.00000153677705
0.9	−0.16171694135682	−0.16171834808703	0.00000140673021
1.0	−0.30116867893976	−0.30116992471821	0.00000124577846

t	四階亞當預測修正 y_3	四階亞當預測修正 y_3 Error
0	1.00000000000000	0
0.1	0.89517015816285	0.00000059046835
0.2	0.78139621929934	0.00000102774684
0.3	0.65981494748374	0.00000133498053
0.4	0.53163831345347	0.00000433824076
0.5	0.39815131409448	0.00000570919169
0.6	0.26068713043619	0.00000601107846
0.7	0.12061899229663	0.00000550775017
0.8	−0.02065382099520	0.00000443944284
0.9	−0.16171995166844	0.00000301031162
1.0	−0.30117007147572	0.00000139253596

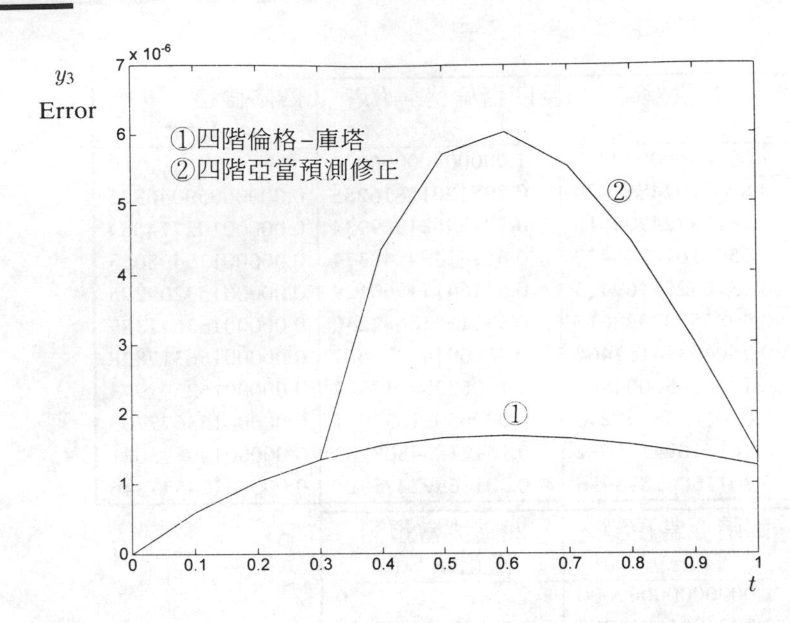

6. $y_1' = 3y_1 - y_2 - y_3$; $y_1(0) = 1$, $t \in [0, 1]$

$y_2' = y_1 + y_2 - y_3 + t$; $y_2(0) = 2$

$y_3' = y_1 - y_2 + y_3 + 2e^t$; $y_3(0) = -2$

解: 可解得真實解為

$$y_1 = -\frac{1}{4}e^{2t} + (2+2t)e^t - \frac{3}{4} - \frac{1}{2}t$$

$$y_2 = e^{2t} + (2+2t)e^t - 1 - t$$

$$y_3 = -\frac{5}{4}e^{2t} + 2te^t - \frac{3}{4} - \frac{1}{2}t$$

表中列出兩種方法所得到的近似值和誤差

t	真實解 y_1	四階倫格-庫塔 y_1	四階倫格-庫塔 y_1 Error
0	1.00000000000000	1.00000000000000	0
0.1	1.32602533022638	1.32602422380931	0.00000110641708
0.2	1.70841044517409	1.70840796974187	0.00000247543222
0.3	2.15410319959998	2.15409905443612	0.00000414516386
0.4	2.67072392127244	2.67071776580035	0.00000615547209

0.5	3.26659335498562	3.26658480830943	0.00000854667619
0.6	3.95075093056549	3.95073957295771	0.00001135760778
0.7	4.73295921368845	4.73294459092017	0.00001462276828
0.8	5.62368923647411	5.62367086818438	0.00001836828973
0.9	6.63407995629317	6.63405734998450	0.00002260630867
1.0	7.77586328910352	7.77583596185439	0.00002732724912

t	四階亞當預測修正 y_1	四階亞當預測修正 y_1 Error
0	1.00000000000000	0
0.1	1.32602422380931	0.00000110641708
0.2	1.70840796974187	0.00000247543222
0.3	2.15409905443612	0.00000414516386
0.4	2.67072049121492	0.00000343005752
0.5	3.26659078135641	0.00000257362922
0.6	3.95074924841425	0.00000168215124
0.7	4.73295843487638	0.00000077881207
0.8	5.62368929960255	0.00000006312845
0.9	6.63408069636254	0.00000074006937
1.0	7.77586439563316	0.00000110652964

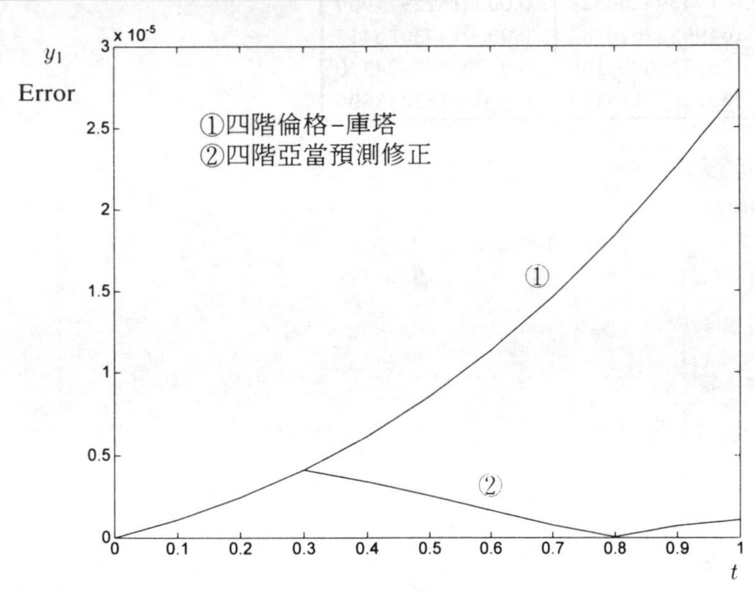

t	真實解 y_2	四階倫格－庫塔 y_2	四階倫格－庫塔 y_2 Error
0	2.00000000000000	2.00000000000000	0

0.1	2.55277877792659	2.55277422380931	0.00000455411729
0.2	3.22319131722568	3.22318041974187	0.00001089748381
0.3	4.03175170008812	4.03173212486612	0.00001957522199
0.4	5.00265008188802	5.00261879802356	0.00003128386447
0.5	6.16444564055943	6.16439872906685	0.00004691149258
0.6	7.55089708398618	7.55082949577082	0.00006758821536
0.7	9.20195917224430	9.20186442264410	0.00009474960019
0.8	11.16497976696800	11.16484955065199	0.00013021631601
0.9	13.49613928680936	13.49596299275045	0.00017629405891
1.0	16.26218341276683	16.26194751392872	0.00023589883811

t	四階亞當預測修正 y_2	四階亞當預測修正 y_2 Error
0	2.00000000000000	0
0.1	2.55277422380931	0.00000455411729
0.2	3.22318041974187	0.00001089748381
0.3	4.03173212486612	0.00001957522199
0.4	5.00263033911420	0.00001974277383
0.5	6.16442664528662	0.00001899527281
0.6	7.55087944775638	0.00001763622979
0.7	9.20194394246521	0.00001522977909
0.8	11.16496833670384	0.00001143026415
0.9	13.49613350806566	0.00000577874370
1.0	16.26218574115189	0.00000232838506

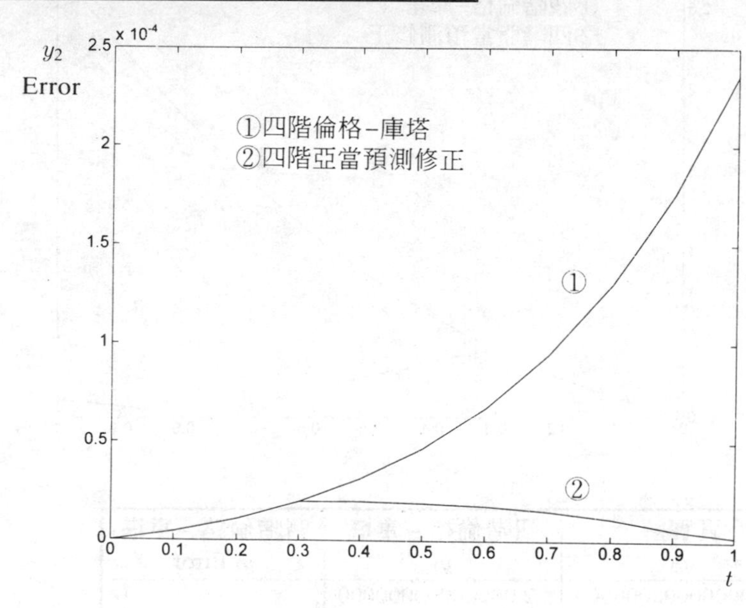

t	真實解 y_3	四階倫格－庫塔 y_3	四階倫格－庫塔 y_3 Error
0	−2.00000000000000	−2.00000000000000	0
0.1	−2.10571926408508	−2.10571613738877	0.00000312669631
0.2	−2.22621976878752	−2.22621207499521	0.00000769379231
0.3	−2.36773321594253	−2.36771902421216	0.00001419173038
0.4	−2.53846640250257	−2.53844314461795	0.00002325788462
0.5	−2.74913101487368	−2.74909529730600	0.00003571756767
0.6	−3.01360359295207	−3.01355095696898	0.00005263598309
0.7	−3.34974616809718	−3.34967078413932	0.00007538395785
0.8	−3.78042504490594	−3.78031932389831	0.00010572100764
0.9	−4.33477373043367	−4.33462783024904	0.00014590018464
1.0	−5.04975646674522	−5.04955766646722	0.00019880027800

t	四階亞當預測修正 y_3	四階亞當預測修正 y_3 Error
0	−2.00000000000000	0
0.1	−2.10571613738877	0.00000312669631
0.2	−2.22621207499521	0.00000769379231
0.3	−2.36771902421216	0.00001419173038
0.4	−2.53844946488678	0.00001693761579
0.5	−2.74911160827341	0.00001940660027
0.6	−3.01358177619284	0.00002181675924
0.7	−3.34972235086437	0.00002381723280
0.8	−3.78039995269230	0.00002509221364
0.9	−4.33474853102910	0.00002519940458
1.0	−5.04973293859687	0.00002352814835

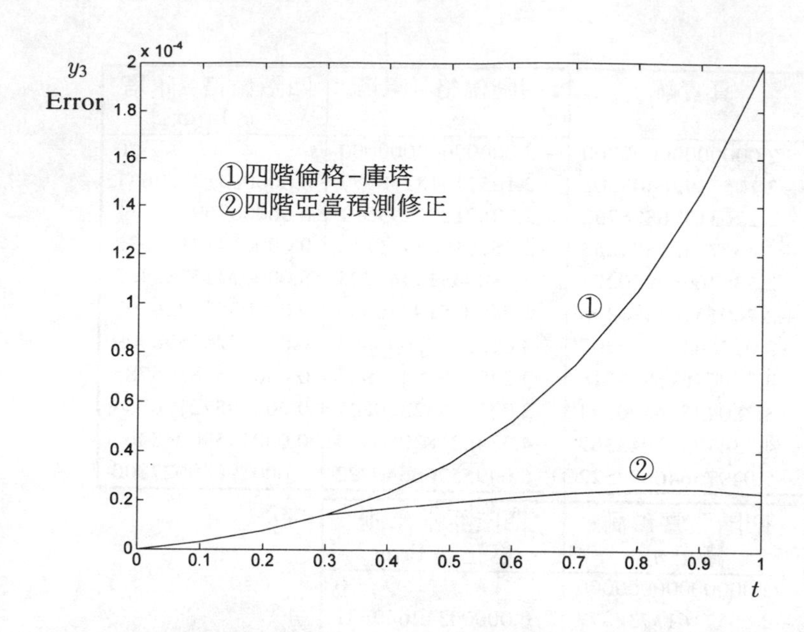

7. $y_1' = y_2 - y_3 + t;\ \ y_1(0) = 0,\ \ t \in [0, 1]$

$y_2' = 2t;\ \ y_2(0) = 1$

$y_3' = y_2 + e^{-t};\ \ y_3(0) = -1$

解: 可解得真實解為

$$y_1 = -\frac{1}{12}t^4 + \frac{1}{3}t^3 + t + 1 - e^{-t}$$

$$y_2 = t^2 + 1$$

$$y_3 = \frac{1}{3}t^3 + t - e^{-t}$$

表中列出兩種方法所得到的近似解和誤差

t	真實解 y_1	四階倫格－庫塔 y_1	四階倫格－庫塔 y_1 Error
0	0	0	0
0.1	0.19548758196404	0.19548756858500	0.00000001337904
0.2	0.38380258025535	0.38380255444012	0.00000002581523
0.3	0.56750677931828	0.56750674192000	0.00000003739828
0.4	0.74887995396436	0.74887990575497	0.00000004820939

0.5	0.92992767362070	0.92992761529869	0.00000005832201
0.6	1.11238836390597	1.11238829610336	0.00000006780262
0.7	1.29773969620859	1.29773961949724	0.00000007671135
0.8	1.48720436921611	1.48720428411348	0.00000008510264
0.9	1.68175534025940	1.68175524723369	0.00000009302571
1.0	1.88212055882856	1.88212045830342	0.00000010052513

t	四階亞當預測修正 y_1	四階亞當預測修正 y_1 Error
0	0	0
0.1	0.19548756858500	0.00000001337904
0.2	0.38380255444012	0.00000002581523
0.3	0.56750674192000	0.00000003739828
0.4	0.74888022484287	0.00000027087851
0.5	0.92992819989378	0.00000052627308
0.6	1.11238910186944	0.00000073796346
0.7	1.29774060548813	0.00000090927954
0.8	1.48720541327953	0.00000104406342
0.9	1.68175648605102	0.00000114579162
1.0	1.88212177643835	0.00000121760979

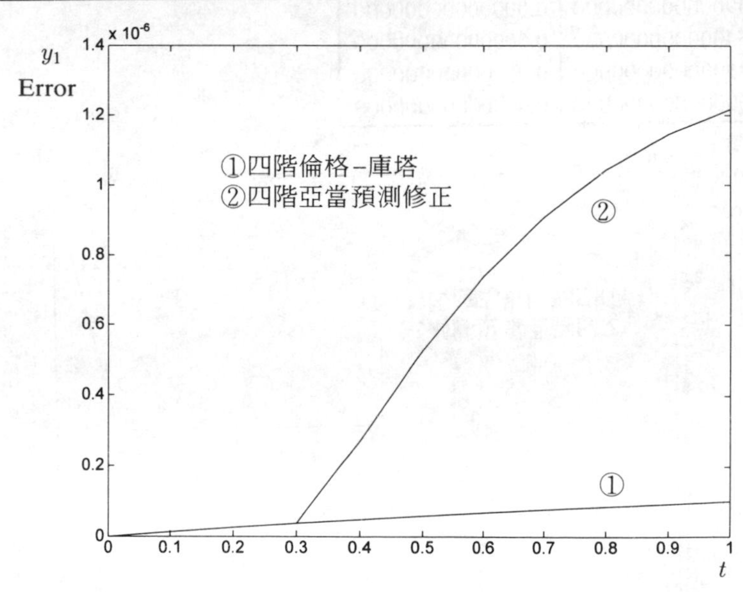

t	真實解 y_2	四階倫格－庫塔 y_2	四階倫格－庫塔 y_2 Error
0	1.00000000000000	1.00000000000000	0

0.1	1.01000000000000	1.01000000000000	0
0.2	1.04000000000000	1.04000000000000	0
0.3	1.09000000000000	1.09000000000000	0
0.4	1.16000000000000	1.16000000000000	0
0.5	1.25000000000000	1.25000000000000	0.00000000000000
0.6	1.36000000000000	1.36000000000000	0.00000000000000
0.7	1.49000000000000	1.49000000000000	0.00000000000000
0.8	1.64000000000000	1.64000000000000	0.00000000000000
0.9	1.81000000000000	1.81000000000000	0.00000000000000
1.0	2.00000000000000	2.00000000000000	0.00000000000000

t	四階亞當預測修正 y_2	四階亞當預測修正 y_2 Error
0	1.00000000000000	0
0.1	1.01000000000000	0
0.2	1.04000000000000	0
0.3	1.09000000000000	0
0.4	1.16000000000000	0
0.5	1.25000000000000	0.00000000000000
0.6	1.36000000000000	0.00000000000000
0.7	1.49000000000000	0.00000000000000
0.8	1.64000000000000	0.00000000000000
0.9	1.81000000000000	0.00000000000000
1.0	2.00000000000000	0.00000000000000

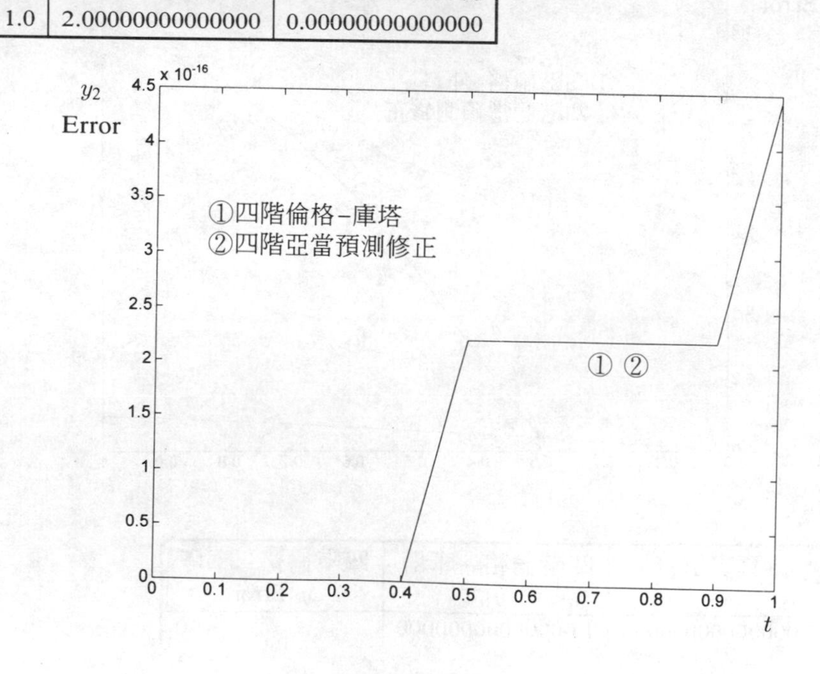

t	真實解 y_3	四階倫格－庫塔 y_3	四階倫格－庫塔 y_3 Error
0	−1.00000000000000	−1.00000000000000	0
0.1	−0.80450408470263	−0.80450408139935	0.00000000330327
0.2	−0.61606408641132	−0.61606408011912	0.00000000629220
0.3	−0.43181822068172	−0.43181821168503	0.00000000899669
0.4	−0.24898671270231	−0.24898670125849	0.00000001144381
0.5	−0.06486399304597	−0.06486397938790	0.00000001365806
0.6	0.12318836390597	0.12318837956757	0.00000001566160
0.7	0.31774802954192	0.31774804701640	0.00000001747448
0.8	0.52133770254945	0.52133772166428	0.00000001911483
0.9	0.73643034025940	0.73643036085849	0.00000002059909
1.0	0.96545389216189	0.96545391410399	0.00000002194210

t	四階亞當預測修正 y_3	四階亞當預測修正 y_3 Error
0	−1.00000000000000	0
0.1	−0.80450408139935	0.00000000330327
0.2	−0.61606408011912	0.00000000629220
0.3	−0.43181821168503	0.00000000899669
0.4	−0.24898650226870	0.00000021043361
0.5	−0.06486360034470	0.00000039270127
0.6	0.12318892152984	0.00000055762387
0.7	0.31774873639394	0.00000070685201
0.8	0.52133854442866	0.00000084187922
0.9	0.73643130431628	0.00000096405688
1.0	0.96545496676970	0.00000107460781

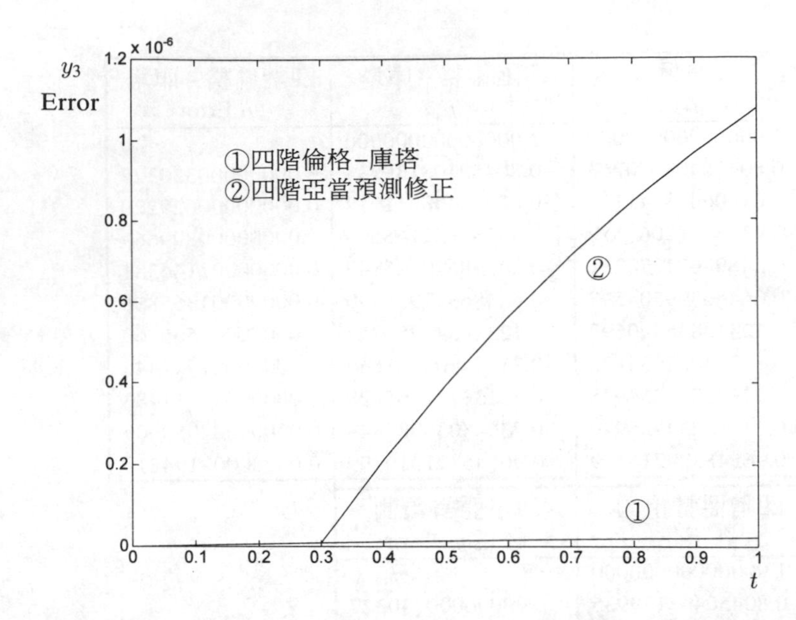

8. $y_1' = 2y_1 - 3y_2 + y_3 + 10e^{2t};\ \ y_1(0) = 5,\ \ t \in [0, 0.5]$

$y_2' = 2y_2 + 4y_3 + 6e^{2t};\ \ y_2(0) = 11$

$y_3' = y_3 - e^{2t};\ \ y_3(0) = -2$

解: 可求得真實解為

$$y_1 = c_3 e^{2t} + (9 - 3c_2)te^{2t} - 3t^2 e^{2t} - 13c_1 e^t$$

$$y_2 = c_2 e^{2t} + 2te^{2t} - 4c_1 e^t$$

$$y_3 = c_1 e^t - e^{2t}$$

其中 $c_1 = -1,\ \ c_2 = 7,\ \ c_3 = -8$

表中列出兩種方法所得到的近似解和誤差

t	真實解 y_1	四階倫格-庫塔 y_1	四階倫格-庫塔 y_1 Error
0	0.05000000000000	0.05000000000000	0
0.1	0.03093674477165	0.03093825897211	0.00000151420046
0.2	0.00184240036896	0.00184624858234	0.00000384821338
0.3	−0.04080385662147	−0.04079652879741	0.00000732782406
0.4	−0.10161462461043	−0.10160223252449	0.00001239208594
0.5	−0.18661280450669	−0.18659317472978	0.00001962977691

0.6	−0.30363959097074	−0.30360976396859	0.00002982700215
0.7	−0.46287638210398	−0.46283235287717	0.00004402922681
0.8	−0.67751160853791	−0.67744798657579	0.00006362196212
0.9	−0.96459175224447	−0.96450131671296	0.00009043553151
1.0	−1.34610626505437	−1.34597938417257	0.00012688088181

t	四階亞當預測修正 y_1	四階亞當預測修正 y_1 Error
0	0.05000000000000	0
0.1	0.03093825897211	0.00000151420046
0.2	0.00184624858234	0.00000384821338
0.3	−0.04079652879741	0.00000732782406
0.4	−0.10160449876876	0.00001012584167
0.5	−0.18659941721737	0.00001338728933
0.6	−0.30362221625010	0.00001737472065
0.7	−0.46285426681711	0.00002211528687
0.8	−0.67748391946033	0.00002768907757
0.9	−0.96455759148249	0.00003416076198
1.0	−1.34606470341181	0.00004156164256

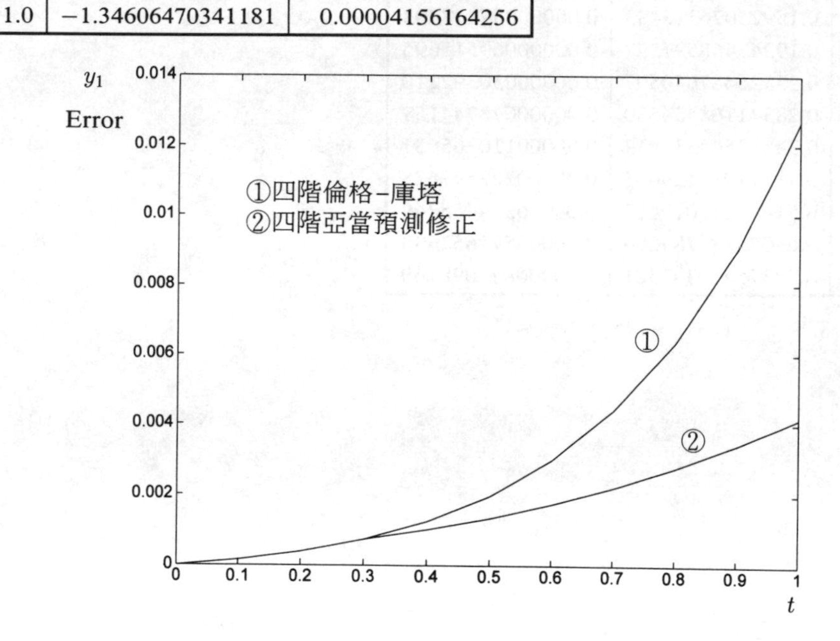

t	真實解 y_2	四階倫格－庫塔 y_2	四階倫格－庫塔 y_2 Error
0	0.11000000000000	0.11000000000000	0
0.1	0.13214783531056	0.13214768371780	0.00000015159276
0.2	0.15925113795186	0.15925076316483	0.00000037478703
0.3	0.19247538113272	0.19247468597577	0.00000069515695
0.4	0.23326518032806	0.23326403392203	0.00000114640603
0.5	0.28341139710473	0.28340962431943	0.00000177278530
0.6	0.34513433968002	0.34513170748026	0.00000263219976
0.7	0.42118690551377	0.42118310532059	0.00000380019318
0.8	0.51498242563768	0.51497705058556	0.00000537505212
0.9	0.63075310131462	0.63074561697990	0.00000748433472
1.0	0.77374632204212	0.77373602883028	0.00001029321184

t	四階亞當預測修正 y_2	四階亞當預測修正 y_2 Error
0	0.11000000000000	0
0.1	0.13214768371780	0.00000015159276
0.2	0.15925076316483	0.00000037478703
0.3	0.19247468597577	0.00000069515695
0.4	0.23326487640597	0.00000030392210
0.5	0.28341168454630	0.00000028744157
0.6	0.34513544333832	0.00000110365831
0.7	0.42118913129005	0.00000222577628
0.8	0.51498617019517	0.00000374455749
0.9	0.63075887789096	0.00000577657634
1.0	0.77375479302381	0.00000847098169

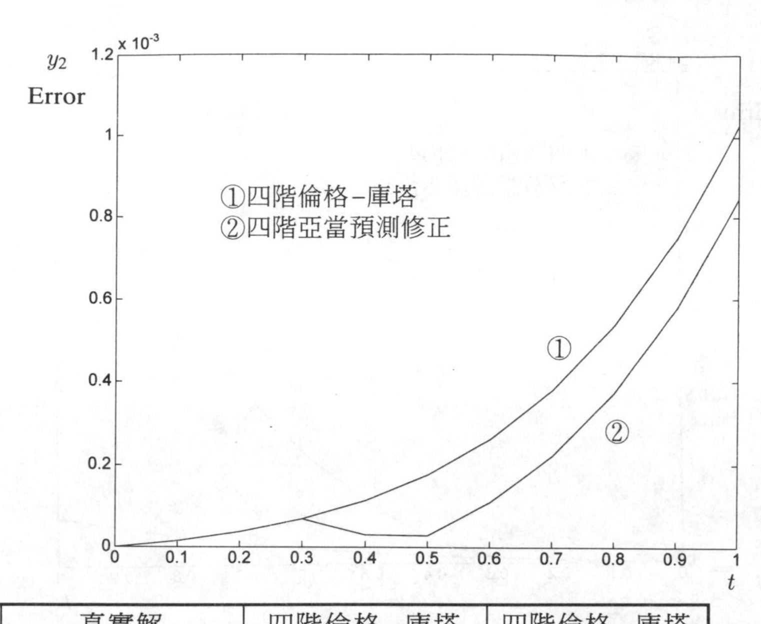

t	真實解 y_3	四階倫格－庫塔 y_3	四階倫格－庫塔 y_3 Error
0	−0.02000000000000	−0.02000000000000	0
0.1	−0.02326573676236	−0.02326573274478	0.00000000401758
0.2	−0.02713227455801	−0.02713226530932	0.00000000924870
0.3	−0.03171977607967	−0.03171976009391	0.00000001598576
0.4	−0.03717365626134	−0.03717363167404	0.00000002458729
0.5	−0.04367003099159	−0.04366999549891	0.00000003549268
0.6	−0.05142235723127	−0.05142230799125	0.00000004924002
0.7	−0.06068952674315	−0.06068946025512	0.00000006648803
0.8	−0.07178573352888	−0.07178564548612	0.00000008804276
0.9	−0.08509250575570	−0.08509239086555	0.00000011489015
1.0	−0.10107337927390	−0.10107323103800	0.00000014823590

t	四階亞當預測修正 y_3	四階亞當預測修正 y_3 Error
0	−0.02000000000000	0
0.1	−0.02326573274478	0.00000000401758
0.2	−0.02713226530932	0.00000000924870
0.3	−0.03171976009391	0.00000001598576
0.4	−0.03717372405907	0.00000006779773
0.5	−0.04367021194643	0.00000018095484
0.6	−0.05142268578497	0.00000032855370
0.7	−0.06069004670419	0.00000051996104
0.8	−0.07178649946733	0.00000076593845
0.9	−0.08509358556357	0.00000107980787
1.0	−0.10107485725412	0.00000147798022

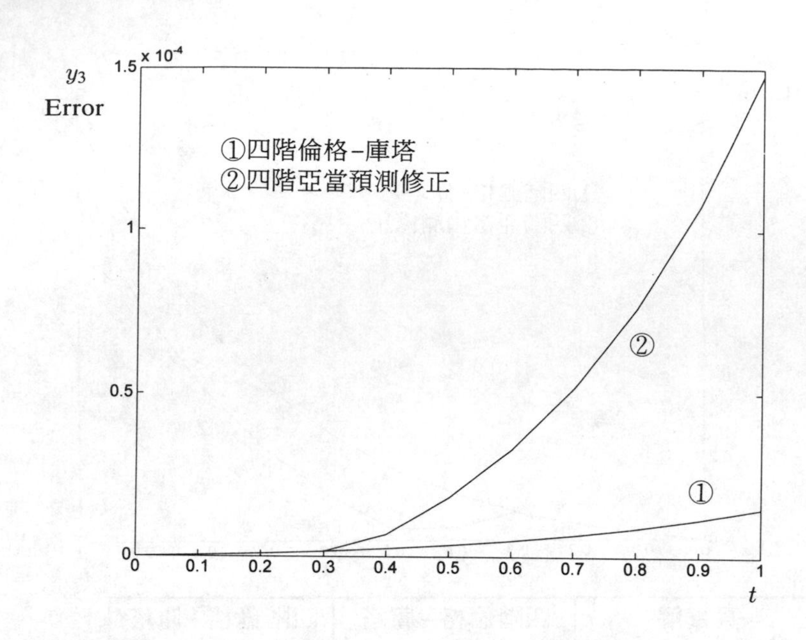

9. $y_1' = 3y_1 - 4y_2 + 2;\ \ y_1(0) = 2,\ \ t \in [0, 1]$

$y_2' = 2y_1 - 3y_2 + 4t;\ \ y_2(0) = 0$

$y_3' = y_3 - 2y_4 + 14;\ \ y_3(0) = 1$

$y_4' = -6y_3 + 7t;\ \ y_4(0) = -1$

解: 可求得真實解為

$$y_1 = 8e^{-t} + 16t - 6$$

$$y_2 = 8e^{-t} + 12t - 8$$

$$y_3 = \frac{153}{56}e^{4t} - \frac{103}{63}e^{-3t} + \frac{7}{6}t - \frac{7}{72}$$

$$y_4 = -\frac{459}{112}e^{4t} - \frac{206}{63}e^{-3t} + \frac{7}{12}t + \frac{917}{144}$$

表中列出兩種方法所得到的近似解和誤差

1.0e+002*

t	真實解 y_1	四階倫格－庫塔 y_1	四階倫格－庫塔 y_1 Error
0	0.02000000000000	0.02000000000000	0
0.1	0.02838699344288	0.02838700000000	0.00000000655712
0.2	0.03749846024624	0.03749847211250	0.00000001186626
0.3	0.04726545765454	0.04726547376009	0.00000001610556
0.4	0.05762560368285	0.05762562311340	0.00000001943055
0.5	0.06852245277701	0.06852247475387	0.00000002197686
0.6	0.07990493088752	0.07990495475011	0.00000002386258
0.7	0.09172682430331	0.09172684949370	0.00000002519039
0.8	0.10394631712938	0.10394634317875	0.00000002604938
0.9	0.11652557277925	0.11652559929601	0.00000002651676
1.0	0.12943035529372	0.12943038195300	0.00000002665928

t	四階亞當預測修正 y_1	四階亞當預測修正 y_1 Error
0	0.02000000000000	0
0.1	0.02838700000000	0.00000000655712
0.2	0.03749847211250	0.00000001186626
0.3	0.04726547376009	0.00000001610556
0.4	0.05762559345952	0.00000001022334
0.5	0.06852242147282	0.00000003130419
0.6	0.07990488260433	0.00000004828319
0.7	0.09172676251007	0.00000006179325
0.8	0.10394624483583	0.00000007229355
0.9	0.11652549254345	0.00000008023580
1.0	0.12943026928190	0.00000008601181

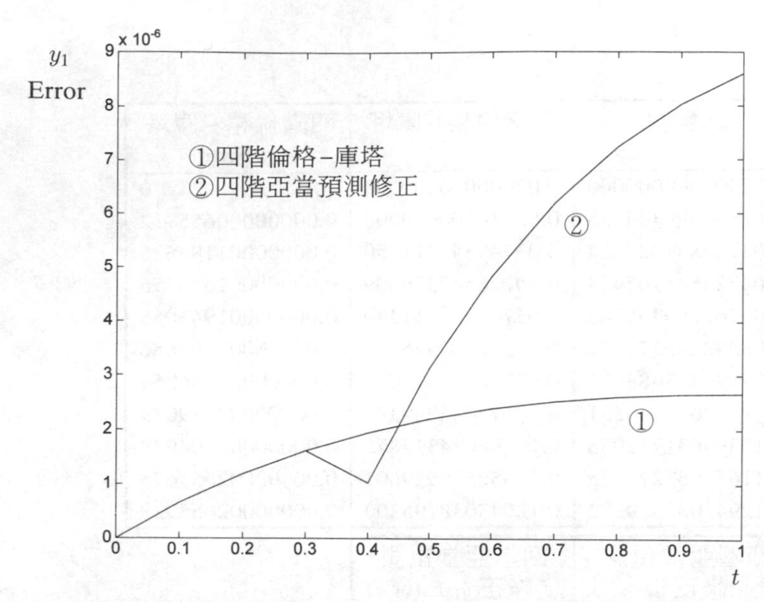

t	真實解 y_2	四階倫格－庫塔 y_2	四階倫格－庫塔 y_2 Error
0	0	0	0
0.1	0.00438699344288	0.00438700000000	0.00000000655712
0.2	0.00949846024624	0.00949847211250	0.00000001186626
0.3	0.01526545765454	0.01526547376009	0.00000001610556
0.4	0.02162560368285	0.02162562311340	0.00000001943055
0.5	0.02852245277701	0.02852247475387	0.00000002197686
0.6	0.03590493088752	0.03590495475011	0.00000002386258
0.7	0.04372682430331	0.04372684949370	0.00000002519039
0.8	0.05194631712938	0.05194634317875	0.00000002604938
0.9	0.06052557277925	0.06052559929601	0.00000002651676
1.0	0.06943035529372	0.06943038195300	0.00000002665928

t	四階亞當預測修正 y_2	四階亞當預測修正 y_2 Error
0	0	0
0.1	0.00438700000000	0.00000000655712
0.2	0.00949847211250	0.00000001186626
0.3	0.01526547376009	0.00000001610556
0.4	0.02162559345952	0.00000001022334
0.5	0.02852242147282	0.00000003130419
0.6	0.03590488260433	0.00000004828319
0.7	0.04372676251007	0.00000006179325
0.8	0.05194624483583	0.00000007229355

0.9	0.06052549254345	0.00000008023580
1.0	0.06943026928190	0.00000008601181

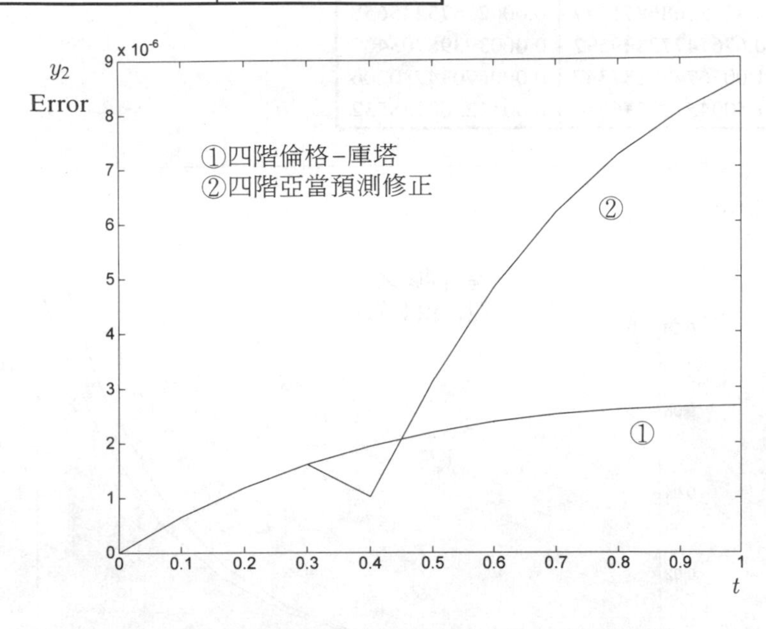

t	真實解 y_3	四階倫格－庫塔 y_3	四階倫格－庫塔 y_3 Error
0	0.01000000000000	0.01000000000000	0
0.1	0.02884143640497	0.02883862500000	0.00000281140497
0.2	0.05319343393636	0.05318551934844	0.00000791458792
0.3	0.08659102386869	0.08657383970843	0.00001718416026
0.4	0.13409407971779	0.13406041938871	0.00003366032907
0.5	0.20309267849733	0.20303039247751	0.00006228601982
0.6	0.30449419825891	0.30438312566602	0.00011107259289
0.7	0.45448362116905	0.45429067917487	0.00019294199418
0.8	0.67714171602994	0.67681308413002	0.00032863189992
0.9	1.00834506917554	1.00779380312445	0.00055126605108
1.0	1.50157992165287	1.50066639515104	0.00091352650183

t	四階亞當預測修正 y_3	四階亞當預測修正 y_3 Error
0	0.01000000000000	0
0.1	0.02883862500000	0.00000281140497
0.2	0.05318551934844	0.00000791458792
0.3	0.08657383970843	0.00001718416026
0.4	0.13405929745026	0.00003478226752

0.5	0.20302450621621	0.00006817228111
0.6	0.30436736398290	0.00012683427601
0.7	0.45425686871247	0.00022675245658
0.8	0.67674772899592	0.00039398703402
0.9	1.00767472187347	0.00067034730206
1.0	1.50045729576754	0.00112262588532

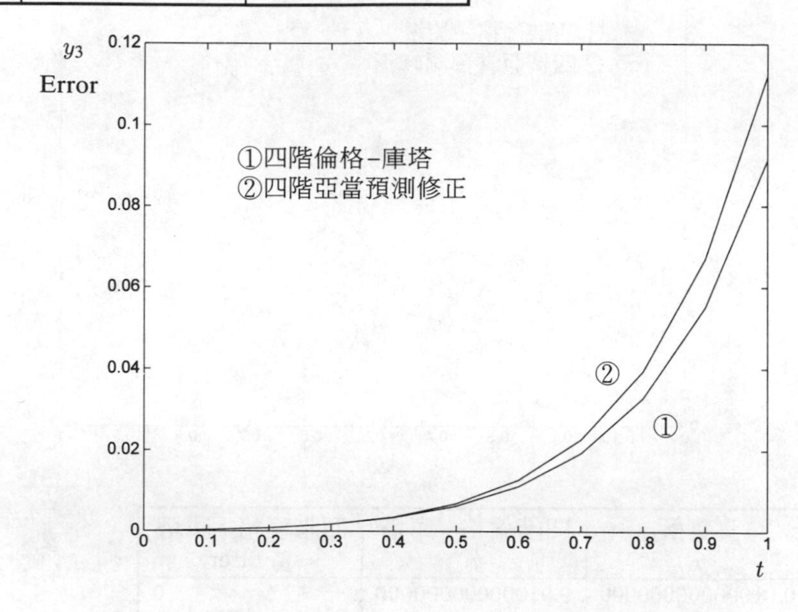

t	真實解 y_4	四階倫格－庫塔 y_4	四階倫格－庫塔 y_4 Error
0	−0.01000000000000	−0.01000000000000	0
0.1	−0.02109786390201	−0.02109475000000	0.00000311390201
0.2	−0.04430548341437	−0.04429524610312	0.00001023731124
0.3	−0.08392913299930	−0.08390517316212	0.00002395983718
0.4	−0.14682056614721	−0.14677186984307	0.00004869630414
0.5	−0.24351813246559	−0.24342636491780	0.00009176754779
0.6	−0.38997784488104	−0.38981271303823	0.00016513184281
0.7	−0.61017710514805	−0.60988896876687	0.00028813638118
0.8	−0.94001476803870	−0.93952290104404	0.00049186699466
0.9	−1.43314103032564	−1.43231503206763	0.00082599825800
1.0	−2.16966325361368	−2.16829370536265	0.00136954825104

t	四階亞當預測修正 y_4	四階亞當預測修正 y_4 Error
0	−0.01000000000000	0

0.1	−0.02109475000000	0.00000311390201
0.2	−0.04429524610312	0.00001023731124
0.3	−0.08390517316212	0.00002395983718
0.4	−0.14676499870360	0.00005556744361
0.5	−0.24340991826121	0.00010821420438
0.6	−0.38978078883016	0.00019705605088
0.7	−0.60983007071889	0.00034703442917
0.8	−0.93941728818977	0.00059747984892
0.9	−1.43212967551581	0.00101135480982
1.0	−2.16797423663312	0.00168901698056

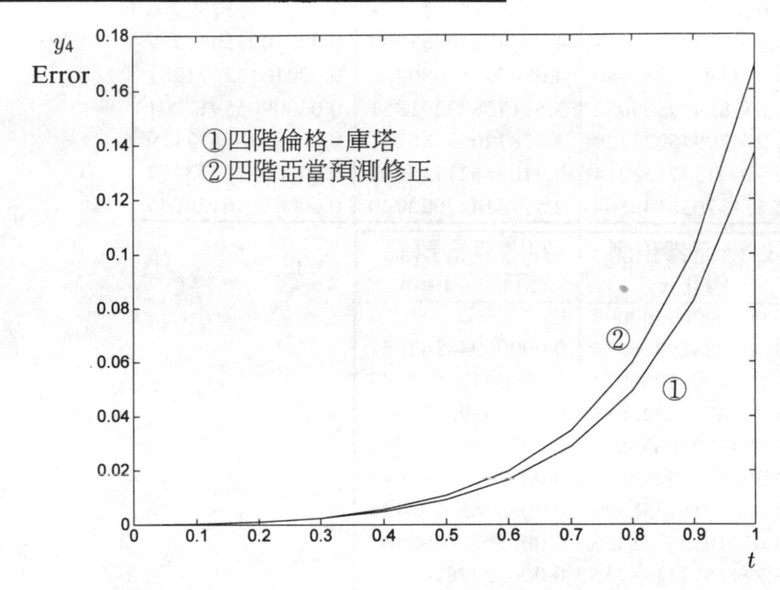

10. $y_1' = y_1 - 3y_2 + 2te^{-2t}$; $y_1(0) = 6$, $t \in [0, 1]$

$y_2' = 3y_1 - 5y_2 + 2te^{-2t}$; $y_2(0) = 2$

$y_3' = 4y_1 + 7y_2 - 2y_3 + 22t^2e^{-2t}$; $y_3(0) = 3$

解: 可求得真實解為

$$y_1(t) = \left(c_1 + \frac{c_2}{3}\right)e^{-2t} + c_2te^{-2t} + t^2e^{-2t}$$

$$y_2(t) = c_1e^{-2t} + c_2te^{-2t} + t^2e^{-2t}$$

$$y_3(t) = c_3e^{-2t} + 38te^{-2t} + 66t^2e^{-2t} + 11t^3e^{-2t}$$

表中列出兩種方法所得到的近似解和誤差

t	真實解 y_1	四階倫格－庫塔 y_1	四階倫格－庫塔 y_1 Error
0	6.00000000000000	6.00000000000000	0
0.1	5.90304872969225	5.90298828826574	0.00006044142651
0.2	5.65750118854080	5.65740692050074	0.00009426804005
0.3	5.31798475375112	5.31787479323085	0.00010996052027
0.4	4.92464544672475	4.92453178919559	0.00011365752916
0.5	4.50652315435017	4.50641340363290	0.00010975071727
0.6	4.08419351352946	4.08409217680965	0.00010133671981
0.7	3.67182879309052	3.67173823391851	0.00009055917201
0.8	3.27879945223320	3.27872058586201	0.00007886637119
0.9	2.91091342158214	2.91084621715047	0.00006720443167
1.0	2.57137038149564	2.57131422022720	0.00005616126845

t	四階亞當預測修正 y_1	四階亞當預測修正 y_1 Error
0	6.00000000000000	0
0.1	5.90298828826574	0.00006044142651
0.2	5.65740692050074	0.00009426804005
0.3	5.31787479323085	0.00010996052027
0.4	4.92478030655534	0.00013485983059
0.5	4.50679615282857	0.00027299847840
0.6	4.08453186555372	0.00033835202426
0.7	3.67219158118356	0.00036278809304
0.8	3.27915724188755	0.00035778965435
0.9	2.91124823517129	0.00033481358915
1.0	2.57167238962555	0.00030200812990

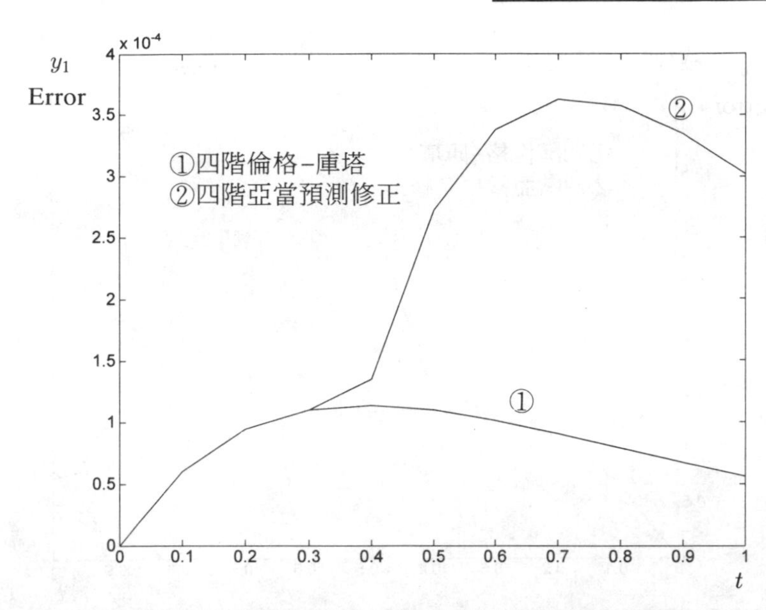

t	真實解 y_2	四階倫格－庫塔 y_2	四階倫格－庫塔 y_2 Error
0	2.00000000000000	2.00000000000000	0
0.1	2.62812571738032	2.62805495493241	0.00007076244791
0.2	2.97622100439824	2.97610983605630	0.00011116834194
0.3	3.12273820937501	3.12260749362670	0.00013071574831
0.4	3.12732959025586	3.12719327543302	0.00013631482285
0.5	3.03500538966440	3.03487245113169	0.00013293853271
0.6	2.87941666588065	2.87929254763182	0.00012411824883
0.7	2.68544093732409	2.68532861752299	0.00011231980110
0.8	2.47121338025458	2.47111415259845	0.00009922765613
0.9	2.24971786869579	2.24963191002315	0.00008595867264
1.0	2.03002924854919	2.02995602650516	0.00007322204403

t	四階亞當預測修正 y_2	四階亞當預測修正 y_2 Error
0	2.00000000000000	0
0.1	2.62805495493241	0.00007076244791
0.2	2.97610983605630	0.00011116834194
0.3	3.12260749362670	0.00013071574831
0.4	3.12749012601641	0.00016053576055
0.5	3.03533348927469	0.00032809961029
0.6	2.87982757961435	0.00041091373370
0.7	2.68588595484449	0.00044501752040
0.8	2.47165716978586	0.00044378953128
0.9	2.25013837704159	0.00042050834580
1.0	2.03041393339289	0.00038468484370

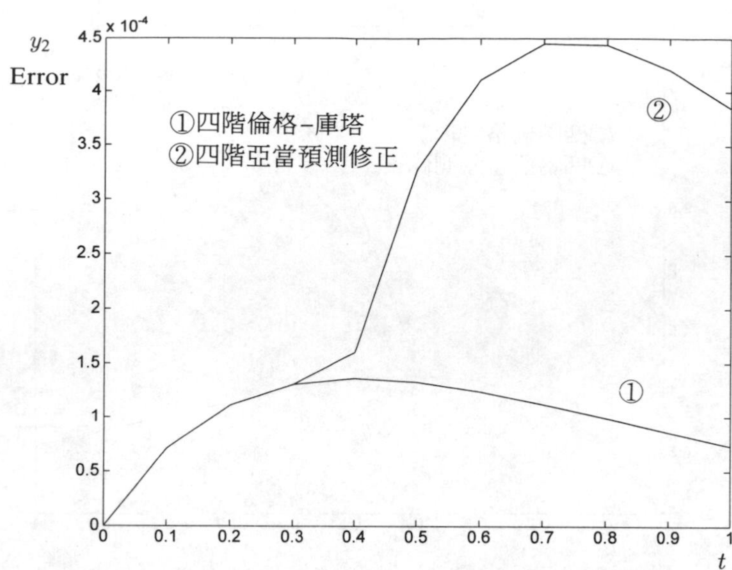

t	真實解 y_3	四階倫格–庫塔 y_3	四階倫格–庫塔 y_3 Error
0	3.00000000000000	3.00000000000000	0
0.1	6.11673745624560	6.11732386173966	0.00058640549405
0.2	8.93402557356300	8.93487534162353	0.00084976806053
0.3	11.32582573407242	11.32673867674074	0.00091294266832
0.4	13.23902859874982	13.23988814558668	0.00085954683686
0.5	14.66919271671126	14.66993794727238	0.00074523056112
0.6	15.64282258987213	15.64342852612070	0.00060593624858
0.7	16.20462629149479	16.20509020220056	0.00046391070578
0.8	16.40853381046164	16.40886585655369	0.00033204609206
0.9	16.31152899081794	16.31174597596584	0.00021698514790
1.0	15.96956342192030	15.96968473987333	0.00012131795303

t	四階亞當預測修正 y_3	四階亞當預測修正 y_3 Error
0	3.00000000000000	0
0.1	6.11732386173966	0.00058640549405
0.2	8.93487534162353	0.00084976806053
0.3	11.32673867674074	0.00091294266832
0.4	13.23768423615478	0.00134436259504
0.5	14.66676981198678	0.00242290472448
0.6	15.64010306842117	0.00271952145095
0.7	16.20195574562180	0.00267054587298
0.8	16.40614487744790	0.00238893301374
0.9	16.30953259619008	0.00199639462786
1.0	15.96798861960052	0.00157480231977

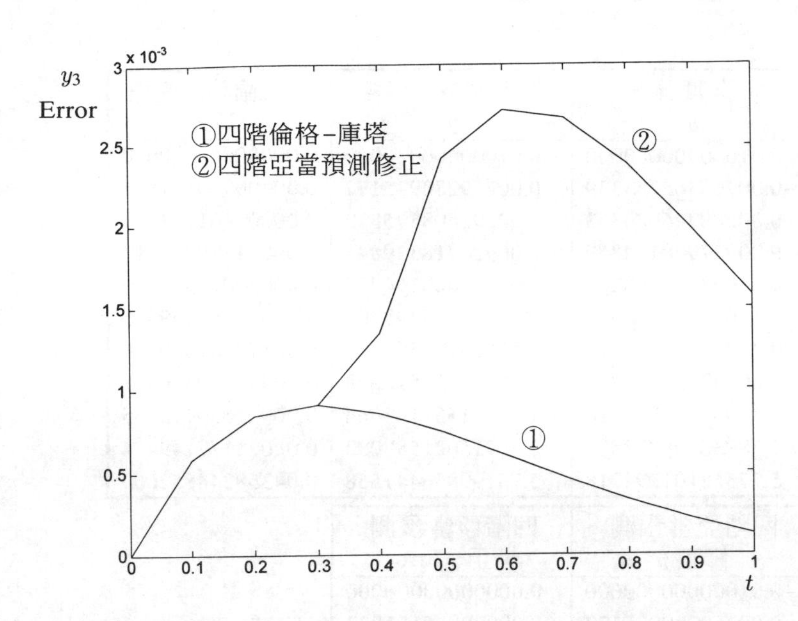

11.～24.題，轉換成單階系統方程式，求出真正解答，並且用四階倫格－庫塔法和四階亞當預測修正法求近似解及誤差 $(N=10)$。

11. $y'''-4y''-3y'+18y=t-e^{2t}$; $y(0)=-1$, $y'(0)=1$, $y''(0)=0$, $t\in[0,1]$

解: 將題目化成單階系統方程式

令 $y_1(t)=y(t)$, $y_2(t)=y'(t)$, $y_3(t)=y''(t)$

可得系統方程式為

$$y_1'=y_2;\ \ y_1(0)=-1$$

$$y_2'=y_3;\ \ y_2(0)=1$$

$$y_3'=4y_3+3y_2-18y_1+t-e^{2t};\ \ y_3(0)=0$$

本題的真實解為

$$y(t)=-\frac{29}{50}e^{-2t}-\frac{121}{675}e^{3t}+\frac{37}{45}te^{3t}+\frac{1}{18}t+\frac{1}{108}-\frac{1}{4}e^{2t}$$

表中列出兩種方法所得到的近似解和誤差

t	真實解 y	四階倫格－庫塔 y	四階倫格－庫塔 y Error
0	−0.01000000000000	−0.01000000000000	0.00000000000000
0.1	−0.00768365783339	−0.00769280935172	0.00000915151833
0.2	−0.00288726684353	−0.00292408595812	0.00003681911458
0.3	0.00937908144859	0.00926718339841	0.00011189805019
0.4	0.03973139648201	0.03943068166752	0.00030071481449
0.5	0.11053312658640	0.10978143498703	0.00075169159936
0.6	0.26817201005716	0.26638199355658	0.00179001650058
0.7	0.60749839823269	0.60338239512848	0.00411600310421
0.8	1.32013210908518	1.31091551195464	0.00921659713055
0.9	2.78936198707508	2.76915021558033	0.02021177149474
1.0	5.77558101294218	5.73199856441558	0.04358244852660

t	四階亞當預測修正 y	四階亞當預測修正 y Error
0	−0.01000000000000	0.00000000000000
0.1	−0.00769280935172	0.00000915151833
0.2	−0.00292408595812	0.00003681911458
0.3	0.00926718339841	0.00011189805019
0.4	0.03930538140201	0.00042601508000
0.5	0.10925744076563	0.00127568582077
0.6	0.26482908167208	0.00334292838508
0.7	0.59934275297890	0.00815564525379
0.8	1.30112525470261	0.01900685438257
0.9	2.74647700648443	0.04288498059064
1.0	5.68113535722278	0.09444565571940

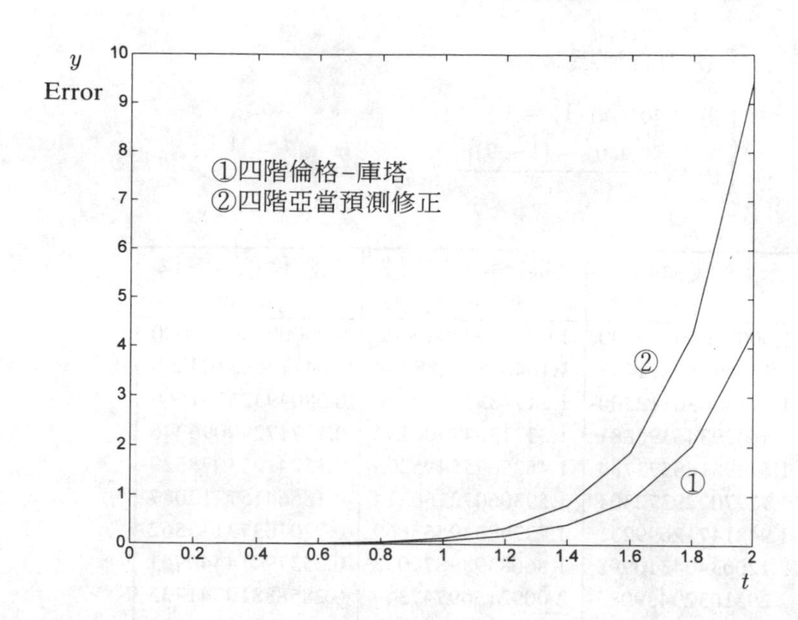

12. $4t^2y'' + 4ty' + (t-9)y = 0;\ y(1) = 1,\ y'(1) = 1,\ t \in [1, 2]$

解: 設 $z = \sqrt{t}$

可整理得到

$$t\frac{d^2y}{dz^2} + \sqrt{t}\frac{dy}{dz} + (t-9)y = 0$$

$\therefore \nu = 3$

$$y = c_1 J_3(z) + c_2 Y_3(z)$$

將 $z = \sqrt{t}$ 代回

得通解 $y = c_1 J_3(\sqrt{x}) + c_2 Y_3(\sqrt{x})$

將初值條件代入

真實解 $y = 51.12\ J_3(\sqrt{x})$

表中列出兩種方法所得到的近似解和誤差

令 $y_1(t) = y(t),\ y_2(t) = y'(t)$

可得系統方程式為

$$\begin{cases} y_1' = y_2; \;\; y_1(1) = 1 \\ y_2' = \dfrac{-4ty_2 - (t-9)y_1}{4t^2}; \;\; y_2(1) = 1 \end{cases} \quad t \in [1, 2]$$

t	真實解 y	四階倫格－庫塔 y	四階倫格－庫塔 y Error
1.0	1.00000000000000	1.00000000000000	0.00000000000000
1.1	1.14640550291437	1.10465887188209	0.04174663103229
1.2	1.29797636112500	1.21748311520940	0.08049324591560
1.3	1.45429346396881	1.33712047300136	0.11717299096746
1.4	1.61498168573734	1.46256955495205	0.15241213078529
1.5	1.77970229372301	1.59306072160214	0.18664157212087
1.6	1.94814712699231	1.72798339563669	0.22016373135562
1.7	2.12003404310998	1.86683989870038	0.25319414440961
1.8	2.29510329489085	2.00921509747349	0.28588819741735
1.9	2.47311460366822	2.15475582465042	0.31835877901780
2.0	2.65384476378528	2.30315654206370	0.35068822172158

t	四階亞當預測修正 y	四階亞當預測修正 y Error
1.0	1.00000000000000	0.00000000000000
1.1	1.10465887188209	0.04174663103229
1.2	1.21748311520940	0.08049324591560
1.3	1.33712047300136	0.11717299096746
1.4	1.46255556310028	0.15242612263706
1.5	1.59304135985678	0.18666093386623
1.6	1.72796274668451	0.22018438030780
1.7	1.86681997568071	0.25321406742928
1.8	2.00919702388201	0.28590627100884
1.9	2.15474018040463	0.31837442326359
2.0	2.30314361466780	0.35070114911748

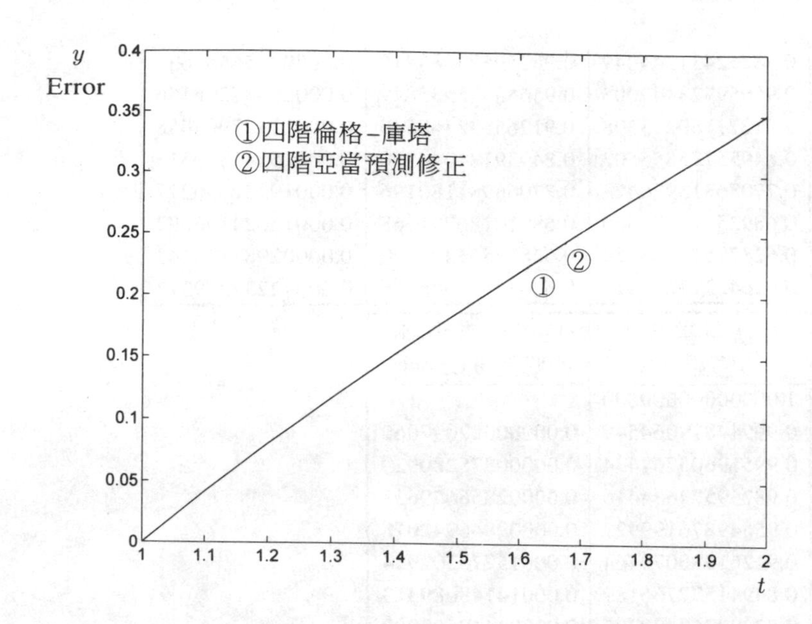

13. $y''' - 6y'' + 25y' = -3e^{-2t}$; $y(0) = 1,\ y'(0) = 0,\ y''(0) = 0,\ t \in [0, 2]$

解: 將題目化成單階系統方程式

令 $y_1(t) = y(t),\ y_2(t) = y'(t),\ y_3(t) = y''(t)$

可得系統方程式為

$$y_1' = y_2;\ y_1(0) = 1$$
$$y_2' = y_3;\ y_2(0) = 0$$
$$y_3' = 6y_3 - 25y_2 - 3e^{-2t};\ y_3(0) = 0$$

本題的真實解為

$$y(t) = e^{3t}\left(\frac{24}{1025}\cos 4t + \frac{3}{4100}\sin 4t\right) + \frac{3}{82}e^{-2t} + \frac{79007}{84050}$$

表中列出兩種方法得到的近似解和誤差

t	真實解 y	四階倫格－庫塔 y	四階倫格－庫塔 y Error
0	1.00000000000000	1.00000000000000	0
0.1	0.99944966161609	0.99944879064549	0.00000087097060
0.2	0.99520479042363	0.99519603761434	0.00000875280929

0.3	0.98262431344049	0.98259574684416	0.00002856659633
0.4	0.95659723142005	0.95653335935849	0.00006387206156
0.5	0.91277160273398	0.91265832368540	0.00011327904858
0.6	0.84955725855502	0.84939184044990	0.00016541810513
0.7	0.77086313976473	0.77066981180196	0.00019332796277
0.8	0.68925210987560	0.68910186791468	0.00015024196092
0.9	0.62879578285784	0.62882565422229	0.00002987136445
1.0	0.62642311299413	0.62684548548726	0.00042237249313

t	四階亞當預測修正 y	四階亞當預測修正 y Error
0	1.00000000000000	0
0.1	0.99944879064549	0.00000087097060
0.2	0.99519603761434	0.00000875280929
0.3	0.98259574684416	0.00002856659633
0.4	0.95649876199927	0.00009846942078
0.5	0.91261390070464	0.00015770202934
0.6	0.84941577766189	0.00014148089313
0.7	0.77090762480275	0.00004448503802
0.8	0.68976832208244	0.00051621220684
0.9	0.63016276592602	0.00136698306818
1.0	0.62902256417518	0.00259945118105

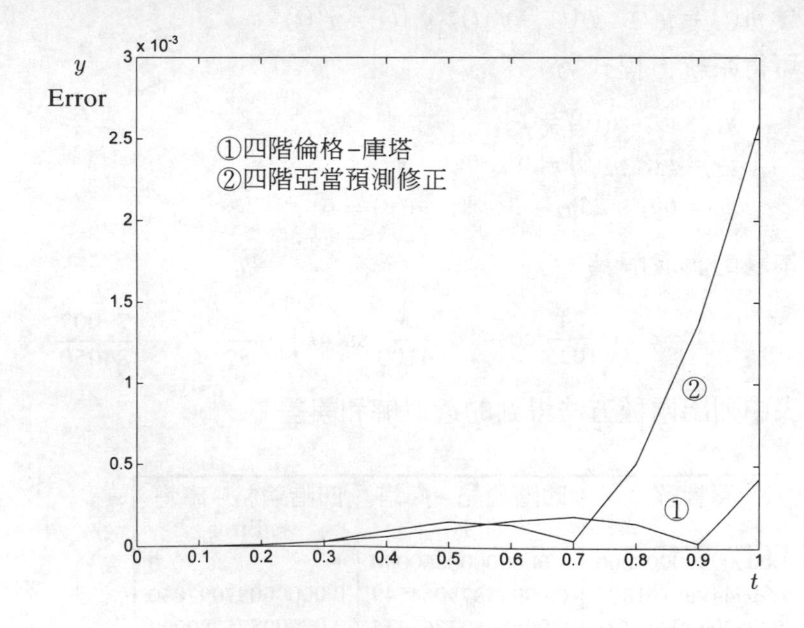

14. $9t^2y''+9ty'+(4t^{\frac{2}{3}}-16)y=0;\ \ y(1)=1,\ \ y'(1)=1,\ \ t\in[1,2]$

解：設 $z=2t^{\frac{1}{3}}$

整理可得到

$$z^2y''+zy'+(z^2-16)=0$$

可得 $y=c_1J_4(z)+c_2Y_4(z)$

將 $z=2t^{\frac{1}{3}}$ 代回

得通解 $y=c_1J_4(2t^{\frac{1}{3}})+c_2Y_4(2t^{\frac{1}{3}})$

將初值條件代入，可得真實解

$$y=29.42J_4(2t^{\frac{1}{3}})$$

表中列出兩種方法所得到的近似解和誤差

令 $y_1(t)=y(t),\ \ y_2(t)=y'(t)$

可得系統方程式為

$$\begin{cases} y_1'=y_2;\ \ y_1(1)=1 \\ y_2'=\dfrac{-9ty_2-(4t^{\frac{2}{3}}-16)y_1}{9t^2};\ \ y_2(1)=1 \end{cases}\quad t\in[1,2]$$

t	真實解 y	四階倫格－庫塔 y	四階倫格－庫塔 y Error
1.0	1.00000000000000	1.00000000000000	0.00000000000000
1.1	1.12016894602100	1.10151949022438	0.01864945579662
1.2	1.24143682401523	1.20557476109757	0.03586206291765
1.3	1.36356275467503	1.31156475859857	0.05199799607646
1.4	1.48634168831879	1.41903622804079	0.06730546027799
1.5	1.60959729381255	1.52763713397708	0.08196015983547
1.6	1.73317662898699	1.63708729519896	0.09608933378803
1.7	1.85694606248627	1.74715913193981	0.10978693054646
1.8	1.98078809687190	1.85766460722258	0.12312348964932
1.9	2.10459885493575	1.96844610299256	0.13615275194319
2.0	2.22828606333528	2.07936987686714	0.14891618646814

t	四階亞當預測修正 y	四階亞當預測修正 y Error
1.0	1.00000000000000	0.00000000000000

1.1	1.10151949022438	0.01864945579662
1.2	1.20557476109757	0.03586206291765
1.3	1.31156475859857	0.05199799607646
1.4	1.41903109104230	0.06731059727649
1.5	1.52762992399340	0.08196736981915
1.6	1.63707950449696	0.09609712449003
1.7	1.74715154030896	0.10979452217730
1.8	1.85765766207209	0.12313043479981
1.9	1.96844004879827	0.13615880613748
2.0	2.07936484464820	0.14892121868708

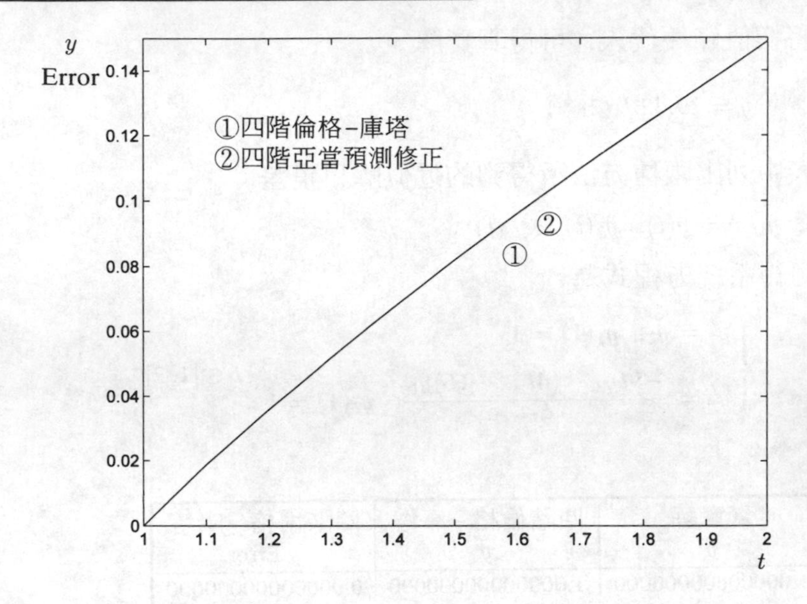

15. $y^{(4)} - 16y = 0;\ \ y(0) = -2,\ \ y'(0) = y''(0) = 0,\ \ y'''(0) = 3,\ \ t \in [0, 1]$

解: 將題目化成單階系統方程式

令 $y_1(t) = y(t),\ \ y_2(t) = y'(t),\ \ y_3(t) = y''(t),\ \ y_4(t) = y'''(t)$

可得系統方程式為

$$y_1' = y_2;\ \ y_1(0) = -2$$

$$y_2' = y_3;\ \ y_2(0) = 0$$

$$y_3' = y_4;\ \ y_3(0) = 0$$

$$y_4' = 16y_1;\ \ y_4(0) = 3$$

表中列出兩種方法所得到的近似解及誤差

本題的真實解為

$$y(t) = -\frac{13}{32}e^{2t} - \frac{19}{32}e^{-2t} - \cos 2t - \frac{3}{16}\sin 2t$$

t	真實解 y	四階倫格－庫塔 y	四階倫格－庫塔 y Error
0	−2.00000000000000	−2.00000000000000	0
0.1	−1.99963333250794	−1.99963333333333	0.00000000082540
0.2	−1.99813324393618	−1.99813327555556	0.00000003161937
0.3	−1.99729875026072	−1.99729881332726	0.00000006306654
0.4	−2.00212605103549	−2.00212594633758	0.00000010469791
0.5	−2.02080852652665	−2.02080768453673	0.00000084198993
0.6	−2.06474664628012	−2.06474395628056	0.00000268999956
0.7	−2.14858090114406	−2.14857453834442	0.00000636279963
0.8	−2.29026600823884	−2.29025325568749	0.00001275255135
0.9	−2.51120983339590	−2.51118689332602	0.00002294006988
1.0	−2.83650579559499	−2.83646758211761	0.00003821347738

t	四階亞當預測修正 y	四階亞當預測修正 y Error
0	−2.00000000000000	0
0.1	−1.99963333333333	0.00000000082540
0.2	−1.99813327555556	0.00000003161937
0.3	−1.99729881332726	0.00000006306654
0.4	−2.00212581955664	0.00000023147885
0.5	−2.02080605949849	0.00000246702816
0.6	−2.06473945753023	0.00000718874989
0.7	−2.14856567786524	0.00001522327881
0.8	−2.29023967731768	0.00002633092116
0.9	−2.51116987863958	0.00003995475632
1.0	−2.83645071791750	0.00005507767749

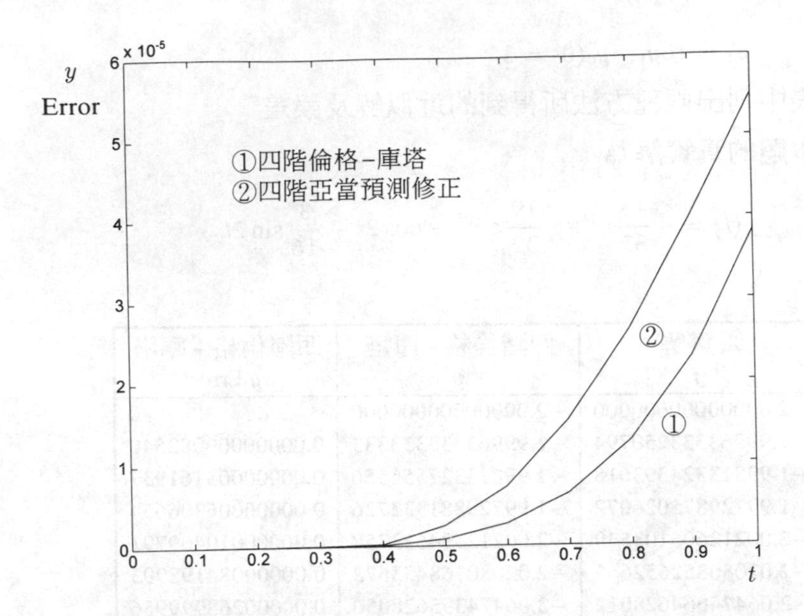

16. $36t^2y'' - 12ty' + (36t^2 + 7)y = 0$; $y(1) = 1$, $y'(1) = 1$, $t \in [1,2]$

解: 設 $y = ut^{\frac{2}{3}}$

整理可得到

$$t^2u'' + tu' + \left(t^2 - \frac{1}{4}\right)u = 0$$

$$\therefore u = c_1J_{\frac{1}{2}}(t) + c_2Y_{\frac{1}{2}}(t)$$

將 $y = ut^{\frac{2}{3}}$ 代回

$$y = c_1t^{\frac{2}{3}}J_{\frac{1}{2}}(t) + c_2t^{\frac{2}{3}}Y_{\frac{1}{2}}(t)$$

將初值代入

真實解 $y = 1.5t^{\frac{2}{3}}J_{\frac{1}{2}}(t)$

表中列出兩種方法所得到的近似解和誤差

令 $y_1(t) = y(t)$, $y_2(t) = y'(t)$

可得系統方程式

$$\begin{aligned} y_1' &= y_2;\ \ y_1(1) = 1 \\ y_2' &= \frac{12ty_2 - (36t+7)y_1}{36t^2};\ \ y_2(1) = 1 \end{aligned} \qquad t \in [1,2]$$

t	真實解 y	四階倫格－庫塔 y	四階倫格－庫塔 y Error
1.0	1.00000000000000	1.00000000000000	0
1.1	1.07606473760486	1.09546253193150	0.01939779432664
1.2	1.14180477320276	1.18097042951771	0.03916565631495
1.3	1.19627040411170	1.25531165582894	0.05904125171724
1.4	1.23865397875592	1.31742183688562	0.07876785812970
1.5	1.26829452983932	1.36638974900758	0.09809521916826
1.6	1.28468197389665	1.40146288944638	0.11678091554973
1.7	1.28746049118657	1.42205252647061	0.13459203528404
1.8	1.27643082664534	1.42773782753198	0.15130700088664
1.9	1.25155133666965	1.41826879211117	0.16671745544152
2.0	1.21293766590206	1.39356780197476	0.18063013607270

t	四階亞當預測修正 y	四階亞當預測修正 y Error
1.0	1.00000000000000	0
1.1	1.09546253193150	0.01939779432664
1.2	1.18097042951771	0.03916565631495
1.3	1.25531165582894	0.05904125171724
1.4	1.31742194992898	0.07876797117306
1.5	1.36639008991873	0.09809556007941
1.6	1.40146349181751	0.11678151792086
1.7	1.42205337400158	0.13459288281501
1.8	1.42773886741332	0.15130804076798
1.9	1.41826994522718	0.16671860855753
2.0	1.39356896984457	0.18063130394251

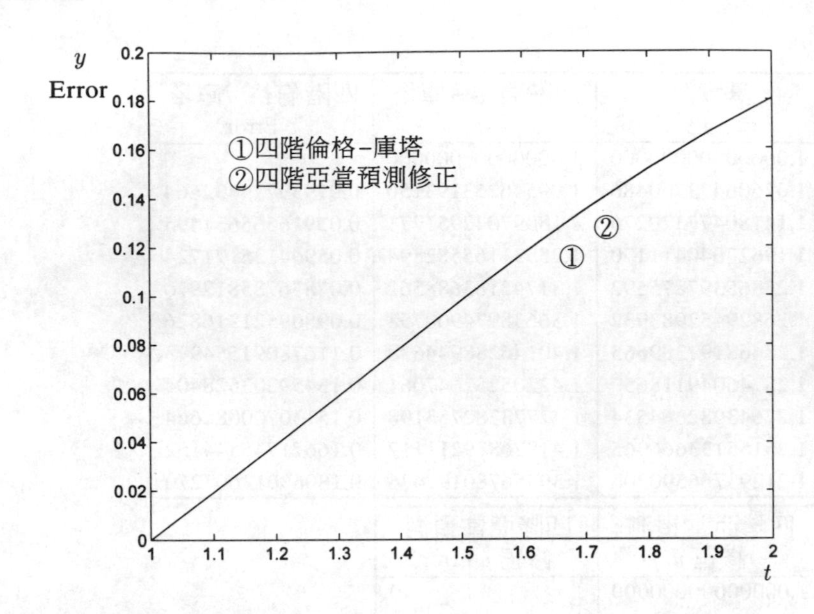

17. $y^{(4)}+4y'''+6y''+4y'+y=3e^{-t}$; $y(0)=y'(0)=y''(0)=0,\ y'''(0)=1,\ t\in[0,2]$

解: 將題目化為單階系統方程式

令 $y_1(t)=y(t),\ y_2(t)=y'(t),\ y_3(t)=y''(t),\ y_4(t)=y'''(t)$

可得系統方程式為

$$y_1'=y_2;\ \ y_1(0)=0$$

$$y_2'=y_3;\ \ y_2(0)=0$$

$$y_3'=y_4;\ \ y_3(0)=0$$

$$y_4'=-4y_4-6y_3-4y_2-y_1+3e^{-t};\ \ y_4(0)=1$$

本題的真實解為

$$y(t)=e^{-t}\left(\frac{1}{6}t^3+\frac{1}{8}t^4\right)$$

表中列出兩種方法所求得的近似解及誤差

t	真實解 y	四階倫格－庫塔 y	四階倫格－庫塔 y Error
0	0	0	0
0.2	0.00125538715472	0.00126666666667	0.00001127951195
0.4	0.00929510463836	0.00930053653517	0.00000543189681
0.6	0.02864796740411	0.02864258999660	0.00000537740751
0.8	0.06134838123414	0.06133319232627	0.00001518890787
1.0	0.10729817034167	0.10727653013168	0.00002164021000
1.2	0.16481347275836	0.16478915186583	0.00002432089252
1.4	0.23119287359405	0.23116910677853	0.00002376681552
1.6	0.30322165049224	0.30320077926328	0.00002087122896
1.8	0.37757572047575	0.37755915891012	0.00001656156562
2.0	0.45111761078871	0.45110597006188	0.00001164072683

t	四階亞當預測 修正 y	四階亞當預測 修正 y Error
0	0	0
0.2	0.00126666666667	0.00001127951195
0.4	0.00930053653517	0.00000543189681
0.6	0.02864258999660	0.00000537740751
0.8	0.06128772223638	0.00006065899775
1.0	0.10726386110927	0.00003430923240
1.2	0.16484544998047	0.00003197722211
1.4	0.23127061270489	0.00007773911083
1.6	0.30332844282485	0.00010679233261
1.8	0.37769455805968	0.00011883758393
2.0	0.45123262172817	0.00011501093946

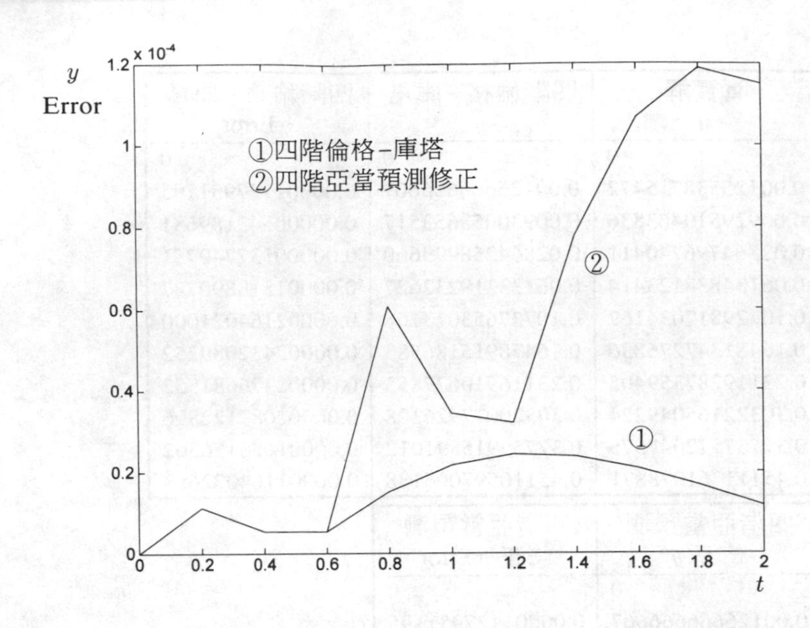

18. $4t^2y''+20ty'+(9t+7)y=0;\ \ y(1)=1,\ \ y'(1)=1,\ \ t\in[1,2]$

解: 可解得本題的通解為

$$y=c_1x^{-2}J_3(3\sqrt{x})+c_2x^{-2}Y_3(3\sqrt{x})$$

將初始值代入

可得真實解

$$y=3.24x^{-2}J_3(3\sqrt{x})$$

表中列出兩種方法所得到的近似解和誤差

系統方程式為:

$$y_1'=y_2;\ \ y_1(1)=1 \qquad t\in[1,2]$$

$$y_2'=\frac{-20ty_2-(9t+7)y_1}{4t^2};\ \ y_2(1)=1$$

t	真實解 y	四階倫格－庫塔 y	四階倫格－庫塔 y Error
1.0	1.00000000000000	1.00000000000000	0.00000000000000
1.1	0.89383726318469	1.06237627551020	0.16853901232551
1.2	0.80144530508538	1.07209831048251	0.27065300539712

1.3	0.72033338928867	1.05139570877024	0.33106231948157
1.4	0.64861473607387	1.01316167337455	0.36454693730068
1.5	0.58482663488813	0.96512151685557	0.38029488196745
1.6	0.52781255102095	0.91201774768782	0.38420519666687
1.7	0.47664236411268	0.85681042463905	0.38016806052637
1.8	0.43055690489821	0.80136331304334	0.37080640814513
1.9	0.38892845551798	0.74684967748548	0.35792122196750
2.0	0.35123202129139	0.69399938510487	0.34276736381347

t	四階亞當預測修正 y	四階亞當預測修正 y Error
1.0	1.00000000000000	0.00000000000000
1.1	1.06237627551020	0.16853901232551
1.2	1.07209831048251	0.27065300539712
1.3	1.05139570877024	0.33106231948157
1.4	1.01380381248478	0.36518907641090
1.5	0.96585508320959	0.38102844832146
1.6	0.91263403691189	0.38482148589094
1.7	0.85728539259610	0.38064302848342
1.8	0.80168560426642	0.37112869936821
1.9	0.74703079492447	0.35810233940649
2.0	0.69405871753394	0.34282669624254

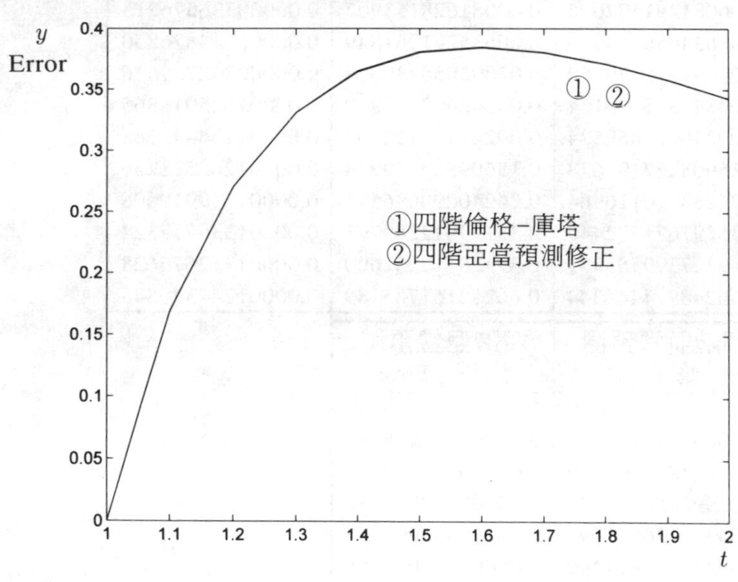

19. $t^3y''' - 2t^2y'' + 5ty' - 5y = 5;\ \ y(1) = y'(1) = y''(1) = 0,\ \ t \in [0, 1]$

解: 設 $t = e^z$

$$Y''' - 3Y' + 2 - 2[Y'' - Y'] + 5Y' - 5Y = 0$$

經過整理，可得真實解

$$y = \frac{5}{2}x - x^2\left(\frac{3}{2}\cos(\ln x) - \frac{1}{2}\sin(\ln x)\right) - 1$$

表中列出兩種方法所得到的近似解和誤差

令 $y_1(t) = y(t),\ y_2(t) = y'(t),\ y_3(t) = y''(t)$

可得系統方程式

$$\begin{cases} y_1' = y_2;\ \ y_1(1) = 0 \\ y_2' = y_3;\ \ y_2(1) = 0 \\ y_3' = \dfrac{2ty_3 - 5ty_2 + 5y_1 + 5}{t^3};\ \ y_3(1) = 0 \end{cases} \qquad t \in [0, 1]$$

t	真實解 y	四階倫格－庫塔 y	四階倫格－庫塔 y Error
1.0	0	0	0
1.1	0.00081291577694	0.00081628153907	0.00000336576213
1.2	0.00634656384999	0.00635271261849	0.00000614876850
1.3	0.02091215479488	0.02092058239024	0.00000842759536
1.4	0.04841575906134	0.04842600922999	0.00001025016865
1.5	0.09240022669534	0.09241187112103	0.00001164442568
1.6	0.15608267191678	0.15609529719914	0.00001262528236
1.7	0.24238770116964	0.24240090036571	0.00001319919608
1.8	0.35397675572449	0.35399012289773	0.00001336717324
1.9	0.49327399555971	0.49328712232600	0.00001312676628
2.0	0.66248914444344	0.66250161785189	0.00001247340845

t	四階亞當預測修正 y	四階亞當預測修正 y Error
1.0	0	0
1.1	0.00081628153907	0.00000336576213
1.2	0.00635271261849	0.00000614876850
1.3	0.02092058239024	0.00000842759536
1.4	0.04842626515099	0.00001050608966
1.5	0.09241247611190	0.00001224941656
1.6	0.15609617420240	0.00001350228563
1.7	0.24240190604074	0.00001420487110
1.8	0.35399110085252	0.00001434512803

1.9	0.49328793193824	0.00001393637853
2.0	0.66250214844177	0.00001300399833

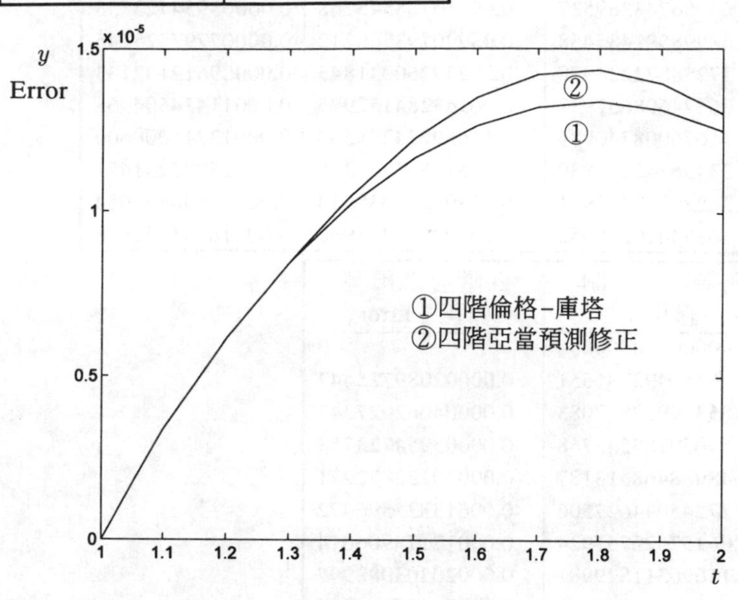

20.$t^2y'' - 2ty' + 2y = t^3\ln t$; $y(1) = 1$, $y'(1) = 0$, $t \in [1,3]$

解: 將題目化成單階系統方程式

令 $y_1(t) = y(t)$, $y_2(t) = y'(t)$

可得系統方程式為

$$y_1' = y^2;\ \ y_1(1) = 1$$

$$y_2' = \frac{2ty_2 - 2y_1 + t^3\ln t}{t^2y};\ \ y_2(1) = 0$$

本題的真實解為

$$y(t) = \frac{7}{4}t + \frac{1}{2}t^3\ln t - \frac{3}{4}t^3$$

表中列出兩種方法得到的近似解及誤差

t	真實解 y	四階倫格–庫塔 y	四階倫格–庫塔 y Error
1.0	1.00000000000000	1.00000000000000	0

1.2	0.96152582506998	0.96150492781551	0.00002089725447
1.4	0.85363990864430	0.85359928837083	0.00004062027347
1.6	0.69056743269527	0.69050788545768	0.00005954723758
1.8	0.48998591485458	0.48990793960212	0.00007797525246
2.0	0.27258872223978	0.27249260031845	0.00009612192133
2.2	0.06174698657937	0.06163284152975	0.00011414504963
2.4	−0.11676008740984	−0.11689224741584	0.00013216000600
2.6	−0.23496542109889	−0.23511567341360	0.00015025231471
2.8	−0.26289727701961	−0.26306576338014	0.00016848636054
3.0	−0.16873410298052	−0.16892101433940	0.00018691135888

t	四階亞當預測修正 y	四階亞當預測修正 y Error
1.0	0.00000000000000	0
1.2	0.96150492781551	0.00002089725447
1.4	0.85359928837083	0.00004062027347
1.6	0.69050788545768	0.00005954723758
1.8	0.48988468613187	0.00010122872271
2.0	0.27245044627506	0.00013827596472
2.2	0.06157522751924	0.00017175906014
2.4	−0.11696311829981	0.00020303088997
2.6	−0.23519814160974	0.00023272051085
2.8	−0.26315854632874	0.00026126930914
3.0	−0.16902307085042	0.00028896786991

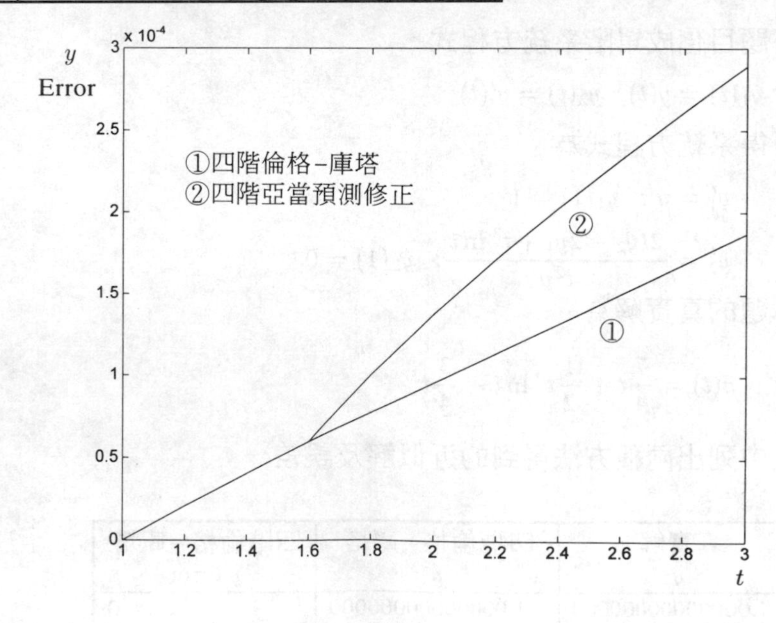

21. $y''' + 9y'' + 15y' - 25y = t^2 + 2$; $y(0) = y'(0) = -3$, $y''(0) = 1$, $t \in [0, 1]$

解: 將題目化成單階系統方程式

令 $y_1(t) = y(t)$, $y_2(t) = y'(t)$, $y_3(t) = y''(t)$

可得系統方程式為

$$\begin{cases} y_1' = y_2; \; y_1(0) = -3 \\ y_2' = y_3; \; y_2(0) = -3 \\ y_3' = -9y_3 - 15y_2 + 25y_1 + t^2 + 2; \; y_3(0) = 1 \end{cases} \qquad t \in [0, 1]$$

表中列出兩種方法所得到的近似解和誤差

本題的真實解為

$$y = -\frac{25}{9}e^t - \frac{476}{5625}e^{-5t} - \frac{224}{375}te^{-5t} - \frac{1}{25}t^2 - \frac{6}{125}t - \frac{86}{625}$$

t	真實解 y	四階倫格–庫塔 y	四階倫格–庫塔 y Error
0	−3.00000000000000	−3.00000000000000	0
0.1	−3.30027528722109	−3.30015395833333	0.00012132888776
0.2	−3.61666554572755	−3.61653543920920	0.00013010651835
0.3	−3.96407449351739	−3.96397147242273	0.00010302109466
0.4	−4.35094597620186	−4.35087480389733	0.00007117230454
0.5	−4.78284357541736	−4.78279844583425	0.00004512958310
0.6	−5.26429788986212	−5.26427097466856	0.00002691519356
0.7	−5.79973942303014	−5.79972393818657	0.00001548484356
0.8	−6.39396047806911	−6.39395141155249	0.00000906651663
0.9	−7.05234312883754	−7.05233708741996	0.00000604141758
1.0	−7.78097783721975	−7.78097264857169	0.00000518864805

t	四階亞當預測修正 y	四階亞當預測修正 y Error
0	−3.00000000000000	0
0.1	−3.30015395833333	0.00012132888776
0.2	−3.61653543920920	0.00013010651835
0.3	−3.96397147242273	0.00010302109466
0.4	−4.35139085716191	0.00044488096004
0.5	−4.78337987924805	0.00053630383069
0.6	−5.26464749384711	0.00034960398499
0.7	−5.79998475039803	0.00024532736790
0.8	−6.39413145678338	0.00017097871427
0.9	−7.05243767224088	0.00009454340333
1.0	−7.78102534965358	0.00004751243383

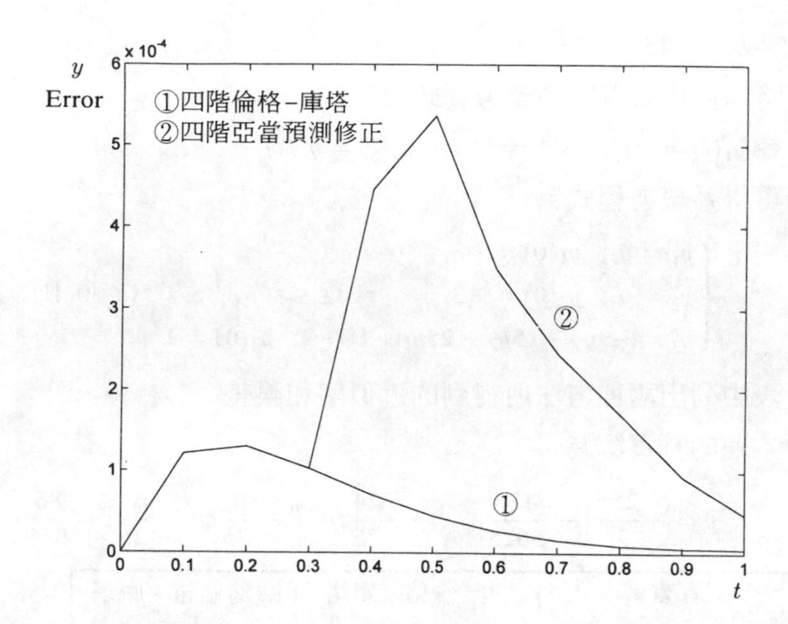

22. $t^2y'''+4t^2y''-3ty'+3y=2t^{-3}+t$; $y(1)=-2$, $y'(1)=1$, $y''(1)=2$, $t\in[1,2]$

解: 令 $t=e^z$

$$Y'''(z)+Y''(z)-5Y'(z)+3Y(z)=2e^{-3z}+e^z$$

$$Y_h=c_1e^{-3z}+c_2e^z+c_3ze^z$$

以代定係數法可得真實解為

$$y=-\frac{1}{64}\frac{1}{x^3}-\frac{127}{64}x+\frac{45}{16}\ln(x)x+\frac{1}{8}\frac{1}{x^3}\ln x+\frac{1}{8}x\ln^2 x$$

以下是兩種方法所求得的近似解和誤差

令 $y_1(t)=y(t),\ \ y_2(t)=y'(t),\ \ y_3(t)=y''(t)$

可得系統方程式

$$\begin{cases} y_1'=y_2;\ \ y_1(1)=-2 \\ y_2'=y_3;\ \ y_2(1)=1 \\ y_3'=\dfrac{-4t^2y_3+3ty_2-3y_1+2t^{-3}+t}{t^2};\ \ y_3(1)=2 \end{cases} \quad t\in[1,2]$$

t	真實解 y	四階倫格－庫塔 y	四階倫格－庫塔 y Error
1.0	−2.00000000000000	−2.00000000000000	0
1.1	−1.88948587722254	−1.88948596559357	0.00000008837103
1.2	−1.75678204865730	−1.75669976179505	0.00008228686225
1.3	−1.60141702418035	−1.60117124540276	0.00024577877760
1.4	−1.42381980154779	−1.42345989326490	0.00035990828289
1.5	−1.22479361221711	−1.22459268325432	0.00020092896280
1.6	−1.00527431088444	−1.00577101677629	0.00049670589185
1.7	−0.76621804805015	−0.76822075848998	0.00200271043984
1.8	−0.50854992282629	−0.51311896040385	0.00456903757756
1.9	−0.23314213352502	−0.24156157303794	0.00841943951292
2.0	0.05919344382549	0.04544725523421	0.01374618859128

t	四階亞當預測修正 y	四階亞當預測修正 y Error
1.0	−2.00000000000000	0
1.1	−1.88948596559357	0.00000008837103
1.2	−1.75669976179505	0.00008228686225
1.3	−1.60117124540276	0.00024577877760
1.4	−1.42338033268446	0.00043946886333
1.5	−1.22451203575744	0.00028157645968
1.6	−1.00572623660587	0.00045192572143
1.7	−0.76820149514319	0.00198344709305
1.8	−0.51312106429053	0.00457114146425
1.9	−0.24158093959723	0.00843880607221
2.0	0.04541706493161	0.01377637889388

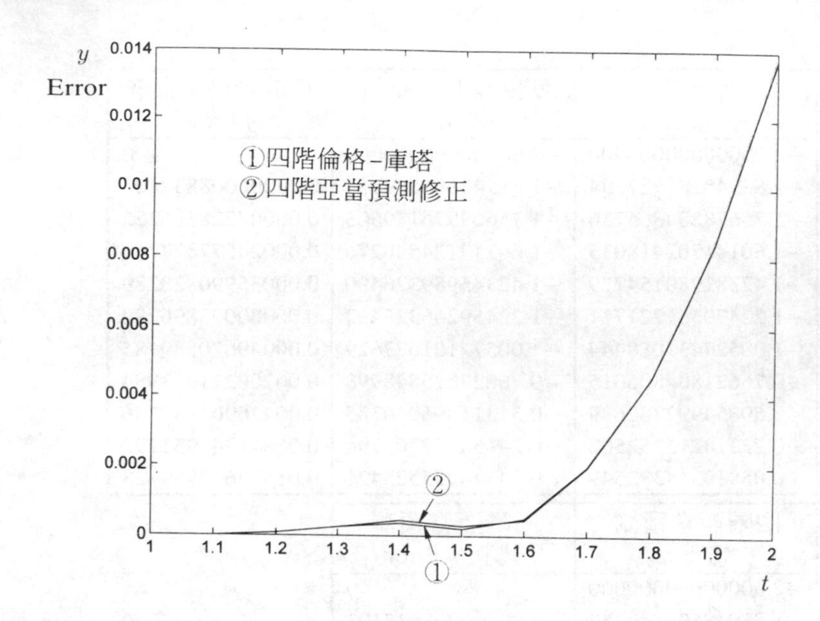

23.$y''' = -6y^4$; $y(1) = y'(1) = -1$, $y''(1) = -2$, $t \in [1, 1.5]$

解: 將題目化成單階系統方程式

令 $y_1(t) = y(t)$, $y_2(t) = y'(t)$, $y_3(t) = y''(t)$

可得系統方程式為

$$\begin{cases} y_1' = y_2; \ y_1(1) = -1 \\ y_2' = y_3; \ y_2(1) = -1 \qquad t \in [1, 1.5] \\ y_3' = -6y_1^4; \ y_3(1) = -2 \end{cases}$$

表中列出兩種方法所得到的近似解和誤差

本題的真實解為

$$y(t) = \frac{1}{t-2}$$

t	真實解 y	四階倫格－庫塔 y	四階倫格－庫塔 y Error
1.00	−1.00000000000000	−1.00000000000000	0
1.05	−1.05263157894737	−1.05263148830566	0.00000009064170
1.10	−1.11111111111111	−1.11111086207685	0.00000024903426

1.15	−1.17647058823529	−1.17647008310311	0.00000050513218
1.20	−1.25000000000000	−1.24999909395442	0.00000090604558
1.25	−1.33333333333333	−1.33333180557954	0.00000152775379
1.30	−1.42857142857143	−1.42856893232593	0.00000249624550
1.35	−1.53846153846154	−1.53845751138973	0.00000402707181
1.40	−1.66666666666667	−1.66666016419962	0.00000650246704
1.45	−1.81818181818182	−1.81817118913662	0.00001062904520
1.50	−2.00000000000000	−1.99998222137063	0.00001777862937

t	四階亞當預測修正 y	四階亞當預測修正 y Error
1.00	−1.00000000000000	0
1.05	−1.05263148830566	0.00000009064170
1.10	−1.11111086207685	0.00000024903426
1.15	−1.17647008310311	0.00000050513218
1.20	−1.24999864432661	0.00000135567339
1.25	−1.33333046415021	0.00000286918312
1.30	−1.42856602529666	0.00000540327476
1.35	−1.53845209926996	0.00000943919158
1.40	−1.66665044798502	0.00001621868165
1.45	−1.81815343949467	0.00002837868715
1.50	−1.99994820464097	0.00005179535903

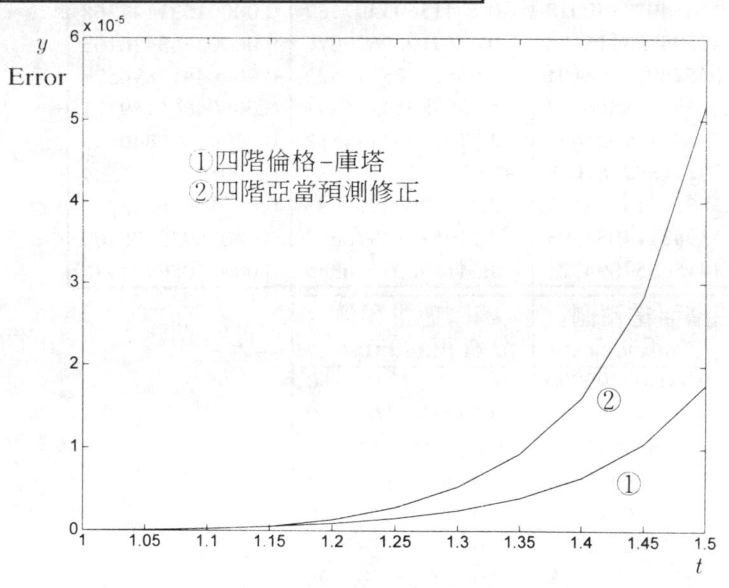

24. $y_1'' - 2y_1' = -y_1 + y_2 + 5e^{-t}$;　$y_1(0) = 1$,　$y_1'(0) = -4$

$$2y_1' - y_2' = 2y_1 + e^{-t};\ y_2(0) = 1,\ t \in [0,1]$$

解: 將題目化成單階系統方程式

令 $y_3(t) = y_1'(t)$

可得系統方程式為

$$\begin{cases} y_1' = y_3;\ y_1(0) = 1 \\ y_2' = -2y_1 + 2y_3 - e^{-t};\ y_2(0) = 1 & t \in [0,1] \\ y_3' = 2y_3 - y_1 + y_2 + 5e^{-t};\ y_3(0) = -4 \end{cases}$$

本題的真實解為

$$y_1 = 2e^t + (1-t)e^{-t} - 2e^{2t}$$

$$y_2 = (3-4t)e^{-t} - 2e^{2t}$$

表中列出兩種方法得到的近似解和誤差

t	真實解 y_1	四階倫格－庫塔 y_1	四階倫格－庫塔 y_1 Error
0	1.00000000000000	1.00000000000000	0
0.1	0.58188999606332	0.58189641247672	0.00000641641340
0.2	0.11414072350018	0.11415603497387	0.00001531147368
0.3	−0.42594723115181	−0.42591969679076	0.00002753436105
0.4	−1.06524043408101	−1.06519625511522	0.00004417896579
0.5	−1.83585578566152	−1.83578913376841	0.00006665189311
0.6	−2.77647159025447	−2.77637483184588	0.00009675840859
0.7	−3.93391892761098	−3.93378211665589	0.00013681095509
0.8	−5.36511719898185	−5.36492743294188	0.00018976603997
0.9	−7.13943174053793	−7.13917234378693	0.00025939675100
1.0	−9.34154854094321	−9.34119803096345	0.00035050997976

t	四階亞當預測修正 y_1	四階亞當預測修正 y_1 Error
0	1.00000000000000	0
0.1	0.58189641247672	0.00000641641340
0.2	0.11415603497387	0.00001531147368
0.3	−0.42591969679076	0.00002753436105
0.4	−1.06521240313782	0.00002803094319
0.5	−1.83582788772215	0.00002789793937
0.6	−2.77644415021948	0.00002744003498
0.7	−3.93389301017634	0.00002591743463
0.8	−5.36509450834839	0.00002269063346
0.9	−7.13941483450168	0.00001690603625
1.0	−9.34154110779274	0.00000743315047

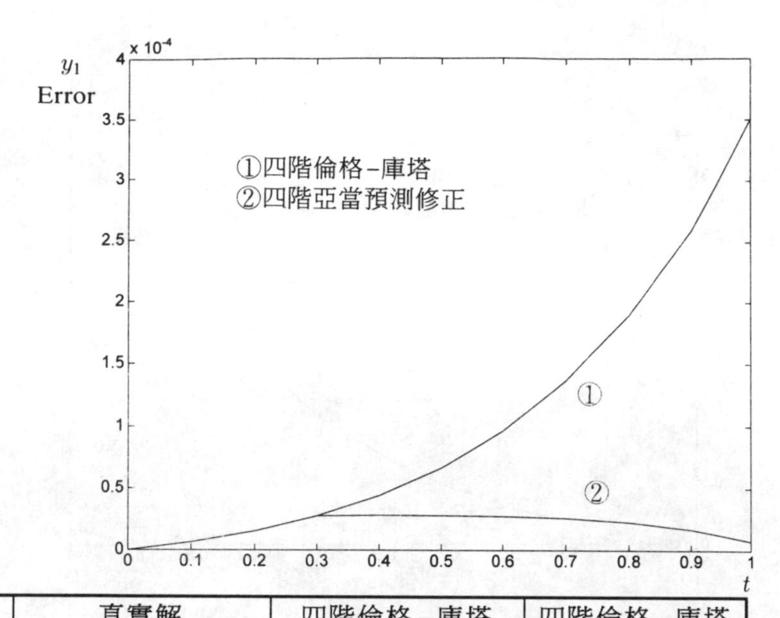

t	真實解 y_2	四階倫格-庫塔 y_2	四階倫格-庫塔 y_2 Error
0	1.00000000000000	1.00000000000000	0
0.1	−0.09022822942684	−0.09022078483429	0.00000744459256
0.2	−1.18244173851098	−1.18242448939660	0.00001724911438
0.3	−2.31076480355393	−2.31073450817008	0.00003029538385
0.4	−3.51263379253504	−3.51258608541562	0.00004770711942
0.5	−4.83003299720546	−4.82996207866153	0.00007091854393
0.6	−6.31094686381668	−6.31084510293370	0.00010176088298
0.7	−8.01108287293107	−8.01094030153401	0.00014257139706
0.8	−9.99593064161367	−9.99573431085891	0.00019633075476
0.9	−12.34323672167025	−12.34296988865690	0.00026683601336
1.0	−15.14599163903274	−15.14563272073975	0.00035891829299

t	四階亞當預測修正 y_2	四階亞當預測修正 y_2 Error
0	1.00000000000000	0
0.1	−0.09022078483429	0.00000744459256
0.2	−1.18242448939660	0.00001724911438
0.3	−2.31073450817008	0.00003029538385
0.4	−3:51260866723536	0.00002512529968
0.5	−4.83001255722834	0.00002043997712
0.6	−6.31093057718260	0.00001628663408
0.7	−8.01107111732012	0.00001175561095
0.8	−9.99592456173465	0.00000607987902
0.9	−12.34323844314179	0.00000171847154
1.0	−15.14600452022682	0.00001288119407

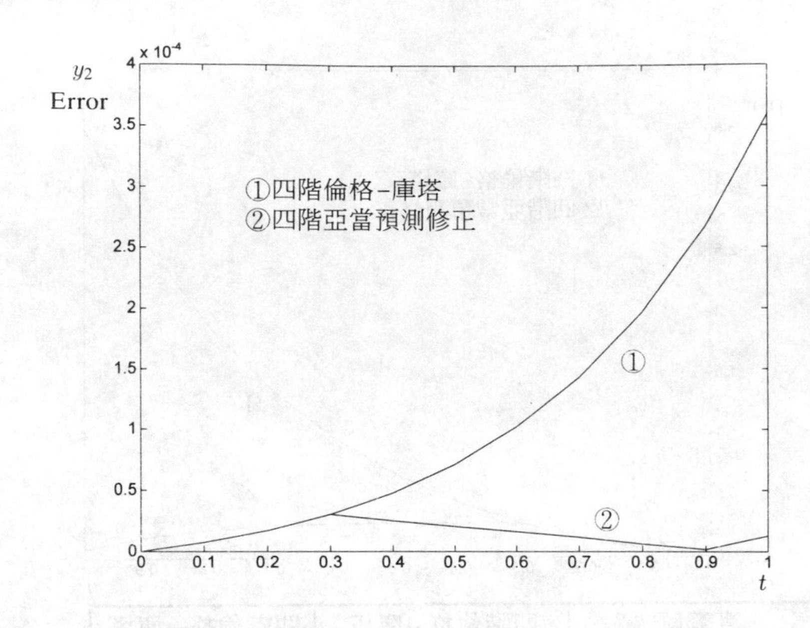

25.寫出電路系統的聯立方程式，求出真正解答，並且用四階倫格－庫塔法和四階亞當預測修正求近似解及誤差 ($t \in [0,2]$, $N = 20$)。假設在 $t < 0$時，電感無電流且電容無電荷；在 $t = 0$ 時開關才關閉之。

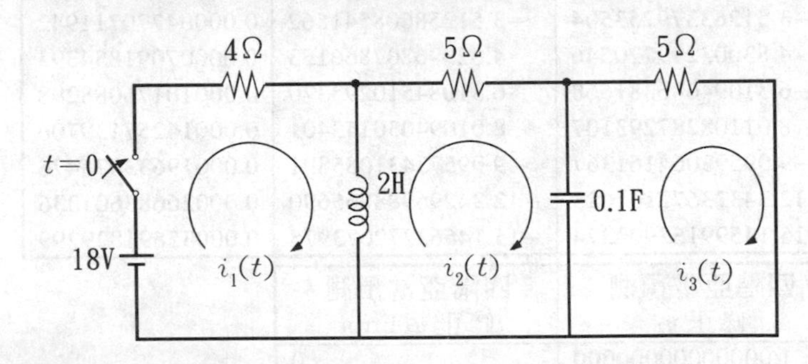

解: 由 Kirchhoff 電流定理可得

$$\begin{cases} 4i_1 + 2i_1' - 2i_2' = 18 \cdots\cdots ① \\ 2i_1' - 2i_2' = 5i_2 + 10q_2 - 10q_3 \cdots\cdots ② \\ 10q_2 - 10q_3 = 5i_3 \cdots\cdots ③ \\ 4i_1 + 5i_2 + 10q_2 - 10q_3 = 18 \cdots\cdots ④ \\ 4i_1 + 5i_2 + 5i_3 = 18 \cdots\cdots ⑤ \\ 2i_1' - 2i_2' = 5i_2 + 5i_3 \cdots\cdots ⑥ \end{cases}$$

可由①③④式得

$$\begin{cases} i_1' - i_2' = -2i_1 + 9 \\ i_3' = 2i_2 - 2i_3 \\ 4i_1' + 5i_2' = -10i_3 + 10i_3 \end{cases}$$

決定初值條件，電感電流連續

$$(i_1 - i_2)(0^+) = (i_1 - i_2)0^- = 0$$

$$i_1(0^+) = i_2(0^+)$$

$$i_3(0^+) = 0$$

由⑤式可得

$$4i_1(0^+) + 5i_2(0^+) + 5i_3(0^+) = 18$$

所以可得

$$i_1(0^+) = i_2(0^+) = 2$$

可將系統方程式寫成 $\mathbf{Bi}' = \mathbf{Di} + \mathbf{F}$

$$\begin{bmatrix} 1 & -1 & 0 \\ 4 & 5 & 0 \\ 0 & 0 & 1 \end{bmatrix} \begin{bmatrix} i_1 \\ i_2 \\ i_3 \end{bmatrix}' = \begin{bmatrix} -2 & 0 & 0 \\ 0 & -10 & 10 \\ 0 & 2 & -2 \end{bmatrix} \begin{bmatrix} i_1 \\ i_2 \\ i_3 \end{bmatrix} + \begin{bmatrix} 9 \\ 0 \\ 0 \end{bmatrix}, \mathbf{i}(0^+) = \begin{bmatrix} 2 \\ 2 \\ 0 \end{bmatrix}$$

其中 $\mathbf{B} = \begin{bmatrix} 1 & -1 & 0 \\ 4 & 5 & 0 \\ 0 & 0 & 1 \end{bmatrix}^{-1} = \dfrac{1}{9} \begin{bmatrix} 5 & 1 & 0 \\ -4 & 1 & 0 \\ 0 & 0 & 9 \end{bmatrix}$

可得系統方程式 $\mathbf{i}' = \mathbf{Ai} + \mathbf{G}$

$$\begin{bmatrix} i_1 \\ i_2 \\ i_3 \end{bmatrix}' = \begin{bmatrix} -\frac{10}{9} & -\frac{10}{9} & \frac{10}{9} \\ \frac{8}{9} & -\frac{10}{9} & \frac{10}{9} \\ 0 & 2 & -2 \end{bmatrix} \begin{bmatrix} i_1 \\ i_2 \\ i_3 \end{bmatrix} + \begin{bmatrix} 5 \\ -4 \\ 0 \end{bmatrix}$$

得到特徵值$\lambda_1 = 0,\ \lambda_2 = -2,\ \lambda_3 = -\frac{20}{9}$

特徵向量 $\begin{bmatrix} 0 \\ 1 \\ 1 \end{bmatrix}, \begin{bmatrix} 5 \\ 0 \\ -4 \end{bmatrix}, \begin{bmatrix} 10 \\ 1 \\ -9 \end{bmatrix}$

令 $\mathbf{P} = \begin{bmatrix} 0 & 5 & 10 \\ 1 & 0 & 1 \\ 1 & -4 & -9 \end{bmatrix}$ 得 $\mathbf{P}^{-1} = \frac{1}{10} \begin{bmatrix} 4 & 5 & 5 \\ 10 & -10 & 10 \\ -4 & 5 & -5 \end{bmatrix}$

令 $\mathbf{i} = \mathbf{PZ}$ 得 $\mathbf{PZ}' = (\mathbf{AP})\mathbf{Z} + \mathbf{G}$

同乘 $\mathbf{P}^{-1}$ 得 $\mathbf{Z}' = (\mathbf{P}^{-1}\mathbf{AP})\mathbf{Z} + \mathbf{P}^{-1}\mathbf{G}$

$$\mathbf{P}^{-1}\mathbf{G} = \begin{bmatrix} 0 \\ 9 \\ -4 \end{bmatrix}$$

可得 $\begin{bmatrix} z_1 \\ z_2 \\ z_3 \end{bmatrix}' = \begin{bmatrix} 0 & 0 & 0 \\ 0 & -2 & 0 \\ 0 & 0 & -\frac{20}{9} \end{bmatrix} \begin{bmatrix} z_1 \\ z_2 \\ z_3 \end{bmatrix} + \begin{bmatrix} 0 \\ 9 \\ -4 \end{bmatrix}$

解微分方程得

$$\begin{aligned} z_1 &= c_1 \\ z_2 &= c_2 e^{-2t} + \frac{9}{2} \\ z_3 &= c_3 e^{-\frac{20}{9}t} - \frac{9}{5} \end{aligned}$$

$\mathbf{i} = \mathbf{PZ}$

$$\Rightarrow \begin{bmatrix} i_1 \\ i_2 \\ i_3 \end{bmatrix} = \begin{bmatrix} 0 & 5 & 10 \\ 1 & 0 & 1 \\ 1 & -4 & -9 \end{bmatrix} \begin{bmatrix} z_1 \\ z_2 \\ z_3 \end{bmatrix} = \begin{bmatrix} \frac{9}{2} + 5c_2 e^{-2t} + 10c_3 e^{-\frac{20t}{9}} \\ -\frac{9}{5} + c_1 + c_3 e^{-\frac{20t}{9}} \\ -\frac{9}{5} + c_1 - 4c_2 e^{-2t} - 9c_3 e^{-\frac{20t}{9}} \end{bmatrix}$$

將初值 $\mathbf{i}(0^+)$ 代入

$$\mathbf{i}(0^+)=\begin{bmatrix}2\\2\\0\end{bmatrix}=\begin{bmatrix}\frac{9}{2}+5c_2+10c_3\\-\frac{9}{5}+c_1+c_3\\-\frac{9}{5}+c_1-4c_2-9c_3\end{bmatrix}$$

$$\begin{bmatrix}0&5&10\\1&0&1\\1&-4&-9\end{bmatrix}\mathbf{C}=\begin{bmatrix}-\frac{5}{2}\\\frac{19}{5}\\\frac{9}{5}\end{bmatrix}\text{得}\mathbf{C}=\begin{bmatrix}\frac{9}{5}\\-\frac{9}{2}\\2\end{bmatrix}$$

所以可得各回路電流

$$i_1=\frac{9}{2}-\frac{45}{2}e^{-2t}+20e^{-\frac{20t}{9}}$$

$$i_2=2e^{-\frac{20t}{9}}$$

$$i_3=18e^{-2t}-18e^{-\frac{20t}{9}}$$

將 $\begin{bmatrix}i_1\\i_2\\i_3\end{bmatrix}'=\begin{bmatrix}-\frac{10}{9}&-\frac{10}{9}&\frac{10}{9}\\\frac{8}{9}&-\frac{10}{9}&\frac{10}{9}\\0&2&-2\end{bmatrix}\begin{bmatrix}i_1\\i_2\\i_3\end{bmatrix}+\begin{bmatrix}5\\-4\\0\end{bmatrix}$

用數值方法可得到表中的近似解及誤差

t	真實解 i_3	四階倫格－庫塔 i_3	四階倫格－庫塔 i_3 Error
0	2.00000000000000	2.00000000000000	0
0.1	2.09330611408157	2.09333513692018	0.00002902283862
0.2	2.24140673279721	2.24145112313667	0.00004439033946
0.3	2.42008056853625	2.42013132053025	0.00005075199401
0.4	2.61234411750626	2.61239550223082	0.00005138472455
0.5	2.80657232980066	2.80662089566603	0.00004856586537
0.6	2.99507299428999	2.99511684448280	0.00004385019281
0.7	3.17301006713566	3.17304834187677	0.00003827474111
0.8	3.33759465324158	3.33762716268036	0.00003250943878
0.9	3.48748067974656	3.48750764698369	0.00002696723713
1.0	3.62231659161413	3.62233847568335	0.00002188406922

t	四階亞當預測修正 y_3	四階亞當預測修正 y_3 Error
0	2.00000000000000	0
0.1	2.09333513692018	0.00002902283862
0.2	2.24145112313667	0.00004439033946
0.3	2.42013132053025	0.00005075199401
0.4	2.61225828590511	0.00008583160115
0.5	2.80641330372475	0.00015902607591
0.6	2.99488305638416	0.00018993790583
0.7	3.17281173564664	0.00019833148902
0.8	3.33740358471983	0.00019106852174
0.9	3.48730584668860	0.00017483305795
1.0	3.62216234283517	0.00015424877896

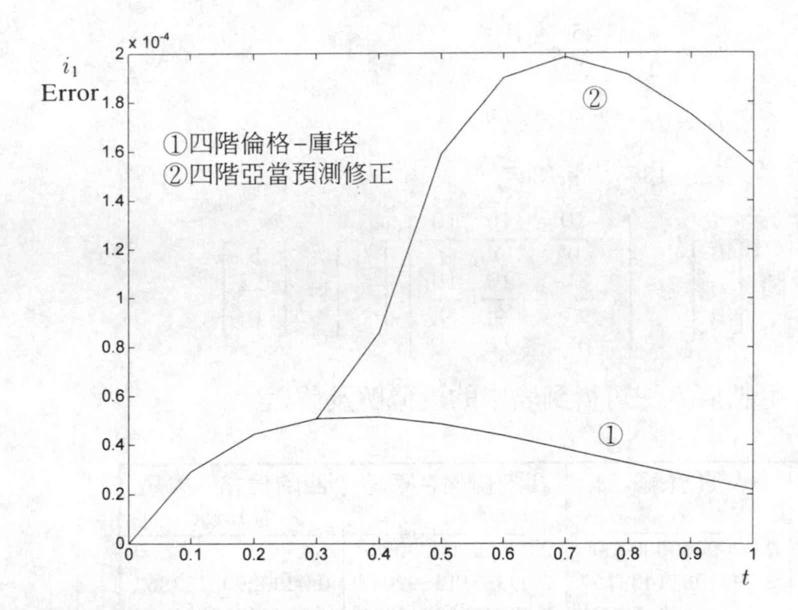

t	真實解 i_2	四階倫格－庫塔 i_2	四階倫格－庫塔 i_2 Error
0	2.00000000000000	2.00000000000000	0
0.1	1.60147480583362	1.60148351369202	0.00000870785840
0.2	1.28236077685991	1.28237472231367	0.00001394545376
0.3	1.02683423806518	1.02685098808036	0.00001675001517
0.4	0.82222458101437	0.82224246421453	0.00001788320015
0.5	0.65838597561581	0.65840387534853	0.00001789973272
0.6	0.52719427623145	0.52721147586080	0.00001719962935

0.7	0.42214417558218	0.42216024341016	0.00001606782798
0.8	0.33802663081213	0.33804133497879	0.00001470416666
0.9	0.27067056647323	0.27068381245749	0.00001324598426
1.0	0.21673604644379	0.21674783153698	0.00001178509319

t	四階亞當預測修正 i_2	四階亞當預測修正 i_2 Error
0	2.00000000000000	0
0.1	1.60148351369202	0.00000870785840
0.2	1.28237472231367	0.00001394545376
0.3	1.02685098808036	0.00001675001517
0.4	0.82220155514366	0.00002302587072
0.5	0.65833907862153	0.00004689699428
0.6	0.52713446647931	0.00005980975214
0.7	0.42207808838039	0.00006608720179
0.8	0.33795914902918	0.00006748178295
0.9	0.27060487986681	0.00006568660641
1.0	0.21667411591438	0.00006193052941

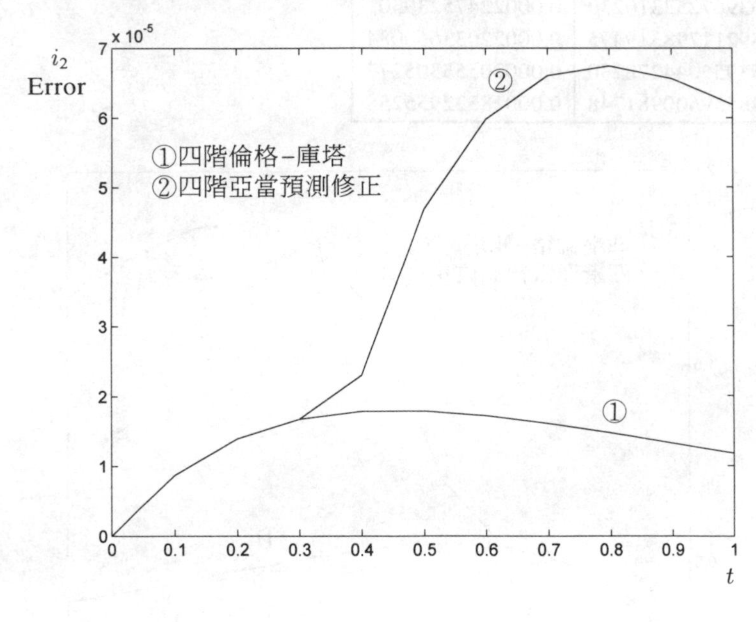

t	真實解 i_3	四階倫格–庫塔 i_3	四階倫格–庫塔 i_3 Error
0	0	0	0
0.1	0.32388030290113	0.32384837677183	0.00003192612929
0.2	0.52451383690233	0.52446437917700	0.00004945772533

0.3	0.63710130710582	0.63704395549544	0.00005735161038
0.4	0.68790012498061	0.68784113400082	0.00005899097979
0.5	0.69635616054366	0.69629940811864	0.00005675242502
0.6	0.67674732833656	0.67669504855296	0.00005227978360
0.7	0.63944777070929	0.63940108308843	0.00004668762087
0.8	0.59189764659461	0.59185693487692	0.00004071171768
0.9	0.53934488972953	0.53931006995556	0.00003481977396
1.0	0.48541068026490	0.48538138791634	0.00002929234857

t	四階亞當預測修正 i_3	四階亞當預測修正 i_3 Error
0	0	0
0.1	0.32384837677183	0.00003192612929
0.2	0.52446437917700	0.00004945772533
0.3	0.63704395549544	0.00005735161038
0.4	0.68799181613226	0.00009169115164
0.5	0.69653027839867	0.00017411785501
0.6	0.67695908841336	0.00021176007681
0.7	0.63967252310230	0.00022475239301
0.8	0.59211798319495	0.00022033660034
0.9	0.53955044278230	0.00020555305277
1.0	0.48559600981748	0.00018532955258

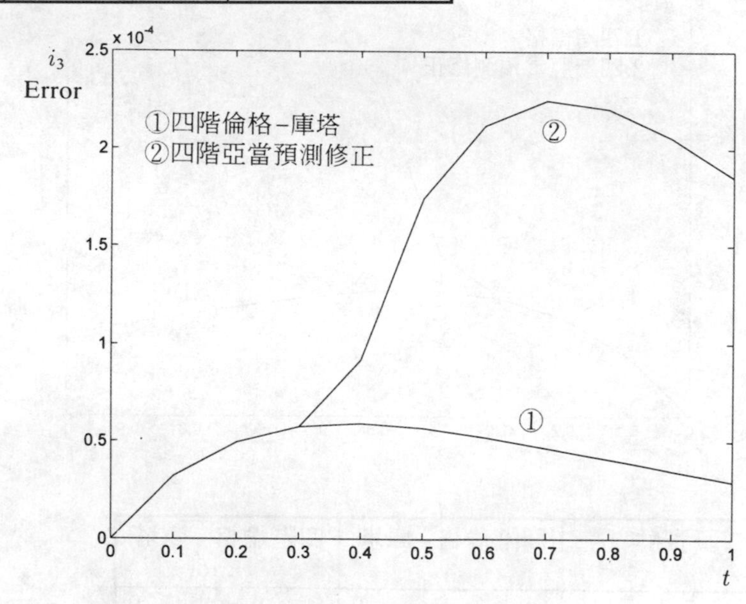

26.寫出彈簧系統的聯立方程式，求出真正解答，並且用四階倫格－庫塔法和四階亞當預測修正法求近似值及誤差 ($t \in [0, 2]$, $N = 20$)。假設初值位置和初值速度都是零，而且加一外力 $f(t) = 4\sin t$ 在 m_1 物體上。

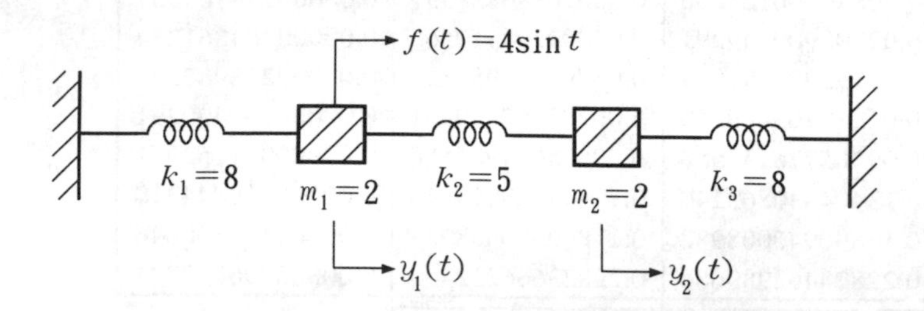

解: 由題目可寫出系統方程式為

$$\begin{cases} m_1 y_1'' = k_2(y_2 - y_1) - k_1 y_1 + f(t) \\ m_2 y_2'' = -k_2(y_2 - y_1) - k_3 y_2 \end{cases}$$

可得

$$\begin{cases} d_1'' = \dfrac{5}{2} y_2 - \dfrac{13}{2} y_1 + 2\sin t \\ y_2'' = -\dfrac{13}{2} y_2 + \dfrac{5}{2} y_1 \end{cases}$$

令 $\begin{cases} x_1 = y_1 \\ x_2 = y_2 \\ x_3 = y_1' \\ x_4 = y_2' \end{cases}$ 可得 $\begin{cases} x_1' = y_1' = x_3 \\ x_2' = y_2' = x_4 \\ x_3' = y_1'' = \dfrac{5}{2} x_2 - \dfrac{13}{2} x_1 + 2\sin t \\ x_4' = y_2'' = -\dfrac{13}{2} x_2 + \dfrac{5}{2} x_1 \end{cases}$

可解得真實解為

$$\begin{cases} y_1 = -\dfrac{1}{6}\sin 2t - \dfrac{1}{24}\sin 3t + \dfrac{11}{24}\sin t \\ y_2 = -\dfrac{1}{6}\sin 2t + \dfrac{1}{24}\sin 3t + \dfrac{5}{24}\sin t \end{cases}$$

表中列出兩種方法解得的近似解和誤差

t	真實解 y_1	四階倫格－庫塔 y_1	四階倫格－庫塔 y_1 Error
0	0	0	0
0.1	0.00033208555306	0.00033319446180	0.00000110890874
0.2	0.00262694983817	0.00262905319662	0.00000210335846
0.3	0.00870106125280	0.00870380828337	0.00000274703057
0.4	0.02008909649291	0.02009194510565	0.00000284861274
0.5	0.03792924995044	0.03793153980321	0.00000228985277
0.6	0.06287763469160	0.06287867959451	0.00000104490291
0.7	0.09505776137550	0.09505694984558	0.00000081152991
0.8	0.13404830863240	0.13404520018930	0.00000310844310
0.9	0.17890940008982	0.17890380508937	0.00000559500046
1.0	0.22824462989684	0.22823666232464	0.00000796757221

t	四階亞當預測修正 y_1	四階亞當預測修正 y_1 Error
0	0	0
0.1	0.00033319446180	0.00000110890874
0.2	0.00262905319662	0.00000210335846
0.3	0.00870380828337	0.00000274703057
0.4	0.02008566039660	0.00000343609631
0.5	0.03791902400918	0.00001022594126
0.6	0.06286130604352	0.00001632864808
0.7	0.09503744925811	0.00002031211739
0.8	0.13402719322229	0.00002111541011
0.9	0.17889133648751	0.00001806360231
1.0	0.22823365618846	0.00001097370838

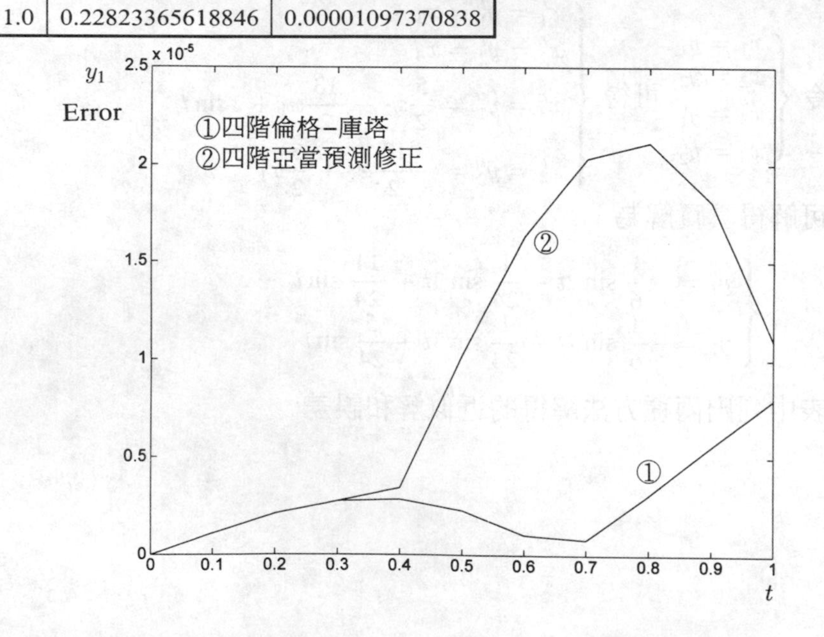

t	真實解 y_2	四階倫格－庫塔 y_2	四階倫格－庫塔 y_2 Error
0	0	0	0
0.1	0.00000041527980	0	0.00000041527980
0.2	0.00001315658899	0.00001240021459	0.00000075637440
0.3	0.00009825205642	0.00009738165863	0.00000087039779
0.4	0.00040443474635	0.00040379334614	0.00000064140021
0.5	0.00119744751640	0.00119743463071	0.00000001288569
0.6	0.00287098558269	0.00287198318722	0.00000099760453
0.7	0.00593745345348	0.00593974749528	0.00000229404180
0.8	0.01099788428678	0.01100159286567	0.00000370857889
0.9	0.01869266270244	0.01869768167241	0.00000501896997
1.0	0.02963688436653	0.02964285939858	0.00000597503205

t	四階亞當預測修正 y_2	四階亞當預測修正 y_2 Error
0	0	0
0.1	0	0.00000041527980
0.2	0.00001240021459	0.00000075637440
0.3	0.00009738165863	0.00000087039779
0.4	0.00040626978086	0.00000183503451
0.5	0.00120227865199	0.00000483113560
0.6	0.00287821280954	0.00000722722686
0.7	0.00594551927985	0.00000806582637
0.8	0.01100456028042	0.00000667599364
0.9	0.01869539062380	0.00000272792136
1.0	0.02963318900541	0.00000369536112

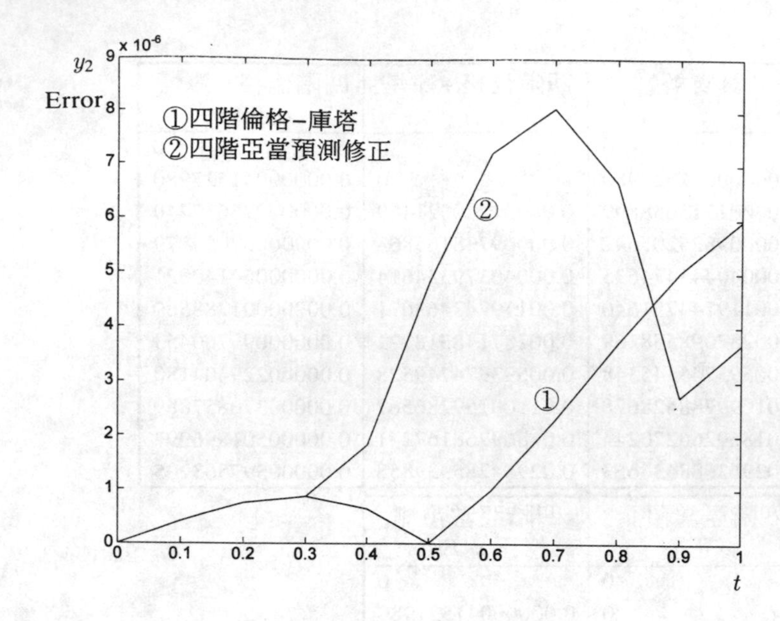
y_2
Error
x 10^-6
①四階倫格-庫塔
②四階亞當預測修正
①
②
0
1
2
3
4
5
6
7
8
9
0.1
0.2
0.3
0.4
0.5
0.6
0.7
0.8
0.9
1
t

三民科學技術叢書（一）

書名	著作人	任職
統計學	王士華	成功大學
微積分	何典恭	淡水學院
圖學	梁炳光	成功大學
物理	陳龍英	交通大學
普通化學	王澄霞 陳朝棟 洪志明	師範大學 臺灣大學 師範大學
普通化學	王澄霞 魏明通	師範大學
普通化學實驗	魏明通	師範大學
有機化學（上）、（下）	王澄霞 陳朝棟 洪志明	師範大學 臺灣大學 師範大學
有機化學	王澄霞 魏明通	師範大學
有機化學實驗	王澄霞 魏明通	師範大學
分析化學	林洪志	成功大學
分析化學	鄭華生	清華大學
環工化學	黃汝賢 紀長國 吳春生 何俊杰 尤伯卿	成功大學 大仁藥專 崑山工專 高雄縣環保局
物理化學	卓靜哲 施良垣 黃守仁 蘇世剛 何瑞文	成功大學
物理化學	杜逸虹	臺灣大學
物理化學	李敏達	臺灣大學
物理化學實驗	李敏達	臺灣大學
化學工業概論	王振華	成功大學
化工熱力學	鄧禮堂	大同工學院
化工熱力學	黃定加	成功大學
化工材料	陳陵援	成功大學
化工材料	朱宗正	成功大學
化工計算	陳志勇	成功大學
實驗設計與分析	周澤川	成功大學
聚合體學（高分子化學）	杜逸虹	臺灣大學
塑膠配料	李繼強	臺北技術學院
塑膠概論	李繼強	臺北技術學院
機械概論（化工機械）	謝爾昌	成功大學
工業分析	吳振成	成功大學
儀器分析	陳陵援	成功大學
工業儀器	周澤川 徐展麒	成功大學

大學專校教材，各種考試用書。

三民科學技術叢書（四）

書名	著作人	任職
自動控制	孫育義	成功大學
自動控制	李祖添	交通大學
自動控制	楊維楨	臺灣大學
自動控制	李嘉猷	成功大學
工業電子	陳文良	清華大學
工業電子實習	高正治	中山大學
工程材料	林立	中正理工學院
材料科學（工程材料）	王櫻茂	成功大學
工程機械	蔡攀鰲	成功大學
工程地質	蔡攀鰲	成功大學
工程數學	羅錦興	成功大學
工程數學	孫育義 高正治	成功大學 中山大學
工程數學	吳朗	成功大學
工程數學	蘇炎坤	成功大學
熱力學	林大惠 侯順雄	成功大學
熱力學概論	蔡旭容	臺北技術學院
熱工學	馬承九	成功大學
熱處理	張天津	臺北技術學院
熱機學	蔡旭容	臺北技術學院
氣壓控制與實習	陳憲治	成功大學
汽車原理	邱澄彬	成功大學
機械工作法	馬承九	成功大學
機械加工法	張天津	臺北技術學院
機械工程實驗	蔡旭容	臺北技術學院
機動學	朱越生	前成功大學教授
機械材料	陳明豐	工業技術學院
機械設計	林文晃	明志工專
鑽模與夾具	于敦德	臺北技術學院
鑽模與夾具	張天津	臺北技術學院
工具機	馬承九	成功大學
內燃機	王仰舒	樹德工專
精密量具及機件檢驗	王仰舒	樹德工專
鑄造學	唱際寬	成功大學
鑄造用模型製作法	于敦德	臺北技術學院
塑性加工學	林文樹	工業技術研究院

三民科學技術叢書（五）

書名	著作人	任職
塑性加工學	李榮顯	成功大學
鋼鐵材料	董基良	成功大學
焊接學	董基良	成功大學
電銲工作法	徐慶昌	中區職訓中心
氧乙炔銲接與切割工作法及實習	徐慶昌	中區職訓中心
原動力廠	李超北	臺北技術學院
流體機械	王石安	海洋學院
流體機械（含流體力學）	蔡旭容	臺北技術學院
流體機械	蔡旭容	臺北技術學院
靜力學	陳健	成功大學
流體力學	王叔厚	前成功大學教授
流體力學概論	蔡旭容	臺北技術學院
應用力學	陳元方	成功大學
應用力學	徐迺良	成功大學
應用力學	朱有功	臺北技術學院
應用力學習題解答	朱有功	臺北技術學院
材料力學	王叔厚 陳健	成功大學
材料力學	陳健	成功大學
材料力學	蔡旭容	臺北技術學院
基礎工程	黃景川	成功大學
基礎工程學	金永斌	成功大學
土木工程概論	常正之	成功大學
土木製圖	顏榮記	成功大學
土木施工法	顏榮記	成功大學
土木材料	黃忠信	成功大學
土木材料	黃榮吾	成功大學
土木材料試驗	蔡攀鰲	成功大學
土壤力學	黃景川	成功大學
土壤力學實驗	蔡攀鰲	成功大學
土壤試驗	莊長賢	成功大學
混凝土	王櫻茂	成功大學
混凝土施工	常正之	成功大學
瀝青混凝土	蔡攀鰲	成功大學
鋼筋混凝土	蘇懇憲	成功大學
混凝土橋設計	彭耀南 徐永豐	交通大學 高雄工專

大學專校教材，各種考試用書。

三民科學技術叢書（六）

書名	著作人	任職
房屋結構設計	彭耀南 徐永豐	交通大學 高雄工專
建築物理	江哲銘	成功大學
鋼結構設計	彭耀南	交通大學
結構學	左利時	逢甲大學
結構學	徐德修	成功大學
結構設計	劉新民	前成功大學教授
水利工程	姜承吾	前成功大學教授
給水工程	高肇藩	成功大學
水文學精要	鄒日誠	榮民工程處
水質分析	江漢全	宜蘭農專
空氣污染學	吳義林	成功大學
固體廢棄物處理	張乃斌	成功大學
施工管理	顏榮記	成功大學
契約與規範	張永康	審計部
計畫管制實習	張益三	成功大學
工廠管理	劉漢容	成功大學
工廠管理	魏天柱	臺北技術學院
工業管理	廖桂華	成功大學
危害分析與風險評估	黃清賢	嘉南藥專
工業安全（工程）	黃清賢	嘉南藥專
工業安全與管理	黃清賢	嘉南藥專
工廠佈置與物料運輸	陳美仁	成功大學
工廠佈置與物料搬運	林政榮	東海大學
生產計劃與管制	郭照坤	成功大學
生產實務	劉漢容	成功大學
甘蔗營養	夏雨人	新埔工專